Günter Rombach

Spannbetonbau

Ernst & Sohn
A Wiley Company

Günter Rombach

Spannbetonbau

Prof. Dr.-Ing. Günter Rombach
Im Mittelzellche 1
D-68753 Waghäusel
e-mail: rombach@tu-harburg.de

Dieses Buch enthält 400 Abbildungen und 65 Tabellen

Bibliografische Information Der Deutschen Bibliothek
Die Deutsche Bibliothek verzeichnet diese Publikation in der Deutschen Nationalbibliografie;
detailliert bibliografische Daten sind im Internet über <http://dnb.ddb.de> abrufbar.

ISBN 3-433-02535-5

© 2003 Ernst & Sohn Verlag für Architektur und technische Wissenschaften GmbH & Co. KG, Berlin

Alle Rechte, insbesondere die der Übersetzung in andere Sprachen, vorbehalten. Kein Teil dieses Buches darf ohne schriftliche Genehmigung des Verlages in irgendeiner Form – durch Fotokopie, Mikrofilm oder irgendein anderes Verfahren – reproduziert oder in eine von Maschinen, insbesondere von Datenverarbeitungsmaschinen, verwendbare Sprache übertragen oder übersetzt werden.

All rights reserved (including those of translation into other languages). No part of this book may be reproduced in any form – by photoprint, microfilm, or any other means – nor transmitted or translated into a machine language without written permission from the publisher.

Die Wiedergabe von Warenbezeichnungen, Handelsnamen oder sonstigen Kennzeichen in diesem Buch berechtigt nicht zu der Annahme, daß diese von jedermann frei benutzt werden dürfen. Vielmehr kann es sich auch dann um eingetragene Warenzeichen oder sonstige gesetzlich geschützte Kennzeichen handeln, wenn sie als solche nicht eigens markiert sind.

Satz: Druckhaus »Thomas Müntzer« GmbH, Bad Langensalza
Druck: Strauss Offsetdruck GmbH, Mörlenbach
Bindung: Großbuchbinderei J. Schäffer GmbH & Co. KG, Grünstadt

Printed in Germany

Vorwort

Auf die Vorspannung von Stahlbetonkonstruktionen kann heutzutage nicht verzichtet werden. Weitgespannte Brücken, extrem schlanke Spannbandkonstruktionen, große Schalentragwerke oder wasserdichte Behälter, um nur einige Beispiele zu nennen, wären ohne eine Vorspannung in Beton nicht ausführbar. Die Vorspannung wird neben dem Brückenbau zunehmend im Hoch- und Industriebau eingesetzt.

Bei der Bemessung und Konstruktion von Spannbetontragwerken hat sich gerade in den letzten Jahren einiges verändert. So wurden mit der DIN 1045-1:2001 einheitliche Bemessungsverfahren für Stahl- und Spannbetonkonstruktionen eingeführt. Konsequenterweise ist auch der Vorspanngrad nicht mehr vorgeschrieben. Der Konstrukteur kann zwischen voller Vorspannung einerseits und Stahlbeton andererseits die geeignetste Variante wählen. Dieser neue Aspekt wird in Kapitel 1 eingehend erörtert.

Die externe und die verbundlose Vorspannung hat in manchen Bereichen die klassische Verbundvorspannung verdrängt. Wurden bis ins Jahr 1999 alle Brücken in Deutschland ausschließlich mit Vorspannung im Verbund ausgeführt, so ist seit 4 Jahren die externe Vorspannung gegebenenfalls mit geraden Verbundspanngliedern (Mischbauweise) vorgeschrieben. Aufgrund der großen Bedeutung ist der externen bzw. der verbundlosen Vorspannung ein eigenes Kapitel gewidmet.

Die zulässigen Spannstahlspannungen wurden erheblich erhöht. Hieraus ergeben sich Konsequenzen für die Tragwerksberechnung. So müssen beispielsweise die nicht zu vermeidenden Toleranzen bei den Materialkennwerten und dem Reibungskoeffizient berücksichtigt und der Ermüdungsbeanspruchung eine größere Beachtung geschenkt werden (siehe Kapitel 8).

Die Baustoffe unterliegen einer ständigen Weiterentwicklung. Hochfester Beton, höherfeste Spannstähle, Spannglieder aus Faserverbundwerkstoffen, Hüllrohre aus (durchsichtigem) Kunststoff, Litzen mit bis zu 20 Drähten, Drähte mit quadratischem Querschnitt sind nur einige der Neuerungen der letzten Jahre. Auf die Eigenschaften der benötigten Baustoffe wird sehr detailliert in Kapitel 2 eingegangen.

Diese Entwicklungen haben mich veranlasst, den Spannbeton insgesamt in diesem Werk zusammenzufassen. Auch wenn mit der DIN 1045-1:2001 einheitliche Regeln eingeführt wurden, so erfordert die Bemessung und Konstruktion von Spannbetontragwerken nach wie vor eingehende Spezialkenntnisse.

Hamburg-Harburg, Oktober 2002   Günter Rombach

Über den Autor

Günter Axel Rombach (Jahrgang 1957) studierte und promovierte an der Technischen Universität Karlsruhe. Anschließend war er mehrere Jahre in einem größeren Bauunternehmen tätig, in dem er sich schwerpunktmäßig mit dem Massivbrücken- und Behälterbau befasste. An verschiedenen Großprojekten im In- und Ausland war er maßgeblich beteiligt. Unter anderem leitete er in Thailand das Technische Büro, das für die Tragwerksplanung einer ca. 2 × 10 km langen Hochstraße in Segmentbauweise zuständig war.

Im Juli 1996 wurde er zum Professor (Bereich Massivbau) an der Technischen Universität Hamburg-Harburg berufen. Er ist Mitglied verschiedener Ausschüsse, die Fragen der Vorspannung und der Bemessung von Massivbrücken bearbeiten.

Inhaltsverzeichnis

1	**Allgemeines**	1
1.1	Grundgedanke der Vorspannung	1
1.2	Anwendungsgebiete des Spannbetons	5
1.3	Besonderheiten von Spannbetontragwerken	8
1.4	Vor- und Nachteile des Spannbetons	12
1.4.1	Vorteile des Spannbetons	12
1.4.2	Nachteile des Spannbetons	14
1.5	Entwicklung des Spannbetonbaus	14
1.6	Definitionen – Begriffe	22
1.6.1	Querschnittsbereiche	22
1.6.2	Querschnittswerte	23
1.6.3	Grad der Vorspannung	31
1.6.4	Lage und Verlauf eines Spanngliedes	38
1.6.5	Spannungsarten	39
1.7	Spannverfahren – Art der Verbundwirkung	40
1.7.1	Spannbettvorspannung – Vorspannung mit sofortigem Verbund	40
1.7.2	Vorspannung gegen den erhärteten Beton	42
1.7.3	Sonstige Spannverfahren	44
1.7.4	Vor- und Nachteile der verschiedenen Spannverfahren	45
2	**Baustoffe**	49
2.1	Beton	49
2.2	Betonstahl	55
2.3	Spannstahl	56
2.3.1	Anforderungen an den Spannstahl	58
2.3.2	Materialkennwerte	64
2.3.3	Spannglieder aus Faserverbundwerkstoffen	77
2.4	Hüllrohre	86
2.5	Einpressmörtel	89
2.6	Verankerungen	92
2.7	Kopplungen	104
2.8	Zugelassene Spannverfahren	106
3	**Bauausführung bei Vorspannung mit nachträglichem Verbund**	111
3.1	Fertigung und Einbau der Spannglieder	111
3.2	Spannvorgang	114
3.3	Einpressvorgang	120

4	**Schnittgrößen infolge P bei statisch bestimmten Systemen** 127
4.1	Abschnittsweise geradlinige Spanngliedführung 127
4.2	Träger mit veränderlicher Höhe 137
4.3	Kontinuierlich gekrümmtes Spannglied ohne Reibung 138
4.4	Spannkraftverluste infolge Reibung 145
4.4.1	Ermittlung des planmäßigen Umlenkwinkels ϑ 147
4.4.2	Zusätzliche Exzentrizitäten. 150
4.4.3	Ungewollter Umlenkwinkel k 151
4.4.4	Reibungskoeffizient μ. 152
4.5	Zusatzbeanspruchungen im Krümmungsbereich – R_{min} 157
4.6	Zulässige Spannkraft 162
4.7	Einfluss der Spannfolge auf den Spannkraftverlauf 167
4.7.1	Einseitiges Spannen – ohne Nachlassen 168
4.7.2	Zweiseitiges Spannen eines Spanngliedes – ohne Nachlassen. 168
4.7.3	Spannkraftverlauf beim Nachlassen 170
4.7.4	Keilschlupf 171
4.8	Berechnung der Spannkräfte bei mehreren Spanngliedlagen. 171
4.8.1	Ohne Berücksichtigung des Momentenanteils 172
4.8.2	Mit Berücksichtigung des Vorspannmomentes 176
4.8.3	Beispiel: Fertigteilträger 180
4.9	Spannwegberechnung. 185
4.9.1	Keilschlupf 187
4.9.2	Ursachen für Abweichungen der gemessenen und rechnerischen Spannwege beim Vorspannen gegen den erhärteten Beton 190

5	**Schnittgrößen infolge P bei statisch unbestimmten Systemen** 195
5.1	Allgemeines. 195
5.2	Berechnung der Schnittgrößen. 197
5.2.1	Äquivalente Ersatzlasten 197
5.2.2	Kraftgrößenverfahren 200
5.2.3	Drehwinkelverfahren 208
5.2.4	Auswertung von Einflussflächen 217
5.3	Schnittgrößen infolge Vorspannung – Grundsätze 218
5.3.1	Zweifeldträger mit unterschiedlichen Stützweiten und parabolischer Spanngliedführung. 218
5.3.2	Beidseitig eingespannter Träger 222
5.3.3	Einfeldträger – gelenkig gelagert und einseitig eingespannt 224
5.3.4	Folgerungen aus den Berechnungen 224
5.4	Einfluss einer veränderlichen Trägerhöhe 226
5.5	Bauzustände – Rückfedern von Lehrgerüsten 228

6	**Spanngliedführung**	231
6.1	Vorbemessung	235
6.2	Kriterien für die Spanngliedführung	238
6.2.1	Allgemein	238
6.2.2	Unempfindliche Spanngliedführung	246
6.3	Spanngliedführung bei Einfeldträgern	253
6.4	Spanngliedführung bei Durchlaufträgern	255
6.5	Spanngliedführung bei Rahmen	256
6.6	Analytische Beschreibung des Spanngliedverlaufs	258
6.6.1	Polynome	258
6.6.2	Spline-Funktionen	265
7	**Zeitabhängige Spannkraftverluste – Kriechen, Schwinden, Relaxation**	271
7.1	Allgemeines	271
7.2	Allgemeiner Ansatz für die Betonverformungen	278
7.3	Rheologische Modelle zur Beschreibung des Kriechens und der Relaxation	279
7.3.1	Feder–Dämpfer-Element – Serienschaltung (Maxwell-Element)	280
7.3.2	Feder–Dämpfer-Modell – Parallelschaltung (Kelvin-Voigt Element)	281
7.3.3	Feder–Dämpfer-Modell – Parallel- + Serienschaltung (Kelvin-Element)	282
7.4	Bestimmung der zeitabhängigen Betondehnungen bei konstanten Spannungen	283
7.4.1	Kriechen und Schwinden nach DIN 4227 Teil 1	284
7.4.2	Kriechen und Schwinden nach EC2 Teil 1	286
7.4.3	Kriechen und Schwinden nach DIN 1045-1	294
7.4.4	Nichtlineares Kriechen	299
7.5	Kriech- und Schwinddehnungen bei zeitlich veränderlichen Betonspannungen	299
7.5.1	Kriechansätze von Dischinger	301
7.5.2	Ansatz nach Trost	302
7.5.3	Kriechmodell nach EC2 Teil 1	307
7.6	Relaxation des Spannstahls	308
7.7	Berechnung der Spannkraftverluste	308
7.7.1	Kriechverluste bei Vorspannung ohne Verbund	309
7.7.2	Kriechverluste bei Vorspannung mit Verbund	313
7.7.3	Näherungsverfahren der mittleren kriecherzeugenden Spannung	313
7.7.4	Superposition der Spannkraftverluste	319
7.7.5	Einfluss der Bewehrung	322
7.7.6	Mehrsträngige Vorspannung	322
7.8	Schnittgrößenumlagerungen infolge Kriechens	323
7.8.1	Zwei nachträglich gekoppelte Einfeldträger (langsame Zwängung)	326
7.8.2	Plötzliche Senkung der Mittelstütze eines Zweifeldträgers um δ_{10}	327
7.8.3	Langsame Setzung der Mittelstütze eines Zweifeldträgers um δ_0	327
7.8.4	Schwinden eines Zweigelenkrahmens	328
7.8.5	Beispiel: Stützensenkung eines Zweifeldträgers	330

8	**Bemessung vorgespannter Konstruktionen**	335
8.1	Einwirkungen	336
8.1.1	Bemessungswerte der Einwirkungen	336
8.1.2	Charakteristischer Wert der Vorspannkraft P_k	338
8.1.3	Teilsicherheitsbeiwerte	338
8.2	Nachweise in den Grenzzuständen der Tragfähigkeit	339
8.2.1	Bemessung für Biegung mit Längskraft	340
8.2.2	Bemessung für Querkräfte	355
8.2.3	Robustheit	364
8.2.4	Ermüdung	371
8.3	Nachweise in den Grenzzuständen der Gebrauchstauglichkeit	382
8.3.1	Begrenzung der Spannungen im Grenzzustand der Gebrauchstauglichkeit	382
8.3.2	Rissbildung in Spannbetonbauteilen	385
8.3.3	Mindestbewehrung nach DIN 1045-1	388
8.3.4	Rissbreitenbegrenzung ohne direkte Berechnung	393
8.3.5	Rechnerische Ermittlung der Rissbreite	394
8.3.6	Ermittlung der Spannungen im Gebrauchszustand	399
8.3.7	Beschränkung der Durchbiegung	405
9	**Bauliche Durchbildung**	407
10	**Verankerung und Kopplung**	409
10.1	Verankerungssysteme	409
10.1.1	Nachweis der Ankerkonstruktion	411
10.1.2	Teilflächenbelastung	412
10.2	Nachweis der Krafteinleitung	417
10.2.1	Allgemeines	417
10.2.2	Bestimmung der Spalt- und Randzugkräfte	417
10.2.3	Festanker im Bauteil	423
10.3	Verankerung durch Verbund	426
10.3.1	Verbundverhalten	427
10.3.2	Nachweis der Verbundverankerung	430
10.4	Koppelfugen	436
10.4.1	Probleme	437
10.4.2	Eigenspannungen	441
10.4.3	Temperaturbeanspruchungen	442
10.4.4	Erhöhte Spannkraftverluste	444
10.4.5	Sonstiges	445
11	**Vorspannung ohne Verbund und externe Vorspannung**	447
11.1	Allgemeines	447
11.2	Aufbau externer Spannsysteme	450
11.2.1	Spannglied	451
11.2.2	Umlenkkonstruktion	453
11.2.3	Verankerung der Spannglieder	455

Inhaltsverzeichnis   XI

11.3	Vor- und Nachteile der Vorspannung ohne Verbund bzw. externe Vorspannung	455
11.4	Tragverhalten	462
11.5	Schnittgrößenermittlung	464
11.5.1	Spannungszuwachs unter den äußeren Einwirkungen	467
11.5.2	Umlenk- und Verankerungsstellen	477
11.6	Bemessung	480
11.6.1	Nachweise im Grenzzustand der Tragfähigkeit	481
11.6.2	Nachweise im Grenzzustand der Gebrauchstauglichkeit	483
11.7	Externe Spanngliedführung	483
11.8	Mischbauweise	484
11.9	Ausgeführte Bauwerke	484
11.9.1	Längsvorspannung bei Brücken	484
11.9.2	„Extradosed" Brücken	487
11.9.3	Segmentäre Hohlkastenbrücken	488
11.9.4	Verbundlose Quervorspannung von Fahrbahnplatten	490
12	**Vorgespannte Flachdecken**	491
12.1	Allgemeines	491
12.2	Vor- und Nachteile vorgespannter Flachdecken	491
12.3	Spannsysteme	493
12.4	Plattendicke	495
12.5	Anordnung und Verlauf der Spannbewehrung	497
12.5.1	Spanngliedführung im Grundriss	497
12.5.2	Spanngliedverlauf im Aufriss	501
12.6	Wahl des Vorspanngrades	504
12.7	Schnittgrößenermittlung	504
12.7.1	Näherungsberechnung nach DIN 4227 Teil 6	507
12.7.2	Bruchlinientheorie	508
12.7.3	Ersatzrahmenverfahren	510
12.8	Bemessung von vorgespannten Flachdecken	512
12.9	Sonstiges	512
Literaturverzeichnis		515
Stichwortverzeichnis		527

Formelzeichen

Es werden die Bezeichnungen nach DIN 1045-1:2001 verwendet. Diese können zusammen mit den sonstigen in diesem Buch verwendeten Abkürzungen der folgenden Zusammenstellung entnommen werden.

Bei der Nachrechnung von bestehenden Konstruktionen wird oft eine Zuordnung der alten und neuen Betonfestigkeitsklassen benötigt. Zwischen der Prüfung der Betonfestigkeiten nach DIN 1045:1988 bzw. DIN 1084 und DIN 1045-2:2001 bestehen zahlreiche Unterschiede, z.B. bei der Probeabmessung, der Lagerung sowie der statistischen Auswertung. Anhaltswerte liefert die folgende Tabelle, wobei hier noch die unterschiedlichen Prüf- und Lagerungsbedingungen zu berücksichtigen sind. Näherungsbeziehungen sind in [117] enthalten:

Umrechung der Würfelgröße (200 mm bzw. 150 mm Kantenlänge):

$$\beta_{W,\text{Würfel},200} = 0{,}95\,\beta_{W,\text{Würfel},150}$$

Umrechnung Würfel 200 mm – Zylinder 150/300 mm:

$$\beta_{W,\text{zyl}} = 0{,}85\,\beta_{W,\text{Würfel},200}$$

Umrechnung der Lagerungsbedingungen:

$$f_{c,\text{Würfel},150,\text{ISO}} = 0{,}92\,\beta_{WN,\text{Würfel},150}$$

Zuordnung der Festigkeitsklassen nach DIN 1045:1988-07 (B) und DIN 1045-1:2001-07 (C) [213]

B	5	10	15	25	35	45	55	65	75	85	95	105	115
C	8/10	8/10	12/15	20/25	30/37	35/45	45/55	55/67	60/75	70/85	80/95	80/105	100/115

LB	8	10	15	25	35	45	55
LC	8/9	12/13	16/18	25/28	35/38	45/50	50/55

Bezeichnungen

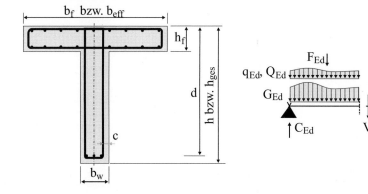

Formelzeichen (DIN 1045-1, § 3.2)

Große lateinische Buchstaben

- A Fläche
- C Symbol für die Festigkeitsklasse bei Normalbeton; Auflagerreaktion
- D Symbol für die Rohdichteklasse von Leichtbeton
- E Elastizitätsmodul
- F Kraft
- G Schubmodul
- H Horizontalkraft
- I Flächenmoment 2. Grades (Trägheitsmoment)
- LC Symbol für die Festigkeitsklasse bei Leichtbeton
- M Moment
- N Längskraft
- P Vorspannkraft; Einwirkung aus Vorspannung
- Q veränderliche Einwirkung
- R Tragwiderstand
- S Flächenmoment 1. Grades (stat. Moment)
- T Torsionsmoment
- V Querkraft

Kleine lateinische Buchstaben

- a Abstand; Auflagerbreite
- b Breite
- c Betondeckung
- d statische Nutzhöhe; Durchmesser
- e Lastausmitte (Exzentrizität)
- f Festigkeit
- h Höhe, Bauteildicke
- i Trägheitsradius
- k ungewollter Umlenkwinkel der Spannglieder
- l Länge; Stützweite, Spannweite
- m Moment je Längeneinheit
- n Normalkraft je Längeneinheit; Anzahl
- p Querdruck
- r Radius
- s Abstand, Stababstand
- t Zeitpunkt; Wanddicke
- u Umfang
- v Querkraft je Längeneinheit
- x Höhe der Druckzone
- z Hebelarm der inneren Kräfte

Griechische Buchstaben

- α Beiwert; Abminderungsbeiwert zur Berücksichtigung von Langzeiteinwirkungen auf die Betonfestigkeit und zur Umrechnung der Zylinderdruckfestigkeit und der einaxialen Druckfestigkeit des Betons; Winkel der Querkraftbewehrung zur Bauteilachse; Wärmeleitzahl
- β Ausbreitungswinkel konzentriert einwirkender Normalkräfte; Abminderungsbeiwert für die einwirkende Querkraft bei auflagernahen Einzellasten; Beiwert zur Berücksichtigung der nichtrotationssymmetrischen Beanspruchung im kritischen Rundschnitt
- γ Teilsicherheitsbeiwert
- δ Verhältnis der umgelagerten Schnittgröße zur Ausgangsschnittgröße
- ε Dehnung
- η Korrekturfaktor für Leichtbeton
- θ Rotation; Summe der planmäßigen Umlenkwinkel der Spannglieder; Druckstrebenwinkel
- φ Kriechbeiwert; Beiwert zur Berücksichtigung der Auswirkungen nach Theorie II. Ordnung bei unbewehrten Druckgliedern
- λ Schlankheit
- μ bezogenes Moment; Reibungsbeiwert
- ν bezogene Normalkraft
- ξ Verhältnis der Verbundfestigkeit von Spannstahl zu der von Betonstahl
- ρ geometrisches Bewehrungsverhältnis; Dichte
- σ Normalspannung
- τ Schubspannung
- ψ Kombinationsbeiwert
- Δ Differenz

Formelzeichen XV

Indizes

b	Verbund
c	Beton; Druck; Kriechen
d	Bemessungswert
e	Exzentrizität (Lastausmitte)
f	Flansch, Gurt
g	ständige Einwirkung
h	Bauteilhöhe
i	ideell; Laufvariable
j	Laufvariable
k	charakteristisch
l	längs
lc	Leichtbeton
m	Durchschnittswert, mittlerer Wert
p	Vorspannung, Spannstahl
q	veränderliche Einwirkung
r	Riss; Relaxation
s	Betonstahl; Schwinden
t	Zug; quer
u	Grenzwert
v	Verlegemaß; vertikal
w	Steg, Wand
y	Fließ-, Streckgrenze
dir	direkt
ind	indirekt
cal	Rechenwert
col	Stütze
eff	effektiv, wirksam
erf	erforderlich
fat	Ermüdungswert
ges	Gesamtwert
inf	unterer Wert
max	maximaler Wert
min	minimaler Wert
nom	Nennwert
pl	plastisch
red	reduzierter Wert
rep	repräsentativ
sup	oberer Wert
$surf$	Oberfläche
$vorh$	vorhanden
E	Beanspruchung
Ed	Bemessungswert der Beanspruchung
F	Einwirkung (Kraft)
G	ständige Einwirkung
L	Längs-
P	Vorspannkraft, Einwirkung aus Vorspannung
Q	veränderliche Einwirkung
R	Systemwiderstand; rechnerisch
Rd	Bemessungswiderstand
T	Quer-, Torsion
δ	Umlagerung
φ	Kriechen
μ	Verlust
I	ungerissener Zustand des Querschnitts (Zustand I)
II	gerissener Zustand des Querschnitts (Zustand II)

Große lateinische Buchstaben mit Indizes

A_c	Gesamtfläche des Betonquerschnitts
A_p	Querschnittsfläche des Spannstahls
A_s	Querschnittsfläche des Betonstahls
A_{sw}	Querschnittsfläche der Querkraft- und Torsionsbewehrung
C_d	Bemessungswert des Gebrauchstauglichkeitskriteriums
C_{Ed}	Bemessungswert der Auflagerreaktion
E_c	Elastizitätsmodul für Normalbeton
E_{c0}	E-Modul des Betons als Tangente im Ursprung der Spannungs-Dehnungslinie nach 28 Tagen
E_{cm}	mittlerer Elastizitätsmodul für Normalbeton
E_d	Bemessungswert einer Beanspruchung
E_{lc}	Elastizitätsmodul für Leichtbeton
E_{lcm}	mittlerer Elastizitätsmodul für Leichtbeton
E_p	Elastizitätsmodul für Spannstahl
E_s	Elastizitätsmodul für Betonstahl
F_{cd}	Bemessungswert der Betondruckkraft
F_{pd}	Bemessungswert der Spanngliedkraft
F_{sd}	Bemessungswert der Zugkraft des Betonstahls
G_{cm}	mittlerer Schubmodul des Betons
I_c	Trägheitsmoment des Betonquerschnitts
I_T	Torsionsträgheitsmoment des Betonquerschnitts
I_ω	Wölbträgheitsmoment des Betonquerschnitts
$M_{p,dir}$	statisch bestimmter Anteil der Vorspannung
$M_{p,ind}$	statisch unbestimmter Anteil der Vorspannung
M_{Rd}	Bemessungswert des aufnehmbaren Moments

M_{Ed}	Bemessungswert des einwirkenden Moments	d_{br}	Biegerollendurchmesser
		d_g	Größtkorndurchmesser der Gesteinskörnung
N_{Rd}	Bemessungswert der aufnehmbaren Normalkraft	d_h	Hüllrohrdurchmesser
N_{Ed}	Bemessungswert der einwirkenden Normalkraft	d_n	Nenndurchmesser der Litze oder des Drahts bei Spanngliedern
N_{ud}	Bemessungswert der Grenztragfähigkeit des Querschnitts, der durch zentrischen Druck beansprucht wird	d_p	Äquivalenter Durchmesser der Litze oder des Drahts bei Spanngliedern
		d_s	Stabdurchmesser der Betonstahlbewehrung
P_0	aufgebrachte Höchstkraft am Spannanker während des Spannens	d_{sV}	Vergleichsdurchmesser der Bewehrung bei Stabbündeln
P_d	Bemessungswert der Vorspannkraft	e_0	planmäßige Lastausmitte
P_k	charakteristischer Wert der Vorspannkraft	e_1	Summe aus planmäßiger und zusätzlicher ungewollter Lastausmitte
P_{m0}	Mittelwert der Vorspannung unmittelbar nach dem Spannen oder der Krafteinleitung in den Beton	e_2	zusätzliche Lastausmitte aus Verformungen nach Theorie II. Ordnung
P_{mt}	Mittelwert der Vorspannkraft zur Zeit t	e_a	zusätzliche ungewollte Lastausmitte
ΔP_μ	Spannkraftverlust	e_φ	Kriechausmitte
R_d	Bemessungswert des Tragwiderstandes	e_{tot}	Gesamtlastausmitte
T_{Ed}	Bemessungswert des einwirkenden Torsionsmoments	$f_{0,2k}$	charakteristischer Wert der 0,2%-Dehngrenze des Betonstahls
T_{Rd}	Bemessungswert des aufnehmbaren Torsionsmoments	f_{bp}	Verbundspannung in der Übertragungslänge von Spanngliedern im sofortigen Verbund
V_{Rd}	Querkrafttragwiderstand		
$V_{Rd,ct}$	Bemessungswert der ohne Querkraftbewehrung aufnehmbaren Querkraft	f_{cd}	Bemessungswert der einaxialen Festigkeit des Betons
$V_{Rd,max}$	Bemessungswert der durch die Druckstrebentragfähigkeit begrenzten aufnehmbaren Querkraft	$f_{cd,fat}$	Bemessungswert der einaxialen Festigkeit des Betons beim Ermüdungsnachweis
$V_{Rd,sy}$	Bemessungswert der durch die Tragfähigkeit der Querkraftbewehrung begrenzten aufnehmbaren Querkraft	$f_{ck,zyl}$	charakteristische Zylinderdruckfestigkeit des Betons nach 28 Tagen; zur Vereinfachung in dieser Norm mit f_{ck} bezeichnet
V_{Ed}	Bemessungswert der einwirkenden Querkraft		
		$f_{ck,cube}$	charakteristische Würfeldruckfestigkeit des Betons nach 28 Tagen

Kleine lateinische Buchstaben mit Indizes

a_1	Versatzmaß der Zugkraftdeckungslinie	f_{cm}	Mittelwert der Zylinderdruckfestigkeit des Betons
b_{eff}	mitwirkende Plattenbreite für einen Plattenbalken	f_{cmj}	Mindestzylinderdruckfestigkeit des Betons beim Vorspannen
b_f	Gurtplattenbreite	f_{ct}	zentrische Zugfestigkeit des Betons
b_w	Stegbreite	$f_{ctk;0,05}$	charakteristischer Wert des 5%-Quantils der zentrischen Betonzugfestigkeit
b_v	anrechenbare Stegbreite bei Plattenbalkenquerschnitten mit veränderlicher Plattendicke		
		$f_{ctk;0,95}$	charakteristischer Wert des 95%-Quantils der zentrischen Betonzugfestigkeit
c_{min}	Mindestbetondeckung		
c_{nom}	Nennmaß der Betondeckung		
c_v	Verlegemaß der Betondeckung		
Δc	Vorhaltemaß der Betondeckung für unplanmäßige Abweichungen	$f_{ct,sp}$	Spaltzugfestigkeit des Betons, in DIN EN 206-1 mit f_{tk} bezeichnet

Formelzeichen

f_{ctm}	Mittelwert der zentrischen Betonzugfestigkeit	l_b	Grundmaß der Verankerungslänge des Betonstahls
f_{cR}	rechnerischer Mittelwert der Zylinderdruckfestigkeit des Betons bei nichtlinearen Verfahren der Schnittgrößenermittlung	$l_{b,net}$	Verankerungslänge des Betonstahls
		l_{ba}	Verankerungslänge eines Spanngliedes im sofortigen Verbund
		l_{bp}	Übertragungslänge eines Spanngliedes im sofortigen Verbund
f_{lck}	charakteristische Zylinderdruckfestigkeit von Leichtbeton nach 28 Tagen	l_{bpd}	Bemessungswert der Übertragungslänge eines Spanngliedes im sofortigen Verbund
$f_{lck,cube}$	charakteristische Würfeldruckfestigkeit von Leichtbeton nach 28 Tagen		
f_{lcm}	Mittelwert der Zylinderdruckfestigkeit von Leichtbeton	l_{col}	Länge eines Einzeldruckgliedes zwischen den idealisierten Einspannstellen
$f_{lctk;0,05}$	charakteristischer Wert des 5%-Quantils der zentrischen Betonzugfestigkeit von Leichtbeton	l_{eff}	effektive Stützweite
		l_n	lichte Stützweite
$f_{lctk;0,95}$	charakteristischer Wert des 95%-Quantils der zentrischen Betonzugfestigkeit von Leichtbeton	$l_{p,eff}$	Eintragungslänge eines im sofortigem Verbund liegenden Spanngliedes
		l_s	erforderliche Übergreifungslänge
f_{lctm}	Mittelwert der zentrischen Zugfestigkeit des Leichtbetons	$(1/r)$	Krümmung
		r_{sup}	oberer Beiwert zur Berücksichtigung der Streuung der Vorspannkraft
$f_{p0,1k}$	charakteristischer Wert der 0,1%-Dehngrenze des Spannstahls	r_{inf}	unterer Beiwert zur Berücksichtigung der Streuung der Vorspannkraft
$f_{p0,1R}$	rechnerischer Mittelwert der 0,1%-Dehngrenze des Spannstahls bei nichtlinearen Verfahren der Schnittgrößenermittlung	s_0	Randabstand der Bewehrung
		s_w	Abstand der Querkraft- und Torsionsbewehrung in Bauteillängsrichtung gemessen
f_{pk}	charakteristischer Wert der Zugfestigkeit des Spannstahls	t_0	Zeitpunkt des Belastungsbeginns
		t_j	Zeitpunkt des Vorspannens
f_{pR}	rechnerischer Mittelwert der Zugfestigkeit des Spannstahls bei nichtlinearen Verfahren der Schnittgrößenermittlung	$v_{Rd,ct}$	Bemessungswert der Querkrafttragfähigkeit längs des kritischen Rundschnitts einer Platte ohne Durchstanzbewehrung
f_{tk}	charakt. Wert der Zugfestigkeit des Betonstahls	$v_{Rd,ct,a}$	Bemessungswert der Querkrafttragfähigkeit längs des äußeren Rundschnitts einer Platte ohne Durchstanzbewehrung
$f_{tk,cal}$	charakt. Wert der Zugfestigkeit des Betonstahls für die Bemessung		
f_{tR}	rechnerischer Mittelwert der Zugfestigkeit des Betonstahls bei nichtlinearen Verfahren der Schnittgrößenermittlung	w_k	Rechenwert der Rissbreite
		x_d	Druckzonenhöhe nach der Umlagerung der Schnittgrößen
f_{yd}	Bemessungswert der Streckgrenze des Betonstahls		
f_{yk}	charakt. Wert der Streckgrenze des Betonstahls		

Griechische Buchstaben mit Indizes

f_{yR}	rechnerischer Mittelwert der Streckgrenze des Betonstahls bei nichtlinearen Verfahren der Schnittgrößenermittlung	
		α_1 Beiwert für die Übergreifungslänge des Betonstahls
h_f	Gurtplattendicke	α_a Winkel der Schiefstellung; Wirksamkeit der Verankerung des Betonstahls
h_{ges}	Gesamthöhe	
h_{red}	reduzierte Höhe	α_c Abminderungsbeiwert für die Betondruckfestigkeit infolge Querzugbeanspruchung
l_0	wirksame Stützweite; Ersatzlänge für Druckglieder	
		α_e $= E_s/E_c$

α_1	Beiwert für die Übertragungslänge eines Spannglieds im sofortigen Verbund	ε_s	Dehnung des Betonstahls
		ε_{su}	rechnerische Bruchdehnung des Betonstahls
α_n	Abminderungsbeiwert für die Schiefstellung zur Berücksichtigung nebeneinander wirkender Druckglieder	ε_{yd}	Bemessungswert der Dehnung des Betonstahls an der Streckgrenze
α_p	$= E_p/E_c$	θ_E	vorhandene plastische Rotationen
γ_c	Teilsicherheitsbeiwert für Beton	$\theta_{pl,d}$	Bemessungswert der zulässigen plastischen Rotationen
γ'_c	zusätzlicher Teilsicherheitsbeiwert für Beton ab Festigkeitsklasse C55/67 bzw. LC55/60	λ_{max}	Grenzwert der Schlankheit, ab dem ein Druckglied als schlank gilt
γ_F	Teilsicherheitsbeiwert für die Einwirkung F	λ_{crit}	Grenzwert der Schlankheit, ab dem für ein schlankes Druckglied die Einflüsse nach Theorie II. Ordnung zu berücksichtigen sind
γ_G	Teilsicherheitsbeiwert einer ständigen Einwirkung		
γ_p	Teilsicherheitsbeiwert für die Einwirkung infolge Vorspannung, sofern diese auf der Einwirkungsseite berücksichtigt wird	ρ_l	geometrisches Bewehrungsverhältnis der Längsbewehrung
		ρ_w	geometrisches Bewehrungsverhältnis der Querkraft- und Torsionsbewehrung
γ_Q	Teilsicherheitsbeiwert für eine veränderliche Einwirkung	σ_c	Spannung im Beton
		σ_{cg}	Spannung im Beton infolge der quasi-ständigen Einwirkungskombination
γ_R	Teilsicherheitsbeiwert für den Systemwiderstand bei nichtlinearen Verfahren der Schnittgrößenermittlung	σ_{cp0}	Anfangswert der Spannung im Beton infolge Vorspannung
		σ_p	Spannung im Spannstahl
γ_s	Teilsicherheitsbeiwert für Betonstahl	σ_{p0}	maximale im Spannstahl eingetragene Spannung während des Spannens
ε_c	Dehnung des Betons		
ε_{cas}	Schrumpfdehnung des Betons		
ε_{cc}	Kriechdehnung des Betons	σ_{pm0}	Spannung im Spannstahl unmittelbar nach dem Spannen oder der Krafteinleitung in den Beton
ε_{cds}	Trocknungsschwinddehnung des Betons		
ε_{cs}	Schwinddehnung des Betons		
ε_{cu}	rechnerische Bruchdehnung des Betons	$\Delta\sigma_{p,c+s+r}$	Spannkraftverlust infolge Kriechens und Schwindens des Betons und Spannstahlrelaxation
ε_{lc}	Dehnung des Leichtbetons		
ε_{lcu}	rechnerische Bruchdehnung des Leichtbetons	$\Delta\sigma_{pr}$	Spannungsänderung im Spannstahl infolge Relaxation
$\varepsilon_p^{(0)}$	Vordehnung des Spannstahls gegenüber dem Beton (Spannbettvorspannung)	σ_s	Spannung im Betonstahl

SI-Einheiten nach ISO 1000

m; mm	Längen
cm²; mm²	Querschnittsflächen
kN; kN/m; kN/m²	Kräfte und Einwirkungen
kN/m³	Wichte
N/mm² (= MN/m² oder MPa)	Spannungen und Festigkeiten
kNm	Momente

1 Allgemeines

1.1 Grundgedanke der Vorspannung

Bei vorgespannten Konstruktionen handelt es sich um Stahlbetontragwerke, welche zusätzlich zu den äußeren Einwirkungen durch die Vorspannung gedrückt werden. Weiterhin erzeugen umgelenkte Spannglieder Vertikallasten, die den äußeren Einwirkungen entgegenwirken.

Welchen Sinn hat es, ein Tragwerk zusätzlich zu seinen äußeren Einwirkungen noch durch die Vorspannung zu belasten? Man ist im Allgemeinen bestrebt, die Belastungen eines Bauteils und damit seine Beanspruchungen so gering wie möglich zu halten. An einem einfachen Beispiel, einem einfeldrigen Plattenbalken soll der Grundgedanke der Vorspannung erläutert werden. Das System, die Einwirkungen (nur ständige Lasten) sowie die hieraus resultierenden Schnittgrößen sind in Bild 1.1 dargestellt.

Eine Bemessung des 25 m weit gespannten Stahlbetonträgers im Grenzzustand der Tragfähigkeit ergibt in Feldmitte eine erforderlich Bewehrungsmenge von ca. 30 cm² was 6 Stäben d_s = 25 mm entspricht. Zur Rissbreitenbegrenzung muss die Anzahl der Stäbe um

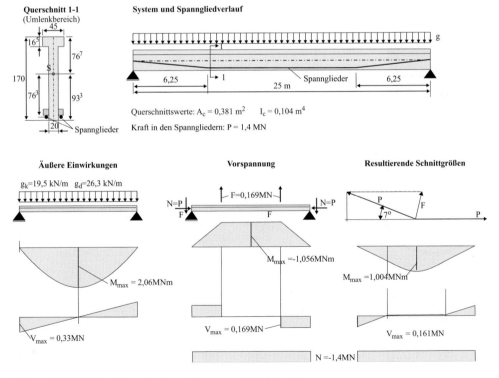

Bild 1.1 Einfeldriger Plattenbalken – System und Schnittgrößen

25 % auf 8 erhöht werden. Diese Bewehrungsmenge ist in dem 20 cm breiten Steg kaum einbaubar. Weiterhin ergeben sich sehr große Verformungen, da der Träger im Gebrauchszustand sich im Zustand II befindet.

Führt man entlang des Trägers ein Zugglied und spannt dieses gegen den Plattenbalken vor, so ergeben sich die in Bild 1.1 Mitte dargestellten Einwirkungen und Schnittgrößen. Das Zugglied ist nur an den Auflagern und den Umlenkstellen mit dem Träger verbunden.

Mit den resultierenden Einwirkungen (Bild 1.1 rechts) ergibt sich eine sehr geringe statisch erforderliche Feldbewehrung von ca. 1 cm². Im Grenzzustand der Gebrauchstauglichkeit ist der Plattenbalken fast vollständig überdrückt. Dies wirkt sich positiv auf die Verformungen aus.

Bei einer unterspannten Konstruktion ohne Vorspannung würden aufgrund der Dehnungen des Zugbandes sehr große Schnittgrößen in dem Betonträger auftreten.

Zusammenfassend lässt sich festhalten, dass der Träger nur mit Vorspannung ausführbar ist. Die Vorspannung reduziert die Biegemomente. Weiterhin wird eine Druckkraft aufgebracht. Dies führt zur Reduzierung der Betonstahlbewehrung und einer wesentlichen Verbesserung der Gebrauchstauglichkeit.

Nachfolgend sind einige Beispiele aus dem Alltag aufgelistet, wo eine Vorspannung angewendet wird.

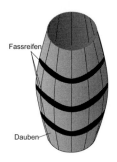

Holzfass
Erst nach dem Zusammenspannen der Holzdauben durch die Fassreifen wird das Fass wasserdicht.

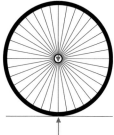

Speichenrad
Die sehr dünnen Speichen werden soweit vorgespannt, dass sie unter allen Belastungen eine Zugspannungsreserve aufweisen. Ohne Vorbelastung würden die Speichen ausknicken.

Bücherstapel
Will man einen Bücherstapel hochheben, so ist dies nur möglich, wenn durch eine äußere Druckkraft die Reibungskräfte zwischen den Büchern aktiviert werden.

1.1 Grundgedanke der Vorspannung

Das Holzfass ist vergleichbar mit einem Flüssigkeitsbehälter. Bei kleineren Durchmessern kann die für die Dichtigkeit notwendige geringe Rissbreite durch eine Betonstahlbewehrung erzielt werden. Bei großen Behältern wird die Stahlbetonbauweise sehr unwirtschaftlich und teilweise nicht ausführbar, wie sich leicht zeigen lässt.

In Bild 1.2 ist die maximale Wassertiefe z für einen kreisförmigen Behälter und drei verschiedene Bewehrungsmengen in Abhängigkeit vom Radius r aufgetragen. Der Behälter sei am Wandfuß gelenkig gelagert. Die zulässigen Betonstahlspannungen werden gemäß DIN 1045-1, Tabelle 20 für eine Rissbreite von $w_k = 0{,}2$ mm festgelegt. Man erkennt, dass die Stahlbetonbauweise sehr schnell an ihre Machbarkeitsgrenzen stößt.

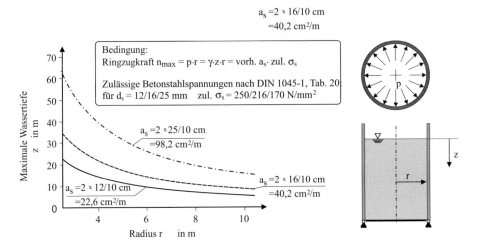

Bild 1.2 Maximale Wassertiefe in Abhängigkeit vom Radius und der Bewehrung

Das Anspannen von Speichen ist mit dem Vorspannen von Stäben, welche unter den äußeren Einwirkungen und ihrem Eigengewicht Zugkräfte aufweisen, vergleichbar. Bei Betonzuggliedern vergrößert die erzeugte Druckspannung die Steifigkeit des Trägers (Zustand I).

Druckstäbe werden teilweise vorgespannt, damit der Querschnitt auch unter Biegebeanspruchung im Zustand I verbleibt. Bei Rammpfählen möchte man die dynamischen Zugspannungen beim Rammen des Pfahles überdrücken.

Eine Segmentbrücke (Bild 1.3) ist ebenso wie ein Bücherstapel nur durch äußere Druckkräfte tragfähig. Die Kraftübertragung zwischen den einzelnen Segmenten erfolgt durch Reibung und Scherkräfte an den profilierten Stegflächen.

Wie die vorhergehenden Beispiele zeigen ist das Ziel einer Vorspannung, ein Bauteil aus nicht zugfestem Material durch eine Druckkraft (Vorspannkraft) so weit zu überdrücken, dass infolge der äußeren Einwirkungen keine bzw. nur geringe Zugspannungen auftreten. Eine Vorspannung ist daher nur sinnvoll, wenn das Tragglied aus einem Baustoff besteht, welcher keine oder nur eine geringe Zugfestigkeit aufweist, wie beispielsweise Beton. Beton besitzt eine hohe Druck- aber nur eine geringe Zugfestigkeit ($f_{ctm} = 0{,}30 f_{ck}^{2/3}$ nach DIN 1045-1, Tab. 9). Weiterhin versucht man durch geeignete Spanngliedführungen nicht nur Druckkräfte sondern zusätzlich Umlenklasten zu erzeugen, welche den äußeren Lasten entgegenwirken.

Ansicht

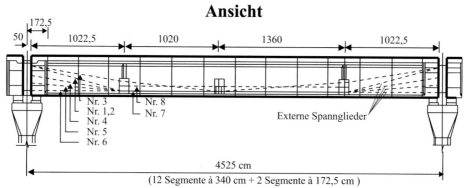

Standardsegment

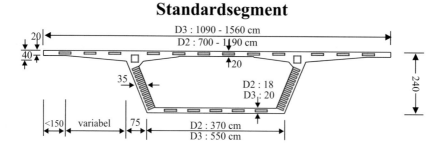

Bild 1.3 Segmentbrücke (Second Stage Expressway System in Bangkok)

Blick in den Hohlkasten mit externen Spanngliedern

Bild 1.3 (Fortsetzung)

Durch eine äußere Druckkraft bleibt der Querschnitt weitgehend ungerissen. Es ist daher größtenteils eine verhältnismäßig geringe Bewehrung erforderlich. Diese dient neben der Aufnahme von Lasten auch zur Begrenzung der Rissbreiten.

Die Eintragung einer Druckkraft in das Bauteil erfolgt größtenteils durch das Ziehen von Stäben oder Litzen (Spanngliedern, bestehend z.B. aus Stahl oder Hochleistungsverbundwerkstoffen – CFRP) gegen den erhärteten Beton (siehe Abschnitt 1.7 „Spannverfahren"). Die Kraft im Zugglied wird als Vorspannkraft und die Verlängerung als Zieh- oder Spannweg bezeichnet. Der Verbund zwischen Spannglied und Betonquerschnitt kann nachträglich durch die Verpressung mit Zementmörtel hergestellt werden. Geschieht dies nicht, so spricht man von Vorspannung ohne Verbund.

1.2 Anwendungsgebiete des Spannbetons

In den Anfangszeiten des Spannbetonbaus wurde die Vorspannung im Wesentlichen bei Brücken eingesetzt. Ziel war es Materialkosten einzusparen sowie die Spannweiten zu vergrößern. In den letzten Jahren hat die Spannbetonbauweise nahezu alle Bereiche des konstruktiven Ingenieurbaus erfasst. Weiterhin wird die Vorspannung nicht nur zur Steigerung der Tragfähigkeit sondern vermehrt auch zur Verbesserung der Gebrauchstauglichkeit (Risse, Durchbiegung) eines Tragwerks eingesetzt. Nachfolgend seien einige Beispiele für die Anwendung von Spanngliedern angeführt.

- *Ingenieurbau*

	Zweck der Vorspannung
Brücken	Größere Spannweiten (als Stahlbeton) Sanierung: Erhöhung der Tragfähigkeit Begrenzung der Rissbreiten und der Durchbiegung
Schalen, Behälter	Begrenzung der Rissbreiten, Dichtigkeit Größere Spannweiten bzw. Durchmesser

- *Hochbau*

Flachdecken	Begrenzung der Durchbiegung Größere Spannweiten Ebene Schalung
Fertigteilträger (-binder)	Größere Spannweiten Gewichtsersparnis

- *Grundbau und Wasserbau*

Daueranker oder temporäre Anker Rammpfähle	Ankerkräfte in den Baugrund – freie Baugrube Überdrückung von Zugspannungen beim Rammen
Fundamentplatten	Begrenzung der Rissbreiten Vergleichmäßigung der Bodenpressung

- *Sonderanwendungen*

  Hebetechnik
  Sanierung
  Hilfsabspannung beim Freivorbau
  Schrägseilbrücken
  Verankerung von Konsolen
  Betonwaren: Maste, Bahnschwellen

Bild 1.4 Rombachtalbrücke

1.2 Anwendungsgebiete des Spannbetons

In Deutschland wird der meiste Spannstahl (78 %) im Brückenbau eingesetzt, während in den USA der Hochbau mit 59 % überwiegt (Bild 1.5). Wie man aus dem Bild 1.7 erkennt, waren im Jahr 1985 bezogen auf die Überbaufläche ca. 67 % aller Bücken der Bundesfernstraßen in Deutschland vorgespannt.

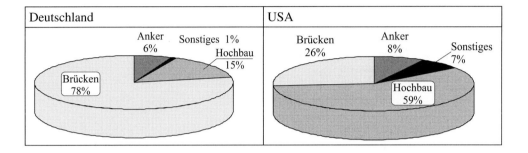

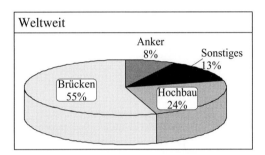

Bild 1.5 Prozentuale Verteilung der Gesamtstahlmenge [18]

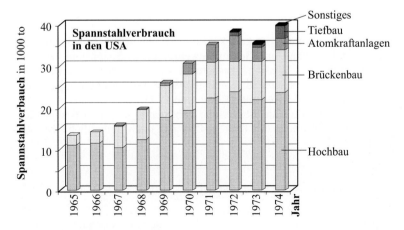

Bild 1.6 Spannstahlverbrauch in den USA [17]

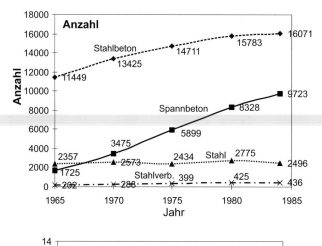
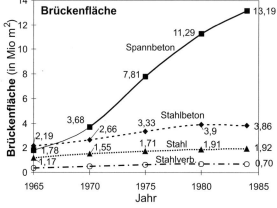

Bild 1.7 Anzahl und Fläche der Brücken der Bundesfernstraßen [144]

1.3 Besonderheiten von Spannbetontragwerken

Spannbeton (Vorspannung mit Verbund) ist kein spezielles Baumaterial. Es handelt sich um einen Verbundwerkstoff bestehend aus Beton, Bewehrung und Spannstahl, welcher durch äußere Druckkräfte und Umlenklasten beansprucht wird. Entsprechend sind alle Berechnungsverfahren des Stahlbetons auch auf ein Spannbetontragwerk übertragbar. Dem trägt auch die neue Normengeneration Rechnung. Während in Deutschland bis zum Jahr 2001 zwei unterschiedliche Normen für die Bemessung von Spann- und Stahlbetonbauteilen existierten, sind mit der Einführung der DIN 1045-1 nur noch einheitliche Berechnungsverfahren gültig.

Dies wird auch aus folgendem Zitat deutlich (EC2 2.2.2.1(3)):

*Vorspannung (P) ist eine **ständige Einwirkung**, die aber aus praktischen Gründen gesondert betrachtet wird.*

Trotzdem bedürfen Spannbetontragwerke sowohl bei der Bemessung als auch der Konstruktion einer eingehenden Betrachtung, da folgende Besonderheiten auftreten:

1.3 Besonderheiten von Spannbetontragwerken

- *Spannbetontragwerke erfordern eine größere Abbildungsgenauigkeit des Tragverhaltens und der Einwirkungen als Stahlbetonkonstruktionen.*
  Durch die Vorspannung werden Schnittgrößen erzeugt, welche weitgehend den äußeren Einwirkungen entsprechen. Die Gesamtbelastung eines Tragwerks ergibt sich somit aus der Differenz zweier großer, annähernd gleicher Werte (Vorspannung – äußere Einwirkungen).
  Aufgrund der hohen Vorspannkräfte, welche ständig das Bauteil belasten, ist bei vorgespannten Systemen eine erheblich größere Abbildungsgenauigkeit des Tragverhaltens und der Einwirkungen als bei Stahlbetonkonstruktionen erforderlich. So sind beispielsweise Vereinfachungen bei der Tragwerksberechnung nur sehr begrenzt zulässig. Weiterhin müssen die veränderlichen Querschnittswerte im Bau- und Endzustand unter Berücksichtigung der vorhandenen Bewehrung und der Spannkabel bzw. Hüllrohre ermittelt werden. Die mittragenden Plattenbreiten sind unter anderem auch wegen des sich hieraus ergebenden Hebelarmes der Spannglieder genau zu erfassen. Einspanngrade sollten nicht abgeschätzt, sondern entsprechend dem realen Bauteilverhalten angesetzt werden.

- *Ständige hohe Beanspruchungen*
  Ein Spannbetontragwerk ist im Gegensatz zu einem Stahlbetonbauwerk nie spannungslos. Die hohen Einwirkungen infolge der Vorspannung treten im Gegensatz zu Verkehrslasten immer auf. Daher ist die Dauerstandfestigkeit zu beachten.

- *Zeitabhängige Betonverformungen (Kriechen und Schwinden) sind zu berücksichtigen*
  Durch die Verkürzung des Betons verringert sich die Vorspannkraft. Die zeitabhängigen Betonverformungen werden bei Stahlbetontragwerken meistens nur bei der Berechnung der Verformungen eines Bauteils berücksichtigt. Bei Spannbetontragwerken müssen sie aufgrund der zuvor genannten Auswirkungen auf die Spannkraft immer beachtet werden.

- *Die Einleitung der hohen Spannkräfte ist nachzuweisen*
  Im Bereich von Spanngliedverankerungen und -umlenkungen treten hohe Einzelkräfte auf. Deren Eintragung in das Bauwerk ist nachzuweisen.

- *Die Beanspruchungen eines Tragwerks im Anfangszustand (direkt nach dem Vorspannen) können größer als im Endzustand sein*
  Beim Vorspannen sind die geringsten äußeren Einwirkungen vorhanden. Andererseits treten jedoch die maximalen Spann- und Umlenkkräfte auf. Daher sind bei der Bemessung im Allgemeinen mehrere Zeitpunkte zu betrachten. Beispielsweise für ein Brückentragwerk:

  – Bauzustand ($t = t_0$):
  Vorspannung maximal – äußere Einwirkungen minimal

  – Zwischenzustand, z. B. vor Verkehrsübergabe ($t = t_1$)
  Vorspannung durch Kriech- und Schwindverluste etwas abgebaut
  Nur minimale Belastung aus äußeren Einwirkungen (Eigengewicht + Ausbaulast)

  – Endzustand ($t \to \infty$)
  Vorspannung minimal – äußere Einwirkungen maximal

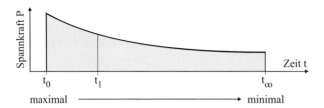

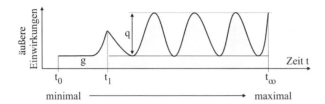

- *Der Spannstahl wird im Gegensatz zu der Betonstahlbewehrung immer mit sehr hohen Spannungen beansprucht*
  Dies wirkt sich negativ auf die Korrosionsempfindlichkeit der Stähle aus. Weiterhin werden die hohen Spannungen teilweise durch Relaxation des Materials abgebaut. Diese Spannkraftabnahme ist zu berücksichtigen.

- *Eine Erhöhung der Vorspannkraft im Querschnitt ist teilweise nicht auf der sicheren Seite*
  Durch die Vorspannung wird eine Einwirkung erzeugt, welche entgegengesetzt den äußeren Einwirkungen wirkt. Eine zu große Spannkraft kann daher beispielsweise bei einem Balken zu Problemen bei der Gebrauchstauglichkeit auf der Oberseite des Trägers führen (siehe Bild 1.8). Dies ist auch zu beachten, wenn die Spannkraft unplanmäßig über ihren rechnerischen Sollwert erhöht wird. Beim Spannvorgang wird teilweise mehr als der planmäßige Pressendruck aufgebracht, wenn die Soll-Spannwege nicht erreicht werden, d.h. der gewünschte Spannkraftverlauf nicht vorliegt. Anschließend ist jedoch die Spannkraft zu reduzieren und ggf. bei größeren Abweichungen die statischen Auswirkungen zu untersuchen.

- *Die Voraussetzung einer elastischen Berechnung der Schnittgrößen ist bei Spannbetontragwerken besser erfüllt als bei Stahlbetontragwerken*
  Spannbetontragwerke verbleiben oftmals im Gebrauchszustand im Zustand I, d.h. es treten rechnerisch keine Zugspannungen und damit auch keine Risse im Beton auf.

- *Ein Spannbetontragwerk ist ungeeignet für große Lastschwankungen*
  Durch die Vorspannung versucht man Einwirkungen zu erzeugen, welche betragsmäßig weitgehend den äußeren Lasten entsprechen. Deckt man die Maximallast $(g + q)_{max}$ durch die Vorspannung ab, so können Probleme bei der minimalen Einwirkung (g) auftreten (Bild 1.8). In diesem Fall muss die Spannkraft reduziert und/oder die Biegebeanspruchung durch eine mehr zentrische Anordnung der Spannkabel reduziert werden. Lastschwankungen vergrößern somit die Betonabmessungen und den Spannstahlbedarf.

1.3 Besonderheiten von Spannbetontragwerken

- *Bei Spannbetontragwerken kann der Übergang vom ungerissenen zum gerissenen Zustand schlagartig erfolgen*
  Dies ist im Wesentlichen auf den verhältnismäßig geringen Bewehrungsgehalt eines Spannbetonbauteils zurückzuführen. Die großen Steifigkeitsänderungen sind ggf. zu beachten.

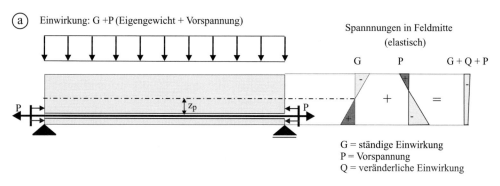

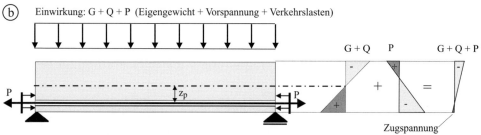

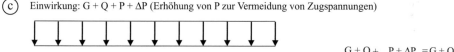

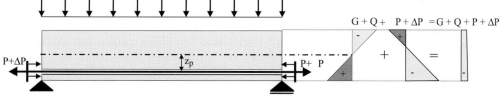

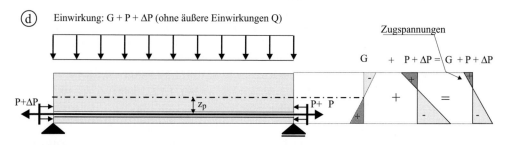

Bild 1.8 Wahl der Vorspannkraft

- *Die Eintragung der Vorspannkräfte setzt eine weitgehend zwängungsfreie Lagerung des Bauteils voraus*
  Die Eintragung einer Normalkraft in ein System durch Vorspannung ist nur möglich, wenn sich das Tragwerk in Spannrichtung weitgehend zwängungsfrei verformen kann. Probleme können beispielsweise bei Decken im Hochbau, welche mit massiven aussteifenden Bauteilen verbunden sind und bei Wänden von Behältern, welche an eine dicke Bodenplatte anschließen, auftreten. Die zwängungsfreie Verformbarkeit des Tragwerks in Spannrichtung ist bei der Bauausführung zu berücksichtigen.

- *Hohe Ausführungsqualität erforderlich*
  Neben der Bemessung werden auch an die Bauausführung hohe Anforderungen gestellt. Dies umfasst sowohl die Betonqualität, das Verlegen der Spannglieder sowie das Vorspannen und Auspressen. Daher sollten nur erfahrene Unternehmen und Ingenieure bei der Planung und Ausführung von Spannbetontragwerken eingesetzt werden.

Wie man aus der vorhergehenden kurzen Auflistung erkennt, weisen vorgespannte Tragwerke zahlreiche Besonderheiten auf. Diese sollen im Rahmen dieses Buches erläutert werden.

1.4 Vor- und Nachteile des Spannbetons

1.4.1 Vorteile des Spannbetons

Verbesserung der Gebrauchstauglichkeit

Die Verbesserung der Gebrauchstauglichkeit ist vor allem darauf zurückzuführen, dass sich ein Spannbetontragwerk unter den planmäßigen Einwirkungen weitgehend im Zustand I befindet (volle und beschränkte Vorspannung). Hieraus resultieren folgende Vorteile:

- *Das Betontragwerk ist weitgehend rissefrei*
  Durch die Wahl einer geeigneten Spanngliedführung können im Gebrauchszustand die maximalen Randspannungen auf Werte begrenzt werden, welche kleiner als die rechnerische Zugfestigkeit des Betons sind. Somit sollten unter den planmäßigen Einwirkungen keine Risse auftreten. Durch die vorhandene Druckkraft werden evtl. durch Überbeanspruchung entstandene Risse wieder geschlossen. Eine Rissefreiheit ist vor allem bei wasserdichten Bauwerken sowie bei Konstruktionen mit starkem Korrosionsangriff (z.B. Brücken) von Bedeutung.

- *Geringere Verformungen des Tragwerkes*
  Die Verformungen eines Bauteils nehmen mit der Rissbildung sehr stark zu. Ein vorgespanntes Bauteil kann unter ständigen Lasten unter Druckspannung stehen. Die maximalen Verformungen eines vorgespannten Trägers sind unter Umständen sogar geringer als im Stahlbau, solange das Bauteil im Zustand I verbleibt.
  Maximale Dehnung des Betons: $\varepsilon_c = \sigma_c / E_c \approx (0,85 \cdot 30 / 1,5)/30000 = 0,57 \cdot 10^{-3}$
  Maximale Dehnung des Stahls ST 52: $\varepsilon_s = \sigma_s / E_s \approx (360 / 1,1)/210000 = 1,56 \cdot 10^{-3}$
  Daher können Zugglieder aus Spannbeton teilweise sinnvoll sein.

- *Weniger schwingungsanfällig*
  Spannbetontragwerke befinden sich im Gebrauchszustand weitgehend im Zustand I (Ausnahme: Teilweise Vorspannung). Die Steifigkeit der Konstruktion ist somit erheb-

1.4 Vor- und Nachteile des Spannbetons

lich größer als die eines Stahlbetonbauteils, welches auch unter geringen Einwirkungen Risse aufweisen wird. Daher ist die Schwingungsanfälligkeit von Spannbetontragwerken geringer.

- *Höhere Ermüdungsfestigkeit des Bauwerkes*
  Falls das Bauteil unter Gebrauchslasten weitgehend im Zustand I verbleibt, treten kleine Schwingbreiten im Beton und im Stahl auf. Andererseits ist jedoch die Ermüdungsfestigkeit des hoch ausgenutzten Spannstahls geringer als die von Betonstahl. Besonders kritisch sind die Koppelbereiche.

Reduzierung der Querschnittsabmessungen bzw. größere Einwirkungen und Spannweiten möglich

- *Reduzierung der Schnittgrößen*
  Wirksame Biegemomente, Querkräfte, Torsionsmomente und Auflagerkräfte können durch Vorspannung verringert werden. Weiterhin lassen sich die Biegestörungen an den Rändern von Schalentragwerken teilweise beseitigen (Membranspannungszustand).
- *Einsatz hochfester Stähle*
  Spannstähle können erheblich größere Zugkräfte aufnehmen als Betonstäbe gleichen Querschnitts.

Neue Bauweisen möglich

- Fertigteile können durch Vorspannung zu einem monolithischen Tragwerk verbunden werden (siehe Segmentbauart).

Reduzierung der Betonstahlbewehrung

- Spannbetonbauteile weisen meistens nur eine geringe Biegebewehrung auf. Es ist jedoch zu beachten, dass eine Mindestbewehrung auch bei voll überdrückten Bauteilen zur Risseverteilung und wegen der Robustheit erforderlich ist.

Bild 1.9 Segmentbauweise   **Bild 1.10** Schlanker Spannbettträger

1.4.2 Nachteile des Spannbetons

Hohe Material- und Lohnkosten

- Hohe Materialkosten für Spannstahl und Verankerungselemente
  Kosten (einschließlich Verlegen, Stand 1999):

Bewehrungsstahl	ca. 900 ÷ 1100 DM/to
Spannstahl (mit Verbund)	ca. 5000 DM/to
Spannstahl (ohne Verbund)	ca. 7500 ÷ 10.000 DM/to
Zum Vergleich: Beton	ca. 450 DM/m^3

- Lohnintensives Verlegen der Spannglieder, Anspannen und Verpressen
- Korrosionsschutz der Spannglieder
  Die Spannglieder müssen dauerhaft gegen Korrosion geschützt sein. Aufgrund der hohen Spannungen sind sie erheblich empfindlicher als Betonstahl.

Planung, Entwurf, Konstruktion und Ausführung erfordern gründliche Kenntnisse, Erfahrung und Sorgfalt

Es werden hohe Anforderungen an die Tragwerksberechnung und an die Ausführung gestellt (siehe Abschnitt 1.3). Daher dürfen auf den Baustellen und in den Werken nur Führungskräfte mit ausreichender Erfahrung eingesetzt werden (DIN 1045-3, 7.1(4)).

1.5 Entwicklung des Spannbetonbaus

Kenntnisse der Geschichte der Spannbetonbauweise sind nicht nur von historischem Interesse. Aus den Problemen und Fehlschlägen in der Vergangenheit ist die heutige Bauweise entwickelt worden. Insbesondere die begangenen Fehler gilt es heutzutage zu vermeiden. Ein ausführlicher geschichtlicher Rückblick kann Leonhardt [91] entnommen werden. Eine sehr interessante Abhandlung der geschichtlichen Zusammenhänge ist bei Grote [56] zu finden.

Die Entwicklung der Spannbetonbauweise wurde in erster Linie nicht durch den Wunsch nach weitgespannten Tragwerken veranlasst, wie man vermuten würde, sondern maßgeblich von der wirtschaftlichen Lage Europas nach Ende des Ersten und Zweiten Weltkrieges beeinflusst. So waren beispielsweise die um 1919 entwickelten so genannten Wettsteinbretter (Bild 1.12) als Ersatz für Dachschalungen aus Holz gedacht, ein Baustoff an welchem zu der damaligen Zeit Mangel bestand. Die stürmische Entwicklung der Spannbetonbauweise nach dem Zweiten Weltkrieg zielte zunächst auf eine Reduzierung des knappen Betonstahles. Die Stahlmenge eines Spannbetonträgers ist erheblich geringer als die eines vergleichbaren Stahlbetonbauteils.

Die Spannbetonbauweise wurde erst durch die Entwicklung und Verbesserung der Baustoffe möglich. Es werden hochfeste Stähle und hochfeste, schwind- und kriecharme Betone benötigt (Bild 1.11).

Die erste Anwendung der Spannbetonbauweise erfolgte durch P. H. Jackson (San Francisco). Er meldete im Jahr 1886 ein Patent für vorgespannte Bodenplatten (ohne Verbund) aus Steinen oder Betonbögen an. Als Spannglied verwendete er Eisenstäbe, welche mittels Gewindemuttern angespannt wurden.

1.5 Entwicklung des Spannbetonbaus

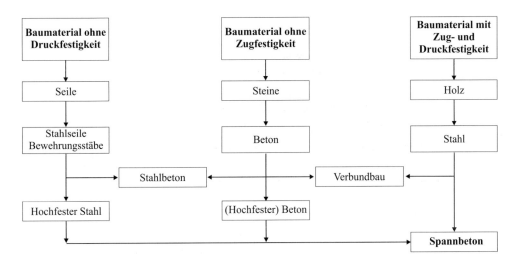

Bild 1.11 Entwicklung der Baumaterialien [17]

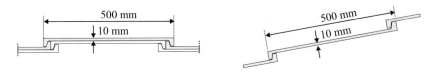

Bild 1.12 Wettsteinbretter als Dacheindeckung [8]

Zwei Jahre später (1888) entwickelte W. Döhring (Berlin) ein Patent für das Vorspannen von Betondielen. Hierzu verwendete er Drähte, welche vor dem Betonieren mit einer Spannvorrichtung gedehnt wurden (Spannbettvorspannung).

Infolge der zeitabhängigen Betonverformungen (Kriechen und Schwinden) und der geringen Festigkeit der Spannglieder wurde die Vorspannkraft jedoch im Laufe der Zeit weitgehend aufgezehrt. Diese Zusammenhänge waren damals nicht bekannt.

Ab dem Jahre 1919 stellte K. Wettstein [8] ca. 10 mm dünne Betonplatten bzw. -bretter mit einer Länge von $l = 4 \div 6$ m (Bild 1.12) her, welche mit Hilfe von einbetonierten, vor dem Betonieren gedehnten Klaviersaitendrähten ($\varnothing = 3 \div 1{,}2$ mm, Zugfestigkeit $f_{yk} = 1400 \div 2000$ N/mm^2) in Längs- und Querrichtung vorgespannt wurden. Er verwendete als erster hochfesten Stahl. Die Bretter dienten hauptsächlich zur Eindeckung von Dächern als Ersatz für Dachschalungen aus Holz, da dieser Baustoff nach dem Ersten Weltkrieg nicht in ausreichender Menge zur Verfügung stand. Der geringe Haftverbund zwischen Beton und den glatten Drähten scheint keine Probleme bereitet zu haben.

In der Folgezeit konzentrierte man sich auf die Entwicklung und Optimierung von Spannsystemen sowie auf die Untersuchung der zeitabhängigen Verformungen des Betons. Nachfolgend sind die wesentlichen Daten aufgelistet.

1928	Freyssinet Patent zur Vorspannung von Beton mit Stahlspannungen über 400 N/mm². Die Notwendigkeit hochfester Stähle ist erkannt.
1930	Verschiedene Firmen stellen Schleuderbetonrohre mit vorgespannter Umwicklung her.
1936	Bau der ersten vorgespannten Brücke in Deutschland (Bahnhofbrücke in Aue, Sachsen) mit 69 m Spannweite im Hauptfeld (Bild 1.14). Die externe Vorspannung erfolgte durch Einzelstäbe ⌀ 70 in St 52.
1937	Bau der ersten voll vorgespannten Brücke in Deutschland (Oelde Brücke, Westfalen), System Freyssinet mit Stäben ⌀ 10 in St 105
1938	F. Dischinger (Berlin) Patent für außerhalb des Betonquerschnittes liegende hängeartige Spannglieder (externe Vorspannung) (Bild 1.13) und Anwendung dieses Verfahrens in Deutschland beim Bau der Autobahnüberführung bei Wiedenbrück (Spannweite 34,5 m)
1939	Dischinger veröffentlicht seine Arbeiten über die zeitabhängigen Spannkraftverluste

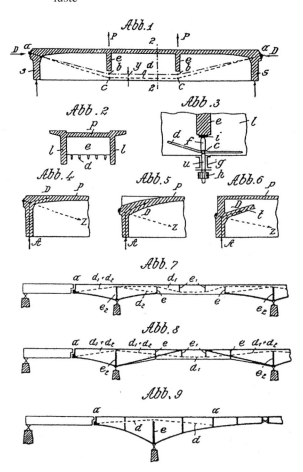

Bild 1.13 Bild aus Dischingers Patentschrift DRP 727 429 über hängewerksartige Spannglieder außerhalb des Betonquerschnitts

1.5 Entwicklung des Spannbetonbaus

1941   Bau der ersten Spannbetonbrücke mit interner Vorspannung (Entwurf Freyssinet) Zweigelenk-Rahmenbrücke ($l = 55$ m) über die Marne bei Luzancy

1943   Entwurf der ersten Spannbetonvorschrift DIN 4227

In den folgenden Jahren wurden verschiedene Spannverfahren entwickelt, z. B.:

Freyssinet-Verfahren: Bündel aus 5 mm Drähten (Litzen)
Dywidag: Stahlstäben $\varnothing$ 25 mm aus ST 600/900

Hierdurch setzte ab dem Jahr 1949 eine stürmische Entwicklung des Spannbetons im Hoch- und Brückenbau ein. 1950 fand die erste internationale Spannbetontagung in Paris statt. Es wurde der Interessenverband FIP (Fédération Internationale de la Précontrainte) gegründet, welcher sich 1998 mit dem CEB zum Verband FIB vereinte.

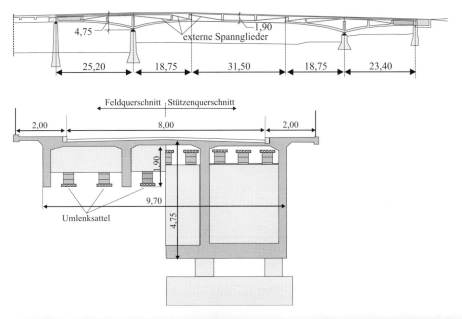

Bild 1.14 Bahnhofsbrücke in Aue [7] (Foto: Archiv Straßenbauamt Zwickau)

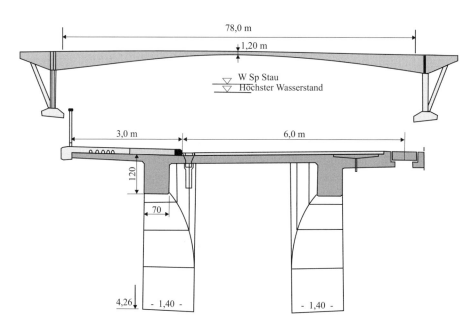

Bild 1.15 Gänsetorbrücke in Ulm, Baujahr 1950 [215]

1.5 Entwicklung des Spannbetonbaus

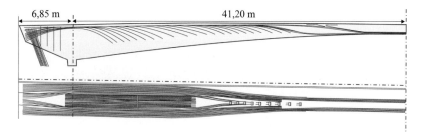

Vorspannung mit Stäben d_s = 26 mm, St 90, Muffenkopplung

Bild 1.15 (Fortsetzung)

Auf die erste Spannbetonbrücke in Deutschland, die Bahnhofsbrücke in Aue (Sachsen) (Baujahr 1936/37) soll hier noch etwas genauer eingegangen werden. Der Grund für die Wahl dieser damals neuen Bauweise waren im Wesentlichen ästhetische Gesichtspunkte. Eine Stahl- oder Stahlbetonkonstruktion hätte einen Trogquerschnitt erfordert, welcher „plump und drückend gewirkt hätte". Die Vorspannung erfolgte mit Rundstäben ⌀ 70 mm der Güte ST 52 und einer Gewindeverankerung. Alle Spannstangen verliefen bis auf den Ankerbereich außerhalb des Betonquerschnitts (externe Vorspannung). Hierdurch war ein Nachspannen zum Ausgleich der Schwind- und Kriechverluste möglich, was auch zweimal und zwar 1940/41 und 1982 erfolgte. Im Jahr 1990 wurde eine größere Sanierung des Tragwerkwerkes [19] durchgeführt. Bei den Arbeiten stellte sich eine sehr schlechte Betonqualität heraus, was einen vollständigen Abriss des Spannbetonabschnittes erforderte. Die Spannstangen wurden durch Litzenspannglieder ersetzt. Interessanterweise hat die externe Vorspannung, wie sie bei der Auebrücke verwendet wurde, gerade in neuerer Zeit an Bedeutung gewonnen.

Die Spannbetonbauweise war erst mit der Entwicklung hochfester Stähle als Spannglieder möglich. Diese Notwendigkeit ergibt sich aus den zeitabhängigen Verformungen – Schwinden und Kriechen – des Betons.

- **Kriechen:** Zeitabhängige Zunahme der Verformungen unter andauernden Spannungen

- **Schwinden:** Verkürzung des Betons während der Austrocknung

- **Relaxation:** Zeitabhängige Abnahme der Spannungen unter einer aufgezwungenen Verformung von konstanter Größe

Die Zusammenhänge sollen an einem Beispiel erläutert werden. Es wird ein Träger betrachtet, welcher durch Beton- bzw. hochfesten Stahl zentrisch vorgespannt wird. Die genauen Abmessungen sind hier nicht von Belang. Die Schwind- und Kriechverformungen werden nach DIN 1045-1 ermittelt. Hierauf wird im Kapitel 7 noch näher eingegangen.

Beim Anspannen wird der Betonstahl um ε_s = 0,6 ‰ und der hochfeste Spannstahl um ε_p = 5 ‰ gedehnt (Bild 1.17 und Tabelle 1.1). Die zeitabhängige Dehnung des Bauteils beträgt bei einer angenommenen zentrischen permanenten Druckspannung von σ_c = –10 N/mm² nach DIN 1045-1 $\varepsilon_{c,c+s}$ = –0,6 ‰ – 0,75 ‰ = –1,35 ‰. Sie ist damit größer als die mögliche Vordehnung des Betonstahls ε_s = +0,6 ‰. Die Vorspannung geht somit im

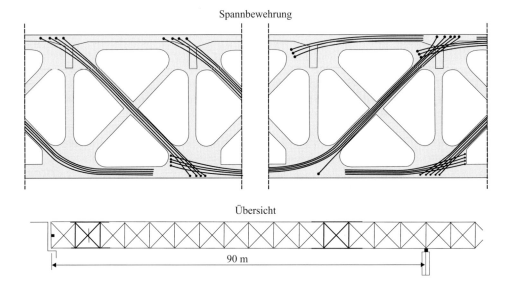

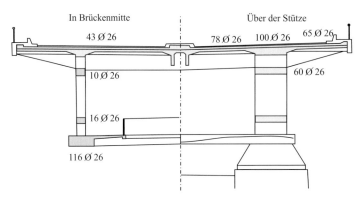

Bild 1.16 Mangfallbrücke mit vorgespannten Zugstäben, Baujahr 1959 [214]

1.5 Entwicklung des Spannbetonbaus

Laufe der Zeit vollständig verloren. Der hochfeste Spannstahl weist eine größere Vordehnung auf. Es tritt ein Spannkraftabfall von ca. 27 % auf. Dieser muss selbstverständlich bei der Berechnung berücksichtigt werden.

Tabelle 1.1 Vorspannung mit Betonstahl bzw. hochfestem Stahl

Vorspannung mit	
Betonstahl	hochfestem Stahl
Stahlspannung nach dem Vorspannen	
$\sigma_s = 120$ N/mm² Anmerkung: Infolge von äußeren Einwirkungen nach dem Vorspannen nehmen die Betonstahlspannungen zu. Daher wird hier nicht die Zugfestigkeit angesetzt.	$\sigma_p = 1000$ N/mm²
E-Modul	
$E_S = 200\,000$ N/mm²	$E_p = 200\,000$ N/mm²
Stahldehnung zum Zeitpunkt $t = t_0$ (nach dem Anspannen und Verankern)	
$\varepsilon_s = \dfrac{\sigma_s}{E_s} = \dfrac{120}{200\,000} = 0{,}0006 \equiv 0{,}6\,‰$	$\varepsilon_s = \dfrac{\sigma_p}{E_p} = \dfrac{1000}{200\,000} = 0{,}0050 \equiv 5{,}0\,‰$
Betonstauchung wird vernachlässigt.	
Dehnungen des Betons infolge Schwinden:	
Endschwindmaß $\varepsilon_{cs,\infty} = -0{,}6\,‰$ (DIN 1045-1, Bilder 19 und 20)	
Dehnungen des Betons infolge Kriechen $\left(\varepsilon_{cc,\infty} = \dfrac{\sigma_c}{E_{cm}} \varphi_\infty\right)$	
(σ_c = Betonspannung in Höhe der Spannglieder)	
Elastizitätsmodul des Betons $E_{cm} = 33\,300$ N/mm² (DIN 1045-1, Tab. 9 für C35/45)	
Endkriechmaß $\varphi_{t,\infty} = 2{,}5$ (DIN 1045-1, Bild 18) ($t_0 = 28$ Tage)	
z. B. mit $\sigma_c = -10$ N/mm² (konstant) ergibt sich Anmerkung: Die zeitliche Abnahme der Spannstahlspannung durch die Betonverformungen wird vernachlässigt.	
$\varepsilon_{cc,\infty} = \dfrac{-10}{33\,300} 2{,}5 = 0{,}00075 \equiv -0{,}75\,‰$	
Verbleibende Stahldehnung für $t = \infty$	
$\varepsilon_s = \varepsilon_{s,0} + \varepsilon_{cs,\infty} + \varepsilon_{cc,\infty} = 0{,}60 - 0{,}60 - 0{,}75 =$ $= -0{,}75\,‰ = 0\,‰$	$\varepsilon_s = \varepsilon_{s,0} + \varepsilon_{cs,\infty} + \varepsilon_{cc,\infty} = 5{,}0 - 0{,}60 - 0{,}75 = 3{,}65\,‰$
Verbleibende Spannung im vorgespannten Stahl	
$\sigma_s = E_s \cdot \varepsilon_s = 0$ N/mm²	$\sigma_s = E_s \cdot \varepsilon_s = 200\,000 \cdot 0{,}00365 = 730$ N/mm²

Die Berechnung zeigt auch, dass eine Vorspannung gegen starre Widerlager (z. B. Scheitelvorspannung bei Brücken) nur sehr begrenzt möglich ist. Durch die zeitabhängigen Betonverformungen werden die aufgebrachten Dehnungen teilweise wieder vollständig aufgebraucht. Es ist dann keine Vorspannwirkung mehr vorhanden.

Weiterhin folgt aus der obigen Betrachtung, dass Spannbetontragwerke für mehrere Zeiten nachzuweisen sind. Es genügt in der Regel nicht, nur den Anfangszustand beim Vorspannen zu betrachten.

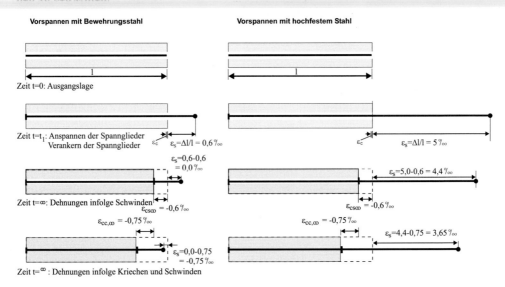

Bild 1.17 Spannkraftverluste infolge Kriechen und Schwinden

1.6 Definitionen – Begriffe

1.6.1 Querschnittsbereiche

Neben der bekannten Druck- und Zugzone wird bei Spannbetonbauteilen zusätzlich zwischen einer vorgedrückten Druck- bzw. Zugzone unterschieden. Hierbei wird von einem elastischen Materialverhalten ausgegangen. Man unterscheidet (Bild 1.18):

- Druckzone
  Querschnittsbereich, welcher infolge der äußeren Einwirkung ($G+Q$) (ohne Vorspannung) Druckspannungen aufweist.

- Zugzone
  Querschnittsbereich, welcher infolge der äußeren Einwirkung ($G+Q$) (ohne Vorspannung) Zugspannungen aufweist.

- Vorgedrückte Druckzone
  Querschnittsbereich, in welchem sowohl die äußeren Einwirkungen als auch die Vorspannung Druckspannungen erzeugen.

wie ›**Paul**‹

Mehr brauchen Sie sich
im Moment zu den Themen

Spannen von Vorpannen von Spannen von
Betonschwellen Fertigteilen Schrägseilen

nicht zu merken.

Max-Paul-Straße 1 88525 Dürmentingen / Germany
Phone: +49 (0) 7371 / 500-0 Fax: +49 (0) 7371 / 500-111
Mail: spannbeton@paul-d.com Web: www.paul-d.com

Maschinenfabrik GmbH & Co.

SPANN | AUSRÜSTUNGEN

...für Fertigteile

1. Eindraht-Spannpresse
2. Pumpenaggregat
3. Anbaukran
4. Entspannpumpenaggregat
5. Entspannzylinder
6. Litzenhaspel
7. Umlenkrollen
8. elektr. Schiebegerät
9. hydr. Abschneider
10. Kraftmessgerät DMS
11. Querlochplatte
12. Widerlagerträger
13. Schutzvorrichtung
14. Spannstahlverankerungen
15. Spannstahlkupplung

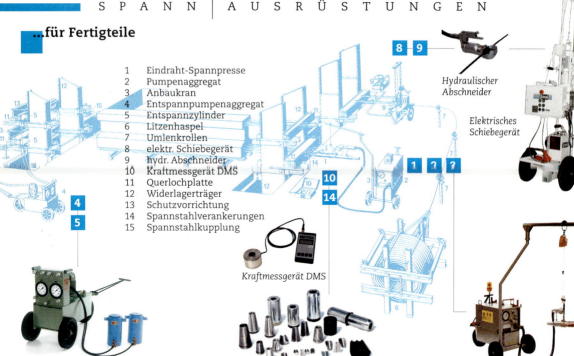

Hydraulischer Abschneider

Elektrisches Schiebegerät

Entspannpumpenaggregat und Entspannzylinder

Kraftmessgerät DMS

Spannstahlverankerungen

Automatische Eindraht-Spannpresse

...für vorgespannten Beton mit nachträglichem Verbund

Hydraulisches Schiebegerät

Spannmaschine, bestehend aus einer Hochdruckpumpe und 2 Eindrahtspannpressen

Kleinpumpenaggregat

Bündelspannpresse 15.000 kN

...für Betonschwellen

CNC-gesteuerter Kopfstauchautomat

Montageautomat

CNC-gesteuerter Spannro...

Paul Maschinenfabrik GmbH & Co.

Max-Paul-Straße 1
Phone: +49 (0) 7371 / 500-0
Mail: spannbeton@paul-d.com

88525 Dürmentingen / Germany
Fax: +49 (0) 7371 / 500-111
Web: www.paul-d.com

1.6 Definitionen – Begriffe

- **Vorgedrückte Zugzone**
  Querschnittsbereich, welcher infolge der äußeren Einwirkung (ohne Vorspannung) Zugspannungen aufweist und in welchem die Vorspannung Druckspannungen erzeugt. Die Gesamtspannungen können sowohl positiv als auch negativ sein.

Unter Einwirkung von Momenten mit wechselndem Vorzeichen kann eine Druckzone zur vorgedrückten Zugzone werden und umgekehrt. Die Bezeichnung ist daher keine feste Querschnittsgröße.

Die obigen Definitionen sind insofern von Bedeutung, da einige ältere Normen und Richtlinien spezielle Angaben zur konstruktiven Durchbildung der Querschnittsbereiche oder zu maximal zulässigen Betondruckspannungen enthalten. So ist beispielsweise die maximale Druckspannung in der vorgedrückten Druckzone nach DIN 4227 Teil 1 § 15.3 infolge der Einwirkungskombination $\{0{,}75 \cdot P + 1{,}0 \cdot G + 1{,}0 \cdot Q\}$ den zulässigen Werten gegenüberzustellen. Weiterhin ist die Mindestanzahl der Spannglieder bzw. Litzen nach § 6.2.6 in der vorgedrückten Zugzone zu beachten. Die neuen Normen DIN 1045-1 und EC2, Teil 1 enthalten die Bezeichnung vorgedrückte Zug- oder Druckzone nicht mehr.

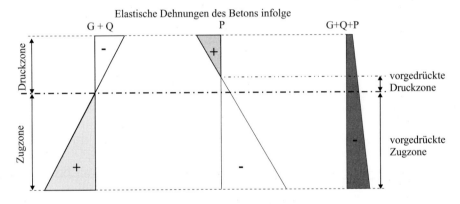

Bild 1.18 Querschnittsbereiche

1.6.2 Querschnittswerte

Da Spannbetonbauteile empfindlich gegenüber Rechenungenauigkeiten sind, müssen die Querschnittswerte genauer als bei Stahlbetonträgern unter Berücksichtigung der Bewehrung und evtl. vorhandener Hohlräume (Hüllrohre) bestimmt werden.

Für die Berechnung werden daher im Allgemeinen 3 Querschnittswerte benötigt:

Bruttoquerschnitt: Für die Berechnung der Betonstauchung und zur Vorbemessung
  → Es wird nur der als homogen angesehene Betonquerschnitt betrachtet. Querschnittsflächen der Bewehrung und der Hüllrohre werden nicht berücksichtigt.

Nettoquerschnitt: Für den Zeitraum bis zum Auspressen der Spannglieder
  Für die Berechnung von Vorspannung ohne Verbund
  → Hohlräume infolge von Hüllrohren werden berücksichtigt

Ideeller Querschnitt: Für Berechnungen nach Herstellung des Verbundes
  → Stahl und Beton werden berücksichtigt (Verbundquerschnitt)

Die verschiedenen Querschnittswerte sowie die Spannungen lassen sich mit den bekannten Gleichungen der Mechanik bestimmen. Vereinfachungen sind bei einem Rechteckquerschnitt mit einer Spanngliedlage möglich.

Querschnittswerte eines beliebigen Verbundquerschnitts

Für einen beliebigen Verbundquerschnitt ergeben sich die Querschnittswerte gemäß den folgenden Gleichungen.

Querschnittsfläche:
$$A_i = \sum_{k=1}^{n} A_c^{(k)} + \sum_{j=1}^{m} (\alpha_e - 1) \cdot A_{s,p}^{(j)} \qquad (1.1)$$

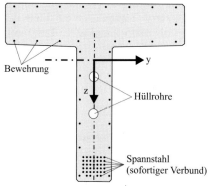

Bewehrung

Hüllrohre

Spannstahl (sofortiger Verbund)

Schwerpunktsabstand:
$$\overline{y}_s = \frac{\sum_{k=1}^{n} A_c^{(k)} \cdot y^{(k)} + \sum_{j=1}^{m} (\alpha_e - 1) A_{s,p}^{(j)} \cdot y^{(j)}}{\sum_{k=1}^{n} A_c^{(k)} + \sum_{j=1}^{m} (\alpha_e - 1) A_{s,p}^{(j)}}$$

$$\overline{z}_s = \frac{\sum_{k=1}^{n} A_c^{(k)} \cdot z^{(k)} + \sum_{j=1}^{m} (\alpha_e - 1) A_{s,p}^{(j)} \cdot z^{(j)}}{\sum_{k=1}^{n} A_c^{(k)} + \sum_{j=1}^{m} (\alpha_e - 1) A_{s,p}^{(j)}} \qquad (1.2)$$

Dabei sind:

$y^{(j)}, y^{(k)}, z^{(j)}, z^{(k)}$ Koordinaten der Schwerpunkte der einzelnen Teilflächen eines beliebigen Querschnittskoordinatensystems

$\overline{y}_s, \overline{z}_s$ Abstand des Querschnittsschwerpunktes von dem gewählten Querschnittskoordinatensystem

α_e = E_s/E_{cm} bzw. E_p/E_{cm}

n Anzahl der Betonquerschnittsteile

m Anzahl der Bewehrungslagen (Spann- und Betonstahl)

Trägheitsmomente:

$$I_y = \sum_{k=1}^{n} \left(I_{cy}^{(k)} + A_c^{(k)} \cdot \left[z_s^{(k)} \right]^2 \right) + (\alpha_e - 1) \sum_{j=1}^{m} I_{s,p;y}^{(j)} + (\alpha_e - 1) \sum_{j=1}^{m} A_{s,p}^{(j)} \cdot \left[z_s^{(j)} \right]^2 \qquad (1.3)$$

$$I_z = \sum_{k=1}^{n} \left(I_{cz}^{(k)} + A_c^{(k)} \cdot \left[y_s^{(k)} \right]^2 \right) + (\alpha_e - 1) \sum_{j=1}^{m} I_{s,p;z}^{(j)} + (\alpha_e - 1) \sum_{j=1}^{m} A_{s,p}^{(j)} \cdot \left[y_s^{(j)} \right]^2 \qquad (1.4)$$

$$I_{yz} = \sum_{k=1}^{n} \left(I_{cyz}^{(k)} + A_c^{(k)} \cdot \left[y_s^{(k)} \cdot z_s^{(k)} \right] \right) + (\alpha_e - 1) \sum_{j=1}^{m} I_{s,p;yz}^{(j)} + (\alpha_e - 1) \sum_{j=1}^{m} A_{s,p}^{(j)} \cdot \left[y_s^{(j)} \cdot z_s^{(j)} \right] \qquad (1.5)$$

mit:

$z_s^{(k)}, y_s^{(k)}$ Abstände der Schwerpunkte der Teilflächen (k) zum Gesamtschwerpunkt

$z_{s,p}^{(j)}, y_{s,p}^{(j)}$ Abstände der Schwerpunkte der Bewehrungslagen (j) zum Gesamtschwerpunkt

1.6 Definitionen – Begriffe

Die elastischen Betonspannungen ergeben sich bei reiner Biegung mit Normalkraft anhand der folgenden Gleichung:

$$\sigma_c = \frac{F}{A_c} + \frac{M_y \cdot I_z + M_z \cdot I_{yz}}{I_y \cdot I_z - I_{yz}^2} \cdot z_s - \frac{M_z \cdot I_y + M_y \cdot I_{yz}}{I_y \cdot I_z - I_{yz}^2} \cdot y_s \qquad (1.6)$$

mit: z_s, y_s = Abstände zum Gesamtschwerpunkt

bzw. für doppeltsymmetrische Querschnitte ($I_{yz} = 0$):

$$\sigma_c = \frac{F}{A_c} + \frac{M_y}{I_y} \cdot z_s - \frac{M_z}{I_z} \cdot y_s \qquad (1.7)$$

Bruttoquerschnittswerte (Betonquerschnitt)

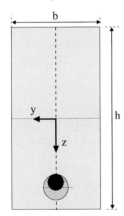

Die Querschnittsflächen der Bewehrung und der Hüllrohre werden nicht berücksichtigt, d. h.:

$$A_c = \sum_{k=1}^{n} A_c^{(k)} \qquad (1.8)$$

Für einen Rechteckquerschnitt gilt:

$$A_c = b \cdot h \qquad (1.9)$$
$$I_c = b \cdot h^3 / 12 \qquad (1.10)$$

Eigentlich wäre es sinnvoll generell die Hohlräume der Hüllrohre bei den Querschnittswerten zu berücksichtigen. Bei Vorspannung ohne Verbund ist dies leicht verständlich. Aber auch bei Vorspannung mit nachträglichem Verbund wäre dies sinnvoll, da der Einpressmörtel im Gegensatz zum restlichen Betonquerschnitt nur geringe Druckvorspannungen infolge der nachträglich aufgebrachten Einwirkungen aufweist. Die Spannungen im Querschnitt sind somit nicht homogen. Im Allgemeinen berücksichtigt man die Hüllrohrfläche jedoch nicht, da die Bruttoquerschnittswerte meistens nur für die Vorbemessung verwendet werden.

Nettoquerschnittswerte

Bei den so genannten Nettoquerschnittswerten werden alle Hohlräume berücksichtigt. Diese Querschnittswerte werden für den Zeitraum bis zum Auspressen der Spannglieder bzw. bei Vorspannung ohne Verbund für Nachweise im Bau- und Endzustand benötigt. Bei der Berechnung der Trägheitsmomente sind die Steineranteile zu berücksichtigen.

Schwerpunkt: $\quad \overline{y}_{s,n} = \dfrac{\sum_{k=1}^{n} A_c^{(k)} \cdot y^{(k)}}{\sum_{k=1}^{n} A_c^{(k)}}, \quad \overline{z}_{s,n} = \dfrac{\sum_{k=1}^{n} A_c^{(k)} \cdot z^{(k)}}{\sum_{k=1}^{n} A_c^{(k)}} \qquad (1.11)$

Ausgangsgleichungen:

$$I_{y,n} = \sum_{k=1}^{n}(I_{cy}^{(k)} + A_c^{(k)} \cdot [z_s^{(k)}]^2) \quad (1.12)$$

$$I_{z,n} = \sum_{k=1}^{n}(I_{cz}^{(k)} + A_c^{(k)} \cdot [y_s^{(k)}]^2) \quad (1.13)$$

$$I_{yz,n} = \sum_{k=1}^{n}(I_{c,yz}^{(k)} + A_c^{(k)} \cdot y_s^{(k)} \cdot z_s^{(k)}) \quad (1.14)$$

$z_s^{(k)}, y_s^{(k)}$ Abstände der Schwerpunkte der Teilflächen (k) zum Gesamtschwerpunkt

Für den einfachen Fall eines Rechteckquerschnittes mit einem Hüllrohr lassen sich die folgenden Näherungsgleichungen angeben.

$$z_n = \frac{\sum_{k=1}^{n}(A_c^{(k)} \cdot z^{(k)})}{\sum_{k=1}^{n}(A_c^{(k)})} = \frac{A_c \cdot z_{bc} - A_d \cdot z_{bd}}{A_c - A_d} = \frac{0 - A_d \cdot z_{bd}}{A_n} = -\frac{A_d \cdot z_{bd}}{A_n} \quad (1.15)$$

Bezeichnung der Indizes

c = Beton (Concrete)
b = auf die Schwerachse des Bruttoquerschnitts bezogen
d = Hüllrohr (duct)

z_n Abstand zwischen der Schwerachse des Bruttoquerschnittes und des Nettoquerschnittes
z_{bd} Abstand zwischen der Schwerachse des Hüllrohres und des Bruttoquerschnittes
z_{nd} Abstand zwischen der Schwerachse des Hüllrohres und des Nettoquerschnittes
A_d Querschnittsfläche des Hüllrohrs

$$z_{nd} = z_{bd} - z_n = z_{bd} + \frac{A_d \cdot z_{bd}}{A_n} = z_{bd} \cdot \left(1 + \frac{A_d}{A_n}\right) = z_{bd} \cdot \frac{(A_c - A_d) + A_d}{A_n} = z_{bd} \cdot \frac{A_c}{A_n} \quad (1.16)$$

$$I_n = I_{y,n} = \sum_{k=1}^{n}(I_y^{(k)} + A^{(k)} \cdot [z_n^{(k)}]^2) = I_c + A_c \cdot z_n^2 - (I_d + A_d \cdot z_{nd}^2) \quad (1.17)$$

$$I_n \cong I_c - A_d \cdot z_{nd}^2 = I_c - A_d \cdot z_{nd} \cdot z_{bd} \cdot \frac{A_c}{A_n} \cong I_c - A_d \cdot z_{nd} \cdot z_{bd} \quad (1.18)$$

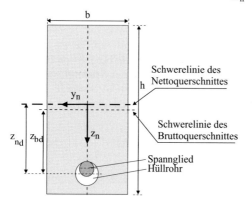

Für einen Rechteckquerschnitt gilt:

$$A_n = A_c - A_d \quad (1.19)$$

$$z_{nd} = z_{bd} \cdot \frac{A_c}{A_n} \quad (1.20)$$

$$I_n \cong I_c - A_d \cdot z_{nd} \cdot z_{bd} \quad (1.21)$$

1.6 Definitionen – Begriffe

Ideelle Querschnittswerte des Verbundquerschnittes

Diese Querschnittswerte sind für die Berechnung der Schnittgrößen nach Herstellung des Verbundes zwischen Spannglied und Beton anzusetzen (Spannverfahren mit Verbund). Die Querschnittswerte des Betons werden zunächst ohne Abzug der Stahlflächen berechnet. Daher dürfen die Flächen des Stahles nur mit dem $(\alpha_e - 1)$-fachen Betrag berücksichtigt werden ($\alpha_e = E_p/E_{cm}$).

In Tabelle 1.2 sind die benötigten E_{cm}-Werte (nach DIN 1045-1, Tab. 9) und die sich hieraus ergebenden α_e-Werte zusammengestellt. Der für die Berechnung anzusetzende Elastizitätsmodul des Spannstahl E_p ist dem Zulassungsbescheid zu entnehmen. Er liegt zwischen E_p = 175.000 und 205.000 N/mm².

Tabelle 1.2 Elastizitätsmodul des Betons nach DIN 1045-1, Tab. 9 sowie α_e-Werte

Betonfestigkeits-klasse	C12/15	C16/20	C20/25	C25/30	C30/37	C35/45	C40/50	C45/55	C50/60
E_{cm} (in kN/mm²)	25,8	27,4	28,8	30,5	31,9	33,3	34,5	35,7	36,8
α_e mit E_p = 200 kN/mm²	7,75	7,30	6,94	6,56	6,27	6,01	5,80	5,60	5,44
α_e mit E_p = 195 kN/mm²	7,56	7,12	6,77	6,39	6,23	5,86	5,65	5,46	5,30

Bei Dauerlasten ist ggf. der Einfluss der zeitabhängigen Betonverformungen durch eine Modifikation des E-Moduls zu berücksichtigen.

Für einen Rechteckquerschnitt mit einer Spanngliedlage gilt:

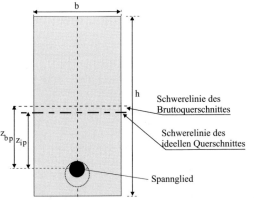

$$A_i = A_c + (\alpha_e - 1) \cdot A_p \quad (1.22)$$

$$z_i = z_{bp} \cdot (\alpha_e - 1) \cdot \frac{A_p}{A_i} \quad (1.23)$$

$$I_{y,i} \cong I_{y,c} + (\alpha_e - 1) A_p \cdot z_{bp} \cdot z_{ip} \quad (1.24)$$

z_{bp} Abstand des Spanngliedes zur Schwerachse des *Brutto*querschnittes

z_i Abstand der Schwerachse des Bruttoquerschnittes zur Schwerachse des *ideellen* Querschnittes (Verbundquerschnitt)

Widerstandsmomente: $W_{o,i} = I_{y,i}/z_{o,i}$ bzw. $W_{u,i} = I_{y,i}/z_{u,i}$

Betonspannungen: $\sigma_c = \dfrac{F}{A_i} + \dfrac{M_y}{I_{y,i}} \cdot z_s - \dfrac{M_z}{I_{z,i}} \cdot y_s$ (falls Zustand I)

Bei mehreren Spanngliedsträngen in einem Querschnitt ergeben sich die Querschnittswerte entsprechend.

$$A_i = A_c + \sum_{k=1}^{n} (\alpha_e - 1) A_p^{(k)} \tag{1.25}$$

$$z_i = \frac{1}{A_i} \cdot (\alpha_e - 1) \cdot \sum_{k=1}^{n} A_p^{(k)} \cdot z_{bp}^{(k)} \tag{1.26}$$

$$I_i \cong I_c + \sum_{k=1}^{n} ([\alpha_e - 1] A_p^{(k)} \cdot z_{bp}^{(k)} \cdot z_{ip}^{(k)}) \tag{1.27}$$

Unterschiede zwischen den Brutto- und ideellen Querschnittswerten treten nur bei stark bewehrten Bauteilen auf. Gravierender sind oftmals die Auswirkungen auf die Schnittgrößen infolge Vorspannung und auf die Betonrandspannungen.

Dies wird auch aus dem in Bild 1.19 dargestellten Beispiel eines Fertigteilträgers einer Brücke deutlich. Die wesentlichen Ergebnisse sind in Tabelle 1.3 zusammengefasst.

Zunächst wird im Bauzustand lediglich die im Verbund liegende Spannbewehrung angesetzt. Bei der Berechnung der Querschnittswerte wird vereinfachend die Betonstahlbewehrung nicht berücksichtigt. Dies ist nur bei einem geringen Bewehrungsgrad zulässig.

Aufgrund der kleinen Hüllrohrflächen stimmen die Netto- und Bruttoquerschnittswerte nahezu überein (Tabelle 1.3). Wird die im Verbund liegende Spannbewehrung berücksichtigt (netto-ideell), so ergibt sich ein um ca. 3 cm tiefer liegender Schwerpunkt.

Obwohl die ideellen Querschnittswerte des im Spannbett hergestellten Bauteils nur ca. 8 % von den Bruttowerten abweichen, sind bei den Spannungen Differenzen von mehr als 13 % zu verzeichnen (Bild 1.19). Eine genaue Berechnung der Querschnittswerte unter Berücksichtigung der Spannbewehrung ist in diesem Falle daher erforderlich.

Die Biegewirkung der Vorspannung ($M_p = P \cdot z_p$) wird ebenso wie die äußeren Einwirkungen auf die jeweilige Schwerachse des Querschnitts bezogen.

Tabelle 1.3 Elastische Spannungen infolge Vorspannung

Querschnittswerte: ($\alpha_e = 5{,}97$)		brutto	netto	netto-ideell
Fläche A_c	[m²]	0,8778	0,8615 −1,9 %	0,8976 2,3 %
Schwerpunktskoordinate z	[m]	0,6629	0,6628 0,0 %	0,6936 4,6 %
Trägheitsmoment I_y	[m⁴]	0,2439	0,2431 −0,3 %	0,2637 8,1 %
Randspannungen infolge Verbundvorspannung				
Randspannung oben	[MPa]	6,6	6,5 (−1,6 %)	5,8 (13,1 %)
Randspannung unten	[MPa]	−29,9	−30,2 (0,8 %)	−29,7 (−11 %)

1.6 Definitionen – Begriffe

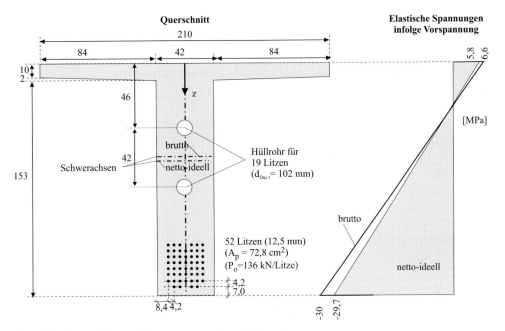

Bild 1.19 Querschnitt und Spannungsverteilung infolge Vorspannung

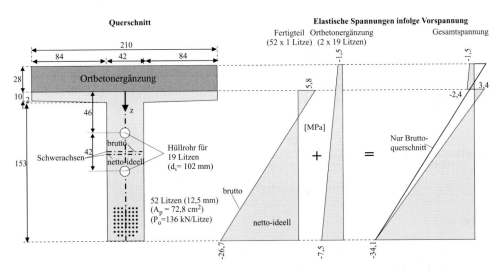

Bild 1.20 Querschnitt mit Ortbetonergänzung und Spannungsverteilung infolge Vorspannung

Nach dem Verlegen der einzelnen Fertigteile wird eine Ortbetonplatte aufgebracht und die Spannglieder (2 × 19 Litzen) angespannt. Damit ergibt sich die in Bild 1.20 dargestellte Spannungsverteilung infolge der Vorspannwirkung.

Querschnittswerte beim Anspannen der Spannglieder 2 × 19 Litzen:

$$A_c = 1{,}486 \text{ m}^2 \qquad z_s = 0{,}364 \text{ m (von OK Fertigteil)} \qquad I_y = 0{,}5145 \text{ m}^4$$

Zum Vergleich ist weiterhin die Spannungsverteilung bei Vernachlässigung der Herstellung und der ideellen Querschnittswerte dargestellt. Man erkennt gravierende Abweichungen.

Dieses Beispiel macht deutlich, dass bei Spannbetontragwerken eine hohe Rechengenauigkeit erforderlich ist und weiterhin auch die Bauzustände zu beachten sind.

Mitwirkende Plattenbreite

Die Druckspannungen im Flansch eines Plattenbalkens infolge einer Biegebeanspruchung sind nicht konstant sondern nehmen zum Steg hin zu. Die gängigen Bemessungsverfahren gehen jedoch von einer gleichförmigen Spannungsverteilung in der Betondruckzone aus. Man behilft sich damit, dass man die Nachweise mit der so genannten mitwirkende Plattenbreite b_{eff} durchführt.

Es gilt:

$$b_{eff} \cdot \sigma_{c,max} = \int \sigma_c \cdot ds$$

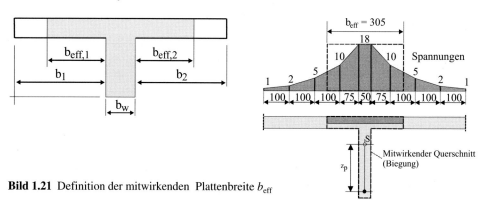

Bild 1.21 Definition der mitwirkenden Plattenbreite b_{eff}

Die mitwirkende Plattenbreite b_{eff} ergibt sich für Biegebeanspruchungen unter gleichmäßig verteilten Einwirkungen zu (DIN 1045-1, Gl. 8):

$$b_{eff} = \sum b_{eff,i} + b_w \quad \text{mit:} \quad b_{eff,i} = 0{,}2 \cdot b_i + 0{,}1 \cdot l_0 \leq \begin{cases} 0{,}2 l_0 \\ b_i \end{cases} \qquad (1.28)$$

Dabei ist:

l_0 wirksame Stützweite (Abstand der Momentennullpunkte)

b_i tatsächlich vorhandene Gurtbreite

b_w Stegbreite

Die mitwirkende Plattenbreite lässt sich mit Hilfe von elastischen Finite-Elemente Berechnungen bestimmen. Sie gilt demnach nur für Biegebeanspruchungen im Gebrauchszustand. Im Grenzzustand der Tragfähigkeit plastiziert der Beton, was zu einer völligeren Spannungsverteilung in der Druckzone und somit zu einer größeren effektiven Plattenbreite führt. Mangels genauerer Werte kann Gleichung 1.28 jedoch auch für die Nachweise im Grenzzustand der Tragfähigkeit verwendet werden.

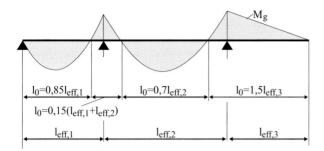

Bild 1.22 Angenäherte wirksame Stützweiten l_0 zur Berechnung der mitwirkenden Plattenbreite (DIN 1045-1, Bild 3)

1.6.3 Grad der Vorspannung

Zu Beginn der Entwicklung des Spannbetons war man bestrebt, den Querschnitt soweit zu überdrücken, dass unter den äußeren Lasten keine Zugspannungen und damit verbunden auch keine Risse im Beton auftreten. Einige Schäden an ausgeführten Bauwerken zeigten jedoch, dass auch unter einer derart hohen Vorspannung mit Rissen, z. B. infolge vernachlässigter Zwangeinwirkungen, zu rechnen ist. Weiterhin können sich große Spannkräfte und damit hohe ständige Betondruckspannungen negativ auf die Gebrauchstauglichkeit eines Tragwerkes auswirken. Die Frage, ob planmäßig Betonzugspannungen bei Spannbetontragwerken zulässig sind und wie groß diese sein dürfen, wird auch heutzutage noch teilweise sehr kontrovers diskutiert. Der Trend geht jedoch dazu, nur soviel Spannkraft in das Tragwerk einzutragen wie es wirtschaftlich und für die Gebrauchstauglichkeit notwendig ist. Die erforderliche Tragfähigkeit wird durch zusätzliche Betonstahlbewehrung sichergestellt.

Vorspanngrad

Zur Charakterisierung der in einem Bauteil vorhandenen Vorspannkraft bzw. der Größe der Betonzugspannungen wird der Vorspanngrad κ verwendet. Er ist wie folgt definiert:

$$\kappa = \frac{|\sigma_{c1,p}|}{\sigma_{c1,(G+Q)}} \tag{1.29}$$

mit:

$\sigma_{c1,p}$ Betonspannung aus statisch bestimmter und statisch unbestimmter Wirkung der *Vorspannung* am Querschnittsrand der vorgedrückten Zugzone im Zustand I (unter Berücksichtigung des Einflusses von Kriechen, Schwinden und Relaxation) im *Gebrauchszustand*

$\sigma_{c1,(G+Q)}$ Betonspannung infolge äußerer Einwirkungen (G, Q) am Querschnittsrand der vorgedrückten Zugzone im Zustand I im Gebrauchszustand; zum Zwecke der Definition des Vorspanngrades wird dabei in der Regel der ungünstigste Lastfall aller vorliegenden Grundkombinationen angesetzt (einschl. Zwänge)

Die Spannungen sind jeweils unter Gebrauchslasten zu ermitteln. Weiterhin wird ein elastisches Materialverhalten angesetzt.

Grenzwerte: $\kappa = 0{,}0$ Stahlbeton $\sigma_{c1,p} = 0$
               $\kappa = 1{,}0$ Volle Vorspannung $|\sigma_{c1,p}| = \sigma_{c1,(G+Q)}$

Die Betonstahlmenge nimmt mit dem Vorspanngrad ab während der Spannstahlbedarf zunimmt (Bild 1.23).

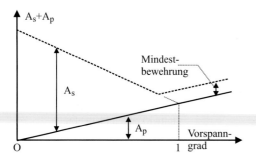

Bild 1.23 Abhängigkeit der Beton- und Spannstahlmenge vom Vorspanngrad (schematisch)

Näherungsweise kann der Vorspanngrad auch über das Verhältnis der Bewehrungsmengen ermittelt werden (A_s = statisch erforderliche Bewehrung).

$$\kappa = \frac{A_p \cdot f_{pd}}{A_s \cdot f_{yd} + A_p \cdot f_{pd}} \quad (1.30)$$

Die obige Gleichung setzt die maximal zulässigen Stahlspannungen f_{yd} bzw. f_{pd} im Grenzzustand der Tragfähigkeit an, während die Definition nach Gleichung 1.29 von den Randspannungen im Gebrauchszustand ausgeht. Da Spannbetonbauteile immer eine Betonstahlbewehrung aufweisen, wird mit der obigen Definition der Wert $\kappa = 1{,}0$ (volle Vorspannung) nicht erreicht. Daher ist die Definition nach Gleichung 1.29 vorzuziehen.

Nach DIN 1045-1 muss die Dekompression ($\sigma_{c1} \geq 0$) entsprechend den Anforderungen unter einer bestimmten Einwirkungskombination (siehe Tabelle 1.5) nachgewiesen werden. Damit ist definitionsgemäß der Vorspanngrad κ immer gleich 1,0 ($\sigma_{c1,p} = \sigma_{c1,\text{maßgebend}}$). Die Nachweise sind sowohl für den Bau- als auch den Endzustand zu erbringen. Gegebenenfalls kann der Bauherr für den Bauzustand andere Anforderungen stellen. Eine Verschärfung der Anforderungen im Bauzustand, wie es DIN 4227/1 zur Berücksichtigung der niedrigeren Betonzugfestigkeit im jungen Betonalter vorsah, gibt es in DIN 1045-1 nicht mehr.

Mit der Zunahme des Vorspanngrades vergrößern sich auch die zeitabhängigen Verformungen des Tragwerks infolge Kriechen. Bei Bauteilen mit beschränkter oder voller Vorspannung kann es zu negativen Durchbiegungen kommen, falls der Verkehrslastanteil gering ist. Dies wird aus dem nachfolgenden Bild 1.24 deutlich, in welchem die Durchbiegungen infolge ständiger Last für einen Einfeldträger skizziert sind.

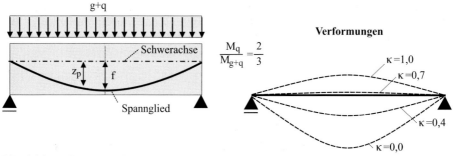

Bild 1.24 Verformungen infolge Dauerlast (qualitativ)

1.6 Definitionen – Begriffe

Die Wahl des Vorspanngrades, d.h. der Größe der Vorspannkraft, sollte entsprechend der Nutzung des Bauwerkes gewählt werden. Tritt die Verkehrslast in vollem Umfang oft auf, wie es beispielsweise bei Eisenbahnbrücken der Fall ist, so ist es sinnvoll den Vorspanngrad so hoch zu wählen, dass unter den häufigen Einwirkungen keine Zugspannungen auftreten (‚volle' Vorspannung). Andernfalls kann es zu Ermüdungsproblemen des Stahls kommen. Weiterhin ist bei solchen Tragwerken auch eine große Steifigkeit erforderlich. Bei Außenbauteilen kann es sinnvoll sein, zur Vermeidung von Rissen und den damit verbundenen Korrosionsproblemen rechnerisch im Gebrauchszustand keine Betonzugspannungen zuzulassen (beschränkte Vorspannung). Im Hochbau treten die maximalen Bemessungslasten nur selten auf. Hier genügt meistens ein geringer Vorspanngrad ($\kappa \approx 0{,}6$) zur Verbesserung der Gebrauchstauglichkeit (teilweise Vorspannung). Weiterhin ist hier die Gefahr von Rissen und Korrosion gering.

Die Vor- und Nachteile der Höhe der eingetragenen Vorspannlasten soll nachfolgend anhand gebräuchlicher Begriffe

- volle Vorspannung, d. h. keine Zugspannungen im Gebrauchszustand
- beschränkte Vorspannung, d. h. Zugspannungen im Gebrauchszustand unter festgelegtem Grenzwert
- teilweise Vorspannung, d. h. beliebige Zugspannungen im Gebrauchszustand

erläutert werden. In den neuen Normen tauchen diese Begriffe nicht mehr auf. Vielmehr sind hier Einwirkungskombinationen festgelegt, unter welchen rechnerisch keine Zugspannungen auftreten dürfen. Die obigen Bezeichnungen sind derzeit jedoch verständlicher als die verschiedenen Bauwerksklassen nach DIN 1045-1.

Volle Vorspannung

Bei der so genannten *vollen* Vorspannung treten rechnerisch im Gebrauchszustand mit Ausnahme von Bauzuständen (vor der Einwirkung der vollen ständigen Lasten) und wenig wahrscheinlichen Laststellungen (siehe DIN 4227, Teil 1, 10.1.1) **keine Zugspannungen** infolge von Längskräften und Biegemomenten im Beton auf (DIN 4227 Teil 1, 1.2.2).

Tabelle 1.4 Zulässige Betonzugspannungen infolge von Längskraft und Biegemoment im Gebrauchszustand für volle Vorspannung (DIN 4227 Teil 1, Tab. 9, Zeile 9–17)

	Anwendungsbereich	Zulässige Betonzugspannungen [N/mm^2]			
		B25 ($\approx$C20/25)	B35 ($\approx$C30/37)	B45 ($\approx$C35/45)	B55 ($\approx$C45/55)
	allgemein				
9–11	Mittiger Zug, Randspannung, Eckspannung	**0**	**0**	**0**	**0**
	unter unwahrscheinlicher Häufung von Lastfällen				
12	Mittiger Zug	0,6	0,8	0,9	1,0
13	Randspannung	1,6	2,0	2,2	2,4
14	Eckspannung	2,0	2,4	2,7	3,0
	Bauzustand				
15	Mittiger Zug	0,3	0,4	0,4	0,5
16	Randspannung	0,8	1,0	1,1	1,2
17	Eckspannung	1,0	1,2	1,4	1,5

Das Bauteil verbleibt somit rechnerisch weitgehend im Zustand I. Eine volle Vorspannung hat folgende Vor- und Nachteile:

Vorteile:

- Das Bauwerk ist theoretisch rissefrei
  Infolge von Zwangeinwirkungen während und nach der Herstellung und außergewöhnlichen Einwirkungen können jedoch Risse im Bauwerk entstehen. Ein rissefreies Bauwerk ist kaum auszuführen.
  Weiterhin besitzt das Bauteil eine höhere Ermüdungsfestigkeit, da die Spannungsschwankungen in einem Träger im Zustand I erheblich geringer als im gerissenen Zustand sind.
  Es treten geringere Durchbiegungen auf. Ein ungerissenes Bauteil verformt sich sehr viel weniger als ein Träger im Zustand II.
  Die hohen Normalkräfte wirken sich günstig auf die erforderliche Schubbewehrung aus. Andererseits können Probleme mit der Druckstrebentragfähigkeit beim Querkraftnachweis entstehen.
- Es ist eine geringe Betonstahlbewehrung erforderlich
  Eine hohe Druckkraft reduziert die im rechnerischen Grenzzustand der Tragfähigkeit erforderliche Bewehrungsmenge. Auf die Mindestbewehrung kann trotzdem oftmals nicht verzichtet werden.

Nachteile:

- Es treten große zeitabhängige Betonverformungen auf.
  Die großen ständig wirkenden Druckspannungen führen zu großen zeitabhängigen Verformungen infolge Kriechen des Betons.
- Es sind große Spannglieder erforderlich.
  Große Spannkräfte erfordern große Spannglieder. Damit sind Probleme bei der konstruktiven Durchbildung des Tragwerks insbesondere im Ankerbereich verbunden. Weiterhin sind die Spannsysteme sehr kostspielig.
- Bei großen wechselnden Beanspruchungen ist eine volle Vorspannung schwierig zu erreichen.
  Generell ist die ständig vorhandene Vorspannung für zeitlich konstante Dauerlasten am besten geeignet. Bei großen Laständerungen muss das Spannglied in der Nähe der Schwerachse geführt werden, was nicht die optimale Lage darstellt.
- Betonzugspannungen sind auch bei einer vollen Vorspannung nicht auszuschließen (z. B. durch Temperaturzwänge, Bauzustände). Das Ziel eines rissefreien Tragwerks ist daher auch mit der vollen Vorspannung nur bedingt zu erreichen.

Beschränkte Vorspannung

Bei der beschränkten Vorspannung sind rechnerisch im Gebrauchszustand Betonzugspannungen bis zu einer festgelegten Grenze zugelassen (DIN 4227, Teil 1, 1.2.2). Die Werte wurden dabei so gewählt, dass sie unterhalb der Biegezugfestigkeit des Betons liegen. Der Träger verbleibt somit im Gebrauchszustand rechnerisch im Zustand I und ist theoretisch rissefrei.

Hierbei ist jedoch zu beachten, dass der Beton infolge von Zwangbeanspruchungen, z. B. durch Schwinden oder Temperaturdifferenzen, Zugeigenspannungen aufweisen kann, womit nicht die volle rechnerische Zugfestigkeit für äußere Lasten zur Verfügung steht. Oft-

1.6 Definitionen – Begriffe

mals treten schon bei der Herstellung des Bauteils Oberflächenrisse auf. Die nach DIN 4227 Teil 1 beschränkten Betonzugspannungen sind daher mehr als Rechenvorschrift zu verstehen, um die vorhandenen Zugspannungen in einem Bauteil zu begrenzen. Weiterhin kann hiermit die Anzahl der erforderlichen Spannglieder in einem Querschnitt relativ leicht bestimmt werden, da oftmals die Gebrauchstauglichkeit und nicht der Grenzzustand der Tragfähigkeit für die erforderliche Spannstahlmenge maßgebend ist.

Bei Rissbildung wird der Verbund zwischen Stahl und Beton sehr hoch beansprucht. Die unterschiedlichen Verbundeigenschaften zwischen der gerippten Bewehrung und dem meist glatten Spannstahl bzw. der Litze müssen für die Nachweise berücksichtigt werden. Dies geschieht meistens vereinfachend mit einem Korrekturfaktor.

Die Betonspannungen in der Biegedruckzone eines Balkens nehmen beim Übergang vom Zustand I in den Zustand II erheblich zu. Hieraus resultieren erhöhte Kriechverformungen und gegebenenfalls auch größere Spannkraftverluste.

Teilweise Vorspannung

Bei der so genannten teilweisen Vorspannung sind Betonzugspannungen im Gebrauchszustand in beliebiger Höhe zugelassen (DIN 4227, Teil 2, bauaufsichtlich nicht zugelassen). Risse im Zugbereich sind planmäßig im Gebrauchszustand möglich. Die vorhandene Spannbewehrung dient im Wesentlichen nur zur Steuerung der Rissbreite und der Durchbiegungen. Weiterhin wird durch die eingetragene Spannkraft erreicht, dass unter der Maximallast entstehende Risse sich nach Entlastung wieder schließen.

Eine teilweise Vorspannung ist sinnvoll, wenn sehr hohe wechselnde Beanspruchungen auftreten, wie es beispielsweise bei Wasserbehältern oder Silozellen der Fall ist. Für diese Bauwerke ist eine beschränkte Vorspannung kaum möglich. Gleiches trifft auch für Fertigteilbalken zu, wenn das Verhältnis zwischen Eigenlast und späterer Nutzlast gering ist. Beispielhaft seien PI-Platten mit Ortbetonergänzung genannt, deren Eigenlast teilweise nur 10% der Endausbaulast beträgt [113]. Auch bei Fertigteilbrücken sind die Einwirkungen der einzelnen Träger im Bauzustand gegenüber dem Endzustand meistens gering.

Eine teilweise Vorspannung kann auch zur Reduzierung der Verformungen beispielsweise bei Flachdecken oder Kragstützen sinnvoll sein.

Ein weiterer Anwendungsfall der teilweisen Vorspannung sind Bauwerke, welche während ihrer Nutzungsdauer nur selten durch sehr hohe Einwirkungen beansprucht werden. Hier kann das Auftreten von Zugspannungen unter Maximallast toleriert werden, da sich die entstehenden Risse wieder schließen, wenn die Einwirkung zurückgeht. Ein Beispiel hierfür ist die 1962 erbaute Straßenbrücke auf dem Gelände des Kraftwerks Wedel [55]. Dieses Bauwerk wird nur sehr selten von Schwertransportern befahren. Daher wäre die Auslegung der Konstruktion unter Berücksichtigung der begrenzten zulässigen Betonzugspannungen hier nicht wirtschaftlich.

Es bestehen somit folgende Vorteile gegenüber

- Stahlbeton
  - geringere Rissbreite und Durchbiegung
  - geringere Spannungsschwankungen im Beton und in der Bewehrung bei dynamischen Einwirkungen

- voll bzw. beschränkt vorgespanntes Bauteil
  - Spannkraft und Spanngliedverlauf kann beliebig gewählt werden.
  - geringere ständige Druckbeanspruchung des Betons → Spannkraftverluste aus Kriechen reduziert (Bild 1.25)

- Erhöhter Betonstahlanteil führt zu einem duktileren Tragverhalten
- Optimierung der Betonstahl- und Spannstahlmenge (Bild 1.26)
- Einsparung von Spanngliedverankerung und Spannstellen
- Vermeidung komplizierter Bauausführung bei schrittweiser Aufbringung der Vorspannkraft

In der Schweiz werden im Gegensatz zu Deutschland ein Großteil der Betonbrücken mit teilweiser Vorspannung ausgeführt. Über die positiven Erfahrungen berichtet Bachmann [134].

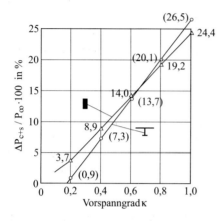

Bild 1.25 Spannkraftverluste infolge von Kriechen und Schwinden für zwei Querschnitte in Abhängigkeit vom Vorspanngrad κ [114]

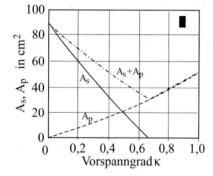 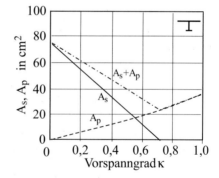

Bild 1.26 Bewehrungsmengen in Abhängigkeit vom Vorspanngrad κ (Gebrauchszustand nicht beachtet) [114]

Weiterhin sind Momentenumlagerungen im Gebrauchszustand möglich, was zu einer wirtschaftlicheren Bemessung von Durchlaufsystemen führen kann. Dies wird aus dem im Bild 1.27 dargestellten Beispiel deutlich. Für einen Zweifeldträger wurden die maßgebenden Bemessungsmomente mit und ohne Umlagerung bestimmt. Es zeigt sich, dass bei einem Umlagerungsfaktor von $\delta = 0{,}797$ das betragsmäßig größte Moment an der Stütze für die maßgebenden Laststellungen (Volllast auf beiden Feldern bzw. einseitiger Belastung im linken Feld) nahezu identisch sind.

Auf die Besonderheiten der Bemessung von teilweise vorgespannten Bauteilen wird in Kapitel 8 noch näher eingegangen.

1.6 Definitionen – Begriffe

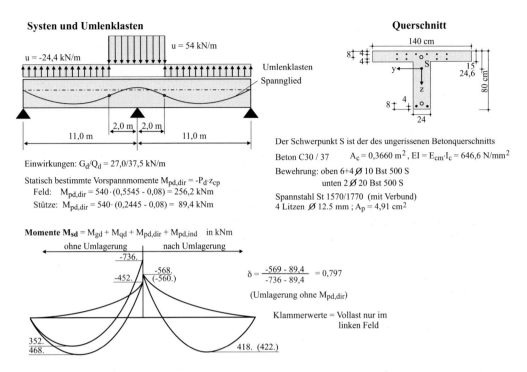

Bild 1.27 Bemessungsmomente M_{Ed} infolge äußerer Einwirkungen und Vorspannung mit und ohne Umlagerung (nach [81], Bild 4.4)

Regelungen in DIN 1045-1

Nach DIN 1045-1 kann die in das Bauteil eingetragene Vorspannkraft beliebig gewählt werden. Die Betonzugspannung im Gebrauchszustand ist nur bei den Anforderungsklassen A–C begrenzt (Dekompression).

Tabelle 1.5 Klassifizierung der Nachweisbedingungen (DIN 1045-1, Tab. 19)

Anforderungs-klasse	Einwirkungskombination für den Nachweis der		Rechenwert der Rissbreite w_k in mm
	Dekompression ($\sigma_c \leq 0$)	Rissbreitenbegrenzung	
A	selten	–	
B	häufig	selten	0,2
C	quasi-ständig	häufig	
D	–	häufig	
E	–	quasi-ständig	0,3
F	–	quasi-ständig	0,4

Eine genaue Gegenüberstellung zwischen den alten Bezeichnungen und den obigen Anforderungsklassen ist aufgrund des unterschiedlichen Sicherheitskonzeptes und der Bemessungslasten nicht möglich. Näherungsweise gilt:

Vorspannung	voll	beschränkt	teilweise
Anforderungsklasse	A und B	B und C	C und D, E

1.6.4 Lage und Verlauf eines Spanngliedes

Die Festlegung des Verlaufes sowie der Lage eines Spanngliedes im Betonquerschnitt setzt eingehende Erfahrung und gute Kenntnisse des Spannbetonbaus voraus. Neben statischen und konstruktiven Aspekten ist auch der Bauablauf zu beachten. Auf die Bestimmung des Spanngliedverlaufes wird daher erst in Kapitel 6 näher eingegangen. Nachfolgend sollen die verschiedenen Möglichkeiten kurz dargestellt und einige Begriffe erläutert werden.

Der Spanngliedverlauf wird im Allgemeinen den Einwirkungen angepasst. Dies ist jedoch teilweise aus konstruktiven Gründen bzw. aufgrund der hierdurch entstehenden Kosten nicht möglich.

Ein *geradliniger* oder *polygonartiger* Spanngliedverlauf ist vor allem bei Spannbettvorspannung oder externen Spanngliedern gebräuchlich. Eine polygonartige Spanngliedführung ist sehr einfach herzustellen. Die durch die Vorspannung erzeugten Lasten entsprechen jedoch nur an wenigen Stellen des Trägers den äußeren Einwirkungen.

Bei einer gleichförmigen Belastung ist ein *parabelförmiger* Spanngliedverlauf sinnvoll, da hierdurch gleichförmige Umlenkkräfte erzeugt werden. Dies setzt jedoch voraus, dass die Spannglieder im Beton verlaufen. Ein Nachteil ist der große Verlegeaufwand.

Die Spanngliedführung kann auch so gewählt werden, dass sich die Biegemomente aus Vorspannung und Dauerlasten aufheben. Das Bauteil weist somit unter den ständigen Einwirkungen keine Biegebeanspruchung und damit auch keine Durchbiegungen auf. In diesem Fall spricht man von *formtreuer Vorspannung*. Eine formtreue Vorspannung wird dann angewandt, wenn die Kriechverformungen infolge Vorspannung minimiert werden sollen. Dies war beispielsweise für den Fertigteilträger des Transrapid erforderlich, an welchen sehr hohe Anforderungen an die Lagegenauigkeit gestellt wurden. Eine genaue Vorhersage von Kriechverformungen ist oftmals nicht möglich. Daher ist es sinnvoll, die Biegebeanspruchung infolge Vorspannung + Dauerlast so gering wie möglich zu halten. Da die Spannkräfte infolge der zeitabhängigen Betonverformungen jedoch nicht konstant sind, ist trotzdem mit Verformungen zu rechnen.

Bei statisch unbestimmten Systemen werden in der Regel durch die Vorspannung Auflagerreaktionen hervorgerufen. Diese können zusammen mit den äußeren Einwirkungen die zulässigen Werte überschreiten. Es ist jedoch auch eine Spanngliedführung möglich, bei welcher keine Auflagerkräfte infolge der Vorspannung entstehen. Dies bezeichnet man als *zwängungsfreie* oder *konkordante* (aus dem französischen: concordance = Übereinstimmung) *Vorspannung*.

Das Spannglied kann zentrisch oder exzentrisch im jeweiligen Betonquerschnitt liegen (Bild 1.28). Bei der *zentrischen Vorspannung* fällt die Schwerachse der Spannglieder mit der Schwerachse des Betonquerschnittes zusammen. Es wird folglich nur eine zentrische

1.6 Definitionen – Begriffe

Druckkraft (keine Biegemomente) aufgebracht. Diese Spanngliedführung ist beispielsweise bei Zugbändern, bei Spannbetonmasten oder zur Vermeidung von Schwindrissen sinnvoll.

Bei der *exzentrischen Vorspannung* liegt das Spannglied nicht in der Schwerachse des Betonquerschnittes. Hierdurch erfährt das Bauteil eine Beanspruchung durch Normalkräfte und Biegemomente. Die Spanngliedführung wird der äußeren Belastung angepasst.

Weiterhin unterscheidet man zwischen interner und externer Vorspannung.

Bei der *internen Vorspannung* ist das Spannglied vom Beton umgeben. Es liegt innerhalb des Betonkörpers. Hiermit kann die Spanngliedführung den Einwirkungen optimal angepasst werden, da ein beliebiger Verlauf möglich ist. Bei der *externen Vorspannung* befindet sich das Spannglied außerhalb des Betonkörpers (siehe Bild 1.3). Hiermit sind lediglich geradlinige und polygonale Spanngliedverläufe möglich, da die Konstruktion der Anker- und Umlenkpunkte sehr aufwendig ist.

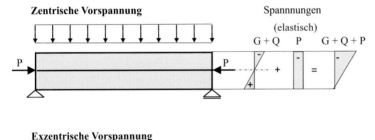

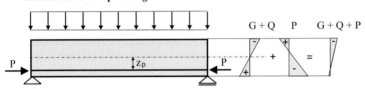

Bild 1.28 Lage des Spanngliedes – zentrische und exzentrische Vorspannung

1.6.5 Spannungsarten

Man unterscheidet zwischen Last-, Eigen- und Zwängungsspannungen.

Lastspannungen entstehen durch äußere Einwirkungen.

Eigenspannungen werden durch einen inneren Zwang hervorgerufen (z. B. Vorspannung, Temperaturänderungen, Schwinden). Die Summe der Spannungen innerhalb eines Schnittes ist gleich Null. Es entstehen keine Auflagerreaktionen.

Zwängungsspannungen entstehen durch einen inneren oder äußeren Zwang (nur bei statisch unbestimmten Tragwerken). Die Summe der Spannungen in einem Schnitt ist ungleich Null. Es treten Auflagerkräfte auf. Zwängungskräfte sind von der Steifigkeit des Bauteils abhängig. Bei Rissbildung nimmt die Steifigkeit von Stahlbetonträgern ab, was folglich zu einer Reduzierung der Zwangskräfte führt. Daher können Zwängungen oftmals beim Nachweis im Grenzzustand der Tragfähigkeit vernachlässigt werden.

1.7 Spannverfahren – Art der Verbundwirkung

Für die Eintragung von Spannkräften in ein Bauteil sind verschiedene Spannsysteme entwickelt worden. Diese hängen eng mit dem Bauverfahren zusammen.

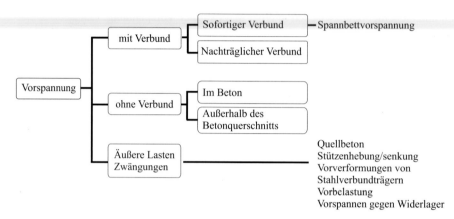

Bild 1.29 Spannverfahren

1.7.1 Spannbettvorspannung – Vorspannung mit sofortigem Verbund

Bei der Vorspannung mit sofortigem Verbund werden die Spannglieder nach dem Spannen im Spannbett so in den Beton eingebettet, dass gleichzeitig mit dem Erhärten des Betons eine Verbundwirkung entsteht (DIN 4227, Teil 1, 1.2.4 (1))

Die Litzen oder Drähte werden im Spannbett vor dem Betonieren gegen feste Widerlager angespannt (Bild 1.30). Anschließend wird das Bauteil betoniert, wobei die genaue Spanngliedlage eingehalten werden muss. Hierzu sind wie bei Ortbetonbauteilen ausreichend Halterungen anzuordnen. Bei der Herstellung von dünnen Platten mit Hilfe von Gleitfertigern wird die Lage der Litzen durch an der Maschine angeordnete Lehren fixiert (Bild 1.31). Nach dem Erhärten des Betons wird die Verankerung der Spanndrähte gelöst.

Spannbettvorspannung wird vor allem bei der stationären Herstellung von Fertigteilen und insbesondere bei vorgespannten Elementplatten eingesetzt.

Bei großen Bauteilen und Platten werden größtenteils Spannbahnen mit festen Widerlagern verwendet [79]. Bei guter Bodenqualität können die großen Spannkräfte über den Erdwiderstand in den Baugrund eingetragen werden (Bild 1.32). Alternativ ist ein Schwergewichtswiderlager möglich. Weiterhin kann die Übertragung der Spannkräfte durch einen massiven Balken erfolgen, was jedoch einen großen Aufwand erfordert. Bei kleinen Bauteilen, wie z. B. Spannbetonschwellen, Schleuderbetonrohren reicht eine druckfeste Metallschalung aus, die Spannkräfte bis zum Erhärten des Betons zu übertragen. Eine weitere Möglichkeit besteht darin, die Spannlitze gegen ein festes Stahlrohr vorzuspannen, welches nach dem Erhärten des Betons gezogen wird. Anschließend muss jedoch der Hohlraum verpresst werden.

1.7 Spannverfahren – Art der Verbundwirkung

1. Schalung herstellen und Spanndrähte gegen Widerlager anspannen

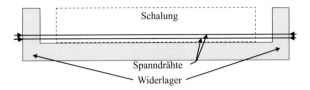

2. Bauteil betonieren

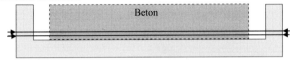

3. Nach dem Erhärten des Betons Verankerungen der Spanndrähte lösen

Bild 1.30 Spannbettvorspannung

Bild 1.31 Gleitfertiger

Die Kraftübertragung zwischen Beton und Spannglied erfolgt nur durch Verbund. Zur Eintragung der vollen Vorspannkraft in das Bauwerk ist daher wie beim Bewehrungsstahl eine Übertragungslänge erforderlich (siehe Kapitel 10 „Verankerung").

Die Spanndrähte verlaufen jeweils bis zu den Widerlagern. An den Enden des (Einfeld-)Trägers greifen somit hohe exzentrische Spannkräfte an, was zu Problemen mit den Beanspruchungen (Zugspannung) an der Bauteiloberseite führen kann. Um dies zu vermeiden kann man einige Litzen bereichsweise „abisolieren". Hierbei wird der Verbund zwischen

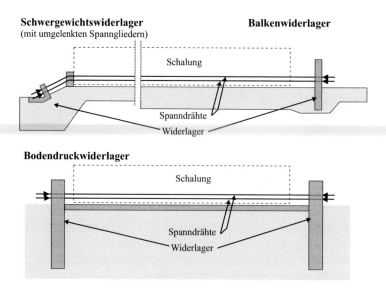

Bild 1.32 Spannbahnwiderlager

Beton und Litze beispielsweise durch Umwickeln mit Papier oder Anstrich mit Bitumen unterbunden. Somit wird die Spannkraft erst am Ende dieses Bereiches in den Träger eingeleitet.

In einem Spannbett sind nicht nur gerade, sondern auch polygonal geführte Spannglieder möglich. Hierzu sind entsprechende Umlenkkonstruktionen erforderlich, welche teilweise im Bauwerk verbleiben [79]. Dies ist jedoch mit einem erheblichen Aufwand verbunden. Zu beachten sind weiterhin die zulässigen Krümmungsradien der Spannglieder. Nach EC2 Tab. 4.4 entspricht der Mindestbiegeradius für einen Einzeldraht oder eine Litze dem 15-fachen des Nenndurchmessers. Dieser Wert gilt jedoch nur, wenn beim Spannen zwischen Litze und Umlenkkonstruktion keine Relativbewegungen auftreten. Für eine 7-drähtige (0,6″) Litze mit $\varnothing_n = 15{,}3$ mm ergibt sich somit ein Biegeradius von $R_{min} = 230$ mm. Die Länge der Umlenkung beträgt beispielsweise bei einem Umlenkwinkel von 6° mindestens $s = 2 \cdot R \cdot \sin \alpha/2 = 24$ mm.

1.7.2 Vorspannung gegen den erhärteten Beton

Bei großen Spannkräften, wie sie beispielsweise bei Brücken erforderlich sind, erfolgt das Dehnen der Spannglieder gegen das erhärtete Betontragwerk. Eine Stützkonstruktion ist somit nicht erforderlich.

1. Vorspannung mit nachträglichem Verbund

Bei der Vorspannung mit nachträglichem Verbund wird der Beton zunächst ohne Verbund vorgespannt; später wird für alle nach diesem Zeitpunkt wirksamen Lastfälle eine Verbundwirkung erzeugt (DIN 4227, Teil 1, 1.2.4 (2))

1.7 Spannverfahren – Art der Verbundwirkung

Bei der Vorspannung mit nachträglichem Verbund wird der Träger zunächst betoniert, wobei das Spannglied frei in einem Hüllrohr liegt (Bild 1.33). Alternativ kann das Spannglied auch erst nach dem Erhärten des Betons in das Hüllrohr eingezogen werden. Nachdem der Beton eine ausreichende Festigkeit erreicht hat, werden die Spannglieder gegen den Träger angespannt und verankert. Anschließend wird das Hüllrohr aus Gründen des Korrosionsschutzes und Verbundes **vollständig** mit einer Zementsuspension verpresst. Die Verbundwirkung ermöglicht die Ausnutzung der Streckgrenze des Spannstahls im Grenzzustand der Tragfähigkeit.

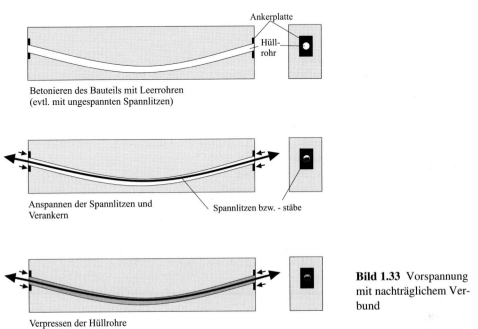

Bild 1.33 Vorspannung mit nachträglichem Verbund

Bei Rohren und kreisrunden Behältern kann eine Vorspannkraft auch durch das Umwickeln erreicht werden. Nach dem Anbringen der Spanndrähte muss zum Korrosionsschutz eine Spritzbetonschale aufgebracht werden. Durch Kriechen und Schwinden kommt es zu einer zusätzlichen Belastung dieser Außenschale.

2. Vorspannung ohne Verbund

Der Verbund zwischen Spannglied und Betontragwerk kann dadurch unterbunden werden, dass die Spannkanäle nicht mit Zementmörtel sondern mit Fett oder Wachs (Korrosionsschutz) verpresst werden. Das gleiche gilt auch für extern, d.h. außerhalb des Betonquerschnitts angeordnete Spannglieder. Diese sind lediglich an den Ankerkonstruktionen und Umlenkpunkten mit dem Tragwerk punktuell verbunden.

Ein Sonderfall, welcher aufgrund fehlender Spannpressen in den Anfangsjahren des Spannbetonbaus angewendet wurde, ist das Vorspannen durch Spreizen (siehe Bahnhofsbrücke in Aue). Die externen Spannglieder werden mit Pressen an speziellen Scheiben gespannt (Bild 1.34). Dies erfordert jedoch aufwändige Umlenkkonstruktionen.

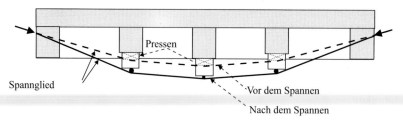

Bild 1.34 Vorspannen durch Spreizen

1.7.3 Sonstige Spannverfahren

Die zuvor beschriebenen Spannverfahren verwenden Stahlzugglieder, um Druckkräfte in den Beton einzutragen. Vergleichbare Spannungszustände kann man auch durch folgende Verfahren erzielen:

- Frischbetonverformung (Quellbeton)
- Vorspannen durch besondere Bauverfahren
- Stützenhebung/-senkung eines Verbundträgers
- Vorverformung von Stahlverbundträgern (z. B. Preflex-Träger [36], Bild 1.35)
  Hierbei sind die Kriech- und Schwindverluste zu beachten.
- Vorbelastung
- Scheitelauspressen z. B. bei Bogenbrücken
  beachte: Vorspannwirkung geht durch Kriech- und Schwindverluste teilweise verloren
- Vorspannen gegen Widerlager
- Einpressen von Mörtel z. B. bei Druckstollen (Verpressen der Hohlräume)

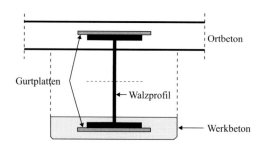

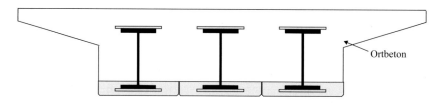

Bild 1.35 Preflex Träger

Bei den obigen Verfahren werden Zwangkräfte in die Konstruktion eingetragen. Daher ist das Tragverhalten prinzipiell anders als wenn die gleichen Kräfte durch Stahlzugglieder erzeugt würden. Zwangkräfte sind abhängig von der Steifigkeit der Konstruktion, welche insbesondere bei Rissbildung sehr stark abfällt. Außerdem ist zu beachten, dass die Vorspannwirkung durch Kriech- und Schwindverluste teilweise abgebaut wird. Temperaturänderungen des Bauteils können zu einer vollständigen Aufhebung der erzeugten Druckspannungen führen.

1.7.4 Vor- und Nachteile der verschiedenen Spannverfahren

In Deutschland wurde bis 1999 fast ausschließlich die Vorspannung mit nachträglichem Verbund angewandt. Dies hat sich zumindest im Brückenbau geändert. Seit 1999 müssen Hohlkastenbrücken externe Spannglieder aufweisen. Weiterhin soll die Quervorspannung der Fahrbahnplatten nur noch durch Spannglieder ohne Verbund erfolgen.

Bei der Wahl des Spannverfahrens sind u. a. folgende Aspekte zu beachten:

- Kosten (Material- und Lohnkosten)
  Spannsysteme ohne Verbund sind bislang teurer als solche mit Verbund.

- Spanngliedführung (beliebig oder eingeschränkt)
  Eine beliebige Spanngliedführung ist nur bei interner Lage möglich.

- Spannkraftzunahme im Grenzzustand der Tragfähigkeit ist bei Spanngliedern ohne Verbund gering. Es ist somit mehr Spann- bzw. Betonstahl erforderlich.

- Spannglieder mit Verbund tragen zur Reduzierung der Rissbreite bei.

- Korrosionsschutz
  Verbundspannglieder weisen durch den Mörtel einen aktiven Korrosionsschutz auf.

- Kontrolle der Spannglieder sowie deren Austausch
  Verbundspannglieder können bei Schäden nicht ausgewechselt werden.

- Reibungskoeffizient
  Der Reibungskoeffizient bei Spannglieder ohne Verbund ist erheblich geringer als bei Verbundsystemen.

Ausführlicher werden die Vor- und Nachteile der verbundlosen Spannsysteme sowie die Besonderheiten der Bemessung im Kapitel 11 erörtert.

Es sei hier jedoch vorab auf einen wichtigen Unterschied hingewiesen. Der Verbund beeinflusst wesentlich das Tragverhalten eines Bauteils. Bei einem (gering bewehrten) Träger mit Spanngliedern ohne Verbund entstehen bei Überbeanspruchung wenige große Risse (Bild 1.36). Diese schnüren die Druckzone ein und es kommt zu einem Druckversagen des Betons. Die eingelegte Betonstahlbewehrung soll breite Risse verhindern.
Besteht ein Verbund zwischen Stahl und Beton, so behindert die Bewehrung sowie der Spannstahl das Aufgehen von Rissen. Bei geeigneter konstruktiver Durchbildung des Bauteils entstehen viele kleine Risse. In der Baupraxis sind die Unterschiede nicht so gravierend wie in Bild 1.36 dargestellt, da alle Bauteilen eine Mindestbewehrung aufweisen müssen.

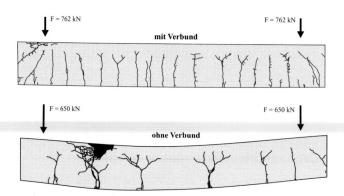

Bild 1.36 Rissbild im Mittenbereich eines Einfeldträgers ($l = 20$ m) mit bzw. ohne Verbund vorgespannt [83]

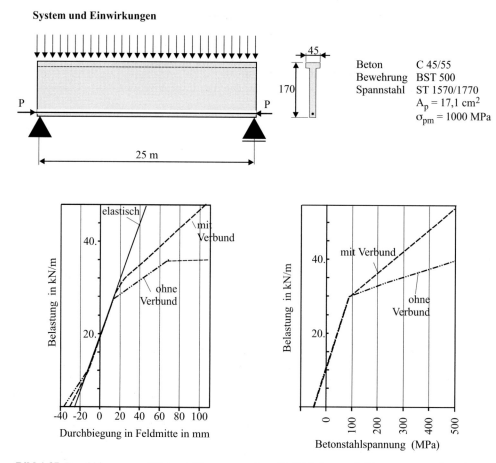

Bild 1.37 Durchbiegung und Betonstahlspannung eines Einfeldträgers mit Vorspannung mit und ohne Verbund

Wesentlich wichtiger ist die verminderte Tragfähigkeit bei fehlendem Verbund. Dies wird aus dem in Bild 1.37 dargestellten Vergleich eines Trägers mit und ohne Verbundvorspannung deutlich. Es handelt sich um einen einfeldrigen Plattenbalken, welcher ein gerades, exzentrisches Spannglied aufweist. Die äußere Einwirkung besteht aus einer Gleichstreckenlast. Für dieses System werden die Durchbiegungen sowie die Betonstahlspannung in Feldmitte in Abhängigkeit von einer äußeren Gleichstreckenlast berechnet.

Solange der Träger ungerissen ist, verhält sich der Balken unabhängig von einer vorhandenen Bewehrung elastisch. Nach der Rissbildung fällt die Steifigkeit ab, was zu einer großen Zunahme der Verformung führt. Bei Vorspannung mit Verbund beteiligt sich der Spannstahl zusammen mit dem Betonstahl an der Aufnahme der Lasten ($\Sigma A_s = A_s + A_p$). Besteht kein Verbund, so wird bei Zunahme der Einwirkung nur die Betonstahlbewehrung gedehnt, während die Spannstahlspannung nahezu konstant bleibt ($\Sigma A_s = A_s$). Daher wird auch der rechnerische Grenzzustand der Tragfähigkeit schneller erreicht. Für das in Bild 1.37 dargestellte System ist die rechnerische Grenztragfähigkeit bei Vorspannung mit Verbund fast doppelt so groß wie bei verbundloser Vorspannung. Die wesentliche Ursache für die Traglastunterschiede ist die geringere Spannkraftzunahme im Grenzzustand der Tragfähigkeit bei Vorspannung ohne Verbund.

Die Traglastminderung bei fehlendem Verbund, insbesondere während des Bauzustandes, hat in der Vergangenheit zu einigen Schadensfällen geführt. So stürzte im Jahr 1971 eine Straßenbrücke in Brasilien kurz vor dem Verpressen der Hüllrohre ein [49]. Wittfoth [50] berichtet ebenfalls über den Zusammenbruch einer Freivorbaubrücke infolge Überbeanspruchung und fehlendem Verbund während des Bauzustandes.

Bei Verbundvorspannung muss die Verbindung zwischen Spannglied, Einpressmörtel und Beton auf der gesamten Spanngliedlänge gewährleistet sein. Bei unvollständigem Auspressen handelt es sich bereichsweise um ein Spannglied ohne Verbund. Der Spannkraftzuwachs im Grenzzustand der Tragfähigkeit ist entsprechend geringer, wobei die Länge des fehlenden Verbundes wichtig ist.

So bauen die Besten im Westen

Mit Spannbeton-Decken von VERBIN

So kann man große freitragende Spannweiten planen.
So spart man Bauzeit und Kosten.
So vermindert man das Prozessrisiko.
So steigert man den Gewinn für alle Beteiligten.
Zählen Sie auch schon zu den Besten?

VERBIN Baufertigteile GmbH
Postfach 17 03 41   47183 Duisburg
Fon 0800 / 1815939   Fax 0800 / 1815938
verbin@verbin.de   www.verbin.de

Einsatz von Betonitmatten

Deutsche Gesellschaft für Geotechnik e. V. (Hrsg.)
Empfehlungen für die Anwendung von geosynthetischen Tondichtungsbahnen
EAG-GTD
2002. X, 112 Seiten,
16 Abbildungen, 16 Tabellen.
Broschur. € 39,90* / sFr 60,-
ISBN 3-433-01661-5

Der Umweltschutz ist ein Haupteinsatzgebiet für geosynthetische Tondichtungsbahnen. Sie werden für Oberflächendichtungssysteme im Deponiebau, für Rückhaltebecken, sekundäre Abdichtungen von Flüssigkeitsspeichern und als Schutzlagen verwendet. Das Buch fasst die Kenntnisse und Erfahrungen bei der Anwendung von Tondichtungsbahnen, die auch unter dem Namen Betonitmatten bekannt sind, zusammen. Im Deponiebau, Wasserbau und bei der Hangsicherung im Verkehrswegebau werden Tondichtungsbahnen eingesetzt.

* Der €-Preis gilt ausschließlich für Deutschland

Ernst & Sohn
Verlag für Architektur und
technische Wissenschaften GmbH & Co. KG

Für Bestellungen und Kundenservice:
Verlag Wiley-VCH
Boschstraße 12
69469 Weinheim
Telefon: (06201) 606-400
Telefax: (06201) 606-184
Email: service@wiley-vch.de

www.ernst-und-sohn.de

2 Baustoffe

Bei Spannbetontragwerken werden hohe Anforderungen an die Baustoffqualität gestellt. Dies betrifft, außer dem Beton und dem Spannstahl, auch das Korrosionsschutzsystem (Hüllrohre und Verpressmaterial) sowie die Anker- und Umlenkkonstruktionen.

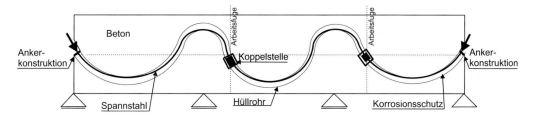

Bild 2.1 Baumaterialien

2.1 Beton

Für Spannbeton wird in der Regel Beton hoher Güte verwendet, da eine hohe Druckfestigkeit erforderlich ist. Weiterhin ist oftmals eine schnelle Entwicklung der Betonfestigkeit erwünscht, damit zur Vermeidung von Rissen im Beton schon frühzeitig eine Teilvorspannung aufgebracht werden kann. Die Mindestbetonfestigkeit beträgt nach DIN 1045-1 C25/30 für vorgespannte Bauteile mit nachträglichem Verbund und C30/37 für Bauteile mit sofortigem Verbund.

Weiterhin sollte der Beton geringe zeitabhängige Dehnungen (Schwinden und Kriechen) aufweisen, damit die Spannkraftverluste begrenzt werden. Hierbei spielt neben der Betonzusammensetzung auch die Nachbehandlung eine große Rolle.

Beton stellt neben der lasttragenden Funktion einen sehr guten, wirtschaftlichen, aktiven Korrosionsschutz für die Stahl- und Spannbewehrung dar. Voraussetzung hierfür ist neben einer ausreichenden Betondeckung auch ein dichtes, rissefreies Gefüge.

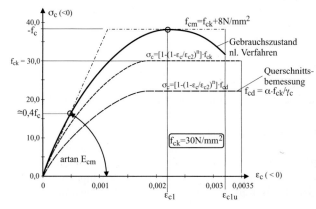

Bild 2.2 Spannungsdehnungslinie für Beton C30/37 unter einachsigem Druck nach DIN 1045-1, Bilder 22 und 23

Die verschiedenen Spannungsdehnungslinien des Betons sind in Bild 2.2 dargestellt.

Das bekannte Parabel-Rechteck Diagramm stellt eine grobe Näherung dar und ist nur für den Nachweis im Grenzzustand der Tragfähigkeit zu verwenden. Für die Berechnung der Spannungen im Gebrauchszustand oder für nichtlineare Verfahren gilt die genauere σ-ε-Beziehung (Gl. 2.1). Bei der Ermittlung der Verformungen eines Tragwerkes sind die zeitabhängigen Dehnungen sowie die Mitwirkung der Bewehrung zwischen den Rissen (Tensions Stiffening) zu berücksichtigen.

Für die Berechnung der Verformungen im Gebrauchszustand unter kurzzeitig wirkenden Lasten und für nichtlineare Verfahren der Schnittgrößenermittlung kann folgende σ-ε-Beziehung verwendet werden:

$$\frac{\sigma_c}{f_c} = \frac{k \cdot \eta - \eta^2}{1 + (k-2) \cdot \eta} \qquad \text{(DIN 1045-1, Gl. 62)} \qquad (2.1)$$

mit:

$\eta = \varepsilon_c / \varepsilon_{c1}$ (ε_c und ε_{c1} sind negativ anzusetzen)
$\varepsilon_{c1} = -0{,}0022$ nach EC2 (nach DIN 1045-1: $\varepsilon_{c1} = -1{,}8 \div -3{,}0\,‰$ nach Tab. 9) (Stauchung bei Erreichen des Höchstwertes der Betondruckspannung f_c)
$k = 1{,}1\, E_{c,nom}\, \varepsilon_{c1}/f_c$

Für die Querschnittsbemessung gilt das Parabel-Rechteck-Diagramm.

$$\sigma_c = f_{cd} \cdot \left[1 - \left(1 - \frac{\varepsilon_c}{\varepsilon_{c2}}\right)^n\right] \quad \text{für} \quad 0 \geq \varepsilon_c \geq \varepsilon_{c2} \qquad \text{(DIN 1045-1, Gl. 65, 66)} \qquad (2.2)$$

$$\sigma_c = f_{cd} \quad \text{für} \quad \varepsilon_{c2} \geq \varepsilon_c \geq \varepsilon_{c2u}$$

Alle Baustoffkennwerte lassen sich näherungsweise aus der charakteristischen Zylinderdruckfestigkeit des Betons f_{ck} bestimmen. Die Werte sind in Tabelle 2.1 aufgelistet.

$$f_{cm} = f_{ck} + 8\ \text{N/mm}^2 \qquad \text{(DIN 1045-1, Tab. 9)} \qquad (2.3)$$

$$f_{ctm} = 0{,}30 \cdot f_{ck}^{(2/3)} \qquad \text{(DIN 1045-1, Tab. 9)} \qquad (2.4)$$

$$f_{ctk;0,05} = 0{,}70 \cdot f_{ctm} \qquad \text{(DIN 1045-1, Tab. 9)} \qquad (2.5)$$

$$f_{ctk;0,95} = 1{,}30 \cdot f_{ctm} \qquad \text{(DIN 1045-1, Tab. 9)} \qquad (2.6)$$

mit:

f_{cm} Mittelwert der Betondruckfestigkeit
f_{ck} charakteristische Zylinderdruckfestigkeit des Betons
f_{ctm} Mittelwert der Zugfestigkeit
$f_{ctk;0,05}$ unterer Grenzwert der charakteristischen Zylinderzugfestigkeit (5 %-Quantil)
$f_{ctk;0,95}$ oberer Grenzwert der charakteristischen Zylinderzugfestigkeit (95 %-Quantil)

Die Betonzugfestigkeit f_{ct} darf beim Nachweis im Grenzzustand der Tragfähigkeit nicht angesetzt werden, da sie u.a. große Streuungen in einem Bauteil aufweist. Weiterhin wird ein Teil von f_{ct} durch in der Berechnung nicht berücksichtigte Eigenspannungen aufgebracht, welche beispielsweise durch Temperaturdifferenzen oder Zwänge infolge der Hydratationswärme beim Abbinden des Betons entstehen. Die im Labor bestimmte Zug-

2.1 Beton

Tabelle 2.1 Festigkeits- und Formänderungskennwerte von Normalbeton (DIN 1045-1, Tab. 9)

Kenn-größe	Festigkeitsklassen																analytische Beziehung; Erläuterung
f_{ck}	12[a]	16	20	25	30	35	40	45	50	55	60	70	80	90	100		N/mm²
$f_{ck,cube}$	15	20	25	30	37	45	50	55	60	67	75	85	95	105	115		N/mm²
f_{cm}	20	24	28	33	38	43	48	53	58	63	68	78	88	98	108		$f_{cm} = f_{ck} + 8$ N/mm²
f_{ctm}	1,6	1,9	2,2	2,6	2,9	3,2	3,5	3,8	4,1	4,2	4,4	4,6	4,8	5,0	5,2		c)
$f_{ctk;0,05}$	1,1	1,3	1,5	1,8	2,0	2,2	2,5	2,7	2,9	3,0	3,1	3,2	3,4	3,5	3,7		$f_{ctk;0,05} = 0,7 f_{ctm}$ 5 % Quantil
$f_{ctk;0,95}$	2,0	2,5	2,9	3,3	3,8	4,2	4,6	4,9	5,3	5,5	5,7	6,0	6,3	6,6	6,8		$f_{ctk;0,95} = 1,3 f_{ctm}$ 95 % Quantil
E_{cm}^{b}	25800	27400	28800	30500	31900	33300	34500	35700	36800	37800	38800	40600	42300	43800	45200		$E_{cm} = 9,5 \cdot (f_{ck} + 8)^{1/3}$ f_{ck}, E_{cm} N/mm²
ε_{c1}	-1,8	-1,9	-2,1	-2,2	-2,3	-2,4	-2,5	-2,55	-2,6	-2,65	-2,7	-2,8	-2,9	-2,95	-3,0		in ‰ d)
ε_{c1u}	-3,5									-3,4	-3,3	-3,2	-3,1	-3,0	-3,0		in ‰ d)
n	2,0									2,0	1,9	1,8	1,7	1,6	1,55		
ε_{c2}	-2,0									-2,03	-2,06	-2,1	-2,14	-2,17	-2,2		in ‰ e)
ε_{c2u}	-3,5									-3,1	-2,7	-2,5	-2,4	-2,3	-2,2		in ‰ e)
ε_{c3}	-1,35									-1,35	-1,4	-1,5	-1,6	-1,65	-1,7		in ‰ f)
ε_{c3u}	-3,5									-3,1	-2,7	-2,5	-2,4	-2,3	-2,2		in ‰ f)

a) Die Festigkeitsklasse C12/15 darf nur bei vorwiegend ruhenden Einwirkungen verwendet werden
b) Diese Werte stellen den mittleren Elastizitätsmodul als Sekante bei $|\sigma_c| \approx 0,4 f_{cm}$ dar
c) bis C55/60: $f_{ctm} = 0,3 \cdot f_{ck}^{(2/3)}$ ab 65/67: $f_{ctm} = 2,12 \cdot \ln(1 + f_{cm}/10)$
d) gilt nur für Bild 22 nach DIN 1045-1: Spannungs-Dehnungs-Linie für den Gebrauchszustand und nl. Verfahren (siehe Bild 2.2)
e) gilt nur für Bild 23 nach DIN 1045-1: Parabel-Rechteck-Diagramm (siehe Bild 2.2)
f) gilt nur für Bild 24 nach DIN 1045-1: Bilineare Spannungs-Dehnungs-Linie

festigkeit ist daher in einem realen Bauteil oftmals nicht vorhanden. Außerdem ist zu beachten, dass die Zugfestigkeit bei dynamischer Beanspruchung sehr stark abfällt. Nahezu alle Bauteile werden durch äußere Lasten, beispielsweise Temperaturlasten dynamisch beansprucht. Daher sollte die Betonzugfestigkeit auf der sicheren Seite liegend im Grenzzustand der Tragfähigkeit nicht angesetzt werden. Im Gebrauchszustand, z.B. bei der Bestimmung der Rissbreite und der Mindestbewehrung, ist sie sinnvoll abzuschätzen.

Die in Tabelle 2.1 aufgeführten Werte des E-Moduls stellen genügend genaue Näherungswerte für Normalbeton dar. Bild 2.3 zeigt die große Schwankungsbreite des E-Moduls. Die Werte nach DIN 1045-1 liegen an der oberen Grenze. Da der Elastizitätsmodul des Betons wesentlich durch den Zuschlag bestimmt wird, sind bei festerem oder weicherem Zuschlag ggf. genauere Untersuchungen erforderlich. Weiterhin nimmt der E-Modul mit dem Hydratationsgrad und somit mit dem Betonalter zu. Gleichungen zur Berücksichtigung der verschiedenen Einflüsse sind beispielsweise in [33] zu finden. Da die genaue Betonzusammensetzung bei der Tragwerksberechnung jedoch meistens nicht bekannt ist, sind „genauere" Formeln nur für eine Nachrechnung hilfreich.

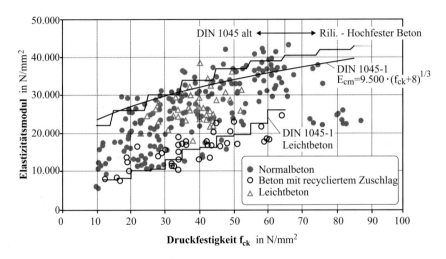

Bild 2.3 Zusammenhang zwischen Druckfestigkeit f_{ck} und zugehörigem E-Modul [33]

Oftmals werden Materialkennwerte für Zwischenbauzustände benötigt. Hierzu können die folgenden Näherungsgleichungen (CEB-FIP MC 90) verwendet werden.

$$f_{cm}(t) = \beta_{cc}(t) \cdot f_{cm} \qquad \beta_{cc}(t) = e^{s \cdot \left(1 - \left[\frac{28}{t/t_1}\right]^{0,5}\right)} \qquad (2.7)$$

mit:
$f_{cm}(t)$ Mittelwert der Betondruckfestigkeit in MPa
f_{cm} Mittelwert der Betondruckfestigkeit nach 28 Tagen in MPa
$\beta_{cc}(t)$ Beiwert
t Betonalter in Tagen
t_1 = 1 Tag
s Koeffizient, abhängig von der Zementfestigkeit

2.1 Beton

Zementfestigkeitsklasse	32,5	32,5R 42,5	42,5R 52,5
s	0,38	0,25	0,20

Für den Elastizitätsmodul gilt: $\quad E_{ci}(t) = \sqrt{\beta_{cc}(t)} \cdot E_{c,28}$ (2.8)

mit:

E_{ci} Tangenten- Elastizitätsmodul in MPa
E_{c28} Tangenten- Elastizitätsmodul nach 28 Tagen in MPa

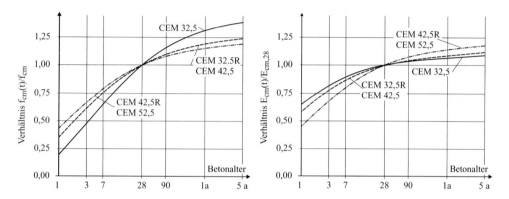

Bild 2.4 Zeitlicher Verlauf der Betondruckfestigkeit und des Elastizitätsmoduls

Für das Versagen von Spannbetontragwerken ist größtenteils die Festigkeit der Betondruckzone maßgebend. Es liegt daher nahe, hochfeste Betone einzusetzen. Zum Riss- und Biegebruchverhalten von vorgespannten Bauteilen aus hochfestem Beton wurden von Hegger [78] Balkenversuche durchgeführt. Erwartungsgemäß stellte sich aufgrund des höheren E-Moduls und der Biegezugfestigkeit im Vergleich zum Normalbeton eine geringere Verformung unter Gebrauchslasten ein. Auch die zeitabhängigen Verformungen waren ca. 50 % geringer. Im Grenzlastbereich zeigte der hochfeste Beton ein duktiles Verhalten. Dies ist jedoch auf den geringen Bewehrungsgrad der Versuchsbalken zurückzuführen. Für das Versagen der Träger war die Streckgrenze der Litzen maßgebend.

Hochfester Beton weist eine höhere Verbundfestigkeit als normalfester Beton auf. Dies führt zu einer erhöhten Schwingbeanspruchung des Beton- und Spannstahls im Bereich von Rissen.

Auch Leichtbeton kann vorgespannt werden. Das geringe Eigengewicht ($\rho \leq 2,0$ kg/dm^3) ist vor allem bei weitgespannten Tragwerken wie beispielsweise Brücken von Bedeutung. Die geringe Dichte entsteht durch porigen Leichtzuschlag. Durch die Zugabe von Microsilica und Fließmittel zur Reduktion des Wasserzementwertes können Druckfestigkeiten von $f_{ck} = 75$ N/mm^2 und mehr erreicht werden [84]. Der Elastizitätsmodul von Leichtbeton ist aufgrund der Leichtzuschläge geringer als der von Normalbeton. Die Dauerhaftigkeit gegen chemische Einflüsse ist meistens besser.

Für die Vorspannung von Leichtbeton ist der experimentelle Nachweis der Verankerung erforderlich. Weiterhin muss gewährleistet sein, dass die Baustoffeigenschaften genau eingehalten werden. Bei Verbundvorspannung ist das Verbundverhalten zu untersuchen. Dieser Aufwand hat bislang die Anwendung von Spannleichtbeton hier zu Lande sehr stark begrenzt. In Norwegen wurden einige Brücken mit vorgespanntem Leichtbeton hergestellt.

Die zeitabhängigen Betonverformungen – Schwinden und Kriechen – müssen bei Spannbetonbauteilen möglichst genau erfasst werden, da sie zu Spannkraftverlusten führen. Im Gegensatz zu Stahlbeton, wo die eingelegte Bewehrung das Schwinden behindert, wird die Betonverkürzung durch die Spannbewehrung eher begünstigt. Das Endschwindmaß wird wesentlich durch die Nachbehandlung beeinflusst. Aufgrund der großen Bedeutung werden die Auswirkungen der zeitabhängigen Betonverformungen in einem gesonderten Kapitel behandelt.

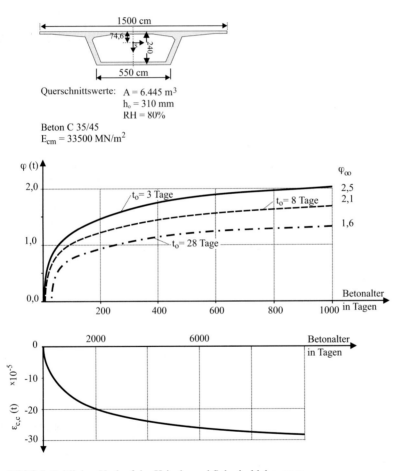

Bild 2.5 Zeitlicher Verlauf der Kriech- und Schwinddehnungen

2.2 Betonstahl

In Deutschland wird weitgehend nur gerippter Betonstabstahl oder Betonstahlmatten mit einer Streckgrenze von $f_{yk} = 500$ N/mm² verwendet. Der Elastizitätsmodul beträgt $E_s = 200000$ N/mm². Neben der Festigkeit ist insbesondere bei dynamischen Beanspruchungen die Duktilität von großer Bedeutung. Man unterscheidet zwischen Betonstahl mit normaler und hoher Duktilität:

hohe Duktilität: $\varepsilon_{uk} > 5\%$; $(f_t/f_y)_k > 1{,}08$

normale Duktilität: $\varepsilon_{uk} > 2{,}5\%$; $(f_t/f_y)_k > 1{,}05$

Für Brücken soll nur hochduktiler Stahl nach DIN 488 verwendet werden.

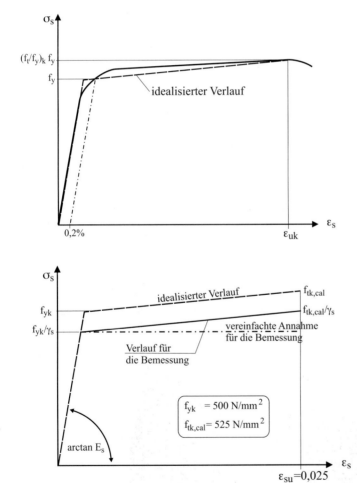

Bild 2.6 Rechnerische Spannungs-Dehnungs-Linie des Betonstahls für die Schnittgrößenermittlung (oben) und für die Bemessung (unten) (DIN 1045-1, Bilder 26 und 27)

Tabelle 2.2 Einordnung der gängigen schweißgeeigneten Betonstähle in Deutschland in die Duktilitätsklassen (DIN Fachbericht 102, Tab. R2)

Betonstahl nach	Kurz-bezeichnung	Liefer-form	Durchmesser-bereich in mm	Oberflächen-gestalt	Nennstreck-grenze in N/mm^2	Duktilität
1	2	3	4	5	6	7
DIN 488	BST 420 S	Stab	6 bis 28	gerippt	420	hoch
	BST 500 S	Stab	6 bis 28	gerippt	500	hoch
	BST 500 M	Matte	4 (5) bis 12	gerippt	500	normal
Zulassungs-bescheid	BST 500 WR	Ring	6 bis 14	gerippt	500	hoch
	BST 500 KR	Ring	6 bis 12	gerippt	500	normal

Der Stahl weist einen bilinearen Spannungs-Dehnungs-Verlauf auf (Bild 2.6). Der geneigte Ast kann bei der Biegebemessung meistens vernachlässigt werden.

2.3 Spannstahl

Es werden Stab-, Litzen- und Drahtspannglieder verwendet (Tabelle 2.3).

Stabspannglieder eignen sich vor allem für geradlinige Spanngliedführungen und kurze Spanngliedlängen. Die Verankerung der Stäbe kann einfach mit Muttern erfolgen. Hierzu wird ein Gewinde auf den Stab aufgerollt. Eingeschnittene Gewinde sind aufgrund der hieraus entstehenden Kerbspannung und der damit verbundenen geringen Ermüdungsfestigkeit nicht geeignet. Alternativ kann der Stab auch mit einem Gewinde hergestellt werden (z. B. GEWI-Stab). Eine Kopplung ist wie bei Bewehrungsstäben mit Muffen möglich.

Tabelle 2.3 Spanngliedtypen

		Herstellungsart	Querschnittsform		Durchmesser	Güte
1	Draht (siehe DIN EN 10138-2)	vergütet, kaltgezogen	flach, rund	eben, profiliert	bis $\varnothing$ 10 mm	bis R_m = 1860 MPa
2	Litze (siehe DIN EN 10138-3)	kaltgezogen	3 oder 7 verwunde-ne Drähte	glatt, profiliert	Draht $\varnothing$ bis 5 mm, Nenn-durchmesser bis 18,0 mm	bis R_m = 2160 MPa
3	Stab (siehe DIN EN 10138-4)	warmgewalzt, gereckt und angelassen	rund (mit Ge-winde)	glatt, gerippt	bis $\varnothing$ 40 mm	bis R_m = 1230 MPa
4	HLV-Elemente[1]	Glas, Kohlen-stoff, Aramid	Faser mit $\varnothing$ 5 ÷ 25 μm	glatt		bis R_m = 4500 MPa

[1] HLV-Elemente = Hochleistungsverbundwerkstoff

2.3 Spannstahl

Litzenspannglieder bestehen aus 3 oder 7 wendelartig miteinander verwundenen Drähten. Es gibt folgende Arten:

- Dreidraht-Litze mit glatten oder profilierten Drähten
- Siebendraht-Litze mit glatten, profilierten oder verdichteten Drähten
- Quadratlitze

Die Schlaglänge liegt zwischen dem 14- und 18-fachen Nenndurchmesser. Der Kerndraht ist meistens gerade.

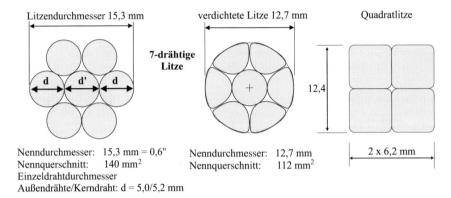

Bild 2.7 Litzen

Bei 7-drähtigen Litzen (Bild 2.7) ist ein größerer Innendrahtdurchmesser (+5 ÷ 7 %) erforderlich, damit die äußeren Drähte an dem Kerndraht anliegen. Nur so ist eine direkte Kraftübertragung zwischen den Drähten möglich.

Bei der verdichteten 7-drähtigen Litze wird die Litze vor der abschließenden Wärmebehandlung durch eine Düse gezogen oder deren Querschnitt auf anderem Wege verdichtet.

Litzen können in nahezu beliebiger Länge hergestellt werden. Für die Lagerung und den Transport werden sie auf Ringen aufgewickelt. Litzenspannglieder kommen sehr häufig zur Anwendung, da sie im Gegensatz zu Spannstäben in nahezu beliebiger Form verlegt werden können. Sie können auch in das bereits betonierte Bauwerk eingezogen werden. Nachteilig sind die aufwändigen Anker- und Koppelkonstruktionen.

Der Herstellprozess eines Drahtes ist in Bild 2.8 schematisch dargestellt [34, 35]. Zur Erhöhung der Festigkeit des Drahtes erfolgt zunächst die so genannte Patentierung, eine spezielle Art der Vergütung. Hierbei wird der Stahl erhitzt und anschließend in einem Blei- oder Salzbad schnell auf ca. 400 °C abgekühlt. Bei dieser Temperatur wird der Draht einige Zeit belassen. Hierdurch bildet sich ein feinlamellares Perlitgefüge mit hoher Zähigkeit. Durch das Patentieren weist der Draht einen sehr harten und spröden oxydischen Überzug auf, welcher für die weitere Bearbeitung mit Hilfe eines Blei- oder Salzbades entfernt werden muss. Daraufhin wird für den Ziehvorgang ein Schmiermittel aufgebracht. Beim Ziehvorgang wird der Draht in Längsrichtung durch Zugkräfte und quer zur Düse durch Druckkräfte beansprucht. Die Kaltverformung führt zu einer Erhöhung der Festigkeit. Beim Anlassen wird der Stahl auf eine bestimmte Temperatur erhitzt, wodurch sich seine Verformbarkeit erhöht.

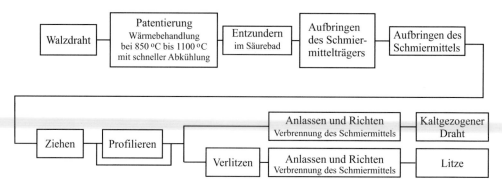

Bild 2.8 Schematische Darstellung der Herstellung von kaltgezogenen Drähten und Litzen

Aufgrund der Probleme mit Sprödbrüchen (Spannungsrisskorrosion), welche mit vergüteten Spannstählen in der Vergangenheit auftraten, werden derzeit fast ausschließlich kaltgezogene und schlussangelassene Drähte oder Litzen sowie warmgewalzte, gereckte und schlussangelassene Stäbe verwendet.

2.3.1 Anforderungen an den Spannstahl

Ein Spannstahl muss verschiedene Eigenschaften aufweisen. Er muss eine *hohe Festigkeit* bzw. eine große zulässige Dehnung besitzen, damit die Spannkraftverluste infolge der Betonverkürzung durch Schwinden und Kriechen gering bleiben. Da der Elastizitätsmodul von Bewehrungs- und Spannstahl nahezu identisch ist, müssen die zeitabhängigen Dehnungen durch eine große Anfangsspannung kompensiert werden.

Die hohen Festigkeiten von Spannstählen können erreicht werden durch

- eine geeignete Legierung
- Kaltverformung
- Vergütung

Der Spannstahl muss eine *ausreichende Duktilität* besitzen, damit er bei Überbelastung noch Tragreserven aufweist. Weiterhin ist eine ausreichende Zähigkeit bzw. ein plastisches Verformungsvermögen erforderlich, um Sprödbrüche zu vermeiden. Spannstähle sollten daher eine Bruchdehnung $\varepsilon_{pu} > 3{,}5$ % aufweisen. Eine Plastizierung kann beispielsweise im Bereich von Umlenkstellen mit geringen Radien auftreten. Da die Duktilität mit der Festigkeit im Allgemeinen abnimmt, wird durch dieses Kriterium die maximal zulässige Stahlzugspannung begrenzt.

Das Spannglied sollte *geringe Toleranzen in den Querschnittswerten* aufweisen, damit die in der Tragwerksberechnung angesetzten Materialkenngrößen und die hiermit bestimmten Einwirkungen auch zutreffen. Während beispielsweise bei der Betonstahlbewehrung größere Querschnittsflächen zulässig sind, führen diese bei Spanngliedern zu Problemen bei der Kontrolle des Spannvorganges. Maßtoleranzen sind unvermeidlich durch den Herstellungsprozess bedingt und nicht zu vermeiden.

Es sind *geringe Relaxationsverluste* anzustreben. Unter Relaxation bezeichnet man die zeitliche Spannkraftabnahme unter einer konstanten Länge. Sie nimmt mit der Größe der Stahlspannung zu.

2.3 Spannstahl

Weiterhin sollten die Stähle eine weitgehend *lineare Spannungs-Dehnungs-Beziehung* aufweisen, damit auch bei möglichen kurzzeitigen Überbeanspruchungen keine dauerhaften plastischen Verformungen auftreten.

Spannstähle weisen im Gebrauchszustand hohe Spannungen auf. Daher ist eine hohe *Ermüdungsfestigkeit* von Bedeutung.

Wesentlich ist weiterhin eine *geringe Empfindlichkeit gegen Korrosion*. Der Spannstahl ist während des Transports und der Lagerung sowie bis zum vollständigen Verpressen korrosionsgefährdet. Da eine wesentliche Bedingung für das Entstehen von Korrosion die Feuchtigkeit darstellt, ist der Spannstahl vor dem Einbau trocken und luftig zu lagern. Dabei ist zu beachten, dass bei einer Abdeckung mit Folien kein Kondenswasser anfällt. Weiterhin sollte möglichst schnell ein Korrosionsschutz aufgebracht werden. Der Zeitraum zwischen Verlegen der Spannglieder und Auspressen ist nach DIN 1045-3, 7.6.3 auf 12 Wochen, davon 4 Wochen in der Schalung und 2 Wochen nach dem Vorspannen begrenzt. Nach ZTVK-96, 6.6.1 muss unmittelbar nach dem Vorspannen ausgepresst werden.

Nach dem Verpressen kann Korrosion entstehen:

- in Fehlstellen bei mangelhafter Verpressung
- in breiten Rissen des Betons
- durch Karbonatisierung des Betons

Die Stärke des Korrosionsangriffes hängt hierbei ab von:

- vorhandener Feuchtigkeit
- Sauerstoffgehalt
- Dauer der Korrosionseinwirkung
- Potentialdifferenz
- Vorhandensein von korrosionsfördernden Stoffen
- vorhandene Stahlspannung und Zugfestigkeit
- Empfindlichkeit des Stahles gegenüber Korrosion

Eine besonders starke Korrosion tritt auf, wenn der Spannstahl periodisch einem feuchten und trockenem Milieu ausgesetzt wird. Ein derartiges Milieu kann beispielsweise in Fehlstellen auftreten, wo es u. U. bei Temperaturänderungen zu einer Kondenswasserbildung kommt [71].

Dünner trockener Flugrost, welcher durch Reiben entfernt werden kann, vermindert die Tragfähigkeit von Spannlitzen oder -drähten kaum. Er ist daher unbedenklich. Unter ‚leichtem Flugrost' ist ein gleichmäßiger Rostansatz zu verstehen, welcher nicht zu mit dem bloßen Auge sichtbaren Narben geführt hat und sich im Allgemeinen mit einem trockenen Lappen entfernen lässt (DIN 1045-3, 7.3(3)). Zur Bestimmung der Flugrostempfindlichkeit von Spannstählen wurde von Cordes [60] ein Prüfverfahren entwickelt.

Bei örtlichen Narben und Löchern darf das Spannglied nicht weiter verwendet werden.

Bei einer abtragenden Korrosion entstehen örtliche Kerben und Spannungsspitzen. Weitaus gefährlicher ist die Spannungsrisskorrosion, welche zu Sprödbrüchen führen kann.

Voraussetzung für das Entstehen von Korrosion ist das Vorhandensein eines Elektrolyten. Hierbei handelt es sich meistens um Wasser. Neben der Bildung von Rost entsteht bei der kathodischen Teilreaktion weiterhin Wasserstoff, welcher in das Metall eindringen kann und zu einer Versprödung des Materials führt [21]. Begünstigt wird dieser Vorgang durch das Vorhandensein einer großen Stahlzugspannung. Man spricht dann von der so genannten Spannungsrisskorrosion.

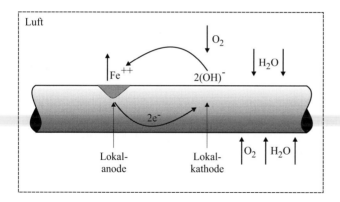

Bild 2.9 Chemische Reaktionen bei der Korrosion

Die in Bild 2.9 dargestellten chemischen Vorgänge können durch elektrische Ströme behindert oder gefördert werden. Im ersten Fall spricht man von einem aktiven Korrosionsschutz, beispielsweise durch eine Opferanode. Eine Beschleunigung der Korrosion kann durch Streuströme in der Nähe von Gleichstrombahnen entstehen [62, 63]. In diesem Fall ist bei Stahl- und Spannbetontragwerken auf eine elektrische Isolierung des Bauwerks von dem Oberbau (Schienen) und dem Boden bzw. der Widerlager und Pfeiler zu achten. Hierdurch soll verhindert werden, dass Streuströme in das Bauwerk eindringen können.

Spannungsrisskorrosion

Spannungsrisskorrosion entsteht, wenn der Baustoff eine hohe Zugbeanspruchung aufweist und *gleichzeitig* ein Korrosionsangriff erfolgt. Es treten gefährliche Sprödbrüche auf ohne dass eine Vorschädigung erkennbar wäre. Begünstigt wird die Spannungsrisskorrosion durch lokale Zerstörungen schützender Deckschichten, welche Ausgangspunkte von Rissen darstellen [21]. Die Spannungsrisskorrosionsempfindlichkeit nimmt mit der Streckgrenze des Stahles zu.

Spannungsrisskorrosion wurde vor allem bei ölschlussvergüteten Spannstählen, welche zwischen 1950 bis 1965 eingebaut wurden, beobachtet. So kam es Anfang der 80er Jahre zum Einsturz zweier Decken, welche durch Spannbetonträger unterstützt waren. Die Balken wiesen ovale Spannstäbe (3 × 8 mm) aus Sigma- oder Neptunstahl der Güte ST 1450/1600 mit sofortigem Verbund auf. Die Ursache für den Schaden lag jedoch nicht nur beim Stahl, sondern auch in der mangelhaften Herstellung der Träger.

Einer der bekanntesten Schäden, welcher u. a. auf Spannungsrisskorrosion zurückgeführt wurde, stellt der Einsturz der Berliner Kongresshalle im Jahr 1980 (Baujahr 1956) dar [22–26] (Bild 2.10). Die Untersuchungen nach dem Schaden ergaben, dass die Drähte der Spannglieder (Drahtbündel aus 7 bis 10 Drähten Sigma oval 30, gerippt, je $A_p = 30$ mm², ST 1450/1600, in ovalen Hüllrohren $\varnothing \approx 2{,}5/4$ cm), welche im Außendach direkt am Ringbalken verliefen (Bild 2.12), stark korrodiert waren. Dies ist auf die sehr geringe Betondeckung von lediglich 2 cm (bei einer Plattendicke von 10 cm) zurückzuführen. Weiterhin befanden sich unmittelbar vor dem Spannkopf ca. 3 cm lange Korkpfropfen als Abstandshalter. An diesen lokalen Fehlstellen waren einige Spannstahlbündel gebrochen [21]. Im Übergang zwischen den dünnen Platten und dem massiven Randträgern traten infolge äußerer Einwirkungen und zeitabhängigen Betonverformungen große Biegebeanspruchungen auf. Dies führte zu einer hohen, wechselnden Beanspruchung der Spannglieder in diesem Bereich und in Verbindung mit der Korrosion zu Sprödbrüchen.

Da bei den Zulassungsversuchen die Empfindlichkeit des Spannstahls gegenüber Spannungsrisskorrosion kontrolliert wird, ist davon auszugehen, dass bei neueren Stahlsorten (ab dem Jahr 1978) keine Sprödbruchgefahr mehr besteht [220]. In diesen Versuchen muss der Spannstahl unter einer Belastung von $0{,}80\,R_m$ eine Standzeit von mindestens 2000 h aufweisen. Der Prüfkörper befindet sich während der gesamten Versuchsdauer in einer wässrigen Lösung mit 0,014 mol/l Chlorid, 0,052 mol/l Sulfat und 0,017 mol/l Rhodanid.

Die Ursache der Wasserstoffrisskorrosion liegt in der Löslichkeit von atomarem Wasserstoff im Spannstahl. Diese hängt von der Zusammensetzung des Stahles ab [20]. So sollte nach den heutigen Richtlinien das Silizium/Mangan-Verhältnis größer als 1,0 sein [16, 20].

Bei der Spannungsrisskorrosion dringen die Wasserstoffatome in das Metallgitter ein, was zu einer Herabsetzung der Bindungskräfte zwischen den Metallatomen führt. Der Wasserstoff kann bei der Elektrolyse einer wässrigen Lösung, d.h. unter einer scheinbar harmlosen feuchten Umgebung (Regenwasser, Kondenswasser, Betonabsetzwässer) entstehen. Voraussetzung für die chemische Reaktion ist die Auflösung des Eisens, d.h. eine Korrosion. Wird diese durch geeignete Maßnahmen verhindert, was jedoch insbesondere im Bauzustand sehr schwer sein dürfte, tritt auch keine Spannungsrisskorrosion auf. Bei vollständig verpressten Hüllrohren – ohne Fehlstellen – kann infolge der Passivierung durch den Zementmörtel keine Korrosion auftreten. Teilweise reicht jedoch die Vorschädigung vor dem Einbau aus, um Spannungsrisskorrosion entstehen zu lassen. Bei Spanngliedern mit sofortigem Verbund ist die Gefahr einer Passivierung der Betonschicht oder von Rissen, welche bis zur Spannstahloberfläche durchgehen größer als bei Vorspannung in Hüllrohren. Hieraus ist zu erklären, dass Spannungsrisskorrosion hauptsächlich bei Spannbettträgern beobachtet wurde.

Bild 2.10 Berliner Kongresshalle (nach dem Wiederaufbau)

In einem Betonbauteil ist es schwierig, den Zutritt von aggressiven Medien, des Sauerstoffs und von Feuchtigkeit dauerhaft zu unterbinden. Eine Möglichkeit des Korrosionsschutzes besteht darin, den Stahl direkt zu schützen, beispielsweise durch Verzinken oder dem Auftrag einer Beschichtung (z. B. Epoxidharz) [38].

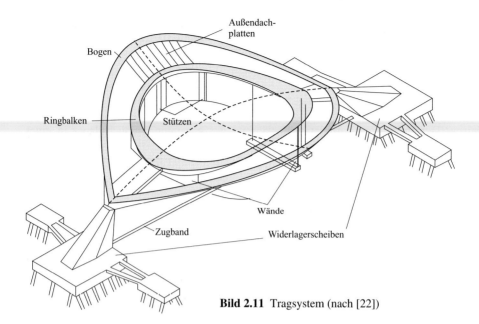

Bild 2.11 Tragsystem (nach [22])

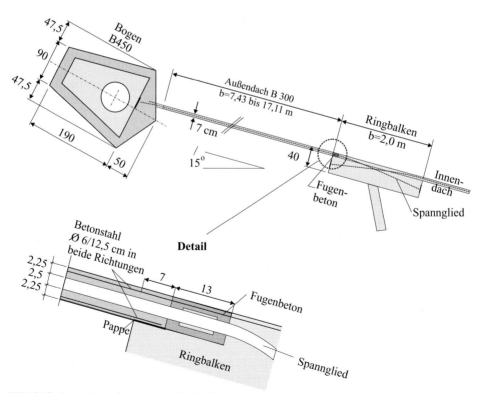

Bild 2.12 Querschnitt durch das Außendach

2.3 Spannstahl

Die Kosten für die verschiedenen Systeme sind sehr unterschiedlich. Die Tabelle 2.4 wurde aus [38] entnommen.

Tabelle 2.4 Relative Kosten der verschiedenen Korrosionsschutzsysteme (aus [38])

	Spanngliedtyp	Relative Kosten [%]
1	ungeschützte Litze	100
2	verzinkte Litzen	140
3	Zink und Aluminium (5 %) beschichtete Litzen	150
4	Verzinkte Litzen in HDPE Hüllrohr, mit Fett gefüllt	160
5	Zink und Aluminium (5 %) beschichtete Litzen in HDPE Hüllrohr, mit Fett gefüllt	170
6	Monolitzen in HDPE Hüllrohr, mit Fett gefüllt	140
7	Litzen mit doppeltem Hüllrohr	250
8	mit Epoxidharz beschichtete Litzen (Epoximaterial auch zwischen den Litzen)	180
9	mit Epoxidharz beschichtete Litzen (Epoximaterial auch zwischen den Litzen) mit Sand zur Verbesserung des Verbundes	200

Feuerverzinkter Stahl ist nicht immer beständiger als unbeschichteter Stahl. Die passivierende Wirkung besitzt nicht das Zink sondern die Zinkatschicht. Für deren Entstehung ist eine unbehinderte Belüftung der verzinkten Oberfläche erforderlich. Dies ist teilweise in feuchtem Beton oder im Bereich von Rissen nicht gegeben. So haben Untersuchungen von Nürnberger [75] ergeben, dass dünne Zinkauflagen (Schichtdicke ~14 µm) den Stahl in einem Riss nur temporär schützen können. Bereits nach einem Korrosionsangriff von 1 bis 2 Jahren korrodierten schwarze und feuerverzinkte Drähte gleich schnell. Insofern stellt die Feuerverzinkung nicht immer eine sinnvolle Maßnahme dar. Der Auftrag einer geschlossenen Zinkschicht scheint nicht unproblematisch zu sein. Im Überzug können Fehlstellen und Poren auftreten, welche dann zu einer erhöhten Korrosionsgefahr führen [85]. Eine schlechte Verzinkung, welche Risse aufweist, kann die Ermüdungsfestigkeit des Stahles reduzieren. Bei Keilverankerung ist zu beachten, dass die Zinkschicht nicht so dick ist, dass sie die Zähne der Keile vollständig füllt. Eine Verbesserung des Korrosionsschutzes erreicht man durch Beschichtung des Stahles mit einer Zinkschicht, welche ca. 5 % Aluminium enthält.

Die Beschichtung von Litzen mit Epoxidharz ergibt einen sehr guten Korrosionsschutz. Da Feuchtigkeit in die Zwischenräume der Litzen eindringen kann, sollten nicht nur die einzelnen Drähte getrennt, sondern zusätzlich die gesamte Litze mit Epoxidharz beschichtet werden. Die Epoxidharzschicht darf während des Transportes und Einbaus nicht beschädigt werden.

2.3.2 Materialkennwerte

Spannstähle sowie die Verankerungselemente benötigen in Deutschland eine allgemeine bauaufsichtliche Zulassung (Zusammenstellung siehe Abschnitt 2.8). Hierbei werden umfangreiche Versuche durchgeführt (DIN-EN 10138, DIN EN 13391, prEN ISO 15630-3) [11, 12]:

- Geometrische Werte (Rippenmessung, Profilmessung, Schlaglänge bei Litzen, Geradheit, Abweichung von der Nennmasse)
- Zugversuch: Zur Bestimmung von $F_{p0,1}$, $F_{p0,2}$, F_m sowie des E-Moduls (definiert als Sekante zwischen 0,2 F_m und 0,7 F_m)
- Biegeversuch
- Hin- und Herbiegeversuch
- Umlenk-Zugversuch: Umlenkung über einen Dorn um 20° (Zugkraft bis 1 Draht bricht)
- Relaxationsversuch
- Axialer Dauerschwingversuch (2 Millionen Lastwechsel, 0,7 F_m)
- Prüfung der Spannungsrisskorrosionsempfindlichkeit in einer Thiocyanatlösung

    Lösung A: wässrige Lösung von Kaliumsulfat (K_2SO_4), Kaliumchlorid (KCl) und Kaliumthiocyanat (KSCN); Prüflösung muss 5 g SO_4^-, 0,5 g Cl^- und 1 g SCN^- enthalten

    Lösung B: wässrige Lösung von Ammoniumthiocyanat hergestellt durch lösen von 200 g NH_4SCN in 800 ml destilliertem oder entmineralisiertem Wasser. Das Ammoniumthiocyanat muss mindestens 99 % NH_4SCN und darf höchstens 0,005 % Cl^- und 0,005 % SO_4 und 0,001 % S^- enthalten. Die elektrische Leitfähigkeit des Wassers darf 20 µS/cm nicht überschreiten

- Chemische Analyse

Weitere Angaben finden sich in der Norm prEN 15630-3. Diese ist jedoch bislang nicht in Deutschland bauaufsichtlich eingeführt.

2.3 Spannstahl

Tabelle 2.5 Stäbe nach prEN 10138-4, Tab. 1

Stahlbezeichnung			Nominell				Festgelegt		
Stab-oberfläche[1]	Name	Nr.	Durch-messer d mm	Quer-schnitts-fläche S_0 mm²	Zug-festigkeit R_m MPa	Masse M g/m	Charakteristischer Wert der Höchstkraft F_m kN	Maximaler Wert der Höchstkraft $F_{m,max}$ kN	Charakteristischer Wert der Kraft bei 0,1% Dehnung $F_{p0,1}$ kN
R	Y1100H	1.1381	15	177	1100	1440	194	159	224
R			20	314		2560	346	283	397
P	Y1030H	1.1380	25,5	511	1030	4009	526	426	605
P			26	531		4168	547	443	629
R			26,5	552		4480	568	461	653
P			27	573		4495	590	478	678
P			32	804		6313	828	672	953
R			32	804		6530	828	672	953
P			36	1018		7990	1048	850	1206
R			36	1018		8270	1048	850	1206
P			40	1257		9865	1294	1049	1488
R			40	1257		10250	1294	1049	1488
P			50	1964		15386	2022	1640	2326
P	Y1230H	1.1382	26	531	1230	4168	653	573	730
R			26,5	552		4480	678	596	760
P			32	804		6313	989	869	1110
R			32	804		6530	989	869	1110
P			36	1018		7990	1252	1099	1400
R			36	1018		8270	1252	1099	1400
P			40	1257		9865	1546	1357	1730
R			40	1257		10205	1546	1357	1730

[1] P = glatt ; R = gerippt
(Erläuterungen zur Tabelle siehe S. 66)

Erläuterungen zu Tabelle 2.5 (Seite 65)

Zulässige Abweichung der Nennmasse −2 % bis +6 %
Elastizitätsmodul = 205 GPa für warmgewalzte sowie für gereckte und angelassene Stäbe
Sekantenmodul zwischen 5 % und 70 % der festgelegten charakteristischen Höchstkraft; kann mit 165 GPa für warmgewalzte und gereckte Stäbe angenommen werden.
Die festgelegte Kraft für 0,1 % Dehnung ($F_{p0,1}$) beträgt etwa 81 % der festgelegten charakteristischen Höchstkraft (F_m) für Stäbe mit 1100 MPa und 1030 MPa Nennfestigkeit und etwa 88 % für Stäbe mit 1230 MPa Nennfestigkeit.
Maximale Relaxation nach 1000 Stunden: bei 70 % F_m: 6 % bei Stabdurchmesser ≤ 15 mm, sonst 4%
Mindestdehnung bei Höchstkraft bei L_0 ≥ 200 mm: 3,5 %

Tabelle 2.6 Drähte nach prEN10138-2, Tab. 2

Stahlbezeichnung		Nominell				Festgelegt		
Name	Nr.	Durchmesser	Querschnittsfläche	Zugfestigkeit	Masse	Charakteristischer Wert der Höchstkraft	Maximaler Wert der Höchstkraft	Charakteristischer Wert der Kraft bei 0,1% Dehnung
		d mm	S_0 mm²	R_m MPa	M g/m	F_m kN	$F_{m,max}$ kN	F_{p01} kN
Y1860C	1.1353	3,0	7,07	1860	55,2	13,1	15,0	11,3
		4,0	12,57		98,1	23,4	26,7	20,1
		5,0	19,63		153	36,5	41,8	31,4
Y1770C	1.1352	3,2	8,04	1770	62,5	14,2	16,2	12,2
		5,0	19,63		153	34,8	39,5	29,9
		6,0	28,27		221	50,0	56,9	43,0
Y1670C	1.1351	6,9	37,39	1670	292	62,4	71,0	53,7
		7,0	38,48		301	64,3	73,0	55,3
		7,5	44,18		345	73,8	83,8	63,4
		8,0	50,27		393	83,9	95,4	72,2
Y1570C	1.1350	9,4	69,4	1570	542	109	124	90,4
		9,5	70,88		554	111	126	92,4
		10,0	78,54		613	123	140	102

Zulässige Abweichung der Nennmasse ±2 %
Elastizitätsmodul = 205 GPa
Maximale Relaxation nach 1000 Stunden: bei 70 % F_m: 2,5 % und bei 80 % F_m: 4,5 %
Mindestdehnung bei Höchstkraft bei L_0 ≥ 100 mm: 3,5 %

2.3 Spannstahl

Tabelle 2.7 Litzen nach prEN10138-3, Tab. 2

Stahlbezeichnung			Nominell					Festgelegt		
Klasse	Name	Nr.	Durchmesser d mm	Querschnittsfläche S_0 mm^2	Zugfestigkeit R_m MPa	Masse M g/m	Charakteristischer Wert der Höchstkraft F_m kN	Maximaler Wert der Höchstkraft $F_{m,max}$ kN	Charakteristischer Wert der Kraft bei 0,1% Dehnung $F_{p01} = 0{,}86 F_m$ kN
A	Y1960S3	1.1361	5,2	13,6	1960	106	26,7	30,5	22,9
A	Y1860S3	1.1360	6,5	21,1	1860	165	39,2	44,9	33,8
			6,8	23,4		183	43,5	49,8	37,4
			7,5	29,0		226	54,0	61,7	46,4
A	Y1860S7	1.1366	7,0	30	1860	234	56	65	48
			9,0	50		390	93	106	80
			11,0	75		586	140	160	120
			12,5	93		726	173	198	149
			13,0	100		781	186	213	160
A	Y1770S7	1.1365	15,2	140	1770	1095	248	282	213
			16,0	150		1170	265	302	228
			18,0	200		1560	354	403	304
	Y1860S7G	1.1372	12,7	112	1860	875	209	238	180
	Y1820S7G	1.1371	15,2	165	1820	1290	300	342	258
	Y1860S7	1.1366	15,2	140	1860	1095	260	298	224
	Y1860S7G	1.1366	16,0	150	1860	1170	279	319	240
A	Y1700S7G	1.1370	18,0	223	1700	1740	380	436	327
B	Y2160S3		5,2	13,6	2160	106	29,4	33,7	26,2
	Y2160S3		6,85	28,2	2160	220	60,9	69,7	54,2
	Y2060S3	1.1362	5,2	13,6	2060	106	28,0	32,1	24,1
	Y2060S7	1.1368	7,0	30	2060	234	62,0	71,0	53,0
	Y1960S3	1.1361	6,5	21,1	1960	165	41,4	47,3	35,6
	Y1960S7	1.1367	9,0	50	1960	390	98	112	84

(Erläuterungen zur Tabelle siehe S. 68)

Erläuterungen zu Tabelle 2.7 (Seite 67)

Zulässige Abweichung der Nennmasse ±2 %
Elastizitätsmodul = 195 GPa
Maximale Relaxation nach 1000 Stunden: bei 70 % F_m: 2,5 % und bei 80 % F_m: 4,5 %
Mindestdehnung bei Höchstkraft bei $L_0 \geq 500$ mm: 3,5 %

Bezeichnung: Draht

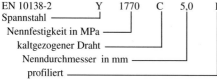

Bezeichnung: Litze

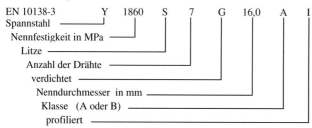

Bezeichnung: Stäbe

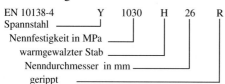

Spannstähle sind nicht schweißbar. Daher sind spezielle Konstruktionen zur Kopplung und zur Verankerung der Spannglieder erforderlich.

Nach den Zulassungen darf der Mittelwert der Spannstahlfläche $\overline{A_p}$ nicht kleiner als der Nennquerschnitt A_p sein. Es handelt sich ebenso wie bei den Festigkeitswerten um 5 %-Quantilen der Grundgesamtheit. Die Streckgrenze $R_{p0,2}$, die Zugfestigkeit R_m sowie die Bruchdehnung A_{10} dürfen um höchstens 5 % unterschritten werden. Anderseits darf die 95 %-Quantile von R_m den Nennwert um höchstens 12 % überschreiten (Bild 2.13).

2.3 Spannstahl

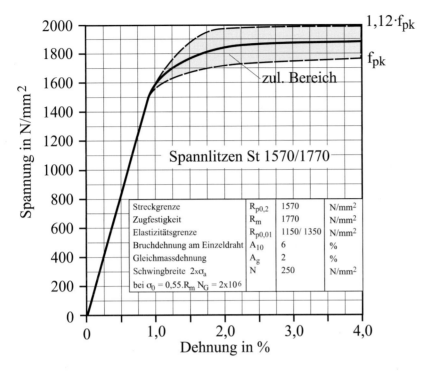

Bild 2.13 Spannungs-Dehnungs-Linie für Spannstahl ST 1570/1770 nach Zulassung Z-12.3.36

Zugfestigkeit

Die Zugfestigkeit eines Spanngliedes R_m hängt wesentlich von dem Durchmesser der Stäbe bzw. der Drähte d ab. Nach FIP [39] gilt näherungsweise folgender Zusammenhang:

$$R_m = R_{m1} \cdot d^{-1/n} \tag{2.9}$$

mit:

R_{m1} Festigkeit eines Drahtes mit 1 mm Durchmesser (≈ 2600 MPa)
d Durchmesser des Drahtes (in mm)
n Exponent (≈ 5)

Ein Draht mit 5 mm Durchmesser hat nach der obigen Gleichung eine ca. 28 % geringere Zugfestigkeit als ein Draht mit 1 mm Durchmesser (Bild 2.14).

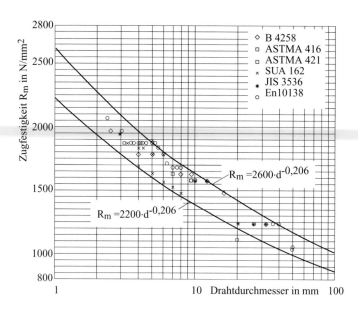

Bild 2.14 Zugfestigkeit in Abhängigkeit vom Stabdurchmesser (nach [39])

Hohe Festigkeiten sind somit nur mit Kaltverformung und kleinen Durchmessern erreichbar.

Die Festigkeitsklassen der Eurocodes gehen erheblich über den in Deutschland zugelassenen Bereich von f_{yk} = 1770 N/mm² hinaus. Da jedoch die Gefahr der Spannungsrisskorrosion sehr stark mit der Zugfestigkeit und der vorhandenen Spannung des Stahles zunimmt (Bild 2.15), werden voraussichtlich diese hohen Festigkeiten in Deutschland nicht zugelassen. Nach FIP [39] gilt näherungsweise folgender Zusammenhang:

Dauerstandfestigkeit $\quad L \approx C \cdot \sigma^{-3} \cdot R_m^{-9} \quad$ mit $\quad \sigma = 0{,}8 \cdot R_m \quad$ ergibt sich $\quad L \approx C_1 \cdot R_m^{-12}$

(2.10)

hierin sind:

L Standzeit
C, C_1 Konstanten
σ vorhandene Zugspannung
R_m Zugfestigkeit

2.3 Spannstahl

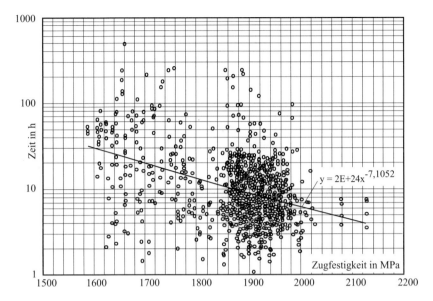

Bild 2.15 Ergebnisse von ca. 1000 NH$_4$SCN-Korrosionsversuchen mit kalt gezogenen Spanndrähten und Litzen [39]

Bei Spannstählen ist die Grenze der elastischen Dehnungen nur sehr schwer experimentell zu bestimmen. Die Spannungs-Dehnungskurve weist keinen horizontalen Ast (Fließbereich) auf (Bild 2.16). Daher wird zur Charakterisierung der Stähle die Festigkeit $f_{p0,1k}$ herangezogen, bei welchem der Stahl eine bleibende Dehnung von $\varepsilon_p = 0{,}1$ % aufweist.

Spannungs-Dehnungs-Beziehung

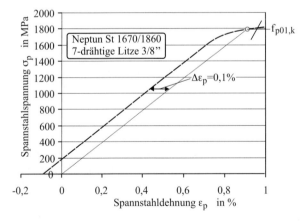

Bild 2.16 Spannungs-Dehnungs-Linie für Spannstahl (Versuchswerte)

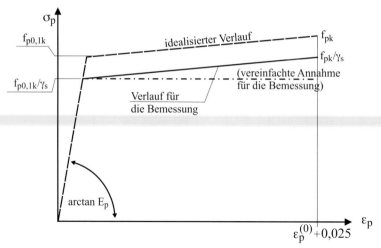

a) DIN 1045-1, Bild 29

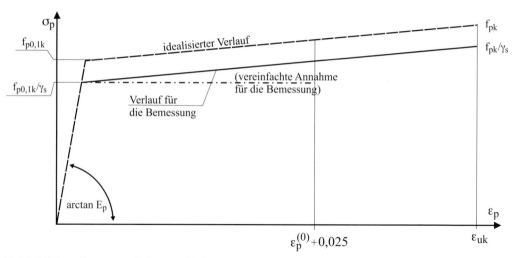

b) Modifizierte Spannungs-Dehnungs-Linie

Bild 2.17 Spannungs-Dehnungs-Linie für Spannstahl

Für den Spannbeton wird eine nahezu geradlinige Spannungs-Dehnungs-Linie mit ausgeprägtem Fließbereich gewünscht, damit bei einer Belastung keine bleibenden Dehnungen des Spannstahls entstehen, wodurch Risse im Tragwerk verbleiben würden. Andererseits sollten eventuelle Überbeanspruchungen sichtbar werden damit kein spröder Bruch des Bauteils eintritt. Ein ausgeprägter plastischer Bereich ist erforderlich, um bei Überbeanspruchung durch Umlagerungen Tragreserven zu mobilisieren (statisch unbestimmtes Tragwerk).

2.3 Spannstahl

Die maximale Dehnung ist nach DIN 1045-1 auf $\varepsilon_p = \varepsilon_p^{(0)} + 0{,}025$ begrenzt. Die gegenüber früheren Regelungen erheblich höheren Grenzdehnungen wirken sich auf den Querschnittswiderstand bei den Nachweisen im Grenzzustand der Tragfähigkeit nur geringfügig aus. Sie sind jedoch für nichtlineare Verfahren, wo eine hohe Verformungsfähigkeit gewünscht wird, erforderlich. Die Spannungs-Dehnungs-Linie nach DIN 1045-1 (Bild 2.17 b) hängt von der Vordehnung des Spannstahls $\varepsilon_p^{(0)}$ ab und ist somit keine reine Materialeigenschaft. Dies führt zu Problemen bei der Implementierung der σ-ε-Beziehung in Rechenprogramme. Die maximale Spannstahldehnung sollte daher vielmehr auf die Grenzdehnung $\varepsilon_{uk} = 35\,\%o$ bezogen werden. Spannstähle müssen eine Dehnung bei Höchstkraft von mindestens 3,5 % aufweisen (DIN EN 10138).

Elastizitätsmodul

Der Elastizitätsmodul liegt für Drähte und Stäbe bei ca. 205 000 N/mm² und für Litzen bei etwa 195 000 N/mm². Genauere Werte sind der Zulassung zu entnehmen. Nach prEN ISO 15630-3, 5.3.2 wird der E-Modul als Sekante an die Spannungs-Dehnungslinie zwischen $0{,}2\,F_m$ und $0{,}7\,F_m$ bestimmt.

Bei hohen Spannstahlspannungen $\sigma_p > 0{,}7\,f_{pk}$ ist der Sekanten-E-Modul nicht mehr konstant, sondern wird entsprechend der zunehmenden Plastizierung geringer (Bilder 2.18 und 2.19). Dies ist beispielsweise beim Spannen auf den Maximalwert von $0{,}90\,f_{p0,1k} \approx 0{,}70\,f_{pk}$ zu beachten. Da jedoch i. Allg. bei gekrümmten Spanngliedern diese hohe Spannung nur auf einem relativ kurzem Bereich auftritt, kann der Effekt meistens vernachlässigt werden.

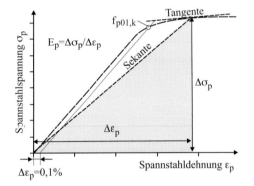

Bild 2.18 Sekanten- und Tangenten-Elastizitätsmodul

Es sei hier noch darauf hingewiesen, dass die Spannungs-Dehnungs-Linie von Spannstählen meistens nicht symmetrisch zum Ursprung ist, da durch den Herstellungsprozess bzw. die Kaltverformung Eigenspannungen vorhanden sind. Die Unterschiede sind jedoch in der Praxis vernachlässigbar.

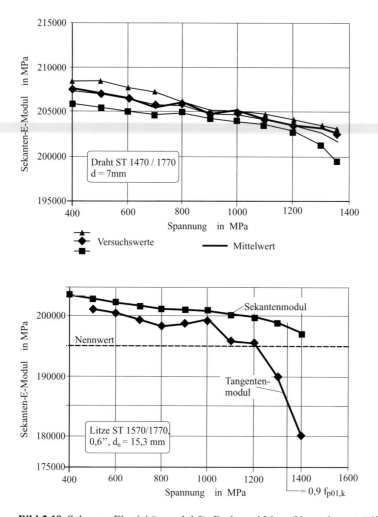

Bild 2.19 Sekanten-Elastizitätsmodul für Draht und Litze (Versuchswerte) [30]

Relaxation

Unter Relaxation versteht man die zeitabhängige Abnahme der Spannungen unter einer aufgezwungenen Verformung von konstanter Größe. Die Verluste nehmen mit der Spannstahlspannung überproportional zu. Näherungswerte für die ersten 1000 Stunden können den Bildern 2.20 und 2.21 aus EC2, Teil 1 entnommen werden.

Die Endwerte der Relaxationsverluste $\Delta\sigma_{p,r}$ für $t \to \infty$ sind etwa dreimal so hoch anzusetzen. Dies führt insbesondere bei Drähten zu sehr großen Werten. So ergibt sich beispielsweise für $\sigma_{po}/f_{pk} = 0,7$ ein Spannungsabfall von $\Delta\sigma_{p,r} = 3 \cdot 8 = 24\,\%$. Die Werte in der Praxis liegen bei den größtenteils verwendeten relaxationsarmen Stählen erheblich darunter. Genauere Angaben sind den Zulassungen der Spannglieder zu entnehmen.

2.3 Spannstahl

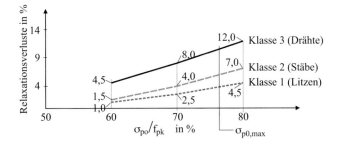

Bild 2.20 Relaxationsverluste nach 1000 h und 20 °C (EC2, Teil 1, Bild 4.8)

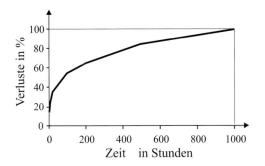

Bild 2.21 Genäherte Beziehung zwischen Relaxationsverlusten und Zeit bis 1000 h (EC 2, Teil 1, Tab. 4.5)

Die Geschwindigkeit der Relaxation nimmt mit der Temperatur überproportional zu (Bild 2.22). Dies ist besonders bei einer Wärmebehandlung, wie sie beispielsweise bei der Herstellung von Fertigteilen angewandt wird, zu berücksichtigen. Nach [89] kann angenommen werden, dass bei einer 8-stündigen Aufheizung des Bauteils auf mindestens 80 °C und einer Spannbettvorspannung von $\sigma_{p0} = 0,8 \cdot R_{p0,2} = 0,8 \cdot 1570 = 1256$ N/mm² bzw. $\sigma_{p0} = 0,65 \cdot R_m = 0,65 \cdot 1770 = 1151$ N/mm² die gesamten Relaxationsverluste bereits während der Wärmebehandlung auftreten. Der Endwert von $\Delta\sigma_{p,r}$ ändert sich durch eine Temperaturbeanspruchung nicht.

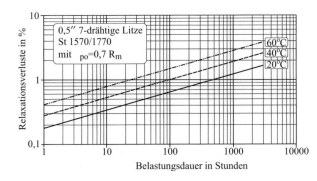

Bild 2.22 Relaxationsverluste in Abhängigkeit von der Umgebungstemperatur

Ermüdungsfestigkeit der Spannstähle

Die Spannglieder werden nicht nur statisch, sondern beispielsweise bei Brücken auch dynamisch beansprucht. Daher sind die Spannungen im Spannstahl unterhalb der Kurzzeitfestigkeit zu begrenzen.

Der Ermüdungsnachweis ist besonders bei teilweiser Vorspannung wichtig, da hier durch die planmäßige Rissbildung im Beton große Spannungsschwankungen auftreten können. Einen weiteren kritischen Bereich stellen die Kopplungen der Spannglieder dar.

Spannstähle weisen auch unter Gebrauchslasten hohe Zugspannungen auf. Daher sind auch nur die zulässigen Schwingbreiten unter großer Beanspruchung von Interesse. Die Wechselbeanspruchung (Druck–Zug) dürfte nur selten vorliegen.

Die zulässigen Schwingbreiten werden experimentell bestimmt und mit einem Smith Diagramm dargestellt (Bild 2.23). Wesentlichen Einfluss auf die Dauerfestigkeit hat die Reibung zwischen dem Spannglied und dem Hüllrohr sowie bei einer Litze der Drähte untereinander. Hier kann es zu Reibkorrosion kommen.

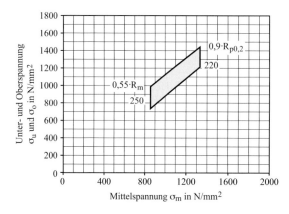

Bild 2.23 Dauerfestigkeitsschaubild nach Smith für Spannstahllitzen St 1570/1770 nach Zulassung Z-12.3-36

Wie aus Bild 2.23 ersichtlich, ist die ertragbare Schwingbreite nahezu unabhängig von der mittleren Spannstahlspannung. Daher wird beim Ermüdungsnachweis auch nur die Schwingbreite unabhängig vom Spannungsniveau nachgewiesen. Die zulässigen Werte sind in der Tabelle 2.8 zusammenstellt.

Tabelle 2.8 Parameter der Wöhlerlinien für Spannstahl (DIN 1045-1, Tab. 17)

Zeile	1		2	3		4
	Spannstahl[1)]		N^*	Spannungsexponent		$\Delta \sigma_{RSK}$ bei N^* Zyklen in N/mm²
				k_1	k_2	
1	im sofortigem Verbund		10^6	5	9	185
2	im nachträglichen Verbund	Einzellitzen in Kunststoffhüllrohren	10^6	5	9	185
3		Gerade Spannglieder; Gekrümmte Spannglieder in Kunststoffhüllrohren	10^6	5	10	150
4		Gekrümmte Spannglieder in Stahlhüllrohren	10^6	3	7	120
5		Kopplungen	10^6	3	5	80

[1)] Sofern nicht andere Wöhlerlinien durch Testergebnisse, allgemeine bauaufsichtliche Zulassungen oder Zustimmung im Einzelfall nachgewiesen werden können

2.3 Spannstahl

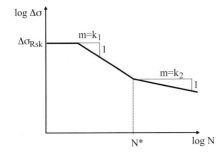

Bild 2.24 Form der Wöhlerlinien für Beton- und Spannstahl (DIN 1045-1, Bild 52)

Für geringere Lastspielzahlen kann die zulässige Spannungs-Schwingbreite $\Delta\sigma_{Rsk}$ dem Wöhler-Diagramm entnommen werden.

Auf den Nachweis der Ermüdung wird in Abschnitt 8.2.4 näher eingegangen.

2.3.3 Spannglieder aus Faserverbundwerkstoffen

Ein wesentliches Problem des Spannstahls stellt seine Korrosionsempfindlichkeit dar. Insbesondere die Spannungsrisskorrosion, welche zu spröden Brüchen führen kann, ist eine latente Gefahr. Es ist daher sinnvoll nach alternativen, korrosionsbeständigen Ersatzmaterialien zu suchen. Hochleistungsverbundwerkstoffe (HLV) haben sich als sehr geeignet erwiesen. Sie besitzen eine hohe Zugfestigkeit und sind weitgehend unempfindlich gegen

Tabelle 2.9 Überblick zu Fasern, Matrix und Verbundwerkstoffen [206]

Fasern				Matrix	Verbundwerkstoff			
Typ	Bezeichnung	Zugfestigkeit	E-Modul		Markenbezeichnung	Abmessungen	Füllungsgrad	Spez. Gewicht
		(N/mm²)	(N/mm²)			(mm)	(Vol %)	(g/cm³)
Glas	E-Glas	3500	75 000	Polyester oder Epoxidharz	Polystal	⌀ 7,5–25,0	68	2,1
	S-Glas	4500	87 000		Bridon SM	⌀ 0,7–21,7	–	–
					–	–	–	–
Aramid	Twaron HM	2800	125 000	Epoxidharz oder Vinylesterharz	Arapree	3 × 20,5 ⌀ 7,5	36	1,25
	Kevelar 49	2650	128 000		BRI-TEN Parafil G	⌀ 1,7–12 ⌀ 8,5–138	–	–
Kohlenstoff	Carbon HP,HS	3200	230 000	Vinylesterharz	BRI-TEN	⌀ 1,7–12	71	1,57
	Carbolon	3000	230 000				–	–
	Torayca T3000	3200	230 000				–	–

aggressive Medien. HLV-Materialien bestehen zu ca. 70 % aus Glas-, Aramid- und Kohlefasern (GFRP, AFRP, CFRP) mit Durchmessern von $5 \div 25$ µm, welche durch Polyesterharz miteinander zu Stäben oder Platten verbunden sind [37] (FRP = Fiber Reinforced Plastics). Lammellen oder Drähte aus Kohlenstoff-Fasern (CFRP bzw. CFK) werden derzeit am meisten verwendet. Die Fasern werden im Strangziehverfahren hergestellt und anschließend zu Drähten verseilt. Eine Standard-Litze $\varnothing$ 12,5 mm besteht aus 7 verseilten Drähten, wobei jeder Draht sich wiederum aus ca. 12 000 Fasern zusammensetzt.

Einen Überblick der derzeit gängigen HLV-Werkstoffe, deren Herstellung und Eigenschaften sowie Anwendungsbeispiele ist bei Nanni [59] und Rostásy [164] zu finden.

Vorteile von HLV-Spanngliedern:

- Höhere Festigkeit als hochfester Spannstahl
  Es ergeben sich somit erheblich kleinere Spanngliedabmessungen als mit Stahl.

- Keine Korrosion in aggressiven Medien
  Es ist zu beachten, dass normale Glasfasern im Beton korrodieren. Zum Schutz sind daher spezielle Beschichtungen erforderlich. CFRP-Spannglieder müssen gegen Erosion durch Wind und UV-Strahlung beispielsweise durch HDPE-Hüllrohre geschützt werden.

- Teilweise geringerer E-Modul
  Insbesondere GFRP besitzt einen erheblich geringeren E-Modul als Stahl (Bild 2.26). Daher treten im Gebrauchszustand größere Dehnungen auf. Andererseits sind die Spannkraftverluste durch Schwinden und Kriechen geringer als bei Stahlzuggliedern. CFRP-Werkstoffe weisen nahezu den gleichen E-Modul wie Stahl auf (Bild 2.26).

- Geringeres Gewicht
  Das Verhältnis Zugfestigkeit/Gewicht ist ca. fünfmal höher als bei Stahl. Dies ist besonders bei Hänge- und Schrägseilen von Bedeutung. Der äquivalente Elastizitätsmodul von CFRP-Schrägseilen ist bis zu einer Länge von 2000 m nahezu konstant, während sich der Wert von Stahlzuggliedern um mehr als 50 % reduziert (Bild 2.25). Weiterhin vereinfacht das geringe Gewicht die Handhabung (z. B. nachträglicher Einbau in eine Hohlkastenbrücke).

- Nahezu keine Wärmeausdehnung
  Bei gemischter Spannbewehrung (Stahl mit HLV) ist der damit verbundene unterschiedliche Kraftanteil zu beachten (Schrägseile).

- Elektromagnetische Neutralität
  In der Nähe von Eisenbahnlinien ist es verschiedentlich infolge von Induktionsströmen zu einer Korrosion der Bewehrung gekommen. Glasfaser-Elemente leiten den elektrischen Strom nicht und sind damit unempfindlich gegenüber Streuströmen.

- Hohe Ermüdungsfestigkeit von Karbon- und Aramid-Fasern (CFRP, AFRP)
  Bei Hänge- und Schrägseilen im Brückenbau treten hohe Ermüdungsbeanspruchungen auf. HLV-Zugglieder sind hierfür besser geeignet als Stahlseile.

- Minimale Langzeitverluste (Relaxation) von Karbondrähten.

- Einbau von Lichtwellenleitersensoren
  Hierdurch ist eine permanente Überwachung jedes Spanngliedes möglich.

2.3 Spannstahl

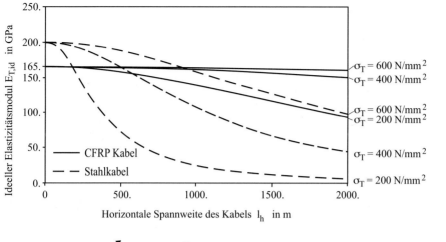

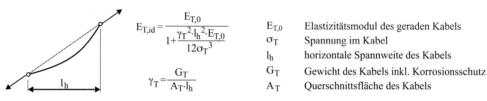

$$E_{T,id} = \frac{E_{T,0}}{1 + \frac{\gamma_T^2 \cdot l_h^2 \cdot E_{T,0}}{12\sigma_T^3}}$$

$$\gamma_T = \frac{G_T}{A_T \cdot l_h}$$

$E_{T,0}$ Elastizitätsmodul des geraden Kabels
σ_T Spannung im Kabel
l_h horizontale Spannweite des Kabels
G_T Gewicht des Kabels inkl. Korrosionsschutz
A_T Querschnittsfläche des Kabels

Bild 2.25 Ideeller Elastizitätsmodul $E_{T,id}$ von Schrägkabeln aus Stahl bzw. CFRP in Abhängigkeit der horizontalen Spannweite des Kabels

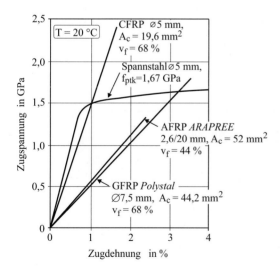

Bild 2.26 Spannungs-Dehnungs-Linien von verschiedenen FRP-Werkstoffen

Nachteile von HLV-Spanngliedern:

- Hohe Kosten
  Derzeit sind HLV-Elemente ca. 3 bis 4 mal so teuer wie Stahl (siehe Tabelle 2.10). Bei einem direkten Kostenvergleich ist jedoch der hohe Aufwand für den Korrosionsschutz von Stahl zu berücksichtigen. Durch eine Massenproduktion wird eine erhebliche Kostenreduzierung erwartet.
  Aufgrund der hohen Herstellungskosten beschränkt sich der Einsatz von Faserverbundwerkstoffen bislang weitgehend auf Sonderanwendungen. So werden CFRP- bzw. CFK-Lamellen in großem Stiel zur Verstärkung von bestehenden Tragwerken eingesetzt. GFRP-Stäbe werden bei temporären Erdanker verwendet. HLV-Spannglieder sind bislang nur in wenigen Demonstrationsvorhaben eingesetzt worden.

- Kein plastischer Bereich in Bruchnähe
  Es ist somit keine Duktilität vorhanden. Zur Vermeidung von Sprödbrüchen müssen daher große Sicherheitsreserven eingerechnet werden.
  Weiterhin sind die bei Stahllitzen üblichen Verankerungssysteme durch Keile nicht möglich. Aufgrund der mangelnden plastischen Verformbarkeit der HLV-Elemente würden die Zähne der Keile zu Sprödbrüchen führen. Es wurden daher neuartige Verankerungssysteme entwickelt (siehe CFRP-Spannglied).

- Empfindlich gegen Querdruck
  HLV-Elemente weisen eine sehr geringe Festigkeit senkrecht zur Spannrichtung auf. Dies ist beim Transport und dem Einbau zu beachten. Außerdem sind spezielle Anker- und Umlenkkonstruktionen erforderlich. Kopplungen sind kaum möglich.

- Geringerer E-Modul
  Infolge des geringen E-Moduls von GFRP und AFRP treten bereits im Gebrauchszustand große Dehnungen auf. Dies führt auch zu größeren Rissbreiten.

- Geringe Langzeiterfahrungen

- Aramidfasern können infolge von Wasserabsorption zerstört werden.

- Keine standardisierten Zulassungsversuche
  Es ist im Einzelfall eine aufwändige und kostspielige Zulassung erforderlich.

Tabelle 2.10 Kosten für verschiedene Spanngliedtypen [40]

Spannglied	Kosten DM/(MN · m)
Bewehrungsstahl S 500	11
Spannlitze 0,6"	7
Monolitze	11
Externes Spannkabel	30
Hängeseil	40
Stab für Erdanker	40
Glass fiber reinforced plastics GFRP	6 ÷ 18
Aramid fiber reinforced plastics AFRP	25 ÷ 50
Carbon fiber reinforced plastics CFRP	50 ÷ 100

2.3 Spannstahl

Tabelle 2.11 Eigenschaften einiger Fasertypen [47]

Faser	E-Modul in MPa	Zugfestigkeit in MPa	Alkaliwiderstand
C-Faser	150 000 ÷ 500 000	2 500 ÷ 4 500	sehr gut
Aramid	80 000 ÷ 190 000	1 800 ÷ 3 800	befriedigend
E-Glas	73 000 ÷ 80 000	1 500 ÷ 3 400	wenig
AR-Glas	72 000	3 500	gut

Glasfaser (GFRP)

Die Vorteile von Glasfasern gegenüber anderen Werkstoffen liegen bei den relativ geringen Herstellungskosten und der hohen Zugfestigkeit. Die wesentlichen Nachteile dieses Materials sind der geringe Elastizitätsmodul, die hohe Dichte, die große Empfindlichkeit gegen Reibbeanspruchungen, die Alkaliempfindlichkeit sowie die geringe Schwingfestigkeit. Die Alkalibeständigkeit wird durch Beschichtungen erhöht.

Es werden zwei Glasfasertypen verwendet: Das so genannte E-Glas (Calcium Aluminoborosilikat) und das S-Glas (Magnesium Aluminoborosilikat). S-Glas hat eine größere Festigkeit als E-Glas weist jedoch eine höhere Korrosionsempfindlichkeit in alkalischer Umgebung auf. Weiterhin ist es teurer.

Erstmals wurden Glasfaserspannglieder in Deutschland im Jahr 1980 bei der Brücke „Lünen'sche Gasse" in Düsseldorf ($l = 6,55$ m) eingesetzt [69]. Das Tragwerk weist 6 Spannglieder mit je 6 bis 8 Stäben $d = 7,5$ mm auf.

1986 wurde eine Spannbetonbrücke mit Polystal Stäben (E-Glas) in Düsseldorf dem Verkehr übergeben [57]. Es handelt sich hierbei um ein Zweifeldsystem mit Spannweiten von 21,3 und 25,6 m. Die 1,44 m dicke Massivplatte mit einer Breite von 15 m wurde mit 59 Spannglieder bestehend aus Stäben mit 7,5 mm Durchmesser, jeder mit einer Kraft von 600 kN vorgespannt. Zur Überwachung und Kontrolle der Spannglieder wurden Lichtwellenleiter- und Kupferdrahtsensoren eingebaut. Die über mehrere Jahre durchgeführten Messungen haben die Eignung der Glasfaser-Spannglieder bestätigt.

Weiterhin wurden Glasfaserspannglieder bei der Brücke „Adolf-Kiepert-Steg" in Berlin-Marienfelde (Spannweite: $l = 27,6 + 22,9$ m; 7 externe Spannglieder, je 19 Stäbe $d = 7,5$ mm, Baujahr 1988) und der Brücke Schiessbergstraße in Leverkusen ($l = 16,3 + 16,3 + 20,4$ m; 27 Spannglieder, Baujahr 1991) eingesetzt.

In Österreich wurde im Jahr 1992 die Nötsch Brücke, ein dreifeldriges Brückenbauwerk ($l = 13,0 + 18,0 + 13,0$ m, Gesamtbreite 12,0 m) ausschließlich mit Glasfaserverbundstäben beschränkt vorgespannt [58]. Die HLV-Spannglieder bestanden aus 19 Einzelstäben mit 7,5 mm Durchmesser (Typ Polystal, mit 68 % Glasfasern). Jeder Rundstab wiederum setzte sich aus ca. 60000 Glasfasern zusammen. Die Gebrauchslast eines Spanngliedes betrug 600 kN. Es wurden folgende Materialkennwerte angesetzt:

Zugfestigkeit (Kurzzeit):   1520 N/mm²
Gebrauchsspannung: 715 N/mm²
Bruchdehnung: 3,3 %
Dauerschwingfestigkeit: 30 N/mm²
Elastizitätsmodul: 51 000 N/mm²
Zulässiger Krümmungsradius: 8,9 m

Die Spannglieder wurden parabolisch geführt. Es wurden 2,59 t HLV-Spannglieder eingebaut, was ca. 6,8 kg/m³ Beton entspricht. Die spezifische Bewehrungsmenge Betonstahl pro m³ Beton betrug lediglich 27.400/380 = 72 kg/m³.

Aramidfasern (AFRP)

Aramidfasern (aromatic polyamid) sind empfindlich gegen Feuchtigkeit und UV-Strahlung und eignen sich daher nicht als Bewehrung von Betonbauteilen.

Karbonfasern (CFRP)

Der wesentliche Vorteil von Karbonfasern liegt in ihrer hohen Zugfestigkeit und dem geringen spezifischem Gewicht. Sie weisen eine hohe Leitfähigkeit für Wärme und Elektrizität auf.

Ein wesentliches Problem von CFRP-Spanngliedern stellt die Verankerung dar. Aufgrund der Schub- und Querdruckempfindlichkeit der Drähte müssen spezielle Konstruktionen entwickelt werden. Klemm- oder Keilverankerungen wie bei Stahllitzen sind nicht geeignet (Bild 2.27 A,B). Es kommen daher weitgehend konische Vergussverankerungen (Bilder 2.27 C und 2.28) zum Einsatz. Durch die Neigung des Stahlzylinders werden Druckbelastungen erzeugt, welche sich positiv auf die übertragbare Verbundkraft auswirken. Die Vergussmasse (Epoxidharz mit Granulat) weist eine veränderliche Steifigkeit auf. Der Elastizitätsmodul nimmt von Beginn der Verankerung (rechts) bis zur Mitte der Stahlhülse kontinuierlich zu. Hierdurch wird eine gleichförmige Kraftübertragung erzielt, welches einen Bruch der Kabel infolge Überlastung verhindern soll. Experimentelle und nummerische Untersuchungen der Verankerungen wurden von Noisternig und Maier veröffentlicht [51].

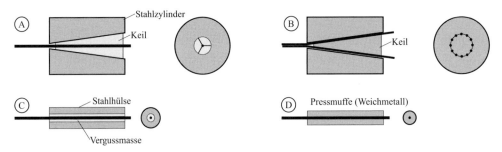

Bild 2.27 Verankerungssysteme

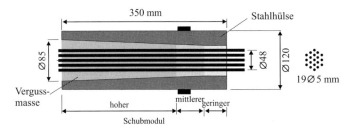

Bild 2.28 Schematische Darstellung einer Verankerung von 19 CFRP-Drähten [43]

2.3 Spannstahl

Der Verbund zwischen Beton und CFRP-Spannkabeln ist schlechter als bei Stahlspanngliedern. Dies ist bei der Bemessung der Konstruktion sowohl im Gebrauchszustand (Rissesicherung) als auch im Grenzzustand der Tragfähigkeit zu beachten. Bild 2.29 zeigt die Versuchsergebnisse eines Stahlbetonbalkens, welcher mit Verbundspanngliedern (0,5″ Stahllitze) und CFRP-Spanngliedern mit und ohne Verbund vorgespannt wurde [52]. Die Vorspannkraft P_{m0} betrug 668 kN (CFRP) bzw. 764,4 kN (Stahl), was 50 % bzw. 70 % der Zugfestigkeit entsprach.

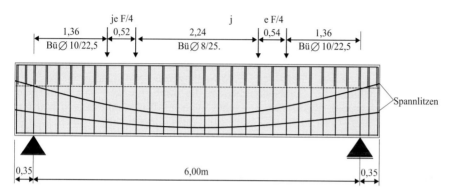

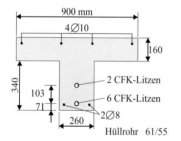

	CFRP-Litze $\varnothing$12,5 mm	0,5 -Stahllitze
Litzenquerschnitt mm²	76.	99,7
Streckgrenze N/mm²	-	1740
Zugfestigkeit N/mm²	2170	1910
Bruchlast kN	165	190
Zug-E-Modul N/mm²	140000	201000
Dehnung bei Bruchlast %	1,6	4,9

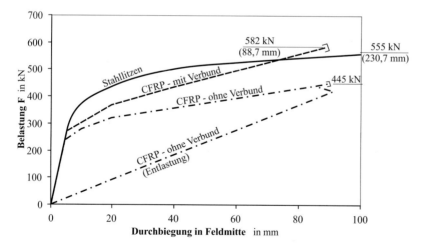

Bild 2.29 Einfeldbalken mit Vorspannung aus Stahllitzen und CFRP-Spanngliedern [52]

Solange im Betonquerschnitt keine Risse auftraten, nahm die Durchbiegung unabhängig von der Art der Spannglieder mit der Belastung linear zu (Bild 2.29). Erst bei Überschreitung der Zugfestigkeit des Betons traten Unterschiede auf. Bei den Balken mit CFRP-Spanngliedern sind 2 lineare Bereiche zu erkennen, welche der Endrissbildung sowie dem abgeschlossenen Rissbild entsprechen. Der Balken mit Stahllitzen im Verbund zeigte ein erheblich duktileres Verhalten. Die maximale Durchbiegung in Feldmitte bei der Maximallast betrug 230,7 mm und war damit 2,6 mal größer als bei den Trägern mit CFRP-Verbundspanngliedern. Die Bruchlast war etwa 5 % geringer. Die Bruchlast des Balkens mit CFRP-Spanngliedern ohne Verbund war erheblich niedriger als die des Versuchsbalkens mit Verbundvorspannung. Weiterhin wird aus Bild 2.29 noch ein wesentlicher Unterschied zwischen Stahl- und CFRP-Spanngliedern deutlich. Wird der Balken kurz vor dem Erreichen der Bruchlast wieder entlastet, so gehen die Verformungen aufgrund des vollkommen elastischen Verhaltens der CFRP-Spannglieder vollständig auf Null zurück. Demgegenüber würden bei Stahlspanngliedern die Verformungen und damit auch die Risse aufgrund des großen plastischen Bereiches auch bei Entlastung nahezu konstant bleiben.

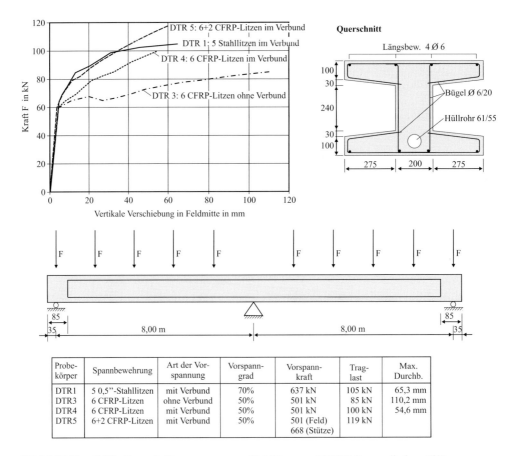

Probe-körper	Spannbewehrung	Art der Vor-spannung	Vorspann-grad	Vorspann-kraft	Trag-last	Max. Durchb.
DTR1	5 0,5"-Stahllitzen	mit Verbund	70%	637 kN	105 kN	65,3 mm
DTR3	6 CFRP-Litzen	ohne Verbund	50%	501 kN	85 kN	110,2 mm
DTR4	6 CFRP-Litzen	mit Verbund	50%	501 kN	100 kN	54,6 mm
DTR5	6+2 CFRP-Litzen	mit Verbund	50%	501 (Feld) 668 (Stütze)	119 kN	

Bild 2.30 Zweifeldbalken mit Vorspannung aus Stahllitzen und CFRP-Spanngliedern [61]

2.3 Spannstahl

Die auch im Grenzbereich lineare Spannungs-Dehnung Beziehung von CFRP-Elementen lässt nahezu keine Spannungsumlagerung bei statisch unbestimmten Trägern zu. Dies wird aus den in Bild 2.30 dargestellten Versuchsergebnissen deutlich. Hier sind die Verformungen in Feldmitte eines Zweifeldträgers in Abhängigkeit von der Einwirkung und des Spannverfahrens aufgetragen. Bei Vorspannung mit Stahllitzen (Versuch DTR 1) ist ein duktiles Tragverhalten zu erkennen. Dies trifft auch für den Versuch DTR 3 mit CFRP-Litzen ohne Verbund zu. Das Verformungsvermögen ist bei dem Träger mit CFRP-Elementen, welche im Verbund liegen, sehr eingeschränkt (Versuch DTR 4). An der Stelle der maximalen Schnittgröße, der Zwischenstütze, werden die Bruchdehnungen sehr schnell erreicht. Es kommt zu einem Versagen der CFRP-Spannglieder an dieser Stelle.

Von den bislang ausgeführten Demonstrationsvorhaben mit CFRP-Spanngliedern seien Folgende genannt:

- Die einfeldrige Rad/Gehwegbrücke „Kleine Emme" bei Luzern (Spannweite 47m) [44]
  Das Tragwerk wurde mit 2 Spanngliedern (je 91 Drähte $\varnothing = 5$ mm, $P_{max} = 4800$ kN) im Untergurt vorgespannt. Als außergewöhnliche Einwirkung musste der Ausfall beider Spannkabel berücksichtigt werden.

- Straßenbrücke über den Ri di Verdasio in Intragna [45, 46]
  Hier wurden zur Verstärkung erstmals externe CFRP Spannkabel (4 Kabel mit je 19 Drähten $\varnothing$ 5 mm, auf 65% f_t vorgespannt) eingesetzt, welche an der Innenstütze und den 1/3-tels Punkten im Feld umgelenkt sind. Der Umlenksattel besteht aus gekrümmten Stahlrohrhalbschalen. Der Krümmungsradius beträgt $R = 3$ m.

Weiterhin wurden CFRP-Hängeseile unter anderem bei folgenden Projekten eingesetzt:

- Dintelhaven Brücke (Bild 2.31) [41]

- Storchenbrücke in Winterthur, Schweiz [90]
  Für die Stahl-Verbundkonstruktion wurden 2 CFRP- und 22 Stahl-Hängeseile verwendet (Tabelle 2.12).

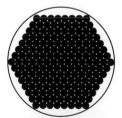

Stahlspannglied
19 $\varnothing$ 12,9 mm
F_{tk} = 19·0,186 = 3,53 MPa

CFRP
91 $\varnothing$ 5,1 mm
F_{tk} = 91·66,1 = 6,02 MPa

Bild 2.31 Vergleich der Stahl- und CFRP-Spannglieder bei der Dintelhaven Brücke [41]

Tabelle 2.12 Kennwerte der Stahl- und CFRP-Hängeseile der Storchenbrücke [90]

System	BBR CFP CFRP Spannglied	BBR DINA Stahlspannglied
Eigenschaften der Drähte		
Durchmesser	5 mm	7 mm
Fläche A	19,63 mm²	38,48 mm²
Zugfestigkeit	2700 MPa	1670 MPa
Zugtragfähigkeit	53 kN	64 kN
Eigenschaften des Drahtbündels		
Anzahl der Drähte	241	130
Grenztragfähigkeit	12773 kN	8320 kN
Gewicht pro lfdm	5,5 kg/m	39 kg/m
Hüllrohrdurchmesser	160/130,8	160/130,8
Rechn. Tragfähigkeit	2330 kN	2330 kN

2.4 Hüllrohre

Bei der Vorspannung mit nachträglichem Verbund werden in den Betonquerschnitt Hüllrohre verlegt, um ein Anspannen der Spannglieder nach dem Erhärten des Betons zu ermöglichen. Diese bestehen heute größtenteils aus runden profilierten Falz- oder Wellblechrohren mit unterschiedlichen Wandstärken (DIN 18553, pr EN 523 und 524), welche durch Schraub- oder Schiebemuffen miteinander verbunden werden können. Die Profilierung dient zur Aussteifung und zur Verbesserung des Verbundes. Weiterhin macht die Querwellung die Rohre biegsam. Die Profilierung ist außerdem für die weitgehend vollständige Umhüllung der Spannglieder mit dem Zementmörtel und zum Verschrauben der Hüllrohre notwendig.

Bild 2.32 Litze im Hüllrohr

2.4 Hüllrohre

Längsgeschweißte Hüllrohre sind teurer als gefalzte Rohre und neigen zum Beulen im Bereich von Krümmungen. Glatte Stahlrohre weisen einen sehr schlechten Verbund auf und werden deshalb nur für Sonderfälle wie beispielsweise bei der externen Vorspannung oder in Umlenkbereichen verwendet. Für die Herstellung von Krümmungen ist eine Biegemaschine erforderlich.

Bei Vorspannung ohne Verbund oder externer Vorspannung bestehen die Hüllrohre aus PE oder HDPE-Material (siehe Kapitel 11).

Seit einiger Zeit werden verstärkt auch profilierte Kunststoff-Hüllrohre für Vorspannung mit Verbund eingesetzt [19, 86]. Diese weisen erhebliche Vorteile auf. Zum einen liegt ein besserer Korrosionsschutz für die Spannglieder vor, welcher beispielsweise bei der Quervorspannung von Brückenplatten oder bei Bauwerken in Meeresnähe von Bedeutung ist. Weiterhin weisen Hüllrohre aus Kunststoff eine erheblich größere Ermüdungsfestigkeit als solche aus Blech auf. Dies ist besonders bei teilweiser Vorspannung von Vorteil, wo planmäßig und wiederholt im Gebrauchszustand Risse im Beton entstehen können. Die Reibkorrosion ist geringer als bei Stahlhüllrohren. Daher liegt die Ermüdungsfestigkeit von Spanngliedern in Kunststoffhüllrohren erheblich höher als bei Stahlhüllrohren. Weiterhin ist der Reibungskoeffizient zwischen Stahl und Polypropylen ca. 30 % geringer ($\mu \approx 0{,}14$), was insbesondere bei Spanngliedern mit großen Umlenkwinkeln von Vorteil ist. Der Reibungskoeffizient ist nahezu konstant, während die Oberflächenbeschaffenheit von Blechhüllrohren auf der Baustelle zwischen blank und angerostet stark variieren kann.

Bild 2.33 Kunststoffhüllrohre (System PT-Plus, VSL) (Foto: VSL)

Der Nachteil von Kunststoffhüllrohren besteht in den hohen Herstellungs- und Einbaukosten sowie in den großen Mindestkrümmungsradien, welche über denen von Blechhüllrohren liegen. Die Lieferung auf die Baustelle erfolgt in geraden Stangen von ca. 6 m Länge. Es sind daher viele Kupplungen erforderlich.

Hüllrohre müssen ausreichend steif gegen Belastung und gegen Durchhang zwischen den Unterstützungen sein. Sie dürfen keine Knicke oder Beulen aufweisen. Der Reibungskoeffizient sollte niedrig sein. Die Wandstärke muss weiterhin so groß sein, dass das Hüllrohr beim Anspannen des Spanngliedes nicht durchgerieben wird.

Es gibt ovale, rechteckige oder runde Hüllrohre. Letztere werden am meisten verwendet, da sie in alle Richtungen gekrümmt werden können. Für flache Spanngliedanordnungen, z. B. in dünnen Platten, sind ovale Hüllrohre sinnvoll. Der Nachteil von nicht kreisförmigen Querschnitten besteht in der aufwändigeren Verbindung der Hüllrohre.

Die Größe des Hüllrohres liegt durch den notwendigen Raum zum Auspressen und ggf. Einziehen der Spannglieder fest. Bei Stäben sollte die Anordnung im Hüllrohr bzw. die Abstände der Stäbe untereinander durch Abstandshalter fixiert werden. Nur so ist ein vollständiges Verpressen möglich. Weiterhin sollten Klemmkräfte an den Umlenkstellen vermieden werden.

Alle Verbindungsstellen müssen sorgfältig abgedichtet werden, damit beim Betonieren keine Feuchtigkeit oder Zementschlämme in die Hüllrohre eindringen kann (Schwachstelle). Anderenfalls kann es zu einer erheblichen Erhöhung der Reibung zwischen Spannstahl und Hüllrohr und zur Korrosion des Spannstahles kommen.

An den Hüllrohren werden in den Hochpunkten Entlüftungsrohre angebracht, damit beim Auspressen die Luft im Hüllrohr entweichen und weiterhin der Verpressvorgang überwacht werden kann. Die Entlüftungsöffnungen werden geschlossen, sobald Mörtel blasenfrei und mit gleichbleibender guter Konsistenz austritt. Zur Entwässerung können Entlüftungsöffnungen auch in den Tiefpunkten sinnvoll sein.

Am Ende der Spannglieder müssen die Hüllrohre zur Ankerplatte hin eine trompetenförmige Aufweitung aufweisen.

Die Reibung zwischen den einzelnen Spanngliedern in einem Hüllrohr untereinander sollte größer sein als die Reibung der Litzen gegen das Hüllrohr. Anderenfalls kann es zu einer ungleichförmigen Lastverteilung in den einzelnen Litzen kommen. Das außenliegende Spannglied bleibt am Hüllrohr haften, während die inneren Lagen gleiten. Am Spannende wird durch die Presse allen Litzen eine gleiche Dehnung aufgezwungen.

Der Reibungskoeffizient zwischen Spannglied und Hüllrohr ist keine fixe Materialkenngröße (siehe Abschnitt 4.4.4). Der Wert wird durch zahlreiche Faktoren beeinflusst, wie beispielsweise:

- die Oberflächenbeschaffenheit der Gleitflächen
- die Härte der beiden Materialien und das Verhältnis untereinander
- das Vorhandensein eines Schmiermittels bzw. evtl. Wasser
- die Bewegungsgeschwindigkeit
- den Anpressdruck
- Fremdkörper im Gleitkanal (z. B. Mörtelreste, ...)
- den Spannweg, da sich die Gleitflächen mit zunehmendem Weg glätten können
- die Gestalt des Spanngliedes: Litze oder Stab

Die in den Zulassungen aufgeführten Reibungsbeiwerte können die zahlreichen Einflussgrößen nicht erfassen. Es handelt sich hierbei um experimentell bestimmte Mittelwerte, welche durch Messungen an realen Bauwerken verifiziert werden sollten. Zur experimentellen Bestimmung des Reibungskoeffizienten wird das Spannglied über eine kreisförmige Ausrundung gespannt und die Kraftdifferenz auf beiden Seiten gemessen.

Bei der Berechnung des Spannkraftverlaufes sollte man sich über die Streuung des Reibungskoeffizienten im Klaren sein. Eventuell sind Grenzbetrachtungen mit einem minimalen und einem maximalen Wert μ durchzuführen.

Zur Reibungsminderung können Fette oder Öle eingesetzt werden. Diese Stoffe müssen jedoch nach dem Vorspannen vollständig aus dem Gleitkanal entfernt werden, was mit einem großen Aufwand verbunden ist. Weiterhin ist es möglich die Reibungsverluste durch Erwärmung des Spanngliedes beispielsweise mit Dampf oder durch Vibrationen zu reduzieren.

2.5 Einpressmörtel

Theoretisch kann die Reibung durch Hilfsspannglieder vollkommen aufgehoben werden. Hierzu wird zunächst das Hauptspannglied (Spgl. Nr. 1) vorgespannt und verankert. Anschließend spannt man das Hilfsspannglied vor, wobei die Kraft am Spannglied 1 aufrechterhalten bleiben muss. Durch die Verkürzung des Tragwerkes wird die Reibung des Spanngliedes 1 abgebaut. Zum Schluss wird die Spannkraft des Spanngliedes 2 abgelassen [88]. Praktisch scheitert dieses Verfahren jedoch an dem großen Aufwand.

2.5 Einpressmörtel

Der Einpressmörtel hat im Wesentlichen zwei Aufgaben zu erfüllen. Erstens soll er die Spannglieder vor Korrosion schützen. Hierzu ist eine vollständige Umhüllung des Stahles mit Zementmörtel sowie ein dichtes Gefüge erforderlich. Es dürfen keine Fehlstellen, wie Luft- oder Wassereinschlüsse, vorhanden sein. Letztere können im Winter gefrieren und zu Abplatzungen der Betonüberdeckung führen. Weiterhin soll der Einpressmörtel den Verbund zwischen dem Spannglied und dem Bauteil gewährleisten. Dies erfordert eine ausreichende Festigkeit.

Rostásy [76] hat sich eingehend mit dem Problem des nachträglichem Verpressens von Hüllrohren befasst. Sein Bericht sei dem interessierten Leser empfohlen.

Wie die Baupraxis gezeigt hat, stellt die *vollständige* Füllung des Hüllrohres mit Mörtel ohne Hohlräume ein großes Problem dar (siehe Abschnitt 3.3). Kleinste Fehlstellen können zu einer Korrosion des Spannstahls führen. Der Mörtel darf nicht unter hohem Druck und mit großer Geschwindigkeit eingepresst werden, da hierbei Lufteinschlüsse möglich sind.

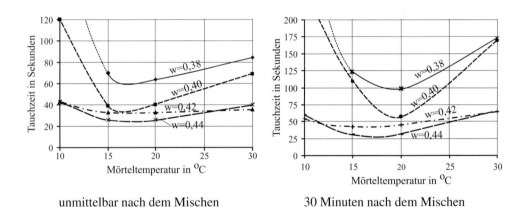

unmittelbar nach dem Mischen   30 Minuten nach dem Mischen

Bild 2.34 Tauchzeit für unterschiedliche Mörteltemperaturen und w/z-Werte [68]

An den Mörtel sind besondere Anforderungen zu stellen [73, 221]:

- Geringe Wasserabsonderung, Sedimentation („Bluten")
  Der Zementmörtel darf nicht zuviel Wasser aufweisen, da dieses nicht entweichen und weiterhin aufgrund des dichten Hüllrohres auch nicht vom Beton aufgenommen werden kann. Das zurückbleibende Wasser erhöht die Korrosionsgefahr und kann bei Frosttemperaturen gefrieren. Versuche haben ergeben, dass sich in Spannkanälen in den ersten Stunden aufgrund der Sedimentation oben ein dünnes Zement-Wasser-Gemisch oder Luftblasen bilden können. Daher sollte bei großen Spannkanälen nachgepresst werden. Die größte Wasserabsonderung tritt in der Regel nach 3 bis 4 Stunden auf [76]. Insofern sollten auch in diesem Zeitraum die Messungen durchgeführt werden.
  Andererseits darf der Mörtel auch nicht zu trocken sein, da es sonst zu Verstopfungen des Hüllrohres kommen kann.
  Untersuchungen von Steinegger [68] haben ergeben, dass der Wasseranspruch mit dem Zementalter zunimmt. Insofern ist es sinnvoll das Alter des Zementes, aus welchem der Einpressmörtel hergestellt wird, zu begrenzen. Der Zement sollte nicht jünger als zwei bis drei Tage sein, damit er ausreichend abgekühlt ist und andererseits auch nicht älter als 3 Wochen sein.

- Hohes Fließvermögen und Kohäsion im plastischen Zustand bis zur Beendigung des Auspressvorganges
  Die Erstarrung des Einpressmörtels darf erst nach dem vollständigen Auspressen des Spannkanals einsetzen, wofür u.U. mehrere Stunden erforderlich sein können. Diese langen Verarbeitungszeiten lassen sich durch Zusatzmittel erreichen, welche jedoch keine Chloride enthalten dürfen. Bei der Zugabe von Betonzusatzmitteln ist zu beachten, dass deren Wirkung temperaturabhängig ist.
  Das Fließvermögen hängt weiterhin stark von der Mörteltemperatur ab. Die besten Werte ohne Zusatzmittel ergeben sich nach Steinegger [68] für eine Mörteltemperatur von ca. 15 °C (Bild 2.34).

- Geringe Entmischung des Zementmörtels
  Bei einer Entmischung kann es zu Wassereinschlüssen und starken Volumenänderungen während des Abbindeprozesses kommen. Daher ist ein niedriger w/z Wert zu wählen. Andererseits muss der Mörtel jedoch noch plastisch genug sein. Daher sollte der w/z-Wert zwischen 0,40 und 0,44 liegen. Die Raumverminderung kann durch Zugabe geeigneter Treibmittel reduziert werden.

- Geringe Schwindverformungen beim Erhärten
  Die Schwindverformungen des Mörtels sind größtenteils sehr gering, da er in den Hüllrohren die überschüssige Feuchtigkeit nicht abgeben kann.

- Volumenvergrößerung durch Bildung von Mikroporen
  Der Mörtel soll sich bis zur Erhärtung ausdehnen, um evtl. Fehlstellen auszufüllen. Das Quellen der Zementsuspension (ca. 1 bis 2 %) wird durch treibende Zusatzmittel hervorgerufen. Der durch die Volumenvergrößerung erzeugte Druck darf jedoch nicht zu groß werden.

- Ausreichende Druck- und Haftfestigkeit

- Ausreichende Frostbeständigkeit

2.5 Einpressmörtel

Die Eigenschaften des Einpressmörtels werden im Rahmen der Eignungsprüfung durch 4 Versuche kontrolliert (DIN EN 445 [13]):

- **Fließvermögen**

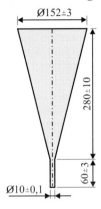

  Eintauchversuch (Bild 2.35)
  Hierbei wird ein zylindrisches Rohr mit 1,9 l Mörtel gefüllt und die Zeit gemessen, welche ein Körper zum Eindringen in den Mörtel benötigt. Die Tauchzeit sollte unmittelbar nach dem Mischen mindestens 30 Sekunden und 30 Minuten nach Beendigung des Mischvorganges höchstens 80 Sekunden betragen. An der Austrittsöffnung des Hüllrohrs muss die Tauchzeit ≥ 30 s sein.

  Trichterversuch
  Hierbei wird die Zeit gemessen, welche eine bestimmte Mörtelmenge zum Ausfließen aus einem definierten Trichter benötigt. Dieser Versuch darf in Deutschland nur nach vorheriger Kalibrierung mit dem Eintauchversuch angewandt werden.

- **Wasserabsonderung**

  Es wird die Wassermenge gemessen, welche sich nach 3 Stunden an der Oberfläche des Mörtels gebildet hat. Der durchsichtige 100 ml-Messzylinder sollte einen Durchmesser von 25 mm aufweisen. Die Wasserabsonderung soll nach 3 Stunden weniger als 2 % betragen.

- **Volumenänderung**

  Absetzversuch
  Hierzu wird ein durchsichtiger Messzylinder mit einem Durchmesser von 50 mm und einer Höhe von 200 mm mit Mörtel gefüllt. Die Höhe wird unmittelbar nach dem Füllen und nach 24 Stunden gemessen. Das Absetzmaß sollte nicht mehr als 2 % der Ausgangshöhe betragen.
  Alternativ kann als Messbehälter auch eine Dose mit einer Höhe von 120 mm und einem Durchmesser von ca. 100 mm verwendet werden. Zur Vermeidung von Feuchteverlusten sind die Prüfkörper abzudecken. Die Volumenänderung sollte zwischen −1 % und +5 % liegen.

- **Druckfestigkeit**

  Aus zylindrischen Probekörpern (∅ = 100 mm) wird eine 80 mm hohe Scheibe herausgeschnitten und bis zum Bruch belastet. Der Mindestwert der Druckfestigkeit beträgt 27 MPa nach 7 Tagen bzw. 30 MPa nach 28 Tagen. Der Einpressmörtel weist i. Allg. eine hohe Druckfestigkeit von 40 bis 60 MPa aber nur einen geringen Elastizitätsmodul von ca. 15 000 bis 19 000 MPa auf.

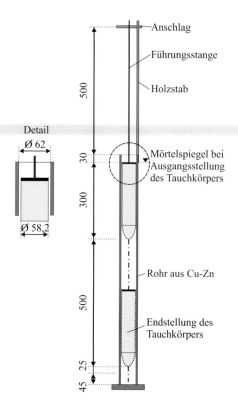

Einpressmörtel dürfen nach DIN 4227 Teil 5 nur aus Portlandzementen bestehen. In Deutschland wird überwiegend PZ 45 F bzw. CEM I, 42.5R verwendet.

Neben Zementmörtel können auch Kunststoffe, beispielsweise Epoxyd-, Poly- oder Vinylesterharze als Verbindungsmittel und zum Korrosionsschutz eingesetzt werden. Der wesentliche Vorteil liegt darin, dass Kunststoffe auch bei Frosttemperaturen verarbeitet werden können. Kunststoffmörtel weisen generell eine größere Festigkeit als der Zementmörtel auf. Sie werden jedoch aufgrund ihrer schwierigen Handhabung, der hohen Kosten und des fehlenden passiven Korrosionsschutzes nur sehr selten eingesetzt.

Bild 2.35 Eintauchgerät nach DIN 4227/5 bzw. EN 445 [13]

2.6 Verankerungen

Verankerungen und Kopplungen der Litzen oder Drähte stellen die kritischen Punkte eines Spannsystems dar. Hier bestehen auch die größten Unterschiede zwischen den verschiedenen auf dem Markt befindlichen Spannverfahren.

Die wesentliche Aufgabe einer Verankerung ist die sichere Festhaltung eines Spanngliedes auch unter dynamischer Belastung, wie sie während der Nutzungsdauer eines Bauteiles auftreten kann. Dies stellt insbesondere bei den häufig verwendeten glatten Litzen ein Problem dar. Hierzu wurden u.a. folgende Systeme entwickelt:

- Keile (Außenkeile, Innenkeile)
- Klemmverankerungen
- Presshülsen
- Gewinde
- Stauchköpfe
- Schlaufen
- Verbund (Spannbett, Festanker)

Neben der Festhaltung des Spanngliedes müssen weiterhin die hohen Spannkräfte in das Bauteil eingetragen werden. Hierzu wurden spezielle Konstruktionen entwickelt, von denen die wesentlichen im Folgenden kurz erläutert werden. Näheres kann den verschiedenen Zulassungen und Firmenunterlagen entnommen werden.

2.6 Verankerungen

Die Wahl der Ankerkonstruktion wird durch die Bausausführung, d. h. die Spannfolge bestimmt. Am so genannten Spannanker wird das Spannglied aus dem Betonkörper herausgezogen. Zur Lastverteilung und für die Spannpresse ist eine Ankerplatte erforderlich. Weiterhin muss ausreichend Platz für das Einfädeln der Spannglieder und für die Geräte vorhanden sein. Festanker sind größtenteils im Bauteil einbetonierte Ankerkonstruktionen.

Verankerung im Beton – Festanker

Gerade Spannglieder

Die Spannkraft kann wie bei Bewehrungsstäben durch Verbund in das Bauteil eingetragen werden. Verbundverankerungen werden fast ausschließlich nur bei Fertigteilen eingesetzt (Spannbettvorspannung), da ein temporäres Widerlager bis zum Erhärten des Betons erforderlich ist.

Aufgrund der hohen Kräfte und der meist glatten Drähte und Litzen sind jedoch verhältnismäßig große Verankerungslängen erforderlich. Günstig wirkt hierbei der so genannte Hoyer Effekt (Bild 2.36). Am Drahtende kommt es beim Kappen der Drähte zu einer Spannkraftabnahme auf Null. Dies führt infolge der Querdehnung zu einer Zunahme des Drahtdurchmessers. Der Einzeldraht verkeilt sich von selbst. Ähnliche Effekte treten auch bei Spannungsänderungen im einbetonierten Spannstahl auf. Die Querpressung wird jedoch teilweise durch das Kriechen des Betons abgebaut. Der reine Haftverbund von glatten Drähten sollte daher rechnerisch nur begrenzt angesetzt werden. Vielmehr empfiehlt es sich die Oberfläche des Drahtes so zu gestalten, dass die Kräfte durch Scherverbund in den Beton übertragen werden. Hierzu bieten sich das Profilieren des Stabes z. B. durch Einwalzen oder die Verseilung von dünnen Drähten zu Litzen an. Beim Durchtrennen der Litzen kommt es zu einem plötzlichen Spannkraftabfall. Hierdurch wird die übertragbare Verbundspannung reduziert.

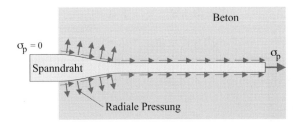

Bild 2.36 Spreizkräfte bei Verankerung durch Verbund

Auf die Berechnung von Verbundverankerungen wird in Abschnitt 10.3 eingegangen. Es sei hier noch darauf hingewiesen, dass eine Verankerung durch Verbund nur in Bereichen erfolgen sollte, in welchen der Beton keine Risse aufweist.

Auffächerung von Drahtbündeln mit geraden oder aufgestauchten Drahtenden

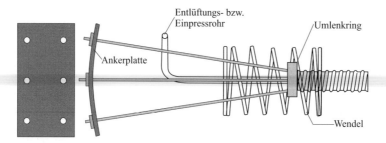

Bild 2.37 Auffächerung

Gewellte oder verdrillte Drahtenden

Die Spanndrähte können beispielsweise wie in Bild 2.38 dargestellt am Ende zwiebelförmig verdrillt werden. Die Verformung der Drahtenden führt zu einer Erhöhung der Reibung zwischen Beton und Spanndraht.

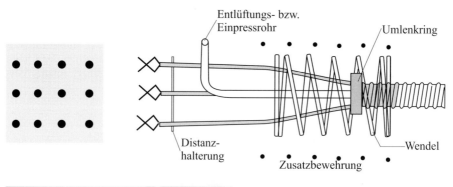

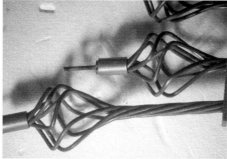

Bild 2.38 Gewellte und verdrillte Drahtenden

2.6 Verankerungen

Ösenverankerung

Hierbei werden die Litzen aufgefächert und die Enden kreisförmig verformt. Zur Aufnahme der Spaltzugkräfte ist eine Wendelbewehrung erforderlich.

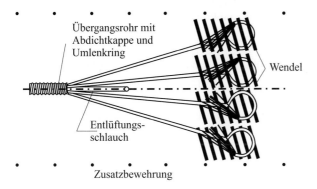

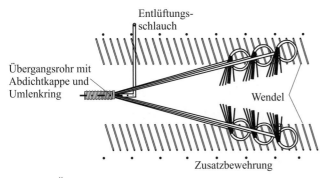

Bild 2.39 Ösenverankerung

Verankerung durch Schlaufen

Die Spannlitzen werden schlaufenförmig um eine Stahlplatte oder -rohr geführt. Aufgrund der relativ geringen Umlenkradien entstehen große Umlenkpressungen. Die hieraus resultierenden Querzugspannungen sind durch Bewehrung aufzunehmen. Die zu verankernde Kraft wird durch Reibung in den Beton eingetragen.

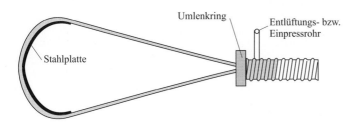

Bild 2.40 Schlaufenanker

Schlaufenanker werden auch zur Vertikalvorspannung von hohen Wänden eingesetzt, wenn der Wandfuß z. B. durch ein Fundament nicht mehr zugänglich ist. Hierbei kann das Spannglied auch nachträglich noch eingezogen werden. Im Krümmungsbereich sind Steckbügel zur Rückverankerung der Umlenkpressungen erforderlich. Es treten hohe Spannkraftverluste infolge Reibung aufgrund der 180° Umlenkung auf, weshalb ein zweiseitiges Anspannen sinnvoll ist. Hierbei ergibt sich die Spannkraftabnahme zu:

$$\Delta P = P_0 \cdot (1 - e^{-\mu \cdot (\theta + kx)}) \approx P_0 \cdot (1 - e^{-0,2 \cdot (0,5\pi + 0)}) = 0,3 P_0$$

Die Spannkräfte im geraden Teil, d.h. in der Wand sind jedoch nahezu konstant.

Zu Beginn der Entwicklung der Spannbetonbauweise sind große Schlaufenanker auch bei der Vorspannung von Brückenträgern verwendet worden. Zur Vorspannung sind jedoch spezielle Konstruktionen und Pressen erforderlich, weshalb dieses System heutzutage nicht mehr zum Einsatz kommt.

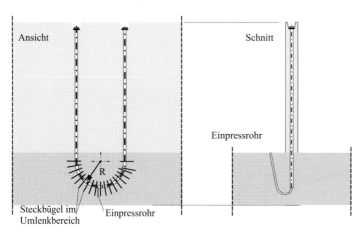

Bild 2.41 Schlaufen- bzw. Haarnadelverankerung

Verankerung durch spiralförmig gekrümmte Drahtenden

Infolge der Krümmung des Spanndrahtes entstehen Umlenkpressungen ($u = P/R$ mit R = Krümmungsradius) welche die Reibungskräfte vergrößern. Die Krafteinleitung erfolgt durch Reibung ($\mu \cdot u$) zwischen Spanndraht und Beton. Die Spanndrähte dürfen demzufolge im Verankerungsbereich nicht gefettet oder geölt sein.

Bild 2.42 Verankerung durch spiralförmig gekrümmte Drahtenden

2.6 Verankerungen

Es ist sinnvoll die Krümmung so zu wählen, dass die Spannkraft kontinuierlich abnimmt. Dies wird erreicht, wenn der Radius $R(x)$ wie folgt zunimmt:

$$R(x) = R_o \cdot e^{-\mu \cdot \theta_x} \qquad (2.41)$$

mit:

R_0 Krümmungsradius am Anfang der Krümmung
μ Reibungsbeiwert zwischen Spannstahl und Beton
θ_x Krümmungswinkel bis zur Stelle x

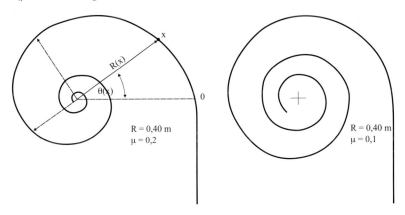

Bild 2.43 Spiralförmig gewellte Drahtenden

Es ergibt sich eine logarithmische Spirale, deren Länge von der einzutragenden Vorspannkraft und dem Reibungskoeffizienten abhängt. Der zulässige Krümmungsradius wird durch die Umlenkpressung $u = P/R(x)$ begrenzt.

Die hohen Umlenkpressungen erzeugen Querzugspannungen im Beton, welche durch Bewehrung aufgenommen werden müssen. Hierzu wird meistens eine Wendelbewehrung angeordnet. Aufgrund der entstehenden Spaltzugkräfte dürfen die Spiralen nicht zu nah an der Betonoberfläche angeordnet werden.

Verankerung durch Ankerplatten

Die Ausführung entspricht weitgehend einem Spannanker. Hierauf wird im folgenden Abschnitt eingegangen.

Verankerungen an der Spannstelle – Spannanker

An der Spannstelle muss eine Längsbeweglichkeit des Spanngliedes vorhanden sein. Verbundverankerungen sind daher nicht möglich.

Verankerung mit Gewinde und Mutter

Bei Spannstäben kann die Festhaltung durch eine Mutter erfolgen. Hierzu wird ein Gewinde auf den Stab aufgerollt bzw. aufgewalzt. Das Gewinde darf nicht eingeschnitten werden, da hierdurch große Kerbspannungen entstehen würden. Es werden auch Stäbe verwendet, welche auf ihrer ganzen Länge ein Gewinde aufweisen. Der Vorteil von Gewindeverankerungen besteht u.a. darin, dass kein Schlupf wie bei der Keilverankerung auftritt. Weiterhin kann die Kraft auch in mehreren Schritten aufgebracht werden.

Beim Einbau ist unbedingt darauf zu achten, dass die Ankerplatte rechtwinklig zur Stabachse eingebaut wird, um beim Anspannen Biegebeanspruchungen des Stabes zu vermeiden. Da das Gewinde im Werk aufgebracht wird, muss die Spanngliedlänge vor dem Einbau sehr genau bekannt sein.

Bild 2.44 Stabspannglied (Foto: DSI)

Verankerung durch Keile

Die Verankerung von Spanngliedern mittels Keilen und einer Stahlplatte wird bei Spannlitzen am häufigsten verwendet.

Die Keile werden nach dem Anspannen hydraulisch in die Ankerplatte eingepresst. Erst danach wird die Spannkraft nachgelassen. Macht man dies nicht, so kann es zu einem Durchrutschen des Spanngliedes kommen. Durch den Querdruck und die Verzahnung der Keile wird das Spannglied fixiert. Daher sind die Keile auf der Spanngliedseite mit Zähnen versehen, welche sich in den weicheren Spannstahl eindrücken.

Infolge der Selbstverankerung der Keile ist meistens ein Nachlassen der Spannkraft nur begrenzt möglich (5 mm). Er werden folgende Keiltypen verwendet:
- Zentralkeil
- Ringkeil für Stabbündel und für Litzen
- Segmentkeil

Beim Verankern mittels Keilen entsteht ein Schlupf, welcher zu einer Verringerung der Vorspannkraft führt. Dieser „Nachlassweg" ist in der Berechnung des Spannkraftverlaufes zu berücksichtigen.

Die Verankerung mittels Keilen setzt eine Spannkraft im Spannglied voraus. Ist diese nicht vorhanden, so kann es zu einem Versagen der Verankerung kommen; das Spannglied rutscht durch. Probleme treten vor allem bei nicht ausreichend vorverkeilten Festankern auf.

Die Keile bestehen aus 3 Teilen, damit sich ihr Durchmesser beim Eindrücken verkleinern kann.

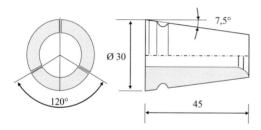

Bild 2.45 Segmentkeil

2.6 Verankerungen

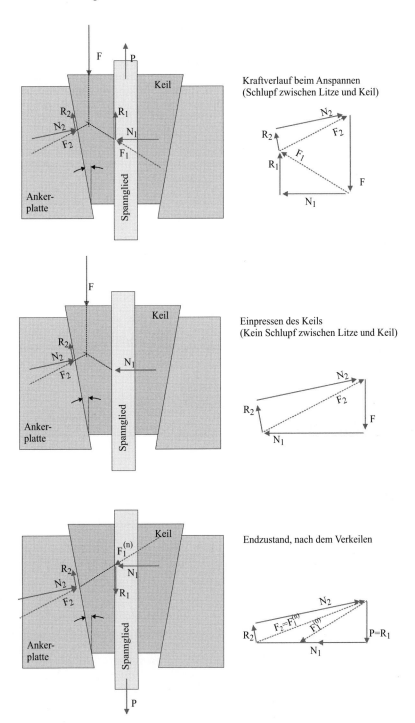

Bild 2.46 Keilverankerung (nach [218])

Klemmverankerungen

Die Verankerung erfolgt durch Reibung zwischen Spannglied und Ankerelement. Der hierzu notwendige Querdruck wird beispielsweise mit HV-Schrauben erzeugt. Klemmverankerungen werden bei Stahlspanngliedern nicht mehr verwendet. Sie kommen teilweise bei HLV-Elementen zum Einsatz.

Verankerung durch aufgestauchte Köpfe

Dieses Verfahren wird bei Drahtspanngliedern angewandt. Hierbei wird jeder Draht einzeln in der Ankerplatte verankert, wobei die Drahtenden aufgestaucht werden.

Ankerplatte

Für die Lasteinleitung in das Bauteil ist eine Ankerplatte erforderlich. Sie muss ausreichend steif sein, um eine möglichst gleichmäßige Druckspannung zu erzeugen. Es sind verschiedene Formen (Platten- oder Stufenanker) entwickelt worden. Zur Aufnahme der großen Querzugspannungen muss eine Wendelbewehrung angeordnet werden. Weiterhin ist der Krafteinleitungsbereich mit Hilfe von Stabwerkmodellen oder anderen geeigneten Verfahren rechnerisch nachzuweisen (siehe Kapitel 10).

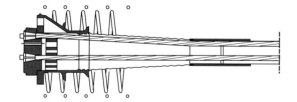

Bild 2.47 Stufenanker (Foto: DSI)

2.6 Verankerungen

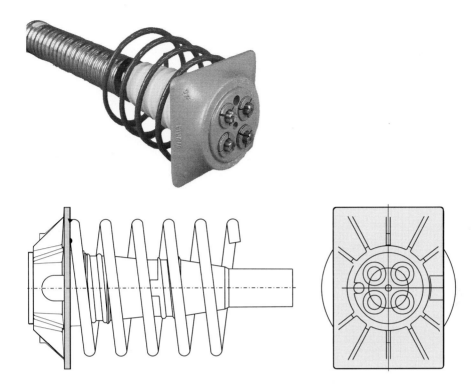

Bild 2.48 DSI Plattenanker (Foto: DSI)

Zwischenanker

Zur Vermeidung von Lisenen können die beiden Enden eines Spanngliedes in einer so genannten Zwischenverankerung zusammengefasst werden (Bild 2.49). Dieses System wird vorzugsweise bei der Ringvorspannung von kreisförmigen Behältern eingesetzt. Die Litzen eines Spanngliedes werden in einem Umlenkstuhl herausgeführt und mit einer Presse angespannt. Nach dem Anspannen und Verpressen muss die Spannnische sorgfältig mit Beton verfüllt werden.

Es sei noch darauf hingewiesen, dass die Festhaltung bei Spanngliedern mit Verbund auch nach der Erhärtung des Einpressmörtels erforderlich ist. Versagt die Fixierung, so erfolgt die Krafteinleitung lediglich über Verbund, wofür eine große Verankerungslänge notwendig ist. Bei Spanngliedern ohne Verbund muss die sichere Verankerung immer gewährleistet sein.

Verankerungen müssen ebenso wie das gesamte Spannsystem bauaufsichtlich zugelassen werden. Die Funktionstüchtigkeit wird hierbei durch Versuche kontrolliert. Zum Nachweis der Ankerkonstruktion wird ein prismatischer Prüfkörper hergestellt, dessen Abmessungen sich aus den zulässigen axialen Abständen zwischen den Spanngliedern ergeben (Bild 2.50).

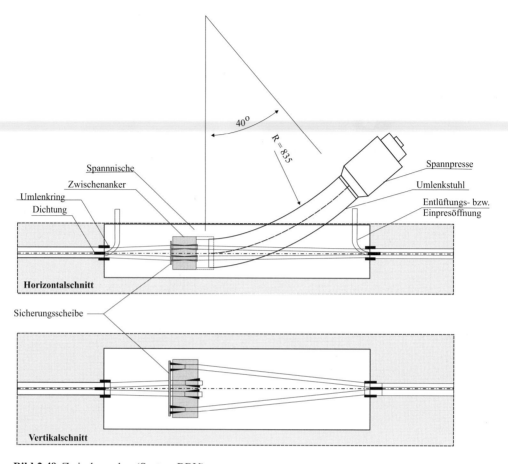

Bild 2.49 Zwischenanker (System BBV)

Gemessen werden die Rissbreiten und Dehnungen. Der Probekörper muss folgende Anforderungen erfüllen:

- Nachdem die obere Kraft 0,8 F_{pk} (Belastungspunkt 4, Bild 2.51 oben) erstmals angefahren wurde, sollte die Rissbreite ≤ 0,15 mm betragen.

- Nachdem die untere Kraft 0,12 F_{pk} (Belastungspunkt $n-1$) zum letzten Mal angefahren wurde, sollte die Rissbreite ≤ 0,10 mm betragen.

- Nachdem die obere Kraft 0,8 F_{pk} (Belastungspunkt n) zum letzten Mal angefahren wurde, sollte die Rissbreite ≤ 0,25 mm betragen.

Weiterhin müssen sich sowohl die Längs- und Querdehnungen als auch die Rissbreiten während der Lastspiele stabilisieren. Der Bruch muss immer durch Versagen des Spanngliedes erfolgen, wobei $F_u \geq 1,1\ F_{pk}$ sein muss.

2.6 Verankerungen

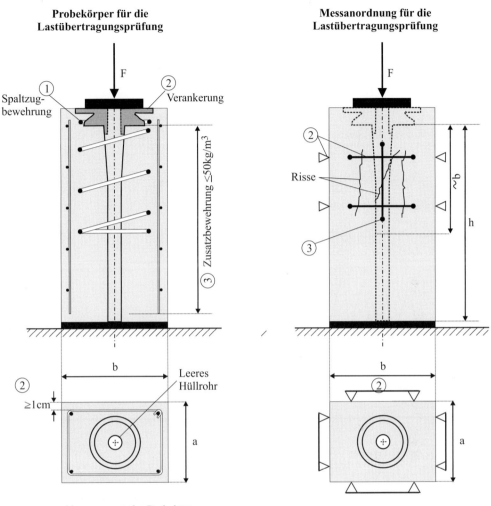

Abmessungen des Probekörpers
a,b die Kantenlängen des Probekörpers
x,y die kleinsten vorgeschriebenen axialen Abstände zwischen den Spanngliedern u.s.w. in der Konstruktion mit $x \leq y$
$A_c = x \cdot y = a \cdot b$ mit: $a \leq 1{,}25 \cdot x$; $b \geq 0{,}8 \cdot y$
h mindestens das doppelte der längeren der beiden Kanten a oder b

Bild 2.50 Prüfkörper und Messanordnung [prEN 13391:1998]

Es ist weiterhin nachzuweisen, das unter der **maximal** möglichen Spannkraft zuerst das Spannglied bei Überlast versagt und nicht die Ankerkonstruktion. Hierdurch soll vermieden werden, dass grob fehlerhafte Spannarbeiten durch große Spannwege erkannt werden und der Ankerbereich nicht zerstört wird. Weiterhin muss der Wirkungsgrad der Verankerung nach prEN 13391:1998 mindestens 95 % betragen, d.h. das Spannglied muss im Versuch mindestens 95 % seiner rechnerischen Bruchlast erreichen.

Durchführung der Lastübertragungsprüfung

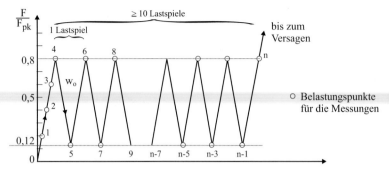

Anforderungen an die Rissbreiten bei der Lastübertragungsprüfung

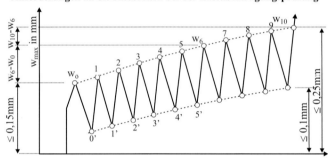

Bild 2.51 Lastspiele und erforderliche Rissbreiten bei der Lastübertragungsprüfung [prEN 13391:1998]

2.7 Kopplungen

Bei großen Spanngliedlängen oder bei abschnittsweiser Herstellung des Bauwerks müssen die Spannglieder miteinander verbunden, d. h. gekoppelt werden. Hierzu wurden folgende Konstruktionen entwickelt:

Muffenstoß mittels Gewinde- oder Pressmuffen

Ein Muffenstoß ist nur bei Spannstäben möglich.

Kopplung vor dem Ankerkörper

- Gemeinsame Ankerplatte: Feste und bewegliche Kopplung
- Koppelbolzen und Spindel
- Verbindungshülse
- Klemmkopplung

Man unterscheidet zwischen fester und beweglicher Kopplung. Bei der beweglichen Kopplung kann sich das Spannglied frei in der Koppelstelle bewegen (Bild 2.52 unten). Der Kraftverlauf entspricht einem durchgehenden, kontinuierlichen Spannglied. Die Hüllrohr-

2.7 Kopplungen

länge muss hierzu so bemessen sein, dass sich die Koppelplatten im Hüllkasten beim Anspannen frei bewegen können. Bei einer festen Kopplung ist der Koppelkörper auf einer Seite im Bauteil einbetoniert. Die Kopplung dient als Verbindung der bereits im vorhergehenden Bauabschnitt vorgespannten und verpressten Spannglieder mit den Spanngliedern des anschließenden Bauabschnittes. Beim Spannvorgang wird daher nur in das gekoppelte Spannelement eine Zugkraft eingetragen. Die Kopplung stellt für das anzukoppelnde Spannglied einen Festanker dar.

Koppelkonstruktionen weisen nur eine geringe Ermüdungsfestigkeit auf. Die zulässige Schwingbreite liegt abhängig vom Spannverfahren zwischen ca. 80 N/mm^2 bis 110 N/mm^2 für 2 Millionen Lastwechsel.

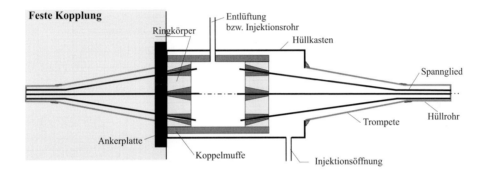

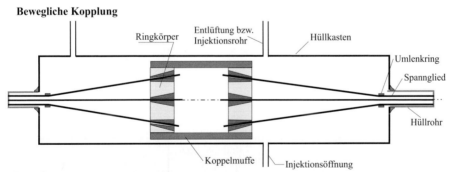

Bild 2.52 Feste und bewegliche Kopplung

Bild 2.53 Feste Kopplung

2.8 Zugelassene Spannverfahren

In den folgenden Tabellen sind die wesentlichen Daten der in Deutschland zugelassenen Spannverfahren aufgelistet.

Tabelle 2.13 Spannverfahren für Vorspannung mit Verbund

Spannverfahren	Spannglied-kraft P_{m0} [1] kN	Spannstahl $f_{p01,k}/f_{pk}$ N/mm²	∅ (mm)	Anzahl n	ΣA_p cm²	d_h [2] (innen) mm
BBRV-SUSPA Bündelspannglied	275 ÷ 1924	1400/1670	7	9 ÷ 42	2,3 ÷ 16,2	35 ÷ 82
BBV Litzenspannglied	178,5 ÷ 3977	1500/1770	15,3 (0,6″) 7-drähtige Litze	1 ÷ 22	1,4 ÷ 30,8	21 ÷ 110
	191,3 ÷ 4207	1500/1770	15,7 (0,62″) 7-drähtige Litze	1 ÷ 22	1,5 ÷ 33,0	
DYWIDAG Litzenspannglied	178,5 ÷ 4820	1500/1770	15,3 (0,6″) 7-drähtige Litze	1 ÷ 27	1,4 ÷ 37,8	22 ÷ 100
	191,3 ÷ 5164	1500/1770	15,7 (0,62″) 7-drähtige Litze	1 ÷ 27	1,5 ÷ 40,5	50 ÷ 80
DYWIDAG Einzelspannglied Glatter Stahl	141	1420/1570	12,2	1	1,13	
	377/571/723	835/1030	(26); 32; 36	1	5,32/8,04/ 10,18	38; 44; 51
	488/738/935	1080/1230				
DYWIDAG Einzelspannglied Gewindestab	392/571/723	835/1030	26,5; 32; 36	1	5,51/8,04/ 10,18	38; 44; 51
	506/738/935	1080/1230				
	135,4	900/1100	15		1,77	
HOLZMANN Litzenspannglied	357 ÷ 3392	1500/1770	15,3 (0,6″) 7-drähtige Litze	2 ÷ 19	2,8 ÷ 26,6	35 ÷ 95
SUSPA Litzenspannglied	178,5 ÷ 3927	1500/1770	15,3 (0,6″) 7-drähtige Litze	1 ÷ 22	1,4 ÷ 30,8	55 ÷ 100
	191,3 ÷ 4207	1500/1770	15,7 (0,62″) 7-drähtige Litze	1 ÷ 22	1,5 ÷ 33,0	
VSL Litzenspannglied	178,5 ÷ 3927	1500/1770	15,3 (0,6″) 7-drähtige Litze	1 ÷ 22	1,4 ÷ 26,6	20 ÷ 80
VBF-140/150 Litzenspannglied	178,5 ÷ 3392	1500/1770	15,3 (0,6″) 7-drähtige Litze	1 ÷ 19	1,4 ÷ 26,6	22 ÷ 90
	191,3 ÷ 3633	1500/1770	15,7 (0,62″) 7-drähtige Litze	1 ÷ 19	1,5 ÷ 28,5	

[1] $P_{m0} = 0{,}85\, f_{p01,k} A_p$
[2] d_h = lichter Hüllrohrdurchmesser

2.8 Zugelassene Spannverfahren

Tabelle 2.14 Spannverfahren für Vorspannung mit Verbund

Spannverfahren	μ	k °/m	Schlupf mm	Reibverlust im Spannanker %	Verankerungsart am festen Ende	Verankerungsart am Spannende	Achsabstände der Verankerung für C35/45 (mm)
BBRV-SUSPA Bündelspannglied	0,15	0,3	1,0		Ankerplatte mit Nietköpfe	Ankerplatte mit Nietköpfe	105÷175 (F, B) 155÷320 (SQ)
BBV Litzenspannglied	0,15 ($n=1$) 0,19÷0,21	0,5 ($n=1$) 0,3 ($n>3$)	4,0	0,0÷2,0	Ankerplatte mit Keil, Ösen	Ankerplatte mit Keil, Mehrflächenanker	125÷420
DYWIDAG Litzenspannglied	0,15 ($n=1$) 0,19÷0,22	0,8 ($n=1$) 0,3 ($n>5$)	3,0÷6,0	0,0÷1,0	Ankerplatte mit Keil, Zwirbel	Ankerplatte mit Keil, Mehrflächenanker	100/190÷480/480
DYWIDAG Einzelspannglied Glatter Stahl	0,25	0,3	0,5÷1,0		glatte Stäbe mit aufgerolltem Gewinde mit Mutter und Ankerplatte oder Ankerglocke	glatte Stäbe mit aufgerolltem Gewinde mit Mutter und Ankerplatte oder Ankerglocke	130/300÷160/330
DYWIDAG Einzelspannglied Gewindestab	0,44	0,5	1,0		Gewindestäbe mit doppelseitig aufgewalzten Gewinderippen mit Mutter und Ankerplatte oder Ankerglocke	Gewindestäbe mit doppelseitig aufgewalzten Gewinderippen mit Mutter und Ankerplatte oder Ankerglocke	130/200÷160/330
HOLZMANN Litzenspannglied	0,19÷0,24	0,4÷0,3	4,0 5,0 ($n>11$)	0,8÷1,2	Ankerplatte + Keil + Fächer	Ankerplatte + Keil	150/180÷470/440
SUSPA Litzenspannglied	0,15 ($n=1$) 0,17÷0,21	0,5 ($n=1$) 0,3 ($n>6$)	6,0 (0 bei Presshülsen)	0÷1,3	Ankerplatte + Keil oder Presshülse	Ankerplatte + Keil oder Presshülse Fächer mit Zwirbel	300÷420
VSL Litzenspannglied	0,15 ($n=1$) 0,17÷0,21	0,5 ($n=1$) 0,3 ($n>3$)	6,0 (0 bei Presshülsen)	0÷1,2	Ankerplatte + Keil oder Presshülse	Ankerplatte + Keil oder Presshülse Fächer	100÷420
VBF-140/150 Litzenspannglied	0,2÷0,21	0,5 ($n=1$) 0,3 ($n>3$)	6,0	0÷2,4	Ankerplatte mit Keil	Ankerplatte mit Keil	120÷420

Tabelle 2.15 Spannverfahren für Vorspannung ohne Verbund

Spannverfahren	Spannglied-kraft P_{m0} [1]	Spannstahl				Achsabstände der Verankerung
	kN	$f_{p01,k}/f_{pk}$ N/mm²	⌀ (mm)	n	ΣA_p cm²	für C35/45 (mm)
BBR Monolitze	127,5 ÷ 191,3	1500/1770	15,3 (0,6″) 5/7-drähtige Litze	1	1,0/1,5	80/130
BBV Litzenbündel	178,5 ÷ 892,5	1500/1770	15,3 (0,6″) 7-drähtige Litze	1 ÷ 5	1,4 ÷ 7,0	80/100 ÷ 200/315
	191,3 ÷ 956,5	1500/1770	15,7 (0,62″) 7-drähtige Litze	1 ÷ 5	1,5 ÷ 7,5	
DYWIDAG Litzen-spannglied	178,5 ÷ 774	1500/1770	15,3 (0,6″) 7-drähtige Litze	1 ÷ 4	1,4 ÷ 5,6	75/80 ÷ 200/280
	191,3 ÷ 765,2	1500/1770	15,7 (0,62″) 7-drähtige Litze	1 ÷ 4	1,5 ÷ 6,0	
DYWIDAG Einzel-spannglied Glatter Stahl	377/571/723 488/738/935	835/1030 1080/1230	(26); 32; 36	1	5,32/8,04/ 10,18	130/300 ÷ 160/330
HOLZMANN Litzen-spannglied	178,5 ÷ 774	1500/1770	15,3 (0,6″) 7-drähtige Litze	1 ÷ 4	1,4 ÷ 5,6	110/140 ÷ 220/350
SUSPA Litzen-spannglied	178,5 ÷ 892,5	1500/1770	15,3 (0,6″) 7-drähtige Litze	1 ÷ 5	1,4 ÷ 7,0	90/170 ÷ 200/315
	191,3 ÷ 956,5		15,7 (0,62″) 7-drähtige Litze	1 ÷ 5	1,5 ÷ 7,5	
VSL Monolitze	178,5 ÷ 774	1500/1770	15,3 (0,6″) 7-drähtige Litze	1 ÷ 4	1,4 ÷ 5,6	
VBF Litzen-spannglied	191,3 ÷ 765,2	1500/1770	15,7 (0,62″) 7-drähtige Litze	1 ÷ 4	1,5 ÷ 6,0	

[1] $P_{m0} = 0{,}85 \, f_{p0,1k} \cdot A_p$

2.8 Zugelassene Spannverfahren

Tabelle 2.16 Spannverfahren für externe Vorspannung

Spannverfahren	Spanngliedkraft P_{m0} [1]	Spannstahl			
	kN	$f_{p01,k}/f_{pk}$ N/mm²	Ø (mm)	n	ΣA_p cm²
BBR	178,5 ÷ 5533	1500/1770	15,3 (0,6″) 5/7-drähtige Litze	1 ÷ 31	1,4 ÷ 43,4
BBV-EMR Litzenbündel	1607 ÷ 3392	1500/1770	15,3 (0,6″) 7-drähtige Litze	9 ÷ 19	12,6 ÷ 26,6
DYWIDAG Litzenspannglied	178,5 ÷ 3392	1500/1770	15,3 (0,6″) 7-drähtige Litze	1 ÷ 19	1,4 ÷ 26,6
	191,3 ÷ 3635	1500/1770	15,7 (0,62″) 7-drähtige Litze	1 ÷ 19	1,5 ÷ 28,50
HOLZMANN Litzenspannglied	2142 ÷ 2856	1500/1770	15,3 (0,6″) 7-drähtige Litze	12 ÷ 16	16,8/22,4
SUSPA Draht EX Bündelspannglied	1473 ÷ 3238	1400/1670	7	30 ÷ 66	11,6 ÷ 25,4
VBF CMMD Litzenbündel	191,3 ÷ 3061	1500/1770	15,7 (0,62″) 7-drähtige Litze	1 ÷ 16	1,5 ÷ 24,0

[1] $P_{m0} = 0{,}85\, f_{p0,1k} \cdot A_p$

Fach-literatur auf hohem Niveau

Ernst & Sohn
A Wiley Company

www.ernst-und-sohn.de

3 Bauausführung bei Vorspannung mit nachträglichem Verbund

An die Qualität der Ausführung von Spannbetontragwerken sind erheblich höhere Anforderungen als an Stahlbetonbauteile zu stellen. Leider wird dies auch heutzutage nicht immer beachtet. So wurden bei einer neueren Untersuchung (2001) von 35 Spannbetonbrücken [82] zahlreiche gravierende Mängel festgestellt. 31% der Hüllrohre wiesen Beschädigungen auf bzw. die Stöße waren nicht ausreichend abgedichtet. Bei fast allen Bauwerken fehlte eine Kennzeichnung der Spannstellen und Entlüftungsröhrchen (87 %).

Bei den Vorspann- und Einpressarbeiten wurden folgende Mängel festgestellt:

- nicht ausreichender Platz zum Ansetzen der Spannpresse (14 %)
- keine bzw. nicht hinreichende Führung des Spannprotokolls (7 %)
- nicht hinreichendes Montagezubehör bzw. Hilfsmittel zum Versetzen der Spannpressen (7 %)
- Sackgewichte des Zementes und evtl. Überschreitung der Verfalldauer nicht überprüft (100 %)
- keine Überprüfung des Fließvermögens am Austrittsende der Entlüftungsröhrchen (60 %)
- die Formblätter *Einpressmörtel* und *Einpressprotokoll* wurden nicht ausgefüllt (40 %)

Eine bessere Kontrolle der Bauausführung erscheint daher dringend erforderlich.

3.1 Fertigung und Einbau der Spannglieder

Das Spannsystem (Litze, Stab, ...) wird meistens durch das ausführende Unternehmen bzw. durch den Bauherrn (Ausschreibung) festgelegt. Die erforderlichen Angaben zur Herstellung der Spannglieder sind in der Spanngliedliste aufgeführt (Bild 3.1). Hierzu zählen:

- Spannglied-Typ
- Schnittlänge (nach Positionen geordnet und Gesamtmenge)
- Hüllrohrdurchmesser
- Spannstahlgewicht (nach Positionen geordnet und Gesamtmenge)
- Typ und Anzahl der Verankerungen und Kopplungen

Bei der Festlegung der Spanngliedlänge ist der für das Spannen notwendige Überstand zu berücksichtigen (l = Schnittlänge), da die Spannglieder meistens am freien Ende des Kolbens verankert sind.

Die Spannglieder (Hüllrohr/Litze/Anker) können entweder im Werk oder auf der Baustelle hergestellt werden. Man unterscheidet zwischen

- Fertigspanngliedern, die im Werk hergestellt werden (Hüllrohr mit Litze)
  Die Spannlitzen oder -drähte werden im Werk abgelängt und in die Hüllrohre eingezogen. Diese werden dann auf Haspeln aufgewickelt und auf die Baustelle transportiert (Bild 3.2).

Spanngliedliste

Projekt: ....
Bauteil: ....

zugeh. Plan Nr.:
Spannstahl St 1570/1770
Spannglied Typ:
Hüllrohr $d_a =$ mm

A =   B =

Bauteil	Spannglied	Anzahl	Anzahl der Litzen	Länge zwischen Außenkante Ankerplatten		Verankerung bei		Litzen			Hüllrohre		
				einzeln [m]	gesamt [m]	A	B	Überstände A	Überstände B	Länge [m]	Überstände A	Überstände B	Länge [m]
				Summe:									

Bild 3.1 Spanngliedliste

- Herstellen auf der Baustelle außerhalb des Bauwerkes
  Die Spannlitzen werden außerhalb des Bauwerkes in die Hüllrohre eingeschossen und anschließend im Bauwerk verlegt.
- Herstellen auf der Baustelle im Bauwerk
  Die Hüllrohre werden vor dem Betonieren im Bauwerk verlegt, in welche die Spannglieder nach dem Erhärten des Betons „eingeschossen" werden. Bei Spanngliedlängen über ca. 100 m oder sehr gekrümmter Spanngliedführung sollte man die Litzenbündel mittels einer Winde einziehen.

Die genaue Lage jedes einzelnen Spanngliedes im Bauteil ist in einem Spannbewehrungsplan zeichnerisch und nummerisch angegeben. Für den Einbau werden die Abstände zwischen dem Schalboden und Unterkante Hüllrohr benötigt und nicht die in der statischen Berechnung angesetzten Schwerpunktabstände.

Die Hüllrohre werden an speziellen Halterungen befestigt. Die Unterstützungsbügel müssen ausreichend steif sein, damit auch vor und während des Betonierens die horizontale und vertikale Lage gesichert ist. Der Mindestdurchmesser der Stützbügel beträgt 16 mm nach ZTV-K 96 bei einer Bügelhöhe von ≤1,0 m bzw. 20 mm bei größeren Höhen. Im Bereich von kleinen Krümmungsradien ($R < 10$ m) sollten die Spanngliedunterstützungen enger als in der Zulassung gewählt werden (≤80 cm).

3.1 Fertigung und Einbau der Spannglieder 113

Bild 3.2 Fertigspannglieder mit Endverankerung

Das Verlegen der Spannglieder erfolgt mit Hilfe einer Traverse (max. Länge des Spanngliedes ca. 30 m) oder mit einem Verlegewagen. Bei Letzterem werden die Spannglieder (Litzenspannglieder) einschließlich Hüllrohr von einer Trommel (∅ ≈ 2,5 m), welche an einem Kran hängt, in die Einbaulage gebracht.

Beim Verlegen sowie bei Transport und Lagerung müssen Beschädigungen, Knicke oder das Verbiegen der Hüllrohre vermieden werden.

Beim Einbau der Spannkabel ist darauf zu achten, dass kein Kontakt zu verzinkten Einbauteilen besteht, da es sonst zu Korrosion des Stahles kommt [67]. Nach DIN 4227/1 Abschnitt 6.2.5 ist ein Mindestabstand von 2,0 cm erforderlich.

An die Genauigkeit der Spanngliedlage werden hohe Anforderungen gestellt. Nach DIN 1045-3 sind folgende maximalen Abweichungen bezogen auf die planmäßige Höhe h zulässig:

für $h \leq 200$ mm: $\quad \Delta h = \pm\, 0{,}025\, h$ für jedes Einzelspannglied

für $h > 200$ mm: $\quad$ für die Summe aller Spannglieder:
$\Delta h = \pm\, 0{,}025\, h$, jedoch nicht größer als $\Delta h = \pm\, 20$ mm

für jedes Einzelspannglied:
$\Delta h = \pm\, 0{,}04\, h$, jedoch nicht größer als $\Delta h = \pm\, 30$ mm

Messungen an Bauwerken haben ergeben, dass die Verlegemethode Einfluss auf den Kraftverlauf bzw. das Reibungsverhalten hat. Beim Einschiessen einzelner Litzen kommt es zu einer ungeordneten Lage im Hüllrohr. Hierdurch können Klemmeffekte entstehen, welche zu großen Spannkraftverlusten führen [32]. Weiterhin ist die Länge der einzelnen Litzen nicht identisch, was wiederum zu einer ungleichen Kraftverteilung führt. Aufgrund der relativ geringen Solldehnungen wirken sich schon geringe Längenänderungen gravierend auf die Spannstahlspannungen aus. Geht man davon aus, dass sich die Litzen beim Anspannen optimal im Hüllrohr anordnen können, was nur bei einem geradlinigen Verlauf näherungsweise zutrifft, so dehnt sich beim Anspannen zunächst nur die kürzeste Litze, während die anderen sich noch recken. Die Spannung in der kurzen Litze ist somit um den Faktor $(\Delta l/l \cdot E_p)$ größer als der Mittelwert (Δl = Abweichung der Spanngliedlänge vom Mittelwert). Bei einer Längendifferenz von 1 ‰ beträgt die Spannungsdifferenz somit $\Delta \sigma_p = E_p \cdot \Delta l/l = 195.000 \cdot 0{,}001 = 195$ MPa. Würde das Bündelspannglied auf den maximal zulässigen Wert von $\sigma_{p0,max} = 0{,}90\,f_{p01,k} = 1370$ MPa angespannt, so würde die Spannung in der kürzesten Spannlitze theoretisch $\sigma_{p0,max} = 1370 + 195 = 1565$ MPa $> f_{p01,k}$ betragen, d. h. die Litze würde plastizieren. In einem gekrümmten Spannglied gleichen sich die Spannungen zwischen den einzelnen Litzen aus, so dass sich Längendifferenzen nicht so gravierend wie zuvor dargestellt auswirken. Aus dem Vorhergehenden folgt, dass die Litzen eines Bündelspanngliedes nicht nacheinander eingeschossen, sondern alle gleichzeitig in das Hüllrohr eingezogen werden sollten.

Die Lage und Neigung der Verankerung muss genau den rechnerischen Ansätzen entsprechen. Die Ankerplatten müssen stets senkrecht zur Spanngliedachse angeordnet werden. Hierzu werden oftmals spezielle Schalkörper verwendet. Hinter der Verankerung ist das Spannglied im Bauwerk auf einer begrenzten Länge gerade zu führen.

3.2 Spannvorgang

Vor dem Spannvorgang sollte man sich vergewissern, dass sich das Bauteil frei verformen kann und die Spannglieder im Hüllrohr frei beweglich sind. Insbesondere muss gewährleistet sein, dass die Reibung zwischen der Schalung und dem Betonbauteil beim Vorspannen überwunden wird. Alternativ kann eine nachgiebige (Holz-)Schalung verwendet werden.

Die einzelnen Litzen bzw. Drähte eines Bündelspanngliedes werden in die Presse eingefädelt und zusammen vorgespannt. Die Reihenfolge, in welcher die einzelnen Spannglieder gespannt werden, richtet sich nach statischen Gesichtspunkten und ist im Spannprotokoll festgelegt. Es empfiehlt sich eine möglichst gleichmäßige Spannkrafteintragung. Man beginnt meistens in der Mitte des Tragwerks und spannt abwechselnd links und rechts vor. Dies ergibt jedoch lange Transportwege für die oft schweren Pressen. Von Seiten der Bauausführung ist man jedoch bestrebt, möglichst kleine Transportwege zu haben. Bei einseitiger unsymmetrischer Vorspannung eines Trägers entsteht eine Querbiegung, welche nachgewiesen werden sollte.

Zum Vorspannen werden fast ausschließlich elektrisch angetriebene hydraulische Pressen verwendet. Beim Spannvorgang treten in der Presse zwischen Kolben und Dichtung Reibungskräfte von ca. 2 % bis 4 % der Pressenkraft auf, welche bei der Berechnung des Soll-Pressendruckes zu berücksichtigen sind. Die geschieht meistens dadurch, dass man die Spannwege mit einer modifizierten Kolbenfläche bestimmt.

Bild 3.3 Spannpresse für Litzenspannglieder

3.1 Fertigung und Einbau der Spannglieder

Man unterscheidet folgende Pressentypen:
- Vollkolbenpressen
- Ringkolbenpressen (Hohlkolbenpressen)
- Topfpressen (im Bauwerk verbleibend)

Das Vorspannen ist bei Bauwerkstemperaturen unter $-10\,°C$ zur Vermeidung von Sprödbrüchen nur erlaubt, wenn besondere Maßnahmen getroffen werden (DIN 1045-3, 7.5.3). Außerdem muss bei Verbundvorspannung wegen den anschließenden Injektionsarbeiten sichergestellt sein, dass die Bauwerkstemperatur mindestens $+5\,°C$ beträgt.

Für die Spannarbeiten muss der Ankerbereich zugänglich sein. Weiterhin muss ausreichend Platz für die Spannpresse, die Spannpumpe und das Einpressgerät zur Verfügung stehen. Es kann erforderlich sein, die Anschlussbewehrung abzubiegen. Die einschlägigen Vorschriften sind hierbei zu beachten. Weiterhin ist zum Versetzen der Pressen aufgrund des Gewichtes oftmals ein Baukran erforderlich. Aus Sicherheitsgründen (Spanngliedbruch) dürfen sich beim Vorspannen hinter der Spannpresse keine Personen aufhalten.

Da die Schwind- und Kriechdehnungen im jungen Betonalter verhältnismäßig groß sind, wäre eine möglichst späte Vorspannung sinnvoll. Dem widerspricht jedoch meistens der gewünschte schnelle Baufortschritt. Die Spannarbeiten werden daher im Allgemeinen möglichst früh, d.h. beim Erreichen der notwendigen Betonfestigkeit durchgeführt, damit das Bauwerk schnellstmöglich ausgeschalt werden kann.

Zur Verringerung von Schwind- und Temperaturrissen kann auch eine Teilvorspannung sinnvoll sein. Hierzu ist nicht die volle Betonfestigkeit erforderlich. Zur Vermeidung von Rissen im Verankerungsbereich dürfen die Spannglieder auf maximal 30 % ihrer zulässigen Kraft angespannt werden. Die gesamte Vorspannkraft wird erst aufgebracht, wenn der Beton seine nach Zulassung erforderliche Mindestfestigkeit aufweist (Tabelle 3.1). Die Druckfestigkeit des Betons wird durch Erhärtungsprüfungen bestimmt.

Tabelle 3.1 Mindestbetonfestigkeiten $f_{cm,j}$ beim Vorspannen zum Zeitpunkt $t = t_j$ (DIN 1045-1, Tab. 6)

Festigkeits-klasse[1]	Festigkeiten $f_{cm,j}$ in N/mm²	
	Teil-vorspannen	Endgültiges Vorspannen
C25/30	13	26
C30/37	15	30
C35/45	17	34
C40/50	19	38
C45/55	21	42
C50/60	23	46
C55/67	25	50
C60/75	27	54
C70/85	31	62
C80/95	35	70
C90/105	39	78
C100/115	45	86

[1] Gilt sinngemäß auch für Leichtbeton der Festigkeitsklasse LC 25/28 bis LC 60/66

Beim Spannvorgang müssen die Kräfte in die Litzen bzw. Drähte eines Spanngliedes gleichmäßig eingetragen werden, um Überbeanspruchungen zu vermeiden. Bei kurzen Spannwegen kann es daher erforderlich werden, die einzelnen Litzen getrennt zu spannen.

Bauteile, welche längs- und quer vorgespannt werden, sollten zunächst die Quervorspannung erhalten. Hierdurch werden die bei der Längsvorspannung entstehenden Querzugspannungen überdrückt.

Spannvorgang bei Keilverankerung

1. Kolben der Presse fährt aus. Dabei werden die Spannglieder automatisch am Kolben verankert.
2. Kolben fährt bis zum Erreichen der Soll-Vorspannkraft aus. Falls der maximale Kolbenhub nicht ausreicht sind mehrere Hübe erforderlich. Hierbei wird das Spannglied beim maximalen Pressenhub verankert. Anschließend fährt der Kolben zurück und setzt das Anspannen fort. Bei der Ermittlung des Soll-Dehnweges muss der Keilschlupf berücksichtigt werden. Der zugehörige Dehnweg wird manuell gemessen und im Spannprotokoll notiert.
3. Verankern der Spannlitzen durch Einpressen der Keile. Dies erfolgt meistens automatisch bei Rücklauf des Kolbens.
4. Rücklauf des Kolbens.
5. Versetzen der Presse.
6. Abschneiden des Litzenüberstandes mit einer Trennscheibe (nicht durch Schweißen).
7. Der Ablauf des gesamten Spannvorganges ist in der Spannanweisung und im Spannprotokoll vorgegeben.

Die **Spannanweisung** enthält zusätzliche Angaben über den Spannablauf, wie beispielsweise

- ob eine Teilvorspannung erforderlich ist und ggf. welche Betonfestigkeit hierzu vorhanden sein muss. Die Spannlitzen und die zugehörigen Spannkräfte sind anzugeben.
- Reihenfolge des Spannens verschiedener Bauteile
- Besonderheiten des Spannvorganges, z. B. wann das Lehrgerüst abgesenkt werden soll

Im **Spannprotokoll** (Bild 3.4) sind die verwendeten Geräte und die Betonfestigkeit zum Zeitpunkt des Spannens sowie die Luft- und Bauwerkstemperatur festzuhalten. Im Einzelnen handelt es sich nach ZTV-K 96 um folgende Angaben:

- Betonfestigkeit zum Zeitpunkt des Spannens
- Ergebnis und Funktionsprüfung der Spanngeräte
- Luft- und Bauwerkstemperatur
- alle verwendeten Geräte (z. B. Spannstühle und Zusatzgeräte) einschließlich Dehnwegkorrektur entsprechend den Anweisungen des Zulassungsinhabers
- alle Merkmale der Spanngeräte (z. B. Gerätetyp, Gerätenummer, Prüfprotokolle, nutzbare Kolbenfläche)
- das am jeweiligen Spannglied eingesetzte Spanngerät
- Zeitpunkt und Art des Traggerüstabsenkens
- Unregelmäßigkeiten und besondere Vorkommnisse
- Reihenfolge, in welcher die einzelnen Spannkabel angespannt werden
- Spanngliedlänge
- Keilschlupf

Bauvorhaben ____	Spannglied Typ ____	Spannpresse Typ ____	Tag des Spannens ____
Bauabschnitt ____	Spannstahlquerschnitt A_p ____ mm2	Spannkolbenfläche A_k ____	Leiter der Spannarbeiten ____
Bauteil ____	erford. Mindest- Teilvorspann. ____ N/mm2	Pressenreibung (bei p) f ____	
Plannummer ____ Statik Nr. ____	betonfestigkeit Vollvorspann. ____ N/mm2	Spannpresse Nr. ____	Vertreter des Bauherrn ____
Spannwerte aufgestellt am ____ von ____		Manometer Nr. ____	

1	2	3	4	5	6	7	8	9	10	11	12	13	14	15	16	17	18	19	20	21	22	23
Spgl. Nr. u. Folge	Spannglied Bezeichnung	Spann-seite	Spannglied-länge	Spannstahl-verlängerung	Schlupf	Spannweg	Beton-verkür-zung	Spannweg	Spannkraft				Manometerdruck einschl. Pressenreibung				Teilspannweg	Litzenüberstand gemessen			Teilspann-weg	Spannweg
						rechnerisch (5)+(6)		erforderlich (7)+(8)	rechnerisch	erforderlich (10)*(9)/(7)	Nachlassen	2. Anspannen	bei Zwischen-stufe ..... %	bei erf. Spannkraft (11)	Nachlassen	2. Anspannen	Soll (9)*[(15)-(14)] /(15)	beim Druck (14)	beim Druck (15) Soll (18)+(19)	ist	ist (21)-(19)	ist (22)*(15)/ [(15)-(14)]
i			l_p	dl_p	dl_s	dL_o	dL_c	dl_p	P_0	P_1	P_2	P_3	p_x	p_1	p_2	p_3	dl_t	l_p	l'_p	dl'_t	dl'	
	Nr.		m	mm	mm	mm	mm	mm	kN	kN	kN	kN	bar	bar	bar	bar	mm	mm	mm	mm	mm	mm
																					Maximalwert	
																					Mittelwert	

Bild 3.4 Spannprotokoll (Beispiel)

Während des Spannvorganges werden Pressendruck und zugehöriger Dehnweg aufgezeichnet, um hierdurch einen Vergleich mit den Sollwerten zu ermöglichen. Für die Bestimmung des Nulldehnweges (Bilder 3.5 und 4.57), welcher durch das spannungslose Recken der Litzen im Hüllrohr entsteht, sind mindestens zwei verschiedene Wertepaare erforderlich. Das Spannprotokoll ist vom Spannigenieur zu unterschreiben und der örtlichen Bauüberwachung zu übergeben.

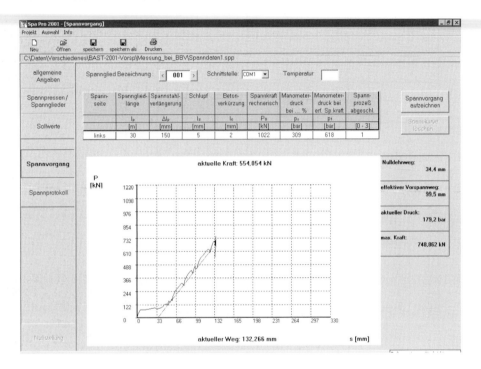

Online-Darstellung des Spannvorganges

Presse mit Messtechnik

Bild 3.5 Elektronische Messung der Spannwege und der zugehörigen Pressendrücke

3.2 Spannvorgang

Wie in Abschnitt 4.9 noch gezeigt wird, gewährleistet der Vergleich der Soll- und Ist-Spannwege am Spannanker nicht, dass der reale Spannkraftverlauf im Bauwerk auch den rechnerischen Sollwerten entspricht. Genaue Aussagen sind nur durch Kraftmessungen am Festanker möglich. Dieser ist jedoch im Allgemeinen beim Spannen nicht mehr zugänglich, da er innerhalb des Betonquerschnitts liegt. Ist eine genaue Kontrolle des Spannkraftverlaufes erforderlich, so können vor dem Betonieren geeignete Kraftmessdosen im Bereich des Festankers eingebaut werden. Aufgrund der hohen Kosten und des begrenzten Platzes ist eine Messung nur von wenigen Spanngliedern möglich.

Alternativ kann man in der Nähe des Festankers evtl. auch nachträglich Beobachtungsöffnungen anordnen, in welchen die Relativverschiebung zwischen Spannglied und Betonkörper gemessen und mit dem rechnerischen Wert verglichen wird. Dies setzt voraus, dass das Spannglied frei zugänglich ist. Die visuelle Messung ist aufgrund der geringen Spannwege und der beengten Verhältnisse schwierig durchzuführen. Die Kontrolle der Spannwege am Festanker mittels Beobachtungsfenster ist auch nur bei wenigen Spanngliedern möglich, da sonst der Betonquerschnitt zu stark geschwächt wird. Weiterhin ist das nachträgliche Vergießen der Aussparung problematisch. Öffnungen in Fahrbahnplatten von Brücken sollten vermieden werden.

Beim Spannvorgang werden bislang nur wenige Wertepaare (Druck-Spannweg) protokolliert. Die Spannwegmessung erfolgt manuell, wodurch Fehler entstehen können. Diese Vorgehensweise kann nicht befriedigen, da hiermit keine Aussage über den Spannvorgang insgesamt möglich ist. In [216] wird über ein Verfahren zur kontinuierlichen elektronischen Aufzeichnung des Spannweges und des zugehörigen Pressendruckes berichtet. Hiermit ist eine erheblich bessere Aussage über den gesamten Spannvorgang möglich. Wesentliches Problem ist die robuste, baustellentaugliche Messtechnik. Weiterhin ist eine spezielle Software zur Aufzeichnung und Auswertung der Messdaten erforderlich.

Es soll hier noch darauf hingewiesen werden, dass das teilweise übliche Überspannen bis zum Erreichen des Soll-Spannweges zu einer Überschreitung der zulässigen Spannungen im Tragwerk führen kann, was sich ggf. in Rissen im Beton zeigt. Mehr Spannkraft als rechnerisch erforderlich ist u. U. nicht besser für das Bauteil!

Temporärer Korrosionsschutz

Im Hüllrohr herrscht nach dem Betonieren eine stark korrosionsfördernde Umgebung mit hohen Luftfeuchten von fast 100 % und relativ hohen Temperaturen vor (Bild 3.6). Weiterhin können bei undichten Muffen Betonwässer in die Hüllrohre eindringen. Daher sollte das Auspressen, d. h. die Herstellung eines Korrosionsschutzes baldmöglichst nach dem Anspannen erfolgen. Wenn das Eindringen von Feuchtigkeit durch geeignete Maßnahmen verhindert wird, dürfen maximal 12 Wochen zwischen dem Herstellen und dem Einpressen

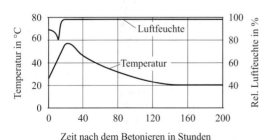

Bild 3.6 Klimatische Bedingungen in einem Hüllrohr ohne Einpressmörtel nach dem Betonieren [48]

vergehen. Hiervon darf das Spannglied maximal 4 Wochen frei in der Schalung und 2 Wochen im gespannten Zustand sein.

Kalt gezogene Litzen besitzen aufgrund ihres Herstellungsprozesses eine Beschichtung durch das Schmiermittel, welches einen geringfügigen Korrosionsschutz darstellt. Weitere Möglichkeiten des temporären Korrosionsschutzes [31, 42] bestehen durch:

- Wachsartige Beschichtungen
  Der wesentliche Nachteil von wachsartigen Beschichtungen besteht in der erheblichen Reduzierung der Verbundspannung zwischen Spannglied und Beton bzw. Zementmörtel. Bei glatten Drähten bzw. Litzen sind Faktoren von 10 bzw. 2 gemessen worden. Weiterhin sind große Schichtdicken erforderlich. Wachsartige Beschichtungen behindern die Passivierung. Sie sind daher nach Rieche [31] als temporärer Korrosionsschutz nicht geeignet.

- Fett- und Ölemulsionen
  Emulgiertes Korrosionsschutzöl auf Mineralbasis stellt keinen Schutz sicher, da die aufgebrachten Schichten nicht gegen Wasser beständig sind. Außerdem wird die Reibung und die Verbundspannung reduziert.

- Umhüllung mit wässriger, alkalischer Lösung
  Das Einbringen einer alkalischen Lösung in die Hüllrohre stellt einen einfachen und billigen temporären Korrosionsschutz sicher. In der Praxis stellt die vollständige Entfernung des wässrigen Lösung vor Beginn der Einpressarbeiten oftmals ein Problem dar. Weiterhin sind Bauteiltemperaturen über 0 °C erforderlich.

- Warm- bzw. Trockenluftbehandlung
  Hierbei soll der Zutritt von Feuchtigkeit an die Stahloberfläche vermieden werden. Auch hier handelt es sich um ein einfaches und billiges Verfahren.

- Getrocknetes Gas
  In luftdichten Hüllrohren kann getrocknetes Gas, z.B. Nitrogen, als temporärer Korrosionsschutz dienen.

- Beschichtung mit inhibitorhaltigen Massen (polare Kohlenwasserstoffe, Nitrite, Benzonate, Chromate)
  Es treten die gleichen Nachteile wie bei wachsartigen Beschichtungen auf.

Eine im Werk aufgebrachte Beschichtung darf den Spannstahl nicht beeinträchtigen (z. B. Spannungskorrosion beschleunigen), das Verbundverhalten zwischen Beton und Stahl nicht beeinflussen sowie die Schutzwirkung durch den Zementmörtel nicht reduzieren.

3.3 Einpressvorgang

Die vollständige Füllung der Hüllrohre mit Zementmörtel ist aus Gründen des Korrosionsschutzes und der Tragfähigkeit und Gebrauchstauglichkeit der Tragkonstruktion von großer Bedeutung. Das Auspressen der Hüllrohre sollte sehr sorgfältig und nur von ausreichend geschultem und erfahrenem Personal ausgeführt werden. Dies gilt um so mehr, da die Eigenschaften des Einpressmörtels abhängig vom verwendeten Zement sowie den Umgebungsbedingungen stark streuen können.

3.3 Einpressvorgang

Zur Kontrolle müssen mindestens 10 % aller Einpressvorgänge auf der Baustelle von einer anerkannten Überwachungsstelle überwacht werden [217, 221]. Hierzu gehört u. a. die Prüfung und Dokumentation des Fließvermögens mindestens bei den ersten drei ausgepressten Spanngliedern.

Bild 3.7 Mischer und Einpresspumpe

Die Zeitspanne zwischen Herstellen des Spanngliedes und Einpressen des Zementmörtels ist eng zu begrenzen, um einen Korrosionsbefall der Spannglieder zu vermeiden. Dies bereitet insbesondere bei abschnittsweise hergestellten Bauwerken mit durchgehenden Spanngliedern Schwierigkeiten. Nach DIN 1045-3 7.6.3(2) darf ein Spannglied maximal 4 Wochen frei in der Schalung liegen mit maximal 2 Wochen im angespannten Zustand. Anderenfalls sind spezielle Schutzmaßnahmen zu ergreifen (z. B. durch Einblasen trockener Luft). Nach ZTV-K 96, 6.6.1 muss unmittelbar nach dem Vorspannen ausgepresst werden.

Das Einpressen ist bei Bauwerkstemperaturen unter +5° nicht zulässig, da die Zusatzmittel des Mörtels teilweise nicht wirken. Bei zu hohen Temperaturen besteht die Gefahr von Verstopfungen.

Vor dem Einpressen sollte die Durchgängigkeit des Hüllrohres durch Einblasen von Druckluft kontrolliert werden. Hierdurch kann gleichzeitig eventuell im Hüllrohr vorhandene

Tabelle 3.2 Temperaturen beim Einpressen in °C (DIN 446, Tab. 1)

Temperatur	Luft	Bauteil	Einpressmörtel
Mindesttemperatur	5	5	10
Höchsttemperatur	30	25	25

Feuchtigkeit zumindest teilweise ausgeblasen werden. Zusätzlich sollten die Auslassöffnungen an den Tiefpunkten geöffnet werden, damit im Hüllrohr vorhandenes Wasser ablaufen kann.

Der Zement wird in der Regel in Säcken auf die Baustelle geliefert und dort verarbeitet. Da bereits geringe Abweichungen der vorgesehenen Zementmenge zu großen Änderungen der Mörteleigenschaften führen, sollten die Sackgewichte kontrolliert werden. Toleranzen sind aufgrund der Produktion unvermeidbar. Die Herstellung des Mörtels geschieht in einem Zwangsmischer mit nachgeschalteter Pumpe (Bild 3.7). Der Chloridgehalt des Anmachwassers darf 600 mg Cl$^-$ nicht übersteigen. Nach dem Mischvorgang gelangt der Mörtel durch ein Sieb mit höchstens 2 mm Maschenweite in einen Vorratsbehälter. Dieser besitzt ein Rührwerk, um Entmischungen und Klumpenbildungen zu vermeiden.

Das Injektionsmaterial muss langsam mit gleichbleibender Geschwindigkeit von 3 bis 12 m/Minute und mit einem Druck von 1 MPa bis 2 MPa eingebracht werden, damit der Mörtel genügend Zeit hat, auch alle Hohlräume zu füllen und der Beton nicht gesprengt wird. Großer Druck führt zu Spaltzugkräften im Beton. Zur Vermeidung von Lufteinschlüssen muss das Einpressen ohne Unterbrechung erfolgen. Die Einpresslänge sollte nicht mehr als ca. 50 m betragen. Im Allgemeinen sollte vom niedrigsten Punkt aus verpresst werden. Dies ist jedoch oftmals aufgrund der Unzugänglichkeit nicht möglich. Meistens wird die Einpresshaube an der Ankerplatte befestigt. Nach dem Einpressen muss die Einpressöffnung dauerhaft verschlossen werden.

Verstopfungen bemerkt man durch eine plötzliche Zunahme des Einpressdruckes. In einem solchen Fall kann von den Entlüftungsöffnungen her der Zementmörtel wieder ausgeblasen werden. Es wird so lange verpresst, bis die Konsistenz des Mörtels an der Austrittsöffnung dem an der Eintrittsöffnung entspricht.

Eine unvollständige Füllung des Hüllrohres mit Zementmörtel kann durch Lufteinschlüsse oder durch Absonderung von Wasser aus dem Einpressmörtel entstehen. Das Risiko kann durch die richtige Lage der Einpressöffnung und Wahl der Einpressrichtung wesentlich verringert werden. In Bild 3.8 sind die wesentlichen Ursachen von Lufteinschlüssen dargestellt. Wird ein Hüllrohr von unten nach oben gefüllt, so besteht ein geringes Risiko von Lufteinschlüssen. Erfolgt das Auspressen jedoch aus ausführungstechnischen Gründen nach unten, kann insbesondere bei zu geringer Viskosität des Mörtels eine vorauseilende Mörtelfront entstehen, was zu Lufteinschlüssen führt (Bild 3.8 a). Querschnittsaufweitungen, z. B. im Bereich von Koppel- und Ankerstellen, stellen ebenfalls Problembereiche dar. Damit die im Hüllrohr vorhandene Luft entweichen kann, sind in den Hoch- und Tiefpunkten sowie an den Anker- und Koppelstellen Austrittsöffnungen anzuordnen.

Die Wasserabsonderung wird wesentlich von den Mörteleigenschaften bestimmt. Zusätzlich kann es bei Verwendung von Litzen zu einer Dränagewirkung kommen [70]. Weiterhin sollte auf eine Wasserspülung verzichtet werden, da der Einpressmörtel i. Allg. nicht in der Lage ist, Wasserreste im Hüllrohr zu verdrängen. Dies haben auch Laborversuche [72] bestätigt.

3.3 Einpressvorgang

a) Einpressen „bergab": zu geringe Tauchzeit
zu geringe Fließgeschwindigkeit
großer Fließquerschnitt
Störungen im Arbeitsablauf

b) Querschnittsaufweitungen

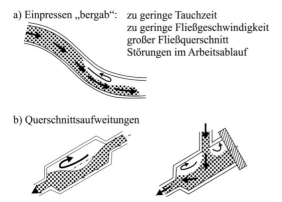

c) Voreilende Mörtelzunge:
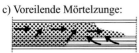
rel. großer Fließquerschnitt
zu hohe Geschwindigkeit
„Ordnung" glatter Stähle
glatte Hüllrohre

d) Sonstige Ursachen:
eingemischte oder eingepresste Luft
undichte Verschlüsse
Gasentwicklung im Mörtel
Mitziehen von Luft z.B. bei
Druckabfall

Bild 3.8 Entstehung von Lufteinschlüssen [70]

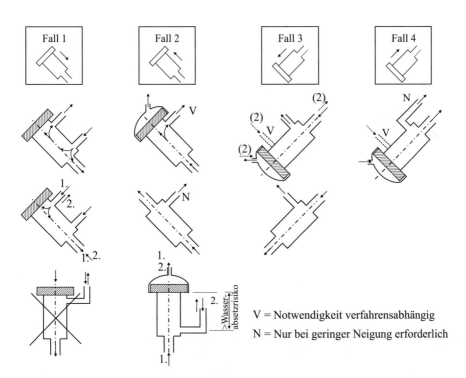

V = Notwendigkeit verfahrensabhängig
N = Nur bei geringer Neigung erforderlich

Bild 3.9 Beispiele für Entlüftungs- und Einpressanschlüsse bei Hüllrohraufweitungen [70]

Eignungsprüfung/Güteüberwachung[1] Einpressmörtel					Dok.-Nr.:	
Baustelle / Werk				Bauteil		
Prüfort		Prüfdatum:		Fachbauleiter[1] / Prüfer[1]		
Temperatur: Luft von bis °C Bauwerk von bis °C Wetter:						
1. Anforderungen an den Einpressmörtel (Werte entsprechend DIN EN 447[1], Zulassung[1], Besondere Anweisung[1])						
1.1 Wasserzement-wert		[≤ 0,44][4]	1.3 Wasserabsonderung (nach 3h)[4]			[≤ ± 2,0 Vol-%][4]
			1.4 Volumenänderung (nach 24h) [-1% ≤][4]			[≤ 5%][4]
1.2 Eintauchversuch Tauchzeit[3]	nach dem Mischen nach 30 Minuten	[≥ 30 s][4] [≤ 80(200)s][4]	1.5 Druckfestigkeit nach nach 7[2] / 28 Tagen[1]	für jeden Probekörper für jede Probenserie		N/mm² N/mm²
2. Stoffe und Zusammensetzung des Einpressmörtels						
2.1 Zement CEM I (DIN EN 197)	Herstellerwerk Lieferung am		Festigkeitsklassen Rückstellprobe Nr.:		Temperatur Menge	°C kg
2.2 Wasser	Herkunft		Nachweis: ja[1] / nein[1]		Temperatur	°C
2.3 Zusatzmittel 1) Einpresshilfe (EH)	Zulassungsbescheid Nr.: vom Handelsbezeichnung der EH		Herstellwerk Chargennummer Zulässige Zusatzmenge Rückstellprobe Nr.:	Menge	(gemäß Zulassung)	kg
2.4 Chlorid-Bilanz:			[≤ 0,1 % Cl als Gewichtsprozent des Zementes][4]			
2.5 Mischungszu-sammensetzung	Zement kg	Wasser kg	Einpress-hilfe (EH)	kg	w/z-Wert	
2.6 Mischertyp	Mischdauer vor Zugabe der EH		s	gesamt:		[≤240 s][4]
3. Prüfungen (für Bauwerkstemperaturen über[1] / unter[1] + 10°C)						
3.1 Temperatur des Frischmörtels		Probe Nr.: °C:		Probe Nr.: °C:		Probe Nr.: °C:
3.2 Fließver-mögen[3] mit Tauchgerät Nr.: geprüft am:	Tauchzeiten[1] nach Mischen nach Durchfluss der Spannkanäle nach 30 Minuten	Versuch Uhr Mittel Mörtel-1 2 3 2/3 temp.		Versuch Uhr Mittel Mörtel-1 2 3 2/3 temp.		Versuch Uhr Mittel Mörtel-1 2 3 2/3 temp.
3.3 Wasser-absonderung	Mit Zylinder ⌀ 25 mm[1] ⌀ 50 mm[1] Probe Nr.: Ort der Probeentnahme: Mischer /Austritt Spannkanal[1] Nullmessung v[1]/h[1] = Messung nach Std. v[1]/h[1] = 100v[1]/v[1] = % 100h[1]/h[1] = %			Mit Zylinder ⌀ 25 mm[1] ⌀ 50 mm[1] Probe Nr.: Ort der Probeentnahme: Mischer /Austritt Spannkanal[1] Nullmessung v[1]/h[1] = Messung nach Std. v[1]/h[1] = 100v[1]/v[1] = % 100h[1]/h[1] = %		
3.4 Volumen-änderung Dosenverfahren[1] a) Abdeckplatte auf Dose[1] b) Abdeckplatte auf Einpressmörtel[1]	Dosenkenn-zeichen Messung Messpunkt 1 2 3 4 5 6 im Mittel	1 Nullmessung nach ...... Std.		2 Nullmessung nach ...... Std.		3 Nullmessung nach ...... Std.
Zylinderverfahren	Höhe h Höhe h[1]					
Absetzen (-) / Quellen (+)	Vol.-%					
Lagerungsort/ -art der Proben			bei Temperatur			°C
3.5 Druckfestigkeit siehe DOK.- Nr.:						
Bemerkungen: Bemerkungen der Überwachungsstelle:						
[1] Nichtzutreffendes streichen [2] Bei 7 Tagen: 90% der 28-Tage Werte [3] alternativ mit Trichterverfahren [4] nach DIN EN 447						
Ort		Datum		Fachbauleiter Einpressen[1] / Prüfer[1]		

Bild 3.10 Protokoll der Eigenschaften des Einpressmörtels [217]

3.3 Einpressvorgang

Einpressprotokoll Einpressvorgang										Dok.-Nr.:	
Baustelle/Werk							Bauteil:				
eingepresst am:			von:	Uhr bis		Uhr	Fachbauleiter Einpressen:				
Besondere Arbeitsanweisung: nein[1] / ja[1] vom							Kolonnenführer:				
Das Fachpersonal wurde am			durch			eingewiesen					
Spannverfahren			Spannglied-Typ				Verlegeplan Blatt Nr.:				
			Hüllrohr-Nennweite [mm]				Eignungsprüfung Dok.-Nr.:				
			erf. Mörtelmenge für Einpressabschnitt [m³]				Güteüberwachung Dok.-Nr.:				
Spannglied Nr.	Spannglied		Durchgang Luft ja / nein [1]	Einpressstelle und Einpressen		Nachverpressstelle und Nachverpressen			Hochpunkt verpresst		Bemerkung z. B. Probenahme und Probennummer, Unterbrechung, Unregelmäßigkeit, besondere Maßnahmen
	Typ	Länge [m]		E1	E2	N1	N2	N3	HP1	HP2	HP3
Summe:			Anzahl der Mischungen:				verbrauchte Gesamtmörtelmenge:				
Bemerkungen der Überwachungsstelle:											
Datum : Kolonnenführer			Datum:		Fachbauleiter Einpressen						

[1] Nichtzutreffendes streichen

Bild 3.11 Einpressprotokoll [217]

Die vollständige Umhüllung des Spannstahls durch den Einpressmörtel (Vorspannung mit nachträglichem Verbund) ist die wesentliche Voraussetzung für die Dauerhaftigkeit einer Spannbetonkonstruktion. In der Praxis sind hier immer wieder Probleme aufgetreten. Durch die „Richtlinie zur Überwachung des Herstellens und Einpressens von Zementmörtel in Spannkanäle" [188] soll dies verbessert werden. So wird eine genauere Aufzeichnung der Mörteleigenschaften (Bild 3.10) und des Einpressvorgangs (Bild 3.11) gefordert. Weiterhin müssen mindestens 10 % aller Einpressarbeiten (Bauabschnitte) oder mindestens einmal pro Bauwerk die Arbeiten von einer unabhängigen Überwachungsstelle kontrolliert werden.

In der Vergangenheit haben Fehler oder mangelnde Sorgfalt wiederholt dazu geführt, dass Hüllrohre nicht vollständig verfüllt wurden. Auch wenn es bislang nur in Einzelfällen zu gravierenden Schäden gekommen ist, so ist aus Gründen der Dauerhaftigkeit und der Tragsicherheit (bereichsweise Vorspannung ohne Verbund) ein nachträgliches Verpressen der Fehlstellen erforderlich. Hierfür hat sich das Vakuumverfahren bewährt [64, 66]. Zunächst muss die genaue Lage der Fehlstelle bestimmt und eine Öffnung geschaffen werden. Anschließend wird ein Unterdruck erzeugt, durch den auch eventuell im Spannkanal enthaltenes Wasser verdampft. Da die zu verpressenden Hohlräume teilweise einen sehr kleinen Querschnitt haben muss der Verpressgut eine große Fliessfähigkeit besitzen. Es haben sich Zementmörtel mit Einpresshilfen und kunststoffmodifizierte Zementmörtel bewährt.

Baurecht - Baubetrieb - Bauwirtschaft

M. von Bentheim / K. Meurer (Hrsg.)
Honorar-Handbuch für Architekten und Ingenieure
Texte, Materialien, Beispiele, Rechtsprechung, Honorarvorschläge
2002. VIII, 645 Seiten.
Gb., € 59,90* / sFr 88,-
ISBN 3-433-01618-6

Das Buch enthält den HOAI-Text mit Euro-Honorartabellen, Honorarvorschläge für Projektsteuerung, Städtebaulichen Entwurf, SiGeKo, Brandschutz usw.. Ausführungen zur Rechtsprechung, Honorarklage, zu anrechenbaren Kosten, zur prüffähigen Honorarschlussrechnung sowie Honorarempfehlungen sind weitere Themen.

Th. Flucher, B. Kochendörfer, U. v. Minckwitz, M. Viering (Hrsg.)
Mediation im Bauwesen
2002. XXXIII, 441 Seiten, 10 Abbildungen, 20 Tabellen.
Gb., € 99,-* / sFr 146,-
ISBN 3-433-01473-6

Mediation ist eine strukturierte und systematische Form der Konfliktregelung mit Hilfe eines professionellen Konfliktmanagers, dem Mediator. Er unterstützt die von einem Konflikt Betroffenen, zu einem einvernehmlichen, sowie fall- und problemspezifischen Ergebnis zu gelangen. Das Buch stellt die Mediation als außergerichtliche Konfliktlösung vor und zeigt ihre Anwendung anhand durchgeführter Beispielfälle der Baupraxis.

Ch. Conrad
Baumängel - Was tun?
Ansprüche, Rechte und ihre Durchsetzung
2003. Ca. 300 Seiten, ca. 15 Abbildungen, ca. 10 Tabellen.
Br., ca. € 49,90* / sFr 75,-
ISBN 3-433-01477-9

B. Buschmann
Vertragsrecht für Planer und Baubetriebe
Bauvergabe, Bauvertrag, Bauplanung
2003. Ca. 250 Seiten, ca. 20 Abbildungen.
Br., ca. € 49,90* / sFr 75,-
ISBN 3-433-02862-1

Oft werden zum Leidwesen aller Beteiligten am Bauobjekt Mängel festgestellt. Streitigkeiten drohen. Das Werk wendet sich an den Bauherrn, aber auch an die beteiligten Praktiker. Es führt verständlich – gerade für den Nichtjuristen – in die Problematik ein und zeigt mögliche Lösungswege auf.

Das Buch vermittelt einen Überblick über die Rechtsbeziehungen zwischen den Baubeteiligten und typische Rechtsprobleme in der Baupraxis. Es richtet sich an alle Baupraktiker, die sich einen Überblick über das private Bau- und Vertragsrecht verschaffen wollen, aber auch an Juristen, die sich in das private Baurecht einarbeiten möchten. Die grundlegenden Änderungen, die das Schuldrechtsmodernisierungsgesetz seit Januar 2002 für das gesamte Vertragsrecht gebracht hat, sind durchgehend berücksichtigt.

Ernst & Sohn
Verlag für Architektur und
technische Wissenschaften GmbH & Co. KG

Für Bestellungen und Kundenservice:
Verlag Wiley-VCH
Boschstraße 12
69469 Weinheim
Telefon: (06201) 606-400
Telefax: (06201) 606-184
Email: service@wiley-vch.de

Ernst & Sohn
A Wiley Company

www.ernst-und-sohn.de

* Der €-Preis gilt ausschließlich für Deutschland

4 Schnittgrößen infolge P bei statisch bestimmten Systemen

Im Folgenden wird zunächst nur die Schnittgrößenermittlung von statisch bestimmten Tragwerken behandelt, bei welchen die Verformungen des Bauteils infolge einer Einwirkung aus Vorspannung ohne Zwänge möglich sind. Auf die Berechnung statisch unbestimmter Systeme wird in Kapitel 5 eingegangen.

4.1 Abschnittsweise geradlinige Spanngliedführung

Die Einwirkungen aus Vorspannung hängen wesentlich von der gewählten Spanngliedführung – geradlinig bzw. gekrümmt – und Lage im Querschnitt – zentrisch bzw. exzentrisch – ab. Geradlinige Spanngliedführungen werden hauptsächlich bei Spannbettvorspannung verwendet, da hier der statisch günstigere kontinuierlich umgelenkte Verlauf nur mit relativ großem Aufwand zu realisieren ist (siehe Abschnitt 1.7.1). Weiterhin ist ein polygonartiger Spanngliedverlauf bei hohen Einzellasten sinnvoll.

Zunächst sind die Kräfte aus der Vorspannung zu ermitteln, welche auf das Tragwerk einwirken. Diese sind nicht konstant, sondern hängen von den Verformungen des Balkens infolge der einwirkenden Normalkraft ab. Bei Vorspannung mit nachträglichem Verbund wird eine definierte Kraft P_{m0} gegen den erhärteten Träger aufgebracht. Die Verformungen des Bauteils wirken sich somit auf die Spannkraft nicht aus. Anders ist es bei der Spannbettvorspannung, wo die Verformung des Trägers die Spannkraft reduziert. Daher wird nachfolgend nur die Spannbettvorspannung betrachtet, wobei vereinfachend von einem zentrischen Spannglied ausgegangen wird. Zunächst werden die Spannungen und Kräfte bestimmt, welche vor und nach dem Kappen der Spanndrähte auftreten. Hieraus ergeben sich die inneren Schnittgrößen des Balkens.

Vor dem Lösen der Spannglieder beträgt die Spannstahlspannung:

$$\sigma_{p0} = P_o/A_p \quad \text{bzw.} \quad P_o = \sigma_{p0} \cdot A_p \tag{4.1}$$

mit:

σ_{p0} maximal im Spannstahl eingetragene Spannung während des Spannens
σ_{pm0} Spannung im Spannstahl unmittelbar nach dem Spannen oder der Krafteinleitung in den Beton (mit Berücksichtigung der Betonverformungen)
A_p Querschnittsfläche des Spannstahls

Die Spannkraft wird zunächst in die Widerlager des Spannbettes eingeleitet. Nachdem der Beton eine ausreichende Festigkeit erreicht hat, werden die Spannkabel durchgeschnitten bzw. die Verankerungen an den Enden gelöst. Die Kraft wirkt nun auf den Verbundquerschnitt. Der Spannstahl möchte sich wieder entlasten, was jedoch durch den Verbund mit dem Beton behindert wird. Die hierdurch eingetragenen Druckkräfte führen zu einer Verkürzung und bei exzentrischem Lastangriff zu einer Verkrümmung des Bauteils, was zu einer Reduzierung der Spannkraft von P_o auf P_{mo} führt.

Wird voller Verbund zwischen Spannglied und Beton vorausgesetzt, so muss die resultierende Betondehnung gleich der Änderung der Stahldehnung vor und nach dem Lösen der Verankerung sein, d. h.:

$$\varepsilon_{cmo} = \varepsilon_s = \varepsilon_{po} - \varepsilon_{pmo}.$$

Bei Vernachlässigung der Biegeverformungen gilt:

$$\varepsilon_{cmo} = \frac{\sigma_{cmo}}{E_c} = \frac{F_{cmo}}{A_n \cdot E_c} \quad \text{und} \quad \varepsilon_{smo} = \frac{\sigma_{smo}}{E_s} = \frac{F_{smo}}{A_s \cdot E_s} \tag{4.2}$$

bzw.

$$F_{smo} = \frac{A_s \cdot E_s}{A_n \cdot E_c} \cdot F_{cmo} \tag{4.3}$$

mit:

A_n Nettoquerschnitt (reiner Betonquerschnitt)
F_{cm0} Resultierende Betondruckkraft
F_{sm0} Resultierende Druckkraft in der Bewehrung infolge P

Weiterhin gilt:

$$F_{smo} + F_{cm0} = P_{mo} \quad \text{bzw.} \quad F_{cm0} \cdot \left(1 + \frac{A_s \cdot E_s}{A_n \cdot E_c}\right) = P_{mo} \tag{4.4}$$

Aus der Dehnungsgleichheit zwischen Spannstahl und Beton:

$$\varepsilon_{cmo} = \frac{F_{cmo}}{E_c \cdot A_n} = \Delta\varepsilon_p = \frac{P_o - P_{mo}}{A_p \cdot E_p} \tag{4.5}$$

folgt mit Gleichung 4.4:

$$\frac{P_{mo}}{E_c \cdot A_n \cdot \left(1 + \dfrac{A_s \cdot E_s}{A_n \cdot E_c}\right)} = \frac{P_o - P_{mo}}{A_p \cdot E_p} \tag{4.6}$$

bzw.

$$P_{mo} \cdot \left(\frac{E_p \cdot A_p}{E_c \cdot A_n + E_s \cdot A_s} + 1\right) = P_o \tag{4.7}$$

Somit lässt sich die gesuchte Spannkraft nach dem Lösen der Verankerung ermitteln:

$$P_{mo} = P_o \cdot \frac{E_c \cdot A_n + E_s \cdot A_s}{E_p \cdot A_p + E_c \cdot A_n + E_s \cdot A_s} = \frac{A_n + \alpha_e \cdot A_s}{A_i} \quad \text{mit:} \quad A_i = \alpha_e \cdot \left(A_p + A_s\right) + A_n \tag{4.8}$$

Die Beton- und Spannstahlspannungen ergeben sich zu:

$$\sigma_{pm0} = \frac{P_{mo}}{A_p} = P_0 \cdot \frac{A_n + \alpha_e \cdot A_s}{A_p \cdot A_i} \qquad \sigma_{cmo} = \frac{F_{cmo}}{A_n} = \frac{P_0}{A_i} \qquad \sigma_{smo} = \alpha_e \cdot \frac{P_0}{A_i} \tag{4.9}$$

4.1 Abschnittsweise geradlinige Spanngliedführung

Bei den vorhergehenden Betrachtungen wurde vorausgesetzt, dass das Bauteil nur durch die Spannkraft belastet wird, d.h. der Betonbalken kann sich gewichtslos verformen. Meistens wird jedoch beim Anspannen durch die hieraus entstehenden Verformungen das Eigengewicht ganz oder teilweise mobilisiert, woraus wiederum Spannungsänderungen im Spannglied resultieren. Dieser Effekt kann bei Vorspannung mit sofortigem Verbund durch Superposition der Lastfälle berücksichtigt werden, solange sich das Bauteil im Zustand I befindet.

Mit den zuvor hergeleiteten Beziehungen lässt sich die Vorspannkraft P_{m0}, welche auf den Träger wirkt und somit die hieraus resultierenden Schnittgrößen bestimmen.

Da sich das statisch bestimmte System frei verformen kann, entstehen durch die Vorspannung keine Auflagerreaktionen. Die Kräfte infolge Vorspannung stehen in jedem Schnitt mit den Schnittkräften infolge den äußeren Einwirkungen im Gleichgewicht. Es handelt sich somit um einen Eigenspannungszustand. Die einwirkende Druckkraft P des Spannstahls steht mit der resultierenden Druckkraft der Betons F_c in jedem Schnitt im Gleichgewicht. Hieraus folgt, dass bei statisch bestimmten Systemen das Vorspannmoment gleich der Spannkraft multipliziert mit dem Abstand zur Schwerachse $M_p(x) = P_h(x) \cdot z_p(x)$ ist.

Für eine exzentrische Spanngliedlage ergeben sich somit die Spannungen zu:

$$\sigma_{cmo} = \frac{P_{mo}}{A_c} \pm \frac{P_{mo} \cdot z_p(x)}{W} \qquad \sigma_p = \frac{P_{mo}}{A_p} \qquad (4.10)$$

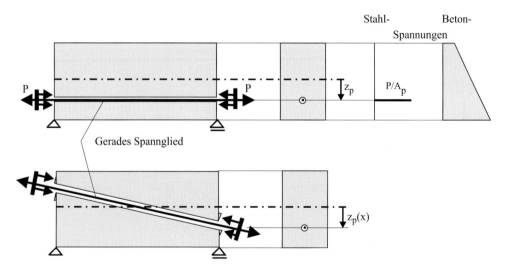

Bild 4.1 Spanngliedkräfte bei geradem Spannglied (Vorspannung ohne Verbund)

Für flache Spanngliedführungen gelten folgende Vereinfachungen:

$P_h(x) = -P(x) \cdot \cos \theta \cong -P(x)$

$M_p(x) = -P(x) \cdot \cos \theta \cdot z_p(x) \cong -P(x) \cdot z_p(x)$

$P_v(x) = -P(x) \cdot \sin \theta \cong -P(x) \cdot \tan \theta \cong -P(x) \cdot \theta$

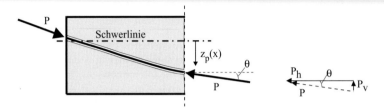

Bild 4.2 Schnittgrößen im Querschnitt

Wie aus Bild 4.3 hervorgeht, ist der Fehler der gebräuchlichen Näherungen $P_v \approx P \cdot \theta$ bis zu einer Neigung von ca. 10 Grad gegen die Horizontale vernachlässigbar (<1 %). Bei einem Einfeldträger mit symmetrischer parabolischer Spanngliedführung entspricht dies für den maßgebenden Schnitt am Auflagerrand (maximale Spanngliedneigung) dem Wert $f/l =$ 0,04. Die Annahme $\cos \theta \approx 1$ sollte jedoch nur bis Neigungen von ca. 8 Grad verwendet werden.

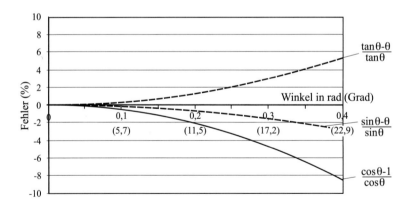

Bild 4.3 Abweichungen

Das Vorspannmoment lässt sich auch durch Gleichgewichtsbetrachtungen am Gesamtsystem bestimmen. Dies wird nachfolgend für einige typische Spanngliedführungen durchgeführt.

4.1 Abschnittsweise geradlinige Spanngliedführung

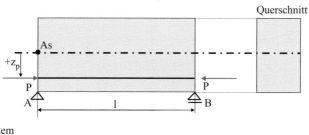

Stat. Ersatzsystem und Einwirkungen auf den Betonquerschnitt

Schnitt durch das Bauteil

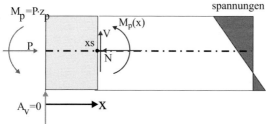

Schnittgrößen

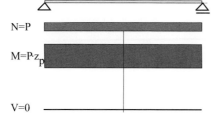

Gleichgewichtsbedingungen:

$$\sum (M)_{As} = 0 = B_v \cdot l - (P-P) \cdot z_p \;\rightarrow\; B_v = 0$$

$$\sum (F)_{vertikal} = 0 = B_v + A_v - 0 \;\rightarrow\; A_v = 0$$

$$\sum (F)_{horizontal} = 0 = A_h + (P-P) \;\rightarrow\; A_h = 0$$

→ keine Auflagerlasten (Eigenspannungszustand)

$$\sum (M)_{xs} = 0 = M_p + M(x) \;\rightarrow\; M_p(x) = -M_p = -P \cdot z_p$$

Definition:
- Positives Moment erzeugt auf Balkenunterseite Zugspannungen
- P als Druckkraft positiv

4 Schnittgrößen infolge P bei statisch bestimmten Systemen

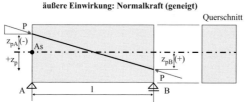

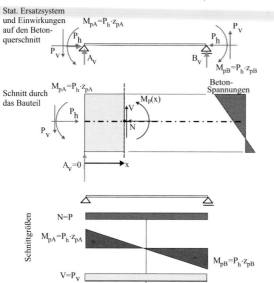

Gleichgewichtsbedingungen:

$$\sum (M)_{As} = 0 = B_v \cdot l - (P_v - P_v) \cdot z_p \quad \rightarrow \quad B_v = 0$$

$$\sum (F)_{vertikal} = 0 = B_v + A_v - 0 \quad \rightarrow \quad A_v = 0$$

$$\sum (F)_{horizontal} = 0 = A_h + (P_h - P_h) \quad \rightarrow \quad A_h = 0$$

→ keine Auflagerlasten (Eigenspannungszustand)

$$\sum (M)_{xs} = 0 = M_{pA} + P_v \cdot x + M_p(x) \quad \rightarrow \quad M_p(x) = -M_{pA} - P_v \cdot x = -P_h \cdot z_{pA} - P_v \cdot x$$

Geometrische Bedingung:

$$\tan \alpha = \frac{P_v}{P_h} = \frac{(-z_{pA}) + z_{pB}}{l} \quad \rightarrow \quad P_v = P_h \cdot \frac{(-z_{pA}) + z_{pB}}{l}$$

Gleichung der Spanngliedlage:

$$z_p(x) = z_{pA} + \frac{(-z_{pA}) + z_{pB}}{l} \cdot x$$

hiermit folgt:

$$M_p(x) = -P_h \cdot z_{pA} - P_h \cdot \frac{(-z_{pA}) + z_{pB}}{l} \cdot x = -P_h \cdot \left[z_{pA} + \frac{(-z_{pA}) + z_{pB}}{l} \cdot x \right] = -P_h \cdot z_p(x)$$

4.1 Abschnittsweise geradlinige Spanngliedführung

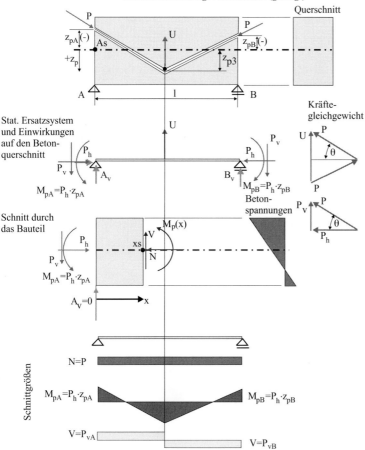

Vereinfachend wird angenommen, dass $z_{pA} = z_{pB}$ ist.

Kräftegleichgewicht: $\quad U = 2 \cdot P \cdot \sin\alpha = 2 \cdot P_v$

Gleichgewichtsbedingungen:

$$\sum(M)_{As} = 0 = B_v \cdot l - P_v \cdot l - P_h \cdot z_{pB} + P_h \cdot z_{pA} + U \cdot l/2 = B_v \cdot l - P_v \cdot l - P_h \cdot z_{pB} + P_h \cdot z_{pA} + P_v \cdot l$$

mit: $z_{pA} = z_{pB} \rightarrow B_v = 0$

$$\sum(F)_\text{vertikal} = 0 = B_v + A_v - 2 \cdot P_v + U = B_v + A_v - 2 \cdot P_v + 2 \cdot P_v \rightarrow A_v = 0$$

$$\sum(F)_\text{horizontal} = 0 = A_h + (P_h - P_h) \rightarrow A_h = 0$$

→ keine Auflagerlasten (Eigenspannungszustand)

$$\sum(M)_{xs} = 0 = M_{pA} + P_v \cdot x + M_p(x) \rightarrow M_p(x) = -M_{pA} - P_v \cdot x = -P_h \cdot z_{pA} - P_v \cdot x$$

Geometrische Bedingung:

$$\tan\theta = \frac{P_v}{P_h} = \frac{(-z_{pA}) + z_{pB}}{l/2} \rightarrow P_v = P_h \cdot \frac{(-z_{pA}) + z_{pB}}{l/2}$$

Gleichung der Verbindungsgeraden:

$$z_p(x) = z_{pA} + \frac{(-z_{pA}) + z_{pB}}{l/2} \cdot x$$

hiermit folgt:

$$M_p(x) = -P_h \cdot z_{pA} - P_h \cdot \frac{(-z_{pA}) + z_{pB}}{l/2} \cdot x = -P_h \cdot \left[z_{pA} + \frac{(-z_{pA}) + z_{pB}}{l/2} \cdot x \right] = -P_h \cdot z_p(x)$$

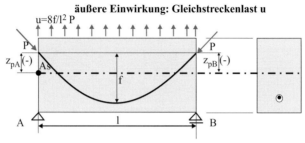

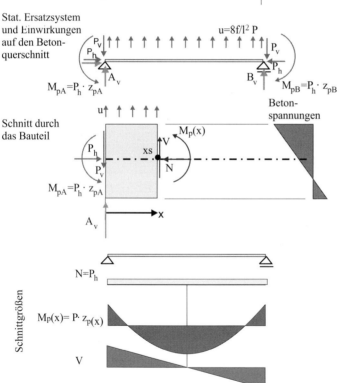

Vereinfachend wird angenommen, dass $z_{pA} = z_{pB}$ ist.

Parabelgleichung:

$$z_p(x) = -\frac{4 \cdot f}{l^2} x^2 + \frac{4 \cdot f}{l} x + z_{pA} \qquad z'_p(x) = -\frac{8 \cdot f}{l^2} x + \frac{4 \cdot f}{l}$$

4.1 Abschnittsweise geradlinige Spanngliedführung

Umlenklast (siehe Abschnitt 4.3.1): $\quad u = \dfrac{8 \cdot f}{l^2} \cdot P$

Gleichgewichtsbedingungen:

$$\sum (M)_{As} = 0 = B_v \cdot l + u \cdot l \cdot l/2 - P_v \cdot l - M_{pB} + M_{pA}$$

mit: $\quad P_v = -z'_p(x=0) \cdot P = \dfrac{4f}{l} \cdot P$

folgt:

$$\sum (M)_{AS} = 0 = B_v \cdot l + \frac{8f}{l^2} P \cdot l \cdot l/2 - \frac{4f}{l} P \cdot l \;\rightarrow\; B_v = 0$$

$$\sum (F)_{\text{vertikal}} = 0 = B_v + A_v + u \cdot l - 2 \cdot P_v \;\rightarrow\; A_v = 0$$

$$\sum (F)_{\text{horizontal}} = 0 = A_h \;\rightarrow\; A_h = 0$$

→ keine Auflagerlasten (Eigenspannungszustand)

$$\sum (M)_{xs} = 0 = M(x) - u \cdot x \cdot x/2 + M_{p1} + P_v \cdot x \;\rightarrow\; M(x) = M_p(x) = +u \cdot x \cdot x/2 - M_{pA} - P_v \cdot x$$

$$= \frac{8f}{l^2} \cdot P \cdot x \cdot x/2 - P_h \cdot z_{pA} - \frac{4f}{l} P \cdot x = P \cdot \left(\frac{4f}{l^2} \cdot x^2 - \frac{4f}{l} x - z_{pA} \right) = -P \cdot z_p(x)$$

Für statisch bestimmte Systeme gilt somit:

$$\boxed{M_p(x) = P_h(x) \cdot z_p(x) \approx P(x) \cdot z_p(x)} \tag{4.11}$$

mit: $\quad z_p \quad$ Abstand der Spanngliedachse von der Schwerachse des Querschnittes

Außerdem wird aus Gleichung 4.11 deutlich, dass man durch eine entsprechende Spanngliedführung Vorspannlasten erzeugen kann, welche betragsmäßig den äußeren Einwirkungen entsprechen. Bei Einzellasten bzw. einem linearen Momentenverlauf sollte ein geradliniger Verlauf gewählt werden, wobei Neigungssprünge in den Lasteinleitungspunkten zur Erzeugung von entgegengesetzten Umlenklasten sinnvoll sind. Diese theoretischen Knicke in der Spanngliedneigung müssen bei der praktischen Ausführung zur Vermeidung von Überbeanspruchungen (Ermüdungsfestigkeit) entsprechend den Zulassungen ausgerundet werden. Bei einer gleichförmigen Einwirkung bzw. einem parabelförmigen Momentenverlauf bietet sich ein parabel- oder kreisförmiger Spanngliedverlauf an.

Das Vorspannmoment $M_P(x)$ lässt sich für statisch bestimmte Tragsysteme mit Hilfe der Gleichung (4.11) sehr einfach bestimmen. Für die Querkraft gilt: $V_p(x) = P_v(x)$. Weitere Ausführungen zum Schnittgrößenverlauf infolge Vorspannung wären somit nicht erforderlich. Bei statisch unbestimmten Trägern oder bei der Verwendung von nummerischen Rechenprogrammen kann es jedoch sinnvoll sein, die Einwirkungen aus Vorspannung auf das Betontragwerk durch äußere Lasten zu ersetzen.

Bei einem Träger mit polygonaler Spanngliedführung (Bild 4.4) werden die Umlenklasten aus dem Kräftegleichgewicht am jeweiligen Umlenkpunkt bestimmt und zusammen mit den Ankerlasten auf das System angesetzt. Das gleiche gilt auch für die verbundlose Vorspannung, beispielsweise einem unterspannten Träger (siehe Bahnhofsbrücke Aue, Bild 1.14).

Aus Gleichung 4.11 folgt weiterhin, dass ein zentrisch vorgespanntes Tragwerk, unabhängig von seiner Geometrie, keine Biegemomente infolge P aufweist. Dies kann man auch

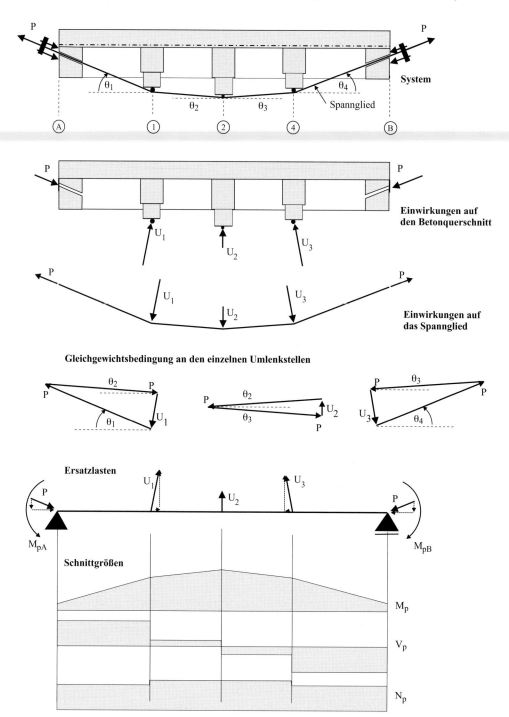

Bild 4.4 Polygonale Spanngliedführung

4.2 Träger mit veränderlicher Höhe

anhand einer Perlenkette verdeutlichen. Eine Perlenkette wird auch unter einer Druckbeanspruchung ihre Form nicht ändern. Es treten keine Biegemomente und damit Verkrümmungen auf, solange die Kraftübertragung zwischen den einzelnen Kugeln zentrisch erfolgt.

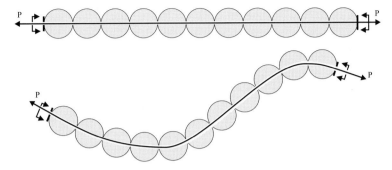

Bild 4.5 Perlenkette mit zentrischer „Spanngliedführung"

4.2 Träger mit veränderlicher Höhe

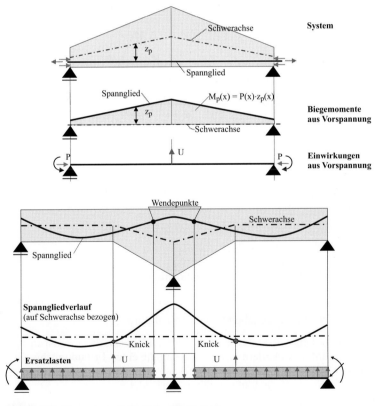

Bild 4.6 Balken mit veränderlicher Trägerhöhe

Bei einem Träger mit veränderlicher Höhe ist die Schwerachse geneigt. Auch hier gilt $M_p(x) = P_h(x) \cdot z_p(x)$. Bei einem geraden Spanngliedverlauf bezieht man daher zweckmäßigerweise die Spanngliedordinaten auf die geneigte Schwerachse und projiziert den Verlauf auf eine horizontale Linie (Bild 4.6). An den Stellen, wo sich die Querschnittshöhe sprunghaft ändert, entstehen Umlenkkräfte, welche zu berücksichtigen sind. Will man diese vermeiden, so kann ein ‚Knick' in der Spanngliedführung angeordnet werden (siehe Abschnitt 5.4).

4.3 Kontinuierlich gekrümmtes Spannglied ohne Reibung

Wie bereits zuvor erläutert, ist bei gleichförmigen Einwirkungen ein kontinuierlich gekrümmter Spanngliedverlauf sinnvoll. Es ergibt sich eine bessere Übereinstimmung zwischen den äußeren Lasten und den durch Vorspannung erzeugten Einwirkungen auf das Tragwerk.

Ziel der nachfolgenden Betrachtungen ist es, die der Vorspannung äquivalenten Einwirkungen auf das Tragwerk zu bestimmen. Hierbei wird zunächst eine diskrete Umlenkung betrachtet und anschließend die Erkenntnisse auf ein kontinuierlich gekrümmtes Spannglied erweitert.

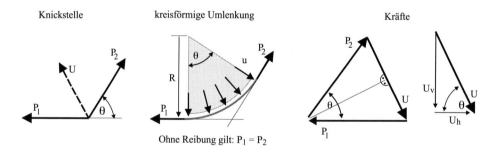

Bild 4.7 Umlenkkräfte bei kreisförmiger Krümmung des Spanngliedes

Für eine theoretische Knickstelle, d. h. einem diskreten Sprung der Spanngliedneigung, ergibt sich unter Vernachlässigung der Reibung die Umlenkkraft zu (Bild 4.7):

$$U = 2 \cdot P \cdot \sin(\theta/2) \approx P \cdot \theta \qquad \theta \text{ in rad} \qquad (4.12)$$

Bei einer flachen Spanngliedführung gilt folgende Vereinfachung:

$$U_v \approx U = P \cdot \theta \qquad \theta \text{ in rad} \qquad (4.13)$$

Der Umlenkwinkel θ ergibt sich aus der gegebenen Spanngliedführung.

Ein Spannglied darf planmäßig keine diskreten Knickstellen aufweisen, da es sonst in diesen Bereichen plastizieren würde. Außerdem würde die Gefahr eines Ermüdungsbruches bestehen. Ein Spannglied muss daher stetig umgelenkt werden. Für eine kreisförmige Krümmung ergibt sich die Umlenklast u je Längeneinheit zu (Bild 4.8):

$$u = P/R \qquad (4.14)$$

4.3 Kontinuierlich gekrümmtes Spannglied ohne Reibung

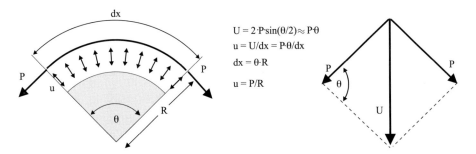

Bild 4.8 Umlenkkräfte bei einer kreisförmigen Spanngliedführung

Die Umlenklast u wirkt hierbei in Richtung des Kreis- bzw. Krümmungsmittelpunktes (Bild 4.8).

Der Krümmungsradius $R(x)$ an eine beliebige Kurve $z(x)$ lässt sich nach folgender Gleichung bestimmen:

$$R(x) = \frac{[1+(z')^2]^{1,5}}{|z''|} \quad (4.15)$$

Für die Ermittlung des Krümmungsradius R wird somit die erste und zweite Ableitung des Spanngliedverlaufes benötigt. Für eine parabelförmige Spanngliedführung (siehe Bild 4.9) mit:

$$z_p(x) = -\frac{4f}{l^2} \cdot x^2 + \frac{4f}{l} \cdot x + z_{pA} \cdot \frac{l-x}{l} + z_{pB} \cdot \frac{x}{l}$$

(Koordinatenursprung siehe Bild 4.9)

und

$$z'_p(x) = -8f/l^2 \cdot x + 4f/l - z_{pA}/l + z_{pB}/l \; ; \quad z''_p(x) = -8f/l^2$$

ergibt sich somit:

$$u = \frac{P}{R} = P \cdot \frac{|-8f/l^2|}{[1+(-8f/l^2 \cdot x + 4f/l - z_{pA}/l + z_{pB}/l)^2]^{1,5}} \quad (4.16)$$

Bei einem flachem Spanngliedverlauf gilt näherungsweise:

$$\frac{1}{R} \approx |z''| = \frac{8 \cdot f}{l^2} \quad (4.17)$$

bzw.

$$u = \frac{8 \cdot f}{l^2} \cdot P \quad (4.18)$$

Hierbei ist f der Stich der Parabel. Eine parabelförmige Spanngliedführung erzeugt somit näherungsweise eine konstante Umlenklast. Sie stellt daher den optimalen Verlauf für gleichförmige vertikale Einwirkungen dar.

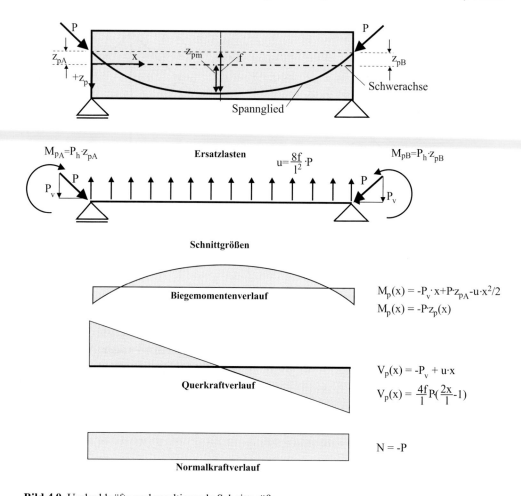

Bild 4.9 Umlenkkräfte und resultierende Schnittgrößen

Bei einer gekrümmten Spanngliedführung entstehen durch die Vorspannung Umlenkkräfte, welche senkrecht zur Tangente an die Kurve in Richtung des Krümmungsmittelpunktes orientiert sind. Bei flacher Spanngliedführung kann diese Neigung vernachlässigt werden (siehe Bild 4.11).

Die Umlenklasten u infolge Vorspannung nehmen mit dem Parabelstich f zu. Demnach wäre es sinnvoll, das Spannglied an den Auflagern möglichst weit oberhalb der Schwerachse zu verankern ($f = z_{pm} - z_{pA}$). Hierdurch entstehen jedoch positive Vorspannmomente im Auflagerbereich, welche Probleme bei den Nachweisen im Gebrauchszustand (Betonzugspannungen) verursachen können. Außerdem wird die Durchbiegung des Trägers infolge P von der Lage der Spannglieder am Auflager beeinflusst (siehe Bild 4.12). Für $z_{pA} = -5 \cdot z_{pm}$ ist die Durchbiegung in Feldmitte eines Einfeldträgers mit parabolischer Spanngliedführung gleich Null. Derartig große Exzentrizitäten an den Auflagern sind jedoch nur bei einer sehr flachen Spanngliedführung nahe der Schwerachse ausführbar.

4.3 Kontinuierlich gekrümmtes Spannglied ohne Reibung

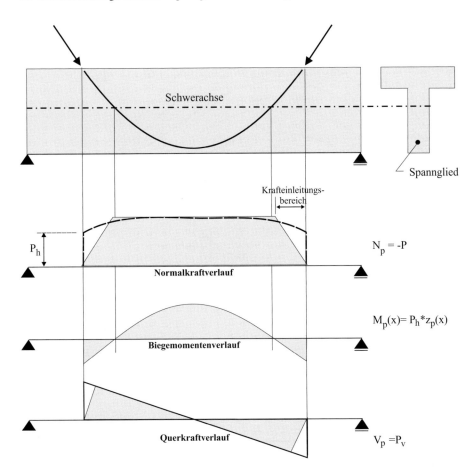

Bild 4.10 Umlenkkräfte und resultierende Schnittgrößen

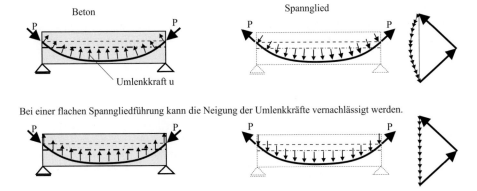

Bei einer flachen Spanngliedführung kann die Neigung der Umlenkkräfte vernachlässigt werden.

Bild 4.11 Umlenkkräfte bei einem gekrümmten Spannglied

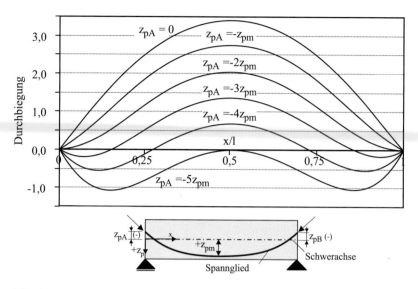

Bild 4.12 Verformung eines Einfeldträgers mit parabolischer Spanngliedführung (Zustand I) infolge Vorspannung

Die Näherung $1/R \approx |z''|$ sollte nur bei flacher Spanngliedführung angewendet werden. Lediglich für den Sonderfall eines Einfeldträgers mit parabelförmiger Spanngliedführung und $z_{pA} = z_{pB} = 0$ ergibt sich das exakte Biegemoment in Feldmitte, wie nachfolgend gezeigt wird.

Für ein statisch bestimmtes System gilt:

$$M_p(x) = P_h(x) \cdot z_p(x) = P_h(x) \cdot \left[-\frac{4f}{l^2} \cdot x^2 + \frac{4f}{l} \cdot x + z_{pA} \cdot \frac{l-x}{l} + z_{pB} \cdot \frac{x}{l} \right] \quad (4.19)$$

für $x = l/2$ und $z_{pA} = z_{pB} = 0$ folgt: $M_p(x = l/2) = P_h \cdot z_p(x = l/2) = P \cdot f$ \quad (4.20)

Das Biegemoment eines gelenkig gelagerten Einfeldträgers unter Gleichlast u und beidseitigen Randmomenten $P_{hA} \cdot z_{pA}$ bzw. $P_{hB} \cdot z_{pB}$ beträgt:

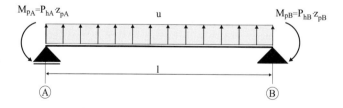

4.3 Kontinuierlich gekrümmtes Spannglied ohne Reibung

$$M_\mathrm{p}(x) = P_\mathrm{hA} \cdot z_\mathrm{pA} \cdot \frac{l-x}{l} + P_\mathrm{hB} \cdot z_\mathrm{pB} \cdot \frac{x}{l} + \frac{u \cdot l^2}{2} \cdot \left[\left(\frac{x}{l}\right) - \left(\frac{x}{l}\right)^2\right] \quad (4.21)$$

$$= P_\mathrm{hA} \cdot z_\mathrm{pA} \cdot \frac{l-x}{l} + P_\mathrm{hB} \cdot z_\mathrm{pB} \cdot \frac{x}{l} + \frac{\frac{8 \cdot f}{l^2} \cdot P \cdot l^2}{2} \cdot \left[\left(\frac{x}{l}\right) - \left(\frac{x}{l}\right)^2\right] \quad (4.22)$$

Für den Sonderfall $z_\mathrm{pA} = z_\mathrm{pB} = 0$ ergibt sich in Feldmitte ($x = l/2$):

$$M_\mathrm{p}(x = l/2) = P \cdot z_\mathrm{pm} = P \cdot f \quad (4.23)$$

Bei der Anwendung von Gleichung 4.16 bzw. 4.18 ist zu beachten, dass die hiermit bestimmte Umlenklast nicht senkrecht sondern zum Mittelpunkt des Krümmungskreises an der jeweiligen Stelle zeigt (Bild 4.13).

Beliebige Spanngliedführung

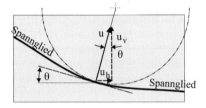

Kreisförmige Spanngliedführung

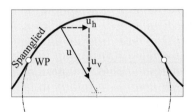

Bild 4.13 Umlenkkräfte

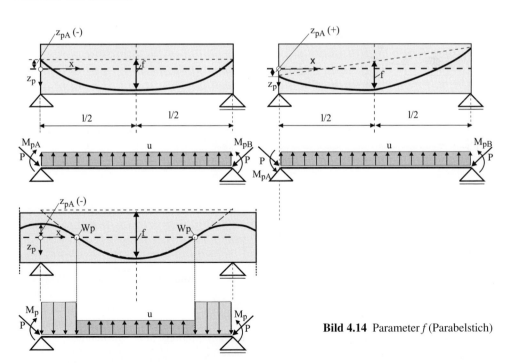

Bild 4.14 Parameter f (Parabelstich)

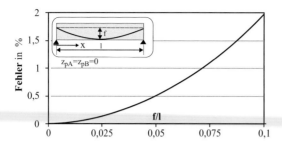

Bild 4.15 Biegemoment infolge Vorspannung bei $x = l/4$. Vergleich zwischen Näherung (mit $u = 8f/l^2 P$) und exakter Lösung ($M_p(x) = P_h(x) \cdot z_p(x)$) für eine parabolische Spanngliedführung

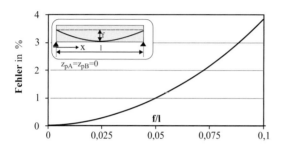

Bild 4.16 Biegemoment in Feldmitte. Vergleich zwischen Näherung ($u = u_v = P/R$) und exakter Lösung für eine parabolische Spanngliedführung

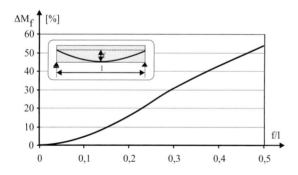

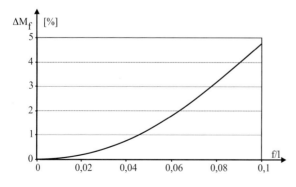

Bild 4.17 Biegemoment in Feldmitte. Vergleich zwischen Näherung (mit $u = 8f/l^2 P$) und exakter Lösung ($M_p(x) = P_h(x) \cdot z_p(x)$) für eine kreisförmige Spanngliedführung

Bei bekanntem Spanngliedverlauf ist eine Kraftzerlegung einfach möglich. Es sei hier darauf hingewiesen, dass auch die Horizontalkomponente der Umlenklast Biegemomente erzeugt, wenn die Last nicht in der Schwerachse angreift.

Eine Vernachlässigung der Neigung der Umlenklast kann zu gravierenden Fehlern führen. Um dies zu demonstrieren sind in Bild 4.14 für zwei verschiedene Stützweiten die Abweichungen zwischen Gleichung 4.16 und 4.11 für eine parabelförmige Spanngliedführung aufgetragen. Im Weiteren wird lediglich der Auflagerrand ($x = 0$) betrachtet, da hier die größten Differenzen auftreten.

Bereits bei einer sehr flachen Spanngliedführung mit $f/l = 1{,}0/40$ m $= 0{,}025$ sind die Abweichungen größer als 1 %. Diese großen Differenzen treten jedoch lediglich am Rand auf. In Feldmitte ($x = l/2$) stimmen beide Gleichungen überein ($z_{pA} = z_{pB} = 0$).

Die Auswirkungen auf die Biegemomente in Feldmitte sind geringer, wie man aus Bild 4.16 erkennt. Erst für f/l größer als 0,05 ergeben sich Abweichungen von mehr als 1 %. Die Biegemomente in Feldmitte hängen dabei lediglich vom Faktor f/l ab.

Bei einer kreisförmigen Spanngliedführung ergibt sich mit der Näherung $u = u_v = P/R$ bereits bei $f/l = 0{,}05$ eine Abweichung von 1 % (Bild 4.17). Diese nehmen mit zunehmender Krümmung stark zu. Kleine Krümmungsradien der Spanngliedführung treten vor allem im Stützbereich bei Durchlaufträgern auf. Hier sind jedoch die Auswirkungen auf die Schnittgrößen aufgrund des stützennahen Lastangriffs gering.

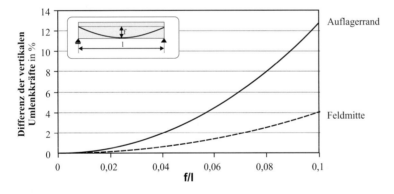

Bild 4.18 Vertikale Umlenklasten in Feldmitte und am Rand. Vergleich zwischen Näherung und exakter Lösung für eine kreisförmige Spanngliedführung

4.4 Spannkraftverluste infolge Reibung

Bei umgelenkten Spanngliedern tritt bei einer Bewegung zwischen Spannglied und Hüllrohr eine Reibungskraft auf, welche die Spannung im Spannglied reduziert. Diese Spannkraftverluste sind bei den rechnerischen Nachweisen zu berücksichtigen. Zur Bestimmung des Spannkraftverlaufes wird ein Spanngliedabschnitt der Länge dx betrachtet. Die Winkeländerung $d\theta$ ergibt sich bei einem kreisförmigen Verlauf zu:

$$d\theta = dx/R \quad \text{(mit } R = \text{Krümmungsradius)}$$

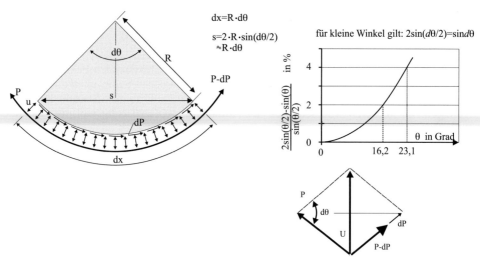

Bild 4.19 Umlenkkräfte bei einer kreisförmigen Spanngliedführung

Setzt man für das Element einen konstanten Spannkraftverlauf (keine Reibungsverluste) voraus, so gilt:

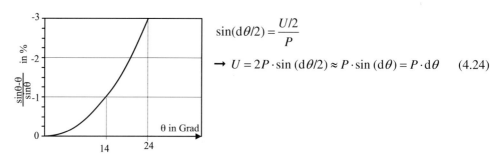

$$\sin(\mathrm{d}\theta/2) = \frac{U/2}{P}$$

$$\rightarrow U = 2P \cdot \sin(\mathrm{d}\theta/2) \approx P \cdot \sin(\mathrm{d}\theta) = P \cdot \mathrm{d}\theta \quad (4.24)$$

$$U = P \cdot \mathrm{d}\theta = P \cdot \mathrm{d}x/R \quad (4.25)$$

Beim Ansatz einer linearen Coulomb'schen Reibung lässt sich der Reibungsverlust wie folgt bestimmen:

$$\mathrm{d}P = -\mu \cdot U = -\mu \frac{P \cdot \mathrm{d}x}{R} = -\mu \cdot P \cdot \mathrm{d}\theta \quad (4.26)$$

(mit μ = konstanter Reibungskoeffizient).

Hieraus folgt:

$$\mathrm{d}P/P = -\mu \cdot \mathrm{d}\theta \quad (4.27)$$

bzw. durch Integration der partiellen Differentialgleichung:

$$P_\mu(x) = P_\mathrm{o} \cdot e^{-\mu\theta} \quad (4.28)$$

4.4 Spannkraftverluste infolge Reibung

Es ergibt sich schließlich der Spannkraftverlust aus Reibung zu (Euler'sche Seilreibungsformel, 1762) [96]:

$$\Delta P_\mu(x) = P_0(1 - e^{-\mu(\theta + k \cdot x)}) \quad \text{(DIN 1045-1, Gl. 50)} \tag{4.29}$$

mit:

- μ Reibungsbeiwert zwischen Spannglied und Hüllrohr
- Θ Summe der planmäßigen Umlenkwinkel über die Länge x in Bogenmaß (unabhängig von der Richtung). Bei horizontalen und vertikalen Krümmungen der Spannglieder wird die Winkelsumme $\Theta = \sqrt{\Theta_v^2 + \Theta_h^2}$ angesetzt (siehe Abschnitt 4.4.1).
- k ungewollter Umlenkwinkel in Bogenmaß pro Längeneinheit
- P_0 Spannkraft am Spannanker

Der Wert $k \cdot x$ ist hierbei der so genannte ungewollte Umlenkwinkel, welcher durch die Durchbiegungen des Spanngliedes bzw. des Hüllrohres zwischen den Unterstützungen entsteht (siehe Abschnitt 4.4.3). Durch eine Reihenentwicklung der e-Funktion ergibt sich die folgende Näherungsbeziehung:

$$\Delta P_\mu(x) = P_0(1 - e^{-\mu(\theta + k \cdot x)}) = P_0 \left(1 - \left[1 + \sum_{n=1}^{\infty} \frac{(-\mu \cdot \{\theta + k \cdot x\})}{n!}\right]\right)$$

$$= P_0(1 - [1 - \mu \cdot \{\theta + k \cdot x\}]) = \Delta P_\mu(x) = P_0 \cdot \mu \cdot \{\theta + k \cdot x\} \tag{4.30}$$

Bis $\mu\theta < 0{,}7$ liegt der Fehler von Gleichung (4.30) bei weniger als 1 %.

4.4.1 Ermittlung des planmäßigen Umlenkwinkels Θ

Spanngliedverlauf in einer Vertikalebene

Die planmäßigen Umlenkwinkel können nummerisch (bei unstetigem Verlauf) oder grafisch (falls Wendepunkte bekannt) ermittelt werden. Ist der Kurvenverlauf bekannt, so ergibt sich Θ aus den Tangenten an die Kurve in den Wendepunkten.

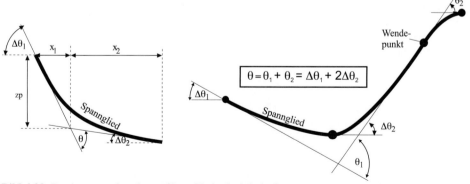

Bild 4.20 Bestimmung des planmäßigen Umlenkwinkels θ

Bei parabelförmiger Spanngliedführung mit $z_{pA} = z_{pB}$ gilt sich somit für einen Einfeldträger:
Parabelgleichung:

$$z_p(x) = -\frac{4f}{l^2} \cdot x^2 + \frac{4f}{l} \cdot x + z_{pA} \quad \text{bzw.} \quad z'_p(x=0) = \frac{4f}{l}$$

$$\theta_{ges} = z'_p(x=0) + z'_p(x=l) = \frac{8f}{l} \tag{4.31}$$

Räumlich gekrümmter Spanngliedverlauf

Im Allgemeinen besteht der Spanngliedverlauf aus einzelnen räumlichen Kurven. Es treten somit Umlenkungen sowohl um die Horizontal- als auch die Vertikalachse auf. Für die Bestimmung der Reibungsverluste wird der Gesamtumlenkwinkel benötigt. Wie sich leicht am Beispiel einer kreisförmigen Spanngliedführung zeigen lässt, führt eine Addition der Umlenkwinkel der beiden Projektionsebenen θ_h bzw. θ_v zu einem falschen Ergebnis (Bild 4.21 links). Die Umlenkung zwischen den Punkten A und B beträgt unabhängig von der Neigung $\theta = 90°$. Würde man die Umlenkwinkel der Vertikal- und Horizontalprojektion addieren, so ergäbe sich der doppelte Wert ($\theta = \theta_h + \theta_v = 180°$).

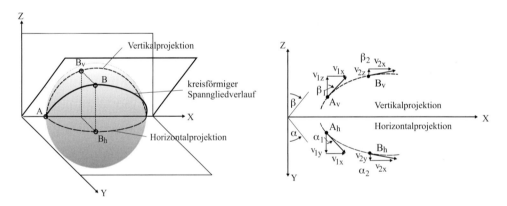

Bild 4.21 Bestimmung des Umlenkwinkels [105]

Nach Roek [105] beträgt der Umlenkwinkel zwischen den Punkten A und B (Bild 4.21 rechts):

$$\cos\theta = \frac{1 + \dfrac{v_{1y}}{v_{1x}} \cdot \dfrac{v_{2y}}{v_{2x}} + \dfrac{v_{1z}}{v_{1x}} \cdot \dfrac{v_{2z}}{v_{2x}}}{\sqrt{1 + \left(\dfrac{v_{1y}}{v_{1x}}\right)^2 + \left(\dfrac{v_{1z}}{v_{1x}}\right)^2} \cdot \sqrt{1 + \left(\dfrac{v_{2y}}{v_{2x}}\right)^2 + \left(\dfrac{v_{2z}}{v_{2x}}\right)^2}} \tag{4.32}$$

$$\cos\theta = \frac{1 + \tan\alpha_1 \cdot \tan\alpha_2 + \tan\beta_1 \cdot \tan\beta_2}{\sqrt{1 + \tan^2\alpha_1 + \tan^2\beta_1} \cdot \sqrt{1 + \tan^2\alpha_2 + \tan^2\beta_2}} \quad (v_{1x}, v_{2x} \neq 0) \tag{4.33}$$

4.4 Spannkraftverluste infolge Reibung

mit:
- θ Gesamtumlenkwinkel
- α horizontaler Neigungswinkel des Spanngliedes
- β vertikaler Neigungswinkel des Spanngliedes
- v Richtungsvektoren

Für kleine Winkel gilt: $\cos\theta \approx 1 - 0{,}5 \cdot (\theta)^2$; $\tan\alpha \approx \alpha$; $\tan\beta \approx \beta$

Mit dieser Vereinfachung ergibt sich folgende Näherungsgleichung zur Bestimmung des Gesamtumlenkwinkels eines räumlich gekrümmten Spanngliedes zwischen zwei Punkten:

$$\theta = \sqrt{(\alpha_2 - \alpha_1)^2 + (\beta_2 - \beta_1)^2} = \sqrt{\theta_h^2 + \theta_v^2} \tag{4.34}$$

Die Unterschiede sollen an einem realen Beispiel aufgezeigt werden. Betrachtet wird das Spannglied Nr. 2 einer Plattenbrücke, welches im Bereich der Koppelfuge um die vorhandenen Ankerstellen verzogen werden musste (Bild 4.22) (Gesamtsystem siehe Bild 10.1).

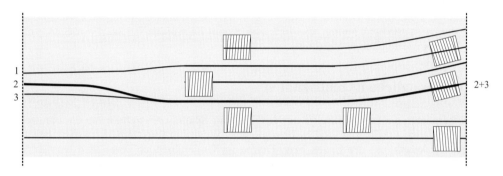

Bild 4.22 Spanngliedführung im Bereich einer Koppelfuge

Die planmäßigen Umlenkwinkel um die Horizontal- bzw. Vertikalachse betragen $\alpha = 34°$ bzw. $\beta = 5°$. Hiermit ergeben sich die folgenden Werte.

      nach Gleichung (4.33): $\theta = 34{,}2°$

      nach Gleichung (4.34): $\theta = 34{,}4°$

Eine Addition der Umlenkwinkel würde $\theta = 34° + 5° = 39°$ ergeben, was einem Fehler von 13 % entspricht. Die Abweichungen in den Spannkräften sind jedoch aufgrund des expotentiellen Spannkraftverlaufes erheblich geringer. Bei einem Reibungskoeffizienten von $\mu = 0{,}2$ würde der Fehler lediglich 2 % betragen.

Projiziert man die Spanngliedführung nicht auf eine Vertikalebene sondern auf einen Kreiszylinder, was beispielsweise bei einer kreisförmig gekrümmten Brücke sinnvoll ist, so gilt [105]:

$$\theta = \sqrt{(\varphi_2 + \alpha_2 - \varphi_1 - \alpha_1)^2 + (\beta_2 - \beta_1)^2} = \sqrt{(\Delta\varphi + \theta_h)^2 + \theta_v^2} \tag{4.35}$$

mit:
- φ Drehwinkel

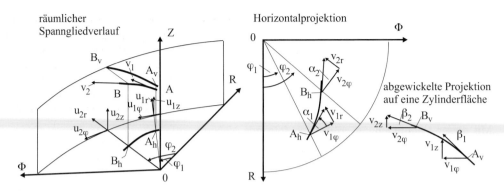

Bild 4.23 Bestimmung des Umlenkwinkels durch Projektion auf eine Zylinderfläche [105]

Heutzutage werden die Umlenkwinkel bei komplexem Spannlitzen nummerisch im Rahmen der Tragwerksberechnung bestimmt. Zur Kontrolle werden jedoch die obigen einfachen Näherungsbeziehungen benötigt.

4.4.2 Zusätzliche Exzentrizitäten

Im Allgemeinen sind die Hüllrohre nur zu 50 % mit Spannlitzen gefüllt, um ein einwandfreies Einziehen und Verpressen zu ermöglichen. Weiterhin muss ein Blockieren bei ungeordneter Anordnung der Litzen bzw. Drähte im Umlenkbereich vermieden werden. Es ergeben sich somit an den Hoch- und Tiefpunkten Abweichungen zwischen der Gesamtschwerachse der Spannstahllitzen und des Hüllrohres (Bild 4.24).

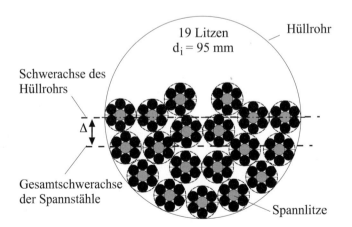

Bild 4.24 Exzentrizitäten eines Spanngliedes im Hüllrohr

Die Abweichung zwischen der Soll- und Ist-Lage der Spanngliedachse ist abhängig vom Innendurchmesser des Hüllrohres und der Anzahl der Litzen bzw. Stäbe. Bei geordneter Anordnung lässt sich die Differenz nummerisch bestimmen. Es können folgende Anhaltswerte angesetzt werden:

4.4 Spannkraftverluste infolge Reibung

Tabelle 4.1 Maximale Exzentrizitäten

Anzahl der Litzen (7 Drähte d = 5 mm)	Hüllrohrinnen-durchmesser (mm)	max. Abweichung (mm)
12	70	8,2
	75	11,6
	80	14,8
15	85	13,6
	90	16,8
19	90	11,2
	95	15,0

Das Hüllrohr wird in der Soll-Lage verlegt. Die Abweichung zwischen der Schwerachse des Hüllrohrs und des Spanngliedes ist bei der Berechnung der Umlenkwinkel und den Nachweisen im Querschnitt zu berücksichtigen. Es handelt sich hierbei um relativ geringe Werte. Trotzdem sind die Differenzen zwischen Soll- und Ist-Lage des Spanngliedes, insbesondere bei flachem Spanngliedverlauf, nicht vernachlässigbar.

4.4.3 Ungewollter Umlenkwinkel k

Die Hüllrohre werden in bestimmten Abständen unterstützt und seitlich festgehalten. Die Mindestabstände sind in den Zulassungsbescheiden festgelegt. Zwischen diesen punktuellen Unterstützungen hängt das Hüllrohr durch. Es entstehen hierdurch zusätzliche ‚unplanmäßige' Umlenkungen des Spanngliedes.

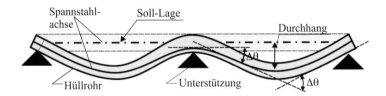

Bild 4.25 Ungewollte Umlenkung des Spanngliedes zwischen den Unterstützungen

Diese so genannten ‚ungewollten' Umlenkwinkel k (Einheit: Bogenmaß pro Meter) hängen u. a. ab von:
- Abstand der Unterstützungen
- Steifigkeit des Hüllrohres ggf. einschl. des Spanngliedes

  Bei Bauverfahren, bei denen die Litzen erst nach dem Betonieren eingebracht werden, müssen die Hüllrohre z. B. durch PE-Rohre ausgesteift werden, um den Durchhang bzw. das Aufschwimmen zu begrenzen.
- Füllungsgrad
- Sorgfalt bei der Bauausführung
- Verlegegenauigkeit

Der Durchhang lässt sich rechnerisch nur sehr ungenau ermitteln. Der ungewollte Umlenkwinkel wird daher anhand von Versuchen bestimmt. Bei Litzen-Spanngliedern mit nachträglichem Verbund wird meistens ein ungewollter Umlenkwinkel von $k = 0{,}3\ °/m$ bzw. $0{,}0052\ rad/m$ angesetzt.

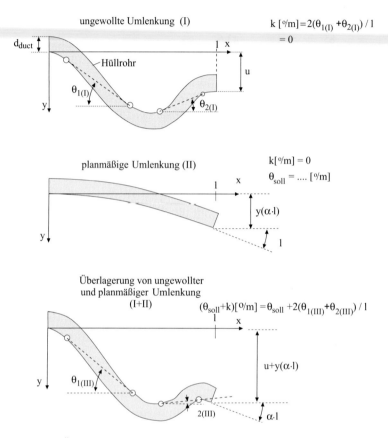

Bild 4.26 Überlagerung der ungewollten Umlenkwinkel (nach [93])

Wie theoretische Untersuchungen von Walter et al. [93] gezeigt haben, sollte aus geometrischen Gründen jeweils nur der lokale Maximalwert von Θ oder $k\,\Delta x$ angesetzt werden (jeweils über eine bestimmte Länge betrachtet) (siehe Bild 4.26). Trotzdem werden oftmals die planmäßigen und unplanmäßigen Winkel addiert. Hierdurch wird der Spannkraftabfall überschätzt. Weiterhin werden zu kleine Spannwege bestimmt.

4.4.4 Reibungskoeffizient μ

Der Reibungskoeffizient μ ist keine Materialkonstante, sondern hängt neben der Härte und der Oberflächenbeschaffenheit des Spanngliedes und des Hüllrohres, von zahlreichen wei-

4.4 Spannkraftverluste infolge Reibung

teren Faktoren ab. In Deutschland ist μ der allgemeinen bauaufsichtlichen Zulassung des Spanngliedes zu entnehmen. In EC2 4.2.3.5.5(8) sind die folgenden Anhaltswerte angegeben:

kaltgezogener Stahl	$\mu = 0{,}17$
Litzen	$\mu = 0{,}19$
glatter Rundstab	$\mu = 0{,}33$
gerippter Stab	$\mu = 0{,}65$

Wie den obigen Werten zu entnehmen ist, spielt die Oberflächenstruktur des Spannstahls – glatt oder profiliert – auf den Reibungskoeffizienten eine große Rolle. Außerdem hat das Hüllrohrmaterial auf μ einen starken Einfluss. Die Reibungsverluste sind bei Kunststoffhüllrohren geringer als bei Hüllrohren aus Blech. Bei Blechhüllrohren kann es während des Spannvorganges zu Glättungen oder zu Fräseffekten kommen. Daher ist zu vermuten, dass der Reibungskoeffizient auch von der Querschnittsgeometrie bzw. der Hüllrohrwellenform [94] abhängt. Experimentell wurde dies bislang jedoch nicht bestätigt.

Die Oberflächenstruktur von Drähten, bedingt durch den Herstellungsprozess, wirkt sich ebenfalls auf das Gleitverhalten aus. Der Einfluss dürfte im Allgemeinen gering sein.

Den weitaus größten Einfluss auf das Reibungsverhalten hat in der Baupraxis die zeitliche Änderung der Oberflächenbeschaffenheit der Drähte. Schon geringer Flugrostbefall, wie er beim Transport oder bei der Lagerung auch bei sorgfältiger Behandlung entstehen kann, vergrößert den Reibungskoeffizienten erheblich. Experimentell wurde an Litzenspanngliedern eine Verdoppelung gemessen [94] (Bild 4.27).

Durch Mörtelschlämpe, welche bei Undichtigkeiten in die Hüllrohre eindringen kann, ist auch eine erhebliche Erhöhung der Reibung verbunden (Bild 4.31).

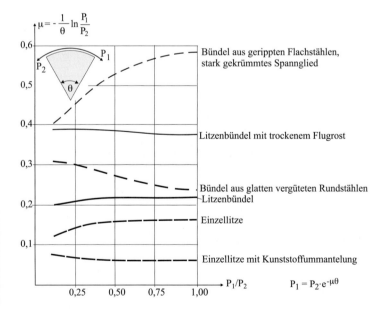

Bild 4.27 Reibungsbeiwerte während des Vorspannens über eine kreisförmige Umlenkung (nach [94])

Der Gleitwiderstand hängt weiterhin vom örtlichen Verschiebungsweg und dem dort vorhandenen Anpressdruck ab. Besonders ausgeprägt ist dieser Effekt bei gerippten Spannstählen (Bild 4.27). Bei kurzen Spannwegen ($P_1/P_2 \approx 1{,}0$) sollte daher der Reibungskoeffizient erhöht werden. Bei vergüteten glatten Rundstählen nimmt μ mit dem Gleitweg ab. Bei Litzenspanngliedern und bei der Monolitze haben Gleitweg und Anpressdruck nur einen sehr geringen Einfluss auf den Reibungskoeffizienten.

Zusätzlich zur Reibung zwischen Litze und Hüllrohr $\Delta P = \mu \cdot U$ können bei Draht- oder Stabbündeln an den Umlenkstellen Klemmkräfte entstehen, welche die Reibungsverluste zusätzlich vergrößern (Bild 4.28). Für idealisierte Verhältnisse kann der Klemmbeiwert $\omega = \Sigma p_{ai}/\Sigma p_{ui}$ auch analytisch bestimmt werden (Bild 4.29).

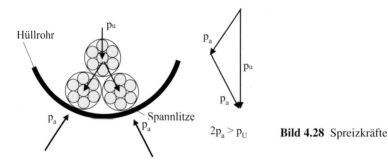

Bild 4.28 Spreizkräfte

Für einen Litzendurchmesser von 15,24 mm ergeben sich folgende Werte:

3 Litzen, $d_h = 38$ mm: $\omega = 1{,}60$ (Bild 4.29 links) bzw. $\omega = 1{,}35$ (Bild 4.29 rechts)
10 Litzen, $d_h = 65$ mm: $\omega = 1{,}22 \div 1{,}26$

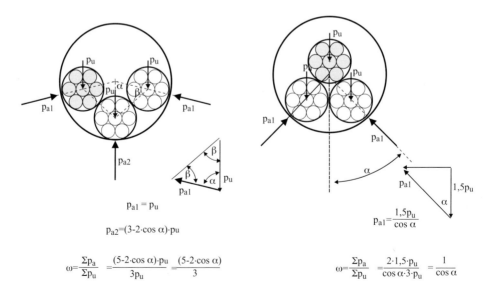

Bild 4.29 Klemmbeiwert ω [93]

4.4 Spannkraftverluste infolge Reibung

Die Anordnung der Spannlitzen im Hüllrohr hängt von den Abmessungen des Hüllrohres, dem Füllungsgrad sowie der Herstellung (Fertigspannglied oder nicht) ab.

Der Reibungskoeffizient des Bündelspanngliedes ergibt sich zu: $\mu = \omega \cdot \mu_e$. Da die genaue Anordnung der Litzen im Hüllrohr nicht eindeutig festliegt, sind die Klemmkräfte bei den in den Zulassungen angegeben Reibungsbeiwerten bereits berücksichtigt.

Die verschiedenen Einflussparameter auf den Reibungskoeffizienten, wie beispielsweise Gleitweg und Anpressdruck, lassen sich prinzipiell bei der Berechnung des Spannkraftverlaufes berücksichtigen [72, 107]. Das Problem derartiger ‚genauerer' Untersuchungen liegt jedoch in der ungenügenden Kenntnis der physikalischen Zusammenhänge und den realen Verhältnissen auf der Baustelle.

Wie aus den obigen Ausführungen hervorgeht, ist der Reibungskoeffizient eines Spanngliedes keine Materialkonstante. Daher ist es sinnvoll, μ durch Versuche am Spannsystem Hüllrohr – Spannglied zu bestimmen [98, 93, 101]. Es sind 2 unterschiedliche Versuchsanordnungen gebräuchlich. Bei dem Laborversuch (Bild 4.30 links) wird ein kurzes Spannstahlstück zunächst vertikal belastet und dann horizontal gezogen. Der Reibungskoeffizient ergibt sich aus dem Quotienten der Horizontal- zu Normalkraft $\mu = F/2F_N$. Dieser Versuch eignet sich vor allem für Parameterstudien. Spreizkräfte bei Bündel- und Litzenspanngliedern werden hiermit nicht erfasst, können jedoch entweder durch eine höhere Anpresskraft oder mit Hilfe des Klemmbeiwertes ω rechnerisch näherungsweise berücksichtigt werden. Genauere Aussagen zum Reibungsbeiwert sind mit einem planmäßig umgelenkten Spannglied möglich. Da die Umlenklast u und somit die Normalspannung zwischen Spannglied und Hüllrohr nicht direkt gemessen werden kann, ergibt sich μ aus der Differenz der Spannkräfte an den beiden Enden.

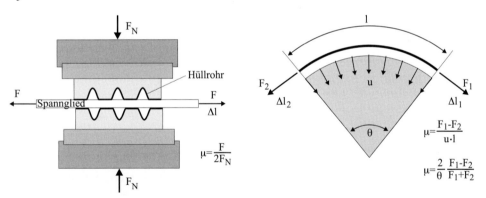

Bild 4.30 Versuche zur Bestimmung des Reibungskoeffizienten

Ergebnisse von Laborversuchen zum Reibungsverhalten eines Drahtes und einer Litze sind in den folgenden Bildern 4.31 und 4.32 dargestellt. Zu Beginn des Spannens muss zunächst die Haftreibung überwunden werden. Hieraus resultiert eine ausgeprägte Reibungsspitze. Bei einer weiteren Zunahme des Ziehweges bleibt der Reibungskoeffizient nahezu konstant.

Bei Litzen ergibt sich ein unstetiger Verlauf, welcher aus dem erhöhten Widerstand durch die Verdrillung der Drähte resultiert. Daher treten unterschiedliche Werte auf, je nachdem ob die Verdrehung der Litze möglich oder behindert ist.

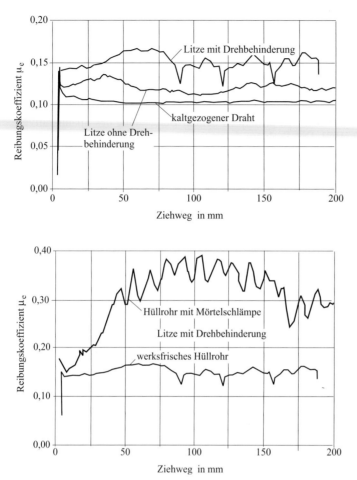

Bild 4.31 Reibungskoeffizienten in Abhängigkeit vom Ziehweg für Draht und Litze [30]

Aus den Versuchsergebnissen, welche in Bild 4.32 aufgetragen sind, erkennt man, dass der Reibungskoeffizient von der Umlenklast bzw. vom Anpressdruck p_a abhängt. Dies wird auf einen Abtrag von Schmiermittelresten auf den Drähten und auf eine Kaltverfestigung des Hüllrohrmaterials zurückgeführt.

Die Reibungsverluste reduzieren die Spannkraft. Man ist daher bestrebt, diese möglichst klein zu halten. Zum Ausgleich der Reibungsverluste kann die Spannkraft beim Spannen kurzzeitig gegenüber dem Endzustand erhöht werden, wobei jedoch anschließend wieder nachgelassen werden muss.

Reibungsmindernde Maßnahmen sind:
- Längsschwingungen des Spanngliedes
- Ausspülen der Hüllrohre (um vorhandenen Schmutz zu entfernen)
- Erwärmung des Spanngliedes
- Zusätzliche Hilfsspannglieder

4.5 Zusatzbeanspruchungen im Krümmungsbereich – R_{min}

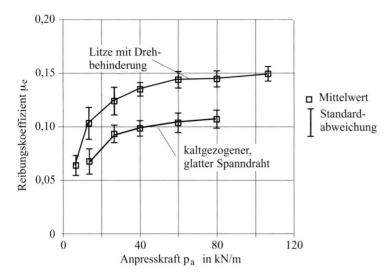

Bild 4.32 Reibungskoeffizienten in Abhängigkeit vom Anpressdruck für Draht und Litze [30]

4.5 Zusatzbeanspruchungen im Krümmungsbereich – R_{min}

Durch die Krümmung der Spannglieder an den Umlenkstellen entstehen Biegespannungen in den Stäben bzw. Litzen. Die maximale Spannstahlspannung beträgt: $\sigma_p = \sigma_{p0} + \Delta\sigma_p$ mit:

$$\Delta\sigma_p = \pm \varepsilon_p \cdot E_p = \pm \frac{\pi \cdot d_n/2}{\pi \cdot R} \cdot E_p = \pm \frac{d_n \cdot E_p}{2 \cdot R} \tag{4.36}$$

mit:
R   Krümmungshalbmesser
d_n Nenndurchmesser der Litze (siehe Bild 4.35)

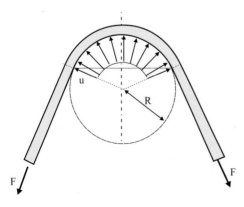

Bild 4.33 Umgelenktes Spannglied

Damit die zulässigen Beanspruchungen nicht überschritten werden, ist bei Spannstäben oder Spanngliedern aus vergüteten Spanndrähten die maximale Randspannung auf $f_{p01,k}$ zu begrenzen.

$$\sigma_{p,Rand} = \sigma_{p0} + \frac{d_p \cdot E_p}{2 \cdot R} \leq f_{p0,1k} \tag{4.37}$$

Bei Litzen und Bündelspanngliedern treten im Umlenkbereich komplexe Spannungszustände auf. Der Draht wird durch die Vorspannkraft in Längsrichtung gedehnt und weiterhin durch die schräg anliegenden Drähte bzw. die Noppen des Hüllrohres in Querrichtung gepresst (Quetschung). Es liegt somit ein mehraxialer Spannungszustand (Zug–Querdruck) im Draht vor. Die senkrechte Beanspruchung wird bei Bündelspanngliedern noch durch die Klemmkräfte zwischen den Litzen erheblich erhöht (Bild 4.34). Näherungswerte können dem folgenden Diagramm aus [106] entnommen werden.

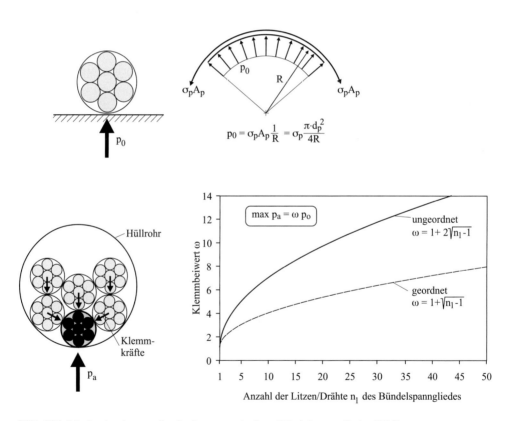

Bild 4.34 Maximaler Anpressdruck eines umgelenkten Bündelspanngliedes [106]

Zur Beschränkung dieser Zusatzbeanspruchung wird der Krümmungsradius R in Abhängigkeit vom Nenndurchmesser des Spanngliedes begrenzt. Nach EC2, 4.2.3.3.6 sind abhängig vom Füllungsgrad des Hüllrohres bzw. der Anzahl der am Hüllrohr anliegenden Litzen n_2 folgende Krümmungsradien einzuhalten.

4.5 Zusatzbeanspruchungen im Krümmungsbereich – R_{min}

Tabelle 4.2 Minimaler Biegeradius in Abhängigkeit vom Nenndurchmesser d_n des Spanngliedes (EC2, Tab. 4.4)

Art des Spanngliedes	Minimaler Biegeradius R_{min} / Nenndurchmesser d_n
Einzeldraht oder Litze, nach dem Spannen umgelenkt	15
Einzeldraht oder Litze in glattem Hüllrohr	20
Einzeldraht oder Litze in geripptem Hüllrohr	40
Bündelspannglied aus mehreren Drähten oder Litzen	vorstehende Werte multipliziert mit n_1/n_2

Dabei ist:

n_1 Gesamtanzahl der Drähte oder Litzen im Spannglied

n_2 Anzahl der Drähte oder Litzen, die die Radialkraft aller Drähte oder Litzen des Spannglieds auf die Umlenkvorrichtung übertragen

Hierbei ist zu beachten, dass die Definition des Nenndurchmessers (d_n) nicht dem äquivalenten Durchmesser d_p nach DIN 1045-1 entspricht (Bild 4.35).

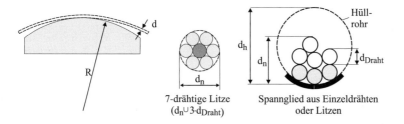

Bild 4.35 Beispiel für die Werte n_1 und n_2 (hier $n_1/n_2 = 7/3$) (EC2/1, Bild 4.7)

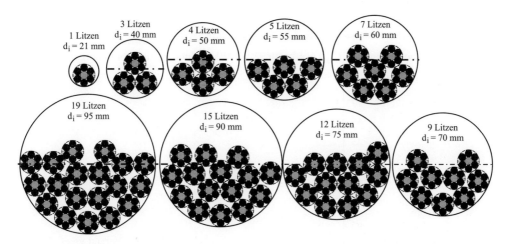

Bild 4.36 Füllungsgrad von gängigen Hüllrohren mit Litzen

Die Nennhöhe d_n hängt bei Bündelspanngliedern von der Anordnung der Litzen im Hüllrohr sowie von dessen Durchmesser d_h ab. Bei den in Deutschland zugelassenen Spannverfahren beträgt der Füllungsgrad meistens 50 % (Bild 4.36), d. h. $d_n \approx 0{,}5\ d_h$.

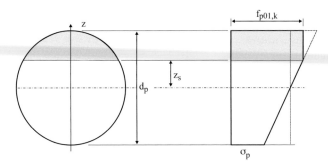

Bild 4.37 Teilplastizierter Draht

Die obigen geringen Krümmungsradien führen zu einer Plastizierung des Spannstahls in Teilbereichen des Querschnitts. Mit dem in der Norm definierten bilinearen σ-ε-Diagramm für Spannstähle und einer Streckgrenze bei $f_{p01,k}$ ergibt sich die Höhe der Plastizierung in der Litze nach Rostasy [106] wie folgt (Bild 4.37):

$$P_0 = \sigma_{p0} \cdot A_p = f_{p0,1k} \cdot A_p - \frac{E_p \cdot d_p^3}{8 \cdot R} \cdot f(\zeta) \tag{4.38}$$

mit:

$$f(\zeta) = \zeta_s^2 \cdot \sqrt{1-\zeta_s^2} + \zeta_s \cdot \arcsin \zeta_s + \frac{\pi \cdot \zeta_s}{2} + \frac{2}{3} \cdot \sqrt{(1-\zeta_s^2)^3}$$

$$\approx \left(\frac{\pi}{2} - \frac{2}{3}\right) \cdot \zeta_s^2 + \frac{\pi}{2} \cdot \zeta_s + \frac{2}{3} \tag{4.39}$$

$$\zeta_s = \frac{2 \cdot z_s}{d_p}$$

d_p Durchmesser des Drahtes bzw. halber Nenndurchmesser bei Litzen

Die Näherungsbeziehung für $f(\zeta_s)$ ergibt für $\zeta_s > -0{,}1 d_p$ einen Fehler von weniger als 1 %.

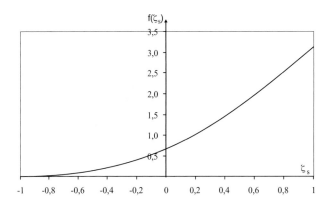

Bild 4.38 Verlauf von $f(\zeta_s)$

4.5 Zusatzbeanspruchungen im Krümmungsbereich – R_{min}

Mit den Krümmungsradien nach Tabelle 4.1 wird bei Ausnutzung der maximalen Spannstahlspannungen $\sigma_{pd} = f_{p0,1k}/\gamma_s$ etwas mehr als die Hälfte des Querschnitts plastizieren.

Die obigen Umlenkradien werden im Rahmen der Zulassung eines Spannstahles mittels Versuchen festgelegt (prEN ISO 15630-3:1999). Hierbei wird das Spannglied um 20° über einen Dorn mit 12,5 mm Durchmesser angespannt. Die Zugfestigkeit darf infolge der Umlenkung um maximal 5 % abfallen.

In Deutschland sind andere Mindestradien vorgeschrieben [99]. Die Werte nach Tabelle 4.1 dürfen nur bei Spanngliedern aus gezogenen Drähten oder Litzen verwendet werden, welche im Bereich der Krümmung beim Spannen keine Bewegung erfahren. Anderenfalls gelten bei Spanngliedern mit nachträglichem Verbund aus gezogenen Drähten oder Litzen die in Bild 4.39 aufgetragenen Werte. Hierdurch soll u.a. ein Blockieren der unten liegenden Litzen infolge des hohen Anpressdruckes beim Vorspannen vermieden werden. Weiterhin wird die Festigkeitsminderung durch Reibungskorrosion berücksichtigt.

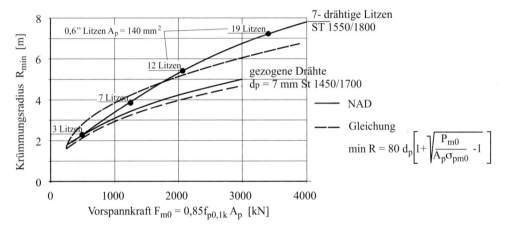

Bild 4.39 Zulässiger Krümmungsradius R_{min} für Litzen und Drahtbündel in Abhängigkeit von der Vorspannkraft [99]

Die zulässigen Krümmungsradien von Bündelspanngliedern lassen sich wie folgt näherungsweise bestimmen [106]. Die maximale Pressung eines Bündelspanngliedes im Umlenkbereich beträgt mit dem Klemmbeiwert ω:

$$\max p_a = \frac{P_0}{R} \cdot \omega = \frac{\sigma_{p0} \cdot \pi \cdot d_p^2}{4 \cdot R} \cdot \omega \qquad (4.40)$$

Diese Gleichung führt zu keiner Lösung, da die zulässige Pressung zul P_a von zahlreichen Parametern abhängt. Daher greift man auf folgende, durch Versuche ermittelte Beziehung für den zulässigen minimalen Krümmungsradius zur Vermeidung von Ermüdungsbrüchen, zurück:

$$\frac{\min R}{d_p} = K \cdot \omega = 80 \cdot \omega \qquad (4.41)$$

Die obige Beziehung stellt eine sehr vereinfachte Bedingung für Spannglieder in Stahlhüllrohren dar. Bei Kunststoffhüllrohren ist die Reibkorrosion erheblich geringer. Mit dem Klemmbeiwert $\omega = 1 + \sqrt{n_1 - 1} = 1 + \sqrt{\dfrac{P_{m0}}{A_p \cdot \sigma_{pm0}} - 1}$ ergibt sich:

$$\min R = 80 \cdot d_p \cdot \omega = 80 \cdot d_p \cdot \left[1 + \sqrt{\dfrac{P_{m0}}{A_p \cdot \sigma_{pm0}} - 1}\right] \tag{4.42}$$

Gleichung 4.42 ist für ein Litzen- und ein Drahtspannglied in Abhängigkeit der Vorspannkraft P_{m0} in Bild 4.39 aufgetragen. Es ergibt sich eine gute Übereinstimmung mit den Regelungen des Normenanwendungsdokumentes [99].

4.6 Zulässige Spannkraft

In den vorhergehenden Abschnitten wurde die Berechnung der örtlich in einem Bauteil vorhandenen Vorspannkraft erörtert. Die maximale Kraft wird durch die zulässigen Stahlspannungen begrenzt. Aus Kostengründen ist man bestrebt den teueren Baustoff Spannstahl möglichst hoch auszunutzen.

Die zulässigen Spannstahlspannungen betragen nach DIN 1045-1, 8.7.2:

Maximale Höchstkraft im Spannglied unmittelbar nach dem Spannvorgang:

$$P_0 = A_p \cdot \sigma_{po,max} \quad \text{mit:} \quad \sigma_{p0,max} = \begin{cases} 0{,}80\, f_{pk} \\ 0{,}90\, f_{p0,1k} \end{cases} \quad \text{(kleinerer Wert maßgebend)} \tag{4.43}$$

bzw. nach dem Verankern der Spannglieder (einschl. Schlupf und Nachlassen):

$$P_{m0} = A_p \cdot \sigma_{pm0} \quad \text{mit:} \quad \sigma_{pm0,max} = \begin{cases} 0{,}75\, f_{pk} \\ 0{,}85\, f_{p0,1k} \end{cases} \quad \text{(kleinerer Wert maßgebend)} \tag{4.44}$$

mit:

$\sigma_{p0,max}$ Maximale Spannung im Spannglied während des Spannens
σ_{pm0} Maximale Spannung im Spannglied unmittelbar nach dem Spannen oder der Krafteinleitung in den Beton

Die Werte liegen erheblich über den in DIN 4227 Teil 1 festgelegten Werten:

$$\sigma_{0,max} = \begin{cases} 0{,}65\, \beta_z \\ 0{,}80\, \beta_s \end{cases} \quad \sigma_{pm0,max} = \begin{cases} 0{,}55\, \beta_z \\ 0{,}75\, \beta_s \end{cases} \tag{4.45}$$

Beispiel: Litzenspannglied Y1770S7~ ST1570/1770 ($f_{p0,1k} \approx 0{,}86\, f_{pk} = 1522$ MPa)

$$\sigma_{p0,max} = \begin{cases} 0{,}80\, f_{pk} = 0{,}80 \cdot 1770 = 1416 \text{ MPa} \\ 0{,}90\, f_{p0,1k} = 0{,}90 \cdot 1522 = 1370 \text{ MPa} \quad \textit{maßgebend} \end{cases} \quad \text{DIN 4227/1:1150 MPa}$$

4.6 Zulässige Spannkraft

$$\sigma_{pm0} = \begin{cases} 0{,}75\,f_{pk} = 0{,}75 \cdot 1770 = 1328 \text{ MPa} \\ 0{,}85\,f_{p0,1k} = 0{,}85 \cdot 1522 = 1294 \text{ MPa} \quad \textit{maßgebend} \end{cases} \quad \text{DIN 4227/1: 973 MPa}$$

Für die genormten Spannstähle gilt: $f_{p0,1k} \approx 0{,}81 \div 0{,}88\,f_{pk}$. Es ist somit immer der untere Grenzwert $0{,}90\,f_{p0,1k}$ bzw. $0{,}85\,f_{p0,1k}$ maßgebend. Im Gegensatz zu früheren Richtlinien bestehen bei den zulässigen Spannstahlspannungen keine Unterschiede mehr zwischen Vorspannung mit und ohne Verbund.

Bei Fertigteilen sieht der europäische Entwurf zu Abschnitt 12 des EC2 eine weitere Erhöhung der zulässigen Spannungen vor, falls das Spannkabel ausgetauscht werden kann.

$$\sigma_{p0,\max} = \begin{cases} 0{,}85\,f_{pk} \\ 0{,}95\,f_{p0,1k} \end{cases} \qquad \sigma_{pm0} = \begin{cases} 0{,}80\,f_{pk} \\ 0{,}90\,f_{p0,1k} \end{cases} \tag{4.46}$$

Betrachtet man nur die Materialkosten, so sind die hohen zulässigen Spannstahlspannungen zu begrüßen. Andererseits sind hiermit zahlreiche Probleme verbunden. Hohe Spannstahlspannungen können zu Ermüdungsproblemen führen. Weiterhin nimmt die Korrosionsempfindlichkeit zu. Daher sollte die Spannung in den Spanngliedern nach Abzug aller Verluste unter der seltenen Lastkombination den Wert von $0{,}65\,f_{pk}$ nicht überschreiten. Für Spannstahl ST 1570/1770 beträgt die maximale Spannstahlspannung somit

$$\sigma_{p\infty} = 0{,}65 \cdot f_{pk} = 0{,}75 \cdot 1770 = 1150 \text{ MPa} \tag{4.47}$$

Falls eine unerwartet hohe Reibung auftritt, darf der Höchstwert der Vorspannkraft P_0 gemäß DIN 1045-1, 8.7.2(2) auf $P_{\ddot{u}} = 0{,}95 \cdot f_{p0,1k} \cdot A_p$ erhöht werden. Hierbei sollte die Spannpresse eine Genauigkeit der aufgebrachten Spannkraft von ± 5 % bezogen auf den Endwert der Vorspannkraft aufweisen, um Überbeanspruchungen zu vermeiden. Weiterhin sollte die Spannkraft und der Spannweg genauer, kontinuierlich aufgezeichnet werden. Es ergibt sich somit für das obige Beispiel eine maximale Spannkraft beim Anspannen von $\sigma_{p0,\max} = 0{,}95\,f_{p0,1k} = 0{,}95 \cdot 0{,}86 \cdot f_{pk} = 0{,}82 \cdot f_{pk} = 1446 \text{ MPa}$.

Die maximale Spannstahlspannung ist kleiner als $f_{p0,1k} = 1522$ MPa. Es treten somit auch beim Überspannen nur geringe plastische Verformungen auf. Berücksichtigt man jedoch die Toleranzen der Presse von ± 5 %, so kann eine maximale Spannstahlspannung von $\sigma_{p0,\max} = 1{,}05 \cdot 1446 = 1518 \text{ MPa} \approx f_{p01,k}$ auftreten. In diesem Fall ist mit dauerhaften plastischen Verformungen des Spanngliedes zu rechnen. Weiterhin gestaltet sich die Kontrolle des Spannweges schwierig, da kein linearer Zusammenhang zwischen der Dehnung und der Spannung im Spannglied mehr besteht. Es sei noch angemerkt, dass beim Überspannen die Spannkraft an der Presse $P_{\ddot{u}}$ und nicht im Spannglied begrenzt wird. Die unvermeidlichen Verluste in der Presse von ca. 1 % führen zu einer weiteren, geringen Reduzierung der Spannstahlspannung.

Die zulässigen Spannstahlspannungen sind in Bild 4.40 maßstäblich für St 1570/1770 aufgetragen. Die Maximalwerte beim Anspannen liegen sehr nahe an der Streckgrenze.

Die Eintragung der rechnerischen Spannkraft in ein Tragwerk ist für dessen Gebrauchs- und Tragfähigkeit von entscheidender Bedeutung. Insofern ist es wichtig, dass eine ausreichende Überspannreserve vorhanden ist, um beispielsweise unerwartet hohe Reibungsverluste ausgleichen zu können. Dies führt zu einer Reduzierung der maximalen Spannstahlspannung und damit zu erhöhtem Spannstahlbedarf. Diese wirtschaftlichen Zwänge verursachen immer wieder Probleme bei der Bauausführung.

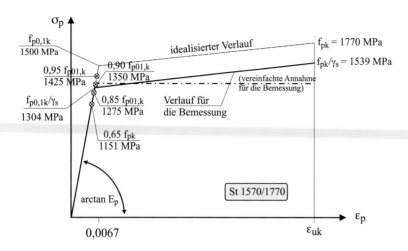

Bild 4.40 Zulässige Spannstahlspannungen

Daher ist vorgesehen, ein Überspannen auf $\sigma_{p0} = 0{,}95\,f_{p0,1k}$ nur bei Spannbettvorspannung zuzulassen. Hier treten keine Reibungsprobleme auf. Bei umgelenkten Spanngliedern im Bauwerk darf die maximale Spannstahlspannung von $0{,}90\,f_{p01,k}$ generell nicht überschritten werden. Ein Überspannen ist somit nicht mehr möglich. Weiterhin sollte nachgewiesen werden, dass auch bei 1,5 bis 2,0-fachem Reibungskoeffizienten die planmäßige Spannkraft am Festanker eingetragen werden kann. Hiermit ist meistens eine Reduzierung von σ_{p0} auf Werte kleiner $0{,}90\,f_{p0,1k}$ verbunden.

Auf die Probleme des Überspannens wird nachfolgend näher eingegangen. Die Spannstahlspannung beim Anspannen σ_{p0} sollte rechnerisch so festgelegt werden, dass mit Berücksichtigung einer möglichen Reibungserhöhung die Sollspannkraft am Spannende bzw. an der relevanten Stelle durch Überspannen zu erreichen ist. Es gilt:

$$\text{planmäßig:} \quad P_{end}^{soll} = P_0^{soll} \cdot e^{-\mu(\theta+kl)} \quad \text{bzw.}$$
$$\text{bei erhöhter Reibung:} \quad P_{end}^{soll} = P_{ü} \cdot e^{-\mu(\theta+kl)\cdot K} \tag{4.48}$$

Hierbei ist K ein Erhöhungsfaktor zur Berücksichtigung von Toleranzen bei μ und θ_{ges}. Setzt man beide Beziehungen gleich, so folgt:

$$P_0^{soll} \cdot e^{-\mu(\theta+kl)} = P_{ü} \cdot e^{-\mu(\theta+kl)\cdot K} \quad \text{bzw.} \quad \frac{P_{ü}}{P_0^{soll}} = \frac{e^{-\mu(\theta+kl)}}{e^{-\mu(\theta+kl)\cdot K}} = e^{-\mu(\theta+kl)\cdot(1-K)} \tag{4.49}$$

Gleichung 4.49 ist in Bild 4.41 für verschiedene Erhöhungsfaktoren K in Abhängigkeit von $\mu(\theta + kl)$ aufgetragen. Man erkennt, dass die erforderliche Überspannungsreserve überproportional mit K zunimmt.

Wird das Spannglied beim Anspannen maximal ausgenutzt, d.h. $\sigma_{p0} = 0{,}90\,f_{p0,1k}$ bzw. $P_{ü}/P_0 = 0{,}95/0{,}90 = 1{,}055$, so sind bei einem Reibungskoeffizienten von $\mu = 0{,}20$ nur sehr geringe Toleranzen ausgleichbar (Bild 4.41). Ist mit einer 20%-igen Erhöhung des Reibungskoeffizienten zu rechnen ($K = 1{,}2$), so sollte der Gesamtumlenkwinkel ($\theta + kl$) weniger als $15{,}5/0{,}2 = 77{,}5$ Grad betragen (Tabelle 4.3).

4.6 Zulässige Spannkraft

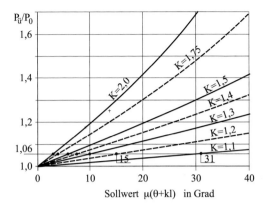
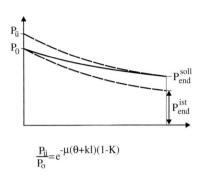

Bild 4.41 Erforderliche Überspannreserve zum Ausgleich von Toleranzen

Tabelle 4.3 Maximaler Exponent bei $P_{\ddot{u}}/P_0 = 0{,}95/0{,}90 = 1{,}055$ in Abhängigkeit von K

K	1,05	1,1	1,2	1,3	1,4	1,5	1,6	1,7	1,8	1,9	2
max $\mu(\theta+\kappa l)$ in Grad	62,0	31,0	15,5	10,3	7,7	6,2	5,2	4,4	3,9	3,4	3,1

Wie zuvor erläutert, ist die maximale Spannstahlspannung in Deutschland auch beim Überspannen auf $\sigma_{p0,\ddot{U}} = 0{,}90\, f_{p0,1k}$ begrenzt. Die folgenden Diagramme dienen zur schnellen Bestimmung der zulässigen planmäßigen Spannstahlspannung σ_{p0}.

Es gilt mit $\sigma_{p,\ddot{U}} = 0{,}90 \cdot f_{p0,1k}$ und $\sigma_{p0} = \alpha \cdot f_{p0,1k}$:

$$K \leq 1 + \frac{\ln\dfrac{0{,}90}{\alpha}}{\mu^{\text{soll}} \cdot (\theta^{\text{ges}} + kl)} \quad \text{bzw.} \quad \alpha \leq 0{,}90 \cdot e^{-(K-1)\cdot \mu^{\text{soll}} \cdot (\theta^{\text{ges}} + kl)} \tag{4.50}$$

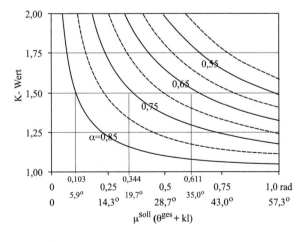

Bild 4.42 Zulässige Toleranzen beim Reibungsbeiwert ($\mu^{\text{ist}} = K\mu^{\text{soll}}$) in Abhängigkeit von der planmäßigen Spannstahlspannung $\sigma_{p0} = \alpha f_{p0,1k}$ beim Anspannen. Überspannen maximal auf $\sigma_{p0,\ddot{U}sp} = 0{,}90\, f_{p0,1k}$

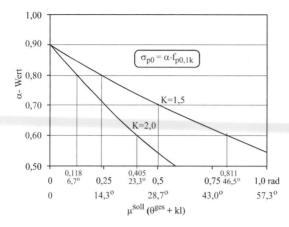

Bild 4.43 Zulässige Spannstahlspannung $\sigma_{p0} = \alpha f_{p0,1k}$ beim Anspannen, damit 50 % bzw. 100 % größere Reibungsbeiwerte ($K = 1{,}5$ bzw. 2,0) durch Überspannen auf $\sigma_{p0,\text{Üsp}} = 0{,}90 f_{p0,1k}$ ausgeglichen werden können

Die Frage der zulässigen Spannung beim Anspannen unter Berücksichtigung von Toleranzen beim Reibungskoeffizienten wird nachfolgend an einem Beispiel erläutert. Betrachtet wird ein Spannglied im Innenbereich einer Brücke, welches über zwei Felder läuft (Bild 4.44) und einseitig angespannt wird. Die Steigung des Spanngliedes beträgt in den Wendepunkten 9,12°. Es ergibt sich bei einem Soll-Reibungsbeiwert von $\mu_{\text{soll}} = 0{,}2$ eine Spannstahlspannung am Festanker von $\sigma_{p,\text{end}} = 954$ N/mm² ($\sigma_{p0} = 1350$ N/mm²). Bei einer Verdopplung von μ auf 0,4 ($K = 2$) beträgt die Spannstahlspannung $\sigma_{p,\text{end}} = 675$ N/mm². Da ein Überspannen nicht mehr zulässig ist, muss man die mögliche Erhöhung von den Sollwerten durch eine planmäßige Reduzierung von σ_{p0} berücksichtigen. Ziel ist es, die Soll-Spannkraft am Spannende $\sigma_{p,\text{end}}$ auch mit $\mu_{\text{ist}} = 0{,}4$ zu erreichen. Dies ist nur möglich, wenn die planmäßige Spannung σ_{p0} kleiner als 954 N/mm² ist, was $0{,}64 f_{p0,1k}$ entspricht. Dieser Wert ergibt sich auch aus den Bildern 4.42 bzw. 4.43.

Der Vorteil dieses Verfahrens gegenüber einer pauschalen Reduzierung der Spannstahlspannung beim Anspannen zur Erzielung einer ausreichenden Überspannreserve (DIN 4227, Teil 1) besteht darin, dass die wesentliche schwankende Größe, der Reibungsbeiwert μ, und auch der Spanngliedverlauf berücksichtigt werden. Dies wird aus dem Spannungsverlauf für ein einfeldriges Spannglied bei sonst gleichem Verlauf deutlich (Bild 4.44 unten). Hier ist bei einer Verdopplung des Reibungskoeffizienten eine Reduzierung von σ_{p0} auf $0{,}69 f_{p01,k}$ anstatt $0{,}64 f_{p01,k}$ ausreichend.

Es sei hier darauf hingewiesen, dass in dem vorhergehenden Beispiel angenommen wurde, dass die Koppelfuge die maßgebende Stelle ist, d.h. hier immer die planmäßige Vorspannkraft vorhanden sein muss. Dies stellt den ungünstigsten Fall dar, da sich am Festanker eine Erhöhung des Reibungskoeffizienten am meisten negativ auswirkt. Im Allgemeinen werden an der Koppelfuge keine sehr großen Spannkräfte benötigt, da sie im Bereich des Momentennullpunktes liegt. Es ist nachzuweisen, dass an jeder Stelle des Trägers die planmäßige Vorspannkraft auch bei erhöhtem Reibungsbeiwert durch Überspannen eingetragen werden kann.

Wie man aus dem obigen Beispiel erkennt, führt eine Verdopplung des Reibungskoeffizienten zu einer erheblichen Vergrößerung der erforderlichen Spannstahlmenge ($\approx +30$ %), da der Spannstahl nicht mehr voll ausgenutzt werden kann. Daher kann es angeraten sein, den Spannstahl bis zum Verpressen vor Korrosion zu schützen. Alternativ können auch zusätzliche Spannglieder vorgesehen werden.

In Abschnitt 6.2.2 „Unempfindliche Spanngliedführung" wird diese Problematik nochmals aufgegriffen.

4.7 Einfluss der Spannfolge auf den Spannkraftverlauf

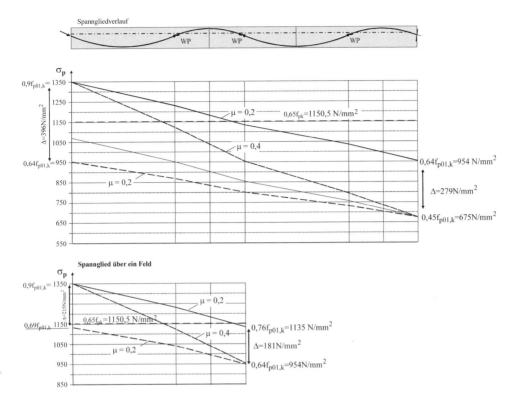

Bild 4.44 Verlauf der Spannstahlspannung

4.7 Einfluss der Spannfolge auf den Spannkraftverlauf

Durch die Reibungsverluste nimmt die Spannkraft vom Spannanker aus ab. Dieser Abfall muss bei der Berechnung berücksichtigt werden. Durch geeignete Wahl der Spannfolge bzw. der -kräfte können die Spannkraftverluste teilweise ausgeglichen werden. Im Allgemeinen möchte man das Spannglied an vielen Stellen möglichst hoch ausnutzen.

Nachfolgend wird der Einfluss der Spannfolge auf den Spannkraftverlauf untersucht. Der genaue Spannkraftverlauf wird zur Berechnung der Schnittgrößen aus Vorspannung benötigt. Weiterhin müssen die zulässigen Spannungen beim Anspannen σ_{po}, nach dem Verankern σ_{pmo} sowie im Gebrauchszustand $\sigma_{p\infty}$ mit $\sigma_{po} \geq \sigma_{pm0} \geq \sigma_{p\infty}$ kontrolliert werden. Es sei diesbezüglich darauf hingewiesen, dass durch das Nachlassen die maximale Spannkraft nicht unbedingt am Spannanker auftreten muss. Eine Begrenzung der Spannstahlspannung σ_{po} beim Anspannen auf die zulässigen Werte nach dem Verankern ist daher nicht ausreichend.

In Bild 4.45 sind die Spannkraftverläufe für verschiedene Spannweisen skizziert. Das Spannglied kann nur von einer Seite (a) oder beidseitig (b) angespannt werden. Weiterhin ist ein Nachlassen (c) möglich. Zur Erhöhung der Spannkräfte am Spannanker kann anschließend wieder angespannt werden (d).

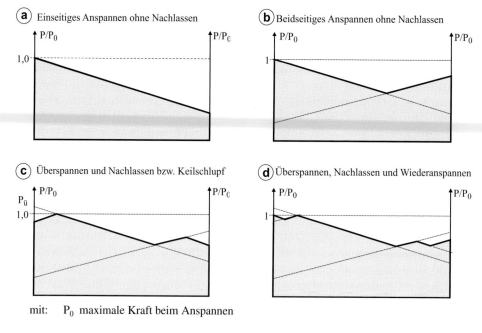

Bild 4.45 Spannkraftverlauf für verschiedene Spannfolgen

Im Weiteren wird der Spannkraftverlauf für die verschiedenen Spannarten bestimmt.

4.7.1 Einseitiges Spannen – ohne Nachlassen

Beim einseitigen Spannen gilt:

$$P(x) = P_o - \Delta P_\mu(x) = P_o\, e^{-\mu(\theta + k \cdot x)} \tag{4.51}$$

4.7.2 Zweiseitiges Spannen eines Spanngliedes – ohne Nachlassen

Es gilt (siehe Bild 4.46):

$$P_1(x) = P_{10} - \Delta P_\mu(x) = P_{10}\, e^{-\mu(\theta_1 + k \cdot x)} \tag{4.52}$$

$$P_2(x) = P_{20} - \Delta P_\mu(x) = P_{20}\, e^{-\mu(\theta_2 + k \cdot (l-x))} \tag{4.53}$$

Für die Bemessung des Tragwerkes ist die Kenntnis der minimalen Spannkraft erforderlich. An der Stelle $x = x_r$ gilt:

$$P_r = P_1(x_r) = P_2(x_r) \tag{4.54}$$

$$P_{10}\, e^{-\mu(\theta_1 + k \cdot x_r)} = P_{20}\, e^{-\mu(\theta_2 + k \cdot (l - x_r))} \tag{4.55}$$

4.7 Einfluss der Spannfolge auf den Spannkraftverlauf

$$\frac{P_{10}}{P_{20}} = e^{-\mu[\theta_2 + k \cdot (l - x_r) - (\theta_1 + k \cdot x_r)]} \quad (4.56)$$

$$\ln\left\{\frac{P_{10}}{P_{20}}\right\} = -\mu[\theta_2 + k \cdot (l - x_r) - (\theta_1 + k \cdot x_r)] \quad (4.57)$$

mit: $\theta_2 = \theta_{ges} - \theta_1$ folgt:

$$\ln\left\{\frac{P_{10}}{P_{20}}\right\} = -\mu[\theta_{ges} - \theta_1 + k \cdot (l - x_r) - (\theta_1 + k \cdot x_r)] \quad (4.58)$$

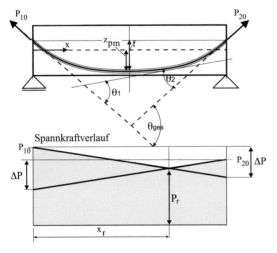

Bild 4.46 Spannkraftverlauf

$$\ln\left\{\frac{P_{10}}{P_{20}}\right\} = -\mu[\theta_{ges} - 2\theta_1 + kl - 2kx_r] \quad (4.59)$$

$$\frac{1}{2}\left[(\theta_{ges} + kl) + \frac{1}{\mu}\ln\left\{\frac{P_{10}}{P_{20}}\right\}\right] = (\theta_1 + kx_r) \quad (4.60)$$

Bei bekanntem Spanngliedverlauf [$\theta(x)$] bzw. Spannkraftverlauf $P(x)$ kann somit aus Gleichung 4.60 die Stelle x_r und die Spannkraft P_r bestimmt werden.

Für einen Einfeldträger mit parabelförmigen Spanngliedverlauf gilt:

$$z_p(x) = -\frac{4f}{l^2} \cdot x^2 + \frac{4f}{l} \cdot x + z_{p1} \cdot \frac{l-x}{l} + z_{p2} \cdot \frac{x}{l} \quad (4.61)$$

bzw.

$$z_p'(x) = -\frac{8f}{l^2} \cdot x + \frac{4f}{l} + \frac{1}{l} \cdot (z_{p2} - z_{p1}) \quad (4.62)$$

$$|\theta(x)| = |\theta(0) - \theta(x)| = \left|\frac{4f}{l} + \frac{8f}{l^2} \cdot x - \frac{4f}{l}\right| = \frac{8f}{l^2} \cdot x \quad (4.63)$$

4.7.3 Spannkraftverlauf beim Nachlassen

Vereinfachend wird angenommen, dass der Reibungsbeiwert beim Anspannen und Nachlassen gleich ist ($\mu \approx \bar{\mu}_{\text{Ansp.}} = \bar{\mu}_{\text{Nachl.}}$). Der Träger wird einseitig mit der Kraft P_{10} angespannt. Anschließend wird auf P'_{10} nachgelassen (Bild 4.47). Für die Bemessung ist die maximale Spannkraft P_N bzw. die Einflusslänge l_N des Nachlassens zu bestimmen.

$$P_N = P_{10} \, e^{-\mu(\theta_N + k \cdot l_N)} \qquad (4.64)$$

$$P'_{10} = P_N \, e^{-\bar{\mu}(\theta_N + k \cdot l_N)} \quad \text{bzw.} \quad P_N = P'_{10} \, e^{+\bar{\mu}(\theta_N + k \cdot l_N)} \qquad (4.65)$$

(Gl. 4.64) · (Gl. 4.65) ergibt:

$$P_N^2 = P_{10} P'_{10} \, e^{-\mu(\theta_N + k \cdot l_N) + \bar{\mu}(\theta_N + k \cdot l_N)} = P_{10} P'_{10} \, e^0 = P_{10} P'_{10} \quad \text{bzw.} \quad P_N = \sqrt{P_{10} P'_{10}} \qquad (4.66)$$

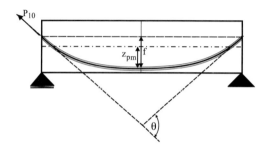

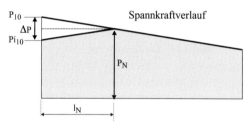

Bild 4.47 Spannkraftverlauf

Bei den üblichen geringen Nachlasskräften und einem weitgehend linearen Spannkraftverlauf gilt näherungsweise: $P_N = 0{,}5 \cdot (P_{10} + P'_{10})$

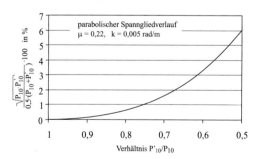

(Gl. 4.64) : (Gl. 4.65) ergibt:

$$\frac{P_N}{P_N} = \frac{P'_{10} \cdot e^{+\bar{\mu}(\theta_N + k \cdot l_N)}}{P_{10} \cdot e^{-\mu(\theta_N + k \cdot l_N)}} = \frac{P'_{10}}{P_{10}} e^{+2\mu(\theta_N + k \cdot l_N)} \qquad (4.67)$$

bzw.

$$\theta_N + k \cdot l_N = \frac{1}{2\mu} \ln\left(\frac{P_{10}}{P'_{10}}\right) \tag{4.68}$$

Bei bekanntem Spanngliedverlauf [$\theta(x)$] lässt sich somit mit der Gleichung 4.68 die Einflusslänge l_N und damit der gesamte Spannkraftverlauf ermitteln.

Durch mehrmaliges Anspannen und Nachlassen kann eine gleichförmige Ausnutzung des Spannstahles erreicht werden (siehe Bild 4.45). Bei Bündelspanngliedern aus Litzen ist das Nachlassen jedoch aufgrund der Selbstverkeilung teilweise nur sehr begrenzt möglich.

4.7.4 Keilschlupf

Bei einer Keilverankerung von Spannlitzen tritt ein so genannter Keilschlupf von ca. 3 bis 5 mm auf. Der genaue Wert ist der Zulassung zu entnehmen. Es kommt somit zu einem Nachlassen der Spannkraft am Spannanker, wie es bereits im vorhergehenden Abschnitt erläutert wurde. Eine Berechnung des Spannkraftverlaufs nach den Gleichungen 4.64 bis 4.68 ist jedoch nicht möglich, da der Nachlassweg, nicht jedoch die Spannkraft am Spannanker nach dem Keilschlupf bekannt ist. Für die Bestimmung des Spannkraftabfalls ist die Kenntnis des Spannweges erforderlich. Auf die Berechnung des Spannkraftverlaufes bei Keilschlupf wird daher erst in Abschnitt 4.9.1 eingegangen.

4.8 Berechnung der Spannkräfte bei mehreren Spanngliedlagen

Bislang wurde der Kraftverlauf beim Anspannen eines einzelnen Spanngliedes betrachtet. Im Allgemeinen weist ein Spannbetonträger jedoch mehrere Spannglieder auf, welche teilweise in unterschiedlichen Lagen liegen und unter Umständen nicht gleichzeitig, sondern nacheinander gespannt werden. Die einzelnen Spanngliedlagen beeinflussen sich dann gegenseitig.

Bei Vorspannung mit nachträglichem Verbund werden alle Spannglieder in einem Querschnitt nacheinander angespannt. Die bei jedem Spannen auftretende Stauchung Δl_{ci} des Betons reduziert bzw. vergrößert die Spannkraft der bereits verankerten Spannglieder P_j ($j < i$). Um den Spannkraftverlust auszugleichen, können die Spannglieder um ein bestimmtes Maß überspannt werden, damit sie am Ende des gesamten Spannvorganges ihre (maximale) Soll-Vorspannkraft aufweisen.

Die Ermittlung der Spannkräfte bei Bauteilen mit mehreren Spanngliedlagen wird nachfolgend erörtert. Die Verlängerung eines Spanngliedes j (Spannweg) entspricht dem Integral seiner Dehnungen.

$$\Delta l_{pj} = \int_{l_p} \varepsilon_{pj} \, ds = \int_{l_p} \frac{P_j(s)}{E_p A_{pj}(s)} \, ds \tag{4.69}$$

Die Spannkraft führt zu der (elastischen) Betonstauchung in Höhe der Spanngliedlage j:

$$\Delta l_{c,pj} = \int_{l_c} \varepsilon_{c,pj} \, dx = \int_{l_c} \frac{P_j(x)}{E_c A_c(x)} \cdot dx + \int_{l_c} \frac{M_{pj}(x)}{E_c I_c(x)} \cdot z_{pj}(x) \cdot dx \tag{4.70}$$

Dabei ist $\varepsilon_{c,pj}$ die Dehnung des Betons in Höhe der Spanngliedlage infolge P_j im jeweiligen Querschnitt.

Die Gleichungen 4.69 und 4.70 gelten nur bei einem elastischen Materialverhalten und einem linearen Dehnungsverlauf (Bernoulli Hypothese). Diese Annahmen treffen nur für schlanke Balken zu. Lokale Verformungen im Bereich der Verankerung, einschließlich der nichtlinearen Spannungsverteilung bei der Lasteinleitung, werden vernachlässigt. Derartige Effekte lassen sich näherungsweise nur mit Hilfe von Finite-Elemente-Berechnungen berücksichtigen.

4.8.1 Ohne Berücksichtigung des Momentenanteils

Der Anteil der Betonstauchung infolge der Vorspannmomente

$$\Delta l_{cpj} = \int_{l_c} \frac{M_{pj}(x)}{E_c I_c(x)} \cdot z_{pj}(x) \cdot dx \tag{4.71}$$

kann bei sehr schlanken Bauteilen oder bei nahezu mittiger Spanngliedführung vernachlässigt werden. Dies vereinfacht die Berechnung erheblich.

Zur Bestimmung der Spannkräfte am Ende des Spannvorganges müssen die einzelnen Spannkraftänderungen ΔP_i ($P_{mo,j}$) (im Folgenden mit $\Delta P_{i,j}$ abgekürzt) des Spanngliedes i infolge der Spannens des Spanngliedes j ermittelt werden. Die Längenänderung des Betontragwerks Δl_{cj} beim Anspannen des Spanngliedes j sind gleich der Längenänderung aller bereits verankerten Spannglieder i (siehe Bild 4.48).

$$\Delta l_{cj} = \Delta l_{pi} \Leftrightarrow \frac{P_{mo,j} \cdot l_c}{E_{cm} \cdot A_c} = \frac{\Delta P_{i,j} \cdot l_{pi}}{E_{pi} \cdot A_{pi}} \quad (i < j) \tag{4.72}$$

Dabei ist $P_{mo,j}$ die Spannkraft des Spanngliedes j nach dem Verankern. Die Spannkraftänderung $\Delta P_{i,j}$ des Spanngliedes i infolge des Vorspannens des Spanngliedes j ergibt sich somit zu:

$$\Delta P_{i,j} = \frac{P_{mo,j} \cdot l_c}{E_{cm} \cdot A_c} \cdot \frac{E_{pi} \cdot A_{pi}}{l_{pi}} = P_{mo,j} \cdot \frac{l_c}{l_{pi}} \cdot \frac{E_{pi} \cdot A_{pi}}{E_{cm} \cdot A_c} \quad (i < j) \tag{4.73}$$

Der Einfluss der Spannfolge wird im Folgenden an einem Beispiel erläutert.

Beispiel 1: Rechteckquerschnitt mit 3 Spanngliedern. Vorspannung ohne Verbund ($P_{m0,j}$ bekannt). Nach dem Vorspannen sollen alle Spannglieder die gleiche Vorspannkraft aufweisen (siehe Bild 4.49), d. h.:

Randbedingung: $\quad P_{m0,1}^{(3)} = P_{m0,2}^{(3)} = P_{m0,3}^{(3)} = P \tag{4.74}$

Gesucht: Gesucht ist die erforderliche Spannkraft der einzelnen Spannkabel nach dem Verankern bzw. vor der Herstellung des Verbundes, d. h.: $P_{10}^{(1)}$, $P_{20}^{(2)}$, $P_{30}^{(3)}$

4.8 Berechnung der Spannkräfte bei mehreren Spanngliedlagen

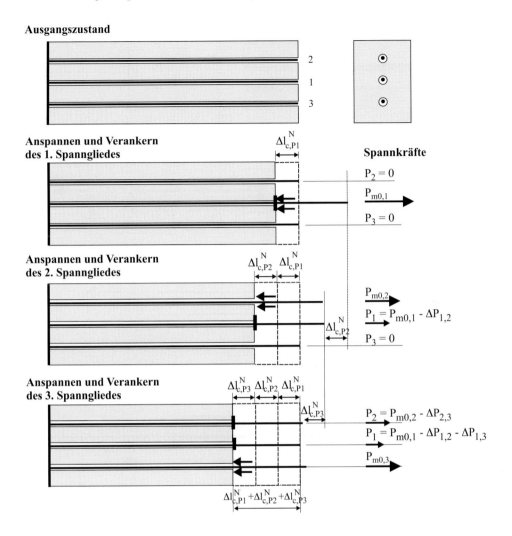

Bild 4.48 Betonstauchungen und Spannkräfte

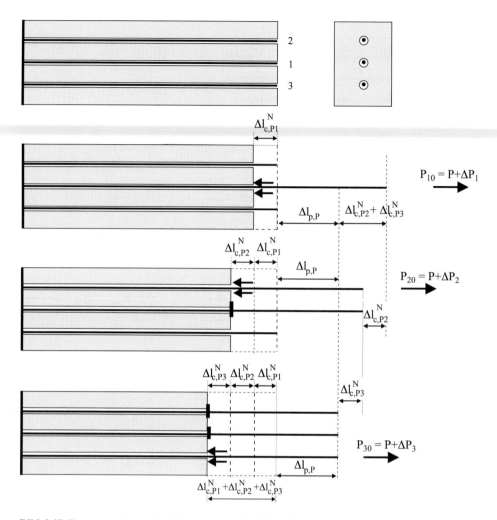

Bild 4.49 Betonstauchungen bei Vorspannen mit gleicher Vorspannkraft nach dem Anspannen

Erläuterung:

- $\Delta P_{i,j}$ ist die Spannkraftänderung im Spannkabel i verursacht durch das Spannen des Spannkabels j ($i < j$).
- ΔP_i ist die erforderliche Spannkrafterhöhung des Spannkabels i, um die Verluste durch das Anspannen weiterer Spannglieder auszugleichen.

$$P_1^{(1)} = P + \Delta P_1 \quad P_2^{(2)} = P + \Delta P_2 \quad P_3^{(3)} = P + \Delta P_3$$

Die hochgestellten Indizes $^{(1)}, ^{(2)}, \ldots$ bezeichnen den Zeitpunkt.

4.8 Berechnung der Spannkräfte bei mehreren Spanngliedlagen

Anspannen	Vorspannkraft im Spannglied		
Spannglied Nr.:	P_1	P_2	P_3
0	0	0	0
1	$P_1^{(1)} = P_{10} = P + \Delta P_1$	$P_2^{(1)} = 0$	$P_3^{(1)} = 0$
2	$P_1^{(2)} = P_1^{(1)} - \Delta P_{1,2} = P_{10} + \Delta P_1 - \Delta P_{1,2}$	$P_2^{(2)} = P_{20} = P + \Delta P_2$	$P_3^{(1)} = 0$
3	$P_1^{(3)} = P_1^{(2)} - \Delta P_{1,3} =$ $= P_{10} + \Delta P_1 - \Delta P_{1,2} - \Delta P_{1,3}$	$P_2^{(3)} = P_2^{(2)} - \Delta P_{2,3}$ $= P + \Delta P_2 - \Delta P_{2,3}$	$P_3^{(3)} = P_{30}$ $= P + \Delta P_3$

Lösung:

Es wird mit dem Spannglied P_3, welches als letztes angespannt wird, begonnen:

$$P_3^{(3)} = P + \Delta P_3 = P \Rightarrow \Delta P_3 = 0 \tag{4.75}$$

$$P_2^{(3)} = P + \Delta P_2 - \Delta P_{2,3} = P \Rightarrow \Delta P_2 = \Delta P_{2,3} = P_{m0,3}^{(3)} \cdot \frac{l_c}{l_{p2}} \cdot \frac{E_{p2} \cdot A_{p2}}{E_{cm} \cdot A_c} = P \cdot \frac{l_c}{l_{p2}} \cdot \frac{E_{p2} \cdot A_{p2}}{E_{cm} \cdot A_c} \tag{4.76}$$

$$P_1^{(3)} = P + \Delta P_1 - \Delta P_{1,2} - \Delta P_{1,3} = P \Rightarrow \Delta P_1 = \Delta P_{1,2} + \Delta P_{1,3}$$

$$\Delta P_1 = \Delta P_{1,2} + \Delta P_{1,3} = (P + \Delta P_2 - \Delta P_{2,3}) \cdot \frac{l_c}{l_{p1}} \cdot \frac{E_{p1} \cdot A_{p1}}{E_{cm} \cdot A_c} + (P) \cdot \frac{l_c}{l_{p1}} \cdot \frac{E_{p1} \cdot A_{p1}}{E_{cm} \cdot A_c}$$

$$\Delta P_1 = (2P) \cdot \frac{l_c}{l_{p1}} \cdot \frac{E_{p1} \cdot A_{p1}}{E_{cm} \cdot A_c} \tag{4.77}$$

bzw. mit n = Summe aller Spannglieder:

$$P_i^{(n)} = P \left[1 + (n-i) \cdot \frac{l_c}{l_{pi}} \cdot \frac{E_{pi} \cdot A_{pi}}{E_c \cdot A_c} \right] \tag{4.78}$$

Beispiel 2: Rechteckquerschnitt mit 3 Spanngliedern. Alle Spannglieder werden mit der gleichen Vorspannkraft angespannt, d.h.:

Randbedingung:[1] $\quad P_1^{(1)} = P_2^{(2)} = P_3^{(3)} = P \tag{4.79}$

Gesucht: Spannkraft in den einzelnen Spannkabeln am Ende des Spannvorganges.

$$P_3^{(3)} = P + \Delta P_3 = P \Rightarrow \Delta P_3 = 0 \tag{4.80}$$

$$P_2^{(3)} = P + 0 - \Delta P_{2,3} \Rightarrow \Delta P_{2,3} = P \cdot \frac{l_c}{l_{p2}} \cdot \frac{E_{p2} \cdot A_{p2}}{E_{cm} \cdot A_c} \tag{4.81}$$

$$P_1^{(3)} = P + 0 - \Delta P_{1,2} - \Delta P_{1,3}$$

$$\Rightarrow \Delta P_{1,2} + \Delta P_{1,3} = (P+0) \cdot \frac{l_c}{l_{p1}} \cdot \frac{E_{p1} \cdot A_{p1}}{E_c \cdot A_c} + (P+0) \cdot \frac{l_c}{l_{p1}} \cdot \frac{E_{p1} \cdot A_{p1}}{E_c \cdot A_c}$$

$$\Delta P_{1,2} + \Delta P_{1,3} = 2(P) \cdot \frac{l_c}{l_{p1}} \cdot \frac{E_{p1} \cdot A_{p1}}{E_c \cdot A_c} \tag{4.82}$$

bzw.

$$P_i^{(n)} = P\left[1 - (n-i) \cdot \frac{l_c}{l_{pi}} \cdot \frac{E_{pi} \cdot A_{pi}}{E_c \cdot A_c}\right] \qquad (4.83)$$

4.8.2 Mit Berücksichtigung des Vorspannmomentes

Neben der Verkürzung des Trägers treten bei exzentrischer Spanngliedlage durch die Vorspannung auch Biegeverformungen auf. Diese führen wiederum zu einer Spannkraftänderung. Zu deren Berechnung wird im Weiteren vorausgesetzt, dass voller Verbund zwischen Beton und Spannglied besteht. In diesem Fall ist die Betondehnung gleich der Änderung der Spannstahldehnung.

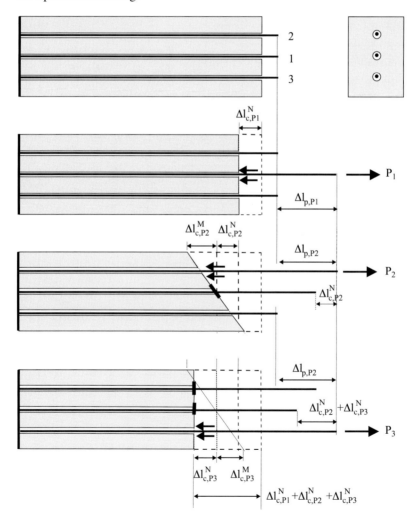

Bild 4.50 Betonstauchungen beim Vorspannen mit Berücksichtigung der Vorspannmomente

4.8 Berechnung der Spannkräfte bei mehreren Spanngliedlagen

Zur Erläuterung sind in Bild 4.50 die Betonstauchungen beim Vorspannen eines Trägers mit 3 Spanngliedlagen dargestellt. Beim Anspannen des zentrischen Spanngliedes verkürzt sich der Betonquerschnitt um $\Delta l_{c,P1}^N$ gleichmäßig über die Trägerhöhe. Wird das exzentrische Spannglied 2 gespannt, so entsteht aus der Krümmung des Querschnitts zusätzlich zum Normalkraftanteil $\Delta l_{c,P2}^N$ eine Dehnung infolge des Biegemomentes $\Delta l_{c,P2}^M$.

Die Verkürzung des Spanngliedes ergibt sich aus dem Integral der Betondehnungen ε_{cp} in Spanngliedhöhe. Für ein statisch bestimmtes Tragsystem gilt:

$$\Delta l_{cp}^M = \Delta l_p^M = \int_0^{l_p} \varepsilon_{cp}\, ds = \int_0^{l_p} \frac{\sigma_{cp}}{E_{cm}}\, ds = \int_0^{l_p} \frac{M_p(x)}{E_{cm} I_c} \cdot z_p(x)\, ds \approx \int_0^{l} \frac{P \cdot z_p(x)}{E_{cm} I_c} \cdot z_p(x)\, dx \quad (4.84)$$

Es wird im Weiteren vorausgesetzt, das die Spanngliedlänge l_p gleich der Trägerlänge l ist. Dies trifft bei den gebräuchlichen flachen Spanngliedverläufen zu.

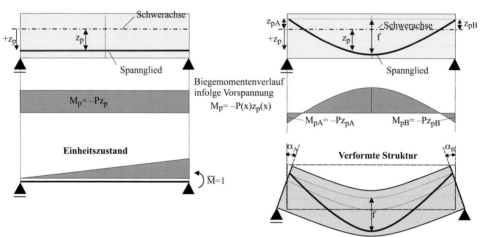

Bild 4.51 Biegemomentenverlauf und Verformung eines Einfeldträgers

Für ein gerades Spannglied gilt:

$$\Delta l_p^M = \frac{P \cdot z_p^2}{E_{cm} I_c} \cdot l = 2 \cdot w'(x=0) \cdot z_p \quad (4.85)$$

Das Ergebnis ist nicht überraschend, da die Schwerachse bei reiner Biegung die Länge beibehält. Für einen parabolischen Spanngliedverlauf ergibt sich:

$$\Delta l_p^M = \frac{P \cdot l}{E_{cm} I_c} \cdot \left[\frac{8}{15} f^2 + \frac{2f}{3}(z_{pA} + z_{pB}) + \frac{1}{3}(z_{pA}^2 + z_{pB}^2 + z_{pA} \cdot z_{pB})\right] \quad (4.86)$$

Die Verdrehung der Endquerschnitte $w'(x=0)$ bzw. $w'(x=l)$, verursacht durch die Vorspannmomente, folgt nach dem Prinzip der virtuellen Verrückungen (Bild 4.51).

$$w'(x=0) = \alpha = \int_0^l \frac{M_p(x) \cdot \overline{M(x)}}{E_{cm} \cdot I_c} = \int_0^l \frac{P(x) \cdot z_p(x) \cdot \overline{M(x)}}{E_{cm} \cdot I_c} \quad (4.87)$$

Für ein gerades Spannglied folgt:

$$w'(x=0) = \alpha = \int_0^l \frac{M_p(x) \cdot \overline{M(x)}}{E_{cm} \cdot I_c} = \int_0^l \frac{P \cdot z_p \cdot \overline{M(x)}}{E_{cm} \cdot I_c} = \frac{l}{2} \cdot \frac{P \cdot z_p}{E_{cm} \cdot I_c} \qquad (4.88)$$

Im Weiteren wird einschränkend nur der Fall einer Spannbettvorspannung behandelt. Hier sind die lokalen Dehnungen des Betons und die Änderungen der Spannstahldehnungen identisch. Bei Vorspannung ohne Verbund trifft dies nicht zu. Die Spanngliedführung sei geradlinig und alle Spannglieder werden zusammen mit gleicher Kraft gespannt. Ziel der Berechnung ist es, die Spannkraft bzw. die Spannung in den Spanngliedern nach dem Kappen der Verankerung zu bestimmen.

In den folgenden Bildern ist wegen der Übersichtlichkeit die Schwerachse des Balkens unverformt, d. h. der Träger horizontal dargestellt.

Die Stauchung des Betons infolge der Vorspannkraft führt zu einer Abnahme der Spannung im Spannstahl. Aufgrund des Verbundes zwischen Spannstahl und Beton gilt:

$$\varepsilon_{c,pm0} = \varepsilon_{p,o} - \varepsilon_{pm0} \qquad (4.89)$$

(Betonstauchung = Abnahme der Stahldehnung)

mit:

$\varepsilon_{c,pm0}$ Betonstauchung in Höhe des Spanngliedes nach dem Lösen der Verankerung
$\varepsilon_{p,0}$ Dehnung des Spannstahles vor dem Lösen der Verankerung
ε_{pm0} Dehnung des Spannstahles nach dem Lösen der Verankerung

1. Schalung herstellen und Spanndrähte gegen Widerlager anspannen

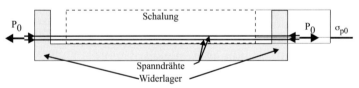

2. Bauteil betonieren

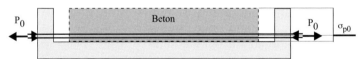

3. Nach dem Erhärten des Betons Verankerungen der Spanndrähte lösen

Bild 4.52 Spannbettvorspannung

4.8 Berechnung der Spannkräfte bei mehreren Spanngliedlagen

Die folgenden Ausführungen behandeln der Übersichtlichkeit wegen nur die Auswirkungen der Spannkraft einer Spanngliedlage (*l*) auf eine andere Lage (*k*).

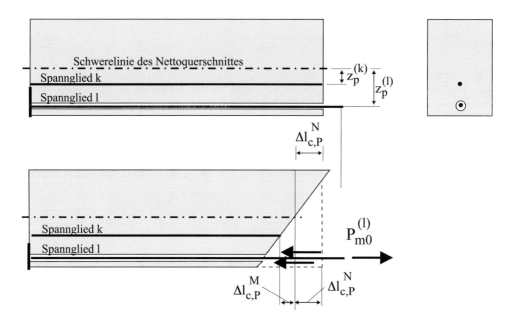

Bild 4.53 Verformungen des Querschnitts infolge der Vorspannkraft *P*

Mit der Annahme einer geradlinigen Dehnungsverteilung (Zustand I) im Querschnitt gilt:

$$\sigma_{cp} = \varepsilon_{cp} \cdot E_{cm}$$

Die Dehnung des Betons in Höhe des Spanngliedes *k* infolge der Vorspannkraft $P_{m0}^{(l)}$ beträgt bei einem statisch bestimmten Träger:

$$\varepsilon_{cp}^{(k)} = \frac{\sigma_{cp}^{(k)}}{E_{cm}} = \frac{1}{E_{cm}}\left(\frac{P_{m0}^{(l)}}{A_c} + \frac{P_{m0}^{(l)} \cdot z_p^{(l)}}{W_c}\right) = \frac{1}{E_{cm}}\left(\frac{P_{m0}^{(l)}}{A_c} + \frac{P_{m0}^{(l)} \cdot z_p^{(l)} \cdot z_p^{(k)}}{I_c}\right) \quad (4.90)$$

Im Weiteren wird die Änderung der Vorspannkraft von P_0^l auf P_{m0}^l vernachlässigt.

Die Dehnungen des Spannstahles *k* vor und nach dem Wirken des Spannkraft P_{m0}^l betragen:

$$\varepsilon_{po}^{(k)} = \frac{\sigma_{p0}^{(k)}}{E_p^{(k)}} = \frac{P_0^{(k)}}{A_p^{(k)} E_p^{(k)}} \quad \text{und} \quad \varepsilon_{pmo}^{(k)} = \frac{\sigma_{pmo}^{(k)}}{E_p^{(k)}} = \frac{P_{m0}^{(k)}}{A_p^{(k)} \cdot E_p^{(k)}} \quad (4.91)$$

Die Dehnungsänderung im Spannstahl entspricht der Betondehnung (Vorspannung mit Verbund), d. h.: $\varepsilon_{c,p}^{(k)} = \varepsilon_{p,p0}^{(k)} - \varepsilon_{p,pm0}^{(k)}$

$$\frac{1}{E_{cm}}\left(\frac{P_{m0}^{(l)}}{A_c} + \frac{P_{m0}^{(l)} \cdot z_p^{(l)} \cdot z_p^{(k)}}{I_c}\right) = \frac{P_0^{(k)} - P_{m0}^{(k)}}{A_p^{(k)} \cdot E_p^{(k)}} \quad (4.92)$$

$$P_{m0}^{(l)} \cdot \left(\alpha_e \frac{A_p^{(k)}}{A_c} + \alpha_e \frac{A_p^{(k)} \cdot z_p^{(l)} \cdot z_p^{(k)}}{I_c} \right) = P_0^{(k)} - P_{m0}^{(k)} \quad (4.93)$$

$$P_{m0}^{(k)} = P_0^{(k)} - P_{m0}^{(l)} \cdot \left(\alpha_e \frac{A_p^{(k)}}{A_c} + \alpha_e \frac{A_p^{(k)} \cdot z_p^{(l)} \cdot z_p^{(k)}}{I_c} \right) \quad (4.94)$$

Der Ausdruck $\left(\alpha_e \frac{A_p^{(k)}}{A_c} \cdot \left\{ 1 + \frac{A_c \cdot z_p^{(l)} \cdot z_p^{(k)}}{I_c} \right\} \right)$ wird in der Literatur als Steifigkeitsparameter α_{kl} bezeichnet.

$$P_{m0}^{(k)} = P_0^{(k)} - P_{m0}^{(l)} \cdot \alpha_{kl} \quad (4.95)$$

Der Steifigkeitswert α_{kl} beschreibt den Einfluss des Spannglieds l (Ort der Ursache) auf den Spannstrang k (Ort der Wirkung).

Bei Spannbettvorspannung mit mehreren Spanngliedlagen beträgt die Spannkraft im Spannglied k nach dem Kappen der Spannglieder somit:

$$P_{m0}^{(k)} = P_0^{(k)} - \sum_{l=1}^{n} \alpha_{kl} \cdot P_{m0}^{(l)} \quad \text{bzw.} \quad \sigma_{pm0}^{(k)} = \sigma_{p0}^{(k)} - \sum_{l=1}^{n} \alpha_{kl} \cdot P_{m0}^{(l)} / A_p^{(k)} \quad (4.96)$$

Bei Vorspannung mit nachträglichem Verbund gilt bei geradliniger Spanngliedführung:

$$P_{m0}^{k} = P_0^{k} - \sum_{l>k}^{n} P_{m0}^{l} \cdot \alpha_{kl}$$

Die Vorspannkräfte wirken wie äußere Lasten auf den Betonquerschnitt. Die Spannungen im Beton ergeben sich somit zu:

$$\sigma_{c,pmo} = -\frac{N_p}{A_c} \pm \frac{M_p}{I_c} z_i = -\frac{\sum_{l=1}^{n} P_{mo}^{(l)}}{A_c} \pm \frac{\sum_{k=1}^{n} \left(P_{mo}^{(l)} \cdot z_p^{(l)} \right)}{I_c} z_i \quad (4.97)$$

bzw. mit Hilfe der α_{kl}-Werte gilt für die Betonspannung in Höhe des Spanngliedes k:

$$\sigma_{c,pmo}^{(k)} = -\frac{1}{\alpha_e} \cdot \sum_{l=1}^{n} \alpha_{kl} \cdot P_{m0}^{(l)} / A_p^{(k)} \quad (4.98)$$

4.8.3 Beispiel: Fertigteilträger

Es sollen die Beton- und Spannstahlspannungen des in Bild 4.54 dargestellten Fertigteil-Brückenträgers infolge der Verbundvorspannung, nach dem Kappen der Drähte, bestimmt werden.

Querschnittswerte

Querschnittsfläche $A_{ci} = 0{,}8976 \text{ m}^2$
Schwerpunktsabstand von oben $z_{ci}^o = 0{,}6936 \text{ m}$
Trägheitsmoment $I_{ci} = 0{,}2637 \text{ m}^4$

4.8 Berechnung der Spannkräfte bei mehreren Spanngliedlagen

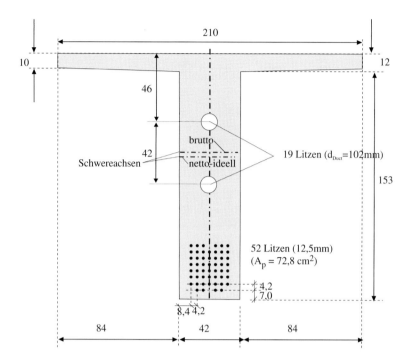

Bild 4.54 Querschnitt

Baustoffe

Beton C40/50	$f_{ck} = 40$ N/mm²	$E_{cm} = 35.000$ N/mm²
	$f_{cd} = f_{ck}/\gamma_c = 40/1{,}5$ N/mm²	$f_{cd} = 26{,}66$ N/mm²
Betonstahl BST 500	$f_{yk} = 500$ N/mm²	$E_s = 2000.000$ N/mm²
	$f_{yd} = f_{yk}/\gamma_s = 500/1{,}15$ N/mm²	$f_{yd} = 435$ N/mm²
Spannstahl ST1570/1770	$f_{pk} = 1770$/mm²	$E_p = 200.000$ N/mm²
	$f_{p,o,1k} = 0{,}86\, f_{pk} = 1522$ N/mm²	
	$f_{pd} = 0{,}9\, f_{pk}/\gamma_s = 0{,}9 \cdot 1770/1{,}15$	$f_{cd} = 1385$ N/mm²

Spannstahlspannung vor dem Betonieren: $\sigma_{p0,max} = 0,9 \cdot f_{p01,k} = 0,9 \cdot 1522 = 1370$ N/mm²

Zulässige Spannstahlspannung nach dem Kappen:

$$\sigma_{pm} = 0,85 \cdot f_{p01,k} = 0,85 \cdot 1522 = 1294 \text{ N/mm}^2$$

$$\alpha_e = E_p/E_{cm} = 200.000/35.000 = 5,71$$

Spannkraft nach Kappen der Drähte ohne Momentenanteil

Verkürzung der Litzen nach dem Lösen der Verankerung: $\quad \Delta l_p = \dfrac{\Delta P \cdot l_p}{E_p \cdot A_p}$

Verkürzung des Trägers infolge der Spannkraft: $\quad \Delta l_c = \dfrac{P_{m0} \cdot l_c}{E_{cm} \cdot A_{ci}}$

mit $\Delta l_p = \Delta l_c$ und $\Delta P = P_0 - P_{m0}$ folgt:

$$P_{m0} = \frac{1}{1 + \dfrac{E_p}{E_{cm}} \cdot \dfrac{A_p}{A_{ci}}} \cdot P_0 = \frac{1}{1 + \dfrac{200}{35} \cdot \dfrac{72,8}{8976}} \cdot P_0 = 0,956 P_0$$

Die Spannkraftabnahme ergibt sich somit zu:

$$\Delta P = P_0 - P_{m0} = [1 - 0,956] \cdot P_0 = 0,044 P_0$$

Vernachlässigt man bei der Berechnung der Betonverkürzung die Änderung der Vorspannkraft, d. h. $\Delta l_c = (P_0 \cdot l_c)/(E_{cm} \cdot A_{ci})$, so folgt mit $\Delta l_p = \Delta l_c$:

$$\Delta P = \frac{E_p}{E_{cm}} \cdot \frac{A_p}{A_{ci}} \cdot P_0 = \frac{200}{35} \cdot \frac{72,8}{8976} \cdot P_0 = 0,0464 P_0 \quad \text{bzw.} \quad P_{m0} = P_0 - \Delta P = 0,954 P_0$$

Der Fehler gegenüber der genauen Lösung ist sehr gering ($\Delta = 0,2$ %).

Die Randspannungen infolge Vorspannung betragen:

mit $\quad P_0 = 1370 \cdot 72,8 \cdot 10^{-4} = 9,97$ MN

und $\quad P_{m0} = 0,956 \cdot P_0 = 0,956 \cdot 1370 \cdot 72,8 \cdot 10^{-4} = 9,535$ MN

sowie einem Abstand des Schwerpunktes der Spannlitzen von der Schwerachse des Trägers $z_p = 1,65 - 0,6936 - 0,222 = 0,734$ m.

$$\sigma_c = \frac{N}{A_{ci}} \pm \frac{M_p}{I_i} \cdot z = \frac{P_{m0}}{A_i} \pm \frac{P_{m0} \cdot z_{ip}}{I_i} \cdot z$$

$$= -\frac{9,54}{0,8976} \pm \frac{9,54 \cdot 0,734}{0,2637} \cdot \begin{Bmatrix} 0,6936 \\ 0,9564 \end{Bmatrix} = \begin{Bmatrix} +7,8 \text{ N/mm}^2 & \text{(oben)} \\ -36,0 \text{ N/mm}^2 & \text{(unten)} \end{Bmatrix}$$

Die berechnete Randzugspannung ist erheblich größer als die vorhandene Betonzugfestigkeit. Es ist daher zu überprüfen, ob mit Berücksichtigung des Eigengewichtes die Annahme eines elastischen Materialverhaltens zulässig ist. Durch die Vorspannmomente wird sich der Träger verformen, wodurch das Eigengewicht teilweise aktiviert wird.

4.8 Berechnung der Spannkräfte bei mehreren Spanngliedlagen

Spannkraft nach Kappen der Drähte mit Momentenanteil

Verkürzung der Litzen: $\Delta l_p = \dfrac{\Delta P \cdot l_p}{E_p \cdot A_p}$

Verkürzung des Trägers: $\Delta l_c = \dfrac{P_{m0} \cdot l_c}{E_{cm} \cdot A_{ci}} + \dfrac{P_{m0} \cdot z_{ip} \cdot l_c}{E_{cm} \cdot I_i} \cdot z_{ip}$

mit $\Delta l_p = \Delta l_c$ und $\Delta P = P_0 - P_{m0}$ folgt:

$$P_{m0} = \dfrac{1}{1 + \dfrac{E_p}{E_{cm}} \cdot \dfrac{A_p}{A_{ci}} + \dfrac{E_p}{E_{cm}} \cdot \dfrac{A_p}{I_i} \cdot z_{ip}^2} \cdot P_0 = \dfrac{1}{1 + \dfrac{200}{35} \cdot \dfrac{72{,}8}{8976} + \dfrac{200}{35} \cdot \dfrac{72{,}8 \cdot 10^{-4}}{0{,}2637} \cdot 0{,}734^2} \cdot P_0 = 0{,}884 P_0$$

Vernachlässigt man bei der Ermittlung der Betonverkürzung die Änderung der Vorspannkraft, d. h. $\Delta l_c = (P_0 \cdot l_c)/(E_{cm} \cdot A_{ci})$ so folgt mit $\Delta l_p = \Delta l_c$:

$$\Delta P = \left(\dfrac{E_p}{E_{cm}} \cdot \dfrac{A_p}{A_{ci}} + \dfrac{E_p}{E_{cm}} \cdot \dfrac{A_p}{I_i} \cdot z_{ip}^2 \right) \cdot P_0 = \alpha_e \cdot \left(\dfrac{A_p}{A_{ci}} + \dfrac{A_p}{I_i} \cdot z_{ip}^2 \right) \cdot P_0$$

$$= \dfrac{200}{35} \cdot \left(\dfrac{72{,}8}{8976} + \dfrac{72{,}8 \cdot 10^{-4}}{0{,}2637} \cdot 0{,}734^2 \right) \cdot P_0 = 0{,}131 \cdot P_0$$

bzw.: $P_{m0} = 0{,}869\, P_0$ ($\Delta = 2\,\%$)

Die Randspannungen infolge Vorspannung betragen

mit $P_{m0} = 0{,}884 \cdot P_0 = 0{,}884 \cdot 1370 \cdot 72{,}8 \cdot 10^{-4} = 8{,}82$ MN

$$\sigma_c = \dfrac{N}{A_{ci}} \pm \dfrac{M_p}{I_i} \cdot z = \dfrac{P_{m0}}{A_i} \pm \dfrac{P_{m0} \cdot z_{ip}}{I_i} \cdot z$$

$$= -\dfrac{8{,}82}{0{,}8976} \pm \dfrac{8{,}82 \cdot 0{,}734}{0{,}2637} \cdot \begin{Bmatrix} 0{,}6936 \\ 0{,}9564 \end{Bmatrix} = \begin{Bmatrix} +7{,}2\ \text{N/mm}^2 & (\text{oben}) \\ -33{,}3\ \text{N/mm}^2 & (\text{unten}) \end{Bmatrix}$$

„Genaue" Berechnung mit getrennten Spanngliedlagen

Steifigkeitswerte: $\quad \alpha_{kl} = \alpha_e \dfrac{A_p^{(k)}}{A_i} \left[1 + \dfrac{A_i}{I_i} \cdot z_{ip}^{(l)} \cdot z_{ip}^{(k)} \right]$

Steifigkeitswerte α_{kl} und Spannkräfte

	$l=1$	2	3	4	5	6	7	8	Σ	$\sigma_{pmo,k}$	$\sigma_{c,pmo,k}$
$k=1$	0,0131	0,0221	0,0213	0,0206	0,0198	0,0190	0,0182	0,0149	0,1489	1166	−35,7
2	0,0126	0,0214	0,0206	0,0199	0,0191	0,0184	0,0176	0,0145	0,1441	1173	−34,5
3	0,0114	0,0206	0,0199	0,0192	0,0185	0,0178	0,0170	0,0140	0,1384	1180	−33,2
4	0,0117	0,0199	0,0192	0,0185	0,0178	0,0172	0,0165	0,0135	0,1344	1186	−32,2
5	0,0113	0,0191	0,0185	0,0178	0,0172	0,0166	0,0159	0,0131	0,1295	1193	−31,0
6	0,0108	0,0184	0,0178	0,0172	0,0166	0,0160	0,0154	0,0126	0,1246	1199	−29,9
7	0,0104	0,0176	0,0170	0,0165	0,0159	0,0154	0,0148	0,0122	0,1198	1206	−28,7
8	0,0099	0,0169	0,0163	0,0158	0,0153	0,0147	0,0142	0,0117	0,1149	1213	−27,6

Mittelwert $\quad \sigma_{pm0} = 1189$ MPa
Mittelwert $\quad$ Verlust $0{,}868$

Spannstahlspannung: $\sigma_{pmo}^{(k)} = \sigma_{p0}^{(k)} - \sum_{l=1}^{n} \alpha_{kl} \sigma_{po}^{(l)}$ bzw. $P_{mo}^{(k)} = P_0^{(k)} - \sum_{l=1}^{n} \alpha_{kl} P_o^{(l)}$

Randspannung infolge Vorspannung: $\sigma_{c,pmo}^{(k)} = -\dfrac{1}{\alpha_e} \cdot \sum_{l=1}^{n} \alpha_{kl} \sigma_{po}^{(l)}$

$$\sigma_c = \begin{cases} +7{,}1\ \text{N/mm}^2 & \text{(oben)} \\ -32{,}7\ \text{N/mm}^2 & \text{(unten)} \end{cases}$$

Vergleich der Ergebnisse:

	σ_c^{oben} in MPa	σ_c^{unten} in MPa	σ_p in MPa
nur Normalkraftanteil	7,8	−35,6	1310
mit Biegeanteil – 1 Spannglied zusammen	7,1	−32,8	1211
mit Biegeanteil – alle Spannglieder getrennt	7,1	−32,7	1116 ÷ 1213 Mittelw. 1189

Bei Vernachlässigung des Biegemomentenanteils ergibt sich für dieses Beispiel ein Fehler bei den Beton- und Spannstahlspannungen von ca. 10 %.

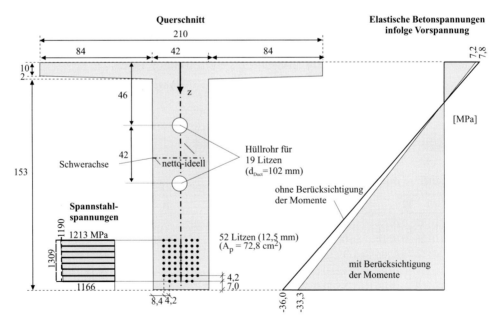

Bild 4.55 Beton- und Spannstahlspannungen nach dem Lösen der Verankerung

4.9 Spannwegberechnung

Der Vergleich zwischen rechnerisch bestimmtem und tatsächlich gemessenen Spannweg beim Aufbringen der Spannkraft stellt die wesentliche Kontrolle dar, dass der Soll-Spannkraftverlauf im Bauwerk vorhanden ist. Weitere Möglichkeiten der Spannkraftkontrolle wurden im Abschnitt 3.2 dargestellt. Mögliche Ursachen für Abweichungen zwischen Soll- und Ist- Spannweg werden im Abschnitt 4.9.2 erörtert.

Der Spannweg setzt sich aus der Verlängerung (Dehnung) des Spannstahls und der Verkürzung des Betons infolge der aufgebrachten Spannkraft zusammen.

$$\Delta l = \Delta l_p - \Delta l_{cp} \qquad (4.99)$$

mit:

Δl Spannweg
Δl_p Verlängerung des Spannstahles
Δl_{cp} Verkürzung des Betontragwerkes in Höhe der Spanngliedachse

$$\Delta l_p = \int_0^{l_p} \varepsilon_p(s)\,ds = \int_0^{l_p} \frac{P(s)}{A_p E_p}\,ds \approx \frac{P_o}{A_p E_p} \int_0^{l_p} e^{-\mu(\theta+kx)}\,dx \qquad (4.100)$$

$$\Delta l_{cp} = \int_0^{l_c} \frac{\sigma_{cp}(x)}{E_{cm}}\,dx = \frac{1}{E_{cm}} \int_0^{l_c} \sigma_{cp}(x)\cdot dx \qquad (4.101)$$

σ_{cp} Betonspannung in Höhe des Spanngliedes infolge Vorspannung und mobilisierten äußeren Lasten. Da der Anteil der Betonverkürzung meistens sehr viel geringer als der Anteil der Stahldehnung ist, genügt es i. Allg. in der Berechnung die mittlere Betonspannung in der Schwerachse über die Trägerlänge anzusetzen.
l_p Länge des Spanngliedes = Abstand Festanker zu Verankerung in der Spannpresse

Der Spannweg des Spannstahls Δl_p ergibt sich somit nach Gleichung 4.100 als Integral der Spannstahlkraft dividiert durch ($E_p \cdot A_p$). Da der Spannkraftverlauf meistens abschnittsweise annähernd linear ist, lässt sich der Spannweg sehr einfach bestimmen. Bei einem parabolischen Spanngliedverlauf d.h. $\theta(x) - \alpha x$ kann das Integral exakt gelöst werden:

$$\Delta l_p = \frac{P_o}{A_p E_p} \int_0^{l_p} e^{-\mu(\alpha x+kx)}\,dx = \frac{P_o}{A_p E_p} \cdot \frac{1}{-\mu(\alpha+k)} \cdot \left[e^{-\mu(\alpha+k)\cdot x}\right]_0^{l_p}$$

$$= \frac{P_o}{A_p E_p} \cdot \frac{1}{\mu(\alpha+k)} \cdot \{1 - e^{-\mu(\alpha+k)\cdot l_p}\}$$

Für eine parabolische Spanngliedführung gilt beispielsweise: $\theta(x) = \dfrac{8f}{l^2} x$

Weiterhin werden Auswirkungen von Spannvorgängen deutlich (Bild 4.56). Bei beidseitigem, gleichzeitigem Anspannen wird jeweils nur der Spannweg bis zur Stelle der minimalen Kraft im Spannkabel mobilisiert. Wird beidseitig nacheinander angespannt, so ergibt sich beim 2. Spannvorgang ein erheblich kleinerer Spannweg.

Zu dem theoretisch bestimmten Spannweg muss noch der so genannte Nulldehnweg addiert werden. Beim Anspannen reckt sich das Spannglied zunächst und legt sich an das Hüllrohr

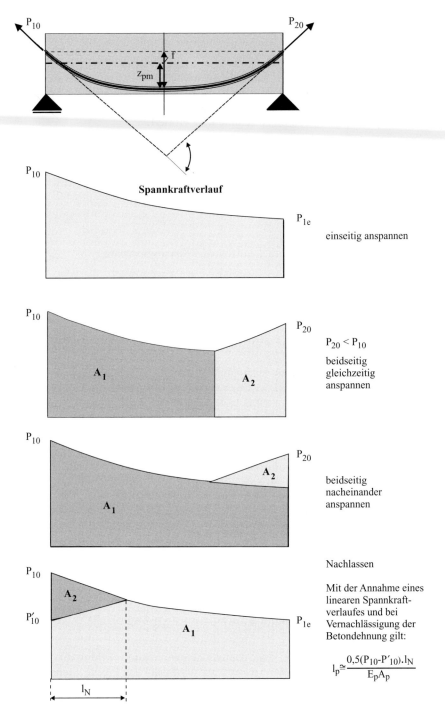

Bild 4.56 Spannkraftverlauf und Spannwege

4.9 Spannwegberechnung

an. Die Länge dieses Bereiches (Nulldehnweg) hängt von verschiedenen Faktoren ab und lässt sich nicht im Voraus rechnerisch bestimmen. Um diesen Wert zu ermitteln ist es daher notwendig, Zwischenwerte des Druckes und des dazugehörigen Kolbenwegs festzuhalten (Bild 4.57). Teilweise wird der Spannweg bei einem festgelegten Druck z. B. 100 bar gemessen und der theoretische Nullpunkt durch Vergleich des Ist- mit dem Sollwert bestimmt. Man geht dabei davon aus, dass die Kraft-Weg-Kurve eine Gerade darstellt. Der nichtlineare Verlauf bei geringen Spannkräften wird nicht erfasst, was zu Fehlern führen kann. Die Kraft-Weg Kurve ist vor allem im unteren Bereich gekrümmt, da die Reibung vom Anpressdruck und somit der Spannstahlspannung abhängt.

Die Spannwegberechnung geht davon aus, dass alle Litzen bzw. Drähte eines Bündelspanngliedes die gleiche Kraft aufweisen. In der Praxis wurden bei einzeln eingezogenen Litzen größere Differenzen von bis zu 25 % gemessen [100].

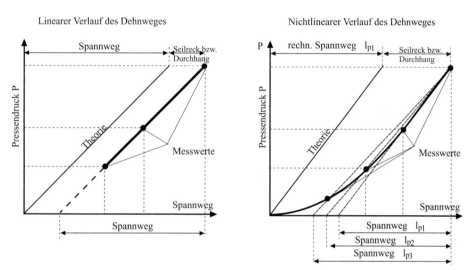

Bild 4.57 Spannkraft-Pressenweg-Kurve sowie Interpolation des Null-Spannweges (Seilreck)

4.9.1 Keilschlupf

Der Keilschlupf tritt beim Festziehen der Keile in die Ankerplatte auf. Der in der Berechnung anzusetzende Soll-Wert ist der Zulassung des Spannverfahrens zu entnehmen. Beim Keilschlupf ist die Einflusslänge und die Vorspannkraft nach dem Verkeilen unbekannt. Die Spannkraft- und Spannwegberechnung kann daher nur iterativ erfolgen. Hierzu schätzt man eine Einflusslänge l_k und ermittelt sich damit den Spannkraftverlauf und den dazugehörigen Nachlassweg Δl_{pk} (Bild 4.58).

$$\Delta l_{p1} = \frac{P_{10}}{A_p E_p} \int_0^{l_k} e^{-\mu(\theta + kx)} \, dx = \frac{P_{10}}{A_p E_p} \cdot \frac{1}{-\mu(\theta_N + kl_k)} \cdot [e^{-\mu(\theta_k + kl_k)} - 1] \qquad (4.102)$$

$$\Delta l_{p2} = \frac{P'_{10}}{A_p E_p} \int_0^{l_k} e^{+\mu(\theta + kx)} \, dx = \frac{P'_{10}}{A_p E_p} \cdot \frac{1}{\mu(\theta_N + kl_k)} \cdot [e^{+\mu(\theta_k + kl_k)} - 1] \qquad (4.103)$$

Weiterhin gilt:

$$P'_{10} = P_{10} \cdot e^{+2\mu(\theta_k + \text{k}l_k)} \quad \text{(siehe Nachlassen)}$$

Der Schlupf ergibt sich aus der Differenz der obigen Werte:

$$\Delta l_{pk} = l_{p1} - l_{p2} \quad (\Delta l_{pk} = \text{Nachlassweg bzw. Keilschlupf})$$

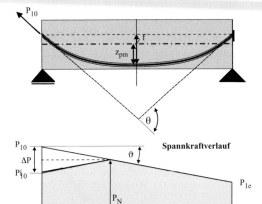

Bild 4.58 Spannkraftverlauf

Für gebräuchliche, parabelförmige Spanngliedführungen kann die iterative Berechnung vermieden werden, da der Spannkraftverlauf nahezu linear ist. Mit dieser Vereinfachung gilt:

$$\Delta l_{pk} = 0,5 \cdot \frac{\Delta P}{E_p A_p} \cdot l_k \tag{4.104}$$

$$\Delta P = 2 \cdot l_k \frac{P_{10} - P_{1e}}{l_p} \tag{4.105}$$

$$\Delta l_{pk} = \frac{(P_{10} - P_{1e})}{E_p \cdot A_p \cdot l_p} \cdot l_k^2$$

$$l_k = \sqrt{\frac{\Delta l_{pk} \cdot A_p \cdot E_p}{P_{10} - P_{1e}} \cdot l_p} \tag{4.106}$$

In der Literatur ist auch folgende Gleichung zu finden:

$$l_k = \sqrt{\frac{\Delta l_{pk} A_p E_p}{\tan \vartheta}} \quad \text{mit:} \quad \tan \vartheta = \sqrt{\frac{P_{10} - P_{1e}}{l_p}} \tag{4.107}$$

Die obige Beziehung gilt für einen linearen Spannkraftverlauf über die gesamte Spanngliedlänge.

4.9 Spannwegberechnung

Aus der Geometrie des Spannkraftverlaufes ergibt sich:

$$\tan \vartheta = \frac{P_{10} - P'_{10}}{2 \cdot l_k} \tag{4.108}$$

bzw.

$$0{,}5 \cdot (P_{10} - P'_{10}) = l_k \cdot \tan \vartheta \tag{4.109}$$

Die Nachlassfläche entspricht dem Keilschlupf multipliziert mit $(A_p \cdot E_p)$ d. h.:

$$A(\Delta P) = l_k \cdot 0{,}5 \cdot (P_{10} - P'_{10}) \equiv \Delta l_{pk} \cdot A_p \cdot E_p \tag{4.110}$$

Gl. 4.109 in Gl. 4.110:

$$l_k^2 \cdot \tan \vartheta = \Delta l_{pk} \cdot A_p \cdot E_p \tag{4.111}$$

bzw.

$$l_k = \sqrt{\frac{\Delta l_{pk} A_p E_p}{\tan \vartheta}} \tag{4.112}$$

Der Keilschlupf liegt bei Litzenspanngliedern zwischen 3 und 7 mm. Wie man aus Bild 4.59 erkennt, führen auch diese geringen Werte zu einer signifikanten Spannkraftreduzierung.

Durch Messung der Litzenüberstände vor und nach dem Verkeilen kann der Keilschlupf auf der Baustelle kontrolliert werden.

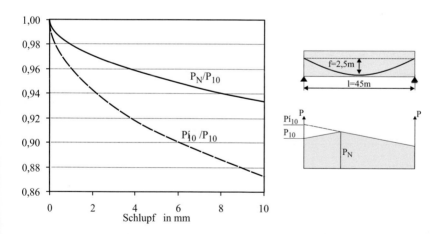

Bild 4.59 Spannkraftabnahme in Abhängigkeit des Keilschlupfes

4.9.2 Ursachen für Abweichungen der gemessenen und rechnerischen Spannwege beim Vorspannen gegen den erhärteten Beton

Aufgrund der zahlreichen Einflussgrößen treten in der Baupraxis oftmals Differenzen zwischen den rechnerischen und gemessenen Werten des Spannweges und des zugehörigen Pressendruckes auf [80, 94, 77]. Bei den Einflussgrößen μ, k und E_p ist zu beachten, dass die Werte in den Zulassungen nur Mittelwerte darstellen. Die im Bauwerk auftretenden Größen können sowohl systematisch als auch zufällig streuen.

Nach DIN 4227 Teil 1, 5.3(2) muss die Bauaufsicht unverzüglich verständigt werden, wenn die Abweichungen von Sollspannkraft oder vom Solldehnweg

- bei der Summe aller in einem Querschnitt liegenden Spannglieder größer als 5 % oder
- bei einem einzelnen Spannglied mehr als 15 %

betragen. Dies kann mit einer vorübergehenden Einstellung der Bauarbeiten bis zur Klärung der Ursachen verbunden sein. Angesichts der großen Streuungen der Einflussparameter wie beispielsweise E-Modul, Reibungsbeiwert, Querschnittsfläche scheint eine Toleranz von 5 % sehr gering zu sein.

Zur Gewährleistung der Gebrauchs- und Tragfähigkeit eines Trägers muss es auch bei Abweichungen von den Sollwerten möglich sein, durch geeignete Maßnahmen die rechnerisch erforderliche Spannkraft in das Bauteil einzutragen. Die in der Ausführung möglichen Toleranzen sollten daher bei der Bemessung und der konstruktiven Durchbildung eines Bauteils berücksichtigt werden (siehe Abschnitt 4.6.1). Um geeignete Korrekturmaßnahmen ergreifen zu können, muss außerdem die mögliche Ursache der Abweichungen bekannt sein [94]. Hierauf wird im Folgenden eingegangen.

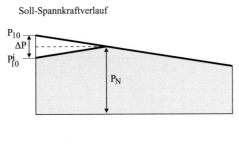
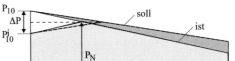
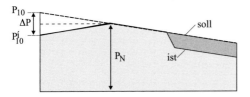
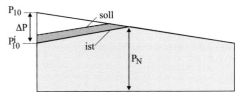

Bild 4.60 Spannkraftverläufe

4.9 Spannwegberechnung

Für die weiteren Betrachtungen wird vorausgesetzt, dass auch bei Abweichungen von den Sollwerten ein expotentieller Spannkraftverlauf entsprechend der Eulerschen Seilreibungsformel vorliegt:

$$P(x) = P_0 \, e^{-\mu(\Theta+kx)} \tag{4.113}$$

Unter dieser Voraussetzung ergibt sich der Spannweg aus der bekannten Gleichung:

$$\Delta l = \Delta l_p - \Delta l_c \approx \frac{P_0}{A_p E_p} \int_0^{l_p} e^{-\mu(\Theta+kx)} \, dx - \frac{\sum P}{A_c E_c} l_c \tag{4.114}$$

Der Reibungsbeiwert wird als konstante Größe sowohl beim Spannen als auch beim Nachlassen angesehen. Diese Näherung ist gegebenenfalls zu überprüfen. Der Einfluss der Anpresskraft und des Hüllrohrmaterials wird vernachlässigt.

Proportionale Auswirkungen auf den Spannweg haben:

Querschnittsabweichungen

Nach prEN 10138 sind folgende Toleranzen bei der Querschnittsfläche von Spanngliedern zulässig:

Litzen- und Drahtspannglieder: ±2,0 %
Stäbe: −2 % bis +6 %

Nach Untersuchungen von Cordes [94] liegen die herstellungsbedingten Abweichungen zwischen −0,5 % und +1,6 %.

Elastizitätsmodul

- Beton
  Abweichungen beim Elastizitätsmodul des Betons wirken sich meistens nur sehr gering auf den Spannweg aus. Die Spannstahlverlängerung $\varepsilon_{p0} \cdot l_p \approx (\sigma_{p0}/E_p) \cdot l_p$ ist meistens sehr viel größer als die Betonstauchung $\varepsilon_{c0} \cdot l_c \approx (\sigma_{c0}/E_c) \cdot l_c$.
- Spannstahl
  Der Elastizitätsmodul für Litzen kann zwischen ca. 195 GPa und 205 GPa liegen (EC2, 3.3.4.4), was einer Differenz von ±2,5 % entspricht. Die genauen Werte sind der Zulassung zu entnehmen. Nach prEN10138-3 beträgt der E-Modul für Litzen 195 GPa. Die Näherung eines konstanten E-Moduls über den gesamten Bereich der zulässigen Spannungen ist weitgehend zutreffend. Der Rechenwert E_p ist als Sekantenmodul zwischen 5 % und 70 % der charakteristischen Höchstkraft definiert. Gegebenenfalls kann der E-Modul auch nachträglich durch Versuche kontrolliert werden.

Messungenauigkeiten

Der Pressendruck wird i. Allg. manuell an einer Messuhr abgelesen. Schließt man Ablesefehler aus, so ist die Genauigkeit der Messung proportional zum Druck. Die Reibungsverluste des Kolbens, welche ca. 1 % bis 5 % betragen können, werden bei den regelmäßigen Kontrollen der Spannpressen bestimmt und entsprechend berücksichtigt.

Der Spannweg wird größtenteils manuell mit einem Zollstock gemessen. Mögliche Ablesefehler von ca. ±1 mm wirken sich nur bei sehr geringen Spannwegen aus.

Überproportionale Auswirkungen auf den Spannweg haben:

Reibungskoeffizient

Wie in Abschnitt 4.4.4 erläutert ist der Reibungskoeffizient μ keine Materialkonstante. Er hängt u. a. von der Oberflächenbeschaffenheit des Spanngliedes, des Hüllrohres und vom Anpressdruck ab. Der Reibungskoeffizient unterliegt starken Streuungen. So ist beispielsweise der Reibungsbeiwert eines Litzenbündels mit trockenem Flugrost, was nach der Norm noch verwendet werden darf, ca. doppelt so groß, wie der eines Litzenbündels ohne Flugrost (siehe Bild 4.27). Bei Spanngliedern aus gerippten Spannstäben ist der Reibungsbeiwert stark von dem Anpressdruck und dem Gleitweg abhängig, während bei Litzenspanngliedern der Einfluss des Anpressdruckes vernachlässigt werden kann.

Der Reibungskoeffizient wird im Labor experimentell bestimmt, da in einem realen Bauwerk in der Regel der Festanker nicht frei zugänglich ist. Aufgrund der relativ geringen Probenabmessungen werden an die Messgeber und die Versuchsdurchführung hohe Anforderungen gestellt. Die Sollwerte in den bauaufsichtlichen Zulassungen der Spannglieder stellen Mittelwerte dar.

Ungewollter Umlenkwinkel k

Mit dem ungewollten Umlenkwinkel k soll der Durchhang des Hüllrohres beim Betonieren sowie eventuelle geringe Verlegeungenauigkeiten erfasst werden. Diese hängen jedoch wesentlich von der Bauausführung ab.

Weiterhin ist bislang nicht eindeutig festgelegt, ob sowohl $k\,\Delta x$ und $\Delta\theta$ oder nur der lokale Maximalwert von beiden zu berücksichtigen ist. Nach DIN 1045-1, Gl. 50, ist der ungewollte Umlenkwinkel k immer anzusetzen. Dem widersprechen Untersuchungen von Walter/Utescher et al. [93], wonach nur der örtliche Maximalwert aus $\Delta\theta$ oder $k\,\Delta x$ zu berücksichtigen ist.

Der Einfluss von k ist besonders bei geringen Soll-Umlenkwinkeln θ zu beachten. Für eine parabolische Spanngliedführung gilt: $\Delta\theta = (8f/l^2)\cdot\Delta x$. Erst wenn $8f/l^2$ größer als k ist, wird der ungewollte Umlenkwinkel maßgebend. Dies ist beispielsweise für ein Spannglied mit $l = 20$ m und $k = 0{,}005$ rad/m erst der Fall, wenn der Parabelstich f kleiner als 0,25 m ist.

Abweichungen von der rechnerischen Spanngliedlage

Die genaue Lage der Spannglieder ist aufgrund der sehr beengten Verhältnisse im Bauwerk meistens schwer zu kontrollieren. Als Bezugsebene wird der Schalboden verwendet. Die Spanngliedordinate z_p ist in Richtung der Schwerachse zu messen. Nach DIN 1045-3, 10.4 sind folgende Verlegetoleranzen zulässig:

für $h \leq 200$ mm: für jedes Einzelspannglied $\Delta h = \pm 0{,}025\,h$

für $h > 200$ mm:

– für jedes Einzelspannglied: $\Delta h = \pm 0{,}04\,h$, jedoch nicht größer als $\Delta h = \pm 30$ mm
– für die Summe aller Spannglieder: $\Delta h = \pm 0{,}025\,h$, jedoch nicht größer als $\Delta h = \pm 20$ mm

mit: h = Höhe des Betonquerschnitts

Die ZTV-K-1996 [92] sieht geringere Toleranzen vor (Tabelle 4.4).

4.9 Spannwegberechnung

Die Toleranzen werden auf die Bauteilhöhe h bzw. h_0 bezogen, da die Spanngliedordinaten meistens vom Schalboden gemessen werden. Sinnvoller wäre es die zulässigen Abweichungen auf den Abstand $z_p(x)$ zwischen der Soll-Spanngliedlage und der Schwerachse des Querschnitts zu beziehen. Für den in Bild 4.54 dargestellten Plattenbalken mit einer Querschnittshöhe von $h = 1{,}65$ m ist eine Toleranz von $\Delta h = \pm 0{,}025 \cdot h = \pm 0{,}025 \cdot 165 = \pm 4{,}1$ cm bei einem Schwerpunktsabstand von 74,3 cm über den Innenstützen sicherlich zuviel.

Tabelle 4.4 Abweichungen nach ZTV-K 96 [92]

Bauhöhe h_0 in mm	Verlegtoleranz in Richtung der Bauteilhöhe	Baubreite b in cm		Verlegtoleranz in Richtung der Bauteilbreite (senkrecht zur Tragrichtung)
≤ 200	$\pm h_0/40$	Balken	≤ 20	± 5 mm
$200 < h_0 \leq 1000$	± 5 mm		$20 < b \leq 100$	± 10 mm
> 1000	± 10 mm	Platten und Balken	> 100	± 20 mm

Die Berechnung des Spannkraftverlaufes wird meistens vereinfachend mit der Schwerpunktslage aller Spannglieder im Querschnitt durchgeführt. Dies setzt jedoch voraus, dass alle Spannglieder nahezu den gleichen Verlauf aufweisen. Besonders im Ankerbereich und an den Koppelstellen können aufgrund des Platzbedarfes für die Ankerplatten Verziehungen notwendig sein, welche ggf. zu berücksichtigen sind. Es sind sowohl die horizontalen als auch die vertikalen Umlenkwinkel zu beachten.

Örtliche Störungen

- Durch Eindringen von Wasser und Mörtel in das Hüllrohr beim Betonieren
  Sind die Verbindungsstellen der Hüllrohre nicht ausreichend abgedichtet, so kann beim Betonieren Zementsuspension in das Hüllrohr eindringen. Dies kann zu einer erheblichen Erhöhung des Reibungskoeffizienten μ und im Extremfall zum Blockieren des Spanngliedes beim Anspannen führen.
- Durch Einbaufehler
  Obwohl die Lage der Spannglieder auf der Baustelle mehrmals kontrolliert wird, sind Einbaufehler möglich, welche zu örtlichen Abweichungen beim Sollumlenkwinkel $\Delta\theta$ bzw. bei den Spannkraftverlusten führen.
- Durch Beschädigungen des Hüllrohres
  Eindrückungen der Hüllrohre durch unsachgemäßes Verlegen oder Begehen können zu örtlich größeren Reibungsverlusten führen.

Nullpunktkorrektur

Der theoretische Nullpunkt der Kraft/Spannweg-Linie bzw. der so genannte Nullspannweg wird teilweise durch Vergleich des Soll- und Ist-Spannweges bei einem bestimmten Pressendruck ermittelt (Bild 4.57). Dabei wird jedoch vorausgesetzt, dass der rechnerische Reibungsbeiwert vorhanden ist. Trifft diese Annahme nicht zu, so wird der Nullspannweg und damit auch der Spannweg beim Solldruck falsch berechnet. Eine lineare Interpolation zweier Messwerte liefert bessere Werte. Bei stark gekrümmtem Spannkraft–Spannweg-Verlauf im Bereich kleiner Kräfte kann es jedoch auch hiermit zu fehlerhaften Rechenwerten kommen.

Toleranzen beim Keilschlupf

Der Einfluss des Keilschlupfes erstreckt sich größtenteils nur auf den unmittelbaren Bereich der Verankerung. Er wirkt sich daher bei großen Spannlängen im Wesentlichen nur auf die Spanngliedspannungen im Ankerbereich aus und weniger auf die Spannwege. Anders ist es bei kurzen Spanngliedern. Der rechnerische anzusetzende Keilschlupf kann der Zulassung entnommen werden. Die Werte schwanken zwischen 3 mm und 7 mm.

Die obige Auflistung möglicher Fehlerquellen soll dazu dienen, die Ursache einer Abweichung von den Sollwerten zu finden. Mit den so ermittelten neuen Rechenwerten kann dann die Tragfähigkeit und Gebrauchstauglichkeit des Tragwerks nachgewiesen werden.

Durch Überspannen und Nachlassen lassen sich die Ursachen von Abweichungen teilweise ermitteln, wie beispielsweise der im Bauwerk vorhandene Reibungskoeffizient.

Es ist auch sinnvoll, bereits bei der Tragwerksberechnung bzw. bei der Spanngliedführung zu berücksichtigen, dass eventuelle Streuungen durch Überspannen ausgeglichen werden können (Abschnitt 4.6). Auch wenn dies meistens nicht zu einer optimalen Ausnutzung der Spannstahlspannungen führt, so sollte doch beachtet werden, dass bei mangelnder Vorspannung das gesamte Bauwerk eventuell abgebrochen werden muss.

Ein zu großer Spannweg bei Erreichen der Sollspannkraft kann folgende Ursachen haben:

- Die Verankerung gibt nach.
  Man erkennt dies, wenn die Spannkraft bzw. der Pressendruck mit der Zeit geringer wird.

- Ein Draht oder Litze ist gebrochen.
  Dies ist teilweise hörbar. Weiterhin nimmt der Pressendruck bzw. die Spannkraft schlagartig ab.

- Niedrigerer Reibungskoeffizient und geringere Umlenkwinkel.

5 Schnittgrößen infolge P bei statisch unbestimmten Systemen

5.1 Allgemeines

Die Einwirkungen aus Vorspannung erzeugen bei einem Tragwerk Längs- und Biegeverformungen. Bei statisch bestimmten Systemen sind diese Deformationen ohne Behinderung möglich. Bei statisch unbestimmten Systemen entstehen jedoch durch die Festhaltungen in der Regel Zwang- und Auflagerkräfte. Es liegt dann kein Eigenspannungszustand mehr vor.

Dies wird aus dem in Bild 5.1 dargestellten Zweifeldträger deutlich. Um die Verformung des statisch bestimmten Grundsystems über der Mittelstütze rückgängig zu machen ist eine Auflagerreaktion X_1 notwendig. Diese Kraft erzeugt Schnittgrößen im Träger (M_p', V_p', N_p'). Die statisch unbestimmte Auflagerkraft ergibt sich aus der Verträglichkeitsbedingung über dem Mittelauflager: $\delta_{10} + X_1 \cdot \delta_{11} = 0$.

Die Schnittgrößen aus Vorspannung setzen sich additiv aus den Werten des statisch bestimmten Grundsystems $M_p^{(0)}$, $V_p^{(0)}$, $N_p^{(0)}$ und den Zwängungsmomenten und -kräften M_p', V_p', N_p' zusammen.

$$M_p = M_p^{(0)} + M_p' \qquad V_p = V_p^{(0)} + V_p' \qquad N_p = N_p^{(0)} + N_p' \tag{5.1}$$

Da durch die Vorspannung keine äußeren Lasten auf das System wirken, müssen die Auflagerkräfte infolge P unter sich im Gleichgewicht stehen. Die Größe der Auflagerkräfte hängt nicht nur von der Spannkraft, sondern insbesondere von der Spanngliedführung ab.

Die Spanngliedführung kann auch so gewählt werden, dass keine Auflagerkräfte aus der Vorspannung entstehen. Es liegt dann eine so genannte *zwängungsfreie* Vorspannung vor. Diese Spanngliedführung stellt jedoch meistens, wie noch später gezeigt wird, nicht die wirtschaftlichste Lösung dar.

Es sei noch auf einen Unterschied zu äußeren Zwängen, wie z. B. infolge von Temperatur oder Stützensenkung, hingewiesen. Die statisch unbestimmten Schnittgrößen aus Vorspannung sind im Gegensatz zu den vorher genannten nicht von der Steifigkeit des Systems abhängig. Während Zwänge aus Temperatur durch den Steifigkeitsabfall des gerissenen Betons stark abgebaut werden, bleibt die Vorspannwirkung nahezu konstant. Diese Zusammenhänge werden deutlich, wenn man die Vorspannung durch äquivalente Einwirkungen ersetzt.

Die statisch unbestimmten Vorspannmomente M_p' nehmen im Grenzzustand der Tragfähigkeit bzw. beim Übergang vom Zustand I in den Zustand II nur unwesentlich zu. Dies ist darauf zurückzuführen, dass die Zwangschnittgrößen durch die Dehnungsbehinderung des *Gesamt*systems entstehen, d.h. vom Gesamttragverhalten abhängen. Demgegenüber nehmen die statisch bestimmten Schnittgrößen bei Verbundvorspannung entsprechend den Dehnungen im jeweiligen Querschnitt zu. Das statisch bestimmte Vorspannmoment $M_p^{(0)}$ ist proportional zur lokalen Spannkraft $P(x)$. Wie bei jedem statisch unbestimmten System sind die „Zwangschnittgrößen" lediglich vom Verhältnis der Steifigkeiten zwischen Feld und Stütze abhängig, nicht jedoch von deren Änderung.

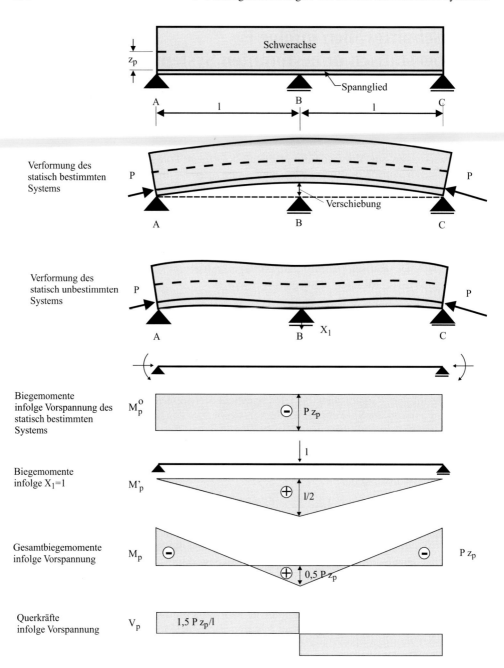

Bild 5.1 Verformungen und Schnittgrößen infolge Vorspannung (Auflagerlast als Unbekannte)

Aufgrund der geringen Zunahme von M'_p im rechnerischen Grenzzustand der Tragfähigkeit wurden nach DIN 4227 unterschiedliche Teilsicherheitskoeffizienten für $M_p^{(0)}$ und M'_p angesetzt ($\gamma_p = 1{,}75$ bzw. $1{,}0$). Für die Bemessung musste daher das Vorspannmoment in beide Anteile aufgespalten werden. Dies ist nach DIN 1045-1 nicht mehr erforderlich. Die Teilsicherheitsfaktoren für die statisch bestimmten und statisch unbestimmten Schnittgrößen aus Vorspannung sind identisch $\gamma_p = 1{,}0$.

Weiterhin folgt aus den zuvor erläuterten Zusammenhängen, dass die statisch unbestimmten Momente M'_p bei Vorspannung mit Verbund von einem möglichen örtlichen Spannkraftausfall nur gering beeinflusst werden. Dies wird deutlich, wenn man die Vorspannwirkung durch die äquivalenten Anker- und Umlenklasten ersetzt. Bei einer örtlichen Zerstörung des Spanngliedes, beispielsweise infolge Korrosion, fällt nur lokal die Vorspannwirkung aus. Der Störbereich erstreckt sich über die notwendige Eintragungslänge des Spannglieds, welche jedoch relativ große Werte annehmen kann. Bei einem Spanngliedausfall werden große Kräfte im Innern eines Bauteils eingetragen. Hierdurch entstehen örtlich erhebliche Zusatzbeanspruchungen, welche zu Rissen führen können.

Nur die Zwangmomente M'_p können im Grenzzustand der Tragfähigkeit umgelagert werden. Die statisch bestimmten Vorspannmomente $M_p^{(0)}$ sind unabhängig von der Verformungsbehinderung. Daher werden die Zwangmomente aus Vorspannung bei der Schnittgrößenermittlung und Bemessung größtenteils als äußere Einwirkung angesetzt.

5.2 Berechnung der Schnittgrößen

Zur Berechnung der Schnittgrößen aus Vorspannung stehen die bekannten Verfahren der Baustatik für statisch unbestimmte Tragwerke zur Verfügung, beispielsweise:
- Kraftgrößenverfahren
- Drehwinkelverfahren

Bei der Schnittgrößenermittlung kann die Wirkung der Vorspannung durch äquivalente Umlenklasten und Ankerkräfte ersetzt werden. Alternativ kann auch das statisch unbestimmte Vorspannmoment über der Stütze als Unbekannte gewählt werden. Die statisch bestimmten Vorspannmomente ergeben sich direkt aus der Spanngliedführung $M_p^{(0)}(x) = P(x) \cdot z_p(x)$. Da die statisch unbestimmten Schnittgrößen vom Gesamtsystem abhängen, sind örtliche Vereinfachungen der Spanngliedführung, z. B. Vernachlässigung der Ausrundung über Innenstützen, meistens möglich (Bild 5.2).

Im Folgenden werden die verschiedenen Rechenverfahren erläutert. Auch wenn die Berechnung von vorgespannten Tragwerken heutzutage meistens mit Rechenprogrammen erfolgt, so sind die einfachen, überschaubaren Handrechnungen für die Kontrolle und auch für das Verständnis des Tragverhaltens eines Bauteils unentbehrlich.

5.2.1 Äquivalente Ersatzlasten

Dieses Verfahren wurde bereits bei der Schnittgrößenermittlung von statisch bestimmten Systemen erläutert. Die Wirkung der Vorspannung wird durch äquivalente Umlenkkräfte ersetzt. Daher wird dieses Verfahren auch als Umlenkkraftmethode bezeichnet. Diese Bezeichnung ist jedoch missverständlich, da nicht nur die Umlenklasten, sondern weiterhin auch die Ankerkräfte zu berücksichtigen sind.

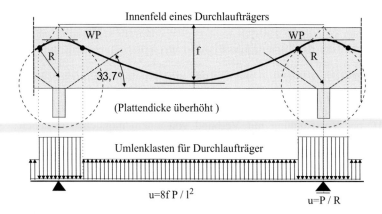

Bild 5.2 Umlenkkräfte im Innenfeld eines Durchlaufträgers mit kreisförmiger Ausrundung über den Stützen (ohne Ankerkräfte)

Umlenkkraft bei parabolischem Spanngliedverlauf: $u = \dfrac{8 \cdot f}{l^2} \cdot P$

Umlenkkraft bei kreisförmigem Spanngliedverlauf: $u = \dfrac{P}{R}$

Aus dem obigen Lastbild wird deutlich, dass die nach unten gerichteten Umlenklasten über der Mittelstütze nur geringen Einfluss auf das Gesamtmoment infolge Vorspannung haben. Daher kann dieser Anteil bei der Schnittgrößenermittlung oftmals vernachlässigt werden, was die Berechnung erheblich vereinfacht. Dies gilt jedoch nur für die statisch unbestimmten Schnittgrößen aus Vorspannung außerhalb des Ausrundungsbereiches an den Zwischenauflagern.

Mit der Umlenkkraftmethode können auch beliebige Spanngliedführungen (z. B. polygonartig) berücksichtigt werden. Dies ist bei den anderen Verfahren nur mit relativ großem Aufwand möglich.

Beispielhaft wird das Vorgehen an einem symmetrischen Zweifeldträger (Bild 5.3) erläutert.

Das Stützmoment eines Durchlaufträgers unter einer Gleichlast u (positiv nach oben) beträgt:

$$M_B = \frac{u \cdot l^2}{8} = \frac{\left(8 \cdot f / l^2 \cdot P\right) \cdot l^2}{8} = P \cdot f \tag{5.1}$$

Durch die Randmomente $-P \cdot z_{pA}$ bzw. $-P \cdot z_{pB}$ entsteht ein Stützmoment von:

$M_{pB} = P \cdot z_{pA} / 4$ bzw. $M_{pB} = P \cdot z_{pC} / 4$

Es sei darauf hingewiesen, dass die Spanngliedordinaten z_{pA}, z_{pB}, e bei diesem Beispiel negativ sind. Somit beträgt das Biegemoment aus Vorspannung an der Mittelstütze (ohne Berücksichtigung der Ausrundung):

5.2 Berechnung der Schnittgrößen

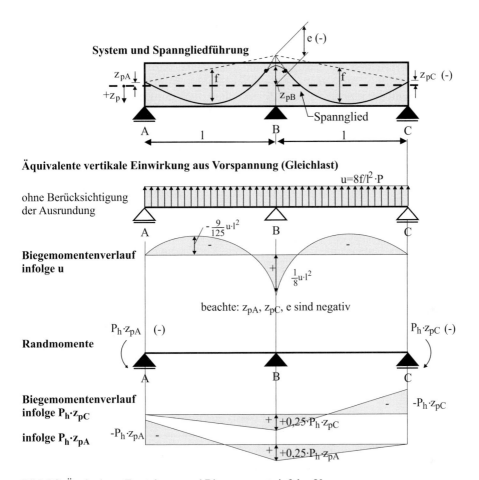

Bild 5.3 Äquivalente Ersatzlasten und Biegemomente infolge Vorspannung

$$M_{pB} = P \cdot \left(f + \frac{z_{pA} + z_{pC}}{4} \right) \tag{5.2}$$

Mit $M_{pB}' = M_{pB} - M_{pB}^{(0)}$ ergibt sich das statisch unbestimmte Vorspannmoment über dem Auflager B zu:

$$M_{pB}' = P \cdot \left(f + \frac{z_{pA} + z_{pC}}{4} \right) + P \cdot e \tag{5.3}$$

Das Stützmoment aus Vorspannung ist somit gleich:

$$M_{pB} = M_{pB}^{(0)} + M_{pB}' = -P \cdot z_{pB} + P \cdot \left(f + \frac{z_{pA} + z_{pC}}{4} \right) + P \cdot e \tag{5.4}$$

Die übrigen Schnittgrößen (N, V) lassen sich entsprechend durch Überlagerung der einzelnen Lastfälle bestimmen.

5.2.2 Kraftgrößenverfahren

Beim Kraftgrößenverfahren werden die Schnittgrößen und Verformungen eines statisch unbestimmten Systems S_i aus einer Linearkombination der Werte des statisch bestimmten Ersatzsystems S_0 und der Einheitszustände S_i multipliziert mit der Überzählige X_i bestimmt:

$$S_i = S_0 + \sum_{i=1}^{n} X_i \cdot S_i \qquad (5.5)$$

Aus der Kontinuitätsbedingung folgt:

$$\delta_j = \delta_{j,0} + \sum_{i=1}^{n} X_i \cdot \delta_{ji} \equiv 0 \qquad (5.6)$$

Hierbei ist δ_{ji} die der Unbekannten X_j entsprechende Verformung des Ersatzsystems verursacht durch die Einheitslast $X_i = 1$. Diese kann mit der Arbeitsgleichung bestimmt werden.

$$\delta_{jk} = \int \frac{M_j \cdot M_k}{E_c I_{ci}} \cdot dx + \int \frac{N_j \cdot N_k}{E_c A_{ci}} \cdot dx + \ldots \qquad (5.7)$$

Da Spannbetonbauteile große Normalkräfte aufweisen, sollte der Einfluss der Normalkraft ggf. berücksichtigt werden (siehe Gleichung 5.7).

Bei einem Durchlaufsystem bieten sich zwei Möglichkeiten für die Wahl der statisch unbestimmten Größen an:

- Auflagerlasten als Unbekannte   (Bild 5.4 oben)
- Stützmomente als Unbekannte   (Bild 5.4 unten)

Wird das Biegemoment über dem Auflager als Unbekannte gewählt, so bringt man die ideellen Gelenke zweckmäßigerweise in Höhe der Spannglieder über den Zwischenstützen an. Die Vorspannkraft wird auf beide Schnittufer als äußere Druckbelastung angesetzt.

Für die Überlagerung der Momente aus Vorspannung $M_p^{(0)}$ mit den Einheitszuständen M_i ist es zweckmäßig, $M_p^{(0)}$ in zwei Anteile zu zerlegen (Bild 5.4):

- Momente infolge der Schlusslinienkräfte
- Momente infolge der Umlenkkräfte aus Vorspannung

Die sogenannten Schlusslinienkräfte müssen in Richtung der Verbindungslinie beider Ankerstellen liegen, da am statisch bestimmten Ersatzsystem keine Auflagerreaktionen aus Vorspannung auftreten.

Bei der Berechnung ist es vorteilhaft, das statisch bestimmte Vorspannmoment $M_p^{(0)}$ in einen parabel- und eine trapezförmigen Anteil aufzuspalten (Bild 5.5). Hierdurch wird die Überlagerung von $M_p^{(0)}$ mit $M^{(1)}$ erheblich erleichtert.

5.2 Berechnung der Schnittgrößen

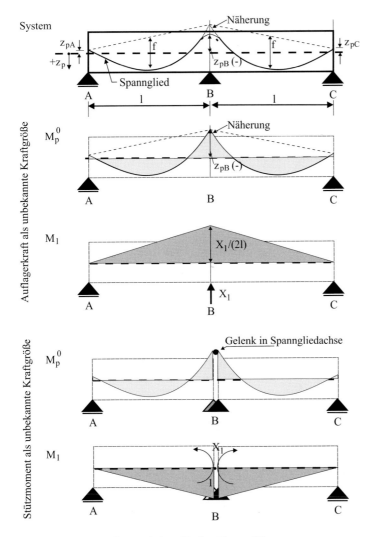

Bild 5.4 Schnittgrößen nach dem Kraftgrößenverfahren

Grundgleichungen

$$\delta_{0k} = \int \frac{M_p^0 \cdot M^k}{E_c I_i} \cdot dx + \int \frac{N_p^0 \cdot N^k}{E_c A_{ci}} \cdot dx \qquad \delta_{jk} = \int \frac{M_j \cdot M_k}{E_c I_i} \cdot dx + \int \frac{N_j \cdot N_k}{E_c A_{ci}} \cdot dx$$

$$\delta_{0k} = -\sum_k X_k \cdot \delta_{jk} \qquad\qquad M_p = M_p^0 + \sum_j M_j \cdot X_j$$

(5.8)

Die Integration kann mit den bekannten Integraltafeln erfolgen. Für parabel- und geradlinige Spanngliedverläufe sind die notwendigen Gleichungen in Tabelle 5.1 aufgeführt.

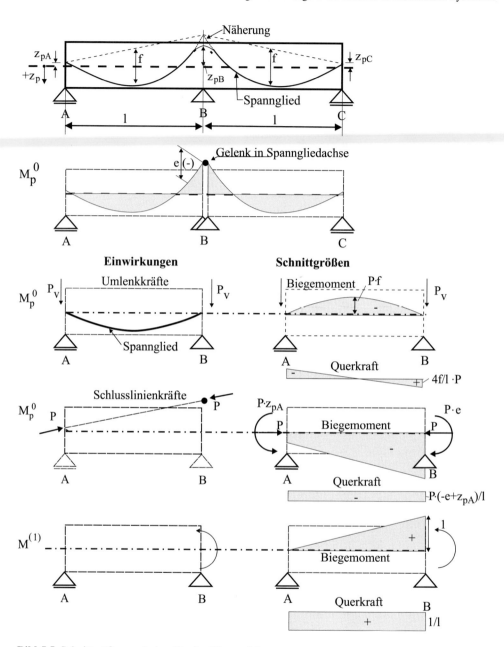

Bild 5.5 Schnittgrößen nach dem Kraftgrößenverfahren

Der Einfluss der Normalkraft und der Querkraft kann bei den meisten Tragsystemen vernachlässigt werden. Die Verformung in Spannrichtung ist nicht behindert. Dies trifft jedoch nicht für Rahmen zu. Durch die Vorspannung verkürzt sich der Riegel, was zu Schnittgrößen führt (siehe Beispiel 2).

5.2 Berechnung der Schnittgrößen

Tabelle 5.1 Auswertung der Integrale $\int_a M_i \cdot M_k \cdot \mathrm{d}s$

	$\begin{array}{c}\downarrow k\\ \longleftarrow a \longrightarrow\end{array}$	$\begin{array}{c}\downarrow k\\ \longleftarrow a \longrightarrow\end{array}$	$\begin{array}{c}k\downarrow\\ \longleftarrow a \longrightarrow\end{array}$	$\begin{array}{c}\downarrow k\\ \longleftarrow a \longrightarrow\end{array}$
$\downarrow j$, $\longleftarrow a \longrightarrow$	$\dfrac{1}{2}a\cdot j\cdot k$	$\dfrac{1}{3}a\cdot j\cdot k$	$\dfrac{1}{6}a\cdot j\cdot k$	$\dfrac{1}{3}a\cdot j\cdot k$
$j\downarrow$, $\longleftarrow a \longrightarrow$	$\dfrac{1}{2}a\cdot j\cdot k$	$\dfrac{1}{6}a\cdot j\cdot k$	$\dfrac{1}{3}a\cdot j\cdot k$	$\dfrac{1}{3}a\cdot j\cdot k$
$\downarrow j$, $\longleftarrow a \longrightarrow$	$\dfrac{2}{3}a\cdot j\cdot k$	$\dfrac{1}{3}a\cdot j\cdot k$	$\dfrac{1}{3}a\cdot j\cdot k$	$\dfrac{8}{15}a\cdot j\cdot k$

Beispiel 1

Die Vorgehensweise soll im Weiteren an einem sehr einfachen Beispiel, einem Zweifeldträger mit gleichen Stützweiten und parabolischer Spanngliedführung, erläutert werden (Bild 5.6). Hierbei ist zu beachten, dass z_p und e positiv nach unten definiert sind.

$$E_c \cdot I_{ci} \cdot \delta_{10} = 2 \cdot \left\{ -\frac{1}{6}\cdot l \cdot P \cdot z_{pA} \quad -\frac{1}{3}\cdot l \cdot P \cdot e \quad -\frac{1}{3}\cdot l \cdot P \cdot f \right\} \quad \text{,,0''}$$

$$E_c \cdot I_{ci} \cdot \delta_{11} = 2 \cdot \{ \quad (1/3)\cdot l \} \quad \text{,,1''}$$

$$X_1 = -\frac{\delta_{10}}{\delta_{11}} = P\cdot(0{,}5\cdot z_{pA} + e + f) \tag{5.9}$$

Die Schnittkräfte des Gesamtsystems ergeben sich durch Überlagerung ($S = S_0 + X_1 \cdot S_1$).

Im Weiteren wird vereinfachend nur der Sonderfall eines symmetrischen Systems betrachtet, d.h: $f_1 = f_2 = f$; $l_1 = l_2 = l$; $z_{pA} = z_{pC}$.

Bei Vernachlässigung der Ausrundung beträgt das Stützmoment somit:

$$M_{pB} = M_{pB}^{(0)} + X_1 \cdot M_{pB}^{(1)} = -P \cdot e + [P \cdot (0{,}5 \cdot z_{pA} + e + f)] \cdot (+1) = P \cdot (0{,}5 \cdot z_{pA} + f) \tag{5.10}$$

(z_p und e nach unten positiv)

Für das statisch unbestimmte Stützmoment gilt:

$$M'_{pB} = +X_1 \cdot M_{pB}^{(1)} = +[P \cdot (0{,}5 \cdot z_{pA} + e + f)] \cdot (+1) \tag{5.11}$$

Im Ausrundungsbereich ist die wirkliche Spanngliedlage zu berücksichtigen, d.h.:

$$M_{pB} = M_{pB}^{(0)} + X_1 \cdot M_{pB}^{(1)} = -P \cdot z_{pB} + P \cdot [(0,5 \cdot z_{pA} + e + f)] \cdot (+1) = P \cdot ([e - z_{pB}] + 0,5 \cdot z_{pA} + f)$$

für

$$z_{pA} = 0 \text{ gilt } (f_1 = f_2 = f, l_1 = l_2 = l): \quad M_{pB} = P \cdot (e - z_{pB} + f) = P \cdot (\Delta e + f) \tag{5.12}$$

Für unterschiedliche Stützweiten und Parabelstiche ergibt sich bei Vernachlässigung der Ausrundung (siehe Abschnitt 5.3.1):

$$M_{pB} = P \cdot \frac{l_1 \cdot (-z_{pA} + 2 \cdot f_1) + l_2 \cdot (-z_{pC} + 2 \cdot f_2)}{2 \cdot (l_1 + l_2)} \tag{5.13}$$

(Δe stets negativ)

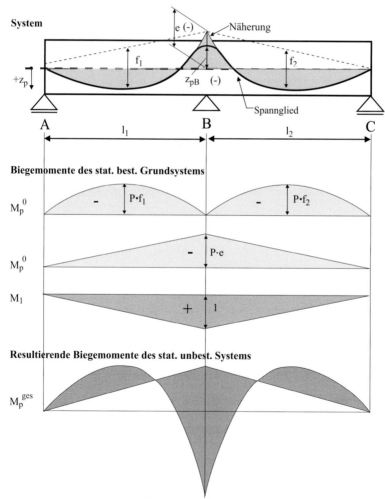

Bild 5.6 Vorspannmomente eines Zweifeldträgers

5.2 Berechnung der Schnittgrößen

Beispiel 2: Eingespannter Einfeldrahmen

Nachfolgend soll der Einfluss der Normalkraftverformung auf die Schnittgrößen an einem eingespannten Rahmentragwerk untersucht werden. Das System ist in Bild 5.7 dargestellt. Der Riegel sei durch ein gerades Spannglied vorgespannt. Bei einem gekrümmten Spanngliedverlauf wären zusätzlich Umlenklasten zu berücksichtigen. Der Rechenablauf ist jedoch identisch. Die Einwirkungen aus der Vorspannung werden durch Ersatzlasten – Normalkräfte $N = 1000$ kN und Biegemomente $M = 10$ kN/m in den Rahmenecken – berücksichtigt.

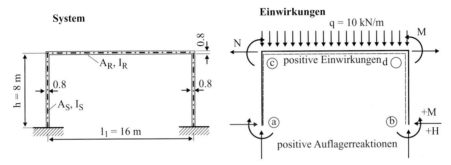

Bild 5.7 Vorspannmomente eines Zweifeldträgers

Bild 5.8 zeigt die Schnittgrößen der Einheitslastfälle am statisch bestimmten Grundsystem. Hieraus ergeben sich die folgenden δ_{ik}-Werte. Die Symmetriebedingung wird nicht angesetzt.

	q	M	N
$\delta_{10} =$	$\dfrac{1}{3} \cdot \dfrac{q \cdot l_1^2}{8} \cdot 1 \cdot \dfrac{l_1}{E \cdot I_R}$	$\dfrac{1}{2} \cdot M \cdot 1 \cdot \dfrac{l_1}{E \cdot I_R}$	0
$\delta_{20} =$	δ_{10}	δ_{10}	0
$\delta_{30} =$	$\dfrac{2}{3} \cdot \dfrac{q \cdot l_1^2}{8} \cdot (-h) \cdot \dfrac{l_1}{E \cdot I_R}$	$M \cdot (-h) \cdot \dfrac{l_1}{E \cdot I_R}$	$+1 \cdot N \cdot \dfrac{l_1}{E \cdot A_R}$
$\delta_{11} =$	$1 \cdot 1 \cdot \dfrac{h}{E \cdot I_S} + \dfrac{1}{3} \cdot 1 \cdot 1 \cdot \dfrac{l_1}{E \cdot I_R}$	$+2 \cdot \dfrac{1}{l_1} \cdot \dfrac{1}{l_1} \cdot \dfrac{h}{E \cdot A_s}$	
$\delta_{12} =$	$\dfrac{1}{6} \cdot 1 \cdot 1 \cdot \dfrac{l_1}{E \cdot I_R}$	$-2 \cdot \dfrac{1}{l_1} \cdot \dfrac{1}{l_1} \cdot \dfrac{h}{E \cdot A_s}$	
$\delta_{13} =$	$\dfrac{1}{2} \cdot 1 \cdot (-h) \cdot \dfrac{h}{E \cdot I_S} + \dfrac{1}{2} \cdot 1 \cdot (-h) \cdot \dfrac{l_1}{E \cdot I_R}$	$+0$	
$\delta_{22} =$	δ_{11}		
$\delta_{23} =$	δ_{13}		
$\delta_{33} =$	$\dfrac{2}{3} \cdot (-h) \cdot (-h) \cdot \dfrac{h}{E \cdot I_S} + (-h) \cdot (-h) \cdot \dfrac{l_1}{E \cdot I_R}$	$+1 \cdot 1 \cdot \dfrac{l_1}{E \cdot A_R}$	

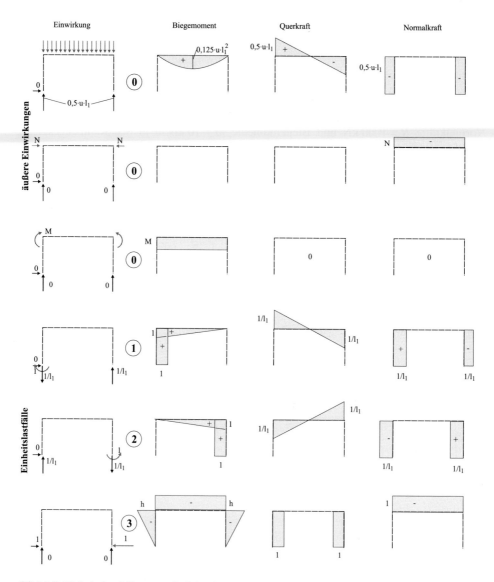

Bild 5.8 Einheitslastfälle am statisch bestimmten Grundsystem

Bei Vernachlässigung der Verformungen infolge der Normalkraft – für das Beispiel betragen die Abweichungen weniger als 1% – ergeben sich die statisch unbekannten Größen zu:

Gleichlast q: $\quad X_3 = H = \dfrac{q \cdot l_1^2}{4 \cdot h \cdot (k+2)} \qquad X_1 = X_2 = X_3 \cdot \dfrac{h}{3}$ (5.14)

Normalkraft N: $\quad X_3 = -N \cdot \dfrac{I_R}{A_R \cdot h} \cdot \dfrac{3 \cdot (2k+1)}{k \cdot (k+2)} \qquad X_1 = -N \cdot \dfrac{I_R}{A_R \cdot h} \cdot \dfrac{3 \cdot (k+1)}{k \cdot (k+2)}$ (5.15)

5.2 Berechnung der Schnittgrößen

Biegemoment M: $\quad X_3 = H = \dfrac{M}{h} \cdot \dfrac{3}{(k+2)} \qquad X_1 = M \cdot \dfrac{3k-1}{(k+2)} \qquad (5.16)$

hierin ist $k = \dfrac{E \cdot I_R}{E \cdot I_S} \cdot \dfrac{h}{l_1}$

Die Schnittgrößenverläufe für die betrachteten 3 Lastfälle sind in Bild 5.9 aufgetragen.

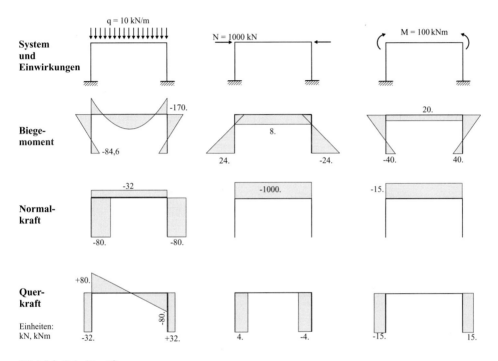

Bild 5.9 Schnittgrößen

Sowohl aus den obigen Gleichungen als auch den Schnittgrößenverläufen ist ersichtlich, dass mit einer Vorspannung des Riegels die Auflagerreaktionen beeinflusst werden können. Hierbei sind die Auswirkungen der Normalkraft erheblich geringer, als die der Biegemomente. Um das durch die äußere Einwirkung erzeugte Einspannmoment zu egalisieren, wäre eine zentrische Vorspannkraft von $N = 3{,}53$ MN oder ein Biegemoment von $M = 212$ kNm erforderlich. Zu beachten sind hierbei noch die zeitabhängigen Betonverformungen.

5.2.3 Drehwinkelverfahren

Beim Drehwinkelverfahren werden Formänderungsgrößen (Stab- und Knotendrehwinkel) als Unbekannte verwendet. Diese werden mit Gleichgewichtsbedingungen berechnet. Der Einfluss der Normal- und Querkräfte wird vernachlässigt.

Das Drehwinkelverfahren eignet sich vor allem für Rahmentragwerke. Zunächst werden die Biegemomente am geometrisch bestimmten Grundsystem (Einspannung in den Knoten) ermittelt. Die Starreinspannmomente M_A, M_B sowie die Drehwinkel $\varphi_A = L/(6EI)$ bzw. $\varphi_B = R/(6EI)$ können für die wichtigsten Spanngliedverläufe den Bildern 5.11 bis 5.17 entnommen werden.

Exemplarisch soll die Vorgehensweise an einem Zweifeldträger mit parabolischer Spanngliedführung gezeigt werden (Bild 5.10).

Die Einspannmomente am kinematisch bestimmten Grundsystem (einseitige Einspannung am Innenauflager) betragen:

$$M_{pBl}^{(0)} = P \cdot f_1 \quad \text{bzw.} \quad M_{pBr}^{(0)} = -P \cdot f_2 \tag{5.17}$$

Eine Einheitsverdrehung $j = 1$ des Stabes am Innenauflager erzeugt Einspannmomente von:

$$M_{pBl}^{(1)} = -\frac{3 \cdot E \cdot I}{l_1} \quad \text{bzw.} \quad M_{pBr}^{(1)} = -\frac{3 \cdot E \cdot I}{l_2} \tag{5.18}$$

Aus dem Momentengleichgewicht folgt:

$$\sum M_{pi}^{(0)} + \varphi \cdot \sum M_{pi}^{(1)} = 0 \quad \text{bzw.}$$

$$\varphi = -\frac{\sum M_{pi}^{(0)}}{\sum M_{pi}^{(1)}} = -\frac{P \cdot (f_1 - f_2)}{-\frac{3 \cdot E \cdot I}{l_1} - \frac{3 \cdot E \cdot I}{l_2}} = \frac{P \cdot (f_1 - f_2)}{\frac{3 \cdot E \cdot I}{l_1} + \frac{3 \cdot E \cdot I}{l_2}} \tag{5.19}$$

Somit ergeben sich die Vorspannmomente:

$$M_{pB} = M_{pBl}^{(0)} + \varphi \cdot M_{pBl}^{(1)} = P \cdot f_1 - \frac{P \cdot (f_1 - f_2)}{\frac{3 \cdot E \cdot I}{l_1} + \frac{3 \cdot E \cdot I}{l_2}} \cdot \frac{3 \cdot E \cdot I}{l_1} = P \cdot \frac{l_1 \cdot f_1 + l_2 \cdot f_2}{l_1 + l_2} \tag{5.20}$$

Die Lösung stimmt mit dem Ergebnis des Kraftgrößenverfahrens (Gleichung 5.13) überein.

5.2 Berechnung der Schnittgrößen

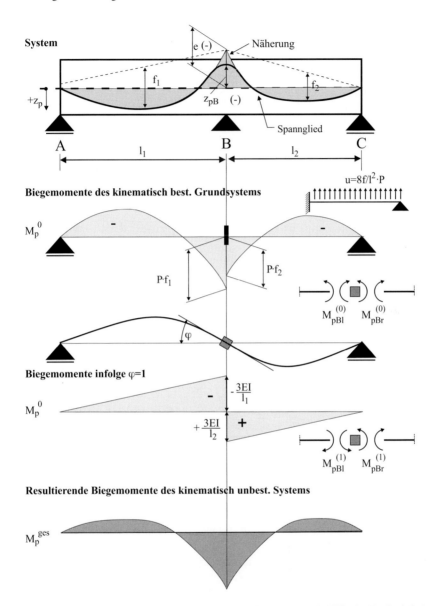

Bild 5.10 Bestimmung der Vorspannmomente eines Zweifeldträgers mit Hilfe des Drehwinkelverfahrens

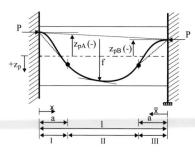

Bereich I (kubische Parabel) $\quad \delta = \dfrac{z_{pA} - z_{pB}}{f}$

$$z_p(x) = -\frac{f}{a^2 \cdot l}(4-\delta) \cdot x^3 - \frac{f}{a \cdot l}[4\alpha - 2(4-\delta)]x^2 + z_{pA}$$

Bereich II (quadratische Parabel)

$$z_p(x) = -\frac{4f}{l^2}x^2 + \frac{f}{l}(4-\delta)x + z_{pA}$$

Bereich III (kubische Parabel)

$$z_p(x) = -\frac{f}{a^2 \cdot l}(4+\delta)\overline{x}^3 - \frac{f}{a \cdot l}[4\alpha - 2(4+\delta)] \cdot \overline{x}^2 + z_{pB}$$

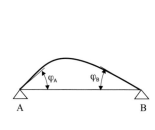

$$M_A = P\left(z_{pA} + \frac{2}{3}f\right) - \alpha^2 \frac{2}{3}P \cdot f(1 - 0{,}75\delta + 0{,}6\delta \cdot \alpha)$$

$$M_B = P\left(\frac{2}{3}f + z_{pB}\right) - \alpha^2 \frac{2}{3}P \cdot f(1 + 0{,}75\delta - 0{,}6\delta \cdot \alpha)$$

$$L = -P(2z_{pA} + 2f + z_{pB}) + \alpha^2 \cdot 2P \cdot f(1 - 0{,}25\delta + 0{,}2\delta \cdot \alpha)$$

$$R = -P(z_{pA} + 2f + 2z_{pB}) + \alpha^2 \cdot 2P \cdot f(1 + 0{,}25\delta - 0{,}2\delta \cdot \alpha)$$

$$\varphi_A = \frac{l}{6E \cdot I}L \; ; \qquad \varphi_B = -\frac{l}{6E \cdot I}R$$

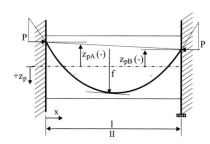

ohne Ausrundung:

$P_\alpha = \dfrac{a}{l} = 0$ setzen

P als Druckkraft positiv einsetzen

Bild 5.11 Grundwerte für Vorspannung (aus Beton-Kalender 1982, Teil I, S. 638 [113])

5.2 Berechnung der Schnittgrößen

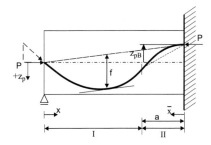

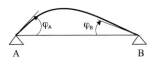

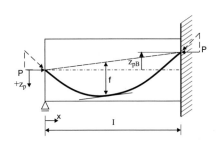

Bereich I (quadratische Parabel)

$$z_p(x) = -\frac{4f}{l^2} x^2 + \frac{1}{l}(4f + z_{pB}) \cdot x$$

Bereich II (kubische Parabel)

$$z_p(\bar{x}) = -\frac{1}{a^2 \cdot l}(4f - z_{pB}) \cdot \bar{x}^3 - \frac{1}{a \cdot l}$$
$$\times [4f \cdot \alpha - 2(4f - z_{pB})] \cdot \bar{x}^2 + z_{pB}$$

$$M_B = P(f + z_{pB}) - \alpha^2 \cdot P \cdot f \left(4 - \frac{z_{pB}}{f}\right)(0{,}25 - 0{,}1\alpha)$$

$$L = -P(2f + z_{pB}) + \alpha^3 \cdot 0{,}2P \cdot f \left(4 + \frac{z_{pB}}{f}\right)$$

$$R = -2P(f + z_{pB}) + \alpha^2 \cdot P \cdot f \left(4 - \frac{z_{pB}}{f}\right)(0{,}5 - 0{,}2\alpha)$$

$$\varphi_A = \frac{l}{6E \cdot I} L; \quad \varphi_B = -\frac{l}{6E \cdot I} R$$

$$\alpha = \frac{a}{l}$$

ohne Ausrundung:

$\alpha = a/l = 0$ setzen

Ausrundung 2a und 2b

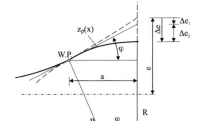

Im Wendepunkt WP. gilt:

$$\frac{de}{dx} = \tan\varphi = m = \text{Neigung der Spanngliedachse}$$

$$a = R \cdot \left(m - \frac{m^3}{2} + \cdots\right) \qquad \Delta e_1 = \frac{4f}{l^2} a^2$$

$$\Delta e_2 = R \cdot \left(\frac{m^2}{2} - \frac{m^4}{4} + \cdots\right)$$

Lösungsweg: R vorgeben,
 a schätzen,
 m berechnen,
 a kontrollieren.

Bild 5.12 Grundwerte für Vorspannung (aus Beton-Kalender 1982, Teil I, S. 639 [113])

212   5 Schnittgrößen infolge P bei statisch unbestimmten Systemen

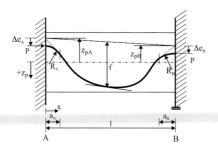

$$q_A = \frac{8f}{l^2} + \frac{1}{R_A}\;;\quad q_B = \frac{8f}{l^2} + \frac{1}{R_B}\;;\quad \alpha = \frac{a}{l}$$

quadratische Parabel:

$$z_p(x) = -\frac{4f}{l^2}x^2 + \frac{1}{l}(4f - z_{pA} + z_{pB})\cdot x + z_{pA}$$

Ausrundung siehe Tabelle zuvor.

$$M_A = P\cdot\left(z_{pA} + \frac{2}{3}f\right) - \frac{P\cdot a_A^2}{12}q_A(6 - 8\alpha_A + 3\alpha_A^2) - \frac{P\cdot a_B^2}{12}q_B(4\alpha_B - 3\alpha_B^2) + P\cdot\Delta e_A$$

$$M_B = P\left(e_B + \frac{2}{3}f\right) - \frac{P\cdot a_A^2}{12}q_A(4\alpha_A - 3\alpha_A^2) - \frac{P\cdot a_B^2}{12}q_B(6 - 8\alpha_B + 3\alpha_B^2) + P\cdot\Delta e_B$$

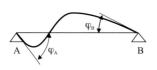

$$L = -P(2z_{pA} + 2f + z_{pB}) + \frac{P\cdot a_A^2}{4}q_A(2 - \alpha_A)^2$$
$$+ \frac{P\cdot a_B^2}{4}q_B(2 - \alpha_B^2) - 2P\cdot\Delta e_A - P\cdot\Delta e_B$$

$$R = -P(z_{pA} + 2f + 2z_{pB}) + \frac{P\cdot a_A^2}{4}q_A(2 - \alpha_A^2)$$
$$+ \frac{P\cdot a_B^2}{4}q_B(2 - \alpha_B)^2 - P\cdot\Delta e_A - 2P\cdot\Delta e_B$$

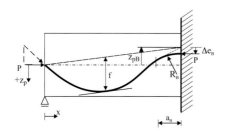

Einseitig in B eingespannt:

$$e_A = \Delta e_A = a_A = q_A = 0$$

$$M_B = P(z_{pB} + f) - \frac{P\cdot a_B^2}{8}q_B(2 - \alpha_B)^2 + P\cdot\Delta e_B\, P$$

als Druckkraft positiv einsetzen.

Bild 5.13 Grundwerte für Vorspannung (aus Beton-Kalender 1982, Teil I, S. 640 [113])

5.2 Berechnung der Schnittgrößen

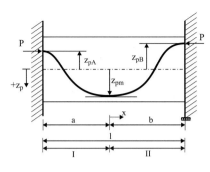

$$\alpha = \frac{a}{l}$$

Bereich I: (kubische Parabel)

$$z_p(x) = -2(z_{pm} - z_{pA}) \cdot \left(\frac{x}{a}\right)^3 - 3(z_{pm} - z_{pA}) \cdot \left(\frac{x}{a}\right)^2 + z_{pm}$$

Bereich II: (kubische Parabel)

$$z_p(x) = 2(z_{pm} - z_{pB}) \left(\frac{x}{b}\right)^3 - 3(z_{pm} - z_{pB}) \left(\frac{x}{b}\right)^2 + z_{pm}$$

$$M_A = P[1,1 z_{pm} - 0,1 z_{pB} + 0,4\alpha(5 z_{pA} - 3 z_{pm} - 2 z_{pB}) - 0,9\alpha^2 (z_{pA} - z_{pB})]$$

$$M_B = P[-0,1 z_{pm} + 1,1 z_{pB} - 0,2\alpha(5 z_{pA} - 6 z_{pm} + z_{pB}) + 0,9\alpha^2 (z_{pA} - z_{pB})]$$

$$L = -P[2,1 z_{pm} + 0,9 z_{pB} + 0,6\alpha(5 z_{pA} - 2 z_{pm} - 3 z_{pB})] - P[0,9\alpha^2 (z_{pA} - z_{pB})]$$

$$R = -P[0,9 z_{pm} + 2,1 z_{pB} + 1,2\alpha(z_{pm} - z_{pB}) + 0,9\alpha^2 (z_{pA} - z_{pB})]$$

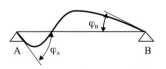

$$\varphi_A = \frac{l}{6 E \cdot I} L \; ; \qquad \varphi_B = -\frac{l}{6 E \cdot I} R$$

Bild 5.14 Grundwerte für Vorspannung (aus Beton-Kalender 1982, Teil I, S. 641 [113])

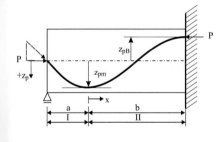

Bereich I: (quadratische Parabel)

$$z_p(x) = z_{pm}\left[1 - \left(\frac{x}{a}\right)^2\right]$$

Bereich II: (quadratische Parabel)

$$z_p(x) = 2(z_{pm} - z_{pB})\left(\frac{x}{b}\right)^3 - 3(z_{pm} - z_{pB})\left(\frac{x}{b}\right)^2 + z_{pm}$$

$$M_B = P[1,25 z_{pm} - \beta(z_{pm} - 1,5 z_{pB}) + \beta^2 (0,2 z_{pm} - 0,45 z_{pB})]$$

$$L = -P[1,5 z_{pm} + \beta z_{pm} - \beta^2 (0,4 z_{pm} - 0,9 z_{pB})]$$

$$R = -P[2,5 z_{pm} - \beta(2 z_{pm} - 3 z_{pB}) + \beta^2 (0,4 z_{pm} - 0,9 z_{pB})]$$

$$\varphi_A = \frac{l}{6 E \cdot I} L \; ; \qquad \varphi_B = -\frac{l}{6 E \cdot I} R$$

Bild 5.15 Grundwerte für Vorspannung (aus Beton-Kalender 1982, Teil I, S. 641 [113])

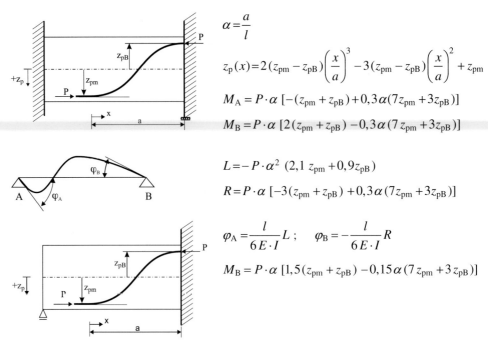

$$\alpha = \frac{a}{l}$$

$$z_p(x) = 2(z_{pm} - z_{pB})\left(\frac{x}{a}\right)^3 - 3(z_{pm} - z_{pB})\left(\frac{x}{a}\right)^2 + z_{pm}$$

$$M_A = P \cdot \alpha \left[-(z_{pm} + z_{pB}) + 0,3\alpha(7z_{pm} + 3z_{pB})\right]$$

$$M_B = P \cdot \alpha \left[2(z_{pm} + z_{pB}) - 0,3\alpha(7z_{pm} + 3z_{pB})\right]$$

$$L = -P \cdot \alpha^2 \,(2,1\,z_{pm} + 0,9 z_{pB})$$

$$R = P \cdot \alpha \left[-3(z_{pm} + z_{pB}) + 0,3\alpha(7z_{pm} + 3z_{pB})\right]$$

$$\varphi_A = \frac{l}{6E \cdot I} L \,; \quad \varphi_B = -\frac{l}{6E \cdot I} R$$

$$M_B = P \cdot \alpha \left[1,5(z_{pm} + z_{pB}) - 0,15\alpha(7z_{pm} + 3z_{pB})\right]$$

Bild 5.16 Grundwerte für Vorspannung (aus Beton-Kalender 1982, Teil I, S. 642 [113])

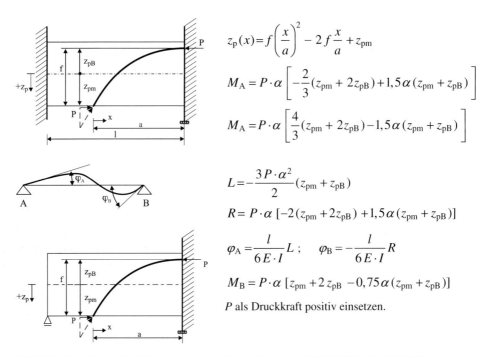

$$z_p(x) = f\left(\frac{x}{a}\right)^2 - 2f\frac{x}{a} + z_{pm}$$

$$M_A = P \cdot \alpha \left[-\frac{2}{3}(z_{pm} + 2z_{pB}) + 1,5\alpha(z_{pm} + z_{pB})\right]$$

$$M_A = P \cdot \alpha \left[\frac{4}{3}(z_{pm} + 2z_{pB}) - 1,5\alpha(z_{pm} + z_{pB})\right]$$

$$L = -\frac{3P \cdot \alpha^2}{2}(z_{pm} + z_{pB})$$

$$R = P \cdot \alpha \left[-2(z_{pm} + 2z_{pB}) + 1,5\alpha(z_{pm} + z_{pB})\right]$$

$$\varphi_A = \frac{l}{6E \cdot I} L \,; \quad \varphi_B = -\frac{l}{6E \cdot I} R$$

$$M_B = P \cdot \alpha \left[z_{pm} + 2z_{pB} - 0,75\alpha(z_{pm} + z_{pB})\right]$$

P als Druckkraft positiv einsetzen.

Bild 5.17 Grundwerte für Vorspannung (aus Beton-Kalender 1982, Teil I, S. 642 [113])

5.2 Berechnung der Schnittgrößen

Tabelle 5.2 Vorspannmomente bei statisch unbestimmten Systemen (nach [91], S. 362 ff)

Spanngliedführung	M'_{pA} ⟋ A B ⟍ M'_{pB} M_{pA} ⊢———l———⊣ M_{pB}	M'_{pA} ⟋ A B M_{pA} ⊢———l———⊣ M'_{pB}, M_{pB}
(gerade, Exzentrizität z_p)	$M'_{pA} = z_p \cdot P$ $M_{pA} = 0$ $M'_{pB} = z_p \cdot P$ $M_{pB} = 0$	$M'_{pA} = 1{,}5 z_p \cdot P$ $M_{pA} = 0{,}5 z_p \cdot P$ $M'_{pB} = 1{,}5 z_p \cdot P$ $M_{pB} = 0{,}5 z_p \cdot P$
(Teilbereich ξl, z_{pB})	$\left.\begin{array}{l} M'_{pA} \\ M_{pA} \end{array}\right\} = z_{pB} \cdot (3\xi^2 - 2\xi) \cdot P$ $M'_{pB} = z_{pB}(4\xi - 3\xi^2) \cdot P$ $M_{pB} = z_{pB} \cdot (4\xi - 3\xi^2 - 1) \cdot P$	$\left.\begin{array}{l} M'_{pA} \\ M_{pA} \end{array}\right\} = 1{,}5 \cdot z_{pB} \cdot \xi^2 \cdot P$ $M'_{pB} = 1{,}5 \cdot z_{pB} \cdot (2\xi - \xi^2) \cdot P$ $M_{pB} = 1{,}5 \cdot z_{pB} \cdot (2\xi - \xi^2 - 2/3) \cdot P$
(linear, z_{pA} bis z_{pB})	$M'_{pA} = z_{pA} \cdot P$ $M_{pA} = 0$ $M'_{pB} = z_{pB} \cdot P$ $M_{pB} = 0$	$M'_{pA} = 0{,}5 \cdot (2z_{pA} + z_{pB}) \cdot P$ $M_{pA} = 0{,}5 \cdot z_{pB} \cdot P$ $M'_{pB} = 0{,}5 \cdot (z_{pA} + 2z_{pB}) \cdot P$ $M_{pB} = 0{,}5 \cdot z_{pA} \cdot P$
(geknickt, z_{p1}, z_{pB}, ξl)	$\left.\begin{array}{l} M'_{pA} \\ M_{pA} \end{array}\right\} = [z_{p1} \cdot (2\xi^2 - \xi) + z_{pB} \cdot (\xi^2 - \xi)] \cdot P$ $M'_{pB} = -[2z_{p1} \cdot (\xi^2 - \xi) + z_{pB} \cdot (\xi^2 - 2\xi)] \cdot P$ $M_{pB} = -[2z_{p1} \cdot (\xi^2 - \xi)$ $\qquad + z_{pB} \cdot (\xi^2 - 2\xi + 1)] \cdot P$	$\left.\begin{array}{l} M'_{pA} \\ M_{pA} \end{array}\right\} = 0{,}5 \cdot (2z_{p1} + z_{pB}) \cdot \xi^2 \cdot P$ $M'_{pB} = 0{,}5 \cdot [z_{p1} \cdot (3\xi - 2\xi^2)$ $\qquad + z_{pB} \cdot (3\xi - \xi^2)] \cdot P$ $M_{pB} = 0{,}5 [z_{p1} \cdot (3\xi - 2\xi^2)$ $\qquad + z_{pB} \cdot (3\xi - \xi^2 - 2)] \cdot P$
Parabel, Stich f	$\left.\begin{array}{l} M'_{pA} \\ M_{pA} \\ M'_{pB} \\ M_{pB} \end{array}\right\} = \dfrac{2}{3} \cdot f \cdot P$	$\left.\begin{array}{l} M'_{pA} \\ M_{pA} \\ M'_{pB} \\ M_{pB} \end{array}\right\} = f \cdot P$
Parabel, Teilbereich ξl	$\left.\begin{array}{l} M'_{pA} \\ M_{pA} \end{array}\right\} = \dfrac{2}{3} \cdot f \cdot (3\xi^2 - 2\xi) \cdot P$ $\left.\begin{array}{l} M'_{pB} \\ M_{pB} \end{array}\right\} = \dfrac{2}{3} \cdot f \cdot (4\xi - 3\xi^2) \cdot P$	$\left.\begin{array}{l} M'_{pA} \\ M_{pA} \end{array}\right\} = f \cdot \xi^2 \cdot P$ $\left.\begin{array}{l} M'_{pB} \\ M_{pB} \end{array}\right\} = f \cdot (2\xi - \xi^2) \cdot P$
Dreieck, Spitze bei $l/2$, Stich f	$\left.\begin{array}{l} M'_{pA} \\ M_{pA} \\ M'_{pB} \\ M_{pB} \end{array}\right\} = \dfrac{1}{2} \cdot f \cdot P$	$\left.\begin{array}{l} M'_{pA} \\ M_{pA} \\ M'_{pB} \\ M_{pB} \end{array}\right\} = \dfrac{3}{4} \cdot f \cdot P$

Tabelle 5.2 (Fortsetzung)

Spanngliedführung	M'_{pA} ⫽ A ─────── B M'_{pB} / M_{pA} ──── l ──── M_{pB}	M'_{pA} ⫽ A ─────── B / M_{pA} ──── l ──── M'_{pB}, M_{pB}
(Dreieck, Tiefpunkt bei βl)	$\left.\begin{array}{l}M'_{pA}\\M_{pA}\end{array}\right\} = f \cdot \beta \cdot P$ $\left.\begin{array}{l}M'_{pB}\\M_{pB}\end{array}\right\} = f \cdot (1-\beta) \cdot P$	$\left.\begin{array}{l}M'_{pA}\\M_{pA}\end{array}\right\} = 0{,}5f \cdot (1+\beta) \cdot P$ $\left.\begin{array}{l}M'_{pB}\\M_{pB}\end{array}\right\} = 0{,}5f \cdot (2-\beta) \cdot P$
(Dreieck, $\xi l/2$, ξl)	$\left.\begin{array}{l}M'_{pA}\\M_{pA}\end{array}\right\} = 0{,}5f \cdot (3\xi^2 - 2\xi) \cdot P$ $\left.\begin{array}{l}M'_{pB}\\M_{pB}\end{array}\right\} = 0{,}5f \cdot (4\xi - 3\xi^2) \cdot P$	$\left.\begin{array}{l}M'_{pA}\\M_{pA}\end{array}\right\} = 0{,}75f \cdot \xi^2 \cdot P$ $\left.\begin{array}{l}M'_{pB}\\M_{pB}\end{array}\right\} = 0{,}75f \cdot (2\xi - \xi^2) \cdot P$
(Dreieck, $\beta\xi l$, ξl)	$\left.\begin{array}{l}M'_{pA}\\M_{pA}\end{array}\right\} = f \cdot \xi \cdot [\xi \cdot (1+\beta) - 1] \cdot P$ $\left.\begin{array}{l}M'_{pB}\\M_{pB}\end{array}\right\} = f \cdot \xi \cdot [2 - \xi \cdot (1+\beta)] \cdot P$	$\left.\begin{array}{l}M'_{pA}\\M_{pA}\end{array}\right\} = 0{,}5 \cdot f \cdot \xi^2 \cdot (1+\beta) \cdot P$ $\left.\begin{array}{l}M'_{pB}\\M_{pB}\end{array}\right\} = 0{,}5 \cdot f \cdot \xi \cdot [3 - \xi \cdot (1+\beta)] \cdot P$
Parabel (z_{pA}, z_{pB}, $l/2$)	$M'_{pA} = \dfrac{1}{3} \cdot (2f - 3z_{pA}) \cdot P$ $M_{pA} = \dfrac{2}{3} \cdot f \cdot P$ $M'_{pB} = \dfrac{1}{3} \cdot (2f - 3z_{pB}) \cdot P$ $M_{pB} = \dfrac{2}{3} \cdot f \cdot P$	$M'_{pA} = \dfrac{1}{2} \cdot (2f - 2z_{pA} - z_{pB}) \cdot P$ $M_{pA} = \dfrac{1}{2} \cdot (2f - z_{pB}) \cdot P$ $M'_{pB} = \dfrac{1}{2} \cdot (2f - z_{pA} - 2z_{pB}) \cdot P$ $M_{pB} = \dfrac{1}{2} \cdot (2f - z_{pA}) \cdot P$
Parabel mit Wendepunkten (z_{p1}, χl)	$M'_{pA} = \dfrac{1}{3} \cdot [2f \cdot (1-\chi) - 3z_{p1}] \cdot P$ $M_{pA} = \dfrac{2}{3} \cdot f \cdot (1-\chi) \cdot P$ $M'_{pB} = \dfrac{1}{3} \cdot [2f \cdot (1-\chi) - 3z_{p1}] \cdot P$ $M_{pB} = \dfrac{2}{3} \cdot f \cdot (1-\chi) \cdot P$	$M'_{pA} = \dfrac{1}{2} \cdot [2f \cdot (1-\chi) - 3z_{p1}] \cdot P$ $M_{pA} = \dfrac{1}{2} \cdot [2f \cdot (1-\chi) - z_{p1}] \cdot P$ $M'_{pB} = \dfrac{1}{2} \cdot [2f \cdot (1-\chi) - 3z_{p1}] \cdot P$ $M_{pB} = \dfrac{1}{2} \cdot [2f \cdot (1-\chi) - z_{p1}] \cdot P$

Wendepunkt, max z_p, Parabel, αl, χl

A ──── B M'_{pB} / M_{pB}

$$M'_{pB} = \dfrac{1}{4} \cdot \{f' \cdot [5 - \alpha \cdot (2-\chi) - \chi \cdot (4-\chi)] - z_{pB} \cdot [5 + \alpha \cdot (2-\alpha)]\} \cdot P$$

$$M_{pB} = z_{pB} \cdot P + M'_{pB} \qquad f' = e_u + z_{pB} \qquad e_u = \max z_p$$

z_{pA}, z_{pB} unterhalb der Schwerlinie positiv; P immer positiv

5.2 Berechnung der Schnittgrößen

Tabelle 5.3 Statisch unbestimmte Vorspannmomente für Durchlaufträger (nach Holst [114])

System	Statisch unbestimmte Vorspannmomente
(Zweifeldträger A-B-C mit l_1, l_2, f_1, f_2, $e(-)$)	$M'_{pB} = P \cdot \left[\dfrac{l_1 \cdot f_1 + l_2 \cdot f_2}{l_1 + l_2} + e \right]$ für $l_1 = l_2 = l$ und $f_1 = f_2 = f$ gilt: $M'_{pB} = P \cdot (f + e)$
(Dreifeldträger A-B-C-D mit l_1, l_2, l_2, f_1, f_2, e, $e(-)$)	$M'_{pB} = M'_{pC} = P \cdot \left[\dfrac{l_1 \cdot f_1 + l_2 \cdot f_2}{l_1 + 1{,}5 \cdot l_2} + e \right]$ für $l_1 = l_2 = l$ gilt: $M'_{pB} = M'_{pC} = P \cdot [0{,}4 \cdot (f_1 + f_2) + e]$
(Vierfeldträger A-B-C-D-E mit l_1, l_2, l_2, l_1, e_1, f_2, e_2, f_1, $e(-)$)	$M'_{pB} = P \cdot \left[\dfrac{2 \cdot l_1 \cdot f_1 + l_2 \cdot f_2}{2 \cdot l_1 + 1{,}5 \cdot l_2} + e_1 \right]$ $M'_{pC} = P \cdot \left[\dfrac{l_1 \cdot f_1 + 0{,}5 \cdot l_2 \cdot f_2}{2 \cdot l_1 + 1{,}5 \cdot l_2} - (f_2 + e_2) \right]$

Exzentrizität der Spannglieder an den Endauflagern = 0
Vorzeichen: P als Druckkraft positiv, e unterhalb der Schwerlinie positiv

5.2.4 Auswertung von Einflussflächen

Bei polygonalem Spanngliedverlauf, bei welchem nur punktuell Vorspannlasten in das Tragwerk eingeleitet werden, eignen sich auch Einflusslinien zur Berechnung der Schnittgrößen. Hierbei werden die einzelnen Umlenkkräfte als äußere Lasten angesetzt.

Bei dem Verfahren kann der genaue Spannkraftverlauf (Spannkraftverluste) näherungsweise berücksichtigt werden. Bei Gleichlasten kann die Integration mit Hilfe von Integraltafeln erfolgen.

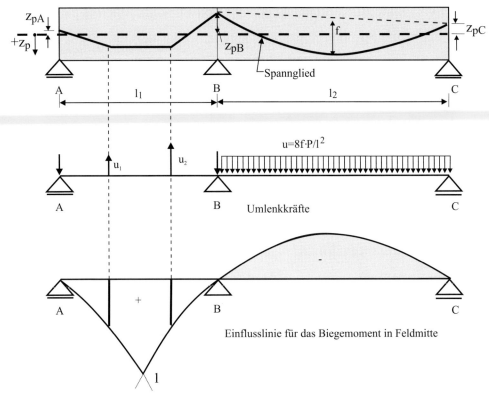

Bild 5.18 Schnittgrößen mit Hilfe von Einflusslinien

5.3 Schnittgrößen infolge Vorspannung – Grundsätze

Nachfolgend werden einige Grundsätze dargestellt, welche bei der Festlegung einer sinnvollen Spanngliedführung hilfreich sind.

5.3.1 Zweifeldträger mit unterschiedlichen Stützweiten und parabolischer Spanngliedführung

Die Schnittgrößenermittlung kann mit den erläuterten Verfahren erfolgen. Hierauf wird im Weiteren nicht mehr eingegangen. Bei den nachfolgenden Beziehungen ist die Vorzeichenregelung zu beachten. Die Exzentrizität e und der Parabelstich f ist wie die Spanngliedkoordinate z_p positiv nach unten definiert. Die Vorspannkraft P geht als Druckkraft positiv in die Gleichungen ein.

Im Weiteren wird bei der Bestimmung des statisch unbestimmten Vorspannmomentes die Ausrundung über dem Innenauflager vernachlässigt.

5.3 Schnittgrößen infolge Vorspannung – Grundsätze

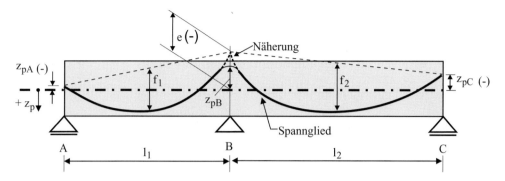

Bild 5.19 Zweifeldträger mit parabolischer Spanngliedführung

a) Spannglied an den Balkenenden in der Schwerachse verankert ($z_{pA} = z_{pc} = 0$)

$$M'_{PB} = P\left(\frac{(l_1 \cdot f_1 + l_2 \cdot f_2)}{l_1 + l_2} + e\right) \quad (5.21)$$

Das durch die Vorspannung erzeugte Stützmoment M_{pB} beträgt somit bei Vernachlässigung des Ausrundungsbereiches:

$$M_{pB} = M_{pB}^{(0)} + M'_{PB} = -P \cdot e + P \cdot \left(\frac{(l_1 \cdot f_1 + l_2 \cdot f_2)}{l_1 + l_2} + e\right) = P \cdot \frac{(l_1 \cdot f_1 + l_2 \cdot f_2)}{l_1 + l_2} \quad (5.22)$$

Folgerung: Das Stützmoment M_{pB} aus Vorspannung über dem Innenauflager eines Zweifeldträgers mit parabolischer Spanngliedführung ist bei Vernachlässigung des Ausrundungsbereiches unabhängig von der Exzentrizität e des Spanngliedes über der Stütze.

Diese Aussage gilt jedoch nur eingeschränkt. Bei gegebenem Tragsystem wird der Parabelstich f von der Spanngliedhöhe e über der Stütze beeinflusst. Generell wird man das Spannglied im Feld im maßgebenden Schnitt möglichst nahe am unteren Trägerrand anordnen, da dies für den Nachweis im Grenzzustand der Tragfähigkeit und die Rissbreitenbegrenzung sinnvoll ist.

Das statisch unbestimmte Stützmoment aus Vorspannung M'_{pB} hängt hingegen von der Exzentrizität e über dem Innenauflager ab. Die Auflagerlasten und damit auch die Querkräfte werden somit von der Lage der Spannglieder über der Stütze beeinflusst. Die gleiche Aussage gilt auch für einen polygonartigen Spanngliedverlauf.

Das Vorspannmoment über die Bauteillänge beträgt:

- außerhalb des Ausrundungsbereiches über der Stütze:

$$M_p(x) = M_p^{(0)}(x) + \frac{x}{l_1} \cdot M'_{PB} = -P(x) \cdot z_p(x) + P \cdot \frac{x}{l_1} \cdot \left(\frac{(l_1 \cdot f_1 + l_2 \cdot f_2)}{l_1 + l_2} + e\right) \quad (5.23)$$

- innerhalb des Ausrundungsbereiches

$$M_{pB}(x) = M_{pB}^{(0)}(x) + M'_{PB} = -P \cdot z_p(x) + P \cdot \left(\frac{(l_1 \cdot f_1 + l_2 \cdot f_2)}{l_1 + l_2} + e \right)$$

$$= P \cdot \left[e - z_p(x) + \frac{(l_1 \cdot f_1 + l_2 \cdot f_2)}{l_1 + l_2} \right] \quad (5.24)$$

Für den Sonderfall eines symmetrischen Zweifeldträgers mit $f_1 = f_2$ erhält man:

$$M'_{PB} = P(f + e) \quad (5.25)$$

$$M_{PB} = M_{pB}^{(0)} + M'_{PB} = P(f + \Delta e) \quad (5.26)$$

mit $\quad \Delta e = e - z_{pB}$

Die Querkräfte lassen sich entsprechend bestimmen:

$$V'_{pA} = A'_p = \frac{M'_{pB}}{l_1} \quad V'_{pC} = -C'_p = -\frac{M'_{pB}}{l_2} \quad (5.27)$$

$$V'_{p,B\text{-links}} = \frac{M'_{pB}}{l_1} \quad V'_{p,B\text{-rechts}} = -\frac{M'_{pB}}{l_2} \quad \text{und} \quad B'_p = \frac{M'_{pB}}{l_2} - \frac{M'_{pB}}{l_1} \quad (5.28)$$

$$V_p = V_p^{(0)} + V'_p \quad (5.29)$$

Bei einer so genannten *zwängungsfreien* Vorspannung muss der statisch unbestimmte Anteil des Biegemomentes über der Stütze sich zu Null ergeben. Es treten somit keine Auflagerlasten aus Vorspannung auf.

$$M'_{PB} = 0 \Rightarrow \frac{(l_1 \cdot f_1 + l_2 \cdot f_2)}{l_1 + l_2} + e = 0 \quad (5.30)$$

Für den Sonderfall $l_1 = l_2 = l$ und $f_1 = f_2 = f$ lautet die Bedingung für eine zwängungsfreie Vorspannung:

$$e + f = 0 \quad (e \text{ nach oben negativ}) \quad (5.31)$$

Diese Bedingung ist nur bei einem kleinem Parabelstich f einzuhalten. Hiermit wird jedoch die Größe der Umlenkkräfte im Verhältnis zu dem geometrisch maximal möglichem f sehr stark reduziert. Eine zwängungsfreie Vorspannung ist daher meistens nicht empfehlenswert. Sie ist sinnvoll, wenn beispielsweise zusätzliche Auflagerlasten aus Vorspannung von der Konstruktion nicht aufgenommen werden können oder wenn man Schnittgrößenumlagerungen infolge zeitabhängiger Betonverformungen vermeiden möchte. Eine nahezu zentrische Vorspannung ist nur bei annähernd gleichen positiven und negativen Biegemomenten erforderlich.

b) Spannglied an den Balkenenden nicht in der Schwerachse verankert

Die Vorspannung erzeugt ein Biegemoment über der Zwischenstütze von:

$$M_{pB} = P \cdot \frac{l_1 \cdot (-z_{pA} + 2 \cdot f_1) + l_2 \cdot (-z_{pC} + 2 \cdot f_2)}{2(l_1 + l_2)} \quad (5.32)$$

5.3 Schnittgrößen infolge Vorspannung – Grundsätze

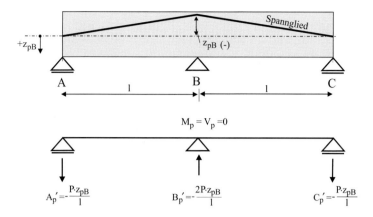

Bild 5.20 Zweifeldträger mit feldweise gerader Spanngliedführung

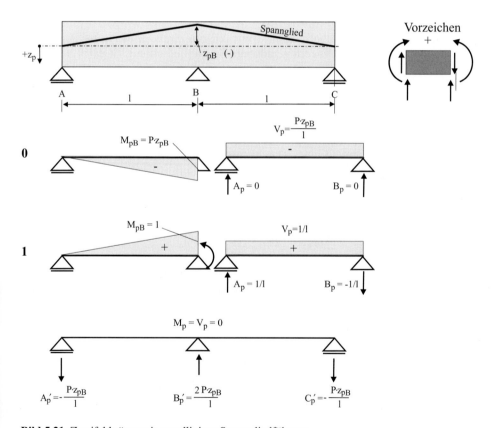

Bild 5.21 Zweifeldträger mit geradliniger Spanngliedführung

$$M_{pB} = -P \cdot e + M'_{pB} \implies M'_{pB} = P \cdot \frac{l_1 \cdot (-z_{pA} + 2 \cdot f_1) + l_2 \cdot (2 \cdot f_2 - z_{pC})}{2(l_1 + l_2)} + P \cdot e \tag{5.33}$$

Die Querkräfte können nach den obigen Gleichungen bestimmt werden.

c) Feldweise gerade Spanngliedführung

$$M_{PB}^{(0)} = -P \cdot z_{pB} \tag{5.34}$$

$$M'_{PB} = +P \cdot z_{pB} \tag{5.35}$$

hieraus folgt:

$$M_P(x) = M_P^{(0)}(x) + M'_P(x) = 0 \tag{5.36}$$

Folgerung: Ein Träger mit gerader Spanngliedführung zwischen den Auflagern weist keine Biegemomente aus Vorspannung auf, ist somit mittig vorgespannt. Aufgrund der statisch unbestimmten Vorspannmomente entstehen Auflagerlasten.

Das Ergebnis ist leicht verständlich, da die Umlenklasten direkt in die Lager abgetragen werden. Eine zwischen den Auflagern geradlinige Spanngliedführung ist daher wenig effektiv.

5.3.2 Beidseitig eingespannter Träger

Exemplarisch für das Innenfeld eines Durchlaufträgers wird nachfolgend der beidseitig eingespannte Balken betrachtet.

a) Parabelförmiger Spanngliedverlauf

$$M_{pA}^{(0)} = P \cdot z_{pA} \qquad M'_{pA} = -P \cdot \left(\frac{2}{3}f + z_{pA}\right) \tag{5.37}$$

$$M_{pB}^{(0)} = P \cdot z_{pB} \qquad M'_{pB} = -P \cdot \left(\frac{2}{3}f + z_{pB}\right) \tag{5.38}$$

$$M_{pA} = P \cdot z_{pA} - P \cdot \left(\frac{2}{3}f + z_{pA}\right) = -\frac{2}{3} \cdot P \cdot f \tag{5.39}$$

$$M_{pB} = P \cdot z_{pB} - P \cdot \left(\frac{2}{3}f + z_{pB}\right) = -\frac{2}{3} \cdot P \cdot f \tag{5.40}$$

$$M_{p0,5l} = +\frac{1}{3} \cdot P \cdot f \tag{5.41}$$

5.3 Schnittgrößen infolge Vorspannung – Grundsätze

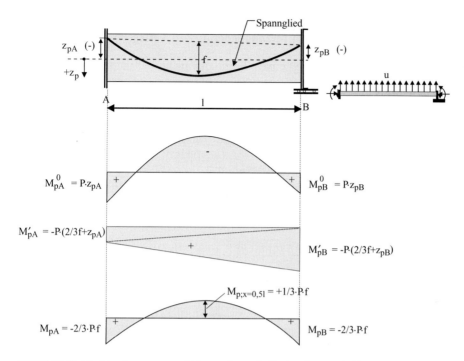

Bild 5.22 Beidseitig eingespannter Träger mit parabolischer Spanngliedführung

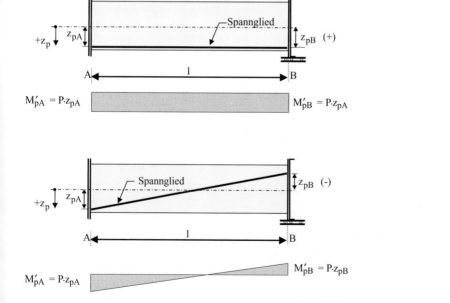

Bild 5.23 Beidseitig eingespannter Träger mit geradem Spanngliedverlauf

Folgerung: Die Vorspannmomente eines beidseitig eingespannten Trägers sind somit unabhängig von der Exzentrizität der Spannglieder an den Auflagerpunkten.

Eine Vertikalverschiebung der Spanngliedlage wirkt sich nicht auf die Schnittgrößen aus Vorspannung aus.

b) Geradliniger Spanngliedverlauf

Für einen beidseitig eingespannten Träger sind die Vorspannmomente M_p bei geradem Spanngliedverlauf immer gleich Null (Bild 5.23). Es ergeben sich jedoch statisch unbestimmte Biegemomente und hieraus Auflagerreaktionen.

5.3.3 Einfeldträger – gelenkig gelagert und einseitig eingespannt

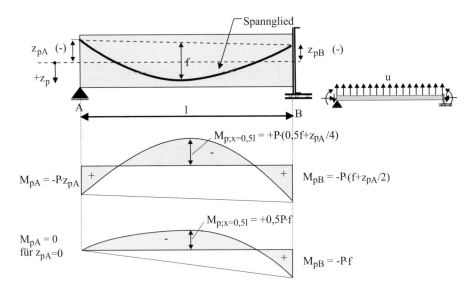

Bild 5.24 Einfeldträger – einseitig eingespannt

$$M'_{pB} = -P \cdot (f + 0{,}5 \cdot z_{pA} + z_{pB}) \tag{5.42}$$

$$M_{pB} = -P \cdot (f + 0{,}5 \cdot z_{pA}) \tag{5.43}$$

$$M'_{p0,5l} = +0{,}5 \cdot P \cdot (f + 0{,}5 \cdot z_{pA}) \tag{5.44}$$

5.3.4 Folgerungen aus den Berechnungen

- Die Stützmomente aus Vorspannung über einer *Zwischenstütze eines Durchlaufträgers oder an voll eingespannten Balkenenden* sind bei parabolischer Spanngliedführung außerhalb des Ausrundungsbereiches unabhängig von der Exzentrizität e des Spanngliedes über der Stütze.

5.3 Schnittgrößen infolge Vorspannung – Grundsätze

- Die Exzentrizität über der Zwischenstütze wirkt sich nur auf die Zwangschnittgrößen und damit auf die Auflagerkräfte aus.
- Die Schnittgrößen aus Vorspannung sind nur von der Lage und Größe der Umlenkkräfte und der Exzentrizität der Spannglieder an dem freien oder elastisch eingespannten Balkenenden abhängig.

Bei beidseitig eingespannten Trägern gilt:

- Eine vertikale Verschiebung der Spanngliedlage wirkt sich nicht auf die Vorspannmomente aus (parallele Verschiebung).
- Die Vorspannmomente sind unabhängig von der Lage an den beiden Enden (auch bei ungleichen Höhen auf beiden Seiten).
- Die Vorspannmomente hängen lediglich vom Stich der Parabel ab.
- Gerade Spannglieder ergeben unabhängig von ihrer Lage keine Vorspannmomente, wohl aber Zwangschnittgrößen. Das Tragverhalten entspricht somit der eines zentrisch vorgespannten Bauteils. Der Träger ist formtreu aber nicht zwängungsfrei vorgespannt.

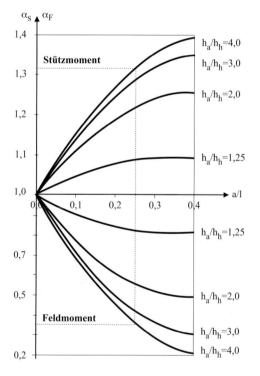
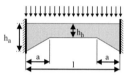

$M_{Voute} = \alpha_{s,F} * M_{ohne\ Voute}$

Rechenbeispiel

Eingangswerte:

$h_a/h_h = 4{,}0/1{,}0$

$a/l = 12{,}5/50 = 0{,}25$

Schnittgrößen des beidseitig eingespannten Trägers mit konstanter Trägerhöhe:

$M_S = -\dfrac{q \cdot l^2}{12} = -\dfrac{30 \cdot 50^2}{12} = \mathbf{-6250\ kNm}$

$M_F = \dfrac{q \cdot l^2}{24} = \dfrac{30 \cdot 50^2}{24} = \mathbf{-3125\ kNm}$

Schnittgrößen des beidseitig eingespannten gevouteten Trägers:

$M_S = -6250\ kNm \cdot 1{,}32 = \mathbf{-8250\ kNm}$

$M_F = 3125\ kNm \cdot 0{,}37 = \mathbf{1156\ kNm}$

Bild 5.25 Faktoren zur Bestimmung der Einspann- und Feldmomente eines beidseitig eingespannten Trägers mit Voute (linearer Zunahme der Trägerhöhe) [109]

5.4 Einfluss einer veränderlichen Trägerhöhe

Die Stützmomente eines Durchlaufträgers unter gleichförmiger Streckenlast sind ca. doppelt so groß wie die Feldmomente. Es liegt daher nahe, zur Aufnahme dieser höheren Beanspruchung die Trägerhöhe an den Innenauflagern zu vergrößern, d.h. eine Voute anzuordnen. Durch die Querschnittsänderung werden die Schnittgrößen von statisch unbestimmten Systemen beeinflusst. Weiterhin wird das statisch bestimmte Vorspannmoment vergrößert.

Die Schnittgrößen von gevouteten Trägern lassen sich mit Hilfe der bekannten Verfahren der Baustatik bestimmen. Tafeln für gerade und parabolische Vouten sind u. a. bei Hirschfeld [112] zu finden. Für einen Einfeldträger mit ein- bzw. beidseitiger Einspannung und einer linearen Zunahme der Trägerhöhe sind die Lastfaktoren für eine konstante Einwirkung in den Bildern 5.25 und 5.26 aufgetragen. Die Diagramme können auch zur Bestimmung der Biegemomente infolge aus Vorspannung verwendet werden, wenn die äquivalenten Umlenklasten angesetzt werden. Weiterhin sind die Biegemomente an den Auflagern zu beachten. Wie nachfolgend gezeigt wird, hat eine Voute einen großen Einfluss auf die Schnittgrößen aus Vorspannung.

Für die Bestimmung der Schnittgrößen aus Vorspannung bezieht man die Spanngliedlage zweckmäßigerweise auf die örtliche Schwerachse. Am Anfang der Voute ergibt sich infol-

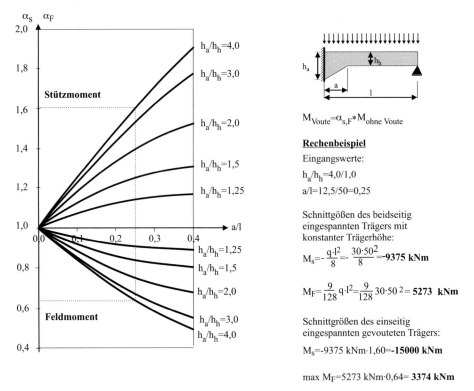

$M_{Voute} = \alpha_{s,F} * M_{ohne\ Voute}$

Rechenbeispiel
Eingangswerte:
$h_a/h_h = 4,0/1,0$
$a/l = 12,5/50 = 0,25$

Schnittgößen des beidseitig eingespannten Trägers mit konstanter Trägerhöhe:

$M_S = -\dfrac{q \cdot l^2}{8} = -\dfrac{30 \cdot 50^2}{8} = \mathbf{-9375\ kNm}$

$M_F = \dfrac{9}{128} q \cdot l^2 = \dfrac{9}{128} 30 \cdot 50^2 = \mathbf{5273\ kNm}$

Schnittgrößen des einseitig eingespannten gevouteten Trägers:

$M_S = -9375\ kNm \cdot 1,60 = \mathbf{-15000\ kNm}$

max $M_F = 5273\ kNm \cdot 0,64 = \mathbf{3374\ kNm}$

Bild 5.26 Faktoren zur Bestimmung der Einspann- und Feldmomente eines einseitig eingespannten Trägers mit Voute (linearer Zunahme der Trägerhöhe) [109]

5.3 Einfluss einer veränderlichen Trägerhöhe

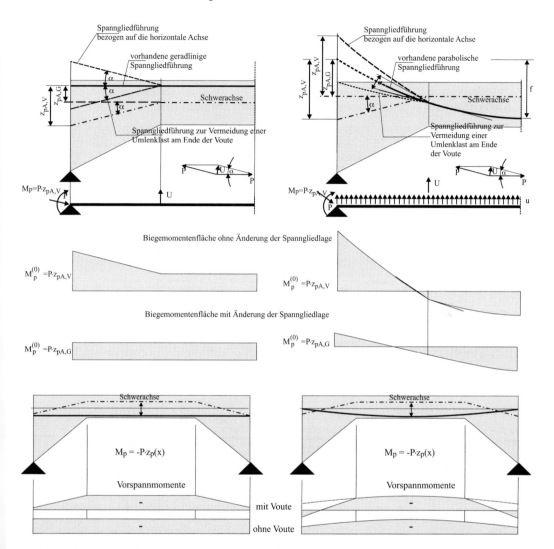

Bild 5.27 Spanngliedführung und resultierende Vorspannmomente eines gevouteten, gelenkig gelagerten Einfeldträgers

ge des unstetigen Verlaufes der Schwerachse bei einer stetigen Spanngliedführung eine Umlenklast (Bild 5.27). Möchte man diese vermeiden, so ist die Spanngliedführung am Ende der Voute entsprechend der Schwerachse zu neigen. Hierdurch wird jedoch das statisch bestimmte Vorspannmoment im Stützbereich reduziert.

Da bei einer parabolischen Spanngliedführung konstante Umlenklasten erzeugt werden, wäre im obigen Beispiel ($a / l = 0{,}25$, $h_a / h_1 = 4{,}0$) auch das Stützmoment infolge Vorspannung des gevouteten, beidseitig eingespannten Trägers um den Faktor 1,32 größer als des Balkens mit konstanter Bauhöhe. Hinzu kommt noch das vergrößerte Stützmoment durch die Zunahme des Hebelarmes z_p an der Stütze.

5.5 Bauzustände – Rückfedern von Lehrgerüsten

Bei Spannbetontragwerken sind die Bauzustände zu beachten, da hierbei teilweise größere Beanspruchungen als im Endzustand auftreten. Als Beispiel sei hier der Einfluss eines Lehrgerüstes auf die Schnittgrößen beim Vorspannen erwähnt [108].

Bei der Herstellung eines Spannbetonträgers wird das Lehrgerüst zunächst durch die Betonierlast beansprucht (Bild 5.28). Nachdem der Beton eine ausreichende Festigkeit erreicht hat, kann vorgespannt werden. Die Umlenk- und Ankerkräfte wirken auf das Verbundsystem Betonträger – Rüstung. Solange beide Systeme in Kontakt sind, teilen sich die Vorspannlasten entsprechend dem Verhältnis der Biegesteifigkeiten I_c bzw. $I_{Rüst}$ der beiden Träger auf. Die Beanspruchung der Rüstung nimmt ab. Der Betonbalken wird lediglich durch die Umlenklast $u_1 = I_c / (I_c + I_{Rüst}) \cdot u$ beansprucht, da das gesamte Eigengewicht erst wirken kann, wenn der Betonträger von der Rüstung abhebt. Hierdurch können große Betonzugspannungen an der Trägeroberseite auftreten. Falls diese die zulässigen Werte überschreiten, muss das Lehrgerüst vor dem Aufbringen der vollen Vorspannkraft abgesenkt werden, um einen Teil des Eigengewichtes zu aktivieren.

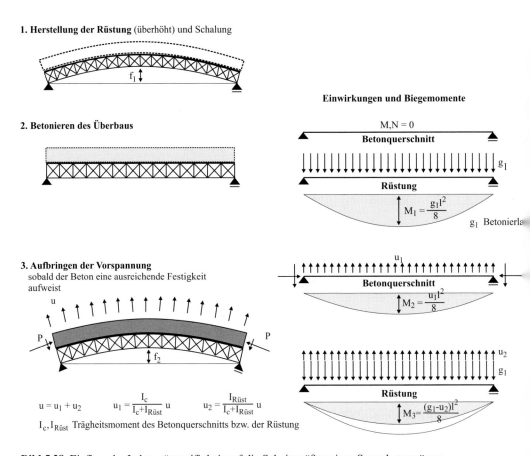

Bild 5.28 Einfluss der Lehrgerüststeifigkeit auf die Schnittgrößen eines Spannbetonträgers

5.5 Bauzustände – Rückfedern von Lehrgerüsten

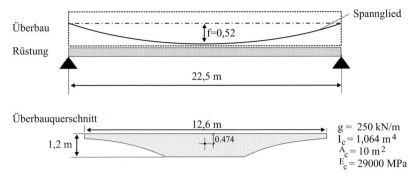

Bild 5.29 Einfeldsystem

Die Schnittgrößen während des Spannvorganges können für einfache Systeme analytisch ermittelt werden, solange der Betonbalken mit der Rüstung Kontakt hat. Hierbei setzt man die Ersatzlasten auf das gekoppelte System an und teilt sie entsprechend den Biegesteifigkeiten auf. Danach lassen sich die Schnittgrößen der beiden Träger getrennt bestimmen.

Die Beanspruchung des Betonbalkens hängt wesentlich von der Steifigkeit des Lehrgerüstes ab. Liegt eine ‚biegeweiche' Rüstung vor, so erhält der Betonträger nahezu die vollen Umlenklasten, ohne das sein Eigengewicht wirkt. Bei einem unendlich steifen Lehrgerüst bzw. wenn die Herstellung des Träger ohne Rüstung auf einer harten Unterlage erfolgt (Spannbett), wird das Eigengewicht sofort aktiviert.

Beispielhaft wird der Einfluss der Gerüststeifigkeit an zwei Systemen, einer ein- bzw. zweifeldrigen Plattenbrücke, dargestellt (siehe Bilder 5.29 bzw. 5.31). Es wird angenommen, dass die maximale Vorspannkraft Umlenkkräfte erzeugt, welche dem Eigengewicht entsprechen. Dies ist für $P_{m0} = 30.424$ kN der Fall. Die maximalen Betonzugspannungen treten bei der größten Vorspannkraft bzw. unmittelbar vor dem Abheben von der Rüstung auf. Es wird daher im Weiteren auch nur dieser Fall betrachtet. In Bild 5.30 sind die Betonrandspannungen in Abhängigkeit vom Verhältnis der Biegesteifigkeiten $I_{Rüst}/I_{Träger}$ aufgetragen. Man erkennt, dass bei weicher Rüstung erhebliche Betonzugspannungen auftreten.

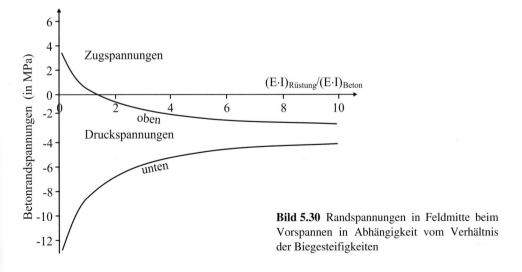

Bild 5.30 Randspannungen in Feldmitte beim Vorspannen in Abhängigkeit vom Verhältnis der Biegesteifigkeiten

Bei komplexeren Tragsystemen sind nummerische Verfahren zur Schnittgrößenermittlung sinnvoll. Als Beispiel sei auf die in Bild 5.31 dargestellte Zweifeldbrücke eingegangen. Die Rüstung besteht aus zwei Trägern, welche in Feldmitte eine Hilfsunterstützung aufweisen. Vereinfachend wird angenommen, dass die Auflager unendlich steif sind. Es liegt eine parabelförmige Spanngliedführung vor. Der Verlauf der hieraus resultierenden Umlenklasten ist in Bild 5.31 skizziert.

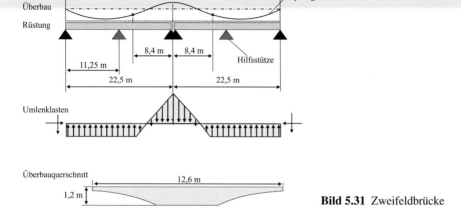

Bild 5.31 Zweifeldbrücke

Bild 5.32 zeigt den Biegemomentenverlauf im Überbau mit zunehmender Vorspannkraft. Zunächst nehmen die Schnittgrößen linear zu, da der Betonträger mit der Rüstung Kontakt hat. Bei $P \approx 12$ MN beginnt sich der Überbau von der Rüstung über den Hilfsstützen zu lösen. Der Einfluss auf die Schnittgrößen ist jedoch zunächst gering. Bei $P \approx 22$ MN hat sich der Träger auf einer Länge von ca. $0{,}8\,l$ von der Schalung gelöst. Während des gesamten Vorspannvorganges sind trotz der großen Vorspannmomente nur Druckspannungen im Betonquerschnitt vorhanden.

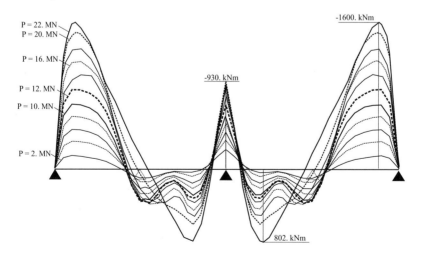

Bild 5.32 Biegemomente im Überbau mit zunehmender Spannkraft

6 Spanngliedführung

Die optimale Spanngliedlage kann bei statisch bestimmten Tragsystemen mit Hilfe von Spannungsbedingungen auf Querschnittsebene festgelegt werden. Bei statisch unbestimmten Konstruktionen ist dies nicht mehr so einfach möglich, da die (statisch unbestimmten) Vorspannmomente von der Spanngliedlage abhängen. Weiterhin wird die Spanngliedführung bei Mehrfeldträgern durch konstruktive Zwangsbedingungen, beispielsweise der Ausrundung über den Innenauflagern oder der Lage der Koppelfugen bestimmt. Kopplungen von Spanngliedern sollten generell in Bereichen mit geringer Beanspruchung angeordnet werden, da deren Ermüdungsfestigkeit sehr begrenzt wird.

Die Anordnung der Spannglieder wird oftmals durch das Bauverfahren und den Bauablauf bestimmt. So erfordert eine Brücke, welche im Taktschiebeverfahren hergestellt wird eine nahezu zentrische Vorspannung im Bauzustand. Erfolgt die Herstellung im freien Vorbau, so ist eine Kragarmvorspannung erforderlich (siehe Bild 1.15).

Aufgrund der zahlreichen Parameter ist daher meistens eine iterative Vorgehensweise zur Festlegung der optimalen Spanngliedführung erforderlich.

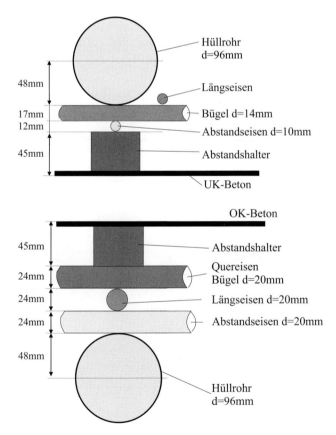

Bild 6.1 Maximal mögliche Spanngliedlage im Feld und über der Stütze

Ziel der Berechnungen ist es, die Spannstahlmenge und damit die Baukosten zu minimieren. So wird man beispielsweise bei einer parabolischen Spanngliedführung versuchen, den Parabelstich f und damit die negativen Umlenklasten zu maximieren.

Man ist bestrebt, die Spannglieder im Feld möglichst weit am unteren Querschnittsrand und über den Zwischenauflagern möglichst weit oben zu legen, da dies statisch günstig ist. Weiterhin wirken die Spannglieder mit Verbund bei der Rissbreitenbegrenzung mit. An den Trägerenden wird man die Verankerung im Bereich der Schwerachse anordnen, um Zugspannungen infolge der Vorspannmomente an der Trägerober- bzw. -unterseite zu vermeiden. Entstehen durch diese „optimale" Lage zu große Vorspannmomente, was bei feldweise sehr unterschiedlicher Beanspruchung oder großen Stützweitenunterschieden auftreten kann, so muss die Spanngliedachse ggf. näher an die Schwerachse gelegt werden. Weiterhin ist die Spannkraft zu staffeln.

Die Spannglieder sollten generell innerhalb der Bewehrung liegen. Die erforderliche Betondeckung der Bewehrung sowie die einzelnen Lagen bestimmen oftmals die minimalen Randabstände der Spannglieder (Bild 6.1).

Bei Einfeldträgern unter gleichförmigen Einwirkungen führt man die Spannglieder parabelförmig, da hiermit konstante Umlenklasten erzeugt werden (siehe Bild 4.9). Einen Sonderfall stellen Platten dar, bei denen eine parabelförmige Spanngliedführung mit großem Verlegeaufwand verbunden ist. Als Alternative bietet sich hier die „freie" Spanngliedlage an (siehe Abschnitt 12.5.2). Bei hohen Einzellasten kann ein polygonartiger ‚geknickter' Verlauf sinnvoll sein (Bild 6.2).

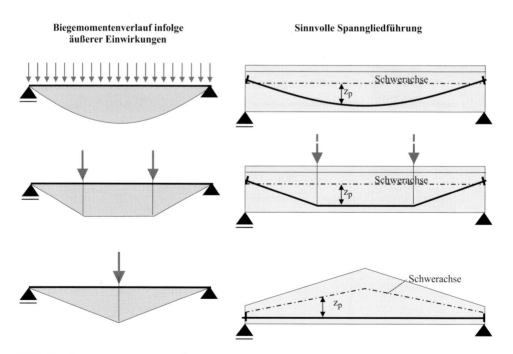

Bild 6.2 Biegemomentenverläufe und zugehörige Spanngliedführung

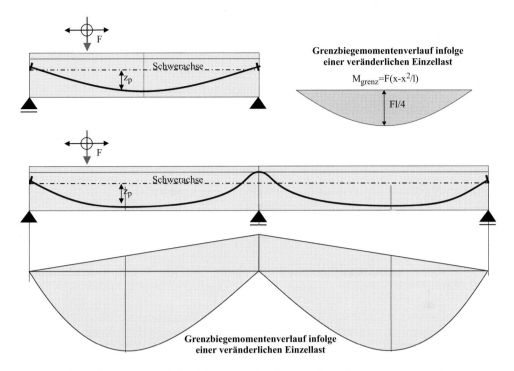

Bild 6.3 Grenzbiegemomentenlinien infolge wandernder Einzellast für einen Einfeld- und einen symmetrischen Zweifeldträger

Bei der Festlegung der Spanngliedführung geht man daher wie folgt vor:

1. Zunächst sind einige prinzipielle Entscheidungen zur Anordnung und Ausführung der Spannglieder zu treffen:
   interne–externe Anordnung der Spannglieder – Mischbauweise
   gerader–polygonartiger–parabel- oder kreisförmiger Spanngliedverlauf

2. Bestimmung der im Grenzzustand der Gebrauchstauglichkeit (Dekompression) notwendigen Spannstahlmenge. Hierbei wird der Hebelarm bzw. die Lage des Schwerpunktes der Spannglieder geschätzt oder iterativ ermittelt.

3. Bestimmung der im Grenzzustand der Tragfähigkeit erforderlichen Spann- und Betonstahlmenge in den kritischen Querschnitten (Stütze, Feld).

4. Konstruktion der gesamten Spanngliedführung (Schwerachse) unter Berücksichtigung der Zwangspunkte über der Stütze und im Feld sowie der zulässigen Krümmungsradien. Der Umlenkradius über der Stütze und der Abstand des Auflagers vom Wendepunkt sollte möglichst klein sein, da so die negativen Umlenklasten weitgehend direkt ins Auflager abgetragen werden. Eine große Neigung der Spannglieder im Auflagerbereich wirkt sich weiterhin günstig auf die Querkrafttragfähigkeit (Durchstanzen) aus.

5. Konstruktion der Lage jedes einzelnen Spanngliedes unter Berücksichtigung der Mindestabstände und der Anordnung der Anker- und Koppelplatten.

Bei Brückentragwerken bestimmt oftmals der Gebrauchszustand und nicht die Tragfähigkeit die erforderliche Vorspannkraft. Nach DIN 1045-1, Tab. 20 dürfen für die folgenden Anforderungsklasse keine Zugspannungen im Bauwerk auftreten.

Anforderungsklasse A: unter seltener Einwirkungskombination

$$\sum_{j\geq 1} G_{k,j} \oplus P_k \oplus Q_{k,1} \oplus \sum_{i>1} \psi_{0,i} \cdot Q_{k,i} \quad \text{(DIN 1055-100, Gl. 22)} \tag{6.1}$$

Anforderungsklasse B: unter häufiger Einwirkungskombination

$$\sum_{j\geq 1} G_{k,j} \oplus P_k \oplus \psi_{1,1} \cdot Q_{k,1} \oplus \sum_{i>1} \psi_{2,i} \cdot Q_{k,i} \quad \text{(DIN 1055-100, Gl. 23)} \tag{6.2}$$

Anforderungsklasse C: unter quasi-ständiger Einwirkungskombination

$$\sum_{j\geq 1} G_{k,j} \oplus P_k \oplus \sum_{i\leq 1} \psi_{2,i} \cdot Q_{k,i} \quad \text{(DIN 1055-100, Gl. 24)} \tag{6.3}$$

mit:

P_k charakteristischer Wert der Vorspannung: $P_{k,sup} = r_{sup} \cdot P_{m,t}$ bzw. $P_{k,inf} = r_{inf} \cdot P_{m,t}$
$\oplus$ „in Kombination mit"
ψ Kombinationsbeiwerte siehe Tabellen 6.1 und 6.2

Nach DIN 1045-1, 11.2.1(9) ist die Dekompression im Bauzustand nur für den Rand der infolge Vorspannung vorgedrückten Zugzone und im Endzustand für den gesamten Querschnitt nachzuweisen.

Tabelle 6.1 Kombinationsbeiwerte ψ (nach DIN 1055-100, Tabelle A.2)

Einwirkung	ψ_0	ψ_1	ψ_2
Nutzlasten[1),4)]			
• Kategorie A – Wohn.- und Aufenthaltsräume	0,7	0,5	0,3
• Kategorie B – Büros	0,7	0,5	0,3
• Kategorie C – Versammlungsräume	0,7	0,7	0,6
• Kategorie D – Verkaufsräume	0,7	0,7	0,6
• Kategorie E – Lagerräume	1,0	0,9	0,8
Verkehrslasten			
• Kategorie F – Fahrzeuglast ≤ 30 kN	0,7	0,7	0,6
• Kategorie G – 30 kN ≤ Fahrzeuglast ≤ 160 kN	0,7	0,5	0,3
• Kategorie H – Dächer	0	0	0
Schnee- und Eislasten			
Orte bis NN + 1000 m	0,5	0,2	0
Orte über NN + 1000 m	0,7	0,5	0,2
Windlasten	0,6	0,5	0
Temperatureinwirkungen (außer Brand)[2)]	0,6	0,5	0
Baugrundsetzungen	1,0	1,0	1,0
Sonstige Einwirkungen[3)]	0,8	0,7	0,5

[1)] Abminderungsbeiwerte für Nutzlasten in mehrgeschossigen Hochbauten siehe E DIN 1055-3
[2)] ψ-Werte für Maschinenlasten sind betriebsbedingt festzulegen
[3)] siehe E DIN 1055-7
[4)] ψ-Werte für Flüssigkeitsdruck sind standortbedingt festzulegen

6.1 Vorbemessung

Tabelle 6.2 Kombinationsbeiwerte ψ (nach DIN Fachbericht 101, Tab. C.2)

Einwirkung	Bezeichnung		ψ_0	ψ_1	ψ_2	ψ_1' [1]
Verkehrslasten	gr 1	TS	0,75	0,75	0,2	0,80
	(LM 1)	UDL[2]	0,40	0,40	0	0,80
	Einzelachse (LM 2)		0	0,75	0	0,80
	gr 2 (Horizontal Lasten)		0	0	0	0
	gr 3 (Fußgänger Lasten)		0	0	0	0,80
Horizontallasten			0	0	0	0
Windlasten	F_{wk}		0,30	0,50	0	0,60
Temperatur	T_k		0[3]	0,60		0,80

[1] ψ_1' ist ein ψ_1-Faktor zur Bestimmung der nicht-häufigen Lasten
[2] Die Faktoren für die gleichmäßig verteilte Belastung beziehen sich nicht nur auf die Flächenlast des LM 1, sondern auch auf die in Tabelle 4.4 angegebene abgeminderte Last aus Geh- und Radwegbrücken
[3] Falls nachweisrelevant, sollte $\psi_0 = 0{,}8$ gesetzt werden, siehe hierzu die relevanten DIN-Fachberichte für Bemessung

6.1 Vorbemessung

Die zulässige Spanngliedlage lässt sich für statisch bestimmte Tragwerke aus der erforderlichen Betondruckspannung am Querschnittsrand (Dekompression) unter der jeweiligen Einwirkungskombination sehr einfach bestimmen. Hierzu berechnet man für die Zeitpunkte $t = 0$ (nach dem Anspannen) und $t \to \infty$ die Randspannungen und vergleicht diese mit den zulässigen Werten. Es wird ein elastisches Materialverhalten (Zustand I) vorausgesetzt. Allgemein gilt für ein statisch bestimmtes System:

Zeitpunkt $t = 0$:

Druckspannung unten:
$$\sigma_{c,\text{unten}} = -\frac{P_{o,\text{sup}}}{A_{cn}} - \frac{P_{o,\text{sup}} \cdot z_p}{W_{c,\text{unten}}} + \frac{M_{g,d}}{W_{c,\text{unten}}} \geq \sigma_{c,\text{zul}}^{\text{Druck}} \quad (6.4)$$

Zugspannung oben:
$$\sigma_{c,\text{oben}} = -\frac{P_{o,\text{sup}}}{A_{cn}} + \frac{P_{o,\text{sup}} \cdot z_p}{W_{c,\text{oben}}} - \frac{M_{g,d}}{W_{c,\text{oben}}} \leq \sigma_{c,\text{zul}}^{\text{Zug}} \quad (6.5)$$

Zeitpunkt $t \to \infty$:

Zugspannungen unten:
$$\sigma_{c,\text{unten}} = -\frac{P_{m\infty,\text{inf}}}{A_{ci}} - \frac{P_{m\infty,\text{inf}} \cdot z_p}{W_{c,\text{unten}}} + \frac{M_{(g+q),d}}{W_{c,\text{unten}}} \leq \sigma_{c,\text{zul}}^{\text{Zug}} \quad (6.6)$$

Druckspannungen oben:
$$\sigma_{c,\text{oben}} = -\frac{P_{m\infty,\text{inf}}}{A_{ci}} + \frac{P_{m\infty,\text{inf}} \cdot z_p}{W_{c,\text{oben}}} - \frac{M_{(g+q),d}}{W_{c,\text{oben}}} \geq \sigma_{c,\text{zul}}^{\text{Druck}} \quad (6.7)$$

236   6 Spanngliedführung

In den obigen Gleichungen gelten folgende Vorzeichenregeln:

- Druckspannungen sind negativ, Vorspannkraft positiv
- positives Biegemoment erzeugt Zugspannungen an der Querschnittsunterseite
- z_p positiv unterhalb der Schwerachse

$P_{0,\text{sup}}$ und $P_{0,\text{inf}}$ sind die oberen bzw. unteren charakteristischen Werte der Vorspannkraft beim Spannen.

Mit den Gleichungen 6.4 bis 6.7 kann für einen gewählten Querschnitt mit gegebenen Schnittgrößen aus den äußeren Einwirkungen die zulässige Spannkraft für verschiedene Spanngliedlagen z_p ermittelt werden.

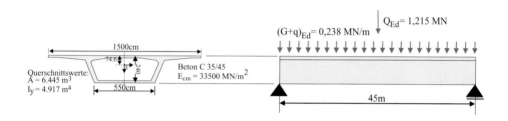

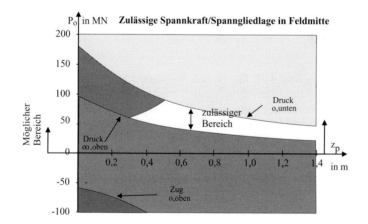

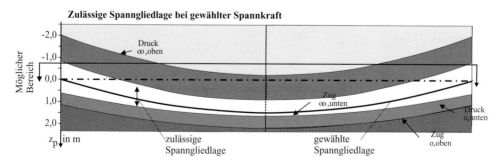

Bild 6.4 Zulässige Spanngliedlagen

6.1 Vorbemessung

Dies soll an zwei Beispielen erläutert werden. Vereinfachend wird nur eine Laststellung betrachtet. Die Systeme sowie die angesetzten Einwirkungen sind in den Bildern 6.4 bzw. 6.5 dargestellt. Wegen der besseren Übersichtlichkeit wird die Berechnung mit den zulässigen Betonspannungen nach DIN 4227/T1 (Bau- bzw. Endzustand $\sigma_{c,Zug} = +2,5/+4,0$ MPa)

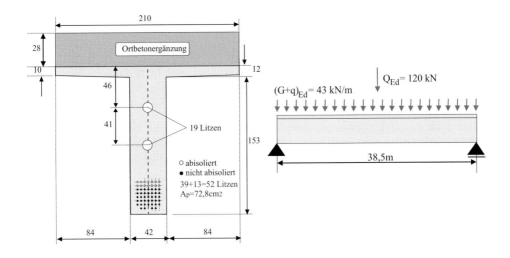

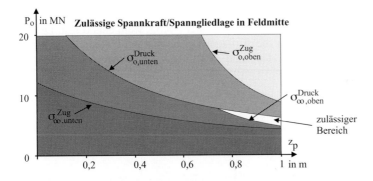

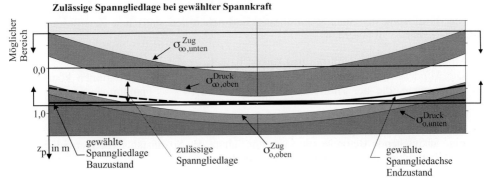

Bild 6.5 Zulässige Spanngliedlagen

durchgeführt. Die maximale Betondruckspannung unter ständigen Lasten beträgt für einen Beton C35/45 nach DIN 1045-1 $|\sigma_c| \leq 0{,}45 \cdot f_{ck} = 0{,}45 \cdot 35 = 15{,}75$ MN/m^2. Zunächst wird nur der maximal beanspruchteste Querschnitt in Feldmitte betrachtet. Für die gegebenen Schnittgrößen werden die Gleichungen 6.4 bis 6.7 ausgewertet. Das Ergebnis ist in Bild 6.4 zu sehen. In Feldmitte wird man das Spannglied möglichst weit unten anordnen. Der maximale Stich liegt bei ca. 1,45 m. Wie man aus Bild 6.4 (Mitte) erkennt, weist hierfür die zulässige Spannkraft nur eine sehr schmale Bandbreite auf.

Aus wirtschaftlichen Überlegungen wird man meistens die geringste Spannkraft ansetzen. Hat man die erforderliche Spannkraft P_0 bestimmt, so sollte der Spanngliedverlauf im gesamten Träger kontrolliert werden. Hierzu werden wiederum die Randspannungen an verschiedenen Stellen überprüft. Das Ergebnis für $P_0 = 40$ MN zeigt Bild 6.4 unten. Auch hier ergibt sich ein recht schmaler Bereich, in welchem das Spannglied geführt werden kann.

Es sei noch darauf hingewiesen, dass für ein reales System die Berechnungen erheblich aufwendiger werden, da u. a. die Einwirkungen komplexer sind. Weiterhin sind ggf. Bauzustände zu berücksichtigen. Zur Ermittlung der maximalen Randspannungen greift man daher auf EDV-Programme zurück.

Nachdem die Spannkraft sowie die Spanngliedlage festgelegt wurde, muss noch der Nachweis im Grenzzustand der Tragfähigkeit erbracht werden.

Für ein statisch unbestimmtes System kann die Spanngliedlage nicht wie oben durch Auswertung der Gleichungen bestimmt werden, da das Vorspannmoment $M_p(x) = P(x) \cdot z_p(x) + M'_p(x)$ vom Verlauf des Spanngliedes abhängt. In diesem Fall ist es einfacher, sich eine Spanngliedführung vorzugeben und hiermit die zulässigen Betonspannungen zu kontrollieren. Die Lage des Spanngliedes über den Stützen liegt i. Allg. weitgehend fest. Die Wendepunkte wird man möglichst nahe an die Auflager legen, was jedoch durch den erforderlichen kontinuierlichen Spanngliedverlauf und den zulässigen Mindest-Krümmungsradius R_{min} beschränkt wird.

6.2 Kriterien für die Spanngliedführung

6.2.1 Allgemein

Bei der Festlegung der Spanngliedführung sind neben den statischen Restriktionen auch folgende Kriterien zu beachten:

- Mindestabstände von Hüllrohr und Anker- bzw. Koppelstellen
  Die Mindest- und Randabstände der Anker- und Koppelkonstruktionen können den Zulassungen, die der Hüllrohre DIN 1045-1, 12.10.2–4 entnommen werden (siehe Bild 6.6).

- Betondeckung
  Eine ausreichende Betondeckung ist zum Schutz des Spannstahls vor Korrosion sowie zur Übertragung der Verbundkräfte erforderlich.

- Unempfindlichkeit gegenüber Toleranzen (siehe Abschnitt 6.2.2).

6.2 Kriterien für die Spanngliedführung

- Bewehrung und Lage der Koppel- und Ankerbereiche
 Koppelstellen sollten in Bereiche mit geringer Beanspruchung gelegt werden, da sie eine geringe Ermüdungsfestigkeit aufweisen. Dies trifft für Momentennullpunkte zu (Bild 6.10). Für die Anordnung von Koppelstellen ist meistens eine große Fläche erforderlich, was u.U. zu einer nahezu zentrischen Spanngliedlage führen kann.
 Weiterhin sollte in den stark bewehrten Koppelbereichen eine Rüttelgasse von mindestens 10 cm vorgesehen werden (siehe Bild 6.7).

- Momente aus Vorspannung sollen entgegengesetzt der Belastung aus Eigengewicht und Verkehr wirken

- Es sind die zulässigen Mindest-Krümmungsradien einzuhalten (siehe Abschnitt 4.5, Bild 4.39). „Knicke" in der Spanngliedführung sind nicht möglich. Für beliebige Spanngliedführungen ergibt sich der Krümmungsradius zu: $R = \{1 - (z'_p(x))^2\}^{1,5}/|z''_p(x)|$.

- In Bereichen der Maximal- bzw. Minimalmomente sollten die Spannglieder möglichst weit nach außen an den Querschnittsrand gelegt werden. Dies ist auch in den nicht maximal beanspruchten Stellen sinnvoll, da sie hier bei Verbund zur Beschränkung der Rissbreite mitwirken.

- Die Spanngliedführung setzt sich meistens aus parabel- oder kreisförmigen Kurven zusammen. Bei Computerberechnungen sind auch beliebige Lagen möglich. Die letzten 90 cm bis 100 cm vor einer Verankerung bzw. Kopplung müssen geradlinig verlaufen.

- Die Abstufung der Spannkraft in Längsrichtung ergibt sich aus der Beanspruchung des Bauteils. Weiterhin sind die einschlägigen Richtlinien zu beachten. Nach ZTV-K 96 sind mindestens 2/3 der Spannglieder, welche zur Aufnahme der maximalen Feldmomente erforderlich sind, bis über die benachbarten Auflagerlinien zu führen.

Auf einige der zuvor erwähnten Zwangsbedingungen für die Spanngliedführung wird nachfolgend noch näher eingegangen.

Betondeckung

Zur Übertragung der Verbundkräfte sollte die Betondeckung nach DIN 1045-1, 6.3(4) folgende Werte nicht unterschreiten:

$\min c_{pl} \geq d_s$ bzw. d_{sv} (Betonstahlbewehrung)
$\min c_{pl} \geq 2,5 \, d_p$ oder $3 \times d_n$ (sofortiger Verbund)
$\min c_{pl} \geq d_h$ (nachträglicher Verbund)

mit:

d_h Außendurchmesser des Hüllrohres
d_p Nenndurchmesser einer Litze
d_n Nenndurchmesser eines gerippten Drahtes

Zur Sicherstellung des Korrosionsschutzes sind die Werte nach DIN 1045-1, Tabelle 4 einzuhalten (siehe Tabelle 6.3).

Da Spannstähle korrosionsempfindlicher als Bewehrungsstähle sind, ist eine größere Mindestbetondeckung einzuhalten. Weiterhin werden größtenteils Litzen mit kleinem Durchmesser (6 mm) verwendet, bei welchen sich ein Korrosionsabtrag prozentual stärker auf die Tragfähigkeit auswirkt, als bei dickeren Bewehrungsstäben.

Tabelle 6.3 Mindestbetondeckung c_{min} zum Schutz vor Korrosion und Vorhaltemaß Δc in Abhängigkeit von der Expositionsklasse (DIN 1045-1, Tab. 4)

Expositions-klasse[3]	Mindestbetondeckung c_{min} in mm[1), 2)]		Vorhaltemaß Δc
	Betonstahl	Spannglieder im sofortigem Verbund und im nachträglichen Verbund[4]	
XC1	10	20	10
XC2	20	30	
XC3	20	30	
XC4	25	35	
XD1			
XD2	40	50	15
XD3[5]			
XS1			
XS2	40	50	
XS3			

[1)] Diese Werte dürfen für Bauteile, deren Betonfestigkeit um 2 Festigkeitsklassen höher liegt, als nach DIN 1045-1 Tabelle 3 mindestens erforderlich ist, um 5 mm vermindert werden. Für Bauteile der Expositionsklasse XC1 ist diese Abminderung nicht erforderlich. Dies gilt nicht für Brücken.
[2)] Wird Ortbeton kraftschlüssig mit einem Fertigteil verbunden, dürfen die Werte an der Fuge zugewandten Rändern um 5 mm im Fertigteil und 10 mm im Ortbeton vermindert werden. Die Bedingungen zur Sicherstellung des Verbundes nach Absatz (4) müssen jedoch eingehalten werden, sofern die Bewehrung im Bauzustand ausgenutzt wird.
[3)] Expositionsklassen siehe Kapitel 8, Tabellen 8.14 und 8.15.
[4)] Die Mindestbetondeckung bezieht sich bei Spanngliedern mit nachträglichem Verbund auf die Oberfläche des Hüllrohres.
[5)] Im Einzelfall können besondere Maßnahmen zum Korrosionsschutz der Bewehrung nötig sein.

Das Nennmaß der Betondeckung beträgt: nom c_p = min c_{p2} + Δc

In Deutschland sind weiterhin zusätzliche Regelungen zu beachten. So sollte nach DIN-Fachbericht 102, 4.1.3.3 bei Kunstbauwerken die Betondeckung der Hüllrohre in der Fahrbahnplatte mindestens 10 cm für Längsspannglieder und 8 cm für Querspannglieder betragen. Auch zu Einbauteilen, wie beispielsweise Entwässerungsleistungen, sollte ein ausreichender Abstand gehalten werden.

Waagerechter und lotrechter Abstand (Bild 6.6)

Lichter Abstand der Spannglieder mit sofortigem Verbund (DIN 1045-1, 12.10.2):
- waagerecht: $\geq 0{,}8\, d_p$ und ≥ 20 mm und $\geq d_g + 5$mm (d_p = Spanngliedurchmesser)
- senkrecht: $\geq 0{,}8\, d_p$ und ≥ 50 mm und $\geq d_g$ (d_g = Größtkorndurchmesser)

6.2 Kriterien für die Spanngliedführung

Lichter Abstand der Spannglieder mit nachträglichem Verbund (DIN 1045-1, 12.10.3):

- waagerecht: $\geq 0{,}8\, d_{h,außen}$ und ≥ 40 mm (d_h = Hüllrohrdurchmesser)
- senkrecht: $\geq 0{,}8\, d_{h,außen}$ und ≥ 50 mm

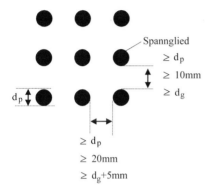
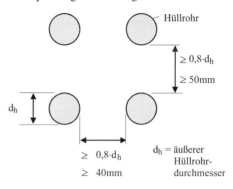

Bild 6.6 Mindestabstand der Spannglieder bzw. der Hüllrohre (DIN 1045-1, 12.10)

Weiterhin ist zu beachten, dass ausreichend Platz für das Einbringen und Verdichten des Betons zur Verfügung steht. Diesbezüglich bedürfen insbesondere die hoch bewehrten Anker- und Koppelbereiche einer genaueren Betrachtung. Weiterhin kritisch sind schlanke Bauteile, wie beispielsweise Stege von Hohlkastenbrücken. Mehr als drei Spannglieder nebeneinander sollten nicht ohne Betonier- bzw. Rüttellücke ausgeführt werden. Die Breite der Rüttellücken beträgt abhängig vom Durchmesser des Rüttlers bzw. des Fallrohres oder des Pumpenschlauches mindestens 15 cm. Betonierlücken sollten auch über ihre gesamte Höhe frei von Bewehrung sein. Bei geneigten Rüttelschlitzen und einer großen Höhe sind Betonierrohre zu verwenden, um eine Entmischung des Betons zu verhindern. Aus dem gleichen Grund sollte das Einbringen des Betons in die Bodenplatte eines Hohlkastenquerschnitts nicht durch Hüllrohre behindert sein (Bild 6.7). Horizontal vom Beton durchflossene dünne Bauteile, wie beispielsweise Bodenplatten, sollten weitgehend frei von Hüllrohren und kreuzenden Bewehrungen sein.

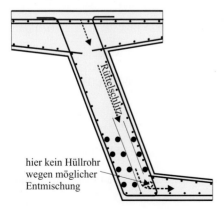

Bild 6.7 Anordnung der Spannglieder im Steg einer Hohlkastenbrücke

Parabelförmig verlegte Spannglieder im Steg

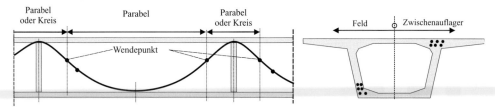

Gerade Spannglieder in Boden- und Fahrbahnplatte

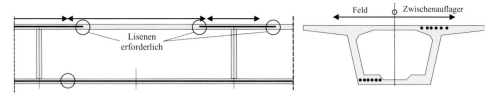

Bild 6.8 Spanngliedführung

Die Spannglieder werden bei Plattenbalken- und Hohlkastenquerschnitten entsprechend der Spannungskonzentration im Bereich des Steges angeordnet und nicht über die gesamte Flanschbreite verteilt (Bild 6.8).

Spanngliedverlauf gerade oder gekrümmt

Bei Hohlkasten- oder Plattenbalkenquerschnitten können die Spannglieder gekrümmt in den Stegen oder gerade in den Platten angeordnet werden (siehe Bild 6.8). Die wesentlichen Vor- und Nachteile der beiden Varianten sind:

Gekrümmter Spanngliedverlauf

Vorteile:

- Eine parabelförmige Spanngliedführung erzeugt konstante Umlenkkräfte, welche der äußeren (gleichförmigen) Einwirkung direkt entgegen wirken.
- Der Spanngliedverlauf kann den äußeren Einwirkungen angepasst werden.
  → wirtschaftlicher Stahlverbrauch möglich
- Über mehrere Felder durchgehende, lange Spannglieder sind möglich. Hierdurch wird die Anzahl der aufwendigen Verankerungen minimiert.

Nachteile:

- Größere Stegdicken sind insbesondere im Bereich der Koppel- und Spannanker notwendig.
- Die Reibung verursacht relativ große Spannkraftverluste an den planmäßigen Spanngliedkrümmungen.

6.2 Kriterien für die Spanngliedführung

Gerade Spannglieder in den Gurtplatten

Vorteile:

- Die Spannglieder sind einfach und damit schnell zu verlegen.
- Die Stege sind frei von Spanngliedern und können daher rein nach statischen bzw. konstruktiven Erwägungen dünner ausgeführt werden.
  → geringeres Eigengewicht und Zwangbeanspruchung
- Im Gegensatz zur externen Vorspannung kann der maximale Hebelarm für die Spanngliedführung ausgenutzt werden.
- Es treten geringe Reibungsverluste wegen des geraden Spanngliedverlaufes auf.
- Eine Abstufung der Spannglieder ist leicht möglich.

Nachteile:

- Es sind keine Umlenkkräfte vorhanden, welche den äußeren Einwirkungen entgegenwirken (nur Ankerkräfte).
- Die geraden Spannglieder erzeugen keine entlastenden Querkräfte.
- Es besteht ein größerer Bedarf an Verankerungen.
- Wegen der großen Überlappungslängen entsteht ein höherer Spannstahlverbrauch bei Durchlaufträgern.
- Oftmals sind nur kurze Spannglieder über den Zwischenauflagern erforderlich.
- An der Fahrbahn- und Bodenplatte sind Lisenen zum Spannen erforderlich.

Lage der Spannglieder: intern – extern

Die Lage des Spanngliedes – extern (ohne Verbund) oder intern (mit und ohne Verbund) – wird in Deutschland durch Richtlinien festgelegt. Bei Hohlkastenbrücken ist eine geradlinige Verbundvorspannung nur in der Boden- bzw. Fahrbahnplatte zulässig. Bei der so genannten Mischbauweise werden sowohl gerade Spannglieder (im Verbund) in den Gurtplatten und polygonartig verlaufende externe Spannglieder angeordnet. Die wesentlichen Vorteile einer externen Spanngliedführung liegen in dem besseren Korrosionsschutz, der Möglichkeit des Austausches und des Nachspannens sowie der Kontrolle. Ausführlich wird dies in Kapitel 11 erörtert.

Lage und Anordnung der Koppelstellen

Die Spanngliedverankerungen bzw. -kopplungen an den Arbeitsfugen stellen besondere Problembereiche dar, in welchen es in der Vergangenheit immer wieder zu Schäden (Risse im Beton, Spannstahlbrüche) gekommen ist. Daher ist die Anzahl der Spanngliedkopplungen in einem Querschnitt begrenzt. Nach DIN 1045-1 12.10.5(3) sollten mehr als 70 % Kopplungen in einem Querschnitt vermieden werden. Nach DIN-Fachbericht 102, 5.3.4 müssen mindestens 30 % aller Spannglieder in einem Querschnitt ungestoßen durchgeführt werden. Eine Anordnung von mehr als 50 % Spanngliedkopplungen in einem Querschnitt sollte vermieden werden, wenn nicht eine durchlaufende Mindestbewehrung oder mindestens eine bleibende Betondruckspannung von 3 N/mm^2 unter der häufigen Einwirkungskombination vorhanden ist.

Weiterhin ist zur Aufnahme von Zwangkräften eine erhöhte Mindestbewehrung anzuordnen.

Es sei hier darauf hingewiesen, dass die Anzahl der Kopplungen in einem Querschnitt und nicht die Größe der gekoppelte Spannkraft beschränkt wird.

Koppelfugen stellen aus folgenden Gründen planmäßige Schwachstellen im Tragwerk dar (siehe Abschnitt 10.4.1):

- Die Betonqualität an der Koppelfuge ist oftmals geringer als in den übrigen Bereichen. Sie hängt u.a. von der Herstellung, beispielsweise der Betonierrichtung ab [103]. Insbesondere die Betonzugfestigkeit in der Fuge ist geringer als im Rest des Tragwerks. Risse im Beton, z. B. durch rechnerisch nicht berücksichtigte Zwangeinwirkungen, werden daher hier zuerst auftreten.
- Bei der Hydratation entstehen Temperaturdifferenzen zwischen bereits erhärtetem und neuem Beton. Dies wiederum führt zu (Zug-)Eigenspannungen in der Arbeitsfuge.
- Nichtlineare Dehnungsverteilung
  Zunächst wird die volle Vorspannkraft auf das erhärtete Bauteil aufgebracht. Bei einer Kopplung des Spanngliedes wird dann beim Anspannen des nächsten Feldes dieser Bereich wieder nahezu entlastet. Es können somit Zugspannungen im Innern des Baukörpers auftreten.
- Das Kriechen des vorgespannten Betons führt zu Spannungsumlagerungen.
- Aufgrund der Umlenkung (Verziehung) der Spannglieder kommt es zu erhöhten Reibungsverlusten im Koppelbereich, welche berücksichtigt werden müssen. Dies führt zu einer geringeren Vorspannkraft in der Arbeitsfuge.
- Bedingt durch die große Dehnsteifigkeit der Kopplungen treten erhöhte Spannkraftverluste infolge Kriechen und Schwinden im Fugenbereich auf.
- Der Schlupf der Spannlitzen kann mit der Zeit zunehmen.
- Bei einer abschnittsweisen Herstellung kann es zu Eigenspannungen, hervorgerufen durch das ungleiche Schwinden einzelner Tragwerksteile, kommen.

Treten im Koppelfugenbereich Risse auf, so nimmt die Dauerschwingbeanspruchung der Spannglieder sehr stark zu. Dies kann zu Ermüdungsbrüchen führen. Daher ist besonders im Koppelfugenbereich ein Dauerfestigkeitsnachweis zu führen. Weiterhin sollte eine erhöhte Mindestbewehrung zur Begrenzung der Rissbreiten eingelegt werden.

Innenliegende Spanngliedverankerungen sollten möglichst in vorgedrückten Zonen angeordnet werden um die Rissgefahr zu minimieren. Weiterhin sollten die Verankerungen gestaffelt werden. Die hinten liegenden Verankerungen überdrücken dann eventuelle Zugspannungen der weiter vorne liegenden Ankerbereiche (Bild 6.9).

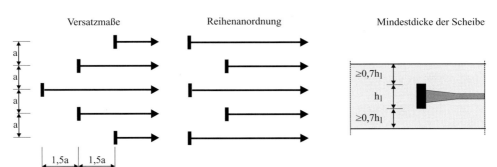

Bild 6.9 Anordnung von Innenverankerungen

6.2 Kriterien für die Spanngliedführung

Feldweise Kopplung der Spannglieder

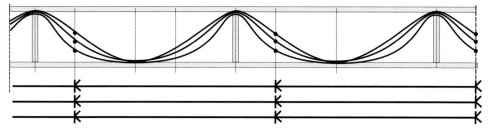

Durchgehende Spannglieder (über 2 Felder) und Spannglieder jeweils feldweise gekoppelt

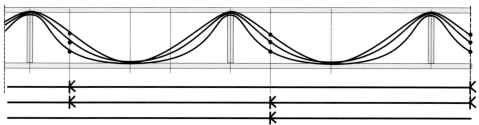

Übergreifungsstoß am Zwischenauflager

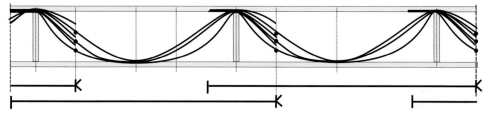

Bild 6.10 Spanngliedverläufe

Kopplung der Spannglieder in jeder Koppelfuge (Bild 6.10 oben)

(in Europa nicht zugelassen)

Vorteile:

- kurze Spannglieder
- gesamte Spannkraft ist bereits im Bauzustand vorhanden

Nachteile:

- starke vertikale Spreizung der Spannglieder im Kopplungsbereich (hieraus resultieren große planmäßige Umlenkwinkel und folglich große Reibungsverluste)
- konzentrierte Lasteinleitung in einem Querschnitt
- starke Schwächung des Querschnitts durch Ankerplatten

Teilweise durchgehende Spannglieder (Bild 6.10 mitte)

Vorteile:

- geringere Spreizung der Spannglieder in der Koppelfuge (wegen Mindestabständen der Koppelplatten)
- geringere einzuleitende Ankerkräfte

Nachteile:

- Stegverbreiterung eventuell erforderlich
- nur Teilvorspannkraft im Bauzustand vorhanden

Übergreifungsstoß am Zwischenauflager (Bild 6.10 unten)

Vorteile:

- doppelte Spanngliedmenge über der Zwischenstütze (falls genügend Überstand)
- keine Kopplungen erforderlich
- gesamte Feldvorspannung im Bauzustand vorhanden

Nachteile:

- Einige Spannglieder können erst im nächsten Feld ausgepresst werden. Alternativ können auch Lisenen am Steg angebracht werden.

6.2.2 Unempfindliche Spanngliedführung

Ein weiteres Kriterium für eine gute Spanngliedführung ist die deutliche Erkennbarkeit von Abweichungen von den Sollwerten beim Spannvorgang. Ist beispielsweise der Reibungskoeffizient im Bauwerk erheblich größer als rechnerisch angesetzt, so sollte dies auch zu signifikanten Änderungen des Spannweges führen. Außerdem müssen unplanmäßige Zunahmen des Reibungskoeffizienten bzw. der Umlenkwinkel durch Überspannen ausgeglichen werden können. Dies ist bereits beim Entwurf zu beachten.

Die Erkennbarkeit von Abweichungen hängt wesentlich von der gewählten Spangliedführung ab. Dies soll an einem einfachen Beispiel erläutert werden (Bild 6.11). Es handelt sich hierbei um einen Träger, welcher durch eine hohe Einzellast beansprucht wird. Demzufolge wird eine nahezu geradlinige Spanngliedführung gewählt. Beim ersten System ist die Umlenkstelle nahe am Spannanker. Das zweite System entspricht dem ersten, wobei lediglich die Spannseite getauscht wurde.

Aufgrund einer Erhöhung des Reibungsbeiwertes ergeben sich für beide Systeme zwei unterschiedliche Spannkraftverläufe. Die wesentlichen Reibungsverluste treten in den Umlenkstellen auf. Wie man aus dem Spannkraftverlauf erkennt, sind beim System 1 die Spannwegdifferenzen erheblich größer als bei System 2. Im ersten Fall würde sich eine Abweichung der Soll- von den Istwerten beim Spannweg niederschlagen, beim System 2 könnte dies eventuell unbemerkt bleiben. Große Umlenkungen im Bereich des Festankers bzw. am Spanngliedende sollten daher vermieden werden.

6.2 Kriterien für die Spanngliedführung

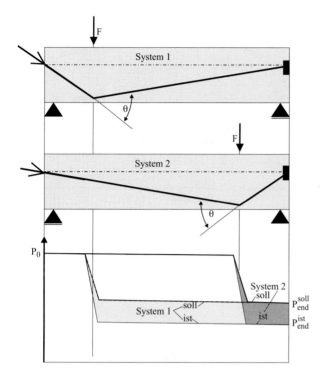

Bild 6.11 Spannwegdifferenzen für „empfindlichen" und „unempfindlichen" Spanngliedverlauf

In Bild 6.12 ist der Spannkraftverlauf für 20 verschiedene Spanngliedführungen a-s aufgetragen [94]. Der Spanngliedverlauf besteht jeweils aus einem planmäßig gekrümmten und einem geraden Teil. An der Stelle A befindet sich der Spannanker. Bei den Systemen a-j (Bild 6.12 links) beginnt der gekrümmte Spanngliedverlauf am Spannanker. Hier treten folglich die größten Reibungsverluste auf. Bei den Systemen j-s ist es umgekehrt.

Auf der Ordinate ist die Kraft am Festanker B in Abhängigkeit vom Spanngliedverlauf und den Faktor $\mu \cdot (\theta + kx)$ aufgetragen. Für die in der Baupraxis gebräuchlichen geringen Werte von θ ergibt sich eine nahezu lineare Beziehung zwischen der Spannkraft am Festanker P^{end} und dem Gesamtumlenkwinkel, d. h.:

$$P^{end} = P_0 \cdot e^{-\mu \cdot (\theta + kl)} \approx P_0 \cdot [1 - \mu \cdot (\theta + kl)] \tag{6.8}$$

Der Spannweg lässt sich bei Vernachlässigung der Betondehnungen durch Integration des Spannkraftverlaufes wie folgt bestimmen.

$$\Delta l_p = \frac{1}{E_p \cdot A_p} \int_0^{l_p} P(s) \cdot ds = \frac{P_0}{E_p \cdot A_p} \int_0^{l_p} e^{-\mu \cdot [\theta(x) + kx]} \cdot dx \tag{6.9}$$

Damit Probleme klar erkennbar sind, sollen nach [94] die Abweichung in der Spannkraft am Festanker ΔP^{end} maximal 2,5mal so groß wie die Spannwegdifferenz sein, d.h.:

$$\left[\frac{[P^{soll} - P^{ist}]}{P^{soll}} \right]^{end} < 2,5 \cdot \frac{[\Delta l_p^{soll} - \Delta l_p^{ist}]}{\Delta l_p^{soll}} \tag{6.10}$$

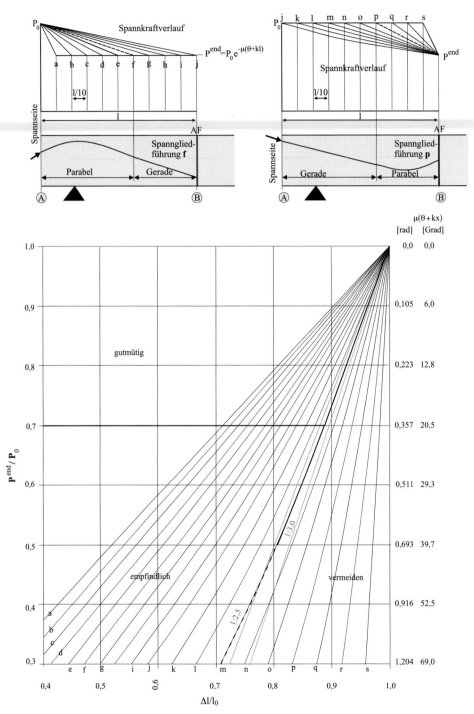

Bild 6.12 Diagramm zur Unterscheidung der Empfindlichkeit von Systemen bei Abweichungen des Systemwertes (nach [94])

6.2 Kriterien für die Spanngliedführung

Ein 10 % geringerer Spannweg sollte somit maximal eine Spannkraftreduzierung am Festanker von 25 % verursachen.

Gleichung (6.10) lässt sich bei bekanntem Spanngliedverlauf und Abweichungen von den Sollwerten explizit lösen. Vereinfachend gilt:

$$\text{(Ist-Sollwert)} \quad \frac{\Delta P^{end}}{P_0} < 2{,}5 \cdot \frac{\Delta l_p}{l_{p0}} \quad \text{mit} \quad l_{p0} = \frac{P_0 \cdot l_p}{E_p \cdot A_p} \qquad (6.11)$$

Cordes [94] unterscheidet zwischen:

1. „Gutmütige" Systeme

   - Eine 50 %-ige Erhöhung von μ ($K = \mu_{ist}/\mu_{soll} = 1{,}5$) kann durch Überspannen ausgeglichen werden. Cordes setzt eine 20 %-ige Überspannreserve an, d. h.: $\sigma_{pü} \geq 1{,}20\,\sigma_{p0}$ (mit $\sigma_{pü} = 0{,}95\,f_{p01,k}$ beträgt σ_{p0} maximal $0{,}80\,f_{p01,k}$)
   - Die Abweichungen bei den Reibungsverlusten sind erkennbar. Dies ist nach [94] der Fall, wenn die Abweichung in der Spannkraft am Festanker P^{end} maximal 2,5mal so groß wie die Spannwegdifferenz ist (Gleichung 6.11).
   - Bei einer Vorspannung auf dem Soll-Spannweg beträgt die Abweichung der Spannkraft am Spannende P^{end} maximal 7,5 %.

2. „Empfindliche" Systeme

   - Toleranzen bis $K \approx 1{,}2 \div 1{,}5$ können durch Überspannen ausgeglichen werden. Voraussetzung: $\sigma_{pü} \geq 1{,}20\,\sigma_{p0}$ d. h. bei $\sigma_{pü} = 0{,}95\,f_{p01,k}$ beträgt σ_{p0} maximal $0{,}80\,f_{p01,k}$.
   - Die Abweichungen bei den Reibungsverlusten sind erkennbar. Dies ist nach [94] der Fall, wenn die Abweichung in der Spannkraft am Festanker P^{end} maximal 3,0mal so groß wie die Spannwegdifferenz ist.

   $$\text{(Ist-Sollwert)} \quad \frac{\Delta P^{end}}{P_0} < 3{,}0 \cdot \frac{\Delta l}{l_0} \quad \text{mit} \quad l_0 = \frac{P_0 \cdot l_p}{E_p \cdot A_p}$$

   - Bei einer Vorspannung auf dem Soll-Spannweg beträgt die Abweichung der Spannkraft am Spannende P^{end} maximal 7,5 %.

3. Zu vermeidende Systeme

   - alle übrigen

Für einen parabolischen–geradlinigen Spanngliedverlauf (a–j in Bild 6.12) können die Beziehungen explizit hergeleitet werden. Für eine parabolische Spanngliedführung gilt:

$$\theta(x) = \frac{8 \cdot f}{l_p^2} \cdot x \qquad (6.12)$$

Somit ergibt sich der Soll-Spannweg für einen parabolischen–geraden Spanngliedverlauf zu:

$$\Delta l_p = \frac{P_0}{E_p \cdot A_p} \cdot \int_0^{\alpha \cdot l_p} \left[e^{-\mu \cdot \left(\frac{8f}{l_p^2}x + kx\right)} \right] \cdot dx + \frac{P_0}{E_p \cdot A_p} \cdot e^{-\mu \cdot \left(\frac{8f}{l_p^2}+k\right) \cdot \alpha \cdot l_p} \cdot \int_{\alpha \cdot l_p}^{l_p} [e^{-\mu \cdot kx}] \cdot dx \quad (6.13)$$

$$\Delta l_p = \frac{P_0}{E_p \cdot A_p} \cdot \frac{1}{-\mu \cdot \left(\frac{8f}{l_p^2}+k\right)} \cdot \left[e^{-\mu \cdot \left(\frac{8f}{l_p^2}+k\right) \cdot \alpha \cdot l_p} - 1 \right]$$

$$+ \frac{P_0}{E_p \cdot A_p} \cdot e^{-\mu \cdot \left(\frac{8f}{l_p^2}+k\right) \cdot \alpha \cdot l_p} \cdot \frac{1}{-\mu \cdot k} \cdot [e^{-\mu \cdot k \cdot l_p} - e^{-\mu \cdot k \cdot \alpha \cdot l_p}] \quad (6.14)$$

Mit $e^{-\mu \cdot k \cdot l_p} \approx 1 - \mu \cdot k \cdot l_p$ folgt:

$$\Delta l_p^{\text{soll}} = \frac{P_0}{E_p \cdot A_p} \cdot \frac{1}{-\mu \cdot \left(\frac{8f}{l_p^2}+k\right)} \cdot \left[e^{-\mu \cdot \left(\frac{8f}{l_p^2}+k\right) \cdot \alpha \cdot l_p} - 1 \right] + \frac{P_0}{E_p \cdot A_p} \cdot e^{-\mu \cdot \left(\frac{8f}{l_p^2}+k\right) \cdot \alpha \cdot l_p} \cdot (l_p - \alpha \cdot l_p) \quad (6.15)$$

$$\Delta l_p^{\text{ist}} = \frac{P_0}{E_p \cdot A_p} \cdot \frac{1}{-\mu \cdot \left(\frac{8f}{l_p^2}+k\right) \cdot K} \cdot \left[e^{-\mu \cdot \left(\frac{8f}{l_p^2}+k\right) \cdot \alpha \cdot l_p \cdot K} - 1 \right] + \frac{P_0}{E_p \cdot A_p} \cdot e^{-\mu \cdot \left(\frac{8f}{l_p^2}+k\right) \cdot \alpha \cdot l_p \cdot K} \cdot (l_p - \alpha \cdot l_p)$$

$$(6.16)$$

Mit Gleichung 6.15 sowie $\Delta l_{p0} = (P_0 \cdot l_p)/(E_p \cdot A_p)$ ergibt sich:

$$\frac{\Delta l_p^{\text{soll}}}{\Delta l_{p0}} = \frac{1}{\mu \cdot (8f/l_p + kl_p)} \cdot \left[-e^{-\mu \cdot \left(\frac{8f}{l_p}+k \cdot l_p\right) \cdot \alpha} + 1 \right] + e^{-\mu \cdot \left(\frac{8f}{l_p}+k \cdot l_p\right) \cdot \alpha} \cdot (1-\alpha) \quad (6.17)$$

bzw. mit: $\mu \cdot \left(\frac{8f}{l_p} + k \cdot l_p\right) \cdot \alpha = \mu \cdot \gamma$

$$\frac{\Delta l_p^{\text{soll}}}{\Delta l_{p0}} = \frac{\alpha}{\mu \cdot \gamma} \cdot [1 - e^{-\mu \cdot \gamma}] + e^{-\mu \cdot \gamma} \cdot (1-\alpha) \quad (6.18)$$

mit $\mu \cdot \gamma$ = gesamter Umlenkwinkel

Befindet sich die Umlenkung am Spanngliedende (Spanngliedverlauf j-s), so ergibt sich entsprechend:

$$\frac{\Delta l_p^{\text{soll}}}{\Delta l_{p0}} = \frac{\alpha}{\mu \cdot \gamma} \cdot [e^{-\mu \cdot \gamma} - 1] + (1-\alpha) \quad (6.19)$$

Die vorherigen Beziehungen sollten nur das prinzipielle Problem deutlich machen. Für ein gegebenes System sollte daher nicht das Diagramm verwendet, sondern direkt der Spannweg und die Spannkräfte für eine gegebene Toleranz ermittelt werden.

6.2 Kriterien für die Spanngliedführung

$$\Delta l^{\text{Soll}} = \frac{P_0}{A_p E_p} \int_0^{l_p} e^{-\mu^{\text{soll}}(\theta(s) + ks)} \, ds \; ; \quad \Delta l^{\text{ist}} = \frac{P_0}{A_p E_p} \int_0^{l_p} e^{-\mu^{\text{ist}}(\theta(s) + ks)} \, ds \qquad (6.20)$$

$$\frac{\Delta l^{\text{Soll}} - \Delta l^{\text{Ist}}}{\Delta l^{\text{Soll}}} = \frac{\int_0^{l_p} e^{-\mu^{\text{soll}}(\theta(s) + ks)} \, ds - \int_0^{l_p} e^{-\mu^{\text{ist}}(\theta(s) + ks)} \, ds}{\int_0^{l_p} e^{-\mu^{\text{soll}}(\theta(s) + ks)} \, ds} = \left(1 - \int_0^{l_p} e^{-(\mu^{\text{ist}} - \mu^{\text{soll}})(\theta(s) + ks)} \, ds\right) \qquad (6.21)$$

Ergibt die Auswertung der obigen Gleichung, dass eine 50 %-ige Erhöhung des Reibungsbeiwertes sich lediglich in eine Spannwegabnahme von 1 % niederschlägt, so handelt es sich um eine „empfindliche" Spanngliedführung. Diese geringe Differenz ist auch durch eine Kontrolle der Werte auf der Baustelle einzuhalten, was jedoch äußerst schwierig sein dürfte.

Die Spanngliedführung wird jedoch größtenteils durch die statischen Erfordernisse festgelegt. Insofern ist die obige Aussage in der Praxis wenig hilfreich. Trotzdem sollte kontrolliert werden, ob sich Toleranzen bei der gewählten Spanngliedführung beim Spannweg bemerkbar machen. Hierzu ist der Spannweg für eine gewählte Toleranz der Rechenwerte zu bestimmen.

Weiterhin sollte die Spanngliedführung so gewählt werden, dass Erhöhungen des Reibungskoeffizienten durch Überspannen ausgeglichen werden können. Zur Verdeutlichung dieses Problems wird nachfolgend exemplarisch der maximal zulässige Umlenkwinkel bestimmt, damit vorgegebene Toleranzen des Reibungskoeffizienten ausgeglichen werden können (siehe Abschnitt 4.6).

Das Beispiel gilt für ST 1570/1770, ($f_{\text{p01,k}} = 0{,}86 f_{\text{pk}}$).

Zulässige Spannung beim Spannvorgang (DIN 1045-1, Gl. 48):

$$\sigma_{\text{p0,max}} = \begin{cases} 0{,}80 f_{\text{pk}} = 0{,}80 \cdot 1770 = 1416 \text{ MPa} \\ 0{,}90 f_{\text{p0,1k}} = 0{,}90 \cdot 1522 = 1370 \text{ MPa} \quad \text{maßgebend} \end{cases}$$

Bei unerwartet hoher Reibung ist nach DIN 1045-1, 8.7.2(2) ein Überspannen auf

$$\sigma_{0,\text{max}} = 0{,}95 \cdot f_{\text{p01,k}} = 0{,}95 \cdot 1522 = 1446 \text{ N/mm}^2 \quad \text{zulässig.}$$

Damit das Überspannen ausreicht, um die Soll-Vorspannkraft am Spannende (Festanker) in das Tragwerk einzutragen, muss gelten:

$$P_{\text{end,soll}} = P_{0,\text{soll}} \cdot e^{-\mu^{\text{soll}} \cdot (\theta + kx)} = P_{0,\text{Üsp}} \cdot e^{-K \cdot \mu^{\text{soll}} \cdot (\theta + kx)} \qquad (6.22)$$

mit:

$P_{\text{end,soll}}$ Soll- Spannkraft am Festanker
$P_{0,\text{soll}}$ Soll- Spannkraft am Spannanker
$P_{0,\text{üsp}}$ Spannkraft beim Überspannen am Spannanker
K $\quad = \mu^{\text{ist}}/\mu^{\text{soll}}$

hieraus folgt:

$$\max(\theta + kx) = \frac{1}{\mu \cdot (K-1)} \cdot \ln\left[\frac{P_{0,\text{Üsp}}}{P_{0,\text{soll}}}\right] = \frac{1}{\mu \cdot (K-1)} \cdot \ln\left[\frac{0{,}95}{0{,}90}\right] = \frac{1}{\Delta\mu} \cdot 0{,}0541 \qquad (6.23)$$

Für einen 50 % höheren Reibungskoeffizienten d.h. $K = 1{,}5$ bzw. $\Delta\mu = 0{,}5\ \mu^{\text{soll}}$ ergibt sich:

$$\max\ \mu^{\text{soll}}\ (\theta + kx) = 0{,}054/0{,}5 = 0{,}11$$

Falls der Faktor $\mu^{\text{soll}}\ (\theta + kx)$ kleiner als 0,11 ist, kann auch bei rechnerisch voll ausgenutzten Spannstahlspannungen durch 5 %-iges Überspannen die Soll-Vorspannkraft am Festanker erreicht werden. Für diesen Wert beträgt das Verhältnis der Spannkraft am Spannanker p_0 zu der Kraft am Festanker ($\mu = 0{,}2$): $= e^{-\mu(\theta + kx)} = e^{-0{,}11} = 0{,}896$.

Bei größeren planmäßigen Umlenkwinkeln ist gegebenenfalls die Soll-Vorspannkraft zu reduzieren, um unerwartet hohe Reibungsverluste ausgleichen zu können.

für: $\sigma_{p0} = 0{,}8\ f_{p0,1k}$ folgt mit $K = 1{,}5$: $\max\ \mu_{\text{soll}}\ (\theta + kx) = 0{,}34$

$\sigma_{p0} = 0{,}75\ f_{p0,1k}$ folgt mit $K = 1{,}5$: $\max\ \mu_{\text{soll}}\ (\theta + kx) = 0{,}47$

Alternativ können auch zusätzliche Spannglieder vorgesehen werden.

Entsprechende Empfehlungen sind auch im CEB-FIP Model Code 1990 enthalten:

Einseitiges Anspannen	$\mu(\theta + kl) \leq 0{,}28$	$0{,}28 < \mu(\theta + kl) \leq 0{,}40$	$0{,}4 < \mu(\theta + kl) \leq 0{,}60^{1)}$
Beidseitiges Anspannen	$\mu(\theta + kl) \leq 0{,}55$	$0{,}55 < \mu(\theta + kl) \leq 0{,}80$	$0{,}8 < \mu(\theta + kl) \leq 1{,}20^{1)}$
$\sigma_{p0,\max}$	$0{,}9\ f_{p0,1k}$	$0{,}8\ f_{p0,1k}$	$0{,}75\ f_{p0,1k}$

[1] Für $\mu(\theta + kl) > 0{,}60$ bzw. $> 1{,}20$ sollte die Möglichkeit zusätzlicher Spannglieder immer vorhanden sein.

Die maximale Spannstahlspannung $\sigma_{p0,\max}$ ist in Abhängigkeit vom Exponenten $\mu(\theta + kx)$ in Bild 6.13 aufgetragen. Es ist klar zu erkennen, dass die zulässigen Werte sehr stark von der gewählten Toleranz abhängen. Die CEB-FIP Empfehlungen setzen eine Reibungstoleranz von $\Delta\mu = 0{,}5\ \mu_{\text{soll}}$ (bzw. $K = 1{,}5$) an.

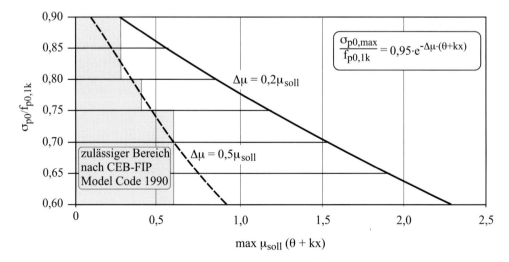

Bild 6.13 Maximale Spannstahlspannung σ_{p0}, damit Toleranzen beim Reibungskoeffizienten durch Überspannen ausgeglichen werden können

6.3 Spanngliedführung bei Einfeldträgern

Bei einem statisch bestimmt gelagerten Tragsystem ergeben sich die Vorspannmomente immer aus dem Produkt aus Vorspannkraft mit der Spanngliedordinate $M_p(x) = P(x) \cdot z_p(x)$. Die Vorspannmomente hängen somit lediglich von der lokalen Lage des Spanngliedes und nicht von dem Verlauf im Träger ab, wenn man die Reibungsverluste vernachlässigt.

Im Auflagerbereich sollten die Spannanker am Trägerende möglichst weit oben angeordnet werden. Die hierdurch entstehende große Spanngliedneigung wirkt sich günstig auf den Querkraftverlauf aus. Andererseits dürfen die Betonzugspannungen auf der Trägerunterseite jedoch nicht zu groß werden, um Risse zu vermeiden.

Die Anker sollen möglichst in Auflagernähe angeordnet werden, damit die Vertikalkomponente der Spannkraft direkt ins Lager abgetragen werden kann. Gegenkrümmungen sollten vermieden werden (Bild 6.14). Andererseits sollte der Abstand auch nicht zu gering sein, damit die Spannkraft im Auflagerquerschnitt weitgehend gleichförmig im Querschnitt verteilt ist.

Die Umlenklasten nehmen mit dem Parabelstich f zu. Dieser günstige Effekt wird jedoch teilweise durch die positiven Randmomente bei Anordnung der Verankerungen außerhalb der Schwerachse aufgehoben (Bilder 6.15 und 4.12).

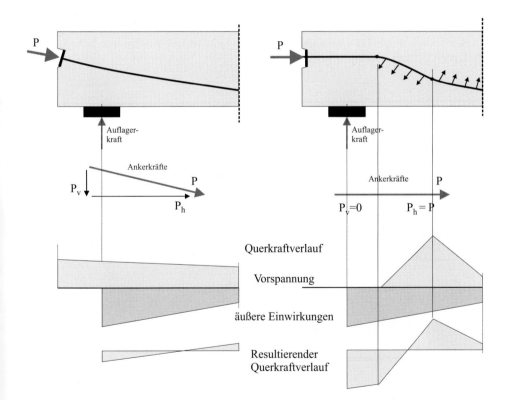

Bild 6.14 Spanngliedführung im Bereich der Anker

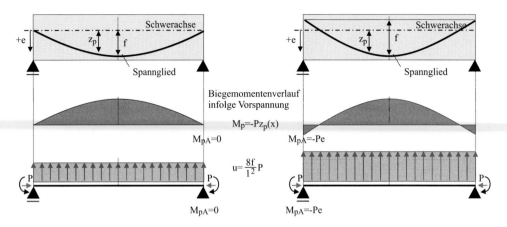

Bild 6.15 Einfeldträger ohne und mit exzentrischer Spanngliedeinleitung

Spanngliedlage an der Verankerung

Durch die Lage des Spanngliedes an der Verankerung lässt sich die Verformung des Trägers beeinflussen (siehe Bild 4.12). Die Durchbiegung in Feldmitte infolge der Vorspannwirkung nimmt mit kleiner werdender Exzentrizität am Anker z_{pA} ab (positiv nach unten).

Die Anker sollten möglichst gleichmäßig im Querschnitt verteilt werden, um hohe konzentrierte Lasteinleitungen zu vermeiden.

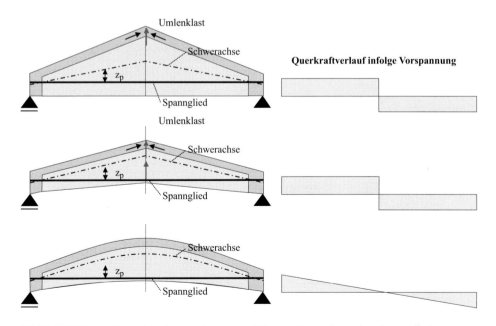

Bild 6.16 Träger mit geneigter bzw. gekrümmter Schwerachse und geradem Spannglied

6.4 Spanngliedführung bei Durchlaufträgern

Die Ankerplatten müssen genau rechtwinklig zur Spanngliedachse eingebaut werden, um Biegebeanspruchungen und damit vorzeitige Ermüdungsbrüche des Spanngliedes zu vermeiden. Außerdem sollte das Spannglied auf dem letzten Meter geradlinig geführt werden.

Durch die Trägerform können die Schnittgrößen infolge Vorspannung günstig beeinflusst werden (Bild 6.16).

Bei einer horizontalen Spreizung der Spannglieder sind die horizontalen Umlenklasten zu beachten.

Ein Beispiel für die Spanngliedführung in einem einfeldrigen Balkentragwerk zeigt Bild 6.17. Es handelt sich hierbei um die Leinachtalbrücke, einer voll vorgespannten Eisenbahnbrücke mit einer Spannweite von 44 m. 10 Spannglieder mit jeweils 12 Litzen weisen einen parabolischen Verlauf auf. Weiterhin sind 6 Spannglieder nahezu geradlinig in der Bodenplatte geführt.

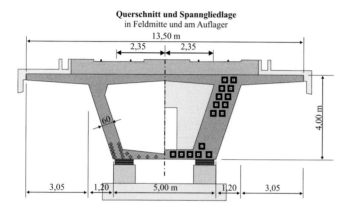

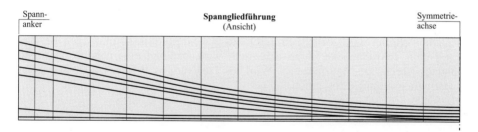

Bild 6.17 Querschnitt und Spanngliedführung einer einfeldrigen Eisenbahnbrücke (Leinachtalbrücke)

6.4 Spanngliedführung bei Durchlaufträgern

Der Bereich der Gegenkrümmung über der Stütze sollte möglichst klein sein, damit die Umlenklasten direkt ins Lager abgetragen werden.

Zur Abdeckung der hohen Biegemomente über den Zwischenstützen können kurze, gerade Spannglieder über den Auflagern angeordnet werden. Ein Problem stellt hierbei die Verankerung in der Fahrbahnplatte dar. Es können erhebliche Betonzugspannungen auftreten.

Alternativ können die Spannglieder über den Zwischenstützen übergriffen werden. Kopplungen sollten wegen der Ermüdungsfestigkeit und besserer Anordnung der Ankerplatten (mehr Platzbedarf) nur in Bereichen mit geringer Beanspruchung (Momentennullpunkte) liegen.

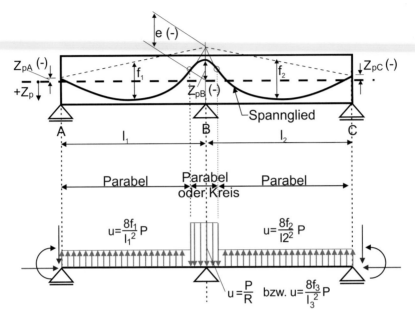

Bild 6.18 Spanngliedführung eines Zweifeldträgers

Die Spanngliedführung wird wesentlich durch das Bauverfahren bestimmt. Eine Brücke, welche mit dem Taktschiebeverfahren hergestellt wird, benötigt eine nahezu zentrische Vorspannung während des Bauzustandes. Wird das Tragwerk im Freivorbau erstellt, so ist eine Kragarmvorspannung erforderlich.

6.5 Spanngliedführung bei Rahmen

Es ist zu beachten, dass die Verkürzung des Riegels beim Vorspannen nicht zu Schäden in den Stielen führt. Weiterhin sollten die Stiele zur Vermeidung von Zwangsreaktionen möglichst schlank ausgebildet werden. Damit ergibt sich aber ein geringer Einspanngrad des Riegels, was teilweise unerwünscht ist. Zeitabhängige Verformungen sind zu berücksichtigen.

Die Schnittgrößenverteilung bei Rahmentragwerken hängt von der Einwirkung, dem statischen System sowie den System- und Querschnittsabmessungen ab. Insofern ist sowohl die Größe der erforderlichen Vorspannkraft, als auch die Spanngliedführung in Bezug auf die vorgenannten Einflussgrößen festzulegen.

6.5 Spanngliedführung bei Rahmen

Bei einer gleichförmigen Belastung des Riegels bietet sich ein parabolischer Spanngliedverlauf an. Die Gegenkrümmung sollte, wie beim Durchlaufträger, möglichst nahe an der Rahmenecke beginnen (Bild 6.19). Durch die Vorspannung werden sowohl die Feldmomente als auch der Horizontalschub reduziert. Eine Vorspannung der Stiele ist nur erforderlich, falls die Biegemomente nicht durch Betonstahl abgedeckt werden können. Da eine Umlenkung des Spanngliedes in der Rahmenecke aufgrund der erforderlichen Ausrundungsradien meistens nicht möglich ist, spannt man ggf. den Riegel und die Stiele getrennt vor (Bild 6.20).

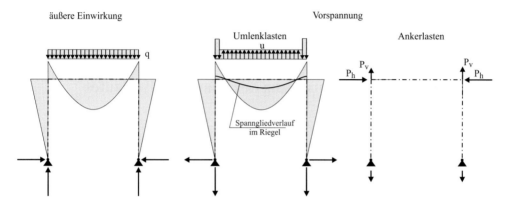

Bild 6.19 Zweigelenkrahmen – Biegemomente infolge Gleichlast und Vorspannung

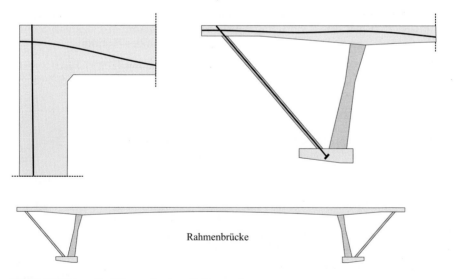

Bild 6.20 Spanngliedführung in einer Rahmenecke

Die Vorspannung des Riegels setzt eine horizontale Verformbarkeit des Systems voraus. Dies kann erreicht werden durch

- schlanke, biegeweiche Stiele
- horizontal verschiebliche Lagerung der Stiele
- Pendelstützen
- verschiebliche Lagerung des Riegels bis nach dem Vorspannen

Zur Vergrößerung des Einspanngrades des Riegels führt man teilweise bei Brückentragwerken eine Rahmenkonstruktion mit 2 geneigten Stäben aus (Bild 6.20). Die äußeren Stützen erhalten unter Dauerlasten nur Zugkräfte und werden somit zentrisch vorgespannt. Ein weiterer Vorteil dieses Tragsystems besteht darin, dass der Horizontalschub relativ gering ist.

6.6 Analytische Beschreibung des Spanngliedverlaufes

Die Lage eines Spanngliedes muss an jeder Stelle des Trägers genau bekannt sein. Hierzu wird eine mathematische Beschreibung des Spanngliedverlaufes benötigt. Für die Handrechnung greift man auf quadratische oder kubische Polynome zurück. Rechenprogramme verwenden größtenteils Spline-Funktionen.

6.6.1 Polynome

Eine Beschreibung des gesamten Spanngliedverlaufes durch ein Polynom ist außer bei Einfeldsystemen meistens nicht möglich. Man behilft sich damit, dass man den Spanngliedverlauf abschnittsweise aus einzelnen Polynomen zusammensetzt. Die Parameter der Polynome lassen sich aus den Randbedingungen, den Koordinaten in einzelnen Stellen sowie der kontinuierlichen Steigung am Rand eines jeden Abschnittes bestimmen.

Die einfachste Funktion stellt eine quadratische Parabel dar. Hiermit lässt sich der Spanngliedverlauf jedoch nicht eindeutig beschreiben, da nur 3 Parameter aber i. Allg. 5 Zwangsbedingungen vorhanden sind.

Zwangsbedingungen (siehe Bild 6.21):

- Koordinaten in 3 Punkten   (an den Ende des Abschnittes und im Feld)
- Steigung in 2 Punkten   (an den Enden des Abschnittes)

Es ist daher eine iterative Vorgehensweise erforderlich. Dies wird nachfolgend erläutert.

Zunächst legt man die Spanngliedlage im Feld und über der Stütze fest. Damit ist der Parabelstich f, sowie die Höhe z_{pA} und z_{pB} bekannt. Anschließend wählt man die Werte der Parabel an den Stützen, d.h. e_A und e_B. Hiermit ist der Spanngliedverlauf im Feldbereich vollständig beschrieben. Als nächstes sind die Abstände der Wendepunkte bzw. die Längen x_1 und x_2 zu wählen und die Spanngliedlage $z_{p,x1} = z_p(x = x_1)$ bzw. $z_{p,x2} = z_p(x = 1 - x_2)$ zu bestimmen. Es wird nun der Ausrundungsradius R_1 bzw. R_2 nach Gleichung 6.50 kontrolliert. Ist dieser kleiner als der zulässiger Wert, so werden die Längen x_1 und x_2 neu gewählt. Zuletzt überprüft man die Spanngliedlage, d.h. f bzw. x_0. (maximaler Stich bei $x = l/2$; maximales z_p bei x_0) sowie die Steigung in den Wendepunkten.

6.6 Analytische Beschreibung des Spanngliedverlaufes

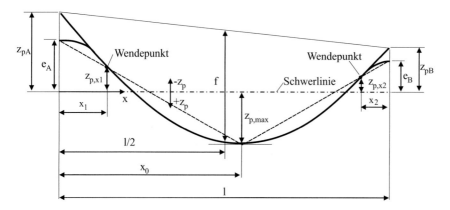

Bild 6.21 Spanngliedverlauf

Die notwendigen Beziehungen für das iterative Verfahren sind nachfolgend aufgelistet.

Spanngliedverlauf:

$$x \leq x_1 \qquad z_p(x) = \frac{z_{p,x1} - e_A}{x_1^2} \cdot x^2 + e_A \tag{6.24}$$

$$x_1 \leq x \leq l - x_2 \qquad z_p(x) = \frac{-4 \cdot f \cdot x^2}{l^2} + \frac{4 \cdot f + z_{pB} - z_{pA}}{l} \cdot x + z_{pA} \tag{6.25}$$

$$x > l - x_2 \qquad z_p(x) = \frac{z_{p,x2} - e_B}{x_2^2} \cdot (l - x)^2 + e_B \tag{6.26}$$

Stelle mit maximalem z_p:

$$x_0 = \frac{l}{2} + \frac{(z_{pB} - z_{pA})}{8 \cdot f} \cdot l \tag{6.27}$$

Hilfswerte:

$$a_1 = \frac{2 \cdot (e_A - z_{pA})}{4 \cdot f + z_{pB} - z_{pA}} \cdot l \; ; \qquad a_2 = \frac{2 \cdot (z_{pB} - e_B)}{-4 \cdot f + z_{pB} - z_{pA}} \cdot l \tag{6.28}$$

Ausrundungsradius:

$$R_1 \approx \frac{1}{|z''|} = \frac{x_1^2}{2 \cdot (z_{p,x1} - e_A)} \quad \text{bzw.} \quad R_2 \approx \frac{1}{|z''|} = \frac{x_2^2}{2 \cdot (z_{p,x2} - e_B)} \tag{6.29}$$

mit:

$$z_p'(x) = 2 \cdot \frac{z_{p,x1} - e_A}{x_1^2} \cdot x \; ; \qquad z_p''(x) = 2 \cdot \frac{z_{p,x1} - e_A}{x_1^2} \; ; \tag{6.30}$$

Parabelgleichung:

$$z_p(x) = -4 \cdot f \cdot \left(\frac{x^2}{l^2} - \frac{x}{l}\right) + z_{pa}; \qquad z'_p(x) = -4 \cdot f \cdot \left(\frac{2 \cdot x}{l^2} - \frac{1}{l}\right) \tag{6.31}$$

$$f = \frac{z_{p,x=0,5l} - z_{pA}}{1 - 2 \cdot x_1/l} \tag{6.32}$$

$$z_{pA} - e_A = -2x_1/l \cdot f \tag{6.33}$$

$$e_A - z_{p,x1} = -2x_1/l \cdot (1 - 2 \cdot x_1/l) \cdot f \tag{6.34}$$

Neigung im Wendepunkt:

$$\tan \gamma = = \frac{4 \cdot x_1/l \cdot (1 - 2 \cdot x_1/l) \cdot f}{x_1} \tag{6.35}$$

Bei der iterativen Vorgehensweise ist zu beachten, dass die Steigung des Spanngliedverlaufes z'_p in den Wendepunkten meistens nicht stetig ist.

Das zuvor beschriebene Verfahren zur Bestimmung des Spanngliedverlaufes wird nachfolgend am Innenfeld einer mehrfeldrigen Hohlkastenbrücke (Stützweite $l = 45$ m) erläutert. Aufgrund der überschlägig bestimmten Anzahl der Spannglieder (2 × 11 mit je 12 Litzen) sowie des Hüllrohrdurchmessers ($d_h = 87$ mm) und der erforderlichen Randabstände ergibt sich eine Spanngliedlage über dem Auflager von $e_A = e_B = -0{,}19$ m bzw. in Feldmitte von $z_{pmax} = 2{,}2$ m.

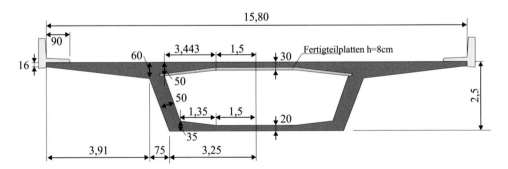

Bild 6.22 Hohlkastenbrücke

In Bild 6.23 sind die Spanngliedverläufe für unterschiedliche Parameter aufgetragen. Man erkennt, dass nur mit $x_1 = x_2 = 7$ m und $z_{pA} = z_{pB} = -1$ m ein kontinuierlicher Verlauf erzielt wird.

Mit diesem Verfahren können zahlreiche Parameter variiert und so der Spanngliedverlauf den gegebenen Randbedingungen angepasst werden. Für die folgenden Sonderfälle lässt sich der gesamte Spanngliedverlauf auch analytisch beschreiben.

6.6 Analytische Beschreibung des Spanngliedverlaufes

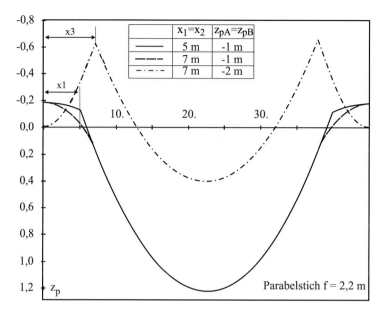

Bild 6.23 Spanngliedverlauf für verschiedene Parameter

Innenfeld mit symmetrischer Spanngliedführung (beidseitig eingespannter Träger)

$e_A = e_B$; $z_{p,max}$ in $l/2$

Bedingung: $z_{p,max} - e_A \geq 0$

Gegeben: Aus der Geometrie: $e_A = e_B$, $z_{p,max}$
Krümmungsradius $R_A = R_B$

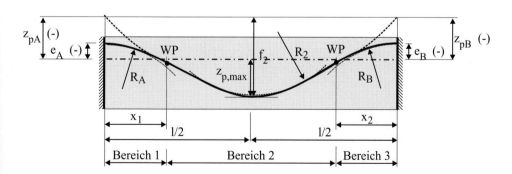

Ausrundungsbereich:

$$\frac{x_{1,2}}{l} = \frac{4 \cdot R_A \cdot \{z_{p,max} - e_A\}}{l^2} \quad \text{(Vorzeichen beachten)} \tag{6.36}$$

Parabelstich – Feldbereich:

$$f_2 = \frac{\{z_{p,max} - e_A\}}{-2 \cdot x_{1,2}/l + 1} \tag{6.37}$$

$$|z_{pA}| = |z_{pB}| = f_2 - |z_{p,max}| \tag{6.38}$$

Spanngliedverlauf – Feldbereich:

$$z_{p2}(x) = -\frac{4 \cdot f}{l^2} \cdot x^2 + \frac{4 \cdot f}{l} \cdot x + z_{pA} \tag{6.39}$$

Spanngliedverlauf – Stütze A:

$$z_{p1}(x) = \frac{1}{2R_A} \cdot x^2 + e_A \tag{6.40}$$

Spanngliedverlauf – Stütze B:

$$z_{p3}(x) = \frac{1}{2R_B} \cdot (l - x)^2 + e_B \tag{6.41}$$

Werden Ersatzlasten $u_h = P/R$ im Feld benötigt, so ist der Krümmungsradius der Parabel R_2 zu bestimmen. Er ergibt sich mit $R_2 = 1/z_p''$ zu:

Feldbereich: $R = l^2/(8 \cdot f)$

Im Stützbereich gilt: $R = R_A$

Die Bestimmung des Ausrundungsbereiches kann mit Hilfe eines Diagramms (Bild 6.24) auch grafisch erfolgen [104].

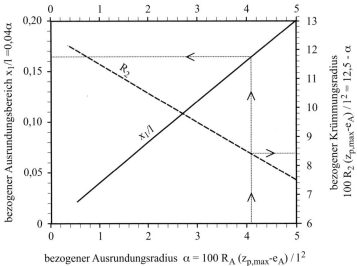

Bild 6.24 Ausrundungsbereich x_1/l für ein Innenfeld [104]

6.6 Analytische Beschreibung des Spanngliedverlaufes

Endfeld (einseitig eingespannter Träger)

Der Spanngliedverlauf wird im Ausrundungsbereich durch eine kubische Funktion und im übrigen Bereich durch eine quadratische Parabel beschrieben.

Bereich 1: $\quad z_p(x) = a \cdot x^3 + \dfrac{1}{2 \cdot R_A} \cdot x^2 + e_A \quad$ (6.42)

Bereich 2: $\quad z_p(x) = -\dfrac{4f}{l^2} \cdot x^2 + \dfrac{4f}{l} \cdot x + z_{pA} \cdot \dfrac{(l-x)}{l} + z_{pB} \cdot \dfrac{x}{l} \quad$ (6.43)

Es werden folgende Größen vorgegeben:

Aus der Geometrie: $\qquad\qquad e_A, z_{p,max}, z_{pB}$

Stelle der maximalen Exzentrizität $z_{p,max}$: $\quad x_0$

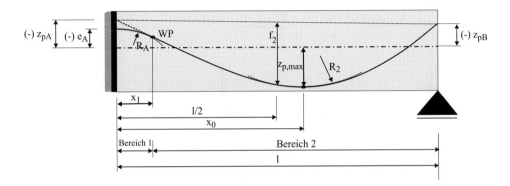

Zur Bestimmung der 5 Unbekannten x_1, f, z_{pA}, a, R_A stehen 5 Gleichungen zur Verfügung:

1. Koordinate am Wendepunkt

$$z_{p,Wendepunkt} = -\frac{4f}{l^2} \cdot x_1^2 + \frac{4f}{l} \cdot x_1 + z_{pA} \cdot \frac{(l-x_1)}{l} + z_{pB} \cdot \frac{x_1}{l} = a \cdot x_1^3 + \frac{1}{2 \cdot R_A} \cdot x_1^2 + e_A \quad (6.44)$$

2. Koordinate für $x = x_0 = z_{p,max}$

$$z_{p,max} = -\frac{4f}{l^2} \cdot x_0^2 + \frac{4f}{l} \cdot x_0 + z_{pA} \cdot \frac{(l-x_0)}{l} + z_{pB} \cdot \frac{x_0}{l} \quad (6.45)$$

3. Horizontale Tangente für $x = x_0$ – Maximalwert bei x_0

$$z_p'(x_0) = 0 = -\frac{8f}{l^2} \cdot x_0 + \frac{4f}{l} - \frac{z_{pA}}{l} + \frac{z_{pB}}{l} \quad (6.46)$$

4. Steigung im Wendepunkt

$$z_p'(x_1) = -\frac{8f}{l^2} \cdot x_1 + \frac{4f}{l} - \frac{z_{pA}}{l} + \frac{z_{pB}}{l} = 3 \cdot a \cdot x_1^2 + \frac{1}{R_A} \cdot x_1 \quad (6.47)$$

5. Ausrundung schneidet die Parabel nicht, d. h. es gibt nur eine Lösung für x_1

Die Parabel im Feld liegt durch die Bedingungen 2 und 3 fest. Sie ist unabhängig vom Verlauf im Einspannbereich. Nachfolgend sind die Gleichungen zur Bestimmung der Unbekannten angegeben. In der Regel wird man an der Stelle der maximalen Beanspruchung im Feld auch das Spannglied möglichst weit an den unteren Querschnittsrand legen. Bei einem einseitig eingespannten Träger unter einer gleichförmigen Beanspruchung tritt das maximale Biegemoment bei $x = 5/8\, l$ auf. Für diesen Fall lassen sich die Gleichungen vereinfachen.

Allgemein	$x_0 = 5/8\, l$
$z_{pA} = \dfrac{z_{p,max} \cdot \left(-\dfrac{8 \cdot x_0}{l} + 4\right) + z_{pB} \cdot \left[\dfrac{4 \cdot x_0^2}{l^2}\right]}{\left\{-\dfrac{8 \cdot x_0}{l} + 4 + \dfrac{4 \cdot x_0^2}{l^2}\right\}}$	$z_{pA} = \dfrac{-16 \cdot z_{p,max} + 25 \cdot z_{pB}}{9}$
$f = \dfrac{z_{pA} - z_{pB}}{4 - \dfrac{8 \cdot x_0}{l}}$	$f = -z_{pA} + z_{pB}$
$R_A = \dfrac{-\dfrac{2}{3}\{z_{pA} - e_A\}}{\left\{\dfrac{8f - 2z_{pA} + 2z_{pB}}{3 \cdot l}\right\}^2 + \dfrac{16f}{3 \cdot l^2} \cdot \{z_{pA} - e_A\}}$	
$x_1 = \dfrac{10 \cdot f}{\left\{\dfrac{8 \cdot f}{l} + \dfrac{l}{R_A}\right\}}$	

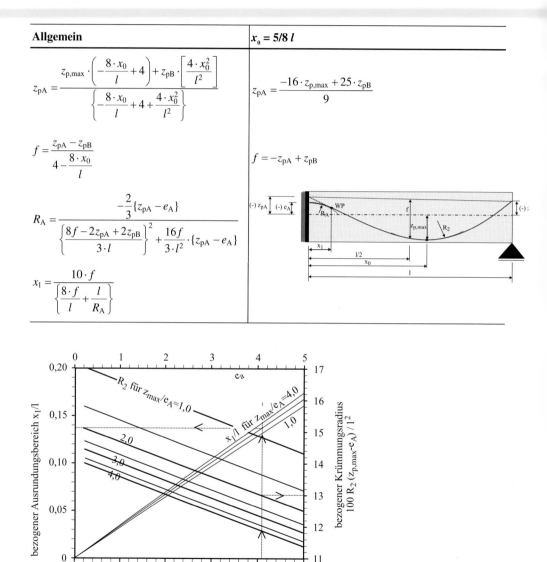

Bild 6.25 Ausrundungsbereich x_1/l für ein Endfeld [104]

6.6 Analytische Beschreibung des Spanngliedverlaufes

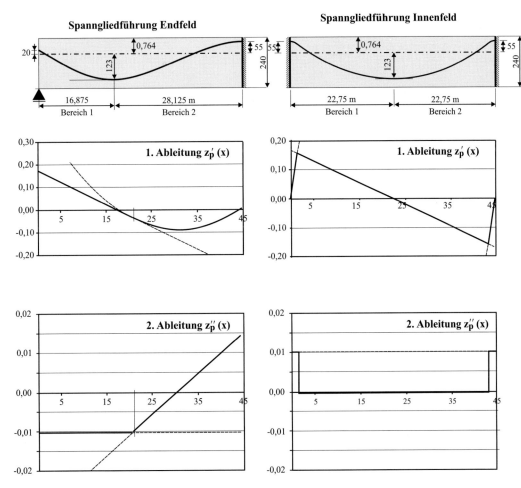

Bild 6.26 Spanngliedverlauf und dessen 1. und 2. Ableitung für verschiedene Randbedingungen (parabolische bzw. kubische Funktionen)

6.6.2 Spline-Funktionen

In Rechenprogrammen ist die Beschreibung des Spanngliedverlaufes mittels abschnittsweise definierter Parabeln aufgrund der mangelnden Flexibilität nicht sinnvoll. Polynome höherer Ordnung können meistens auch nicht verwendet werden, da diese zu starker Welligkeit neigen [110]. Zur Beschreibung von geglätteten Kurven durch beliebig viele Zwangspunkte $z_p(x_i)$ haben sich sogenannte Splines bewährt [111]. Es handelt sich hierbei um abschnittsweise definierte Interpolationsfunktionen, deren 1. und 2. Ableitung in den Stützstellen stetig ist. Von den zahlreichen möglichen Funktionen haben sich zur Beschreibung eines Spanngliedverlaufes kubische oder expotentielle Ansätze als geeignet erwiesen.

Kubische Splines:

$$z_{\text{pi}}(x) = a_i + b_i \cdot (x - x_{i-1}) + c_i \cdot (x - x_{i-1})^2 + d_i \cdot (x - x_{i-1})^3 \tag{6.48}$$

$$z'_{\text{pi}}(x) = +b_i + 2 \cdot c_i \cdot (x - x_{i-1}) + 3 \cdot d_i \cdot (x - x_{i-1})^2 \tag{6.49}$$

$$z''_{\text{pi}}(x) = +2 \cdot c_i + 6 \cdot d_i \cdot (x - x_{i-1}) \tag{6.50}$$

Expotentielle Splines:

$$z_{\text{pi}}(x) = a_i + b_i \cdot (x - x_{i-1}) + c_i \cdot e^{p \cdot (x - x_{i-1})} + d_i \cdot e^{-p \cdot (x - x_{i-1})} \tag{6.51}$$

$$z'_{\text{pi}}(x) = b_i + c_i \cdot p \cdot e^{p \cdot (x - x_{i-1})} - d_i \cdot p \cdot e^{-p \cdot (x - x_{i-1})} \tag{6.52}$$

$$z''_{\text{pi}}(x) = c_i \cdot p^2 \cdot e^{p \cdot (x - x_{i-1})} + d_i \cdot p^2 \cdot e^{-p \cdot (x - x_{i-1})} \tag{6.53}$$

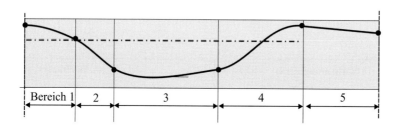

Bild 6.27 Abschnittsweise Definition eines Spanngliedverlaufes

Pro Spanngliedabschnitt sind somit 4 unbekannte Koeffizienten a_i, b_i, c_i, d_i zu bestimmen. Der Parameter p der expotentiellen Splines dient zur Dämpfung von Schwingungen der Funktion. Hierauf wird später noch eingegangen.

Zur Ermittlung der Parameter stehen die Koordinaten der Zwangspunkte $z_p(x_i)$, die Ableitung am Anfangs- und Endpunkt $z'_p(x_0)$ bzw. $z'_p(x_n)$ sowie die Kontinuität der ersten und zweiten Ableitung $z'_p(x_i)$ bzw. $z''_p(x_i)$ der Funktion an jeder Stützstelle zur Verfügung. Die Vorgehensweise und die Probleme sollen nachfolgend an einem einfachen Beispiel, dem Spanngliedverlauf in einem Endfeld eines Durchlaufträgers erläutert werden.

Als Randbedingungen sind gegeben:

für $x = x_0 = 0$: $z_p(x_0) = -0{,}20$, $z'_p(x_0) = 0{,}15$

für $x = x_1 = 16{,}75$ m: $z_p(x_1) = 1{,}23$

für $x = x_2 = 45$ m: $z_p(x_2) = -0{,}55$; $z'_p(x_2) = 0{,}0$

Kontinuitätsbedingung: $z'_p(x_1)$ und $z''_p(x_1)$ stetig

6.6 Analytische Beschreibung des Spanngliedverlaufes

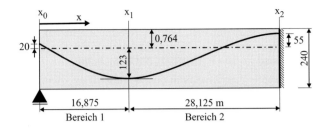

Bereich 1	Bereich 2
$z_{p1}(x) = a_1 + b_1 \cdot (x - x_0) + c_1 \cdot (x - x_0)^2 + d_1 \cdot (x - x_0)^3$	$z_{p2}(x) = a_2 + b_2 \cdot (x - x_1) + c_2 \cdot (x - x_1)^2 + d_2 \cdot (x - x_1)^3$
$z'_{p1}(x) = +b_1 + 2 \cdot c_1 \cdot (x - x_0) + 3 \cdot d_1 \cdot (x - x_0)^2$	$z'_{p2}(x) = +b_2 + 2 \cdot c_2 \cdot (x - x_1) + 3 \cdot d_2 \cdot (x - x_1)^2$
$z''_{p1}(x) = +2 \cdot c_1 + 6 \cdot d_1 \cdot (x - x_0)$	$z''_{p2}(x) = +2 \cdot c_2 + 6 \cdot d_2 \cdot (x - x_1)$

Randbedingungen:

$$z_{p1}(x = x_0 = 0) = z_{p0} = a_1 + b_1 \cdot (x_0 - 0) + c_1 \cdot (x_0 - 0)^2 + d_1 \cdot (x_0 - 0)^3 \rightarrow a_1 = z_{p0} \quad (6.54)$$

$$z'_{p1}(x = x_0 = 0) = z'_{p0} = +b_1 + 2 \cdot c_1 \cdot (x_0 - 0) + 3 \cdot d_1 \cdot (x_0 - 0)^2 \rightarrow b_1 = z'_{p0} \quad (6.55)$$

$$z_{p1}(x = x_1) = z_{p1} = a_1 + b_1 \cdot (x_1 - 0) + c_1 \cdot (x_1 - 0)^2 + d_1 \cdot (x_1 - 0)^3 \quad (6.56)$$

$$z_{p2}(x = x_1) = z_{p1} = a_2 + b_2 \cdot (x_1 - x_1) + c_2 \cdot (x_1 - x_1)^2 + d_2 \cdot (x_1 - x_1)^3 \rightarrow a_2 = z_{p1} \quad (6.57)$$

$$z_{p2}(x = l) = z_{p2} = a_2 + b_2 \cdot (l - x_1) + c_2 \cdot (l - x_1)^2 + d_2 \cdot (l - x_1)^3 \quad (6.58)$$

$$z'_{p2}(x = l) = z'_{p2} = +b_2 + 2 \cdot c_2 \cdot (l - x_1) + 3 \cdot d_2 \cdot (l - x_1)^2 \quad (6.59)$$

Kontinuitätsbedingungen:

$$z'_{p1}(x = x_1) = z'_{p2}(x = x_1) \rightarrow +b_1 + 2 \cdot c_1 \cdot (x_1 - 0) + 3 \cdot d_1 \cdot (x_1 - 0)^2$$
$$= b_2 + 2 \cdot c_2 \cdot (x_1 - x_1) + 3 \cdot d_1 \cdot (x_1 - x_1)^2 = b_2 \quad (6.60)$$

$$z''_{p1}(x = x_1) = z''_{p2}(x = x_1) \rightarrow 2 \cdot c_1 + 6 \cdot d_1 \cdot (x_1 - 0) = 2 \cdot c_2 + 6 \cdot d_2 \cdot (x_1 - x_1) = 2 \cdot c_2$$
$$(6.61)$$

Das Gleichungssystem zur Bestimmung der Unbekannten lautet:

c_1	d_1	b_2	c_2	d_2	
x_1^2	x_1^3	0	0	0	$= z_{p1} - z_{p0} - z'_{p0} \cdot x_1$
0	0	$(l - x_1)$	$(l - x_1)^2$	$(l - x_1)^3$	$= z_{p2} - z_{p1}$
0	0	1	$2 \cdot (l - x_1)$	$3 \cdot (l - x_1)^2$	$= z'_{p2}$
$2 \cdot x_1$	$3 \cdot x_1^2$	-1	0	0	$= z'_{p0}$
2	$6 \cdot x_1$	0	-2	0	$= 0$

Die Ableitung am Anfangspunkt ($x = 0$) wird so festgelegt, dass die Kurve in $x = x_1$ ihren Maximalwert erreicht. Dies ist für $z'_p(x = 0) \geq 0{,}15$ der Fall. Weitere Randbedingungen, wie beispielsweise die zulässigen Krümmungsradien werden hier nicht kontrolliert. Die Lage der Wendepunkte wird nicht vorgegeben sondern ist ein Ergebnis der Berechnung.

Die Koeffizienten sind in der folgenden Tabelle zusammen mit den Werten für expotentielle Splines aufgelistet.

Tabelle 6.4 Koeffizienten der Splines

	Spline	a_1	b_1	c_1	d_1	a_2	b_2	c_2	d_2
Randfeld	kubisch	−0,2	0,15	−0,0025	−0,00008	1,23	−0,00303	−0,00654	0,00016
Randfeld	expotentiell $p = 0{,}1$	0,5108	0,1310	−0,2606	−0,4502	2,7221	−0,17001	0,09637	−1,58852
Innenfeld	kubisch	−0,55	0	0,0104	−0,00031	1,23	−0,00264	−0,01055	0,00032
Innenfeld	expotentiell $p = 0{,}1$	−2,804	0,2776	−0,2612	2,5150	3,5119	−0,2864	0,2796	−2,5615

Die Spanngliedverläufe beider Splines einschließlich deren 1. und 2. Ableitungen stimmen sowohl für ein Innen- als auch für ein Randfeld nahezu überein (Bild 6.28).

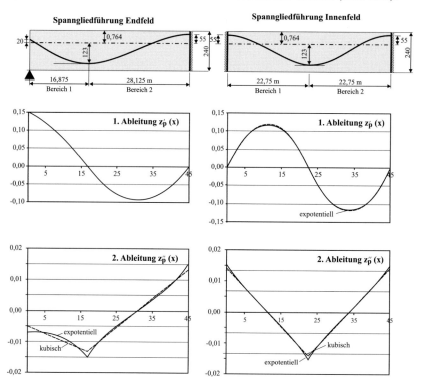

Bild 6.28 Spanngliedverlauf und dessen 1. und 2. Ableitung für verschiedene Systeme jeweils für kubische und expotentielle Splines

6.6 Analytische Beschreibung des Spanngliedverlaufes

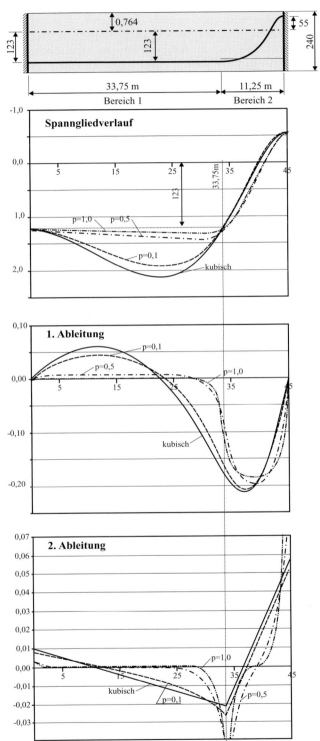

Bild 6.29 Spanngliedverlauf und dessen 1. und 2. Ableitung für geradlinige–gekrümmte Spanngliedführung – Variation des Parameters p

Expotentielle Funktionen haben gegenüber kubischen Splines den Vorteil, dass sich mit dem Parameter p die Dämpfung der Kurve steuern lässt. Geradlinige Spanngliedverläufe können hiermit besser abgebildet werden. Dies soll das folgende Beispiel verdeutlichen. In Bild 6.29 sind der Spanngliedverlauf sowie die 1. und 2. Ableitungen für eine gegebene geradlinige–gekrümmte Spanngliedführung aufgetragen. Es ist eine starke Schwingung der kubischen Splines zu erkennen. Die Approximationsgüte des geraden Spanngliedverlaufes ist ungenügend. Die erste und zweite Ableitung ist im geraden Teil ungleich Null. Hieraus ergeben sich Umlenklasten aus Vorspannung, welche in der Realität jedoch nicht vorhanden sind. Demgegenüber passt sich die exponentielle Spline dem vorgegebenen Spanngliedverlauf mit zunehmendem p erheblich besser an. Anderseits wird jedoch auch der gekrümmte Verlauf mehr gestreckt.

Durch eine Erhöhung der Knotenanzahl kann die Approximationsgüte beider Splines verbessert werden.

Bezüglich der Beschreibung räumlicher Spanngliedverläufe und deren nummerischer Implementierung wird auf Parche [111] verwiesen.

7 Zeitabhängige Spannkraftverluste – Kriechen, Schwinden, Relaxation

7.1 Allgemeines

Infolge der zeitabhängigen Betonverformungen (i. Allg. Stauchungen des Betons) verändert sich die Vorspannkraft und damit auch die hieraus resultierenden Spannungen und Schnittgrößen des Tragwerks. Weiterhin führt das Kriechen des Betons bei statisch unbestimmten Systemen zu Schnittkraftumlagerungen, welche berücksichtigt werden müssen.

Für die Berechnung der Spannkraftverluste wird zunächst ein Modell zur Beschreibung der zeitabhängigen Betonverformungen benötigt (Kriech- und Schwindmodell). Weiterhin sind Beziehungen erforderlich, mit welchen die notwendigen Parameter für die vorhandenen Verhältnisse (Umweltbedingungen, Spannungen) bestimmt werden können.

Bild 7.1 Verformungen

Man unterscheidet:

- Kriechen: Zeitabhängige Zunahme der Verformungen unter andauernden Spannungen
- Schwinden: Verkürzung des *unbelasteten* Betons während der Austrocknung
- Relaxation: Zeitabhängige Abnahme der Spannungen unter einer aufgezwungenen Verformung konstanter Größe

Die Vorgänge beim Kriechen des Betons sind noch Gegenstand der Forschung. Die zeitabhängigen plastischen und elastischen Verformungen haben ihre Ursache in dem Aufbau des Verbundwerkstoffes Beton. Die Gesamtbelastung wird vom Zementstein und zu einem großen Teil von den Zuschlägen getragen. Die Zuschlagstoffe verhalten sich weitgehend elastisch. Der Zementstein hingegen verformt sich unter Belastung teilweise plastisch. Diese Verformungen hängen wesentlich vom Wassergehalt und der Nachbehandlung ab.

Schwinden setzt sich im Wesentlichen aus folgenden Anteilen zusammen:

- Autogenes Schwinden: Volumenabnahme des Wasser/Zement Gemisches bei der Hydratation. Es wird auch als Schrumpfen bezeichnet.
- Plastisches Schwinden: Bei der Wasserverdunstung entsteht ein Unterdruck in den Kapillarporen. Es wird daher auch als Kapillarschwinden bezeichnet. Das plastische Schwinden tritt im verarbeitbaren Beton auf. Es kann bei einer ausreichenden Nachbehandlung vernachlässigt werden.
- Karbonatisierungsschwinden: Volumenabnahme bei der Karbonatisierung.
- Trocknungsschwinden: Wasserabgabe an die Umgebung.

Trocknungsschwinden stellt den maßgebenden Anteil bei Normalbetonen dar. Bei hochfesten Betonen ist das autogene Schwinden von Bedeutung. Ansätze zur Berechnung des autogenen Schwindens sind in CEB-FIP MC 90 [29] sowie DIN 1045-1 (siehe Bild 7.18), zu finden.

Das Kriechen und Schwinden hängt neben der Betonzusammensetzung von den Umgebungsbedingungen und der Nachbehandlung ab. Wesentliche Einflussgrößen sind:

1. Wassergehalt des Betons bei Belastungsbeginn
   Mit zunehmendem Wassergehalt wachsen die Kriechverformungen an. Kann das Bauteil austrocknen, so sind die Kriechdehnungen größer als wenn der Träger nass gelagert oder versiegelt ist.

2. Zementanteil im Beton und Zementart
   Mit steigendem Zementanteil nehmen die Kriechverformungen zu.
   Die Festigkeit des Zements reduziert die plastischen Verformungen.

3. Betonfestigkeit bei Belastungsbeginn
   Je geringer die Betonfestigkeit zum Zeitpunkt der ersten Belastung desto größer sind die Kriechverformungen.

4. Umgebungsbedingungen: Feuchtigkeit und Temperatur

5. Querschnittsform: Eine große Oberfläche vergrößert das Kriechen

6. Festigkeit des Zuschlages

7. Porigkeit des Betons

8. Bewehrung: Die vorhandene nicht vorgespannte Bewehrung behindert die zeitabhängigen Verformungen des Betons. Dieser Einfluss wird i. Allg. in Hinblick auf die großen Streuungen der Kriech- und Schwindbeiwerte und der meistens geringen Bewehrungsmengen vernachlässigt.

Die wesentlichen der zuvor genannten Einflussgrößen finden sich auch bei der Berechnung der Kriechzahl und der Schwinddehnungen wieder.

Die Auswirkungen von Kriechen und Schwinden sollen zunächst an einem einfachen Beispiel, einer zentrisch belasteten bzw. vorgespannten Stütze erläutert werden. Die Einwirkung besteht aus einer äußeren Druckkraft bzw. einer zentrischen Vorspannung gleicher Größe.

7.1 Allgemeines

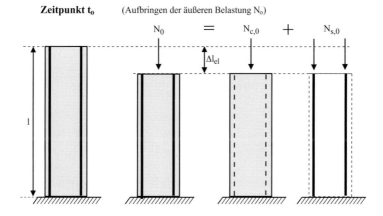

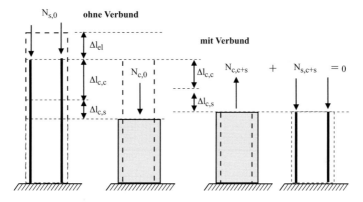

N_0 = äußere Belastung
$N_{c,0}$ = Betondruckkraft
$N_{s,0}$ = Stahldruckkraft
$N_{c,c+s}$ = *Änderung* der Betondruckkraft infolge Kriechen und Schwinden
$N_{s,c+s}$ = *Änderung* der Stahldruckkraft infolge Kriechen und Schwinden
$\varepsilon_{s,0}$ = Stahldehnung zum Zeitpunkt t_0
$\varepsilon_{c,0}$ = Betondehnung zum Zeitpunkt t_0
$\varepsilon_{c,s}$ = Schwinddehnung
χ = Relaxationsfaktor
t_0 = Zeitpunkt der Lastaufbringung

Bild 7.2 Kraftumlagerungen bei einer Stütze mit „schlaffer" Bewehrung infolge von Kriech- und Schwindverformungen (nach [115])

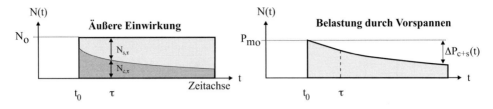

Bild 7.3 Einwirkungen über die Zeit

Stahlbetonstütze

Die äußere Last wird von der Bewehrung und dem Beton aufgenommen (Gleichgewichtsbeziehung). Aufgrund des Verbundes müssen beide Werkstoffe die gleichen Dehnungen aufweisen (Verträglichkeit). Aus diesen beiden Beziehungen kann die Belastung des Betons und der Bewehrung bestimmt werden. In den Gleichungen ist zu beachten, dass A_c die reine Betonfläche (ohne Bewehrung) darstellt.

Infolge von Kriechen und Schwinden verkürzt sich der Betonkörper. Diese Verformung wird durch die vorhandene Betonstahlbewehrung behindert. Hierdurch erhält der Beton Zug-

	Zum Zeitpunkt $t = t_0$ (Belastungsbeginn)	Im Zeitraum von $t = t_0$ bis $t = t_i$
Gleich- gewicht	$N_0 = N_{s,0} + N_{c,0}$	$0 = N_{s,c+s} + N_{c,c+s} \Rightarrow N_{s,c+s} = -N_{c,c+s}$
Verträg- lichkeit	$\varepsilon_0 = \varepsilon_{s,0} = \varepsilon_{c,0}$	$\varepsilon_{c+s} = \varepsilon_{s,c+s} = \varepsilon_{c,c+s}$
	$\varepsilon_0 = \dfrac{N_{s,0}}{E_s \cdot A_s} = \dfrac{N_{c,0}}{E_c \cdot A_c} = \dfrac{N_0 - N_{s,0}}{E_c \cdot A_c}$ Anmerkung: $A_c = A_n$ = reine Betonfläche $N_{s,0} \cdot \left(\dfrac{1}{E_s \cdot A_s} + \dfrac{1}{E_c \cdot A_c} \right) = \dfrac{N_0}{E_c \cdot A_c}$ $N_{s,0} \cdot \left(\dfrac{E_c \cdot A_c \cdot (E_c \cdot A_c + E_s \cdot A_s)}{E_s \cdot A_s \cdot E_c \cdot A_c} \right) = N_0$ mit: $\alpha_e = E_s / E_c$ $A_i = \alpha_e \cdot A_s + A_c$ folgt: $N_{s,0} = \alpha_e \dfrac{A_s}{A_i} N_0$ $N_{c,0} = \dfrac{A_c}{A_i} N_0$	$\varepsilon_{c+s} = \dfrac{N_{s,c+s}}{E_s \cdot A_s} = \dfrac{N_{c,0}}{E_c \cdot A_c} \varphi + \varepsilon_{c,s} + \dfrac{N_{c,c+s}}{E_c \cdot A_c}(1 + \chi\varphi)$ χ = Relaxationsbeiwert $N_{s,c+s} \cdot \left(\dfrac{1}{E_s \cdot A_s} + \dfrac{1}{E_c \cdot A_c}(1 + \chi\varphi) \right) = \dfrac{N_{c,0}}{E_c \cdot A_c} \varphi + \varepsilon_{c,s}$ $N_{s,c+s} \cdot \left(1 + \dfrac{E_s \cdot A_s}{E_c \cdot A_c}(1 + \chi\varphi) \right) =$ $= \dfrac{E_s \cdot A_s}{E_c \cdot A_c} N_{c,0} \cdot \varphi + \varepsilon_{c,s} \cdot E_s \cdot A_s$ $N_{s,c+s} = -N_{c,c+s} = \dfrac{\alpha_e \cdot \dfrac{A_s}{A_c} \cdot \varphi \cdot N_{c,0} + E_s \cdot A_s \cdot \varepsilon_{c,s}}{1 + \alpha_e \cdot \dfrac{A_s}{A_c} \cdot (1 + \chi\varphi)}$

7.1 Allgemeines

und die Bewehrung Druckkräfte. Die zeitabhängigen Betonverformungen führen zu einem Eigenspannungszustand. Die Abnahme der Betondruckkraft $N_{c,c+s}$ ist betragsmäßig gleich der Zunahme der Stahldruckkraft $N_{s,c+s}$, d.h.: $N_{s,c+s} + N_{c,c+s} = 0$.

Es gilt wiederum die Verträglichkeitsbedingung. Setzt man für die zeitabhängigen Dehnungen infolge Kriechen und Schwinden den Ansatz $\varepsilon_{c,s+c} = \sigma_{c,0} \cdot \varphi + \varepsilon_{c,s} + \Delta\sigma_{c,c}(1 + \chi\varphi)$ ein, so lässt sich die Reduzierung der Betondruckkraft bzw. die entsprechende Erhöhung der Druckkraft in der Bewehrung bestimmen. Die Abnahme der Betonspannung über die Zeit wird vereinfachend durch den Relaxationsfaktor χ berücksichtigt. Das verwendete Kriechmodell wird im Weiteren noch ausführlich erläutert.

Der Einfluss der Betonstahlbewehrung auf die Kriechverformungen wird meistens vernachlässigt, was jedoch, wie das folgende Beispiel zeigt, nur bei gering bewehrten Bauteilen zulässig ist.

Bei Bewehrung ohne Verbund kann sich der Beton zwängungsfrei verformen.

Die Auswirkungen von Kriechen und Schwinden sollen an einem einfachen Beispiel, einer 3,80 m langen Innenstütze mit einem Querschnitt von 20 × 20 cm, gezeigt werden. Die Betonverformungen seien nicht behindert. Auf die Berechnung der Kriech- und Schwindverformungen wird später eingegangen.

Abmessungen: Länge der Stütze l = 3,80 m   Querschnitt: b/h = 20/20 cm

Baustoffe: Beton   C40/50 E_c = 35000 MPa
               Bewehrung BST 500 : E_s = 200000 MPa
               → $\alpha_e = E_s / E_c = 200/35 = 5{,}71$

Bewehrungsmenge: $A_s = 4 \varnothing 20 = 4 \times 3{,}14 = 12{,}6$ cm² ($\rho = 12{,}6 / 400 = 0{,}0315$)

Ideelle Querschnittswerte: $A_i = A_c + \alpha_e \cdot A_s = (20 \cdot 20 - 12{,}6) + 5{,}71 \cdot 12{,}6 = 459{,}35$ cm²

Einwirkung (Dauerlast aus Decke + Eigengewicht): $F_d = 352{,}5$ kN

Schnittgrößen ohne Berücksichtigung der zeitabhängigen Umlagerung bzw. zu Belastungsbeginn ($t = t_0$)

$$N_{s,0} = -\alpha_e \frac{A_s}{A_i} N_0 = -5{,}71 \cdot \frac{12{,}6}{459{,}4} \cdot 352{,}6 = -55{,}2 \text{ kN}$$

$$N_{c,0} = -\frac{A_c}{A_i} N_0 = -\frac{400 - 12{,}6}{459{,}4} \cdot 352{,}6 = -297{,}3 \text{ kN}$$

(Kontrolle: 55,2 + 297,3 = 352,5 kN = F_d)

Schnittgrößen zum Zeitpunkt $t \to \infty$ mit Berücksichtigung der zeitabhängigen Umlagerung

Bei der Ermittlung der zeitabhängigen Betonverformungen wird angenommen, dass die Einwirkung bei einem Betonalter von t_0 = 7 Tagen aufgebracht wird.

Wirksame Bauteildicke: $h_0 = 2\dfrac{A}{U} = 2\dfrac{400}{4 \cdot 20} = 10$ cm → $\varphi(\infty, t_0) = 2{,}7$ (DIN 1045-1, Bild 18)

→ $\varepsilon_{cs\infty} = -0{,}0006$ (DIN 1045-1, Bild 20, 21)

$$N_{s,c+s} = -N_{c,c+s} = \frac{\alpha_e \cdot \dfrac{A_s}{A_c} \cdot \varphi \cdot N_{c,0} + E_s \cdot A_s \cdot \varepsilon_{c,s}}{1 + \alpha_e \cdot \dfrac{A_s}{A_c} \cdot (1 + \chi\varphi)}$$

$$= -\frac{5{,}71 \cdot \dfrac{12{,}6}{400-12{,}6} \cdot 2{,}7 \cdot 297.300 + 200.000 \cdot 1260 \cdot 0{,}0006}{1 + 5{,}71 \cdot \dfrac{12{,}6}{400-12{,}6} \cdot (1 + 0{,}8 \cdot 2{,}7)}$$

$\to N_{s,c+s} = -\dfrac{149.075 + 151.200}{1{,}59} = -189.209 \text{ N} = 189{,}2 \text{ kN}$

$\to N_{s,\infty} = N_{s,0} + N_{s,c+s} = -55{,}2 - 189{,}2 = -244{,}4 \text{ kN}$

$\sigma_{s,\infty} = -244.400 / 1260 = -194{,}0 \text{ N/mm}^2$

$N_{c,\infty} = N_{c,0} - N_{s,c+s} = -297{,}2 + 189{,}2 = -108{,}0 \text{ kN}$

$\sigma_{c,c} = -108 / 387{,}4 \cdot 10 = -2{,}8 \text{ N/mm}^2$

(Kontrolle: $-244{,}4 - 108{,}0 = -352{,}4 \text{ kN} = F_d$)

$\Delta N_{c,c+s} = \dfrac{297{,}3 - 108}{2{,}973} = 64 \%$

Kontrolle der Dehnungen: $\varepsilon_{s,c+s} = \dfrac{N_{s,c+s}}{E_s \cdot A_s} = \dfrac{-189200}{200.000 \cdot 1260} = -0{,}00075 = -0{,}75 \text{ }^0/_{00}$

$\varepsilon_{c,c+s} = \dfrac{N_{c0}}{E_{cm} \cdot A_c} \cdot \varphi + \varepsilon_{c,s\infty} + \dfrac{N_{c,c+s}}{E_{cm} \cdot A_c} \cdot (1 + \chi \cdot \varphi)$

$= -\dfrac{297300}{35000 \cdot 38740} \cdot 2{,}7 - 0{,}0006 + \dfrac{189200}{35000 \cdot 38740} \cdot (1 + 0{,}8 \cdot 2{,}7)$

$\varepsilon_{c,c+s} = -0{,}000592 - 0{,}0006 + 0{,}000441 = -0{,}00075 = -0{,}75 \text{ }^0/_{00}$

Aufgrund der großen Spannungsänderungen im Beton ist das verwendete Modell der mittleren kriecherzeugenden Spannungen nicht anwendbar. Der gesamte Kriechprozess ist daher in mehrere Intervalle zu zerlegen. Bei zwei Kriechabschnitten ergibt sich nahezu eine gleiche Kraftverteilung zwischen Beton und Bewehrung. Die Kraftumlagerungen infolge Schwinden und Kriechen sind somit erheblich geringer als zuvor berechnet. Es sollten in dem Beispiel auch nur die wesentlichen Zusammenhänge deutlich gemacht werden.

Es sei hier noch angemerkt, dass auch die Kraftübertragung zwischen Beton und Bewehrung Kriecheinflüssen unterliegt (Verbundkriechen).

Vorgespannte Stütze

Besteht die äußere Einwirkung aus einer Vorspannkraft, so gelten die gleichen Beziehungen. Es muss jedoch berücksichtigt werden, dass die Einwirkung $P(t)$ durch die Betonverkürzung abgemindert wird.

7.1 Allgemeines

Ein wesentlicher Unterschied besteht darin, dass das Spannglied im Gegensatz zu einer Betonstahlbewehrung die Verformungen des Betons nicht behindert.

Bringt man auf die Stütze die gleiche Kraft mittels Vorspannung auf, so sind ca. 280 mm² Spannstahl ST 1570/1770 erforderlich. Die Anfangsdehnung des Spannstahls nach dem Verankern beträgt: $\varepsilon_{pm0} = N_{pm0}/(A_p \cdot E_p) = 352.500/(280 \cdot 195) = 6,46\%$.

Die Verkürzung des Trägers infolge der zeitabhängigen Betonverformungen wurden bereits zuvor zu $\varepsilon_{c,c+s} = 0,75\%$ bestimmt. Dies führt zu einer Abnahme der Spannstahlkraft von:
$\Delta P_{c+s} = \Delta \varepsilon_{c,c+s} \cdot E_p \cdot A_p = 0,00075 \cdot 195 \cdot 280 = 40,95$ kN   (bzw. $\Delta P_{c+s} = 12\%$).

Bei diesem Beispiel bestehen keine Unterschiede zwischen Vorspannung mit und ohne Verbund. Dies gilt jedoch nur, solange die Dehnungen über die gesamte Trägerlänge konstant sind. Bei anderen Tragsystemen (z. B. Biegebalken) ergeben sich gravierende Differenzen zwischen beiden Spannsystemen. Bei Vorspannung mit sofortigem oder nachträglichem Verbund sind für die Spannkraftverluste die örtlichen Betonspannungen maßgebend, während bei fehlendem Verbund der integrale Wert über die Spanngliedlänge zu verwenden ist.

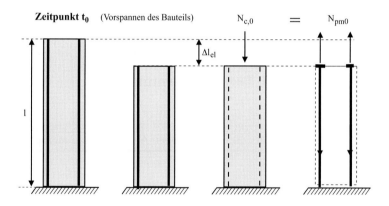

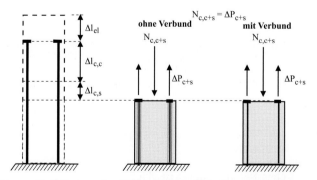

$\Delta l_{c,c}$ Verkürzung der Stütze infolge Kriechen (creep)
$\Delta l_{c,s}$ Verkürzung der Stütze infolge Schwinden (shrinkage)

Bild 7.4 Kriechverformungen bei einer vorgespannten Stütze

Auswirkungen zeitabhängiger Verformungen

1. Ungünstige Wirkungen

- Vergrößern der Verformungen eines Bauwerkes
- Reduzierung der Kraft im Spannstahl
- Betonstahlspannungen (Druck) in zentrisch belasteten Stahlbetonstützen nehmen aufgrund der Umlagerung zu
- Erhöhung der Lastausmitten bei Stahlbetonstützen mit exzentrischer Belastung
- Kraftumlagerung auf Wandverkleidungen (Natursteinverkleidung, Fassaden)
- Rissbreiten nehmen zu, falls nicht behindert
- Schnittkraftumlagerungen

2. Erwünschte Auswirkungen

- Schnittkraftumlagerungen: Abbau von Spannungsspitzen (z. B. bei konzentrierten Lasten, an einspringenden Ecken von Rahmen), Abbau von Zwangspannungen (z. B. infolge Stützensenkungen)
- Die Querdruckspannung bei Umschnürungen wird durch die Kraftumlagerung erhöht.
- Umlagerung der Kräfte im Zugbereich vom Beton auf die Bewehrung und damit Reduzierung der Rissgefahr

7.2 Allgemeiner Ansatz für die Betonverformungen

Im Allgemeinen geht man vereinfachend davon aus, dass sich die Gesamtdehnung des Betons zu einem beliebigen Zeitpunkt t additiv aus den einzelnen Anteilen zusammensetzt, d. h.:

$$\varepsilon_c(t) = \varepsilon_{c,el}(t) + \varepsilon_{c,c}(t) + \varepsilon_{c,s}(t) + \varepsilon_{c,T}(t) \tag{7.1}$$

mit: $\varepsilon_{c,el}(t)$ elastische Betondehnung infolge Einwirkung
$\varepsilon_{c,c}(t)$ Betondehnung infolge Kriechen
$\varepsilon_{c,s}(t)$ Betondehnung infolge Schwinden
$\varepsilon_{c,T}(t)$ Betondehnung infolge Temperaturänderung

Die obige Gleichung stellt eine Rechenvereinfachung dar. Versuchsergebnisse deuten darauf hin, dass sich Schwinden und Kriechen gegenseitig beeinflussen.

Solange das Betontragwerk ungerissen ist, folgt die elastische Betondehnung dem Hook'schen Gesetz:

$$\varepsilon_{c,el} = \frac{\sigma_0}{E_c(t_0)} \tag{7.2}$$

Versuche haben ergeben, dass die Kriechdehnung $\varepsilon_{c,c}(t)$ bei konstanter Druckbelastung proportional zur vorhandenen elastischen Betonspannung ist, d.h.:

$$\varepsilon_{c,c}(t) = \frac{\sigma_0}{E_c(t_0)} \cdot \varphi(t,t_0) \tag{7.3}$$

Hierbei ist $\varphi(t, t_0)$ die Kriechzahl zum Zeitpunkt t infolge einer Einwirkung zum Zeitpunkt t_0. Deren Berechnung wird in Abschnitt 7.4 erläutert.

Die Schwinddehnung $\varepsilon_{c,s}(t)$ ist unabhängig von den äußeren Einwirkungen.

Die Betondehnungen $\varepsilon_c(t)$ können somit für einen beliebigen Zeitpunkt t ermittelt werden, wenn geeignete zeitabhängige Funktionen für den Kriech- und Schwindverlauf vorliegen. Die Modelle müssen die wesentlichen Einflussgrößen berücksichtigen. Weiterhin ist es erforderlich, zeitabhängige Einwirkungen (Lastgeschichten) zu erfassen.

Bei annähernd konstanten Betonspannungen können die Biegeverformungen durch Integration der Krümmungen oder einfacher mit einem wirksamen Elastizitätsmodul $E_{c,\text{eff}}$ berechnet werden:

$$E_{c,\text{eff}} = \frac{E_c(t_0)}{1 + \chi(t, t_0) \cdot \varphi(t, t_0)} \tag{7.4}$$

7.3 Rheologische Modelle zur Beschreibung des Kriechens und der Relaxation

Der zeitliche Verlauf der Kriechverformungen des Betons kann für einige wenige Einflusswerte mit Hilfe von Versuchen bestimmt werden. Zur Erklärung und genaueren Beschreibung sind jedoch theoretische Ansätze erforderlich. Mit Hilfe von rheologischen Modellen kann der prinzipielle Verlauf der zeitabhängigen Betonverformungen beschrieben werden.

Die folgenden Ausführungen sollen lediglich das prinzipielle Vorgehen im Rahmen der lineren Viskoelastizitätstheorie [133] erläutern und einige Besonderheiten der zeitabhängigen Verformungen verdeutlichen. Eine genaue Kenntnis der Differentialgleichungen und deren Lösung ist für baupraktische Berechnungen nicht erforderlich. Ist ein Modell gefunden, welches bekannte Versuchsergebnisse genügend genau beschreiben kann, so können hiermit Berechnungen für verschiedene Parameter oder Lastgeschichten durchgeführt werden.

Das zeitabhängige Verhalten des Betons wird im Rahmen der linearen Viskoelastizitätstheorie durch ein Modell, bestehend aus einer Kombination von elastischen Federn und viskosen Dämpfern beschrieben (Bild 7.5). Dabei ist es nur teilweise möglich, die Komponenten des Verbundwerkstoffes Beton zu benennen, welche sich rein elastisch bzw. rein viskoelastisch verhalten.

Bild 7.5 Feder bzw. Dämpfer

Für die Feder gilt das Hook'sche Gesetz:

$$\sigma_F = \varepsilon_F \cdot E \quad \text{bzw.} \quad \frac{d\sigma}{dt} = \frac{d\varepsilon_F}{dt} \cdot E \tag{7.5}$$

Es wird ein Dämpfer mit konstanter Viskositätszahl entsprechend dem Newton'schen Ansatz gewählt:

$$\sigma_D = \eta \cdot d\varepsilon_D / dt \tag{7.6}$$

Für das zeitabhängige Verhalten gelten folgende Randbedingungen:
- Kriechen: $d\sigma/dt = 0$ (konstante Spannung)
- Relaxation: $d\varepsilon/dt = 0$ (konstante Dehnung)

7.3.1 Feder–Dämpfer-Element – Serienschaltung (Maxwell-Element)

Für die zeitliche Änderung der Dehnung gilt (Gl. 7.5 und 7.6):

$$\frac{d\varepsilon}{dt} = \frac{1}{E}\frac{d\sigma}{dt} + \frac{\sigma}{\eta} \tag{7.7}$$

Mit den Randbedingungen für das Kriechen: $d\sigma/dt = 0$ (konstante Spannung) und der Anfangsbedingung für $\sigma(t = t_0) = \sigma_0 =$ konstant ergibt sich für das *Kriechen*:

$$\frac{d\varepsilon}{dt} = \frac{1}{E}\frac{d\sigma}{dt} + \frac{\sigma}{\eta} = \frac{\sigma_0}{\eta} \quad \text{bzw.} \quad \varepsilon(t) = \int_t \frac{\sigma}{\eta} \cdot dt + C = \frac{\sigma}{\eta} \cdot t + \frac{\sigma_0}{E} \tag{7.8}$$

$$\textit{Relaxation:} \quad \frac{d\varepsilon}{dt} = 0 = \frac{1}{E}\frac{d\sigma}{dt} + \frac{\sigma}{\eta} \tag{7.9}$$

Mit dem Ansatz: $\sigma = e^{-\alpha t}$ folgt aus Gl. 7.9 mit der Anfangsbedingung: $\sigma(t = t_0) = \sigma_0$:

$$\sigma(t) = \sigma_0 \cdot e^{-(t \cdot E / \eta)} \tag{7.10}$$

Der zeitliche Verlauf der Betondehnung bzw. Betonspannung ist in Bild 7.6 dargestellt. Man erkennt, dass dieses einfache Modell die aus Versuchen bekannten Beziehungen nicht abbilden kann. So sind beispielsweise die Kriechdehnungen nicht konstant sondern nehmen bei konstanter Druckbeanspruchung nicht linear mit der Zeit zu.

7.3.2 Feder–Dämpfer-Modell – Parallelschaltung (Kelvin-Voigt Element)

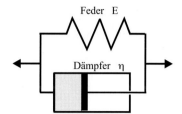

$$\sigma = \sigma_F + \sigma_D = E \cdot \varepsilon + \eta \cdot \frac{d\varepsilon}{dt} \tag{7.11}$$

Für Kriechen mit konstanter Spannung gilt mit $\sigma = \sigma_0$:

$$\sigma_0 = E \cdot \varepsilon + \eta \cdot \frac{d\varepsilon}{dt} \tag{7.12}$$

Homogene Lösung:
$$0 = \varepsilon + \eta/E \frac{d\varepsilon}{dt} \tag{7.13}$$

Ansatz: $\quad \varepsilon(t) = e^{-\beta t} \quad$ bzw. $\quad \frac{d\varepsilon(t)}{dt} = -\beta e^{-\beta t} \quad$ mit: $\quad \beta = \frac{E}{\eta} \tag{7.14}$

in Gleichung 7.13: $\quad 0 = e^{-\beta t} - \beta \frac{\eta}{E} e^{-\beta t} = 1 - \beta \frac{\eta}{E} \quad$ bzw. mit: $\quad \beta = \frac{E}{\eta}$

Die homogene Lösung lautet:

$$\varepsilon(t) = e^{-(t \cdot E / \eta)} \tag{7.15}$$

Mit dem Ansatz $\varepsilon = \alpha = $ const. in Gleichung 7.12 eingesetzt ergibt mit $d\varepsilon/dt = 0$ die gesuchte Konstante und damit die inhomogene Lösung der Differentialgleichung (7.12):

$$\alpha = \sigma_0 / E \tag{7.16}$$

Gesamtlösung:

$$\varepsilon(t) = C \cdot e^{-(t \cdot E / \eta)} + \sigma_0 / E \tag{7.17}$$

Anfangsbedingung (Kriechen): Zum Zeitpunkt $t = 0$ gilt $\varepsilon(t = 0) = 0$

Hiermit ergibt sich die Konstante C zu: $C = -\sigma_0/E$

Gesamtlösung:

$$\varepsilon(t) = \frac{\sigma_0}{E}[1 - e^{-(t \cdot E / \eta)}] \tag{7.18}$$

Die Gleichungen für Relaxation lassen sich entsprechend bestimmen. Es gelten folgende Randbedingung: $d\varepsilon/dt = 0$, $\sigma = \varepsilon \cdot E$

mit:
$\quad t = 0\,;\, \varepsilon = \varepsilon_0 = \sigma_0/E$

folgt:
$$\sigma_0 = \varepsilon_0 \cdot E \tag{7.19}$$

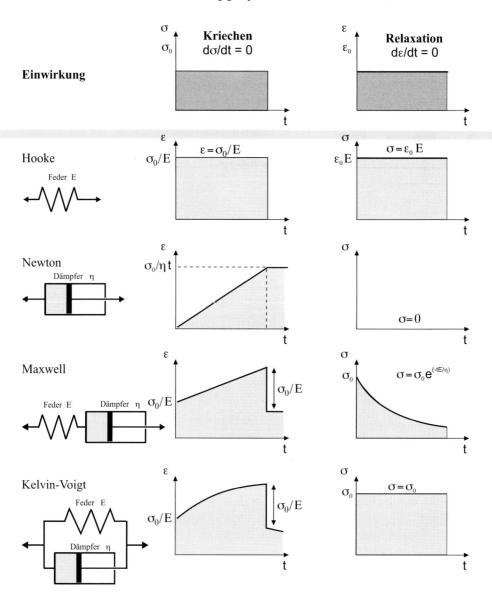

Bild 7.6 Spannungs- und Dehnungsverläufe über die Zeit für verschiedene Modelle

7.3.3 Feder–Dämpfer-Modell – Parallel- + Serienschaltung (Kelvin-Element)

Dieses Modell beschreibt das Kriechverhalten des Betons recht gut. Bei Belastungsbeginn zu Zeitpunkt $t = t_0$ tritt der elastische Dehnungssprung σ_0/E ein. Diese Verformung nimmt durch das viskoelastische Materialverhalten (Kriechen) expotentiell zu und nähert sich für $t \to \infty$ dem Grenzwert $2\sigma_0/E$ (Dehnung der beiden Federn). Wird der Betonkörper wieder vollkommen entlastet, so tritt nach dem elastischen Dehnungssprung σ_0/E eine expotentielle Abnahme der Dehnung ein. Für $t \to \infty$ geht die Dehnung auf Null zurück.

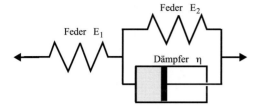

Belastung ($t = t_0$ bis t_i) nach [133]:

$$\varepsilon(t) = \frac{\sigma_0}{E} \cdot \left[1 + \frac{E_1}{E_2} \cdot (1 - e^{-(t \cdot E_2/\eta)}) \right] \quad (7.20)$$

Entlastung ($t = t_i$ bis ∞):

$$\varepsilon(t) = \frac{\sigma_0}{E} \cdot \frac{E_1}{E_2} \cdot [e^{-(t-t_i) \cdot E_2/\eta} - e^{-(t \cdot E_2/\eta)}] \quad (7.21)$$

7.4 Bestimmung der zeitabhängigen Betondehnungen bei konstanten Spannungen

Im Folgenden sollen lediglich die drei gebräuchlichsten Modelle aus DIN 4227 Teil 1, EC 2 und DIN 1045-1 erläutert werden. Zunächst wird auf die Berechnung der zeitabhängigen Betondehnungen unter konstanter Belastung eingegangen.

Bei konstanter Einwirkung beträgt die Kriechdehnung des Betons:

$$\varepsilon_{c,c}(t) = \frac{\sigma_{c0}}{E_{c,28}} \cdot \varphi(t) \quad (7.22)$$

$\varphi(t)$ ist hierbei die zeitlich veränderliche Kriechzahl. Die Beschreibung des Kriechverlaufes bei veränderlichen Spannungen, beispielsweise infolge der Spannkraftabnahme, wird im Abschnitt 7.5 erläutert.

Die bislang bekannten Kriechmodelle gelten nur für druckbelasteten ungerissenen Beton. Bei geringen Vorspanngraden kann ein Spannglied unter Dauerlasten aber auch in der Zugzone liegen. Es stellt sich daher die Frage, ob die bekannten Kriechmodelle auch für Beton unter Zugbeanspruchung $0 \leq \sigma_c \leq f_{ct}$ gelten. Wie Untersuchungen von Kordina [136] gezeigt haben, erfolgt das Zugkriechen nach den gleichen formelmäßigen Zusammenhängen wie das Druckkriechen. Es wurden lediglich ca. 20 % größere Werte gemessen. Diese Unterschiede können jedoch in Anbetracht der großen Unsicherheiten vernachlässigt werden. Bei beschränkt vorgespannten Bauteilen geht man daher vereinfachend davon aus, dass für das Kriechen des Betons in der Zug- und Druckzone die gleichen Zusammenhänge gelten.

Liegen die Spannglieder in der gerissenen Zugzone ($\sigma > f_{ct}$), so entstehen zeitliche Spannkraftänderungen lediglich durch die Verformungen des Tragwerks, nicht durch eine lokale Dehnungszunahme.

7.4.1 Kriechen und Schwinden nach DIN 4227 Teil 1

Oftmals werden lediglich die Endkriech- und Endschwindmaße für $t = \infty$ benötigt. Diese können Bild 7.7 entnommen werden.

Der zeitliche Verlauf der Kriechfunktion ergibt sich aus folgender Beziehung:

$$\varphi(t) = \varphi_{f0} \cdot (k_{f,t} - k_{f,t_0}) + 0{,}4 \cdot k_{v,(t-t_0)} \qquad (7.23)$$

Hierin sind:

φ_{f0} Grundfließzahl (Tabelle 7.1)
k_f Beiwert zur Berücksichtigung des zeitlichen Verlaufs des Kriechens (Bild 7.8)
t Wirksames Betonalter zum untersuchten Zeitpunkt
t_0 Wirksames Betonalter bei Belastungsbeginn
k_v Beiwert zur Berücksichtigung des zeitlichen Verlaufs der verzögert elastischen Verformung (Bild 7.9)

Der zeitliche Verlauf des Kriechens ist durch $k_{f,t}$ bzw. Bild 7.8 festgelegt. Einwirkungen, welche nach der Erstbelastung zum Zeitpunkt t_1 auftreten, kriechen nur noch mit dem Restwert $k_{f,t2} - k_{f,t1}$.

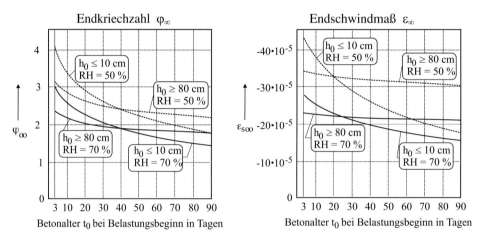

Bild 7.7 Endkriechzahl und Endschwindmaß nach DIN 4227 Teil 1, Tab. 7

Tabelle 7.1 Beiwerte nach DIN 4227/1, Tab. 8

Lage des Bauteils	Mittlere relative Luftfeuchtigkeit RH in % etwa	Grundfließzahl φ_{f0}	Grundschwindmaß ε_{s0}	Beiwert k_{ef}
im Wasser		0,8	$+10 \cdot 10^{-5}$	30
in sehr feuchter Luft, z. B. unmittelbar über dem Wasser	90	1,3	$-13 \cdot 10^{-5}$	5,0
allgemein im Freien	70	2,0	$-32 \cdot 10^{-5}$	1,5
in trockener Luft, z. B. in Innenräumen	50	2,7	$-46 \cdot 10^{-5}$	1,0

7.4 Bestimmung der zeitabhängigen Betondehnungen bei konstanten Spannungen

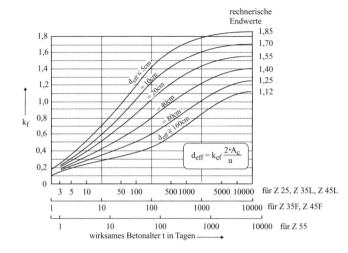

Bild 7.8 Beiwert k_f
(DIN 4227 Teil 1, Bild 1)

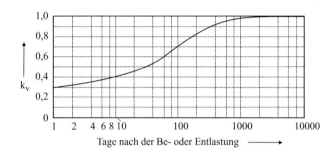

Bild 7.9 Beiwert k_v
(DIN 4227 Teil 1, Bild 2)

Schwinden: $\varepsilon_s(t) = \varepsilon_{s0} \cdot (k_{s,t} - k_{s,t_0})$ (7.24)

mit:
$k_{s,t}$ Beiwert zur Berücksichtigung des zeitlichen Verlaufs des Schwindens (Bild 7.10)
k_{s,t_0} Beiwert zu Beginn des Schwindens (Bild 7.10)

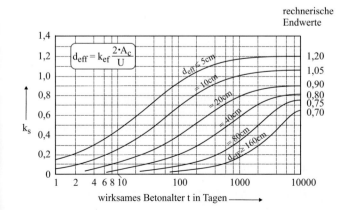

Bild 7.10 Beiwert k_s
(DIN 4227 Teil 1, Bild 3)

7.4.2 Kriechen und Schwinden nach EC2 Teil 1

Für die Berechnung der Kriech- und Schwinddehnungen des Betons enthält EC2-Teil 1 ein vereinfachtes Verfahren und ein im Anhang 1 beschriebenes „genaueres" Verfahren.

Das einfache Verfahren deckt die Standardfälle ab, bei denen nur die Endwerte der Kriechzahl und Schwinddehnung φ_∞ bzw. $\varepsilon_{s\infty}$ benötigt werden. Ist der zeitliche Verlauf der Verformungen von Bedeutung oder liegen besondere Umweltbedingungen vor, so ist das „genauere" Verfahren anzuwenden.

7.4.2.1 Annahmen und Vereinfachungen

Es werden folgende Annahmen bzw. Vereinfachungen getroffen (EC2, 2.5.5.1(5)):
- Die Baustoffe (Beton, Stahl) verhalten sich linear elastisch.
- Kriechen und Schwinden sind voneinander unabhängig.
- Gültigkeit des Superpositionsprinzips. Auch Einflüsse, die zu verschiedenen Altersstufen des Betons auftreten, können überlagert werden.
- Es besteht eine lineare Beziehung zwischen der Kriechverformung und den kriecherzeugenden Spannungen. Diese Vereinfachung kann bei veränderlichen Spannungen zu größeren Fehlern führen [117].
- Einflüsse aus ungleichmäßigen Temperatur- und Feuchteverläufen werden vernachlässigt.
- Annahmen, insbesondere bezüglich des Kriechverhaltens gelten auch für zugbeanspruchten Beton.

Für eine konstante Betonspannung ergeben sich die Kriechdehnungen $\varepsilon_{c,c}(t)$ aus der folgenden Beziehung:

$$\varepsilon_{c,c}(t) = \frac{\sigma_0}{E_c(t_0)} \varphi(t,t_0) \qquad (7.25)$$

Gleichung 7.25 wird wie folgt umgeformt. Es wird eine Kriechfunktion $J(t,t_0)$ eingeführt, für die nach EC2, 2.5.5.1(7) folgender Zusammenhang gilt:

$$J(t,t_0) = \frac{1}{E_c(t_0)} + \varphi(t,t_0) \frac{1}{E_{c(28)}} \qquad (7.26)$$

mit:

t_0	Zeitpunkt der ersten Lastaufbringung auf den Beton
t	betrachteter Zeitpunkt
$J(t,t_0)$	Kriechfunktion zum Zeitpunkt t infolge einer Lastaufbringung bei t_0
$E_c(t_0)$	zugehöriger Elastizitätsmodul (*Tangenten*modul) zum Zeitpunkt t_0
$E_{c(28)}$	zugehöriger Elastizitätsmodul (*Tangenten*modul) nach 28 Tagen
$\varphi(t,t_0)$	Kriechzahl, bezogen auf die mit $E_{c(28)}$ ermittelte elastische Verformung nach 28 Tagen

Die gesamten Betondehnungen ergeben sich damit zu:

$$\varepsilon_{tot}(t,t_0) = \varepsilon_n(t) + \sigma(t_0) \cdot J(t,t_0) + \sum J(t,t_i) \cdot \Delta\sigma(t_i) \quad \text{(siehe Abschnitt 7.5.3, Gl. 7.79)}$$

7.4 Bestimmung der zeitabhängigen Betondehnungen bei konstanten Spannungen

Für die Berechnung der Verformungsänderung wird nicht der in den Normen festgelegte Sekanten-E-Modul sondern der Tangentenelastizitätsmodul benötigt (Bild 7.11). Falls keine genaueren Angaben aus Versuchen vorliegen, kann mit der Näherung $E_c^{Tangente} = 1,1\ E_c^{Sekante}$ gerechnet werden. Der Sekantenelastizitätsmodul ($\sigma_c = 0 \div 0{,}4 f_c$) des Betons ist EC2, Tab. 3.2 bzw. DIN 1045-1, Tab. 9 zu entnehmen.

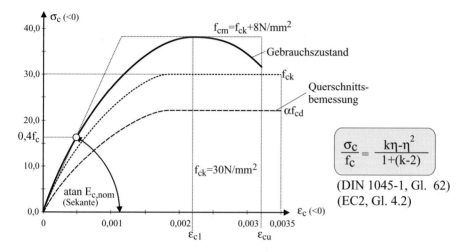

Bild 7.11 Spannungs-Dehnungsverläufe für Beton C30/37 nach EC2, Bilder 4.1 und 4.2

Falls genauere Werte des Elastizitätsmoduls benötigt werden, sollte man auf Versuche zurückgreifen. Eine Rückrechnung des E-Moduls aus Gleichung 4.2 des EC 2 (siehe Bild 7.11) sollte nicht erfolgen, da diese Beziehung bereits eine grobe Näherung des realen Betonverhaltens darstellt.

Oftmals liegen nur die Materialkennwerte des Betons für 28 Tage vor. Werden Werte für frühere Zeitpunkte benötigt, so können folgende Näherungsgleichungen des CEB-FIP Model Codes 1990 [29] verwendet werden:

$$f_{cm}(t) = \beta_{cc}(t_0) \cdot f_{cm,28Tage} \quad \text{mit:} \quad \beta_{cc}(t_0) = e^{s\left[1-\sqrt{28/(t_0/t_1)}\right]} \quad (7.27)$$

bzw. nach DIN 1045-1, 10.8.4: $\beta_{cc}(t_0) = e^{0,2\left[1-\sqrt{28/t_0}\right]}$

$$E_c(t) = \sqrt{\beta_{cc}(t_0)} \cdot E_{cm,28Tage} \quad (7.28)$$

Festigkeitsklasse des Zementes		32,5 R	42,5 R
	32,5	42,5	52,5
Beiwert s	0,38	0,25	0,20

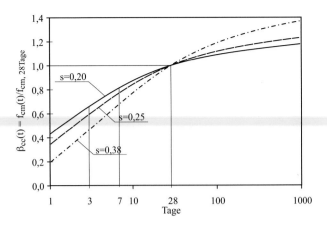

Bild 7.12 Verlauf der Festigkeitsentwicklung des Betons (Gl. 7.27)

Die lastunabhängige Schwinddehnung kann EC2, Tabelle 3.4 entnommen bzw. nach EC2, A1.1.3 berechnet werden.

7.4.2.2 Endkriechzahlen und Endschwindmaße

Oftmals werden nur die Endwerte der zeitabhängigen Betondehnungen benötigt. Diese können EC2 Teil 1 bzw. den nachfolgenden Tabellen 7.2 bzw. 7.3 entnommen werden. Die Endkriechzahlen in Tabelle 7.2 sind für eine Belastungsdauer von 70 Jahren definiert. Ob die Kriechverformungen jemals zum Stillstand kommen ist umstritten. Die Zunahme nach 70 Jahren Belastungsdauer dürfte jedoch für baupraktische Belange vernachlässigbar gering sein.

Tabelle 7.2 Endkriechzahlen $\varphi(\infty, t_0)$ für Normalbeton (nach EC2, Tabelle 3.3)

	wirksame Bauteildicke $2\,A_c/u$ (in mm)					
	50	150	600	50	150	600
Betonalter bei Belastung t_0 (Tage)	trockene Umgebungsbedingungen (innen) ($RH = 50\,\%$)			feuchte Umgebungsbedingungen (außen) ($RH = 80\,\%$)		
1	5,5	4,6	3,7	3,6	3,2	2,9
7	3,9	3,1	2,6	2,6	2,3	2,0
28	3,0	2,5	2,0	1,9	1,7	1,5
90	2,4	2,0	1,6	1,5	1,4	1,2
365	1,8	1,5	1,2	1,1	1,0	1,0

mit: A_c Betonfläche
u Umfang

7.4 Bestimmung der zeitabhängigen Betondehnungen bei konstanten Spannungen

Tabelle 7.3 Endschwindmaß $\varepsilon_{cs\infty}$ (in ‰) für Normalbeton (nach EC2, Tab. 3.4)

Lage des Bauteils	Relative Luftfeuchte (%)	Wirksame Bauteildicke A_c/u (mm)	
		≤ 150	600
innen	50	−0,60	−0,50
außen	80	−0,33	−0,28

Da in die obigen Tabellen nur wenige Einflussgrößen (Betonalter t_0, wirksame Bauteildicke $h_0 = 2A_c/u$, Luftfeuchtigkeit RH) eingehen, sind Abweichungen zwischen Rechenwert und tatsächlichem Verformungsverhalten beim Kriechen von bis zu 30 % ÷ 40 % und beim Schwinden von bis zu 40 % ÷ 50 % möglich [119].

Beim „genauen" Verfahren nach EC2, welches im Weiteren erläutert wird, liegt der mittlere Variationskoeffizient beim Kriechen bei ca. 20 % und beim Schwinden bei ca. 35 %.

7.4.2.3 Genauere Berechnung der Kriech- und Schwindwerte nach EC2, Anhang 1

Das „genauere" Verfahren nach EC2, Teil 1, Anhang A1 zur Bestimmung der Kriechzahl sowie der Schwinddehnung ist erforderlich, falls Zwischenwerte zu einem beliebigen Zeitpunkt benötigt werden oder die Anwendung der Tabellen 7.2 und 7.3 nicht möglich ist.

Anwendungsgrenzen: (EC2 A1.1.1 (2))

- Normalbeton C12/15 bis C50/60
- Druck- und Zugspannungen im Beton ≤ 0,45-fache der entsprechenden Festigkeiten
- relative Luftfeuchte RH zwischen 40 % und 100 %
- mittlere Temperaturen T zwischen 10 °C und 20 °C

Kriechen (EC2 A1.1.2)

$$\text{Kriechzahl:} \quad \varphi(t,t_0) = \varphi_0 \cdot \beta_c(t-t_0) \quad \text{(EC2, Gl. A 1.1)} \tag{7.29}$$

mit:

t Betonalter in Tagen zum betrachteten Zeitpunkt
t_0 Betonalter bei Belastungsbeginn in Tagen

Grundkriechzahl φ_0:

$$\varphi_0 = \varphi_{RH} \cdot \beta(f_{cm}) \cdot \beta(t_0) \quad \text{(EC2, Gl. A 1.2)} \tag{7.30}$$

wobei:

- Beiwert zur Berücksichtigung des Einflusses der relativen Luftfeuchtigkeit RH [%]:

$$\varphi_{RH} = 1 + \frac{1 - RH/100}{0,10 \cdot \sqrt[3]{h_0}} \quad \text{(EC2, Gl. A 1.3)} \tag{7.31}$$

- Beiwert zur Berücksichtigung des Einflusses der Betonfestigkeit f_{cm} [N/mm²]:

$$\beta(f_{cm}) = \frac{16{,}8}{\sqrt{f_{cm}}} \qquad \text{(EC2, Gl. A 1.4)} \qquad (7.32)$$

$$f_{cm} = f_{ck} + 8 \text{ N/mm}^2 \qquad \text{(EC2, Gl. 4.3)} \qquad (7.33)$$

- Beiwert zur Berücksichtigung des Einflusses des Betonalters bei Belastungsbeginn:

$$t_0 \text{ [Tage]:} \quad \beta(t_0) = \frac{1}{0{,}1 + t_0^{0{,}20}} \qquad \text{(EC2, Gl. A 1.5)} \qquad (7.34)$$

- Beiwert zur Berücksichtigung des Einflusses des Betonquerschnittes h_0 [mm]:

$$h_0 = \frac{2 A_c}{u} \qquad \text{(EC2, Gl. A 1.6)} \qquad (7.35)$$

mit:

RH = Relative Luftfeuchtigkeit der Umgebung in %
h_0 = wirksame Bauteildicke in mm, wobei A_c die Querschnittsfläche und u den der Luft ausgesetzten Querschnittsumfang bezeichnet. Bei (belüfteten) Kastenträgern ist die Hälfte des inneren Umfangs zu berücksichtigen (DIN 4227/Teil 1; 8.5)

- Der Beiwert $\beta_c(t - t_0)$ beschreibt den zeitlichen Verlauf des Kriechens:

$$\beta_c(t - t_0) = \left(\frac{t - t_0}{\beta_H + t - t_0} \right)^{0{,}3} \qquad \text{(EC2, Gl. A 1.7)} \qquad (7.36)$$

wobei:

$t - t_0$ = tatsächliche Belastungsdauer

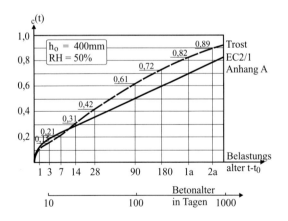

Bild 7.13 Kriechverlauf $\beta_c(t)$ nach EC2, Anhang A und Trost [116], Bild 3

- Beiwert, der von der wirksamen Bauteildicke h_0 abhängt:

$$\beta_H = 1{,}5 \left[1 + (0{,}012 RH)^{18} \right] \cdot h_0 + 250 \leq 1500 \quad (RH \text{ in \%}, h_0 \text{ in mm}) \qquad (7.37)$$

7.4 Bestimmung der zeitabhängigen Betondehnungen bei konstanten Spannungen

- Einfluss der Zementart
Der Einfluss der Zementart auf die Kriechzahl des Betons wird durch eine Modifikation des Belastungsalters t_0 entsprechend der folgenden Gleichung berücksichtigt:

$$t_0 = t_{0,T} \cdot \left(\frac{9}{2+(t_{0,T})^{1,2}} + 1 \right)^{\alpha} \geq 0,5 \qquad \text{(EC2, Gl. A 1.9)} \qquad (7.38)$$

wobei:

$t_{0,T}$ wirksames Betonalter bei Belastungsbeginn unter Berücksichtigung des Einflusses der Temperatur nach folgender Gleichung:

$$t_T = \sum_{i=1}^{n} e^{-\left(4000/[273+T(\Delta t_i)]-13,65\right)} \cdot \Delta t_i \qquad \text{(EC2, Gl. A 1.10)} \qquad (7.39)$$

$T(\Delta t_i)$ Temperatur in °C während des Zeitraums Δt_i
          (Anwendungsbereich: $0\,°C \leq T(\Delta t_i) \leq 80\,°C$)
Δt_i Anzahl der Tage mit der Temperatur T

Beiwert zur Berücksichtigung der Zementart:

$$\alpha = \begin{cases} -1 & \text{für langsam erhärtende Zemente (S)} \\ 0 & \text{für normal erhärtende Zemente (N, R)} \\ +1 & \text{für schnell erhärtende Zemente (RS)} \end{cases}$$

Schwinden (EC2, A1.1.3)

$$\varepsilon_{cs}(t-t_s) = \varepsilon_{cs0} \cdot \beta_s(t-t_s) \qquad \text{(EC2, Gl. A 1.11)} \qquad (7.40)$$

wobei:

ε_{cs0} = Grundschwindmaß
β_s = Beiwert zur Beschreibung des zeitlichen Verlaufs des Schwindens
t = Betonalter in Tagen zum betrachteten Zeitpunkt
t_s = Betonalter in Tagen zu Beginn des Schwindens und Quellens

- Grundschwindmaß: $\varepsilon_{cs0} = \varepsilon_s(f_{cm}) \cdot \beta_{RH}$ (EC2, Gl. A 1.12)   (7.41)

- Beiwert zur Berücksichtigung des Einflusses der Betonfestigkeit auf das Schwinden:

$$\varepsilon_s(f_{cm}) = [160 + \beta_{sc} \cdot (90-f_{cm})] \cdot 10^{-6} \qquad \text{(EC2, Gl. A 1.13)} \qquad (7.42)$$

wobei:

- Beiwert zur Berücksichtigung der Zementart auf das Schwinden

$$\beta_{sc} = \begin{cases} 4 & \text{für langsam erhärtende Zemente (S)} \\ 5 & \text{für normal oder schnell erhärtende Zemente (N, R)} \\ 8 & \text{für schnell erhärtende hochfeste Zemente (RS)} \end{cases}$$

- Beiwert zur Berücksichtigung der Lagerungsbedingungen

$$\beta_{RH} = \begin{cases} -1,55\beta_{sRH} & \text{für} \quad 40\% \leq RH \leq 99\% \quad \text{(Luftlagerung)} \\ +0,25 & \text{für} \quad\quad\quad\quad RH > 99\% \quad \text{(Wasserlagerung)} \end{cases}$$

- Beiwert zur Berücksichtigung des Einflusses der relativen Luftfeuchtigkeit auf das Grundschwindmaß

$$\beta_{sRH} = 1 - (RH/100)^3 \qquad \text{(EC2, Gl. A 1.15)} \qquad (7.43)$$

- Beiwert zur Beschreibung des zeitlichen Verlaufs des Schwindens:

$$\beta_s(t-t_s) = \left(\frac{t-t_s}{0,035 h_0^2 + t - t_s}\right)^{0,5} \qquad \text{(EC2, Gl. A 1.16)} \qquad (7.44)$$

mit: $t - t_s$ = tatsächliche, nicht korrigierte Dauer des Schwindens oder Quellens in Tagen

Kriech- und Schwindverläufe nach EC2, Anhang A1

Die Bestimmung der Kriechwerte und Schwinddehnung erfolgt zweckmäßigerweise mit Hilfe eines Rechenprogramms. Die komplexen Gleichungen sollten jedoch nicht über die groben Annahmen und die damit verbundenen Ungenauigkeiten (Variationskoeffizient für Kriechen bei 20 %) hinwegtäuschen. Es sollten generell Parameterstudien durchgeführt werden, um die Sensitivität der Ergebnisse auf die Eingabewerte zu überprüfen.

Die nachfolgenden Bilder sollen den Einfluss einiger wesentlicher Parameter verdeutlichen. Den Berechnungen liegen, falls nicht ausdrücklich erwähnt, folgende Eingangswerte zugrunde:

Wirksame Bauteildicke	h_0 = 150 mm
Betonalter in Tagen	t_∞ = 100.000 Tage
Betonalter bei Belastungsbeginn	t_0 = 28 Tage
Betonfestigkeit (N/mm²)	f_{cm} = 43 N/mm² (C35/40)
relative Luftfeuchtigkeit	RH = 50 %

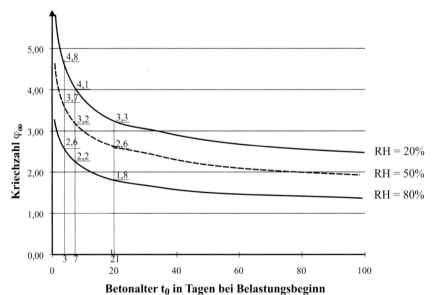

Bild 7.14 Endkriechzahlen φ_∞ in Abhängigkeit von der Luftfeuchtigkeit RH und dem Betonalter t_0 bei Belastungsbeginn (h_0 = 50 mm)

7.4 Bestimmung der zeitabhängigen Betondehnungen bei konstanten Spannungen

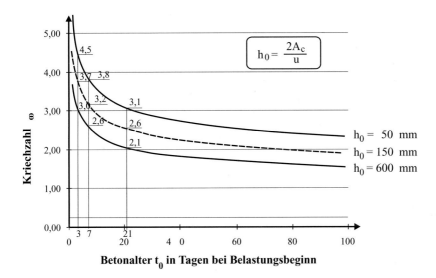

Bild 7.15 Endkriechwert φ_∞ in Abhängigkeit von der wirksamen Bauteildicke h_0 und dem Betonalter t_0 bei Belastungsbeginn

Aus den Bildern 7.14 und 7.15 ist zu erkennen, dass die Kriechzahl $\varphi(t)$ wesentlich vom Betonalter bei Belastungsbeginn t_0 abhängt. Dies gilt insbesondere für den Zeitraum $t_0 < 14$ Tage. So ist die Kriechzahl φ_∞ für ein Betonalter bei Belastungsbeginn von $t_0 = 3$ Tagen ca. 50 % größer als für $t_0 = 9$ Tage.

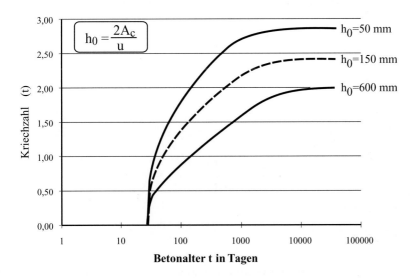

Bild 7.16 Kriechzahl $\varphi(t)$ in Abhängigkeit von der wirksamen Bauteildicke h_0 (C25/30)

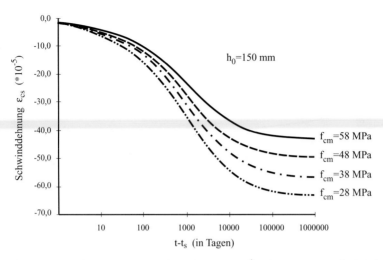

Bild 7.17 Schwinddehnung ε_{cs} (t) in Abhängigkeit von der Betondruckfestigkeit f_{cm}

Durch den Vergleich der Bilder 7.16 und 7.17 wird deutlich, dass der Verlauf der Schwinddehnungen nicht affin zu den Kriechdehnungen ist, obwohl dies bei der Berechnung der Spannkraftverluste meistens vorausgesetzt wird.

7.4.3 Kriechen und Schwinden nach DIN 1045-1

Die Gleichungen zur Berechnung der Kriechzahl und der Schwinddehnungen entsprechen weitgehend dem Eurocode. Die Gültigkeit der Beziehungen auch für hochfesten Beton sowie für Leichtbeton machten Modifikationen notwendig.

Zur einfacheren Bestimmung der Werte sind in der Norm Diagramme für die Endwerte der Kriechzahl und der Schwinddehnung enthalten (siehe Bilder 7.18 bis 7.20).

Die Schwinddehnung setzt sich additiv aus zwei Anteilen, der Schrumpfdehnung ε_{cas} und der Trocknungsdehnung ε_{cds}, zusammen.

$$\varepsilon_{cs\infty} = \varepsilon_{cas\infty} + \varepsilon_{cds\infty} \tag{7.45}$$

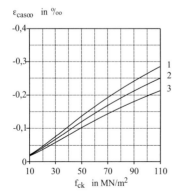

1 Festigkeitsklasse des Zements 32,5
2 Festigkeitsklasse des Zements 32,5R; 42,5
3 Festigkeitsklasse des Zements 42,5R; 52,5

Bild 7.18 Schrumpfdehnung $\varepsilon_{cas\infty}$ zum Zeitpunkt $t = \infty$ für Normalbeton (DIN 1045-1, Bild 20)

7.4 Bestimmung der zeitabhängigen Betondehnungen bei konstanten Spannungen

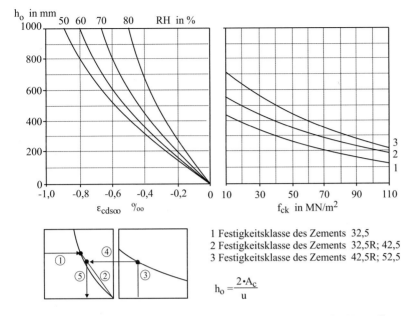

Bild 7.19 Trocknungsschwinddehnung $\varepsilon_{cds\infty}$ zum Zeitpunkt $t \to \infty$ für Normalbeton (DIN 1045-1, Bild 21)

Der mittlere Variationskoeffizient der mit den obigen Diagrammen bestimmten Endkriechzahl liegt bei etwa 30 % (DIN 1045-1, 9.1.4 (2)). Das gleiche trifft auch für die Schwinddehnung (Bilder 7.18 und 7.19) zu. Diese große Streuung sollte bei den rechnerischen Nachweisen immer beachtet werden.

Falls Zwischenwerte benötigt werden oder für spezielle Umwelt- oder Randbedingungen kann die Kriechzahl und die Schwinddehnung mit Hilfe der folgenden Beziehungen bestimmt werden [137]:

Kriechen

$$\varphi(t,t_0) = \varphi_0 \cdot \beta_c(t,t_0) \tag{7.46}$$

Grundkriechzahl φ_0: $\quad \varphi_0 = \varphi_{RH} \cdot \beta(f_{cm}) \cdot \beta(t_0)$ \hfill (7.47)

wobei:

- Beiwert zur Berücksichtigung des Einflusses der Luftfeuchte RH [%]:

$$\varphi_{RH} = \left[1 + \frac{1 - RH/RH_0}{\sqrt[3]{0{,}1 \cdot h_0/h_e}}\right] \tag{7.48}$$

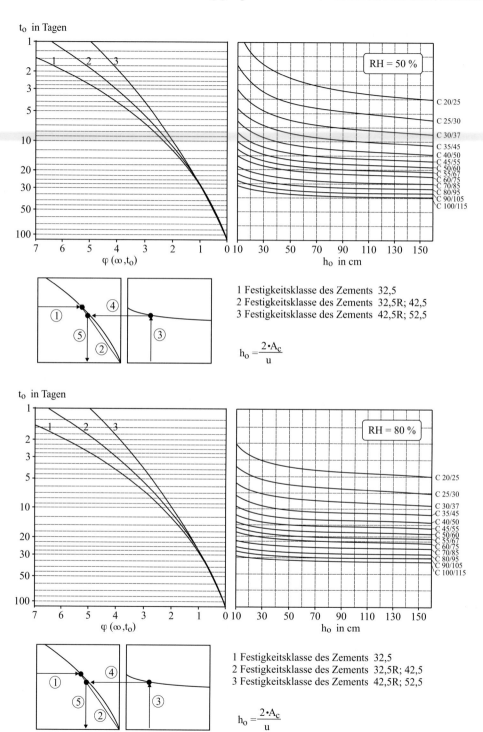

Bild 7.20 Endkriechzahl $\varphi(\infty, t_0)$ für Normalbeton (DIN 1045-1, Bilder 18 und 19)

7.4 Bestimmung der zeitabhängigen Betondehnungen bei konstanten Spannungen

- Beiwert zur Berücksichtigung des Einflusses der Betonfestigkeit f_{cm} [N/mm²]:

$$\beta(f_{cm}) = \frac{5{,}3}{\sqrt{f_{cm} / f_{cm0}}} \tag{7.49}$$

mit $f_{cm} = f_{ck} + 8$ N/mm²

- Beiwert zur Berücksichtigung des Betonalters bei Belastungsbeginn:

$$\beta(t_0) = \frac{1}{0{,}1 + (t_0 / t_1)^{0{,}2}} \tag{7.50}$$

- Beiwert zur Beschreibung des zeitlichen Verlaufs des Kriechens:

$$\beta_c(t, t_0) = \left[\frac{(t - t_0)/t_1}{\beta_H + (t - t_0)/t_1} \right]^{0{,}3} \tag{7.51}$$

- Beiwert, der die Querschnittsform berücksichtigt (wirksame Bauteildicke h_0):

$$\beta_H = 150 \cdot \left[1 + \left(1{,}2 \cdot \frac{RH}{RH_0} \right)^{18} \right] \cdot \frac{h_0}{h_e} + 250 \cdot \alpha_3 \leq 1500 \cdot \alpha_3 \tag{7.52}$$

- Einfluss der Zementart
  Der Einfluss der Zementart auf das Kriechverhalten des Betons wird durch eine Modifikation des Betonalters t_0 berücksichtigt:

$$t_0 = t_{0,T} \cdot \left[\frac{9}{2 + (t_{0,T}/t_{1,T})^{1{,}2}} + 1 \right]^{\alpha} \geq 0{,}5 \text{ Tage} \tag{7.53}$$

- Faktoren zur Berücksichtigung der Betonfestigkeit

$$\alpha_1 = \left[\frac{3{,}5 \cdot f_{cm0}}{f_{cm}} \right]^{0{,}7} \quad \alpha_2 = \left[\frac{3{,}5 \cdot f_{cm0}}{f_{cm}} \right]^{0{,}2} \quad \alpha_3 = \left[\frac{3{,}5 \cdot f_{cm0}}{f_{cm}} \right]^{0{,}5} \tag{7.54}$$

Hierbei sind:

t	Belastungsalter zum betrachteten Zeitpunkt
t_0	Betonalter bei Belastungsbeginn in Tagen
$t_{0,T}$	wirksames Betonalter unter Berücksichtigung des Temperatureinflusses in Tagen; für $T = 20$ °C gilt $t_{0,T} = t_0$
$t_{1,T}$	1 Tag
RH	relative Luftfeuchte der Umgebung in %
RH_0	100 %
h_0	$= 2A_c / u =$ wirksame Bauteildicke in mm.
h_e	$= 100$ mm
f_{cm}	mittlere zylindrische Druckfestigkeit des Betons
f_{cm0}	10 N/mm²
α	Beiwert zur Berücksichtigung des Einflusses der Zementart; $\alpha = -1$ für SL-Zemente; $\alpha = 0$ für N-, R-Zemente; $\alpha = 1$ für RS-Zemente

Schwinden

Die gesamte Schwinddehnung setzt sich aus den einzelnen Anteilen Kapillar-, Karbonatisierungs-, Trocknungsschwinden sowie Schrumpfen zusammen. Die ersten beiden Anteile sind meistens sehr klein und können daher vernachlässigt werden. Die gesamte Schwindverformung eines Bauteils ergibt sich somit durch Addition der Schrumpfdehnung ε_{cas} und der Trocknungsdehnung ε_{cds}.

$$\varepsilon_{cs}(t,t_s) = \varepsilon_{cas}(t) + \varepsilon_{cds}(t,t_s) = \varepsilon_{cas0}(f_{cm}) \cdot \beta_{as}(t) + \varepsilon_{cds0}(f_{cm}) \cdot \beta_{RH} \cdot \beta_{ds}(t-t_s) \quad (7.55)$$

$$\varepsilon_{cas0}(f_{cm}) = -\alpha_{as} \cdot \left(\frac{f_{cm}/f_{cm0}}{6 + f_{cm}/f_{cm0}}\right)^{2,5} \cdot 10^{-6} \quad (7.56)$$

$$\beta_{as}(t) = 1 - e^{-0,2 \cdot (t/t_1)^{0,5}} \quad (7.57)$$

mit:

f_{cm} mittlere zylindrische Druckfestigkeit des Betons im Alter von 28 Tagen

$$\varepsilon_{cds0}(f_{cm}) = [(220 + 10 \cdot \alpha_{ds1}) \cdot e^{-\alpha_{ds2} \cdot f_{cm}/f_{cm0}}] \cdot 10^{-6} \quad (7.58)$$

$$\beta_{RH} = \begin{cases} -1,55 \cdot \left[1 - (RH/RH_0)^3\right] & \text{für } 40 \leq RH \leq 99\% \cdot \beta_{s1} \\ 0,25 & \text{für } RH \geq 99\% \cdot \beta_{s1} \end{cases} \quad (7.59)$$

$$\beta_{ds}(t-t_s) = \left(\frac{(t-t_s)/t_1}{350 \cdot (h_0/h_e)^2 + (t-t_s)/t_1}\right)^{0,5} \quad (7.60)$$

$$\beta_{s1} = \left(\frac{3,5 \cdot f_{cm0}}{f_{cm}}\right)^{0,1} \leq 1,0 \quad (7.61)$$

Tabelle 7.4 Beiwerte α_{as}, α_{ds1}, α_{ds2}

Zementtyp nach EC2	Zementart nach DIN EN 197-1	Merkmal	Festigkeitsklassen	α_{as}	α_{ds1}	α_{ds2}
SL	CEM III CEM II CEM II/B-S	langsam erhärtend	– 32,5 N 42,5 N	800	3	0,13
N, R	CEM II CEM I	normal oder schnell erhärtend	32,5 R;42,5 N; 42,5 R 32,5 N;32,5 R;42,5 N	700	4	0,12
RS	CEM I	schnell erhärtend und hochfest	42,5 R;52,5 N;52,5 R	600	6	0,12

7.5 Kriech- und Schwinddehnungen bei zeitlich veränderlichen Betonspannungen

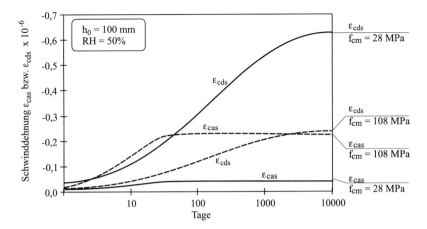

Bild 7.21 Zeitlicher Verlauf der Schrumpfdehnung ε_{cas} und der Trocknungsdehnung ε_{cds} für zwei Betonfestigkeitsklassen

Wie man aus Bild 7.21 erkennt, ist die Schrumpfdehnung bei niederfestem Beton sehr gering. Bei hochfesten Betonen sind die beiden Schwindanteile nahezu gleich groß.

7.4.4 Nichtlineares Kriechen

Die in den vorherigen Abschnitten aufgelisteten Gleichungen zur Ermittlung der Kriechzahl $\varphi(t)$ gehen von einem linearen Zusammenhang zwischen den Kriechdehnungen des Betons $\varepsilon_{c,c}(t)$ und der vorhandenen Druckspannung $\sigma_{c,perm}$ = const aus (Gl. 7.3). Diese Vereinfachung ist nur bis zu Betondruckspannungen von $\sigma_{c,perm} \leq 0{,}45 \cdot f_{ck,j}$ zulässig. Bei größeren Beanspruchungen nehmen die Kriechdehnungen überproportional mit σ_c zu. Man spricht dann von einem nichtlinearen Kriechen. Näherungsweise lässt sich dieser Effekt durch eine spannungsabhängige Erhöhung von $\varphi(t)$ berücksichtigen.

$$\varphi_{0,k} = \varphi_0 \cdot e^{1{,}5 \cdot (k_\sigma - 0{,}45)} \qquad \text{(EC2, Teil 1-3, Gl. 3.106)} \qquad (7.62)$$

mit:

$$k_\sigma = |\sigma_{c,perm}| / f_{cmj}$$

$\varphi_{0,k}$ Nichtlineare Kriechzahl
φ_0 Fließzahl nach Gl. 7.29 bzw. 7.46
$\sigma_{c,perm}$ Betondruckspannung unter der quasi-ständigen Einwirkungskombination
$f_{cm,j}$ Mittlere Betondruckfestigkeit zum Zeitpunkt j der Erstbelastung

7.5 Kriech- und Schwinddehnungen bei zeitlich veränderlichen Betonspannungen

Ein Betonbauteil ist im Allgemeinen einer mehr oder minder komplexen Lastgeschichte ausgesetzt. Es ist daher erforderlich, die zeitabhängigen Betonverformungen nicht nur für konstante Einwirkungen sondern auch für sprunghaft oder stetig veränderliche Betondruckspannungen bestimmen zu können. Hierfür wurden u.a. von Dischinger [130] und Trost [126] unterschiedliche Modelle entwickelt.

Berechnung der Kriech- und Schwinddehnungen

Die Kriechdehnungen hängen von der zu dem betrachteten Zeitpunkt vorhandenen Betonspannung ab. Bei veränderlichen Einwirkungen muss die Berechnung daher schrittweise erfolgen. Im Abschnitt 7.7.3 ist ein Näherungsverfahren angegeben, welches diesen Aufwand vermeidet.

Nachfolgend werden die Dehnungen für konstante, stufenweise und kontinuierlich veränderliche (Normalkraft-)Belastung bestimmt.

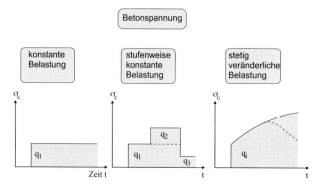

Bild 7.22 Belastungsarten

Konstante Betonspannung

Gesamtdehnung	Elastischer Anteil +	Kriechanteil +	Schwindanteil
$\varepsilon_c(t) =$	$\varepsilon_{el}(t_0) +$	$\varepsilon_{el}(t_0) \cdot \varphi(t,t_0) +$	$\varepsilon_s(t)$
$\varepsilon_c(t) =$	$\dfrac{\sigma_c(t_0)}{E_c(t_0)} +$	$\dfrac{\sigma_c(t_0)}{E_c(t_0)} \cdot \varphi(t,t_0) +$	$\varepsilon_s(t)$

Stufenweise konstante Betonspannung

Die Kriechdehnungen ergeben sich aus der Summe der einzelnen Spannungsinkremente.

Gesamtdehnung	Elastischer Anteil +	Kriechanteil +	Schwindanteil
$\varepsilon_c(t) =$	$\varepsilon_{el}(t_0) +$ $+\sum\limits_{t_i}\Delta\varepsilon_{el}(t_i) +$	$\varepsilon_{el}(t_0)\cdot\varphi(t,t_0) +$ $+\sum\limits_{t_i}\Delta\varepsilon_{el}(t_i)\cdot\varphi(t,t_i) +$	$\varepsilon_s(t)$
$\varepsilon_c(t) =$	$\dfrac{\sigma_c(t_0)}{E_c(t_0)} +$ $+\sum\limits_{t_i}\dfrac{\Delta\sigma_c(t_i)}{E_c(t_i)} +$	$\dfrac{\sigma_c(t_0)}{E_c(t_0)}\cdot\varphi(t,t_0) +$ $+\sum\limits_{t_i}\dfrac{\Delta\sigma_c(t_i)}{E_c(t_i)}\cdot\varphi(t,t_i) +$	$\varepsilon_s(t)$

7.5 Kriech- und Schwinddehnungen bei zeitlich veränderlichen Betonspannungen

Stetig veränderliche Betonspannung

Die Kriechdehnungen ergeben sich durch zeitliche Integration der Spannungsänderungen.

Gesamtdehnung	Elastischer Anteil +	Kriechanteil +	Schwindanteil
$\varepsilon_c(t) =$	$\varepsilon_{el}(t_0) +$ $+ \int_{\bar{t}_i=0}^{\bar{t}_i=t} \dfrac{\partial \varepsilon_{el}(\bar{t}_i)}{\partial \bar{t}_i} d\bar{t}_i +$	$\varepsilon_{el}(t_0) \cdot \varphi(t,t_0) +$ $+ \int_{\bar{t}_i=0}^{t} \dfrac{\partial \varepsilon_{el}(\bar{t}_i)}{\partial \bar{t}_i} \cdot \varphi(t,\bar{t}_i) \cdot d\bar{t}_i +$	$\varepsilon_s(t)$
$\varepsilon_c(t) =$	$\dfrac{\sigma_c(t_0)}{E_c(t_0)} +$ $+ \int_{\bar{t}_i=0}^{\bar{t}_i=t} \dfrac{\partial \sigma_c(\bar{t}_i)}{\partial \bar{t}_i} \cdot \dfrac{1}{E_c(\bar{t}_i)} d\bar{t}_i +$	$\dfrac{\sigma_c(t_0)}{E_c(t_0)} \cdot \varphi(t,t_0) +$ $+ \int_{\bar{t}_i=0}^{\bar{t}_i=t} \dfrac{\partial \sigma_c(\bar{t}_i)}{\partial \bar{t}_i} \cdot \dfrac{1}{E_c(\bar{t}_i)} \cdot \varphi(t,\bar{t}_i) \cdot d\bar{t}_i +$	$\varepsilon_s(t)$
$\varepsilon_c(t) =$	\multicolumn{3}{l|}{$\dfrac{\sigma_c(t_0)}{E_c(t_0)}[1+\varphi(t,t_0)] + \int_{\bar{t}_i=0}^{\bar{t}_i=t} \dfrac{\partial \sigma_c(\bar{t}_i)}{\partial \bar{t}_i} \cdot \dfrac{1}{E_c(\bar{t}_i)}[1+\varphi(t,\bar{t}_i)] \cdot d\bar{t}_i + \varepsilon_s(t)$ bzw. $\dfrac{\sigma_c(t_0)}{E_c(t_0)}[1+\varphi(t,t_0)] + \dfrac{\sigma_c(t)-\sigma_c(t_0)}{E_c(t_0)}[1+\chi\varphi(t,t_0)] + \varepsilon_s(t)$}	

Die Integration ist nur auf nummerischem Weg möglich. Um diesen Aufwand zu vermeiden, hat Trost [126] den so genannten Relaxationsfaktor χ eingeführt. Er liegt zwischen 0,6 und 1,0 und kann für baupraktische Fälle zu $\chi = 0{,}8$ angenommen werden (weitere Erläuterungen siehe Abschnitt 7.5.2).

$$\chi = \frac{\int_{\tau_i}^{t} \dfrac{\partial \sigma(\bar{t}_i)}{\partial \bar{t}_i} \cdot \varphi(t,\bar{t}_i) \cdot d\bar{t}_i}{(\sigma_t - \sigma_0) \cdot \varphi_t} = \frac{\sum_{\tau_i} \Delta\sigma(\bar{t}_i) \cdot \varphi(t,\bar{t}_i)}{(\sigma_t - \sigma_0) \cdot \varphi(t,t_0)} \tag{7.63}$$

7.5.1 Kriechansätze von Dischinger

Dischinger [129, 130] war einer der ersten, welcher mathematische Beziehungen zur Beschreibung der zeitabhängigen Betonverformungen unter konstanten und veränderlichen Einwirkungen entwickelt hat. Auf seinen Ansätzen basieren die in DIN 4227 Teil 1 enthaltenen Kriechmodelle.

Dischinger [129] geht von folgenden Annahmen bzw. Vereinfachungen aus:

- Die Kriechverformungen sind proportional zu den aktuellen Betondruckspannungen.
- Es gilt das Superpositionsgesetz. Ein Lastinkrement, welches zum Zeitpunkt $t_1 > t_0$ aufgebracht wird, ist nur mit dem verbleibenden Teil der Kriechfunktion zu berücksichtigen (Restkriechen).

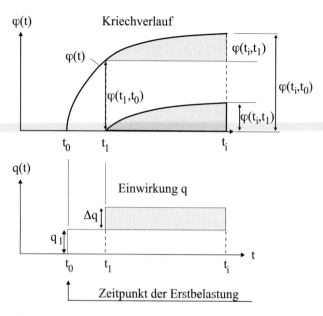

Bild 7.23 Kriechverlauf nach Dischinger [129]

Es ergibt sich folgender Ansatz für die Kriechfunktion (siehe Bild 7.23):

$$\frac{\varphi(t_i,t_1)}{E(t_1)} = \frac{1}{E(t_1)}[\varphi(t_i,t_0) - \varphi(t_1,t_0)] \tag{7.64}$$

Dem gewählten Modell widersprechen neuere Erkenntnisse, wonach bei Laständerungen die Kriechfunktion wieder von neuem beginnt (siehe Abschnitt 7.5.2). Es ergibt sich folgende Beziehung zur Ermittlung der Betondehnungen:

$$\frac{d\varepsilon_c(t)}{dt} = \frac{1}{E(t)}\frac{d\sigma(t)}{dt} + \frac{\sigma(t)}{E(t_0)} \cdot \frac{d\varphi(t)}{dt} \tag{7.65}$$

Wird der Verlauf des Schwindens affin zum Kriechen angesetzt, d.h. $\varepsilon_s(t) = \varepsilon_{s\infty} \cdot \varphi(t)/\varphi_\infty$, so ergibt sich der Ansatz von Dischinger [129], welcher auch heute noch die wesentliche Grundlage vieler Berechnungen (z. B. DIN 4227/1) darstellt:

$$\frac{d\varepsilon_{c,c+s}(t)}{dt} = \frac{1}{E(t)}\frac{d\sigma(t)}{dt} + \frac{\sigma(t)}{E_0} \cdot \frac{d\varphi(t)}{dt} + \frac{\varepsilon_{s\infty}}{\varphi_\infty} \cdot \frac{d\varphi(t)}{dt} \tag{7.66}$$

7.5.2 Ansatz nach Trost

Neuere Versuche haben ergeben, dass der Ansatz von Dischinger das Kriechverhalten von Betonen nicht richtig wiedergibt [126, 132]. Bei jeder neuen Laststufe verlaufen die Kriechdehnungen in ähnlicher Weise wie bei Erstbelastung und nicht nur mit dem verbleibenden Teil der Kriechfunktion (siehe Bilder 7.23 und 7.24).

7.5 Kriech- und Schwinddehnungen bei zeitlich veränderlichen Betonspannungen 303

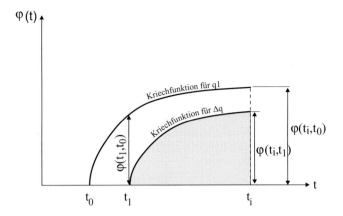

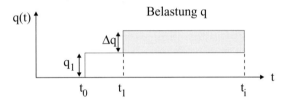

Bild 7.24 Kriechverlauf nach Trost [125]

$$\varphi(t, t_1) = k_T \cdot \varphi_N \cdot f(t - t_1) \tag{7.67}$$

mit:

k_T Erhärtungsbeiwert (berücksichtigt den Einfluss des Belastungsalters)
φ_N Normkriechzahl (berücksichtigt den Einfluss des Betons und der Umgebungsbedingung)
$f(t - t_1)$ Funktionswert

Nach Trost gilt folgender rechnerischer Zusammenhang für die Betondehnungen:

$$\varepsilon_{c,c+s}(t) = \frac{\sigma_0}{E_0} \cdot [1 + \varphi(t)] + \frac{\sigma(t) - \sigma_0}{E_0}[1 + \chi \cdot \varphi(t)] + \frac{\varepsilon_{s\infty}}{\varphi_\infty} \cdot \frac{d\varphi}{dt} \tag{7.68}$$

Die Dehnungen werden nicht auf den aktuellen Tangenten-Elastizitätsmodul $E(t)$ sondern auf einen konstanten Wert E_0 bezogen.

Hierin ist χ der Relaxations- oder Alterungsbeiwert:

$$\chi = \int_{T_0}^{\infty} \frac{\partial \sigma}{\partial \tau} \cdot \frac{k_T}{k_0} \cdot \frac{1}{\sigma(t) - \sigma_0} \cdot d\tau = \frac{\sum_{t_i} \Delta\sigma(t_i) \cdot \varphi(t, t_i)}{[\sigma(t) - \sigma_0] \cdot \varphi(t, t_0)} \tag{7.69}$$

Der Relaxationsbeiwert χ dient lediglich zur Rechenvereinfachung, um die nummerische Integration zu umgehen.

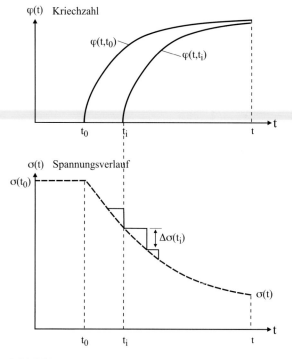

Bild 7.25 Kriech- und Spannungsverlauf

Die nummerische Integration kann für beliebige Kriechfunktionen sehr einfach durchgeführt werden [132]. Hierzu unterteilt man den zu untersuchenden Zeitraum in n gleiche Intervalle. Die Spannungsänderung $\Delta\sigma(t_i)$ im Intervall $(t_{i-1} - t_i)$ wird als äußere Einwirkung in der Mitte des Intervalls angesetzt und hierfür die Kriechfunktion $\varphi(t, t_{i-1}^*)$ bestimmt (t_{i-1}^* = Mitte des Zeitintervalls $t_{i-1} - t_i$).

Es gilt:

$$0 = \sigma(t_0) \cdot \varphi(t, t_0) + \sum_{i=1}^{n} \Delta\sigma(t_i) + \sum_{i=1}^{n} \Delta\sigma(t_i) \cdot \varphi(t, t_{i-1}^*) \tag{7.70}$$

Mit Hilfe dieser Gleichung ergibt sich die folgende Rekursionsformel [132]:

$$\frac{\Delta\sigma(t_j)}{\sigma(t_0)} = -\frac{1}{1+\varphi(t_j, t_{j-1}^*)} \cdot \left[\varphi(t_j, t_0) + \frac{1}{\sigma(t_0)} \cdot \sum_{i=1}^{j-1} \Delta\sigma(t_i) \cdot \{1 + \varphi(t_j, t_i^*)\} \right] \tag{7.71}$$

Für den ersten Zeitschritt ($j = 1$) gilt:

$$\frac{\Delta\sigma(t_1)}{\sigma(t_0)} = -\frac{1}{1+\varphi(t_1, t_0^*)} \cdot [\varphi(t_1, t_0) + 0] \tag{7.72}$$

bzw.

$$\Delta\sigma(t_1) = -\sigma(t_0) \cdot \frac{\varphi(t_1, t_0)}{1+\varphi(t_1, t_0^*)} \tag{7.73}$$

7.5 Kriech- und Schwinddehnungen bei zeitlich veränderlichen Betonspannungen

Für den zweiten Zeitschritt ($j = 2$) gilt:

$$\frac{\Delta\sigma(t_2)}{\sigma(t_0)} = -\frac{1}{1+\varphi(t_2,t_1^*)} \cdot \left[\varphi(t_2,t_0) + \frac{1}{\sigma(t_0)} \cdot \sum_{i=1}^{1} \Delta\sigma(t_1) \cdot \{1+\varphi(t_2,t_1^*)\}\right] \qquad (7.74)$$

Beispiel

Nachfolgend wird die Relaxationszahl χ mit Hilfe eines Tabellenkalkulationsprogramms bestimmt. Dem Beispiel liegen folgende Eingangsgrößen zugrunde:

$h_0 = 400$ mm; $f_{cm} = 43$ N/mm^2 ; $RH = 50$ % ; $t_0 = 7$ Tage

Die Ergebnisse sind in Bild 7.26 dargestellt.

	t/t_0	$j=1$ 7,00	$j=2$ 7,001	$j=3$ 7,01	$j=4$ 7,1	$j=5$ 8	$j=6$ 10	$j=7$ 14	$j=8$ 28	$j=9$ 56	$\Delta\sigma/\sigma_0$	σ_j/σ_0	ρ
	7										1,000	1,000	1,000
$i=1$	7,0005	0,04											
	7,001	0,05									−0,046	0,954	0,812
$i=2$	7,0055	0,08	0,08										
	7,01	0,10	0,09								−0,043	0,910	0,787
$i=3$	7,055	0,16	0,16	0,15									
	7,1	0,19	0,19	0,19							−0,077	0,833	0,799
$i=4$	7,55	0,32	0,32	0,32	0,30								
	8	0,38	0,38	0,38	0,37						−0,127	0,706	0,800
$i=5$	9	0,47	0,47	0,47	0,46	0,37							
	10	0,53	0,53	0,53	0,53	0,46					−0,083	0,623	0,780
$i=6$	12	0,62	0,62	0,62	0,62	0,57	0,44						
	14	0,69	0,69	0,69	0,68	0,64	0,54				−0,068	0,555	0,792
$i=7$	21	0,84	0,84	0,84	0,84	0,80	0,73	0,60					
	28	0,95	0,95	0,95	0,95	0,91	0,85	0,74			−0,100	0,455	0,782
$i=8$	42	1,10	1,10	1,10	1,10	1,07	1,00	0,91	0,65				
	56	1,21	1,21	1,21	1,21	1,18	1,11	1,02	0,79		−0,084	0,371	0,764
$i=9$	78	1,35	1,35	1,35	1,34	1,31	1,24	1,15	0,94	0,65			
	100	1,45	1,45	1,45	1,44	1,41	1,34	1,25	1,04	0,79	−0,060	0,310	0,760

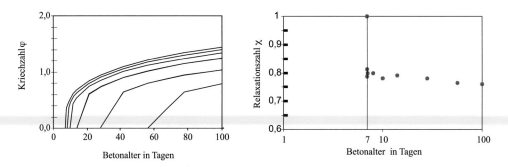

Bild 7.26 Bestimmung der Relaxationszahl χ

Wie man auch aus der obigen Berechnung erkennt, ist der Relaxationsbeiwert χ ebenso wie der Spannungsverlauf zeitabhängig.

Der Relaxationswert kann z. B. der Veröffentlichung von Trost [125] oder den CEB Bulletin 215 [118] (Bild 7.27) entnommen werden. Wie Parameterstudien ergeben haben, schwankt χ zwischen 0,6 und 1,0. Für baupraktische Fälle ($t = \infty$) kann der Relaxationsfaktor zu $\chi = \mathbf{0{,}8}$ angenommen werden.

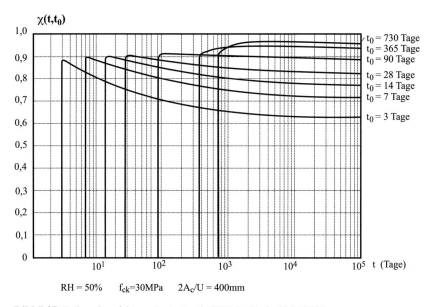

Bild 7.27 Relaxationsfaktor $\chi(t,t_0)$ (nach CEB, Bulletin 215 [118])

Näherungsweise gilt nach CEB, Bulletin 215 [118]:

$$\chi\left(3\cdot 10^4, t_0\right) = \frac{t_0^{0,5}}{1+t_0^{0,5}} \tag{7.75}$$

7.5 Kriech- und Schwinddehnungen bei zeitlich veränderlichen Betonspannungen

oder:

$$\chi(3\cdot 10^4, t_0) = \frac{t_0^{0,5}}{n + t_0^{0,5}} \qquad (7.76)$$

mit:

$$n = \frac{0,13\cdot h_0^{1/3}}{e^{10^{-4} h_0}} \cdot \left[1 + \left(1 - \frac{RH}{50}\right)\cdot(-0,772 + 2,917\cdot 10^{-4}\cdot h_0)\right]\times$$
$$\times [0,772 + 0,0114\cdot f_{ck}] \qquad (7.77)$$

Die obige Gleichung scheint in Hinblick auf die Unsicherheiten des Kriechmodells mehr für theoretische Studien als für die praktische Anwendung geeignet zu sein.

7.5.3 Kriechmodell nach EC2 Teil 1 und DIN 1045-1

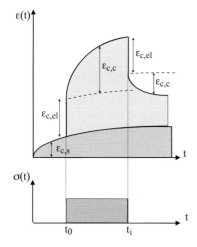

Bild 7.28 Betondehnungen

Die Kriechdehnung ergibt sich aus folgender Beziehung (siehe Abschnitt 7.5.2):

$$\varepsilon_{c,c}(t) = \frac{\sigma_0}{E_c(t_0)}\varphi(t,t_0) + \frac{\sigma(t)-\sigma_0}{E_c(t_0)}\cdot[1+\chi\cdot\varphi(t)] \quad (7.78)$$

mit: χ = Relaxationsfaktor

Für die Gesamtdehnung folgt mit der Kriechfunktion $J(t,t_0)$ (siehe Gl. 7.26) somit (EC2, Gl. 2.22, 2.23):

$$\varepsilon_{tot}(t,t_0) = \varepsilon_n(t) + \sigma(t_0)\cdot J(t,t_0)$$
$$+ \sum J(t,t_i)\cdot\Delta\sigma(t_i) \qquad (7.79)$$

$$\varepsilon_{tot}(t,t_0) = \varepsilon_n(t) + \sigma(t_0)\cdot J(t,t_0) + [\sigma(t) - \sigma(t_0)]$$
$$\times \left[\frac{1}{E_c(t_0)} + \chi\frac{\varphi(t,t_0)}{E_{c(28)}}\right] \qquad (7.80)$$

mit:

$\varepsilon_n(t)$ eine von der Lastspannung unabhängige Verformung, z. B. Schwinden, Temperatureinflüsse

$E_c(t_0)$ Elastizitätsmodul (Tangentenmodul) zum Zeitpunkt t_0 – Erstbelastung

$E_{c(28)}$ Elastizitätsmodul (Tangentenmodul) im Betonalter von 28 Tagen, falls keine genaueren Werte vorliegen gilt (nach EC2, Teil 1 A 1.1.2 (4)): $E_{c(28)} = 1{,}05\, E_{cm}$

$\varphi(t, t_0)$ Kriechzahl, bezogen auf die mit dem Elastizitätsmodul nach 28 Tagen ermittelte elastische Verformung nach 28 Tagen

χ Relaxationswert: χ hängt von der zeitlichen Entwicklung der Dehnungen ab. Für gebräuchliche Fälle kann er zu $\chi = \mathbf{0{,}8}$ angenommen werden.

7.6 Relaxation des Spannstahls

Die Relaxationsverluste des Spannstahles sind der Zulassung des Spannverfahrens zu entnehmen. Näherungswerte enthält EC2 Abschnitt 4.2.3.4. Die nachfolgenden Tabellenwerte gehen von einer Umgebungstemperatur von ca. 20 °C aus. Bei höheren Temperaturen sind die Relaxationsverluste in Abstimmung mit dem Spannstahlhersteller zu erhöhen.

Angegeben sind jeweils die Werte für 1000 Stunden (= 41 Tage + 16 Stunden). Für die Langzeitverluste ist der *3-fache Wert* anzusetzen.

Tabelle 7.5 Genäherte Beziehung zwischen Relaxationsverlusten und Zeit bis 1000 Stunden (EC2, Tab. 4.5)

Zeit in Stunden	1	5	20	100	200	500	1000
Relaxationsverluste in % des Wertes bei 1000 Stunden	15	25	35	55	65	85	100

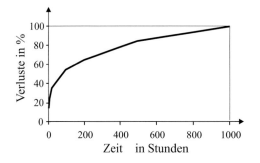

Bild 7.29 Relaxationsverluste in % über die Zeit (EC2, Teil 1, Tab. 4.5)

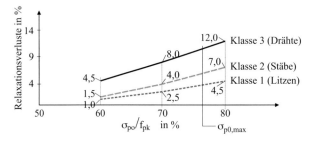

Bild 7.30 Relaxationsverluste nach 1000 Stunden bei 20 °C (EC2, Teil 1, Bild 4.8)

7.7 Berechnung der Spannkraftverluste

In den vorherigen Abschnitten wurde die Bestimmung der zeitabhängigen Betonverformungen erläutert. Im Weiteren steht die Ermittlung der hieraus resultierenden Spannkraftänderungen im Vordergrund. Eine „genaue" Bestimmung des zeitabhängigen Spannkraftverlaufes bzw. der Betondehnungen ist nur numerisch möglich. Um diesen Aufwand zu umgehen und im Hinblick auf die großen Unsicherheiten der Eingangsgrößen, wurden verschiedene Näherungsverfahren entwickelt.

7.7.1 Kriechverluste bei Vorspannung ohne Verbund

Für die Ermittlung der Spannkraftverluste infolge der zeitabhängigen Betonverformungen wird die Verträglichkeitsbedingung in der Spanngliedlage formuliert. Hierbei geht man von den bekannten Ansätzen für die Kriech- und Schwinddehnungen aus. Man nimmt an, dass der Verlauf der Schwinddehnungen affin zum Kriechen ist.

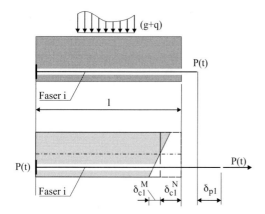

Bild 7.31 Spannkraftverlust bei einsträngiger Vorspannung

$$\varepsilon_{c,c}(t) = \frac{\sigma_c}{E_c} \cdot \varphi(t) \qquad \varepsilon_{c,s}(t) = \frac{\varepsilon_{c,s\infty}}{\varphi_\infty} \cdot \varphi(t) \tag{7.81}$$

Die Gesamtverformung des Betons unter Dauerlast setzt sich aus einem elastischen und einem Kriechanteil additiv zusammen (i = Faser):

$$\overline{\delta}_{c1,i}(t) = [1 + \varphi(t)] \cdot \delta_{c1,i} \tag{7.82}$$

Die Verformungen des Spannstahls sind rein elastisch:

$$\delta_{p1,i}(t) = \delta_{p1,i} = \frac{P(t) \cdot l}{E_p \cdot A_p} \tag{7.83}$$

Nachfolgend werden die einzelnen Verformungsanteile bestimmt.

Die elastischen Betonverformungen der Faser *i* betragen (Bild 7.31):

- infolge der Vorspannkraft $P(t) = 1$

$$\delta_{c1,i} = \int_0^l -\frac{M_{cp}^{(0)} \cdot z_p}{E_c I_{cn}} ds + \frac{P(t) \cdot l}{E_c A_{cn}} = \int_0^l \frac{P(t) \cdot z_p^2}{E_c I_{cn}} ds + \frac{P(t) \cdot l}{E_c A_{cn}} = \int_0^l \frac{z_p^2}{E_c I_{cn}} ds + \frac{l}{E_c A_{cn}} \tag{7.84}$$

Hierbei ist $M_{cp}^{(0)}$ das statisch bestimmte Vorspannmoment.

- infolge der äußeren Lasten $M_{(g+q)}$ und $N_{(g+q)}$

$$\delta_{c1,0,g+q} = \int_0^l -\frac{M_{(g+q)} \cdot z_s}{E_c I_{cn}} \cdot ds + \int_0^l \frac{N_{(g+q)}}{E_c A_{cn}} \cdot ds \tag{7.85}$$

- Betonverkürzung infolge Schwinden:

$$\delta_{c,s} = -\varepsilon_{c,s}(t) \cdot l \tag{7.86}$$

Für jeden beliebigen Zeitpunkt muss die Verträglichkeitsbedingung gelten. Die Betonverkürzungen infolge der Vorspannkraft sowie Kriechen und Schwinden müssen gleich der Änderung der Spannstahldehnung sein. Es gilt somit:.

$$\frac{d}{dt}[(\overline{\delta}_{c1,1} + \delta_{p1,1}) \cdot P(t)] + \frac{d}{dt}[\overline{\delta}_{c1,0,g+q}(t)] + \frac{d}{dt}[-\varepsilon_{c,s}(t) \cdot l] = 0 \tag{7.87}$$

mit:

$$\overline{\delta}_{c1,1}(t) = [(1 + \varphi(t))] \cdot \delta_{c1,1} \quad \text{(Betonverkürzung infolge Kriechen + Dauerlast)} \tag{7.88}$$

und

$$\varepsilon_{c,s}(t) = \varphi(t) \frac{\varepsilon_{s\infty}}{\varphi_\infty} \tag{7.89}$$

ergibt sich:

$$\frac{d}{dt}[(\{1+\varphi(t)\} \cdot \delta_{c1,1} + \delta_{p1,1}) \cdot P(t)] + \frac{d}{dt}[\{1+\varphi(t)\} \cdot \delta_{c1,0,g+p}]$$
$$+ \frac{d}{dt}\left[-\varphi(t) \cdot \frac{\varepsilon_{c,s\infty}}{\varphi_\infty} \cdot l\right] = 0 \tag{7.90}$$

Bei Vernachlässigung des Kriechanteils von $dP(t)/dt$ folgt:

$$\frac{dP}{dt}[(\delta_{c1,1} + \delta_{p1,1})] + P \cdot \delta_{c1,1} \frac{d\varphi}{dt} + \delta_{c1,0,g+p} \cdot \frac{d\varphi}{dt} - \frac{\varepsilon_{c,s\infty}}{\varphi_\infty} \frac{d\varphi}{dt} \cdot l = 0 \quad \left| \frac{dt}{d\varphi} \frac{1}{\delta_{11}} \right. \tag{7.91}$$

wobei:

$$\delta_{11} = \delta_{c1,1} + \delta_{p1,1} \qquad \delta_{c1,1} = \int_0^l \frac{z_p^2}{E_c I_{cn}} ds + \frac{l}{E_c A_{cn}}; \qquad \delta_{p1,1} = \frac{l}{E_p \cdot A_p} \tag{7.92}$$

$$\frac{dP}{d\varphi} + P \cdot \frac{\delta_{c1,1}}{\delta_{11}} + \frac{\delta_{c1,0,g+p}}{\delta_{11}} - \frac{\varepsilon_{c,s\infty}}{\varphi_\infty} \frac{l}{\delta_{11}} = 0 \tag{7.93}$$

mit:

$$-P_{g+q} = \frac{\delta_{c1,0,g+p}}{\delta_{11}}; \quad \frac{\varepsilon_{c,s\infty}}{\varphi_\infty} \cdot \frac{l}{\delta_{11}} = -\frac{\delta_{c,s\infty}}{\varphi_\infty \cdot \delta_{11}} = \frac{P_{c,s\infty}}{\varphi_\infty} \tag{7.94}$$

und

$$\alpha = \frac{\delta_{c1,1}}{\delta_{c1,1} + \delta_{p1,1}} \tag{7.95}$$

folgt:

$$\frac{dP}{d\varphi} + P \cdot \alpha - P_{g+q} - \frac{P_{c,s\infty}}{\varphi_\infty} = 0 \tag{7.96}$$

7.7 Berechnung der Spannkraftverluste

Die Lösung der Eulerschen Differentialgleichung lautet:

$$P(\varphi) = A \cdot e^{-\alpha\varphi} + \frac{P_{g+q}}{\alpha} + \frac{P_{c,s\infty}}{\alpha \cdot \varphi_\infty} \tag{7.97}$$

Mit den Anfangsbedingungen zum Zeitpunkt $t = 0$:, $\varphi = 0$ und $P(\varphi) = P_{g+q} + P_{m0}$ folgt:

$$P(\varphi) = e^{-\alpha\varphi}\left[P_{g+q}\left(\frac{\alpha-1}{\alpha}\right) + P_{mo} - \frac{P_{c,s\infty}}{\alpha \cdot \varphi_\infty}\right] + \frac{P_{g+q}}{\alpha} + \frac{P_{c,s\infty}}{\alpha \cdot \varphi_\infty} \tag{7.98}$$

Für den Spannungsabfall ergibt sich: $P_{c+s}(t) = P(\varphi) - P_{g+q} - P_{m0}$ \hfill (7.99)

$$P_{c+s}(t) = e^{-\alpha\varphi}\left[P_{(g+q)}\left(\frac{\alpha-1}{\alpha}\right) + P_{mo} - \frac{P_{c,s\infty}}{\alpha \cdot \varphi_\infty}\right] +$$

$$+ \frac{P_{(g+q)}}{\alpha} + \frac{P_{c,s\infty}}{\alpha \cdot \varphi_\infty} - P_{(g+q)} - P_{mo} = \tag{7.100}$$

$$P_{c+s}(t) = -(1-e^{-\alpha\varphi})\left[P_{mo} - P_{(g+q)}\left(\frac{1-\alpha}{\alpha}\right) - \frac{1}{\alpha \cdot \varphi_\infty}P_{c,s\infty}\right] \tag{7.101}$$

bzw.

$$P_{c+s}(t) = -(1-e^{-\alpha\varphi})\left[P_{mo} - P_{(g+q)}\left(\frac{1-\alpha}{\alpha}\right) - \frac{1}{\alpha \cdot \varphi(t)}P_{c,s}(t)\right] \tag{7.102}$$

Die obige Gleichung lässt sich nach [135] unter Ansatz des Kriechmodells aus DIN 4227/1 vereinfachen.

$$P_{c+s}(t) = (c_v - 1) \cdot P_{mo} + (c_d - 1) \cdot P_{g+q} + c_s \cdot P_{c,s}(t) \tag{7.103}$$

$$c_v = \frac{1}{1+0,4\alpha} \cdot e^{-\alpha\frac{\varphi-0,4}{1+0,4\alpha}} \tag{7.104}$$

$$c_d = \frac{1}{\alpha} - \frac{1-\alpha}{\alpha(1+0,4\alpha)} \cdot e^{-\alpha\frac{\varphi-0,4}{1+0,4\alpha}} \tag{7.105}$$

$$c_s = \frac{1}{\alpha(\varphi-0,4)} \cdot \left(1 - e^{-\alpha\frac{\varphi-0,4}{1+0,4\alpha}}\right) \tag{7.106}$$

Die Beiwerte c_v, c_d, c_s, können den folgenden Diagrammen entnommen werden. Trost [126] schlägt folgende Näherungsgleichung vor:

$$P_{c+s}(t) = -P_{mo}\frac{\alpha \cdot \varphi(t)}{1+0,8\alpha \cdot \varphi(t)} + \frac{1-\alpha}{\alpha}\frac{\alpha \cdot \varphi(t)}{1+0,8\alpha \cdot \varphi(t)}P_{(g+q)}$$

$$+ \frac{1}{1+0,8\alpha \cdot \varphi(t)}P_{c,s}(t) \tag{7.107}$$

312 7 Zeitabhängige Spannkraftverluste – Kriechen, Schwinden, Relaxation

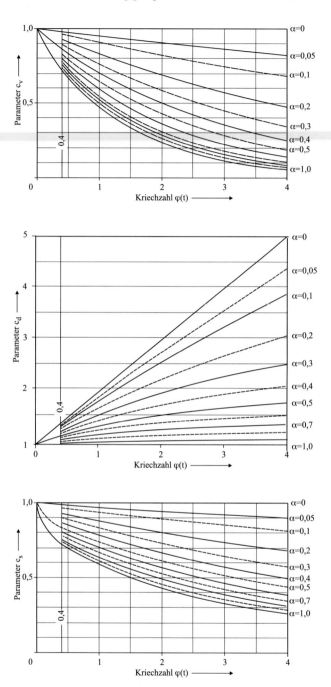

Bild 7.32 Parameter c_v, c_d, c_s

7.7.2 Kriechverluste bei Vorspannung mit Verbund

Die gesuchten Beziehungen für die Spannkraftverluste bei Vorspannung mit Verbund ergeben sich aus denen ohne Verbund, wenn man die globale Verträglichkeitsbedingung durch eine lokale ersetzt. Hierzu werden die Verformungen δ durch die Dehnungen ε und die Spannkräfte $P(t)$ durch Spannungen $\sigma_p(t)$ ersetzt. Berücksichtigt man weiterhin, dass

$$\sigma_{p,s} = \varepsilon_s \cdot E_p (1-\alpha) \tag{7.108}$$

so folgt aus Gleichung 7.102 bzw. 7.103:

$$\sigma_{p,c+s}(t) = -(1-e^{-\alpha\varphi(t)})\left[\sigma_{pmo} - \sigma_{p,(g+q)}\left(\frac{1-\alpha}{\alpha}\right) - \frac{1}{\alpha\varphi(t)}\sigma_{p,s}\right] \tag{7.109}$$

$$\sigma_{p,c+s}(t) = (c_v - 1)\cdot\sigma_{pmo} + (c_d - 1)\cdot\sigma_{p,(g+q)} + c_s \cdot \varepsilon_s \cdot E_p \cdot (1-\alpha) \tag{7.110}$$

bzw. die Gesamtstahlspannung zum Zeitpunkt t:

$$\sigma_p(t) = c_v \cdot \sigma_{pmo} + c_d \cdot \sigma_{p,(g+q)} + c_s \cdot \varepsilon_s \cdot E_p \cdot (1-\alpha) \tag{7.111}$$

(Beachte Vorzeichenregel: Druckspannungen – negativ, Schwindmaß – negativ)

7.7.3 Näherungsverfahren der mittleren kriecherzeugenden Spannung

Dieses Näherungsverfahren [121] setzt einen nahezu linearen Verlauf der Betondruckspannungen über die Zeit voraus. Diese Vereinfachung trifft nur zu, falls der Spannungsabfall im Beton infolge der zeitabhängigen Betonverformungen maximal 30 % beträgt, was jedoch in der Baupraxis meistens der Fall ist.

Unter diesen Voraussetzungen ist die Berechnung mit einer zeitlich konstanten mittleren kriecherzeugenden Spannung im Beton $\sigma_{cp,pm}$ möglich (Bild 7.33).

$$\sigma_{cp,pm} = \sigma_{cp,p0} + 0,5\Delta\sigma_{cp,c+s} \tag{7.112}$$

Hierin ist der Abfall der Betondruckspannung $\Delta\sigma_{cp,c+s}$ in Höhe des Spanngliedes infolge der zeitabhängigen Verformungen zunächst unbekannt.

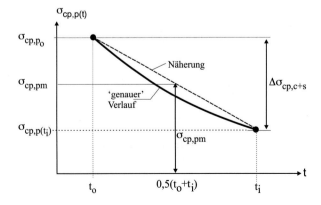

Bild 7.33 Betonspannungen σ_{cp} über die Zeit

7 Zeitabhängige Spannkraftverluste – Kriechen, Schwinden, Relaxation

Mit der konstanten Betonspannung ergibt sich die Kriechdehnung zu:

$$\varepsilon_{cp,c+s} = \varphi \cdot \varepsilon_{cp(el),pm} = \varphi \cdot \frac{\sigma_{cp,pm}}{E_c} = \frac{\varphi}{E_c}[\sigma_{cp,p0} + 0{,}5\Delta\sigma_{cp,c+s}] \qquad (7.113)$$

Aus der Verträglichkeitsbedingung (Änderung der Spannstahldehnung = Änderung der Betondehnung) $\varepsilon_{p,c+s} = \varepsilon_{cp,c+s}$ folgt:

$$\varepsilon_{cp,c+s} = \varepsilon_{cp,\text{Schwinden}} + \varepsilon_{cp,\text{Kriechen}} + \Delta\varepsilon_{cp(el),c+s}$$

$$= \varepsilon_{cp,s} + \varphi \frac{\sigma_{cp,p0} + 0{,}5\Delta\sigma_{cp,c+s}}{E_c} + \frac{\Delta\sigma_{cp,c+s}}{E_c} \qquad (7.114)$$

Bedeutung der Indizes: $\varepsilon_{cp,c+s}$ ist die Betondehnung (Index c) in Höhe der Spanngliedachse (Index p) infolge Kriechen und Schwinden (Index c+s)

Der Spannstahl verhält sich vollkommen elastisch. Demnach gilt für die Spannungsänderung:

$$\Delta\sigma_{p,c+s} = \varepsilon_{p,c+s} \cdot E_p \qquad (7.115)$$

Hiermit folgt:

$$\Delta\sigma_{p,c+s} = \varepsilon_{c,\text{Schwinden}} \cdot E_p + \alpha_e \cdot \varphi \cdot [\sigma_{cp,p0} + 0{,}5\Delta\sigma_{cp,c+s}] + \alpha_e \Delta\sigma_{cp,c+s} \qquad (7.116)$$

In der obigen Gleichung sind noch die zwei Größen $\Delta\sigma_{p,c+s}$ und $\Delta\sigma_{cp,c+s}$ unbekannt. Die erforderliche zweite Beziehung zur Bestimmung der Spannkraftverluste folgt aus der Annahme, dass die Spannungsänderungen im Spannstahl proportional zu den Spannungsänderungen im Beton sind:

$$\frac{\sigma_{p,p0}}{\Delta\sigma_{p,c+s}} = \frac{\sigma_{cp,p0}}{\Delta\sigma_{cp,c+s}} \leftrightarrow \Delta\sigma_{cp,c+s} = \frac{\sigma_{cp,p0}}{\sigma_{p,p0}} \Delta\sigma_{p,c+s} \qquad (7.117)$$

$$\Delta\sigma_{p,c+s} = \varepsilon_{c,s} \cdot E_p + \alpha_e \cdot \varphi \cdot \left[\sigma_{cp,p0} + 0{,}5 \cdot \frac{\sigma_{cp,p0}}{\sigma_{p,p0}} \Delta\sigma_{p,c+s}\right] + \alpha_e \cdot \frac{\sigma_{cp,p0}}{\sigma_{p,p0}} \Delta\sigma_{p,c+s} \qquad (7.118)$$

$$\Delta\sigma_{p,c+s} \cdot \left[1 - \alpha_e \frac{\sigma_{c,p0}}{\sigma_{p,p0}}(1 + 0{,}5\varphi)\right] = \varepsilon_{c,s} \cdot E_p + \alpha_e \cdot \varphi \cdot \sigma_{cp,p0} \qquad (7.119)$$

$$\Delta\sigma_{p,c+s} = \frac{\varepsilon_{c,s} \cdot E_p + \alpha_e \varphi \cdot \sigma_{cp,p0}}{1 - \alpha_e \dfrac{\sigma_{cp,p0}}{\sigma_{p,p0}}(1 + 0{,}5\varphi)} = \frac{\varepsilon_{c,s} \cdot E_p + \alpha_e \varphi \cdot \sigma_{cp,p0}}{1 - \alpha_e \dfrac{\sigma_{cp,p0}}{\sigma_{p,p0}}(1 + \chi\varphi)} \qquad (7.120)$$

mit:

$\sigma_{cp,p0}$ Spannung im Beton in Höhe des Spanngliedes infolge der Vorspannung und Dauerlast zum Zeitpunkt t_0

χ Relaxationszahl ($\neq 0{,}5$ da Kriechen nichtlinear)

7.7 Berechnung der Spannkraftverluste

Befindet sich der Querschnitt im Zustand *I* so gilt für ein statisch bestimmtes Tragsystem:

$$\frac{\sigma_{cp,p0}}{\sigma_{p,p0}} = \frac{\dfrac{P_0}{A_{ci}} + \dfrac{P_0 \cdot z_{cp}}{I_{ci}} \cdot z_{cp}}{\dfrac{P_0}{A_p}} = \frac{A_p}{A_{ci}} \cdot \left(1 + \frac{A_{ci}}{I_{ci}} \cdot z_{cp}^2\right) \qquad (7.121)$$

Hiermit ergibt sich die gesuchte Beziehung zur Bestimmung der Spannkraftverluste (DIN 1045-1, Gl. 51; mit $\chi \approx 0{,}8$):

$$\Delta\sigma_{p,c+s+r} = \frac{\varepsilon_s(t,t_0) E_p + \alpha_p \cdot \varphi(t,t_0) \cdot (\sigma_{cg} + \sigma_{cp0}) + \Delta\sigma_{pr}}{1 + \alpha_p \dfrac{A_p}{A_{ci}} \left[1 + \dfrac{A_{ci}}{I_{ci}} \cdot z_{cp}^2\right](1 + 0{,}8\varphi(t,t_0))} \qquad (7.122)$$

mit:

$\Delta\sigma_{p,c+s+r}$ Spannungsänderung in den Spanngliedern aus Kriechen, Schwinden und Relaxation an der Stelle *x* zum Zeitpunkt *t* (*negativ* bei *Spannkraftabnahme*)
$\varepsilon_s(t,t_0)$ Schwindmaß (*negativ*)
α_p E_p / E_{cm}
E_s Elastizitätsmodul des Spannstahls
E_{cm} Elastizitätsmodul des Betons (Tangentenmodul)
$\Delta\sigma_{pr}$ Spannungsänderung in den Spanngliedern an der Stelle *x* infolge Relaxation (*negativ*)
$\varphi(t,t_0)$ Kriechzahl
σ_{cg} Betonspannung in Höhe des Spanngliedes unter quasi-ständiger Einwirkungskombination (*negativ* bei *Druck*spannungen)
σ_{cp0} Anfangswert der Betonspannung in Höhe des Spanngliedes infolge Vorspannung (*negativ* bei *Druck*spannungen)
z_{cp} Abstand zwischen dem Schwerpunkt des Betonquerschnittes und des Spanngliedes

Beispiel: Spannkraftabnahme infolge Kriechen, Schwinden, Relaxation

Für eine statisch bestimmt gelagerte Hohlkastenbrücke mit einer effektiven Stützweite von $l_{eff} = 45$ m sollen die Spannkraftverluste infolge der zeitabhängigen Betonverformungen bestimmt werden. Der Träger weist Vorspannung mit Verbund auf. Die Berechnung der Kriech- und Schwindwerte erfolgt nach DIN 1045-1.

Das Kriechen des Querschnitts beginnt mit dem Aufbringen der Vorspannung. Es wird angenommen, dass die Spannarbeiten 3 Tage nach dem Betonieren erfolgen.

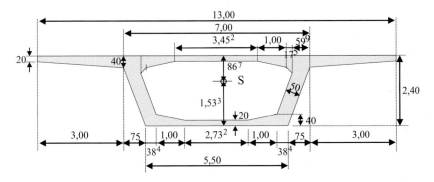

Querschnittswerte: $A_{c,Brutto} = 7$ m², $I_{c,Brutto} = 5{,}4$ m⁴, $z_s = 0{,}87$ m (von oben)
Beton C35/45

Vorspannung: 20 Spannglieder à 15 Litzen $A_p = 4200$ cm², $z_p = 1{,}10$ m, parabolisch
$\sigma_{pmo} = 1275$ N/mm²

Einwirkungen: Dauerlast $(g+q)_d = 175$ kN/m
Vorspannung

Querschnittswerte	$A_c = 6{,}97$ m²	$I_c = 5{,}40$ m⁴
Schwerachsenabstand	von oben $z_o = 0{,}867$ m von unten $z_u = 1{,}533$ m	
Äußerer + 0,5-facher innerer Umfang	$u = 35$ m	
wirksame Bauteildicke	$h_0 = 2 \cdot A_c / u = 2 \cdot 6{,}97 / 35 \cdot 1000 = 398$ mm	
mittlere Betondruckfestigkeit	$f_{cm} = f_{ck} + 8 = 35 + 8 = 43$ MPa	
Elastizitätsmodul des Betons $E_{c(28)} = 1{,}05\, E_{cm}$	$E_{c(28)} = 1{,}05 \cdot E_{cm} = 9{,}5 \cdot (f_{ck}+8)^{1/3} =$ $= 1{,}05 \cdot 9{,}5 \cdot (35+8)^{1/3} = 34946$ MPa	
Vorspannkraft P_{m0}	$P_{m0} = \sigma_{pm0} \cdot A_p = 1275 \cdot 42 = 53550$ kN	
Elastizitätsmodul des Spannstahls	$E_p = 195000$ MPa	
Luftfeuchtigkeit	$RH = 80\%$	
Betonalter bei Belastungsbeginn (Vorspannung)	$t_0 = 3$ Tage	
Relaxationsbeiwert	$\chi = 0{,}8$	

Kriechwerte

Faktoren: $\alpha_1 = \left[\dfrac{3{,}5 \cdot f_{cm0}}{f_{cm}}\right]^{0{,}7} = \qquad = \left[\dfrac{3{,}5 \cdot 10}{43}\right]^{0{,}7} = 0{,}87$

$\alpha_2 = \left[\dfrac{3{,}5 \cdot f_{cm0}}{f_{cm}}\right]^{0{,}2} = \qquad = \left[\dfrac{3{,}5 \cdot 10}{43}\right]^{0{,}2} = 0{,}96$

$\alpha_3 = \left[\dfrac{3{,}5 \cdot f_{cm0}}{f_{cm}}\right]^{0{,}5} = \qquad = \left[\dfrac{3{,}5 \cdot 10}{43}\right]^{0{,}5} = 0{,}90$

$\varphi_{RH} = \left[1 + \dfrac{1 - RH/100}{\sqrt[3]{0{,}1 \cdot h_0 / 100}} \cdot \alpha_1\right] \cdot \alpha_2 = \qquad \varphi_{RH} = \left[1 + \dfrac{1 - 80/100}{\sqrt[3]{0{,}1 \cdot 398/100}} \cdot 0{,}87\right] \cdot 0{,}96 = 1{,}19$

$\beta(f_{cm}) = \dfrac{5{,}3}{\sqrt{f_{cm}/f_{cm0}}} = \qquad \beta(f_{cm}) = \dfrac{5{,}3}{\sqrt{43/10}} = 2{,}56$

$\beta(t_0) = \dfrac{1}{0{,}1 + t_0^{0{,}20}} = \qquad \beta(t_0) = \dfrac{1}{0{,}1 + 3^{0{,}20}} = 0{,}74$

7.7 Berechnung der Spannkraftverluste

$\beta_H = 1500[1 + (1{,}2 RH/RH_0)^{18}] \cdot h_0/h_e$
$+ 250 \cdot \alpha_3 \leq 1500 \cdot \alpha_3$

$\varphi_0 = \varphi_{RH} \cdot \beta(f_{cm}) \cdot \beta(t_0) = \varphi_\infty =$

$\beta_H = 1500 \cdot [1 + (1{,}2 \cdot 80/100)^{18}] \cdot 398/100$ $+ 250 \cdot 0{,}9 = 1110 \leq 1500 \cdot 0{,}9 = 1350$	

$\varphi_0 = 1{,}19 \cdot 2{,}56 \cdot 0{,}74 = 2{,}25$

Schwindwerte

Parameter

$\varepsilon_{cds0}(f_{cm}) = [(220 + 110 \cdot \alpha_{ds1}) \cdot e^{-\alpha_{ds2} \cdot f_{cm}/f_{cm0}}] \cdot 10^{-6} =$

$\beta_{RH} = -1{,}55 \cdot (1 - [RH/RH_0]^3) =$

$\beta_{ds}(t - t_s) = \left(\dfrac{(t - t_s)/t_1}{350 \cdot [h_0/h_e]^2 + (t - t_s)/t_1} \right) =$

$\varepsilon_{cds\infty} = \varepsilon_{cds0}(f_{cm}) \cdot \beta_{RH} \cdot \beta_{ds}(t - t_s) =$

$\varepsilon_{cas0}(f_{cm}) = -\alpha_{as} \cdot \left[\dfrac{f_{cm}/f_{cm0}}{6 + f_{cm}/f_{cm0}} \right]^{2{,}5} \cdot 10^{-6} =$

$\beta_{as}(t) = 1 - e^{-0{,}2 \cdot (t/t_1)^{0{,}5}} =$

$\varepsilon_{cas\infty} = \varepsilon_{cas\infty}(f_{cm}) \cdot \beta_{as}(t) =$

Gesamtschwinddehnung
$\varepsilon_{cas\infty} = \varepsilon_{cas\infty}(t) + \varepsilon_{cds\infty}(t, t_s) =$

	$\alpha_{as} = 700 \,;\, \alpha_{ds1} = 4 \,;\, \alpha_{ds2} = 0{,}12$
	$\varepsilon_{cds0}(f_{cm}) = [(220 + 110 \cdot 4) \cdot e^{-0{,}12 \cdot 43/10}] \cdot 10^{-6}$ $= 394 \cdot 10^{-6}$
	$= -1{,}55 \cdot (1 - [80/100]^3) = -0{,}756$
	$= 1{,}0$
	$= 394 \cdot 10^{-6} \cdot (-0{,}756) \cdot 1{,}0 = -298 \cdot 10^{-6}$
	$\varepsilon_{cas0}(f_{cm}) = -700 \cdot \left[\dfrac{43/10}{6 + 43/10} \right]^{2{,}5} \cdot 10^{-6} = -78{,}8$
	$= 1{,}0$
	$= -78{,}8 \cdot 10^{-6} \cdot 1 = -78{,}8 \cdot 10^{-6}$
	$= (-298 - 78{,}8) \cdot 10^{-6} = -377 \cdot 10^{-6}$

Relaxation: (Spannkraftverluste infolge Reibung werden vernachlässigt)
Litze, EC2, Bild 4.8

$\sigma_{p0}/f_{pk} \approx 1275/1770 = 0{,}72$

$\Delta\sigma_{pr,\infty} = 3 \cdot 2{,}6 \cdot 1275/100 = 100$ MPa

	¼ Punkt:	Feldmitte
Vorspannkraft P_{m0}	$P_{m0} = \sigma_{pm0} \cdot A_p = 1275 \cdot 42$ $= 53550$ kN	$P_{m0} = \sigma_{pm0} \cdot A_p = 1275 \cdot 42$ $= 53550$ kN
Spanngliedlage z_p ($f = 1{,}10$ m)	$= 0{,}825$ m	$= 1{,}10$ m
Vorspannkraft P mit $\mu = 0{,}2$, $k = 0{,}005$	$= 0{,}979 \, P_{m0} = 52436$ kN	$= 0{,}959 \, P_{m0} = 51345$ kN
Vorspannmoment $M_{pm0} = P_{m0} \cdot z_p =$	$52436 \cdot 0{,}825 = 43259$ kNm	$51345 \cdot 1{,}1 = 56479$ kNm
Biegemoment infolge g_d: $M_g =$	33223 kNm	44297 kNm

	¼ Punkt:	Feldmitte
Betonspannungen $$\sigma_c^{oben} = \left(\frac{-M_g + M_p}{I_c} \cdot z_o - \frac{P_{m0}}{A_c}\right)$$	$$= \left(\frac{-33,2+43,3}{5,4} \cdot 0,867 - \frac{52,4}{6,973}\right)$$ $$= -5,9 \text{ MPa}$$	$$= \left(\frac{-44,3+56,5}{5,4} \cdot 0,867 - \frac{51,4}{6,973}\right)$$ $$= -5,4 \text{ MPa}$$
$$\sigma_{cp} = \left(\frac{M_g - M_p}{I_c} \cdot z_p - \frac{P_{m0}}{A_c}\right)$$	$$= \left(\frac{33,2-43,3}{5,4} \cdot 0,825 - \frac{52,4}{6,973}\right)$$ $$= -9,1 \text{ MPa}$$	$$= \left(\frac{44,3-56,5}{5,4} \cdot 1,10 - \frac{51,4}{6,973}\right)$$ $$= -9,8 \text{ MPa}$$
$$\sigma_c^{unten} = \left(\frac{M_g - M_p}{I_c} \cdot z_u - \frac{P_{m0}}{A_c}\right)$$	$$= \left(\frac{33,2-43,3}{5,4} \cdot 1,533 - \frac{52,4}{6,973}\right)$$ $$= -10,4 \text{ MPa}$$	$$= \left(\frac{44,3-56,5}{5,4} \cdot 1,533 - \frac{51,4}{6,973}\right)$$ $$= -10,8 \text{ MPa}$$
Spannkraftverluste: $$\Delta\sigma_{p,c+s+r} = \frac{\varepsilon_s(t,t_0)E_s + \alpha_e \cdot \varphi(t,t_0) \cdot (\sigma_{cg} + \sigma_{cp0}) + \Delta\sigma_{pr}}{1 + \alpha_e \frac{A_p}{A_{ci}}\left[1 + \frac{A_{ci}}{I_{ci}} \cdot z_{cp}^2\right](1 + 0,8\varphi(t,t_0))}$$		
Nenner $$1 + \alpha_e \frac{A_p}{A_{ci}}\left[1 + \frac{A_{ci}}{I_{ci}} \cdot z_{cp}^2\right]$$ $(1 + 0,8\varphi(t,t_0)) =$	$$1 + \frac{195}{35} \cdot \frac{420 \cdot 10^{-4}}{6,973}\left[1 + \frac{6,973}{5,4} \cdot 0,825^2\right]$$ $(1 + 0,8 \cdot 2,25) = 1,18$	$$1 + \frac{195}{35} \cdot \frac{420 \cdot 10^{-4}}{6,973}\left[1 + \frac{6,973}{5,4} \cdot 1,1^2\right]$$ $(1 + 0,8 \cdot 2,25) = 1,24$
Zähler (ohne S+R): $\Delta\sigma_{p,c+s+r} = \alpha_e \cdot \varphi(t,t_0) \times$ $\times (\sigma_{cg} + \sigma_{cp0}) =$	$$= \frac{195}{35} \cdot 2,25 \cdot (-9,1) = -114$$	$$= \frac{195}{35} \cdot 2,25 \cdot (-9,8) = -123$$
$\Delta\sigma_{p,c} =$	–96 MPa	–99 MPa
$\Delta\sigma_{p,c}$ für $\chi = 0,6/0,7/0,8/0,9$	–98/–97/–96/–95	–103/–101/–99/–98
Betonspannungen		
oben	$= -5,9$ MPa	$= -5,6$ MPa
Spannglied	$= -7,9$ MPa	$= -8,1$ MPa
unten	$= -8,8$ MPa	$= -8,6$ MPa
Mit Schwinden und Relaxation Zähler: $\varepsilon_s(t,t_0)E_s +$ $+\alpha_e \cdot \varphi(t,t_0) \cdot (\sigma_{cg} + \sigma_{cp0}) +$ $+\Delta\sigma_{pr} =$	$-74 - 114 - 100 = -288$	$-74 - 123 - 100 = -297$
$\Delta\sigma_{p,c+s+r} =$	**–243 MPa (20%)**	**–240 MPa (20%)**

7.7 Berechnung der Spannkraftverluste

Bei dem obigen Beispiel ist der Spannkraftverlust infolge Kriechen $\Delta\sigma_{p,c}$ fast genauso groß wie infolge Relaxation $\Delta\sigma_{p,r}$. Weiterhin ist erkennbar, dass die Änderungen der Relaxationszahl χ sich nur wenig auf die Spannkraftverluste auswirken.

7.7.4 Superposition der Spannkraftverluste

Unter der Voraussetzung, dass das Superpositionsgesetz gilt, können die Einflüsse verschiedener Lasten getrennt berechnet und anschließend überlagert werden. Dies wird im Folgenden am Beispiel eines vorgespannten Dachbinders gezeigt.

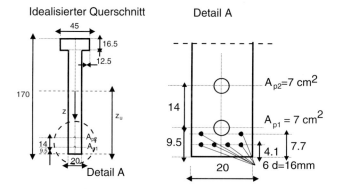

$$h_0 = 2A_c / u = 2 \cdot (16,5 \cdot 45 + 20 \cdot 153,5) / [2 \cdot (45 + 170)] = 177 \text{ mm}$$

Es wird angenommen, dass die Vorspannung und das Eigengewicht bei einem Betonalter von $t_0 = 7$ Tage und die Ausbaulast g_2 zum Zeitpunkt $t_1 = 28$ Tagen aufgebracht wird. Schwind- und Relaxationseinflüsse werden zur Vereinfachung nicht berücksichtigt. Die Spannkraftverluste werden für $t_2 \to \infty$ bestimmt. Die Berechnung der Spannkraftänderungen erfolgt nach DIN 1045-1, Gl. 51.

$$\Delta\sigma_{p,c+s+r} = \frac{\alpha_p \cdot \varphi(t,t_0) \cdot (\sigma_{cg} + \sigma_{cp0})}{1 + \alpha_p \dfrac{A_p}{A_c}\left[1 + \dfrac{A_c}{I_c} \cdot z_{cp}^2\right](1 + 0{,}8\varphi(t,t_0))}$$

$$= \frac{\alpha_p \cdot \varphi(t,t_0) \cdot (\sigma_{cg} + \sigma_{cp0})}{1 + 5{,}97 \dfrac{14 \cdot 10^{-4}}{0{,}406}\left[1 + \dfrac{0{,}406}{0{,}122} \cdot 0{,}762^2\right](1 + 0{,}8 \cdot \varphi)}$$

Die Kriechwerte ergeben sich für ein Innenbauteil aus Beton C35/45 zu:

$\varphi_{t0,\infty} = 3{,}15$; $\varphi_{t0,t1} = 1{,}22$; $\varphi_{t0,\infty} = 2{,}36$

Es werden folgende Spannungen in Höhe des Spanngliedes angesetzt:

$\sigma_{c,g1} = 9{,}46 \text{ N/mm}^2$
$\sigma_{c,g2} = 6{,}09 \text{ N/mm}^2 \quad \to \sigma_{c,g} = \sigma_{c,g1} + \sigma_{c,g2} = 15{,}55 \text{ N/mm}^2$
$\sigma_{c,po} = -15{,}57 \text{ N/mm}^2$

Der zeitliche Verlauf der Spannstahlspannung wird durch den Relaxationsfaktor χ berücksichtigt. Für die Berechnung der Betonspannungen infolge Vorspannung wird daher vereinfachend eine konstante Spannkraft angesetzt. Der Spannkraftabfall wird jeweils getrennt für die Einwirkungen p, g_1 und g_2 bestimmt.

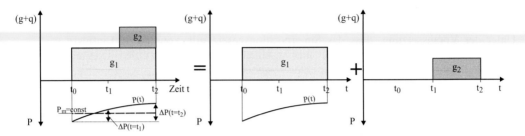

Fall 0: Gesamtbelastung über den Gesamtzeitraum ab $t = t_0$ (zum Vergleich)

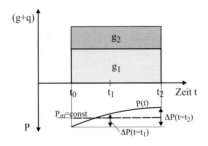

Zeitraum	σ_c	φ	$\Delta\sigma_{p,c}$	
$t_0 - t_2$	$\sigma_{cp0} = -15{,}57$ N/mm²	$\varphi(t_0,t_2) = 3{,}15$	$-241{,}60$	N/mm²
$t_0 - t_2$	$\sigma_{cg} = 15{,}55$ N/mm²	$\varphi(t_0,t_2) = 3{,}15$	$241{,}27$	N/mm²
		$\Delta\sigma_{p,c} =$	$-0{,}33$	N/mm²

Fall 1: g_1 und P über den gesamten Zeitraum; g_2 von t_1 bis t_2

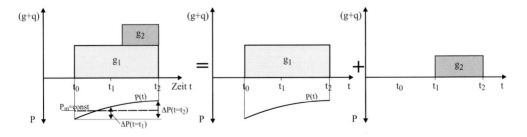

7.7 Berechnung der Spannkraftverluste

Zeitraum	σ_c	φ	$\Delta\sigma_{p,c}$	
$t_0 - t_2$	$\sigma_{cp0} = -15{,}57$ N/mm²	$\varphi(t_0, t_2) = 3{,}15$	$-241{,}60$	N/mm²
$t_0 - t_2$	$\sigma_{cg1} = 9{,}46$ N/mm²	$\varphi(t_0, t_2) = 3{,}15$	$146{,}72$	N/mm²
$t_1 - t_2$	$\sigma_{cg2} = 6{,}09$ N/mm²	$\varphi(t_1, t_2) = 2{,}36$	$72{,}22$	N/mm²
		$\Delta\sigma_{p,c} =$	**−22,67**	N/mm²

Fall 2: g_1 und P von t_0 bis t_1 ; $(g_1 + g_2 + P)$ von t_1 bis t_2

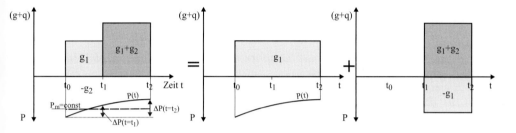

Zeitraum	σ_c	φ	$\Delta\sigma_{p,c}$	
$t_0 - t_2$	$\sigma_{cp0} = -15{,}57$ N/mm²	$\varphi(t_0, t_2) = 3{,}15$	$-241{,}60$	N/mm²
$t_0 - t_2$	$\sigma_{cg1} = 9{,}46$ N/mm²	$\varphi(t_0, t_2) = 3{,}15$	$146{,}72$	N/mm²
$t_1 - t_2$	$-\sigma_{cg1} = -9{,}46$ N/mm²	$\varphi(t_1, t_2) = 2{,}36$	$-112{,}05$	
$t_1 - t_2$	$\sigma_{cg} = 15{,}55$ N/mm²	$\varphi(t_1, t_2) = 2{,}36$	$184{,}27$	N/mm²
		$\Delta\sigma_{p,c} =$	**−22,67**	N/mm²

Fall 3: $(g_1 + g_2 + P)$ über gesamten Zeitraum abzüglich g_2 von t_0 bis t_1

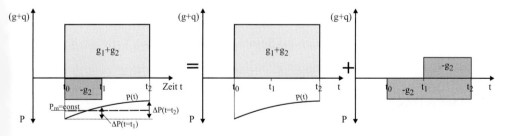

Zeitraum	σ_c	φ	$\Delta\sigma_{p,c}$	
$t_0 - t_2$	$\sigma_{cp0} = -15{,}57$ N/mm²	$\varphi(t_0, t_2) = 3{,}15$	$-241{,}60$	N/mm²
$t_0 - t_2$	$\sigma_{cg} = 15{,}55$ N/mm²	$\varphi(t_0, t_2) = 3{,}15$	$241{,}27$	N/mm²
$t_0 - t_2$	$-\sigma_{cg2} = 6{,}09$ N/mm²	$\varphi(t_0, t_2) = 3{,}15$	$-94{,}56$	N/mm²
$t_1 - t_2$	$\sigma_{cg2} = 6{,}09$ N/mm²	$\varphi(t_1, t_2) = 2{,}36$	$72{,}22$	N/mm²
		$\Delta\sigma_{p,c} =$	**−22,67**	N/mm²

Erwartungsgemäß ergeben sich bei allen 3 Lastkollektiven die gleichen Spannkraftverluste.

Die Superposition der verschiedenen Kriecheinflüsse kann auch bei plötzlichen Zwängungen, z. B. infolge Stützensenkung angewandt werden. Bei langsamer Belastungsänderung (z. B. Spannkraftabfall infolge s + c) erfolgt die Berechnung mit einer mittleren kriecherzeugenden Spannung (Mittelwert zwischen Anfangs- und Endwert), sofern die Endspannung nicht mehr als 30 % von der Anfangsspannung abweicht.

Es sei noch angemerkt, dass bei der Superposition die elastische Rückverformung des Betons meistens überschätzt wird [117].

7.7.5 Einfluss der Bewehrung

Die Betonstahlbewehrung behindert die Längsverformungen des Betons (Bild 7.34). Die Berücksichtigung dieses Einflusses ist jedoch nur bei hohen Bewehrungsgraden erforderlich. Auch hier sind die großen Ungenauigkeiten bei den Kriech- und Schwindwerten zu beachten. Es entstehen Spannungsumlagerungen im Querschnitt. Die Bewehrung erhält Druckkräfte und der Beton wird entsprechend entlastet (siehe Abschnitt 7.1).

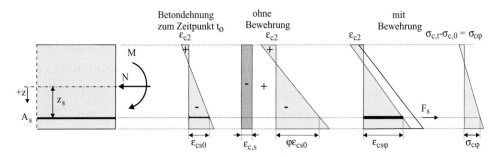

Bild 7.34 Spannungen und Dehnungen

Im Gegensatz zum Betonstahl behindern die Spannkabel (mit oder ohne Verbund) die freie Verformung des Betons nicht.

7.7.6 Mehrsträngige Vorspannung

Bei mehrsträngiger Vorspannung sollte der Einfluss der Spannkraftänderungen der einzelnen Spanngliedlagen infolge Schwinden und Kriechen auf die Spannungen und Dehnungen im Querschnitt berücksichtigt werden. Hierbei beeinflussen sich die einzelnen Spanngliedlagen gegenseitig.

Eine Lösung ist nur iterativ möglich. Hierbei wird wiederum davon ausgegangen, dass eine mittlere kriecherzeugende Spannung existiert. Weiterhin wird ein elastisches Werkstoffverhalten vorausgesetzt (Zustand I), d.h.: $\sigma_c = \dfrac{N}{A} \pm \dfrac{M}{I} z$.

7.8 Schnittgrößenumlagerungen infolge Kriechens

Es gelten die gleichen Beziehungen wie bei einsträngiger Vorspannung:

$$\varepsilon_{p,c+s} = \varepsilon_{cp,c+s} \quad ; \quad \Delta\sigma_{p,c+s} = \varepsilon_{p,c+s} \cdot E_p \tag{7.123}$$

$$\varepsilon_{cp,c+s} = \varepsilon_{cp,shrinkage} + \varepsilon_{cp,creep} + \Delta\varepsilon_{cp(el),c+s}$$

$$= \varepsilon_{cp,shrinkage} + \varphi \frac{\sigma_{cp,p0} + 0{,}5\Delta\sigma_{cp,c+s}}{E_c} + \frac{\Delta\sigma_{cp,c+s}}{E_c} \tag{7.124}$$

$$\Delta\sigma_{p,c+s} = \varepsilon_{cp,shrinkage} \cdot E_s + \varphi \frac{\sigma_{cp,p0} + 0{,}5\Delta\sigma_{cp,c+s}}{E_c / E_s} + \frac{\Delta\sigma_{cp,c+s}}{E_c / E_s} \tag{7.125}$$

Die Vorgehensweise ist wie folgt: Zunächst schätzt man eine mittlere kriecherzeugende Betonspannung in der Faser j, wobei man zweckmäßigerweise von den Belastungen zum Zeitpunkt $t = t_0$ ausgeht. Da vollständiger Verbund zwischen Beton und Spannstahl bzw. Bewehrung vorausgesetzt wird, ergibt sich der Verlust der Spannstahlspannung in der Faser j aus der Addition der Schwinddehnung ε_s und der Betonstauchung infolge Kriechen multipliziert mit α_e (Gl. 7.125):

$$\sigma_{p,c+s}^{(j)} = E_p \cdot \varepsilon_s + \alpha_e \cdot \varphi \cdot \sigma_{cp,m}^{(j)} + \alpha_e \cdot \Delta\sigma_{cp,c+s}^{(j)} \tag{7.126}$$

$\sigma_{cp,m}^{(j)}$ = mittlere kriecherzeugende Betonspannung in der Faser j

Die Änderung der Betonspannung in der Faser k erzeugt eine Änderung der Betondehnung bzw. Betonspannung in der Faser j:

$$-\alpha_e \sigma_{cp,m}^{(j)} = \sum_{k=1}^{N} (\alpha_{jk} \cdot \sigma_{p,c+s}^{(k)}) \tag{7.127}$$

mit den Steifigkeitswerten $\quad \alpha_{jk} = \alpha_e \dfrac{A_p^{(k)}}{A_{ci}} \left[1 + \dfrac{A_{ci}}{I_{ci}} \cdot z_p^{(j)} \cdot z_p^{(k)} \right]$

Mit den neu berechneten Spannungen $\sigma_{cp,m}$ wird die Iteration mit Gleichung 7.126 fortgeführt, bis die Werte konvergieren.

Mit dieser iterativen Berechnungsmethode kann auch die Kraftumlagerung auf die Betonstahlbewehrung bestimmt werden.

7.8 Schnittgrößenumlagerungen infolge Kriechens

Die zeitabhängigen Betonverformungen verursachen nicht nur Spannkraftänderungen (-verluste) und Verformungen des Tragwerks, sondern führen auch zum Abbau von *Zwang*schnittgrößen bei statisch unbestimmten Tragsystemen [125]. An drei einfachen Beispielen werden die wesentlichen Zusammenhänge erläutert.

Das Kriechen des Betons führt lediglich zu Verformungen, aber nicht zu einer Änderung von Schnittgrößen, wenn die Vorspannkraft konstant gehalten wird. Die Schnittgrößen eines statisch unbestimmten Tragwerks sind nur von den Steifigkeitsverhältnissen abhängig, welche durch das Kriechen nicht beeinflusst werden.

Werden jedoch die Auflagerbedingungen geändert, beispielsweise durch eine Stützensenkung, so bauen sich die entstandenen Zwangsmomente durch Kriechen ab.

Die weiteren Betrachtungen gehen von folgenden Vereinfachungen aus:
- Bauwerk ist auch nach der Umlagerung ungerissen (Zustand I).
- Der Einfluss der Bewehrung wird vernachlässigt.
- Das gesamte Tragwerk weist ein einheitliches Kriechverhalten auf.

Die Berechnung der Schnittgrößenumlagerungen infolge des Kriechens erfolgt im Weiteren mit dem Kraftgrößenverfahren. Bevor auf die zeitlichen Einflüsse eingegangen wird, sollen zunächst die wesentlichen Gedanken dieses Berechnungsverfahrens an einem einfach statisch unbestimmten System erläutert werden (Bild 7.35).

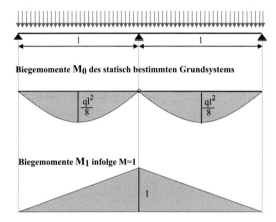

Bild 7.35 Durchlaufträger

Für die Berechnung des Durchlaufträgers werden zunächst die Schnittgrößen an einem statisch bestimmten Ersatzsystem ermittelt. Aus den Schnittkraftverläufen bestimmt man die δ_{ik}-Werte.

$$\delta_{ik} = \int_l \frac{M_i \cdot M_k}{E_{cm} \cdot I_{ci}} \cdot dx + \int_l \frac{N_i \cdot N_k}{E_{cm} \cdot A_{ci}} \cdot dx + \int_l \frac{V_i \cdot V_k}{G_{cm} \cdot A_{ci}} \cdot dx \qquad (7.128)$$

δ_{ik} ist die Verdrehung des Punktes i infolge eines Momentes „1" an der Stelle k (bzw. die Verschiebung des Punktes i infolge einer Last „1" an der Stelle k) am statisch bestimmten Grundsystem

Im Weiteren wird der Einfluss der Normal- und Querkraft vernachlässigt. Somit ergibt sich:

$$\delta_{11} = \int \frac{M_1 \cdot M_1}{E_c \cdot I_c} \cdot dx \qquad \delta_{10} = \int \frac{M_1 \cdot M_0}{E_c \cdot I_c} \cdot dx \qquad (7.129)$$

Das Stützmoment M ergibt sich aus der Bedingung, dass die Biegelinie über dem Auflager stetig verlaufen muss, d.h.:

$$\delta_{11} \cdot M = -\delta_{10} \quad \text{bzw.} \quad M = -\delta_{10} / \delta_{11} \qquad (7.130)$$

7.8 Schnittgrößenumlagerungen infolge Kriechens

Entsprechend geht man auch bei der Berechnung der durch das Kriechen des Betons hervorgerufenen Schnittgrößenumlagerungen vor. Der wesentliche Unterschied zu der vorausgehenden Berechnung besteht darin, dass das Zwangs-Stützmoment M nicht konstant, sondern zeitlich veränderlich ist. Für den zeitlichen Verlauf wird der gleiche Ansatz wie für die Kriechdehnungen gewählt.

Kriechdehnungen:

$$\varepsilon_{c,c}(t) = \frac{\sigma_{c,t=0}}{E_{c,0}} \cdot [1+\varphi(t)] + \frac{\sigma_c(t)-\sigma_{c,t=0}}{E_{c,0}} [1+\chi \cdot \varphi(t)] \qquad (7.131)$$

Nach dem Modell von Trost [125] gilt:

$$M_1(t) = M_{1,t=0} \cdot (1+\varphi(t)) + M_{1,c} \cdot (1+\chi \cdot \varphi(t)) \qquad (7.132)$$

In der obigen Gleichung ist das Stützmoment $M_{1,t=0}$ zum Zeitpunkt $t = 0$ und der Kriechverlauf $\varphi(t)$ bekannt. Als Unbekannte verbleibt somit nur die Änderung des Stützmomentes $M_{1,c}$, welche von den Randbedingungen abhängt.

Aus der Verträglichkeitsbedingung folgt:

$$\delta_{11} \cdot M_1(t) = -\delta_{10} \quad \text{bzw.} \quad \delta_{11} \cdot [M_{1,t=0} \cdot (1+\varphi(t)) + M_{1,c} \cdot (1+\chi \cdot \varphi(t))] = -\delta_{10} \qquad (7.133)$$

Bei gegebenen Randbedingungen kann somit aus der obigen Gleichung die Momentenumlagerung eines Zweifeldträgers bestimmt werden.

Für ein mehrfach statisch unbestimmtes System ergeben sich die δ_{ik}-Werte entsprechend.

$$\delta_{ik} \cdot M_k(t) = \int_l \frac{M_i \cdot M_k}{E_{cm} \cdot I_{ci}} \cdot M_{k,t=0}(1+\varphi(t)) \cdot dx +$$

$$+ \int_l \frac{M_i \cdot M_k}{E_{cm} \cdot I_{ci}} M_{R,c}(1+\chi \cdot \varphi(t)) \cdot dx = -\delta_{i0} \qquad (7.134)$$

bzw.

$$\delta_{ik} \cdot M_{k,0} \cdot (1+\varphi(t)) + \delta_{ik} \cdot M_{k,c}(1+\chi \cdot \varphi(t)) = 0 \qquad (7.135)$$

Mit der Kontinuitätsbedingung bei statisch unbestimmten Systemen:

$$[K] \cdot \overline{X} = -\overline{\delta}_0 \qquad (7.136)$$

mit:

[K] Matrix der δ_{ik}-Werte
$\overline{X}$ Vektor der statisch Unbestimmten
$\overline{\delta}_0$ Vektor der Verdrehungen mit $\delta_{10}(t) = \varphi(t) \cdot \delta_{10,c}^{t=0}$

Die Auswirkungen der zeitabhängigen Verformungen werden nachfolgend an einigen praxisrelevanten einfachen Beispielen erläutert.

7.8.1 Zwei nachträglich gekoppelte Einfeldträger (langsame Zwängung)

Für den Zweifeldträger ergibt sich das elastische Stützmoment zu:

$$X_1 = M_B = -\frac{\delta_{10}}{\delta_{11}} \tag{7.137}$$

Zum Zeitpunkt $t = 0$ ist kein Stützmoment vorhanden. Die Anfangsbedingung lautet somit: $X_0 = 0$.

Es wird folgender Ansatz für den zeitlicher Verlauf der Verdrehung am Innnenauflager gewählt: $\delta_{10}(t) = \varphi(t) \cdot \delta_{10,c}^{t=0}$

Wären die beiden Träger nicht miteinander verbunden, so würde sich am Zwischenauflager infolge der äußeren Belastung eine Verdrehung der Größe δ_{10} einstellen. Infolge des Verbundes kann diese Verdrehung nicht auftreten. Es entsteht somit ein Zwangsmoment X_1. Die Verdrehung der Balkenenden des statisch bestimmten Grundsystems infolge des Momentes X_1 beträgt:

$$\overline{\delta_{11}} = -X_1 \cdot \delta_{10} \tag{7.138}$$

$$\overline{\delta_{11}(t)} = \delta_{1,1} \cdot X_{1,t=0} \cdot (1+\varphi(t)) + \delta_{1,1} \cdot X_{1,c}(1+\chi \cdot \varphi(t)) = -\delta_{10}(t) \tag{7.139}$$

$$X_{1,t=0} \cdot (1+\varphi(t)) + X_{1,c}(1+\chi\varphi(t)) = -\frac{\delta_{10} \cdot \varphi(t)}{\delta_{11}} \tag{7.140}$$

mit:

$$X_{1,t=0} = 0 \text{ und } X_1 = -\delta_{11}/\delta_{10} = M_{\text{zweifeld}}$$

folgt:

$$X_{1,c}(1+\chi \cdot \varphi(t)) = M_{\text{Zweifeld}} \cdot \varphi(t) - 0 \cdot (1+\varphi(t)) \tag{7.141}$$

bzw.

$$X_{1,c} = \frac{\varphi(t)}{1+\chi \cdot \varphi(t)} \cdot M_{\text{Zweifeld}} \tag{7.142}$$

$$X(t) = X_0 + X_{1,c} = 0 + M_{\text{Zweifeld}} \frac{\varphi(t)}{1+\chi \cdot \varphi(t)} \tag{7.143}$$

Hierin ist M_{zweifeld} das elastische Stützmoment bei monolithischer Herstellung des Balkens.

Der Endwert für $t \to \infty$ beträgt:

$$M_{\text{stütz}}(t=\infty) = -M\left(\frac{\varphi_\infty}{1+\chi \cdot \varphi_\infty}\right) \tag{7.144}$$

7.8.2 Plötzliche Senkung der Mittelstütze eines Zweifeldträgers um δ_{10}

Anfangsbedingung zum Zeitpunkt $t = 0$: $\quad X_0 = M_0$ und $\delta_{10,c}(t) = \delta_{10} =$ const $\hfill (7.145)$

$$(1 + \varphi(t)) \cdot \delta_{11} \cdot M_0 + (1 + \chi \cdot \varphi(t)) \cdot \delta_{11} \cdot X_{1,c} = -\delta_{10} \tag{7.146}$$

$$(1 + \varphi(t)) \cdot M_0 + (1 + \chi \cdot \varphi(t)) \cdot X_{1,c} = -\frac{\delta_{10}}{\delta_{11}} \tag{7.147}$$

mit:

$$-\frac{\delta_{10}}{\delta_{11}} = X_1 = M_0 \text{ folgt: } (1 + \varphi(t)) \cdot M_0 + (1 + \chi \cdot \varphi(t)) \cdot X_{1,c} = M_0 \tag{7.148}$$

bzw.

$$X_{1,c} = \frac{-\varphi(t)}{(1 + \chi \cdot \varphi(t))} \cdot M_0 \tag{7.149}$$

$$X(t) = X_0 + X_{1,c} = M_0 \left(1 - \frac{\varphi(t)}{(1 + \chi \cdot \varphi(t))}\right) \tag{7.150}$$

mit: M_0 elastisches Stützmoment eines Zweifeldträgers mit Stützensenkung

Der Endwert für $t \to \infty$ beträgt: $M_{\text{stütz}}(t = \infty) = M_0 \left(1 - \frac{\varphi_\infty}{(1 + \chi \varphi_\infty)}\right) \tag{7.151}$

7.8.3 Langsame Setzung der Mittelstütze eines Zweifeldträgers um δ_0

Der zeitliche Verlauf der Zwängung sei affin zum Kriechverlauf.

Die Anfangsbedingung zum Zeitpunkt $t = 0$ lautet:

$$X_0 = 0 \text{ und } \delta_{10,c}(t) = \frac{\varphi(t)}{\varphi_\infty} \delta_{10} \tag{7.152}$$

$$(1 + \varphi(t)) \cdot \delta_{11} \cdot 0 + (1 + \chi \varphi(t)) \cdot \delta_{11} \cdot X_{1,c} = -\frac{\varphi(t)}{\varphi_\infty} \delta_{10} \tag{7.153}$$

bzw.

$$X_{1,c} = \frac{-\varphi(t)}{\varphi_\infty (1 + \chi \varphi(t))} \cdot M_0 \tag{7.154}$$

$$X(t) = 0 + \frac{-\varphi(t)}{\varphi_\infty (1 + \chi \varphi(t))} \cdot M_0 = M_0 \cdot \frac{-\varphi(t)}{\varphi_\infty (1 + \chi \varphi(t))} \tag{7.155}$$

mit: M_0 elastisches Stützmoment eines Zweifeldträgers mit Stützensenkung

Der Endwert für $t \to \infty$ beträgt: $M_{\text{stütz}}(t = \infty) = -M_0 \left(\frac{-\varphi_\infty}{\varphi_\infty \cdot (1 + \chi \varphi_\infty)}\right) \tag{7.156}$

7.8.4 Schwinden eines Zweigelenkrahmens

Infolge des Schwindens des Betons verkürzt sich der Riegel. Hierdurch entstehen horizontale Auflagerreaktionen und Zwangschnittgrößen, welche durch Kriechen abgebaut werden. Die Auflagerlasten infolge gleichmäßiger Verkürzung des Riegels infolge Schwindens um $\Delta l = \varepsilon_s \cdot l_R$ betragen:

$$H_A = H_B = \frac{3 \cdot \varepsilon_s \cdot E \cdot I_R}{l_s^2 \cdot \left(2 \cdot \frac{I_R}{I_S} \cdot \frac{l_S}{l_R} + 3\right)} \qquad V_A = V_B = 0 \qquad (7.157)$$

Diese Zwangskraft wird infolge Kriechens wieder abgebaut. Nach Trost [125] gilt (langsame Zwängung):

$$H(t) = H_{t=t_0}^{\text{elastisch}} \cdot \frac{\varphi(t)}{\varphi_\infty \cdot (1 + \chi \cdot \varphi(t))} \qquad (7.158)$$

Eine vertikale Gleichlast auf dem Riegel erzeugt folgende Auflagerreaktionen:

$$H_A = H_B = \frac{q \cdot l_R^2}{4 \cdot l_s \cdot \left(2 \cdot \frac{I_R}{I_S} \cdot \frac{l_S}{l_R} + 3\right)} \qquad V_A = V_B = \frac{q \cdot l_R}{2} \qquad (7.159)$$

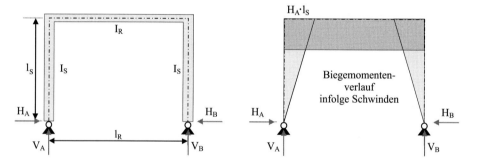

Von der aufgebrachten Vorspannkraft geht aufgrund des Biegewiderstandes der Stiele nur ein Teil in den Riegel. Dies muss jedoch nur bei sehr steifen Stielen berücksichtigt werden. Die horizontale Auflagerlast bzw. die Lastabminderung im Riegel beträgt bei der Vorspannkraft P:

$$H_A = H_B = -P_o \cdot \frac{1}{\frac{2}{3} \cdot \frac{l_S^3}{l_R} \cdot \frac{A_R}{I_S} + l_S^2 \cdot \frac{A_R}{I_R} + 1} \qquad (7.160)$$

Durch Kriechen erhöht sich der Lastanteil im Riegel, da die Zwangskräfte abgebaut werden. Andererseits reduziert sich die Vorspannkraft durch die Verkürzung des Riegels infolge Kriechen und Schwinden.

Der Einfluss der zeitabhängigen Betonverformungen soll an einem Zweigelenkrahmen mit einer Höhe von 6 m und einer Spannweite von 9 m aufgezeigt werden.

7.8 Schnittgrößenumlagerungen infolge Kriechens

Es ergeben sich folgende Schwind- und Kriechwerte für $t \to \infty$: $\varphi_\infty = 2{,}6$; $\varepsilon_{s\infty} = -48 \cdot 10^{-5}$.

Die Biegemomente sowie die Auflagerreaktionen sind für 3 Lastfälle, Gleichlast auf dem Riegel, zentrische Vorspannung des Riegels sowie Verkürzung des Riegels infolge Schwindens in Bild 7.36 aufgetragen.

Die Vorspannung wird nahezu vollständig in den Riegel eingetragen. Der Verlust nach Gleichung 7.160 beträgt weniger als 0,1 %. Die Spannkraftverluste infolge Kriechen und Schwinden $\Delta\sigma_{p,c+s+r}$ in Riegelmitte betragen ca. 10 %.

Die Verkürzung des Riegels infolge Schwindens führt ohne Berücksichtigung des Abbaus der Zwangskräfte durch Kriechen zu erheblichen Schnittgrößen (Bild 7.36).

$$H_{A,t=\infty} = \frac{H_{A,el}}{1 + \chi \cdot \varphi_\infty} = \frac{10{,}5}{1 + 0{,}8 \cdot 2{,}6} = 3{,}5 \text{ kN}$$

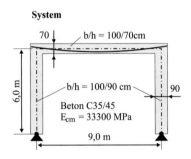
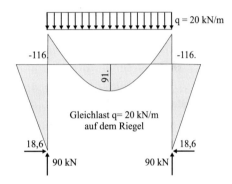
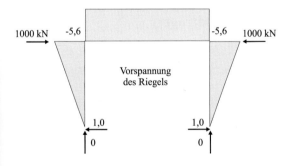
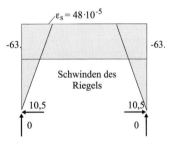

Bild 7.36 Schnittgrößen eines Zweigelenkrahmens

Tabelle 7.6 Zeitlicher Verlauf der Schnittgrößen

Plötzliche Zwängung	Langsam anwachsende Zwängung	Zwängungen infolge Schwindens
z. B. plötzliche Stützensenkung um $s_0 = s_\infty$	z. B. langsame Stützensenkung um s_∞, affin zum Kriechverlauf	zeitlicher Verlauf affin zum Kriechen ($\rightarrow \lambda = 1$):
	$s(t) = \left(\dfrac{\varphi(t)}{\varphi_\infty}\right)^\lambda \cdot s_\infty$	
$\varepsilon(t) \cong \varepsilon_0 = \sigma_0/E_c =$ konstant	$\varepsilon_c(t) = \left(\dfrac{\varphi(t)}{\varphi_\infty}\right)^\lambda \cdot \varepsilon_{c,\infty}$	$\varepsilon_{c,s}(t) = \left(\dfrac{\varphi(t)}{\varphi_\infty}\right) \cdot \varepsilon_{c,s\infty}$
$M(t) = M_0\left(1 - \dfrac{\varphi}{1+\chi\varphi}\right)$	$M(t) = \left(\dfrac{\varphi(t)}{\varphi_\infty}\right)^\lambda \cdot \dfrac{M_{el,\infty}}{1+\chi\varphi}$	
$N(t) = N_0\left(1 - \dfrac{\varphi}{1+\chi\varphi}\right)$	$N(t) = \left(\dfrac{\varphi(t)}{\varphi_\infty}\right)^\lambda \cdot \dfrac{N_{el,\infty}}{1+\chi\varphi}$	
M_0 = elastisches Moment infolge s_0	$M_{el,\infty}$ = elastisches Moment infolge s_∞ bzw. $\varepsilon_{c,s\infty}$	
	Der Parameter λ bestimmt des zeitlichen Verlauf der Zwängung mit: $0 \leq \lambda < 1$ Zwängung verläuft schneller als Kriechen $\lambda = 0$ plötzliche Zwängung $\lambda = 1$ Zwängung affin zum Kriechen $\lambda > 1$ Zwängung langsamer als Kriechen	

7.8.5 Beispiel: Stützensenkung eines Zweifeldträgers

Nachfolgend wird der zeitliche Verlauf der Biegemomente infolge einer plötzlichen und einer langsamen Setzung des Zwischenauflagers einer zweifeldrigen Hohlkastenbrücke bestimmt.

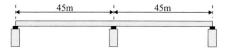

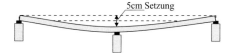

Bild 7.37 Statisches Ersatzsystem

7.8 Schnittgrößenumlagerungen infolge Kriechens

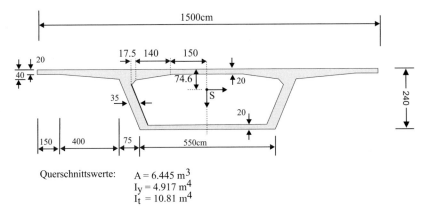

Querschnittswerte: $A = 6.445$ m^3
$I_y = 4.917$ m^4
$I_t = 10.81$ m^4

Bild 7.38 System und Querschnitt

Baustoffe: C35/45 $E_c = 33500$ N/mm^2 (EC2, Tab. 3.2)

System: Zweifeldträger mit $l = 45$ m

Belastung: Es werden folgende 3 Fälle untersucht:
1. Plötzliche Fundamentsetzung um $\Delta s = 5$ cm 14 Tage nach dem Betonieren
2. Plötzliche Fundamentsetzung um $\Delta s = 5$ cm 28 Tage nach dem Betonieren
3. Langsame Setzung um $\Delta s = 5$ cm (affin zum Kriechverlauf $\lambda = 1{,}0$)

Rechengang

1. *Berechnung des Stützmomentes infolge der Setzung*

   (z. B. nach dem Kraftgrößenverfahren)

$$M_B = \frac{3 \cdot E_c \cdot I_c}{l^2} \cdot \Delta s = \frac{3 \cdot 33500 \cdot 4{,}917}{45^2} \cdot 0{,}05 \cdot 1000 = 12.202 \text{ kNm}$$

   zum Vergleich: Stützmoment infolge Eigengewicht

$$g_k = A_c \cdot \gamma_c = 6{,}45 \cdot 25 = 161{,}1 \text{ kN/m}$$

$$M_B = -\frac{g_k \cdot l^2}{8} = -\frac{161{,}125 \cdot 45^2}{8} = -40.785 \text{ kNm}$$

2. *Schnittgrößenverlauf über die Zeit t für plötzlichen Zwang*

$$M(t) = M_0 \left(1 - \frac{\varphi(t)}{1 + \chi\varphi(t)}\right) \qquad \text{oder der Verhältniswert:} \qquad \frac{M(t)}{M_0} = \left(1 - \frac{\varphi(t)}{1 + \rho\varphi(t)}\right)$$

Die Berechnung erfolgt tabellarisch. Der Relaxationsbeiwert χ wird konstant zu 0,8 angesetzt.

Eingabewerte

Querschnittsfläche	$A_{ci} =$	4.917.000	mm²
	$u =$	46.300	mm²
Elastizitätsmodul Beton	$E_{cm,t} =$	35.175	N/mm²
Betonfestigkeit	$f_{cm} =$	43	N/mm²
Betonalter bei Bel.-beginn	$t_0 =$	28	(Tage)
Relative Luftfeuchtigkeit	$RH =$	80	%
Beiwert	χ	0,8	

Berechnung

Wirksame Bauteildicke	$h_0 =$	212,40	mm
Beiwerte:	$\varphi_{RH} =$	1,34	
	$\beta(f_{cm}) =$	2,56	
	$\beta(t_0) =$	0,49	
Grundkriechzahl:	$\varphi_0 =$	1,67	
Beiwert	$\beta_H =$	568,60	
	$\beta_H =$	568,60	<1500

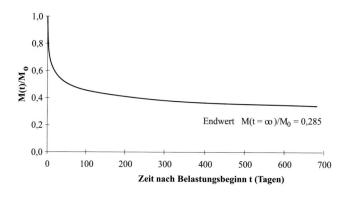

Bild 7.39 Momentenverlauf bei plötzlicher Stützensenkung über die Zeit ($t_0 = 28$ Tage)

$$\text{Endwert für } t \to \infty : \frac{M_\infty}{M_0} = \left(1 - \frac{\varphi_\infty}{1 + \rho\varphi_\infty}\right) = \left(1 - \frac{1,67}{1 + 0,8 \cdot 1,67}\right) = 0,285$$

(Endmoment $M_B = 0,285 \cdot 12.202 = 3.478$ kNm)

Für ein Betonalter von 14 Tagen bei Belastungsbeginn ergibt sich mit $\varphi_\infty = 1,91$ entsprechend ein Endwert von:

$$M_\infty / M_0 = 0,245$$

7.8 Schnittgrößenumlagerungen infolge Kriechens

3. Langsame Stützensenkung affin zum Kriechverlauf

$$t_0 = 28 \text{ Tage:} \quad \frac{M_\infty}{M_{el,\infty}} = \frac{1}{1+\chi\varphi} = \frac{1}{1+0,8 \cdot 1,67} = 0,428$$

$$t_0 = 14 \text{ Tage:} \quad \frac{M_\infty}{M_{el,\infty}} = \frac{1}{1+\chi\varphi} = \frac{1}{1+0,8 \cdot 1,91} = 0,396$$

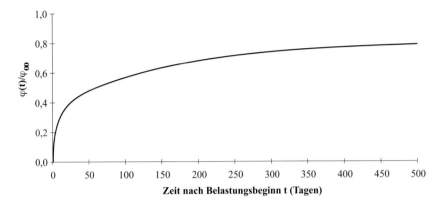

Bild 7.40 Verhältniswert $\varphi(t)/\varphi_\infty$ über die Zeit ($t_0 = 28$ Tage)

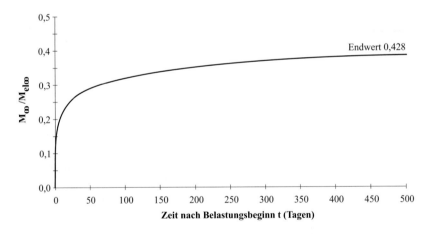

Bild 7.41 Momentenverlauf bei langsamer Stützensenkung über die Zeit ($t_0 = 28$ Tage)

Umfassende Werke über Spannbeton

Wolfgang Rossner /
Carl-Alexander Graubner
Spannbetonbauwerke
Teil 3
2002. Ca. 600 Seiten,
ca. 180 Abbildungen.
Gb., ca. € 189,–* / sFr 279,–
ISBN 3-433-02831-1

Das vorliegende Werk stellt den 3. Teil des Handbuchs Spannbetonbauwerke dar. Wie schon die ersten beiden Teile umfasst es eine Beispielsammlung zur Bemessung von Spannbetonbauwerken. Die behandelten Beispiele stammen aus den Bereichen des Straßen- und Eisenbahnbrückenbaus sowie des Hoch- und Industriebaus und decken hinsichtlich Vorspanngrad und Verbundart das gesamte Gebiet des Spannbetons ab.
Das Werk basiert auf Grundlage der neuen DIN 1045, Teile 1 bis 4 und berücksichtigt weiterhin sämtliche bisher erschienen nationalen Anwendungsdokumente.

Günter Rombach
Spannbetonbau
2003. Ca. 500 Seiten,
ca. 350 Abbildungen.
Gb., ca. € 119,–* / sFr 176,–
ISBN 3-433-02535-5

Bei der Bemessung und Konstruktion von Spannbetonbauwerken wurde in den letzten Jahren einiges verändert: mit der DIN 1045-1 wurden einheitliche Bemessungsverfahren für Stahl- und Spannbetonkonstruktionen beliebiger Vorspanngrade eingeführt. Die externe und verbundlose Vorspannung hat in manchen Bereichen die klassische Verbundvorspannung verdrängt. Die Vorspannung wird neben dem Brückenbau zunehmend im Hochbau eingesetzt. Diese Neuerungen wurden zum Anlass genommen, den Spannbeton in diesem Werk umfassend darzustellen. Ausgehend von den zeitlosen Grundlagen werden die Hintergründe der neuen Bemessungsverfahren erläutert. Weiterhin wird auf Probleme bei der Konstruktion und Ausführung von Spannbetonkonstruktionen eingegangen.

Ernst & Sohn
Verlag für Architektur und
technische Wissenschaften GmbH & Co. KG

Für Bestellungen und Kundenservice:
Verlag Wiley-VCH
Boschstraße 12
69469 Weinheim
Telefon: (06201) 606-400
Telefax: (06201) 606-184
Email: service@wiley-vch.de

www.ernst-und-sohn.de

* Der €-Preis gilt ausschließlich für Deutschland

8 Bemessung vorgespannter Konstruktionen

Die Bemessung eines Spannbetonbauteiles entspricht weitgehend der einer Stahlbetonkonstruktion. Es gibt jedoch einige Besonderheiten zu beachten, welche in diesem Kapitel erörtert werden. So ist beispielsweise die ständig vorhandene Druckkraft aus der Vorspannung zu berücksichtigen. Weiterhin sind die Nachweise im Allgemeinen für mehrere Zeitpunkte durchzuführen. Im Rahmen einer Bemessung sind sowohl die Betondruckspannungen als auch die Zugspannungen in der Bewehrung und im Spannstahl unter den Gebrauchslasten nachzuweisen und zu begrenzen. Die Spannstahlspannung im Grenzzustand der Tragfähigkeit ist im Gegensatz zum Betonstahl meistens nicht bekannt.

Im Rahmen einer Tragwerkberechnung ist nachzuweisen, dass der Bemessungswert der Beanspruchungen, Schnittgrößen, Spannungen oder Verformungen E_d kleiner bzw. gleich dem Bemessungswert des Tragwiderstandes R_d bzw. der Baustoffeigenschaften C_d ist (Gl. 8.1). Hierbei wird die Vorspannung (P) als ständige Einwirkung betrachtet. Wie später noch gezeigt wird, kann sie sowohl als äußere Einwirkung als auch auf der Bauteilwiderstandsseite berücksichtigt werden.

$$E_d \leq R_d = R\left[\alpha \cdot \frac{f_{ck}}{\gamma_c}; \frac{f_{yk}}{\gamma_s}; \frac{f_{tk,cal}}{\gamma_s}; \frac{f_{p0,1k}}{\gamma_s}; \frac{f_{pk}}{\gamma_s}\right] \tag{8.1}$$

Dabei ist:

f_{ck} charakteristische Betondruckfestigkeit
f_{yk} charakteristischer Wert der Streckgrenze des Betonstahls
f_{pk} charakteristischer Wert der Zugfestigkeit des Spannstahls
α Abminderungsbeiwert (für Normalbeton $\alpha = 0{,}85$)
γ_c, γ_s Teilsicherheitsbeiwerte für Beton bzw. Stahl

Die Teilsicherheitsbeiwerte für die Baustoffe können der Tabelle 8.1 entnommen werden. Beton- und Spannstahl weisen die gleichen Werte auf.

Tabelle 8.1 Teilsicherheitsbeiwerte für die Bestimmung des Tragwiderstands im Grenzzustand der Tragfähigkeit (DIN 1045-1, Tab. 2)

Bemessungssituation	Beton $\gamma_c^{1),\,2)}$	Beton- oder Spannstahl γ_s ; $\gamma_{s,fat}$	Systemwiderstand bei nichtlinearen Verfahren der Schnittgrößenermittlung γ_R
Ständige oder vorübergehende Bemessungssituation	1,5	1,15	
Außergewöhnliche Bemessungssituation (außer Erdbeben)	1,3	1,0	siehe DIN 1045-1, 8.5.1
Nachweis der Ermüdung	1,5	1,15	

[1] Für Beton ab der Festigkeitsklasse C55/67 und LC55/60 ist der Teilsicherheitsbeiwert γ_c zur Berücksichtigung der größeren Streuungen der Materialeigenschaften mit dem Faktor $\gamma_c' = 1/(1 - f_{ck}/500) \geq 1{,}0$ zu vergrößern

[2] Für unbewehrte Bauteile gilt: $\gamma_c = 1{,}8$ für ständige und vorübergehende Bemessungssituationen

Die obigen Werte gelten nur für lineare Verfahren der Schnittgrößenermittlung. Wird die Tragfähigkeit eines Bauteils unter Berücksichtigung des nichtlinearen Materialverhaltens nachgewiesen, so sind andere Sicherheitskonzepte zu verwenden, auf welche hier nicht weiter eingegangen wird.

Für eine Bemessung müssen zunächst die Einwirkungen ermittelt werden (siehe Abschnitt 8.1). Hierbei ist u.a. die Frage des Sicherheitskoeffizienten für die Vorspannwirkung γ_p zu erörtern. Danach können die Nachweise im Grenzzustand der Tragfähigkeit (siehe Abschnitt 8.2) und der Gebrauchstauglichkeit (siehe Abschnitt 8.3) durchgeführt werden.

8.1 Einwirkungen

8.1.1 Bemessungswerte der Einwirkungen

Die Bemessungswerte der Einwirkungen ergeben sich aus den folgenden Gleichungen.

Grenzzustand der Tragfähigkeit

Ständige und vorübergehende Bemessungssituationen für den Nachweis des Grenzzustandes der Tragfähigkeit (nicht Ermüdung):

$$E_d = E\left\{\sum_{j\geq 1}\gamma_{G,j}\cdot G_{k,j} \oplus \gamma_p \cdot P_k \oplus \gamma_{Q,1}\cdot Q_{k,1} \oplus \sum_{i>1}\gamma_{Q,i}\cdot \psi_{0,i}\cdot Q_{k,i}\right\} \quad \text{(DIN 1045-100, Gl. 14)}$$

(8.2)

Außergewöhnliche Bemessungssituationen:

$$E_{dA} = E\left[\sum_{j\geq 1}\gamma_{GA,j}\cdot G_{k,j} \oplus \gamma_{pA}\cdot P_k \oplus A_d \oplus \psi_{1,1}\cdot Q_{k,1} \oplus \sum_{i>1}\psi_{2,i}\cdot Q_{k,i}\right]$$
(DIN 1045-100, Gl. 15)

(8.3)

mit: A_d Bemessungswert der außergewöhnlichen Einwirkung

Kombination für Bemessungssituationen infolge von Erdbeben:

$$E_{dAE} = E\left[\sum_{j\geq 1}G_{k,j} \oplus P_k \oplus \gamma_1 \cdot A_{Ed} \oplus \sum_{i>1}\psi_{2,i}\cdot Q_{k,i}\right] \quad \text{(DIN 1045-100, Gl. 16)}$$

(8.4)

dabei ist: $\oplus$ „in Kombination mit"

Grenzzustände der Gebrauchstauglichkeit

Seltene (charakteristische) Kombination:

$$E_{d,rare} = E\left\{\sum_{j\geq 1}G_{k,j} \oplus P_k \oplus Q_{k,1} \oplus \sum_{i>1}\psi_{0,i}\cdot Q_{k,i}\right\} \quad \text{(DIN 1045-100, Gl. 22)}$$

(8.5)

8.1 Einwirkungen

Häufige Kombination:

$$E_{d,frequ} = E\left\{\sum_{j\geq 1} G_{k,j} \oplus P_k \oplus \psi_{1,1} \cdot Q_{k,1} \oplus \sum_{i>1} \psi_{2,i} \cdot Q_{k,i}\right\} \quad \text{(DIN 1045-100, Gl. 23)} \quad (8.6)$$

Nicht-häufige Kombination:

$$E_{d,nfrequ} = E\left\{\sum_{j\geq 1} G_{k,j} \oplus P_k \oplus \psi'_{1,1} \cdot Q_{k,1} \oplus \sum_{i>1} \psi_{1,i} \cdot Q_{k,i}\right\} \quad \text{(DIN-FB 102, Gl. 2.109b)}$$

(8.7)

Quasi-ständige Kombination:

$$E_{d,perm} = E\left\{\sum_{j\geq 1} G_{k,j} \oplus P_k \oplus \sum_{i>1} \psi_{2,i} \cdot Q_{k,i}\right\} \quad \text{(DIN 1045-100, Gl. 24)} \quad (8.8)$$

Neben den Schnittgrößen infolge Vorspannung (Mittelwerte $P_{m,t}$) werden somit der Teilsicherheitskoeffizient γ_p und die charakteristischen Vorspannkräfte P_k benötigt. Die charakteristische Größe einer Einwirkung ist entweder der Mittelwert einer statistischen Verteilung oder der obere bzw. untere Wert oder der Nennwert. Bei einem Variationskoeffizienten von $V \leq 0{,}1$ genügt für ständige Einwirkungen eine einzige Größe. Im anderen Fall ist der obere und untere Wert zu verwenden.

Die Schnittgrößen E_d können mit der Annahme eines elastischen Materialverhaltens (Elastizitätstheorie) bestimmt werden. Es sind auch Momentenumlagerungen zulässig, wobei hier jedoch lediglich der statisch unbestimmte Anteil der Vorspannkraft angesetzt werden darf. Die statisch bestimmte Wirkung kann nicht abgemindert werden, da sie durch die Lage der Spannglieder festliegt.

Bei einem Spannbetontragwerk sind infolge der zeitabhängigen Betonverformungen mehrere Zeitpunkte zu untersuchen. Bei einem Stahlbetonbauteil werden diese Einflüsse meistens vernachlässigt:

- Bemessung für den Spannvorgang (i. Allg. maximale Spannkräfte)
- Bemessung zum Zeitpunkt $t = t_0$, d. h. unmittelbar nach Aufbringen der Vorspannung
  Einwirkung: $g_1 + P_{m0}$
  Nachweis u. a.:
  – Druckbeanspruchung in der vorgedrückten Zugzone
  – Zugbeanspruchung in der Druckzone
- Zustand nach Aufbringen der äußeren Belastung
  Einwirkung: $g_1 + g_2 + P_{mt} + q$
- Zustand für $t \to \infty$ unter Berücksichtigung der Spannkraftverluste
  Einwirkung: $g_1 + g_2 + P_{m\infty} + q$
  Nachweis u. a.:
  – Zugbeanspruchung in der vorgedrückten Zugzone
  – Druckbeanspruchung in der Druckzone

8.1.2 Charakteristischer Wert der Vorspannkraft P_k

Die Spannkraft wird beim Spannvorgang gemessen und ist somit sehr genau bekannt. Trotzdem müssen Abweichungen vom rechnerischen Sollwert der Vorspannkraft berücksichtigt werden. Diese resultieren u.a. aus unvermeidlichen Streuungen der Reibungsbeiwerte, der Materialeigenschaften sowie der Lage der Spannglieder. Wie bereits in Kapitel 7 erläutert wurde, variieren die zeitabhängigen Betonverformungen und damit auch die Spannkraftverluste sehr stark. Die Toleranzen können teilweise durch Überspannen und Nachlassen ausgeglichen werden. Trotzdem können sowohl Über- als auch Unterschreitungen der rechnerischen Sollspannkraft im Tragwerk auftreten.

Um diese Toleranzen zu berücksichtigen, wird zur Bestimmung der charakteristischen Vorspannkraft P_k der Mittelwert $P_{m,t}$ mit einem Beiwert r_{sup} bzw. r_{inf} (superior = oberer, inferior = unterer) multipliziert.

$$P_{k,sup} = r_{sup} \cdot P_{m,t} \quad \text{mit:} \quad r_{sup} = 1{,}1 \quad \text{(DIN 1045-1, Gl. 52)} \tag{8.9}$$

$$P_{k,inf} = r_{inf} \cdot P_{m,t} \quad \text{mit:} \quad r_{inf} = 0{,}9 \quad \text{(DIN 1045-1, Gl. 53)} \tag{8.10}$$

Die obigen Beiwerte gelten nur für Vorspannung mit nachträglichem Verbund. Bei Vorspannung mit sofortigem Verbund, welche größtenteils in einem Fertigteilwerk erfolgt, treten aufgrund der kontrollierten, wiederholten Herstellung eines Bauteils und der geradlinigen Spanngliedführung meistens geringere Abweichungen von den Sollwerten auf. Daher dürfen nach DIN 1045-1, 8.7.4(2) die Beiwerte r_{sup} bzw. r_{inf} auf 1,05 bzw. 0,95 reduziert werden. Dies ist auch für Vorspannung ohne Verbund zulässig. Hier sei jedoch auf die großen Unsicherheiten bei der Bestimmung der Reibungsverluste an den Umlenkpunkten der externen Spannglieder hingewiesen (siehe Kapitel 11).

Die Streuungen der Vorspannkraft können bei den Nachweisen im Grenzzustand der Tragfähigkeit vernachlässigt werden, wenn die maximal zulässige Spannstahlspannung $f_{p01,k} / \gamma_s$ erreicht wird, d.h. der Stahl fließt. Dies gilt jedoch nur für den statisch bestimmten Anteil. Bei der Berechnung der statisch unbestimmten Schnittgrößen aus der Vorspannung sollten die oberen und unteren Grenzwerte angesetzt werden.

8.1.3 Teilsicherheitsbeiwerte

Der Bemessungswert der Vorspannkraft im Grenzzustand der Tragfähigkeit P_d ergibt sich aus dem Mittelwert P_{mt} multipliziert mit dem entsprechenden Teilsicherheitskoeffizienten γ_p: $P_d = \gamma_p \cdot P_{mt}$. Die Teilsicherheitsbeiwerte für verschiedene **Einwirkungen** können der Tabelle 8.2 entnommen werden.

8.2 Nachweise in den Grenzzuständen der Tragfähigkeit

Tabelle 8.2 Teilsicherheitsbeiwerte für Einwirkungen auf Tragwerke im Grenzzustand der Tragfähigkeit (DIN 1045-1, Tab. 1)

	Ständige Einwirkungen (γ_G)	Veränderliche Einwirkung (γ_Q)	Vorspannung [1), 2)] (γ_P)
Günstige Auswirkungen	1,0	0	1,0
Ungünstige Auswirkungen	1,35	1,5	1,0

[1)] Sofern die Vorspannung als Einwirkung aus Anker- und Umlenkkräften oder als einwirkende Schnittgröße berücksichtigt wird.

[2)] Für den Nachweis im Grenzzustand der Tragfähigkeit gilt i. Allg. $\gamma_p = 1,0$. Der Spannungszuwachs bei Spanngliedern ohne Verbund ergibt sich aus:

$\Delta\sigma_{pd} = \gamma_p \cdot \Delta\sigma_{pk}$ mit

γ_p = 1,0 bei linear-elastischer Schnittgrößenermittlung bzw.

$\gamma_{p,sup}$ = 1,2 und $\gamma_{p,inf}$ = 0,83 bei nichtlinearer Schnittgrößenermittlung (Rissbildung)

Ein einheitlicher Sicherheitskoeffizient für die Schnittgrößen aus Vorspannung von $\gamma_p = 1,0$ stellt eine wesentliche Rechenvereinfachung dar. Richtiger wäre es, die Streuungen der Vorspannung wie bei anderen Einwirkungen auch durch unterschiedliche Faktoren zu berücksichtigen. So empfehlen Grasser/ Kupfer [141], folgende Werte bei der Bemessung zu verwenden:

- Teilsicherheitswerte γ_p bei der Berechnung der Vordehnung:

    $\gamma_p = 0,9$ bei Spanngliedern im Bereich von Betonzugdehnungen
    (Nachweis gegen Zugbruch)

    $\gamma_p = 1,2$ bei Spanngliedern im Bereich von Betonstauchungen
    (Nachweis der Druckzone oder vorgedrückten Zugzone)

- Negative Zusatzdehnungen des Spannstahls im Bereich von Betonstauchungen sollten nur bis zu einem Grenzwert von lim $\Delta\varepsilon_p = -2\ ‰$ angesetzt werden (nicht bis $-3,5\ ‰$), da große Betonstauchungen allgemein nur sehr lokal auftreten und der sich hieraus ergebende große Dehnungsgradient die Verbundfestigkeit zwischen Beton- und Spannstahl überschreiten kann (nach DIN 4227 Teil 2 gilt: lim $\Delta\varepsilon_p = -1,5\ ‰$).

Bei nichtlinearen Verfahren sind im Grenzzustand der Tragfähigkeit folgende Teilsicherheitsbeiwerte anzusetzen (DIN 1045-1, 8.7.5):

$\gamma_{p,sup} = 1,2$ bzw. $\gamma_{p,inf} = 0,83$

8.2 Nachweise in den Grenzzuständen der Tragfähigkeit

Durch den Nachweis im Grenzzustand der Tragfähigkeit soll die Standsicherheit eines Tragwerks sichergestellt werden. Es sei hier jedoch darauf hingewiesen, dass ein Überschreiten der rechnerisch angesetzten Einwirkungen nicht zwangsläufig zum Versagen eines Bauteils führen muss. Der Grenzzustand der Tragfähigkeit ist somit nicht identisch mit dem Bruchzustand.

Die Grenzzustände der Tragfähigkeit umfassen:

- Versagen durch Bruch oder Überschreitung der Grenzdehnungen in einem Bauteilquerschnitt (infolge Biegung und Normalkraft, Querkraft, Torsion, Durchstanzen)
- Systemversagen z. B. Verlust der Stabilität
- Verlust der Lagesicherheit (z. B. Abheben, Umkippen, Aufschwimmen)
- Tragwerksversagen durch Materialermüdung

Die Schnittgrößenermittlung erfolgt in der Regel auf der Grundlage der Elastizitätstheorie. Es sind im Wesentlichen folgende Nachweise zu führen:

- Biegung mit Längskraft
- Querkraft, Torsion, Durchstanzen
- Ermüdung
- durch Tragwerksverformungen beeinflusste Grenzzustände (z. B. Kippen)

Im Grenzzustand der Tragfähigkeit können mögliche Streuungen der Vorspannkraft im Allgemeinen vernachlässigt werden, d.h. $P_d = \gamma_p \cdot P_{m,t} = 1,0 \cdot P_{m,t}$. Diese Vereinfachung ist jedoch nur zulässig, falls sich der Spannstahl im plastischen Bereich befindet (Bild 8.1, Punkt 4). Fließt der Spannstahl, so wirken sich Änderungen der Dehnungen nur geringfügig auf die vorhandene Spannkraft aus. Befinden sich die Spannglieder im Grenzzustand der Tragfähigkeit jedoch im elastischen Bereich (Punkt 1 bis 3), sollten die Toleranzen (siehe Abschnitt 8.1.2) berücksichtigt werden, falls sie sich ungünstig auswirken. Die statisch unbestimmten Schnittgrößen aus Vorspannung sind mit den oberen und unteren charakteristischen Werten zu bestimmen.

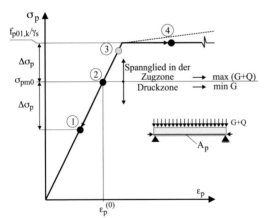

Bild 8.1 Spannstahlspannungen

Bei Vorspannung mit Verbund wird der Spannstahl im Grenzzustand der Tragfähigkeit in der vorgedrückten Zugzone meistens fließen. Bei Vorspannung ohne Verbund ist der Spannungszuwachs $\Delta\sigma_p$ jedoch oftmals gering, so dass in diesem Fall die Toleranzen zu berücksichtigen sind.

8.2.1 Bemessung für Biegung mit Längskraft

Die (Biege-)Bemessung dient zur Bestimmung der erforderlichen Spannstahl- und Betonstahlmengen. Auch bei sehr hohen Vorspanngraden, d. h. bei einem rechnerisch voll überdrückten Querschnitt, ist eine Betonstahlbewehrung erforderlich. Diese dient

8.2 Nachweise in den Grenzzuständen der Tragfähigkeit

- zur Abdeckung verbleibender Zugkräfte im Grenzzustand der Tragfähigkeit
- zur Abdeckung von Zugkräften, z. B. Spaltzugkräften im Verankerungs- oder Umlenkbereich
- zur Rissbreitenbegrenzung
- zur Abdeckung von Zwängungskräften
- als Schubbewehrung
- als Montagebewehrung
- als Robustheitsbewehrung

8.2.1.1 Allgemeines

Für den Nachweis ist es von großer Bedeutung, ob das Spannglied wie die Bewehrung mit dem Beton verbunden ist oder nicht. Im ersten Fall spricht man von Vorspannung mit sofortigem oder nachträglichem Verbund. Anderenfalls liegt Vorspannung ohne Verbund oder eine externe Vorspannung vor. Es sei hier darauf hingewiesen, dass beim Spannvorgang generell kein Verbund zwischen Spannstahl und Beton besteht. Dies ist bei der Bemessung zu beachten.

Besteht ein Verbund zwischen dem Spannkabel und dem Beton, so gelten die Verträglichkeitsbedingungen. Die Dehnungen des Betons in Höhe der Spanngliedlage ε_{cp} müssen den Zusatzdehnungen des Spannstahls $\Delta\varepsilon_p$ infolge einer äußeren Einwirkung in jedem Querschnitt entsprechen.

Bei Vorspannung ohne Verbund gilt die Verträglichkeit nur für das gesamte Tragwerk, d.h. die Dehnungen des Betons sind größtenteils nicht identisch mit den Dehnungen des Spannstahls in jedem Querschnitt. Die Schnittgrößen für den Spannstahl und den Beton ergeben sich in diesem Fall aus einer statisch unbestimmten Berechnung des Beton- Spannstahl-Tragwerkes (siehe Kapitel 11). Eine querschnittsbezogene Bemessung ist nur möglich, falls der Spannkraftzuwachs im Spannstahl und damit die Schnittgrößen infolge Vorspannung im Grenzzustand der Tragfähigkeit bekannt sind. Da der Spannungszuwachs $\Delta\sigma_p$ im Allgemeinen sehr gering ist genügen meist grobe Anhaltswerte. So kann nach DIN 4227 Teil 1, Abschnitt 11.3 (siehe Tabelle 8.3) der Spannkraftzuwachs näherungsweise wie folgt abgeschätzt werden:

Tabelle 8.3 Spannungszuwachs bei Spanngliedern ohne Verbund (Bauzustand)

System	Einwirkung	Spannstahlspannung
Träger auf 2 Stützen	annähernd Gleichlast	$\sigma_p = \sigma_{p0} + 110 \text{ N/mm}^2 \leq f_{p0,1k}/\gamma_s$
Kragträger, falls die Spannglieder im anschließenden Feld mindestens jenseits des Momentennullpunktes im Verbund liegen	beliebig	$\sigma_p = \sigma_{p0} + 50 \text{ N/mm}^2 \leq f_{p0,1k}/\gamma_s$
Durchlaufträger	beliebig	$\sigma_p = \sigma_{p0} \leq f_{p0,1k}/\gamma_s$

Bei bekannten Schnittgrößen und Spannstahlspannungen erfolgt die Bemessung eines Bauteils mit Vorspannung ohne Verbund bzw. externer Vorspannung wie für einen Stahlbetonträger. Dies wird als bekannt vorausgesetzt. **Daher wird im Folgenden** (falls nicht ausdrücklich erwähnt) **nur auf Vorspannung mit Verbund eingegangen.** Die Besonderheiten von Vorspannung ohne Verbund werden im Kapitel 11 erörtert.

Auch wenn man die Vorspannung als eine äußere Einwirkung betrachten kann, so sei hier doch auf eine Besonderheit hingewiesen. Das Versagen eines Bauteils infolge einer zentrischen Vorspannung ist nur bei sehr hohen Vorspanngraden durch Überschreiten der Betondruckfestigkeit möglich. Es besteht keine „Knickgefahr". Wie aus Bild 8.2 zu erkennen ist, ergeben sich bei einer Verformung des Trägers Umlenkkräfte, welche der Auslenkung entgegen wirken. Voraussetzung hierfür ist allerdings dass das Spannglied im Betonquerschnitt liegt (keine externe Vorspannung). Ein zentrisch vorgespanntes Bauteil weist rechnerisch keine Biegemomente auf, unabhängig von seiner Form.

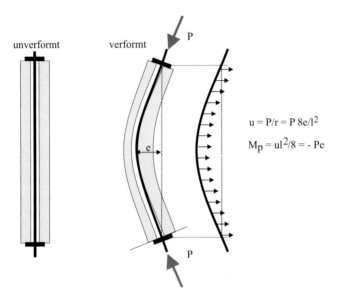

Bild 8.2 Zentrisch vorgespanntes Bauteil

Die Biegebemessung eines Stahl- oder Spannbetonbauteils geht von folgenden Annahmen aus (DIN 1045-1, 10.2):

- Ebenbleiben des Querschnitts
- starrer Verbund zwischen Beton und im Verbund liegender Bewehrung (in der Zug- und Druckzone außerhalb des Rissbereichs)
- Zugfestigkeit des Betons wird vernachlässigt
- Beton- und Stahlspannungen entsprechend den normativen Vorgaben

Weiterhin sind im Grenzzustand der Tragfähigkeit Dehnungsgrenzen einzuhalten (Bild 8.3):

- Die Dehnung ist bei Querschnitten mit geringer Exzentrizität im Schwerpunkt des Querschnitts auf $\varepsilon_c = -0{,}002$ zu begrenzen.
- Bei Querschnitten, welche nicht vollständig überdrückt sind, ist die Betondehnung auf $\varepsilon_c = -0{,}0035$ zu begrenzen.
- Die Dehnung des Betonstahls ist auf $\varepsilon_s = 0{,}025$ und die des Spannstahls auf $\varepsilon_p^{(0)} + 0{,}025$ bzw. ε_{puk} zu begrenzen.

8.2 Nachweise in den Grenzzuständen der Tragfähigkeit

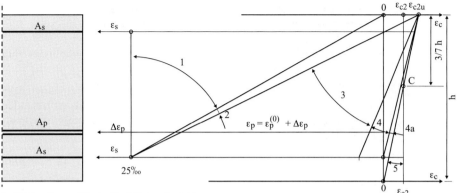

1 Mittiger Zug und Zugkraft mit kleiner Ausmitte
2 Reine Biegung und Biegung mit Längskraft - Beton noch nicht voll ausgenutzt, Stahl ausgenutzt
3 Reine Biegung und Biegung mit Längskraft - Beton und Stahl voll ausgenutzt
4 Reine Biegung und Biegung mit Längskraft - Beton voll ausgenutzt, Stahl nicht voll ausgenutzt
5 Längsdruckkraft mit kleiner Ausmitte

Bild 8.3 Mögliche Dehnungsverteilungen im Grenzzustand der Tragfähigkeit bei im Verbund liegendem Beton- und Spannstahl bis C50/60 (nach DIN 1045-1, Bild 30)

8.2.1.2 Berücksichtigung der Vorspannwirkung bei der Querschnittsbemessung

Bei der Bemessung werden die statisch unbestimmten Schnittgrößen infolge Vorspannung zweckmäßigerweise bei den Einwirkungen angesetzt. Der *statisch bestimmte* Anteil der Vorspannung kann auf 3 verschiedene Arten berücksichtigt werden (siehe u. a. [141]):

a) Ansatz der Vordehnung $\varepsilon_p^{(0)}$ bei der Ermittlung der Spanngliedehnung $\varepsilon_p = \varepsilon_p^{(0)} + \Delta\varepsilon_p$ im Grenzzustand der Tragfähigkeit und bei der Bemessung des Spannbetonquerschnittes (Bild 8.4 a).

b) Ansatz der zu den Vordehnungen $\varepsilon_p^{(0)}$ äquivalenten Spanngliedkräfte $P_{ctd}^{(0)} = -P_{td}^{(0)}$ $= -\varepsilon_p^{(0)} \cdot A_p$ auf den Betonquerschnitt in Höhe der jeweiligen Spanngliedlage und Bemessung des Spannbetonquerschnittes, wobei die Spannstahlbewehrung als nicht vorgespannt betrachtet wird (Bild 8.4 b). P_{ctd} ist hierbei der Bemessungswert (*d*) der von der Vorspannung hervorgerufenen Druckkraft im Betonquerschnitt (*c*) zum Zeitpunkt *t*.

c) Ansatz der zu den Vordehnungen $\varepsilon_p^{(0)}$ und Zusatzdehnungen $\Delta\varepsilon_p$ äquivalenten Spanngliedkräfte F_{pd} als zusätzlich einwirkende Schnittgröße und Bemessung des Stahlbetonquerschnittes (Bild 8.4c). Da die Zusatzdehnungen $\Delta\varepsilon_p$ zunächst unbekannt sind, müssen diese iterativ bestimmt werden. In der Regel nimmt man an, dass die Spannglieder in der vorgedrückten Zugzone die Fließspannung aufweisen (Bild 8.1, Punkt 4).

Für die Vordehnung gilt: $\varepsilon_p^{(0)} = \gamma_p \cdot \varepsilon_{pm,t}^{(0)}$ \hfill (8.11)

mit: $\varepsilon_{pm,t}^{(0)} = \dfrac{\sigma_{pm,0} - \Delta\sigma_{p,c+s+r}}{E_p} - \dfrac{\sigma_{cp,t}}{E_c}$ \hfill (8.12)

$\sigma_{pm,0}$ Mittelwert der Spannstahlspannung nach Beendigung des Spannvorganges
$\sigma_{p,c+s+r}$ Mittelwert der Spannkraftverluste infolge Schwinden, Kriechen, Relaxation zum Zeitpunkt t
$\sigma_{cp,t}$ Betonspannung infolge Vorspannung in Höhe des betrachteten Spanngliedes zum Zeitpunkt t (kann meistens vernachlässigt werden)

Die Zusatzdehnung des Spannstahls ergibt sich aus der Verträglichkeitsbedingung. Aufgrund des Verbundes müssen nach dem Auspressen der Spannglieder die auftretenden Betondehnungen in Höhe der Spannglieder ε_{cp} gleich den zusätzlichen Spannstahldehnungen $\Delta\varepsilon_p$ sein (siehe Bild 8.3).

Verträglichkeitsbedingung: $\varepsilon_{cp} = \Delta\varepsilon_p$ (8.13)

Das Verfahren c) eignet sich vor allem für den Nachweis auf Biegung mit Längskraft im Grenzzustand der Tragfähigkeit, wenn die Grenzdehnung des Spannstahls ε_p im vorhinein bekannt ist. Anderenfalls ist die Methode a) vorzuziehen. Das Verfahren b) bietet sich vor allem bei mehrsträngiger Vorspannung an.

Zur Verdeutlichung sind nachfolgend die einwirkenden Schnittgrößen sowie die Bauteilwiderstände der 3 Verfahren aufgelistet.

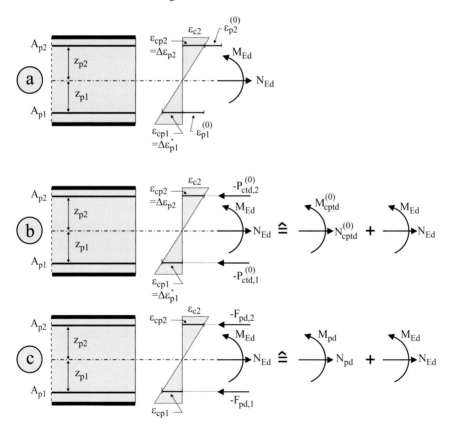

Bild 8.4 Berücksichtigung der statisch bestimmten Wirkung der Vorspannung bei der Querschnittsbemessung

8.2 Nachweise in den Grenzzuständen der Tragfähigkeit

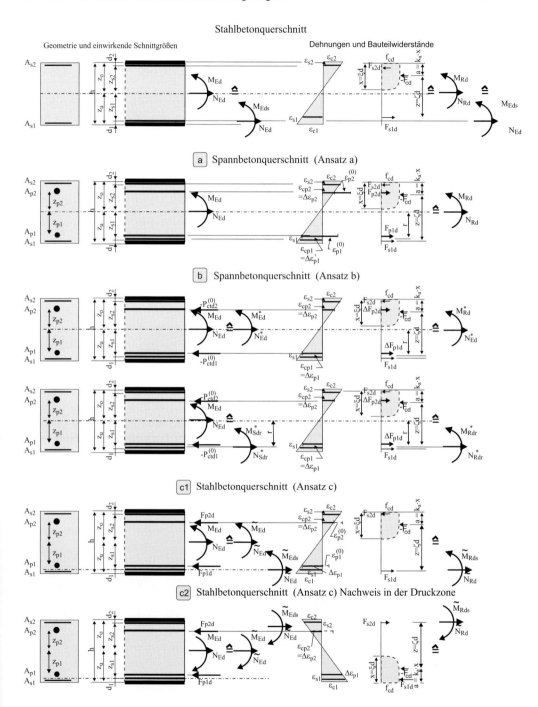

Bild 8.5 Einwirkende Schnittgrößen und Bauteilwiderstände (aus [141], S. 327)

Einwirkende Schnittgrößen

Biegemoment bezogen auf den Schwerpunkt der Biegezugbewehrung:

Ansatz a

Beim Ansatz (a) enthält M_{Ed} und N_{Ed} nur die statisch unbestimmten Schnittkräfte aus Vorspannung. Das Biegemoment bezogen auf den Schwerpunkt der Biegezugbewehrung beträgt:

$$M_{Eds} = M_{Ed} - N_{Ed} \cdot z_{s1} \quad (N_{Ed} \text{ als Zugkraft positiv}) \tag{8.14}$$

Ansatz b

Beim Ansatz (b) enthält M_{Ed} und N_{Ed} die statisch unbestimmten *und* bestimmten Schnittkräfte aus Vorspannung. Für die Schnittgrößen gilt:

$$N_{Ed}^* = N_{Ed} + N_{cptd}^{(0)} = N_{Ed} + P_{ct1d}^{(0)} + P_{ct2d}^{(0)} \tag{8.15}$$

bzw. $\quad N_{cptd}^{(0)} = P_{ct1d}^{(0)} + P_{ct2d}^{(0)} \tag{8.16}$

$$M_{Ed}^* = M_{Ed} + M_{cptd}^{(0)} = M_{Ed} + P_{ct1d}^{(0)} \cdot z_{p1} - P_{ct2d}^{(0)} \cdot z_{p2} \tag{8.17}$$

bzw. $\quad M_{cptd}^{(0)} = P_{ct1d}^{(0)} \cdot z_{p1} - P_{ct2d}^{(0)} \cdot z_{p2} \tag{8.18}$

$$P_{ctid}^{(0)} = -P_{mtid}^{(0)} = -\varepsilon_{mpi}^{(0)} \cdot A_{pi} \quad (i=1,2) \tag{8.19}$$

Für die Berechnung ist es sinnvoll, das Biegemoment auf die Wirkungslinie der resultierenden Biegezugkraft $F_{s1d} + \Delta F_{p1d}$ zu beziehen. Die Lage der Zugkraftresultierenden bzw. deren Abstand von der Schwerachse r wird iterativ bestimmt.

$$N_{Ed}^* = N_{Ed} + N_{cptd}^{(0)} = N_{Ed} + P_{ct1d}^{(0)} + P_{ct2d}^{(0)} \tag{8.20}$$

$$M_{Edr}^* = M_{Edr} + M_{cptdr}^{(0)} = M_{Ed} - N_{Ed} \cdot r + M_{cptd}^{(0)} - N_{cptd}^{(0)} \cdot r \tag{8.21}$$

$$\text{mit: } r = \frac{F_{s1d} \cdot z_{s1} + \Delta F_{p1d} \cdot z_{p1}}{F_{s1d} + \Delta F_{p1d}} \tag{8.22}$$

In der obigen Gleichung sind die Kräfte F_{s1d} und ΔF_{p1d} zunächst nicht bekannt, da die Dehnungsverteilung im Grenzzustand der Tragfähigkeit erst noch ermittelt werden muss. Geht man vereinfachend von einer linearen Dehnungs- und Spannungsverteilung aus (siehe Abschnitt 8.3.6), so lässt sich die gesuchte statische Nutzhöhe d_r mit den folgenden Gleichungen bestimmen.

$$d_r = \frac{A_{s1} \cdot d_s + \chi \cdot A_{p1} \cdot d_p}{A_{s1} + \chi \cdot A_{p1}} \tag{8.23}$$

$$\chi = \frac{\Delta\sigma_{p1}}{\sigma_{s1}} = \frac{d_p - x}{d_s - x} = \frac{d_p - \xi \cdot d_r}{d_s - \xi \cdot d_r} \tag{8.24}$$

8.2 Nachweise in den Grenzzuständen der Tragfähigkeit

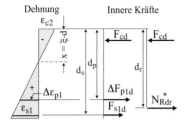

Oftmals befindet sich sowohl der Spannstahl als auch die Zugbewehrung im Grenzzustand der Tragfähigkeit im Fließen. In diesem Falle ist es sinnvoller, den Wert r direkt aus Gleichung 8.22 zu bestimmen, da sowohl $F_{s1d} = A_{s1} \cdot f_{yd}$ als auch $\Delta F_{p1d} = A_{p1} \cdot \Delta \sigma_{p1} = A_{p1} \cdot (\varepsilon_{pyd} - \varepsilon_{pmt}) \cdot E_p$ bekannt sind.

Ansatz c

$$\tilde{N}_{Ed} = N_{Ed} - F_{p1d} - F_{p2d} \tag{8.25}$$

$$\tilde{M}_{Ed} = M_{Edr} - F_{p1d} \cdot z_{p1} + F_{p2d} \cdot z_{p2} \tag{8.26}$$

Zusammenfassung

Tabelle 8.4 Einwirkende Schnittgrößen

	$N_{Ed}, N_{Ed}^*, \tilde{N}_{Ed}$	$M_{Ed}, M_{Ed}^*, M_{Edr}^*, \tilde{M}_{Ed}$
Stahlbeton	N_{Ed}	$M_{Eds} = M_{Ed} - N_{Ed} \cdot z_{s1}$
Ansatz a	N_{Ed} (+ stat. unbest.)	$M_{Eds} = M_{Ed} - N_{Ed} \cdot z_{s1}$ (+ stat. unbest.)
Ansatz b (*)	$N_{Ed}^* = N_{Ed} + P_{ct1d}^{(0)} + P_{ct2d}^{(0)}$	$M_{Ed}^* = M_{Ed} + P_{ct1d}^{(0)} \cdot z_{p1} - P_{ct2d}^{(0)} \cdot z_{p2}$
		$M_{Edr}^* = M_{Ed} - N_{Ed} \cdot r + M_{cptd}^{(0)} - N_{cptd}^{(0)} \cdot r$
Ansatz c (~)	$\tilde{N}_{Ed} = N_{Ed} - F_{p1d} - F_{p2d}$	$\tilde{M}_{Ed} = M_{Edr} - F_{p1d} \cdot z_{p1} + F_{p2d} \cdot z_{p2}$

Aufnehmbare Schnittgrößen (Bauteilwiderstand)

- **Stahlbetonquerschnitt (Rechteck)**

  Resultierende der Betondruckkraft: $F_{cd} = b \cdot d \cdot f_{cd}$ ($F_{cd} < 0$) (8.27)

  Zugkraft der Zugbewehrung: $F_{s1d} = A_{s1} \cdot \sigma_{s1}$ (8.28)

  Druckkraft der Druckbewehrung: $F_{s2d} = A_{s2} \cdot \sigma_{s2}$ ($F_{s2d} < 0$) (8.29)

- **Spannbetonquerschnitt**
  Zusätzliche Kräfte bei Spannbetontragwerken:

Ansatz a

Zugkraft des Spanngliedes in der Zugzone:

$$F_{p1d} = A_{p1} \cdot \sigma_{p1} \tag{8.30}$$

mit: $\quad \sigma_{p1} = (\varepsilon_{p1}^{(0)} + \Delta\varepsilon_{p1}) \cdot E_p \leq f_{p0,1k} / \gamma_s \tag{8.31}$

Druckkraft des Spanngliedes in der Druckzone:

$$F_{p2d} = A_{p2} \cdot \sigma_{p2} \tag{8.32}$$

mit: $\quad \sigma_{p2} = (\varepsilon_{p2}^{(0)} + \Delta\varepsilon_{p2}) \cdot E_p \geq (\varepsilon_{p2}^{(0)} + \lim\Delta\varepsilon_{p2}) \cdot E_p \tag{8.33}$

und $\lim\Delta\varepsilon_{p2} = -2 \,{}^0/_{00} \tag{8.34}$

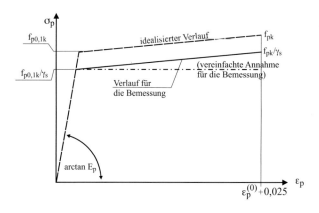

Bild 8.6 Rechnerische Spannungsdehnungslinie des Spannstahles für die Bemessung (DIN 1045-1, Bild 29)

Ansatz b

Da die fiktiven Schnittgrößen N_{Ed}^* bzw. M_{Ed}^* die statisch bestimmten Schnittgrößen aus Vorspannung enthalten, ergeben sich zum Ansatz (a) abweichende innere Kräfte.

Spannkraftzuwachs des Spanngliedes in der Zugzone:

$$\Delta F_{p1d} = A_{p1} \cdot \Delta\sigma_{p1} \tag{8.35}$$

mit:
$$\Delta\sigma_{p1} = \Delta\varepsilon_{p1} \cdot E_p \leq f_{p0,1k} / \gamma_s - \varepsilon_p^{(0)} \cdot E_p \tag{8.36}$$

Spannkraftabnahme des Spanngliedes in der Druckzone:

$$\Delta F_{p2d} = A_{p2} \cdot \Delta\sigma_{p2} \quad (\Delta F_{p2d} < 0) \tag{8.37}$$

mit:
$$\Delta\sigma_{p2} = \Delta\varepsilon_{p2} \cdot E_p \geq \lim\Delta\varepsilon_{p2} \cdot E_p \tag{8.38}$$

8.2 Nachweise in den Grenzzuständen der Tragfähigkeit

Ansatz c

Die inneren Schnittgrößen bestehen nur aus den Schnittgrößen des Stahlbetonquerschnittes. Die aufnehmbaren Schnittgrößen (Bauteilwiderstand) ergeben sich somit wie folgt (Bild 8.5):

Ansatz a

$$N_{Rd} = F_{cd} + F_{s1d} + F_{s2d} + F_{p1d} + F_{p2d} \tag{8.39}$$

$$M_{Rd} = -F_{cd} \cdot (z_0 - a) + F_{s1d} \cdot z_{s1} - F_{s2d} \cdot z_{s2} + F_{p1d} \cdot z_{p1} - F_{p2d} \cdot z_{p2} \tag{8.40}$$

bzw.

$$M_{Rds} = M_{Rd} - N_{Rd} \cdot z_{s1} \tag{8.41}$$

$$M_{Rdr} = M_{Rd} - N_{Rd} \cdot r \tag{8.42}$$

Ansatz b

$$N_{Rd}^* = F_{cd} + F_{s1d} + F_{s2d} + \Delta F_{p1d} + \Delta F_{p2d} \tag{8.43}$$

$$M_{Rd}^* = -F_{cd} \cdot (z_0 - a) + F_{s1d} \cdot z_{s1} - F_{s2d} \cdot z_{s2} + \Delta F_{p1d} \cdot z_{p1} - \Delta F_{p2d} \cdot z_{p2} \tag{8.44}$$

bzw.

$$M_{Rds}^* = M_{Rd}^* - N_{Rd}^* \cdot z_{s1} \tag{8.45}$$

$$M_{Rdr}^* = M_{Rd}^* - N_{Rd}^* \cdot r \tag{8.46}$$

Ansatz c

$$\tilde{N}_{Rd} = F_{cd} + F_{s1d} + F_{s2d} \tag{8.47}$$

$$\tilde{M}_{Rd} = -F_{cd} \cdot (z_0 - a) + F_{s1d} \cdot z_{s1} - F_{s2d} \cdot z_{s2} \tag{8.48}$$

bzw.

$$\tilde{M}_{Rds} = \tilde{M}_{Rd} - \tilde{N}_{Rd} \cdot z_{s1} \tag{8.49}$$

$$\widetilde{M}_{Rdr}^* = \widetilde{M}_{Rd}^* - \widetilde{N}_{Rd}^* \cdot r \tag{8.50}$$

Zusammenfassung

Tabelle 8.5 Innere Schnittgrößen (Bauteilwiderstände)

	$N_{Rd}, N_{Rd}^*, \tilde{N}_{Rd}$	$M_{Rd}, M_{Rd}^*, M_{Rdr}^*, \tilde{M}_{Rd}$
Stahlbeton	N_{Rd}	$M_{Rds} = M_{Rd} - N_{Rd} \cdot z_{s1}$
Ansatz a	$N_{Rd} = F_{cd} + F_{s1d} + F_{s2d}$ $+ F_{p1d} + F_{p2d}$	$M_{Rd} = -F_{cd} \cdot (z_0 - a) + F_{s1d} \cdot z_{s1} - F_{s2d} \cdot z_{s2}$ $+ F_{p1d} \cdot z_{p1} - F_{p2d} \cdot z_{p2}$ $M_{Rds} = M_{Rd} - N_{Rd} \cdot z_{s1}$ $M_{Rdr} = M_{Rd} - N_{Rd} \cdot r$

Tabelle 8.5 (Fortsetzung)

	$N_{Rd}, N_{Rd}^*, \tilde{N}_{Rd}$	$M_{Rd}, M_{Rd}^*, M_{Rdr}^*, \tilde{M}_{Rd}$
Ansatz b (*)	$N_{Rd}^* = F_{cd} + F_{s1d} + F_{s2d}$ $+ \Delta F_{p1d} + \Delta F_{p2d}$	$M_{Rd}^* = -F_{cd} \cdot (z_0 - a) + F_{s1d} \cdot z_{s1} - F_{s2d} \cdot z_{s2}$ $+ \Delta F_{p1d} \cdot z_{p1} - \Delta F_{p2d} \cdot z_{p2}$ $M_{Rds}^* = M_{Rd}^* - N_{Rd}^* \cdot z_{s1}$ $M_{Rdr}^* = M_{Rd}^* - N_{Rd}^* \cdot r$
Ansatz c (~)	$\tilde{N}_{Rd} = F_{cd} + F_{s1d} + F_{s2d}$	$\tilde{M}_{Rd} = -F_{cd} \cdot (z_0 - a) + F_{s1d} \cdot z_{s1} - F_{s2d} \cdot z_{s2}$ $\tilde{M}_{Rds} = \tilde{M}_{Rd} - \tilde{N}_{Rd} \cdot z_{s1}$ $\widetilde{M}_{Rdr}^* = \widetilde{M}_{Rd}^* - \widetilde{N}_{Rd}^* \cdot r$

Die Bemessungsaufgabe lässt sich unter Berücksichtigung der Gleichgewichtsbedingung (innere = äußere Schnittgrößen), der Verträglichkeit der Dehnungen und der Materialgesetze lösen, wobei jedoch die Grenzdehnungen zunächst angenommen werden müssen. Zur Bestimmung der erforderlichen Bewehrungs- bzw. Spannstahlmenge stehen die bekannten Berechnungsverfahren (siehe Tabelle 8.6 und Bild 8.7) zur Verfügung, wobei lediglich das neue Sicherheitskonzept zu berücksichtigen ist.

Beispiel

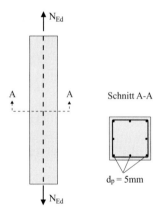

Die verschiedenen Berechnungsansätze werden im Folgenden an einem einfachen Beispiel, einem vorgespannten Zugstab erläutert. Ziel der Bemessung ist die Bestimmung der erforderlichen Betonstahlmenge. Zeitabhängige Einflüsse werden vernachlässigt. Die zulässige Spannung in der Bewehrung wird zur Begrenzung der Rissbreiten auf $\sigma_s = 200$ N/mm² festgelegt.

Die Vorbelastung der Betonstahlbewehrung und des Betons durch die Vorspannung wird zur Vereinfachung vernachlässigt (Für einen 20×20 cm Querschnitt aus Beton C35/40 würde die Spannung in der Bewehrung lediglich ca. $\sigma_s = -21$ N/mm² betragen).

Belastung: $N_{Ed} = 300$ kN

Vorspannung mit 8 Drähten $d_p = 5$ mm :
$A_p = 157{,}1$ mm²
$\sigma_{pm0} = 1000$ N/mm²
$P_{m0} = \sigma_{pm0} \cdot A_p = 1{,}0 \cdot 157{,}1 = 157{,}1$ kN

Ansatz a

Äußere Einwirkung: $N_{Ed} = 300$ kN

Innere Schnittgrößen: $N_{Rd} = F_{cd} + F_{sd} + F_{pd}$ (Beton + Betonstahl + Spannstahl)

Die Spannstahldehnung beträgt: $\varepsilon_{pm0} = \sigma_{pm0} / E_p = 1000 / 200.000 = 0{,}005$

8.2 Nachweise in den Grenzzuständen der Tragfähigkeit

Die zusätzliche Spannstahldehnung infolge der äußeren Belastung läßt sich aus der angesetzten maximalen Betonstahlspannung bestimmen: $\Delta\varepsilon_p = \varepsilon_s = \sigma_s / E_s = 200 / 200.000 = 0,001$

Hiermit ergibt sich die Spannstahlkraft zu: $F_{pd} = \varepsilon_p \cdot E_p \cdot A_p = 0,006 \cdot 200.000 \cdot 157,1$
$$= 157 + 31 = 188 \text{ kN}$$

Der Betonanteil ist gleich Null, da der Querschnitt gerissen ist.

Gleichgewichtsbedingung: $N_{Rd} = F_{cd} + F_{sd} + F_{pd} = 0 + F_{sd} + 188 \text{ kN} = N_{Ed} = 300 \text{ kN}$
$$\to F_{sd} = 112 \text{ kN}$$

erf $A_s = 112000 / 200 = 560 \text{ mm}^2$

Ansatz b

Äußere Einwirkung: $N_{Ed}^* = N_{Ed} + P_{ct1d}^{(0)} = 300 - 157 = 143 \text{ kN}$

Innere Schnittgrößen: $N_{Rd}^* = F_{cd} + F_{sd} + \Delta F_{pd}$

Die zusätzliche Spannstahldehnung infolge der äußeren Belastung folgt aus der angesetzten maximalen Betonstahlspannung zu: $\Delta\varepsilon_p = \varepsilon_s = \sigma_s / E_s = 200 / 200000 = 0,001$

Hiermit ergibt sich die zusätzliche Spannstahlkraft zu:

$\Delta F_{pd} = \Delta\varepsilon_p \cdot E_p \cdot A_p = 0,001 \cdot 200.000 \cdot 157,1 = 31 \text{ kN}$

Gleichgewichtsbedingung: $N_{Rd}^* = F_{cd} + F_{sd} + \Delta F_{pd} = 0 + F_{sd} + 31 \text{ kN} = N_{Ed}^* = 143 \text{ kN}$
$$\to F_{sd} = 112 \text{ kN}$$

Ansatz c

Äußere Einwirkung: $\tilde{N}_{Ed} = N_{Ed} - F_{pd} = 300 - 188 \text{ kN} = 112 \text{ kN}$
(Berechnung der Spannstahlkraft s.o.)

Innere Schnittgrößen: $\tilde{N}_{Rd} = F_{cd} + F_{sd}$

Gleichgewichtsbedingung: $\tilde{N}_{Rd} = F_{cd} + F_{sd} = 0 + F_{sd} = \tilde{N}_{Ed} = 112 \text{ kN}$
$$\to F_{sd} = 112 \text{ kN}$$

8.2.1.3 Allgemeines Bemessungsdiagramm bzw. dimensionslose Beiwerte

Das allgemeine Bemessungsdiagramm ist für beliebige Spannungsdehnungslinien gültig und eignet sich somit besonders zur Bemessung von Spannbetonkonstruktionen, bei denen sich die σ-ε-Linien der Bewehrung und des Spannstahls unterscheiden.

Das Diagramm lässt sich am besten bei der Berechnung nach Ansatz c anwenden, da sich hiermit bei vorgegebenen Spannstahlquerschnitten direkt die evtl. erforderliche zusätzliche Betonstahlbewehrung ergibt.

Alternative – Näherungsgleichungen nach Quast [223]:

$$\mu_{Eds} = \frac{M_{Eds}}{b \cdot d^2 \cdot f_{cd}} \quad \text{mit:} \quad f_{cd} = \alpha \cdot f_{ck} / \gamma_c \tag{8.51}$$

$$z = (1 - 0{,}6\mu_{Eds}) \cdot d\,; \quad x = 2{,}5 \cdot (d - z)\,; \quad x/d = 2{,}5 \cdot (1 - z/d)) \tag{8.52}$$

$$\text{req } A_s = \frac{1}{f_{yd}} \left(\frac{M_{Eds}}{z} - A_p \cdot \sigma_p \right) \tag{8.53}$$

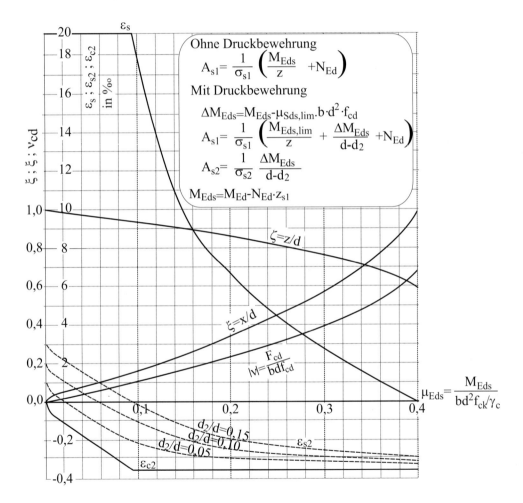

Bild 8.7 Allgemeines Bemessungsdiagramm für Rechteckquerschnitte mit den Bemessungswerten (bis C50/60)

Tabelle 8.6 Bemessungstabelle mit dimensionslosen Beiwerten für den Rechteckquerschnitt ohne Druckbewehrung für Biegung mit Längskraft (bis C50/60)

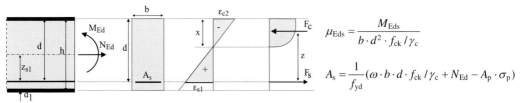

$$\mu_{Eds} = \frac{M_{Eds}}{b \cdot d^2 \cdot f_{ck}/\gamma_c}$$

$$A_s = \frac{1}{f_{yd}}(\omega \cdot b \cdot d \cdot f_{ck}/\gamma_c + N_{Ed} - A_p \cdot \sigma_p)$$

μ	ω	$\xi = x/d$	k_a	α	$\zeta = z/d$	ε_{c2} [‰]	ε_{s1} [‰]	σ_{Sd} [N/mm²]
0,000	0,0000	0,000	0,333	0,000	1,000	0,00	20,00	435
0,010	0,0101	0,036	0,345	0,279	0,988	−0,75	20,00	435
0,020	0,0205	0,053	0,352	0,387	0,981	−1,12	20,00	435
0,030	0,0309	0,067	0,359	0,463	0,976	−1,43	20,00	435
0,040	0,0413	0,079	0,367	0,521	0,971	−1,72	20,00	435
0,050	0,0519	0,091	0,375	0,568	0,966	−2,01	20,00	435
0,060	0,0626	0,104	0,385	0,605	0,960	−2,31	20,00	435
0,070	0,0735	0,116	0,395	0,634	0,954	−2,62	20,00	435
0,080	0,0842	0,128	0,403	0,657	0,948	−2,94	20,00	435
0,090	0,0954	0,141	0,411	0,677	0,942	−3,28	20,00	435
0,100	0,1069	0,155	0,416	0,688	0,935	−3,50	19,03	435
0,110	0,1185	0,172	0,416	0,688	0,928	−3,50	16,83	435
0,120	0,1303	0,189	0,416	0,688	0,921	−3,50	14,99	435
0,130	0,1423	0,207	0,416	0,688	0,914	−3,50	13,43	435
0,140	0,1544	0,224	0,416	0,688	0,907	−3,50	12,10	435
0,150	0,1668	0,242	0,416	0,688	0,899	−3,50	10,94	435
0,160	0,1795	0,261	0,416	0,688	0,892	−3,50	9,92	435
0,170	0,1924	0,280	0,416	0,688	0,884	−3,50	9,02	435
0,180	0,2055	0,299	0,416	0,688	0,876	−3,50	8,22	435
0,190	0,2189	0,318	0,416	0,688	0,868	−3,50	7,50	435
0,200	0,2327	0,338	0,416	0,688	0,859	−3,50	6,85	435
0,210	0,2468	0,359	0,416	0,688	0,851	−3,50	6,26	435
0,220	0,2612	0,380	0,416	0,688	0,842	−3,50	5,72	435
0,230	0,2762	0,401	0,416	0,688	0,833	−3,50	5,22	435

Tabelle 8.6 (Fortsetzung)

μ	ω	$\xi = x/d$	k_a	α	$\zeta = z/d$	ε_{c2} [‰]	ε_{s1} [‰]	σ_{Sd} [N/mm²]
0,240	0,2912	0,423	0,416	0,688	0,824	−3,50	4,77	435
0,250	0,3068	0,446	0,416	0,688	0,815	−3,50	4,35	435
0,260	0,3233	0,470	0,416	0,688	0,805	−3,50	3,95	435
0,270	0,3397	0,494	0,416	0,688	0,795	−3,50	3,59	435
0,280	0,3573	0,519	0,416	0,688	0,784	−3,50	3,24	435
0,290	0,3751	0,545	0,416	0,688	0,773	−3,50	2,92	435
0,300	0,3935	0,572	0,416	0,688	0,762	−3,50	2,62	435
0,310	0,4131	0,600	0,416	0,688	0,750	−3,50	2,33	435
0,320	0,4339	0,631	0,416	0,688	0,738	−3,50	2,05	410
0,330	0,4553	0,662	0,416	0,688	0,725	−3,50	1,79	358
0,340	0,4778	0,694	0,416	0,688	0,711	−3,50	1,54	308
0,350	0,5028	0,731	0,416	0,688	0,696	−3,50	1,29	258
0,360	0,5293	0,769	0,416	0,688	0,680	−3,50	1,05	210
0,370	0,5588	0,812	0,416	0,688	0,662	−3,50	0,81	162
0,380	0,5917	0,860	0,416	0,688	0,642	−3,50	0,57	114
0,390	0,6305	0,916	0,416	0,688	0,619	−3,50	0,32	64
0,400	0,6765	0,983	0,416	0,688	0,591	−3,50	0,06	12

Vorgehensweise (Ansatz a)

- Ermittlung der Grenzbelastung $M_{Ed,max}$ infolge der äußeren Einwirkungen (ohne statisch bestimmte Vorspannmomente aber mit statisch. unbest. Anteilen)
- Ermittlung des Momentes bezogen auf die Achse der Zugkraftresultierenden
  $M_{Eds} = M_{Ed} − N_{Ed} \cdot z_{s1}$ (N_{Ed} als Zugkraft positiv, nur äußere Belastung)

  Berechnung des Hilfswertes $\mu_{Eds} = \dfrac{M_{Eds}}{b \cdot d^2 \cdot f_{ck} / \gamma_c}$

- Aus der Tabelle 8.6 ergibt sich der Wert ω sowie die Änderung der Stahldehnung infolge der äußeren Einwirkungen $\Delta\varepsilon_p$.
- Für die Ermittlung der eventuell erforderlichen Bewehrung wird die Spannstahlspannung σ_{pd} im Grenzzustand der Tragfähigkeit benötigt. Sie ergibt sich wie folgt:

$$\sigma_{pd} = (r_{inf} \cdot \varepsilon_{pm} + \Delta\varepsilon_p) \cdot E_p \leq f_{p;0,1k} / \gamma_s$$

8.2 Nachweise in den Grenzzuständen der Tragfähigkeit

mit:
ε_{pm} zur mittleren Vorspannkraft $P_{m,t}$ zugehörige Vordehnung des Spannstahls
$\Delta\varepsilon_p$ Änderung der Stahldehnung infolge der äußeren Einwirkungen
r_{inf} Beiwert zur Ermittlung des unteren charakteristischen Wertes der Vorspannung:
$r_{inf} = 0{,}9$

Die mittlere Vordehnung des Spannstahls ergibt sich aus:

$$\varepsilon_{pm} = \frac{\sigma_{pm0} - \Delta\sigma_{p,c+s+r}}{E_p}$$

Hiermit kann die Spannstahlspannung σ_{pd} bestimmt werden. Es ist zu beachten, dass die maximale Dehnung auf $\varepsilon_{p0,1k} = f_{p0,1k} / E_p$ begrenzt ist.

- Bestimmung der erforderlichen Betonstahlbewehrung

$$\text{erf } A_s = \frac{1}{f_{yd}}(\omega \cdot b \cdot d \cdot f_{ck}/\gamma_c + N_{Ed} - A_p \cdot \sigma_{pd}) \quad \text{(dimensionslose Beiwerte)}$$

$$\text{erf } A_s = \frac{1}{\sigma_s}\left(\frac{M_{Eds}}{z} + N_{Ed} - A_p \cdot \sigma_{pd}\right) \quad \text{(allgemeines Bemessungsdiagramm)}$$

(mit: $\sigma_{s1} = \varepsilon_{s1} E_s \leq f_{yd}$)

8.2.2 Bemessung für Querkräfte

Der Querkraftnachweis eines vorgespannten Bauteils ist weitgehend identisch dem eines Stahlbetontraggliedes. Lediglich der Einfluss der ständig wirkenden Vorspannkraft im Querschnitt ist zu berücksichtigen. Eine Druckkraft erhöht die Schubtragfähigkeit des reinen Betonquerschnitts $V_{Rd,ct}$. Weiterhin verringert sie den Druckstrebenwinkel θ. Die Spannungen in den geneigten Druckstreben nehmen zu. Der Bemessungswert der durch die Druckstrebenfestigkeit begrenzten maximal aufnehmbaren Querkraft $V_{Rd,max}$ ist daher ggf. zu reduzieren. Befindet sich der Querschnitt im Grenzzustand der Tragfähigkeit im Zustand I (ungerissen) so gelten andere Beziehungen als für einen gerissenen Querschnitt.

8.2.2.1 Bemessungsschubkraft

Die Vorspannung weist bei geneigter Spanngliedführung eine Querkraftkomponente V_{pd} auf (siehe Bild 8.8). Diese kann die Bemessungsquerkraft V_{Ed} vergrößern oder verkleinern.

Querkraftnachweis: $V_{Ed} = V_{Ed,0} - V_{ccd} - V_{td} - V_{pd} \leq V_{Rd}$ (nach DIN 1045-1, Gl. 69) (8.54)

mit:
V_{Ed} Bemessungswert der einwirkenden Querkraft
$V_{Ed,0}$ Bemessungswert der auf den Querschnitt einwirkenden Querkraft
V_{ccd} Bemessungswert der Querkraftkomponente der Druckzone
V_{td} Bemessungswert der Querkraftkomponente der Betonstahlzugkraft
V_{pd} Querkraftkomponente infolge des geneigten Spannglieds parallel zu $V_{Ed,0}$ im Grenzzustand der Tragfähigkeit. Falls die Spannstahlspannung die charakteristische Festigkeit übersteigt gilt: $V_{pd} \leq A_p \cdot f_{p01,k}/\gamma_s \cdot \tan\alpha$
im anderen Falle gilt: $V_{pd} \leq \gamma_p \cdot P_{m,t} \cdot \tan\alpha$

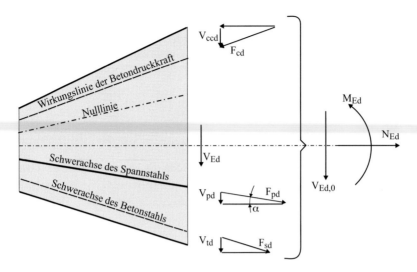

Bild 8.8 Querkraftanteile eines gevouteten Trägers (nach DIN 1045-1, Bild 31)

Die Querkraftkomponente der Vorspannung V_{pd} ist positiv, falls sie die gleiche Richtung wie $V_{Ed,0}$ aufweist (siehe Bild 8.8). Alternativ kann der Querkraftanteil aus Vorspannung auch mit Hilfe der Umlenklasten ermittelt werden, wie das folgende Beispiel zeigt.

Der Querkraftanteil aus Vorspannung ergibt sich aus dem Spanngliedverlauf. Für einen Einfeldträger mit parabolisch geführtem Spannglied gilt (Bild 8.9):

a) Spanngliedverlauf:

$$z_P(x) = 4f \cdot \left(\frac{x}{l_{tot}} - \left[\frac{x}{l_{tot}} \right]^2 \right) + z_{pA} \cdot \frac{l_{tot}-x}{l_{tot}} + z_{pB} \cdot \frac{x}{l_{tot}} \tag{8.55}$$

Neigung des Spanngliedes:

$$z'_P(x) = 4f \cdot \left(\frac{1}{l_{tot}} - \frac{2 \cdot x}{l_{tot}^2} \right) + \frac{z_{pB} - z_{pA}}{l_{tot}} \tag{8.56}$$

Querkraftkomponente:

$$V_{pd} = z'_p \cdot P_{m,t} = \tan\alpha \cdot P_{m,t} = \left\{ 4f \cdot \left(\frac{1}{l_{tot}} - \frac{2 \cdot x}{l_{tot}^2} \right) + \frac{z_{pB} - z_{pA}}{l_{tot}} \right\} \cdot P_{m,t} \tag{8.57}$$

b) Umlenklast:

$$u = \frac{8 \cdot f}{l_{tot}^2} \cdot P_{m,t} \tag{8.58}$$

Querkraft am Trägeranfang:

$$V_{Ap1} = u \cdot \frac{l_{tot}}{2} = \frac{4 \cdot f}{l_{tot}} \cdot P_{m,t} \tag{8.59}$$

8.2 Nachweise in den Grenzzuständen der Tragfähigkeit

Querkraft am Trägeranfang aus den Schlusslinienkräften:

$$V_{Ap2} = P_{m,t} \cdot \frac{z_{pB} - z_{pA}}{l_{tot}} \tag{8.60}$$

Querkraft an der Stelle x:

$$V_{pd} = V_{Ap} - u \cdot x = \frac{4 \cdot f}{l_{tot}} \cdot P_{m,t} + P_{m,t} \cdot \frac{z_{pB} - z_{pA}}{l_{tot}} - \frac{8 \cdot f}{l_{tot}^2} \cdot x \cdot P_{m,t}$$
$$= \left\{ 4 \cdot f \cdot \left(\frac{1}{l_{tot}} - \frac{2 \cdot x}{l_{tot}^2} \right) + \frac{z_{pB} - z_{pA}}{l_{tot}} \right\} \cdot P_{m,t} \tag{8.61}$$

Mit den Ersatzlasten ergibt sich somit erwartungsgemäß die gleiche Querkraftkomponente aus Vorspannung wie beim Ansatz der örtlichen Spanngliedneigung. Bei vorgespannten Flachdecken, bei welchen die Wirkung der Vorspannung oftmals als äußere Einwirkung durch Umlenklasten idealisiert wird, sind daher lediglich die Querkräfte V_p infolge u und nicht zusätzlich die schräge Spanngliedlage anzusetzen.

Die obige Gleichung gilt nur für statisch bestimmte Systeme. Bei statisch unbestimmten Tragwerken sind zusätzlich die Zwängungskräfte zu berücksichtigen.

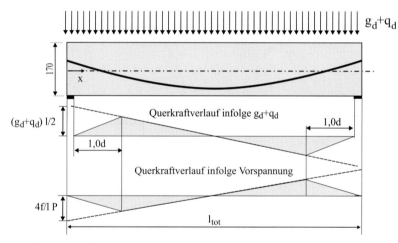

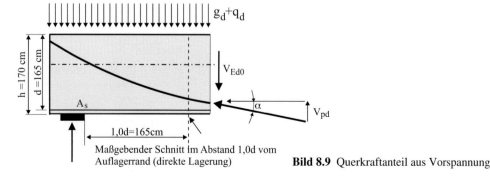

Bild 8.9 Querkraftanteil aus Vorspannung

8.2.2.2 Schubtragfähigkeit ohne Schubbewehrung

Die Schubtragfähigkeit eines Stahl- oder Spannbetonquerschnitts ohne Schubbewehrung setzt sich aus folgenden Anteilen zusammen (siehe Bild 8.10):

- Querkraftabtrag in der Druckzone V_{cd}
- Rissreibung bzw. Rissverzahnung V_{cR}
- Biegung des Betonzahnes
- Dübelwirkung der Längsbewehrung in der Zugzone $V_{Dü}$

Die einzelnen Komponenten können nur durch Versuche bestimmt werden. Insofern ist es auch nicht verwunderlich, dass die verschiedenen Bemessungsmodelle teilweise zu sehr unterschiedlichen Ergebnissen führen (siehe Bild 8.11).

Die Querkrafttragfähigkeit eines Stahlbetonbauteils ohne Schubbewehrung hängt somit im Wesentlichen von der Betonzugfestigkeit ($f_{ctm} = 0,2 \cdot f_{ck}^{2/3}$), dem Biegebewehrungsgrad ρ_l und der vorhandenen Betondruckspannung σ_{cd} ab.

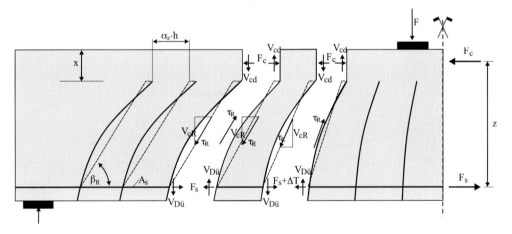

Bild 8.10 Komponenten der Querkraftabtragung (Zahnmodell) nach Reineck [142]

Diese Größen finden sich in der Gleichung 8.62 zur Bestimmung der aufnehmbaren Querkraft eines Bauteils ohne rechnerisch erforderliche Querkraftbewehrung $V_{Rd,ct}$ wieder.

$$V_{Rd,ct} = [\eta_1 \cdot 0,10 \kappa \cdot (100 \cdot \rho_l \cdot f_{ck})^{1/3} - 0,12 \cdot \sigma_{cd}] \cdot b_w \cdot d \quad \text{(DIN 1045-1, Gl. 70)} \quad (8.62)$$

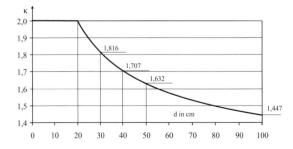

dabei sind:

$\eta_1 = 1,0$ für Normalbeton
ρ_l der Längsbewehrungsgrad mit
$\rho_l = A_{sl} / (b_w \cdot d) \leq 0,02$
$\kappa = 1 + \sqrt{200/d} \leq 2,0$ mit d in mm

A_{sl} die Fläche der Zugbewehrung, die mindestens um das Maß d über den betrachteten Querschnitt geführt und dort wirksam verankert wird. Bei Vorspannung mit sofortigem Verbund darf die Spannstahlfläche voll auf A_{sl} angerechnet werden.
b_w die kleinste Querschnittsbreite innerhalb der Zugzone des Querschnitts in mm
d die statische Nutzhöhe der Biegebewehrung im betrachteten Querschnitt in mm
σ_{cd} der Bemessungswert der Betonlängsspannung in Höhe des Schwerpunktes des Querschnitts mit $\sigma_{cd} = N_{Ed} / A_c$ in N/mm²
N_{Ed} der Bemessungswert der Längskraft im Querschnitt infolge äußerer Einwirkungen oder Vorspannung ($N_{Ed} < 0$ als Längsdruckkraft)

Die Vorspannung wird über die erzeugte Druckspannung σ_{cd} im Schwerpunkt des Querschnitts berücksichtigt. Sie erhöht die aufnehmbare Querkraft. Der Vorfaktor von 0,12 wurde durch Versuche bestimmt. Nach EC2 beträgt er 0,15.

Bei Platten ist man bestrebt, den Einbau von Schubbewehrung möglichst zu vermeiden. Insofern ist gerade für Flächentragwerke die Größe von $V_{Rd,ct}$ von großer Bedeutung. Bild 8.11 zeigt einen Vergleich der Bemessungsansätze der alten DIN 1045:1988 und der neuen DIN 1045-1:2001. Es wird eine Platte mit einer statischen Nutzhöhe von $d = 30$ cm betrachtet (Kragplatte einer Brücke). Man erkennt, dass nach dem neuen Berechnungsansatz erheblich höhere Längsbewehrungsgrade als bisher erforderlich werden, wenn man auf eine Schubbewehrung verzichten möchte.

Gleichung 8.2 führt bei nicht vorgespannten Bauteilen mit geringen Bewehrungsgraden zu sehr kleinen Querkrafttragfähigkeiten (Bild 8.11). Dies ist nicht durch neuere Versuchsergebnisse bzw. die bisherige Baupraxis gerechtfertigt. Nach DIN-Fachbericht 102 (Gleichung 4.118N) ist folgende Mindesttragfähigkeit ohne Querkraftbewehrung gegeben:

$$\min V_{Rd,ct} = (0{,}035 \cdot \kappa^{2/3} \cdot f_{ck} - 0{,}12 \cdot \sigma_{cd}) \cdot b_w \cdot d \tag{8.62a}$$

Für das Beispiel in Bild 8.11 ergibt sich ein Wert von: min $V_{Rd,ct}/1{,}4 = 0{,}335$ MPa.

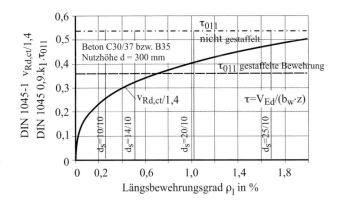

Bild 8.11 Vergleich der Berechnungsansätze zwischen DIN 1045:1988 und DIN 1045-1:2001 ($\sigma_{cd} = 0$)

8.2.2.3 Ungerissene Querschnitte

Ist die Betonzugspannung in einem Bauteil im Grenzzustand der Tragfähigkeit kleiner als $f_{ctk;0,05}/\gamma_c$, so kann von einem ungerissenen Querschnitt ausgegangen werden. Es gelten die Beziehungen der Elastizitätstheorie. Die größte Hauptzugspannung wird hierbei auf zulässige Werte begrenzt.

mit:

$$\tau = \frac{V_{Rd,ct} \cdot S}{I \cdot b_w} \quad \text{bzw.} \quad V_{Rd,ct} = \frac{I \cdot b_w}{S} \cdot \tau \tag{8.63}$$

beträgt die größte Hauptzugspannung im Querschnitt:

$$\sigma_I = \frac{\sigma_{cd}}{2} + \frac{1}{2}\sqrt{\sigma_{cd}^2 + 4\tau^2} = \frac{\sigma_{cd}}{2} + \frac{1}{2}\sqrt{\sigma_{cd}^2 + 4 \cdot \left[\frac{V_{Rd,ct} \cdot S}{I \cdot b_w}\right]^2} \leq \frac{f_{c+R;0,05}}{\gamma_c} \tag{8.64}$$

$$\frac{f_{c+R;0,05}}{\gamma_c} - \frac{\sigma_{cd}}{2} \geq \frac{1}{2}\sqrt{\sigma_{cd}^2 + 4 \cdot \left[\frac{V_{Rd,ct} \cdot S}{I \cdot b_w}\right]^2} \tag{8.65}$$

$$\left(\frac{f_{c+R;0,05}}{\gamma_c}\right)^2 - \sigma_{cd} \cdot \frac{f_{c+R;0,05}}{\gamma_c} + \left(\frac{\sigma_{cd}}{2}\right)^2 \geq \frac{1}{4}\left(\sigma_{cd}^2 + 4 \cdot \left[\frac{V_{Rd,ct} \cdot S}{I \cdot b_w}\right]^2\right) \tag{8.66}$$

$$\left[\frac{V_{Rd,ct} \cdot S}{I \cdot b_w}\right] \leq \sqrt{\left(\frac{f_{c+R;0,05}}{\gamma_c}\right)^2 - \sigma_{cd} \cdot \frac{f_{c+R;0,05}}{\gamma_c}} \tag{8.67}$$

bzw.

$$V_{Rd,ct} = \frac{I \cdot b_w}{S} \cdot \sqrt{\left(\frac{f_{ctk;0,05}}{\gamma_c}\right)^2 - \alpha_l \cdot \sigma_{cd} \cdot \frac{f_{ctk;0,05}}{\gamma_c}} \quad \text{(DIN 1045-1, Gl. 72)} \tag{8.68}$$

Hierin sind:

I Flächenträgheitsmoment 2. Grades des Querschnitts (Trägheitsmoment)
S Flächenträgheitsmoment 1. Grades des Querschnitts (Statisches Moment)
α_l $= l_x / l_{bpd} \leq 1,0$ bei Vorspannung mit sofortigem Verbund (siehe Bild 10.26)
      $= 1,0$ sonst
l_x Abstand des betrachteten Punktes vom Beginn der Verankerungslänge des Spanngliedes
l_{bpd} oberer Bemessungswert der Übertragungslänge des Spanngliedes
$f_{ctk;0,05}$ unterer Quantilwert der Betonzugfestigkeit, jedoch

$$f_{ctk;0,05} = 0,21 \cdot f_{ck}^{(2/3)} \leq 2,7 \text{ N/mm}^2$$

γ_c $= 1,8$ Sicherheitsbeiwert für *un*bewehrten Beton
σ_{cd} Bemessungswert der Betonlängsspannung in Höhe des Schwerpunktes des Querschnitts mit $\sigma_{cd} = N_{Ed} / A_c$ in N/mm²

Mit dem Faktor α_l wird die lineare Zunahme der Normalspannung σ_{cd} im Querschnitt im Bereich der Übertragungslänge l_{bp} bei Vorspannung mit sofortigem Verbund berücksichtigt. Es wird hierbei vernachlässigt, dass erst am Ende der Eintragungslänge $l_{p,eff} = \sqrt{l_{bpd}^2 + d^2}$ eine lineare Verteilung der Betonspannungen infolge Vorspannung vorliegt. Als Bemessungswert der Übertragungslänge ist $1,2\, l_{bp}$ anzusetzen.

8.2.2.4 Querkrafttragfähigkeit mit Schubbewehrung

Die Bemessung beruht auf einem Fachwerkmodell, das auf Mörsch zurückgeht. Die Bemessungsgleichungen lassen sich explizit aus den Stabkräften herleiten (Bild 8.12). Es ist nachzuweisen, dass die Querkrafttragfähigkeit des Querschnitts mit Schubbewehrung $V_{Rd,sy}$ ausreicht und weiterhin die durch die Druckstrebenfestigkeit begrenzte maximal aufnehmbare Querkraft $V_{Rd,max}$ nicht überschritten wird.

Die Stabkräfte des Fachwerks und damit die rechnerisch erforderliche Schubbewehrung sowie die Betondruckspannung hängen von der Druckstrebenneigung θ ab. Die erforderliche Schubbewehrung nimmt mit θ ab, wie man aus Bild 8.14 sieht. Die aufnehmbare

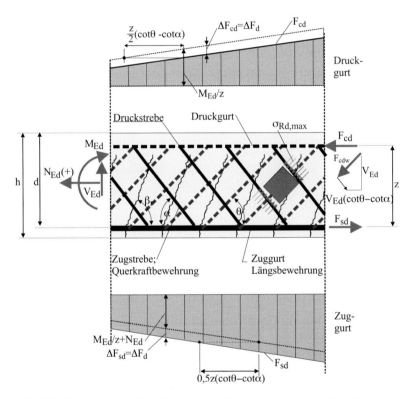

Bild 8.12 Fachwerkmodell und Benennung für querkraftbewehrte Bauteile (nach DIN 1045-1, Bild 33)

θ Winkel zwischen Betondruckstreben und der Bauteilachse
α Winkel zwischen Querkraftbewehrung und der Bauteilachse
F_{sd} Bemessungswert der Zugkraft in der Längsbewehrung
F_{cd} Bemessungswert der Betondruckkraft in Richtung der Bauteilachse
b_w kleinste Querschnittsbreite (innerhalb der Zugzone)
z innerer Hebelarm im betrachteten Bauteilabschnitt beim Größtmoment (vereinfachend gilt: $z \approx 0{,}9\,d$)
ΔF_{sd} Zugkraftanteil in der Längsbewehrung infolge Querkraft mit
$$\Delta F_{sd} = 0{,}5\,|V_{Ed}|\cdot(\cot\theta - \cot\alpha)$$

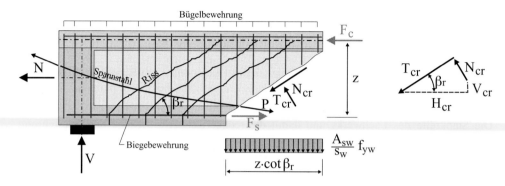

Bild 8.13 Komponenten der Querkraftabtragung (nach Reineck [142])

Druckkraft hat ihr Maximum bei $\theta = 45°$. Versuche haben ergeben, dass der Druckstrebenwinkel im Grenzzustand der Tragfähigkeit u.a. von der vorhandenen Normalspannung σ_{Ed} und der Betonzugfestigkeit abhängt. Diese Einflussfaktoren werden in der Norm DIN 1045-1 (siehe Gl. 8.69) berücksichtigt. Nach EC2 Teil 1 kann der Druckstrebenwinkel in gewissen Grenzen ($30° \leq \theta \leq 70°$) frei gewählt werden.

Die Neigung θ der Druckstreben des Fachwerks ist nach DIN 1045-1 wie folgt zu begrenzen:

$$0{,}58 \leq \cot\theta \leq \frac{1{,}2 - 1{,}4 \cdot \sigma_{cd}/f_{cd}}{1 - V_{Rd,c}/V_{Ed}} \begin{cases} \leq 3{,}0 & \text{für Normalbeton} \\ \leq 2{,}0 & \text{für Leichtbeton} \end{cases} \quad \text{(DIN 1045-1, Gl. 73)}$$

(8.69)

bzw. $30° \leq \theta \leq 72°$ bzw. $63°$

Hierin ist $V_{Rd,c}$ der Querkraftanteil des Betonquerschnitts mit Querkraftbewehrung (Bild 8.13). Er hängt von der Betonzugfestigkeit (f_{ct} ist proportional zu $f_{ck}^{(1/3)}$) und der Druck- bzw. Zugspannung in der Schwerachse des Querschnitts ab.

$$V_{Rd,c} = \eta_1 \cdot \beta_{ct} \cdot 0{,}10 \cdot f_{ck}^{1/3} \cdot \left(1 + 1{,}2 \cdot \frac{\sigma_{cd}}{f_{cd}}\right) \cdot b_w \cdot z \quad \text{(DIN 1045-1, Gl. 74)} \quad (8.70)$$

Dabei ist:

$\beta_{ct} = 2{,}4$
$\eta_1 = 1{,}0$ für Normalbeton
σ_{cd} Bemessungswert der Betonlängsspannung in Höhe des Schwerpunkts des Querschnitts mit $\sigma_{cd} = N_{Ed}/A_c$ in N/mm²
N_{Ed} Bemessungswert der Längskraft im Querschnitt infolge äußerer Einwirkungen oder Vorspannung ($N_{Ed} < 0$ als Längsdruckkraft)

Die rechnerische anzusetzende Stegbreite ist nach DIN 1045-1 bei Vorspannung mit Verbund wie folgt zu reduzieren: $\quad b_{w,nom} = b_w - 0{,}5 \sum d_h \quad$ bis C50/60 oder LC50/55

$$b_{w,nom} = b_w - 1{,}0 \sum d_h \quad \text{ab C55/67 oder LC55/60}$$

Bei Vorspannung ohne Verbund gilt: $\quad b_{w,nom} = b_w - 1{,}3 \sum d_h$

8.2 Nachweise in den Grenzzuständen der Tragfähigkeit

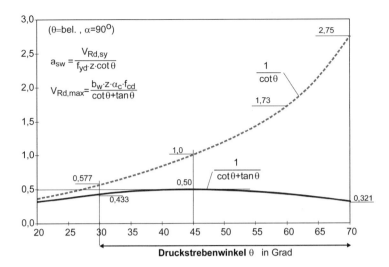

Bild 8.14 Einfluss des Druckstrebenwinkels θ auf $V_{Rd,max}$ und die Schubbewehrung a_{sw}

Im letzteren Fall wird eine 30% größere Fläche abgezogen, da der Kraftfluss durch die unverpressten Hüllrohre im Steg gestört wird.

Querkraftbewehrung senkrecht zur Bauteilachse ($\alpha = 90°$)

- Bemessungswert der durch die Tragfähigkeit der Querkraftbewehrung begrenzten aufnehmbaren Querkraft $V_{Rd,sy}$

$$V_{Rd,sy} = 1{,}0 \cdot \frac{A_{sw}}{s_w} \cdot f_{yd} \cdot z \cdot \cot\theta \qquad \text{(DIN1045-1, Gl. 75)} \qquad (8.71)$$

Vereinfachend dürfen für die Neigung der Druckstreben in obiger Gleichung folgende Werte verwendet werden:
 – reine Biegung und Biegung mit Längsdruckkraft: $\cot\theta = 1{,}2$ ($\theta = 39{,}8°$)
 – Biegung mit Längszugkraft: $\cot\theta = 1{,}0$ ($\theta = 45°$)

- Bemessungswert der durch die Druckstrebentragfähigkeit begrenzten maximal aufnehmbaren Querkraft $V_{Rd,max}$

$$V_{Rd,max} = \frac{b_w \cdot z \cdot \alpha_c \cdot f_{cd}}{\cot\theta + \tan\theta} \qquad \text{(DIN1045-1, Gl. 76)} \qquad (8.72)$$

mit: α_c Abminderungsbeiwert für die Druckstrebenfestigkeit $\alpha_c = 0{,}75 \cdot \eta_1$ mit $\eta_1 = 1{,}0$ für Normalbeton

Für Bauteile mit geneigter Querkraftbewehrung

$$V_{Rd,sy} = \frac{A_{sw}}{s_w} \cdot f_{yd} \cdot z \cdot (\cot\theta + \cot\alpha) \cdot \sin\alpha \quad \text{(DIN1045-1, Gl. 77)} \qquad (8.73)$$

$$V_{Rd,max} = b_w \cdot z \cdot \alpha_c \cdot f_{cd} \cdot \frac{\cot\theta + \cot\alpha}{1 + \cot^2\theta} \qquad \text{(DIN1045-1, Gl. 78)} \qquad (8.74)$$

8.2.2.5 Mindestquerkraftbewehrung

Die Mindestquerkraftbewehrung soll ein sprödes Versagen von Balken verhindern. Bei Platten ist sie nicht erforderlich, da Umlagerungen zu weniger beanspruchten Bereichen möglich sind.

$$\rho_w = \frac{A_{sw}}{s \cdot b_w \cdot \sin\alpha} \quad \text{(DIN 1045-1, Gl. 151)} \tag{8.75}$$

mit:

ρ_w = Mindestschubbewehrungsgrad (min ρ_w = 1,0–1,69)
A_{sw} = Querschnittsfläche der Schubbewehrung je Länge s
s = Abstand der Schubbewehrung (in Längsrichtung)
b_w = maßgebende Stegbreite
α = Winkel zwischen Schub- und Hauptbewehrung (bei Bügel α = 90°)

Nach DIN 1045-1 gilt: $\rho_{w,min} = 0{,}16 \cdot f_{ctm}/f_{yk}$ (mit $f_{ctm} = 0{,}3 \cdot f_{ck}^{(2/3)}$)

Tabelle 8.7 Grundwerte ρ für die Ermittlung der Mindestbewehrung (DIN 1045-1, Tab. 29)

f_{ck}	12	16	20	25	30	35	40	45	50	55	60	70	80	90	100
ρ in ‰	0,51	0,61	0,70	0,83	0,93	1,02	1,12	1,21	1,31	1,34	1,41	1,47	1,54	1,60	1,66

8.2.3 Robustheit

Ein sprödes, d.h. plötzliches Versagen eines Bauteils ohne Vorankündigung sollte generell vermieden werden. Ein Tragwerk wird zwar für die maßgebenden Einwirkungen bemessen. Es ist im Allgemeinen jedoch nicht auszuschließen, dass ein Bauteil kurzfristig durch größere Einwirkungen, beispielsweise infolge Temperaturzwängen, als rechnerisch angesetzt, beansprucht wird. Weiterhin kann die Tragfähigkeit durch Korrosion der Bewehrung und der Spannglieder herabgesetzt werden.

Von der Ankündigung eines Schadens kann gesprochen werden, wenn das Bauteil große Verformungen und/oder sichtbare Risse vor einem möglichen Einsturz aufweist. Beim Auftreten von Rissen wird auch einem Laien klar, dass etwas mit dem Tragwerk nicht stimmt und er wird Fachleute kontaktieren. Voraussetzung hierfür ist jedoch, dass die Risse im Beton sichtbar sind.

Ein Stahlbetontragwerk ist größtenteils bereits im Gebrauchszustand gerissen. Die eingelegte Mindestbewehrung verhindert, dass das Bauteil ohne Vorankündigung versagt. Im Gegensatz dazu besteht bei einem Spannbetontragwerk die Gefahr eines spröden Bauteilversagens, wenn die Spannglieder beispielsweise infolge Korrosion (Spannungsrisskorrosion) brechen. Nur dieser Fall wird im Folgenden behandelt. Ziel des Nachweises der Robustheit ist es, auszuschließen, dass ein Bauteil bei der Erstrissbildung infolge von ausgefallenen Spanngliedern sofort versagt. Experimentelle und numerische Untersuchungen zur Robustheit von Spannbetontragwerken wurden von König durchgeführt [139].

8.2 Nachweise in den Grenzzuständen der Tragfähigkeit

Ein Riss tritt auf, sobald die Spannungen in einem Bauteil die vorhandene lokale Betonzugfestigkeit in einem Querschnitt erreichen bzw. überschreiten. Für einen statisch bestimmt gelagerten Biegebalken gilt unmittelbar vor der Rissbildung mit einem linearen Materialverhalten (Zustand I : $\sigma_{Rand} = N/A \pm M/W$) bei Vernachlässigung der Betonstahlbewehrung (Bild 8.15):

$$\sigma_{c,Rand} = \frac{N_{sd} + P_{mt}}{A_c} + \frac{M_{g+q} + M_p}{W_c} = \sigma_{c,Rand,g+q} - \frac{A_{p,r} \cdot \varepsilon_{pmt}^{(0)} \cdot E_p}{A_c} - \frac{A_{p,r} \cdot \varepsilon_{pmt}^{(0)} \cdot E_p \cdot z_p}{W_c} = f_{ct} \tag{8.76}$$

mit:

$\sigma_{c,Rand,g+q}$	Randspannung infolge äußerer Einwirkungen einschl. Zwängen
$A_{p,r}$	Restspannstahlfläche bei Rissbildung infolge Spannstahlausfalls
A_c	Betonquerschnittsfläche
W_c	Widerstandsmoment
$\varepsilon_{pmt}^{(0)}$	Vordehnung des Spannstahls gegenüber dem Beton zum betrachteten Zeitpunkt

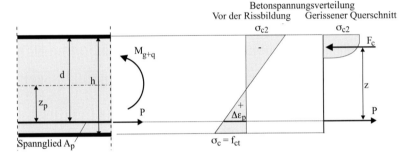

Bild 8.15 Spannungsverteilung vor und nach der Rissbildung

$A_{p,r}$ ist hierbei die unter Berücksichtigung von Schäden vorgegebene Rest-Spannstahlfläche. Die Zunahme der Spannstahlspannung $\Delta\varepsilon_p$ infolge der äußeren Einwirkungen kann im Zustand I vernachlässigt werden, wie folgende Betrachtung zeigt. Die Zugfestigkeit des Betons wird bei einer Dehnung von ca. $\varepsilon_c = 0,1$ ‰ erreicht. Dies entspricht bei Vorspannung mit Verbund einer Spannkraftzunahme von $\Delta\sigma_p = \Delta\varepsilon_p \cdot E_p = 0,0001 \cdot 200000 = 20$ N/mm². Eine weitere Reduzierung von $\Delta\sigma_p$ ergibt sich durch den Abstand des Spanngliedes vom gezogenen Querschnittsrand.

Aus Gleichung 8.76 ist zu erkennen, dass der Rest-Spannstahlquerschnitt $A_{p,r}$ bei welchem der erste Riss auftritt nicht von der planmäßig aufgebrachten Spannkraft $P_{m,t}$ abhängt. Bei einer hohen vorhandenen Spannkraft bzw. vielen Spanngliedern müssen mehr Spannglieder ausfallen, als bei einer niedrigen Spannkraft, damit der Schaden durch Risse sichtbar wird. Die Wahrscheinlichkeit der Bildung von sichtbaren Rissen wird dadurch geringer, nicht jedoch die Robustheit, d.h. die Tragfähigkeit nach dem Auftreten der ersten Risse.

Gleichung 8.76 lässt sich nach $A_{p,r}$ auflösen:

$$A_{p,r} = \frac{\sigma_{c,Rand,g+q} - f_{ct}}{\varepsilon_{pmt}^{(0)} \cdot E_p \cdot \left(\frac{1}{A_c} + \frac{z_p}{W_{cu}}\right)} = \frac{A_c \cdot f_{ct} \cdot k_o \cdot (\alpha - 1)}{\varepsilon_{pmt}^{(0)} \cdot E_p \cdot (k_o + z_p)} \tag{8.77}$$

bzw.

$$P_\mathrm{r} = A_{\mathrm{p,r}} \cdot \varepsilon_{\mathrm{pmt}}^{(0)} \cdot E_\mathrm{p} = \frac{\sigma_{\mathrm{c,Rand,g+q}} - f_{\mathrm{ct}}}{\left(\dfrac{1}{A_\mathrm{c}} + \dfrac{z_\mathrm{p}}{W_{\mathrm{cu}}}\right)} = \frac{A_\mathrm{c} \cdot f_{\mathrm{ct}} \cdot k_\mathrm{o} \cdot (\alpha - 1)}{(k_\mathrm{o} + z_\mathrm{p})} \tag{8.78}$$

mit:

$\alpha = \sigma_{\mathrm{c,Rand,g+q}} / f_{\mathrm{ct}}$
$k_\mathrm{o} = W_{\mathrm{cu}} / A_\mathrm{c}$ oberer Kernpunkt

Wird der obige Wert von $A_{\mathrm{p,r}}$ bzw. P_r unterschritten, so treten die gewünschten sichtbaren Risse auf.

Weiterhin ist nun nachzuweisen, dass der Träger im Zustand II mit dieser Restspannstahlfläche $A_{\mathrm{p,r}}$ nicht versagt. Hierzu wird die Gleichgewichtsbedingung unter der Rissschnittgröße betrachtet.

Setzt man den Hebelarm der inneren Kräfte im rechnerischen Bruchzustand z als bekannt voraus und vernachlässigt man weiterhin den Einfluss des Betonstahls, so lässt sich das aufnehmbare Moment des Querschnitts mit der Restspannstahlfläche $A_{\mathrm{p,r}}$ bestimmen (siehe Bild 8.15):

$$M_{A_{\mathrm{p,r}}} = M_{\mathrm{cr}} = P_\mathrm{r} \cdot z = A_{\mathrm{p,r}} \cdot [\varepsilon_{\mathrm{pmt}}^{(0)} + \Delta\varepsilon_\mathrm{p}] \cdot E_\mathrm{p} \cdot z = \frac{A_\mathrm{c} \cdot f_{\mathrm{ct}} \cdot k_\mathrm{o} \cdot (\alpha - 1)}{\varepsilon_{\mathrm{pmt}}^{(0)} \cdot E_\mathrm{p} \cdot (k_\mathrm{o} + z_\mathrm{p})}$$

$$\times [\varepsilon_{\mathrm{pmt}}^{(0)} + \Delta\varepsilon_\mathrm{p}] \cdot E_\mathrm{p} \cdot z \tag{8.79}$$

mit:

z innerer Hebelarm

Hierin ist $[\varepsilon_{\mathrm{pmt}}^{(0)} + \Delta\varepsilon_\mathrm{p}]$ die Dehnung des Spannstahls im rechnerischen Grenzzustand der Tragfähigkeit (Vorspannung mit Verbund). Für ST 1570/1770 gilt: $f_{\mathrm{pd}} = f_{\mathrm{p01,k}}/\gamma_\mathrm{s} \approx 1304$ MPa
$\rightarrow \max[\varepsilon_{\mathrm{pmt}}^{(0)} + \Delta\varepsilon_\mathrm{p}] = 1304/200 = 6{,}5\,‰$.

Weiterhin wird vorausgesetzt, dass kein Betonversagen auf Druck eintritt. Gleichung 8.79 kann nun für jede Stelle eines Trägers ausgewertet werden.

$$M_{A_{\mathrm{p,r}}}(x) = M_{\mathrm{cr}}(x) \leq \frac{A_\mathrm{c} \cdot f_{\mathrm{ct}} \cdot k_\mathrm{o} \cdot (\alpha(x) - 1)}{\varepsilon_{\mathrm{pmt}}^{(0)}(x) \cdot (k_\mathrm{o} + z_\mathrm{p}(x))} \cdot [\varepsilon_{\mathrm{pmt}}^{(0)}(x) + \Delta\varepsilon_\mathrm{p}(x)] \cdot z \tag{8.80}$$

Der Querschnitt muss auch mit der Restspannstahlfläche $A_{\mathrm{p,r}}$ noch eine Tragsicherheit $\gamma \geq 1{,}0$ aufweisen. Um dies zu garantieren, führt man den Nachweis im Grenzzustand der Tragfähigkeit mit 1,0-fachen Einwirkungen durch, wobei nur der Restspannstahlquerschnitt $A_{\mathrm{p,r}}$ angesetzt wird.

In Bild 8.16 ist dies beispielhaft für eine einfeldrige Hohlkastenbrücke durchgeführt worden. Dargestellt ist das Biegemoment infolge der äußeren Einwirkungen $M_{\mathrm{g+q}}$ sowie das Biegemoment $M_{\mathrm{Ap,r}} = P_\mathrm{r} \cdot z_\mathrm{p}(x)$, welches die Restspannstahlfläche (P_r nach Gl. 8.78) erzeugt. Die vorhandene Betonstahlbewehrung wird zunächst vernachlässigt. Betrachtet man die Ergebnisse dieses Beispiels, so lassen sich 3 Bereiche unterscheiden.

8.2 Nachweise in den Grenzzuständen der Tragfähigkeit

Nahe am Auflagerrand (Bereich I) kann der gesamte Spannstahl ausfallen, ohne dass Risse entstehen ($M_{Ap,Rest} = 0$). Hier ist die Tragfähigkeit des reinen Betonquerschnitts unter Ausnutzung der Zugfestigkeit des Betons größer als die äußeren Einwirkungen. Der Träger würde ohne Vorankündigung versagen, falls keine ausreichende Betonstahlbewehrung vorhanden ist.

Es schließt sich der Bereich II an, in welchem das aufnehmbare Biegemoment kleiner als das einwirkende ist, d.h. die Tragfähigkeit ist kleiner als 1 ($M_{g+q} > M_{Ap,Rest}$). Der Träger würde auch hier ohne vorherige Rissbildung spröde versagen.

Im übrigen Bereich (III) des Trägers ist das im rechnerischen Grenzzustand aufnehmbare Biegemoment der Restspannstahlfläche größer als das der äußeren Einwirkungen ($M_{g+q} < M_{Ap,Rest}$). Es würden sich bei Ausfall von Spanngliedern zunächst Risse bilden, der Träger würde jedoch nicht versagen.

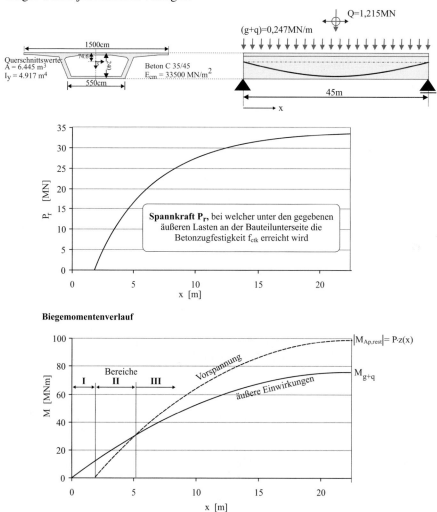

Bild 8.16 Biegemomentenverläufe infolge äußerer Einwirkungen und Restspannstahlkraft

Im Bereich I und II ($M_{g+q} > M_{p,Rest}$) ist eine Betonstahlbewehrung $A_{s,min}$ zur Gewährleistung der Tragsicherheit bei Spanngliedausfall erforderlich. Aus der Bedingung, dass das einwirkende Biegemoment gleich dem inneren Biegemoment sein muss, folgt (Bild 8.17):

$$M_{g+q} - P_{rest} \cdot (z_s - [z_{s1} - z_p]) = F_s \cdot z_s \tag{8.81}$$

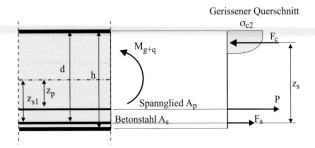

Bild 8.17 Innere Kräfte im Zustand II

Hierbei ist z_s der innere Hebelarm der Betonstahlbewehrung im Grenzzustand der Tragfähigkeit. Da es sich um eine außergewöhnliche Bemessungssituation handelt, werden die Materialsicherheiten $\gamma_M = 1,0$ gesetzt. Die Betonstahlbewehrung sei voll ausgenutzt.

$$M_{g+q} - A_{p,r} \cdot E_p \cdot (\varepsilon_{pmt}^{(0)} + \Delta \varepsilon_p) \cdot (z_p - z_{s1} + z_s) = f_{yk} \cdot A_{s,min} \cdot z_s \tag{8.82}$$

Setzt man den zuvor bestimmten Wert der Restspannstahlfläche $A_{p,r}$ ein so folgt:

$$M_{g+q} - \frac{A_c \cdot f_{ct} \cdot k_o \cdot (\alpha - 1)}{\varepsilon_{pmt}^{(0)} \cdot (k_o + z_p)} \cdot (\varepsilon_{pmt}^{(0)} + \Delta \varepsilon_p) \cdot (z_p - z_{s1} + z_s) = f_{yk} \cdot A_{s,min} \cdot z_s \tag{8.83}$$

$$A_{s,min} = \frac{A_c}{f_{yk} \cdot z_s} \left\{ \frac{M_{g+q}}{A_c} - \frac{f_{ct} \cdot k_o \cdot (\alpha - 1)}{\varepsilon_p^{(0)} \cdot (k_o + z_p)} \cdot (\varepsilon_p^{(0)} + \Delta \varepsilon_p) \cdot (z_p - z_{s1} + z_s) \right\} \tag{8.84}$$

Die größte Mindestbewehrung ergibt sich für $\alpha = 1$ d. h. $\sigma_{c,g+q} = f_{ct}$ bzw. $M_{g+q} = M_{cr}$.

$$\max A_{s,min} = \frac{M_{g+q}}{f_{yk} \cdot z_s} = \frac{M_{cr}}{f_{yk} \cdot z_s} = \frac{f_{ct} \cdot W_{cu}}{f_{yk} \cdot z_s} \quad \text{(DIN-FB 102, Gl. 4.184)} \tag{8.85}$$

Die obige Beziehung entspricht Gleichung 4.184 im EC 2 Teil 2 (Betonbrücken). Die Mindestbewehrung ist nach dieser Norm in allen Bereichen einzulegen, in denen unter der *nicht-häufigen* Einwirkungskombination Zugspannungen im Beton auftreten können. Hierbei ist die statisch bestimmte Wirkung der Vorspannung *nicht* anzusetzen, was einem vollständigen Ausfall aller Spannglieder in dem jeweiligen Querschnitts entspricht. Die Mindestbewehrung sollte bei durchlaufenden Plattenbalken oder Hohlkastentragwerken bis über die Stützen geführt werden [139], da diese Bewehrung etwa der zur Rissbreite erforderlichen Menge in den Bereichen der Maximalmomente entspricht. Bei Hohlkastenquerschnitten ist diese Verlängerung jedoch nicht erforderlich, wenn im Grenzzustand der Tragfähigkeit der Biegewiderstand über den Stützen, der mit der Betonstahlbewehrung und den Spanngliedern auf der Grundlage der charakteristischen Werte f_{yk} bzw. $f_{p0,1k}$ bestimmt wird, kleiner als der Druckwiderstand der Bodenplatte ist, d. h. ein Versagen der Druckzone ausgeschlossen werden kann (Gleichung 8.86).

$$A_s \cdot f_{yk} + A_p \cdot f_{p0,1k} < h_f \cdot b_o \cdot 0,85 f_{ck} \tag{8.86}$$

8.2 Nachweise in den Grenzzuständen der Tragfähigkeit

Hierin sind:

h_f Dicke des oberen Gurtes des Hohlkastens
b_o Breite des oberen Gurtes des Hohlkastens
A_s, A_p Querschnittsfläche der Betonstahlbewehrung bzw. des Spannstahls in der Zugzone im Grenzzustand der Tragfähigkeit

Die ermittelte Robustheitsbewehrung ist bei Plattenbalken- und Hohlkastenquerschnitten im Flansch höchstens auf der halben mitwirkenden Plattenbreite zu verteilen.

In Bild 8.18 sind die Gleichungen 8.84 und 8.85 für die beiden Grenzwerte der Betonzugfestigkeit $f_{ctk;0,95}$ und $f_{ctk;0,05}$ ausgewertet. Erwartungsgemäß ergibt sich die größere Mindestbewehrung bei der höheren Betonzugfestigkeit. Insofern deckt EC2 Teil 2 bzw. DIN-Fachbericht 102, Abschnitt 4.3.1.3, wonach der Nachweis mit dem unteren Grenzwert $f_{ctk;0,05}$ zu führen ist nicht die Maximalwerte ab. Bei der Festlegung in der Norm ist man davon ausgegangen, dass die einzelnen Spannglieder nacheinander ausfallen und somit die dadurch entstehende Zugspannung über längere Zeit wirkt. Dies führt zu einer Reduzierung der Betonzugfestigkeit. Weiterhin muss mit Zugeigenspannungen gerechnet werden.

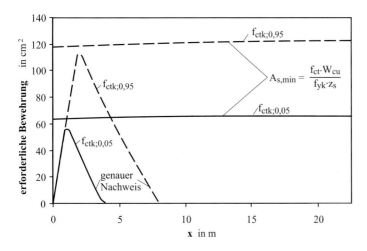

Bild 8.18 Robustheitsbewehrung (System siehe Bild 8.16)

Bei den obigen Gleichungen stellt sich die Frage, mit welchen Einwirkungen und Materialfestigkeiten der Nachweis zu erbringen ist. Da eine Schädigung des Tragwerks im Gebrauchszustand sichtbar sein soll, ist es sinnvoll von der ständigen bzw. wie in EC 2 Teil 2 festgelegt, von der häufigen Einwirkungskombination auszugehen. Die erforderliche Betonstahlbewehrung ist nach Gleichung 8.85 proportional zum Biegemoment M_{cr}, bei welchem der Erstriss auftritt. Daher sollte der Nachweis mit der häufigen Einwirkungskombination durchgeführt werden. Andererseits besteht jedoch die Gefahr, dass die Schäden bei einer Kontrolle nicht bemerkt werden, wenn sich die Risse nach Entlastung wieder schließen.

Häufige Kombination:

$$\sum_{j\geq 1} G_{k,j} \oplus P_k \oplus \psi_{1,1} \cdot Q_{k,1} \oplus \sum_{i>1} \psi_{2,i} \cdot Q_{k,i} \quad \text{(DIN 1045-100, Gl. 23)} \quad (8.87)$$

Für Verkehrslasten gilt:

- für Straßenbrücken gilt nach EC1-3, Tab. C2 $\quad\quad\quad\quad\quad \psi_1 = 0{,}75 \; ; \; \psi_2 = 0$
- für Fußgängerbrücken gilt nach Tabelle D2: $\quad\quad\quad\quad\quad\quad \psi_1 = 0{,}4 \; ; \; \psi_2 = 0$
- für Hochbauten (Büros, Wohnräume) gilt nach EC1-1 Tabelle 9.3: $\;\psi_1 = 0{,}5 \; ; \; \psi_2 = 0{,}3$

In den vorhergehenden Ausführungen wurde lediglich ein einachsig auf Biegung beanspruchter Querschnitt betrachtet. Wie Untersuchungen von König [139] gezeigt haben, kann der Einfluss der Querkraft und der Spanngliedneigung bei den üblichen Querschnitten vernachlässigt werden.

Es sei noch darauf hingewiesen, dass bei der Herleitung der erforderlichen Robustheitsbewehrung davon ausgegangen wird, dass die Einwirkungen nach Auftreten eines Risses nicht zunehmen. Dies ist beispielsweise bei Zwangeinwirkungen der Fall.

Statisch unbestimmte Systeme

Es gelten die gleichen Zusammenhänge wie bei statisch bestimmten Tragwerken. Bei Vorspannung mit Verbund ist lediglich zu beachten, dass das Zwangsmoment infolge der Vorspannung M'_p nur gering durch einen möglichen örtlichen Ausfall eines Spanngliedes abgemindert wird. Es ist nur von dem Steifigkeitsverhältnis Stütze/Feld abhängig. Das aufnehmbare Biegemoment im Feld ergibt sich somit zu:

$$\sigma_{c,\text{Rand},g+q} - \frac{A_{p,r} \cdot \varepsilon_{\text{pmt}}^{(0)} \cdot E_p}{A_c} - \frac{A_{p,r} \cdot \varepsilon_{\text{pmt}}^{(0)} \cdot E_p \cdot z_p}{W_{cu}} + \frac{M'_p}{W_{cu}} = f_{ct} \quad \text{bzw.} \quad (8.88)$$

$$M_{A,p,r} = M_{cr} = \frac{A_c \cdot f_{ct} \cdot k_o \cdot (\alpha(x)-1) + M'_p(x)}{\varepsilon_{\text{pmt}}^{(0)}(x) \cdot (k_o + z_p(x))} \cdot [\varepsilon_{\text{pmt}}^{(0)}(x) + \Delta\varepsilon_p(x)] \cdot z(x) \quad (8.89)$$

Im Stützenbereich gilt:

$$M_{A,p,r} = M_{cr} = \frac{A_c \cdot f_{ct} \cdot k_u \cdot \left(\frac{W_{cu}}{W_{co}}\alpha(x)-1\right) + M'_p(x)}{\varepsilon_{\text{pmt}}^{(0)}(x) \cdot (k_u + z_p(x))} \cdot \left[\varepsilon_{\text{pmt}}^{(0)}(x) + \Delta\varepsilon_p(x)\right] \cdot z(x) \quad (8.90)$$

Hierin ist:

M'_p statisch unbestimmtes Moment infolge Vorspannung
k_u unterer Kernpunkt des Betonquerschnitts $k_u = W_{co}/A_c$

Es sei noch erwähnt, dass eine Mindestbewehrung zur Vermeidung eines plötzlichen Tragwerksversagens infolge Spanngliedausfalls nicht erforderlich ist, wenn Spannstahlschäden entweder durch Überwachung oder durch ein erprobtes zerstörungsfreies Prüfverfahren festgestellt werden können. Dies ist jedoch selbst bei der externen Vorspannung nur mit großem Aufwand möglich.

8.2.4 Ermüdung

Die Notwendigkeit, den Fragen der Ermüdung von Beton und Stahl mehr Beachtung zukommen zu lassen, ergab sich beispielsweise bei Brücken durch die Zunahme des Schwerlastverkehrs und die Zulassung der teilweisen Vorspannung. Bei geringen Vorspanngraden treten bereits im Gebrauchszustand Risse im Beton auf, was wiederum zu starken Spannungsschwankungen in der Betonstahlbewehrung und den Spanngliedern führt. Um diesen Sachverhalt zu erläutern sind in Bild 8.19 die Spannungen im Beton sowie in der Bewehrung und im Spannstahl für einen vorgespannten Plattenbalkenquerschnitt in Abhängigkeit vom einwirkenden Biegemoment bzw. der Exzentrizität e der einwirkenden Normalkraft aufgetragen.

Solange der Querschnitt im Zustand I verbleibt, treten bei einer vorgegebenen Momentenschwingbreite nur geringe Schwankungen der Stahlspannung auf. Bei einem gerissenen Querschnitt ist $\Delta\sigma_s$ bzw. $\Delta\sigma_p$ erheblich größer. Sowohl im Zustand I als auch II besteht ein nahezu linearer Zusammenhang zwischen den Spannungen und dem einwirkenden Biegemoment.

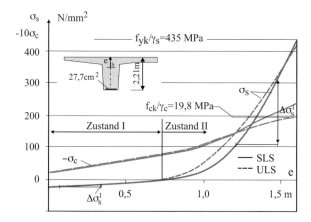

Bild 8.19 Spannungszuwachs im Beton sowie im Beton- und Spannstahl in Abhängigkeit vom einwirkenden Biegemoment bzw. der Exzentrizität e der Normalkraft

Ermüdungsprobleme treten nur bei dynamisch beanspruchten Bauteilen auf. Für folgende Bauwerke braucht daher kein Nachweis geführt zu werden (DIN 1045-1, 10.8.1):

- Tragwerke des üblichen Hochbaus
- Fußgängerbrücken
- überschüttete Bogen- und Rahmentragwerke mit einer Erdüberdeckung von mindestens 1,0 m bei Straßen- und mindestens 1,5 m bei Eisenbahnbrücken
- Fundamente
- Pfeiler und Stützen, die mit dem Überbau von Straßen- und Eisenbahnbrücken bzw. dem gestützten Bauteil nicht biegesteif verbunden sind
- Stützmauern von Straßenbrücken
- Widerlager von Straßenbrücken, die nicht biegesteif mit dem Überbau verbunden sind, außer den Platten und Wänden von Hohlwiderlagern

- Beton unter Druckbeanspruchungen bei Tragwerken des üblichen Hochbaus
- Betonstahl- und Spannstahlbewehrung ohne Schweißverbindung oder Kopplung, deren Rissbreite und Dekompression nach den für die Anforderungsklassen A oder B vorgeschriebenen Lastkombinationen bemessen wird (siehe Tabelle 8.10)
- externe Spannglieder und solche ohne Verbund

8.2.4.1 Reibermüdung bei Spannstählen

Bei Reibermüdung versagen Spannglieder schlagartig. Reibermüdung kann vor allem bei teilweiser Vorspannung auftreten, da hier planmäßig mit Rissen und damit großen Bewegungen zwischen Spannstahl und Hüllrohr gerechnet werden muss. Es tritt ein Verschleiß durch Korrosion (Mikrorissbildung) infolge der mechanischen Beanspruchung sowie eine Minderung der Dauerstandfestigkeit durch Materialermüdung ein. Probleme bereiten insbesondere gekrümmte Spanngliedbereiche, wo das Spannglied planmäßig am Hüllrohr anliegt.

Über Untersuchungen zur Reibermüdung wird in [143] berichtet. Der Versuchsaufbau ist in Bild 8.20 dargestellt. Die Oberspannung betrug $\sigma_{p0} = 0{,}65 \cdot f_{pk} = 1150$ N/mm², was der zulässigen Spannung beim Vorspannen nach DIN 4227, Teil 3 bzw. der maximalen Spannstahlspannungen unter ständigen Einwirkungen nach Abzug aller Spannkraftverluste nach DIN 1045-1 entspricht. Es wurde der Einfluss der Spannstahlart (glatte Drähte, Litzen), des Hüllrohrmaterials (Stahl, Kunststoff), der Hüllrohrgeometrie (rund, oval) und der Spannungsamplitude untersucht.

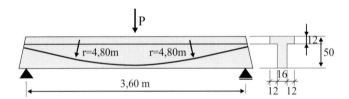

Bild 8.20 Versuchsaufbau und Geometrie des Versuchskörpers [143]

Die Versuche haben ergeben, dass die gängigen Stahlhüllrohre nur eine geringe Dauerfestigkeit aufweisen. Bei Rissamplituden von 0,1 mm traten bereits nach 10.000 bis 20.000 Lastwechseln erste Risse im Hüllrohr auf. Bei teilweiser Vorspannung geht daher der zusätzliche Korrosionsschutz durch ein Stahlhüllrohr verloren.

Kunststoffhüllrohre überstehen erheblich größere Schwingbreiten und -dauer ohne Schäden. Auf die Standfestigkeit hat der Abstand der Rippung einen großen Einfluss. Zur Reduzierung der Ermüdungsbeanspruchung sollte er möglichst groß sein, was jedoch dem gewünschten guten Verbund zwischen Hüllrohr und Beton widerspricht.

Bei Stahlhüllrohren tritt der Bruch immer an der Kontaktstelle zwischen Spannglied und Hüllrohr auf, während bei Hüllrohren aus Kunststoff das Versagen an der Kontaktstelle der Litzen untereinander auftritt.

Die Versuchsergebnisse sind im Bild 8.21 zusammengefasst.

8.2 Nachweise in den Grenzzuständen der Tragfähigkeit

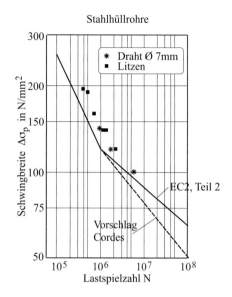 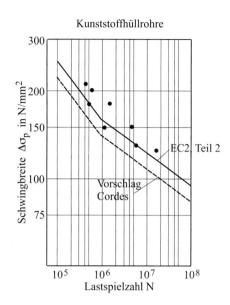

Bild 8.21 Vergleich der ertragbaren Schwingbreite (Versuch) bei Verwendung von Stahlhüllrohren aus Bandstahl sowie Kunststoffhüllrohren mit verschiedenen Wöhlerlinien [143]

Cordes [143] schlägt zur Bestimmung der zulässigen Schwingbreite des Spannstahls $\Delta\sigma_p$ bzw. der maximalen Lastspielzahl N folgende Gleichungen vor:

Stahlhüllrohre: $\log N = 12{,}24 - 3{,}0 \cdot \log \Delta\sigma_p$ für $10^5 \leq N \leq 10^6$ (8.91)

$\log N = 16{,}40 - 5{,}0 \cdot \log \Delta\sigma_p$ für $10^6 \leq N \leq 10^8$ (8.92)

Kunststoffhüllrohre: $\log N = 16{,}73 - 5{,}0 \cdot \log \Delta\sigma_p$ für $10^5 \leq N \leq 10^6$ (8.93)

$\log N = 25{,}32 - 9{,}0 \cdot \log \Delta\sigma_p$ für $10^6 \leq N \leq 10^8$ (8.94)

Es sei jedoch darauf hingewiesen, dass die Beziehungen nur für die im Versuch vorhandene Umlenkradien von 4,80 m und einer maximalen Oberspannung von 0,65 f_{pk} gelten.

8.2.4.2 Einwirkungen

Für die Bestimmung der Schnittgrößen und Spannungen müssen zunächst die Einwirkungen definiert werden, welchen das Bauteil über seine Nutzungsdauer ausgesetzt ist. Es werden somit nicht die Grenz- sondern die Gebrauchslasten benötigt. Weiterhin ist nicht nur die Größe der Einwirkung sondern auch die Häufigkeit des Auftretens während der gesamten Nutzungsdauer des Tragwerks von Bedeutung. Die sehr komplexen dynamischen Beanspruchungen einer Struktur müssen für die praktische Berechnung vereinfacht werden. Die Nachweise sind für folgende Einwirkungskombinationen zu führen (DIN 1045-1, 10.8.3 (3), DIN-FB 102, 4.3.7.2 (103)):

- charakteristischer Wert der ständigen Einwirkungen
- maßgebender charakteristischer Wert der Vorspannung P_k
  Für Brücken gilt weiterhin:
  0,9-facher Mittelwert der Vorspannkraft für den statisch bestimmten und Mittelwert der Vorspannkraft für den statisch unbestimmten Anteil der Vorspannwirkung. In Koppelfugen ist nur der 0,85-fache Anteil der statisch bestimmten Vorspannwirkung anzusetzen. *Falls die Vorspannkraft ungünstig wirkt, sind die 1,0-fachen Werte anzusetzen.*
- Wert der wahrscheinlichen Setzungen, sofern ungünstig wirkend
- häufiger Wert der Temperatureinwirkung, sofern ungünstig wirkend
- Einwirkungen aus Nutzlasten – maßgebendes Verkehrslastmodell (siehe DIN-FB 101, 4.6 und 6.9)
- wo relevant, Windböen

Die Bestimmung des maßgebenden Verkehrslastmodells bedarf bei Brücken einer näheren Betrachtung. Die im Nachweis der Grenztragfähigkeit angesetzten Verkehrslasten (z. B. Lastmodell 1, siehe Bild 8.22) können nicht verwendet werden, da das Tandemsystem (2 Achsen im Abstand vom 1,20 m) keinem realen Schwerlastwagen entspricht. EC1 Teil 3 enthält daher spezielle Lastmodelle für die Bestimmung der Ermüdungsbeanspruchung. In Deutschland wird lediglich das Lastmodell 3 (Bild 8. 22) verwendet.

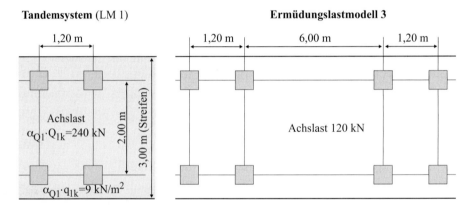

Bild 8.22 Tandemsystem (LM 1) und Ermüdungslastmodell 3 (Einzelfahrzeug)
(DIN FB 101, Abb. 4.2 und Abb. 4.10 bzw. EC1-3, Abb. 4.10)

Die hiermit bestimmten Momentenschwingbreiten des Stahls sind mit folgenden Faktoren zu multiplizieren:

    1,75   für den Nachweis an Zwischenstützen
    1,40   für den Nachweis in den übrigen Bereichen

Es sei hier darauf hingewiesen, dass die Momentenschwingbreiten nach DIN Fachbericht 101 nur mit den Radlasten eines Einzelfahrzeuges (Gesamtlast 480 kN) ermittelt werden. Demgegenüber waren nach DIN 1072:1985, 3.3.8 bei Straßenbrücken ca. 50 % der gesamten Verkehrslasten (Radlasten und Gleichstreckenlasten) anzusetzen. Das Lastniveau war somit erheblich höher.

8.2 Nachweise in den Grenzzuständen der Tragfähigkeit

Um den Aufwand einer doppelten Schnittgrößenermittlung (Tandemachse, Ermüdungslastmodell 3) zu vermeiden kann der Ermüdungsnachweis auch mit den modifizierten Schnittgrößen der Tandemachse der Spur 1 des Lastmodells 1 durchgeführt werden. Hierbei sind die ermittelten Momentenschwingbreiten mit den Umrechnungsfaktoren f bzw. f_E zu multiplizieren.

- für Stützenquerschnitte: $\Delta M_{LM3} = 1{,}75 \cdot f \cdot f_E \cdot \dfrac{\Delta M_{TD}}{\alpha_{QTD}}$ (DIN-FB 102, A-106.01)

- für sonstige Bereiche: $\Delta M_{LM3} = 1{,}40 \cdot f \cdot f_E \cdot \dfrac{\Delta M_{TD}}{\alpha_{QTD}}$ (DIN-FB 102, A-106.01)

Im Entwurf zum DIN-Fachbericht 102 waren Diagramme enthalten, aus denen abhängig von der Stützweite, der Anzahl der Felder sowie dem Verhältnis der Brückenbreite zur Stützweite die Faktoren entnommen werden konnten. Ein Beispiel zeigt Bild 8.23.

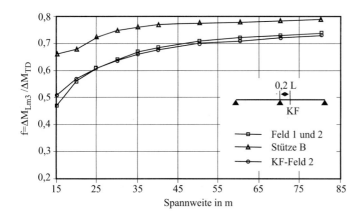

Bild 8.23 Umrechnungsfaktor f für einen 2-Feldträger (Entwurf DIN-Fachbericht 102, Abb. A 106.03)

Die f-Faktoren lassen sich an mehrfeldrigen Durchlaufträgern bestimmen. Hierbei wird jeweils die Tandemachse bzw. das Lastmodell 3 in der ungünstigsten Stellung angesetzt und die Momentenschwingbreiten ermittelt (Bild 8.24). Heutzutage stehen geeignete Rechenprogramme zur Verfügung, mit denen sich ohne großen Aufwand die Schnittgrößen für beliebige Lastanordnungen ermitteln lassen. Insofern erscheint die Anwendung der Diagramme nur für überschlägige Kontrollrechnungen sinnvoll. Daher sind sie im DIN-Fachbericht 102, Ausgabe 2003 nicht mehr enthalten.

8.2.4.3 Ermittlung der Spannungsschwingbreite

Die Spannungen im Beton und im Stahl sind im Allgemeinen für den gerissenen Querschnitt zu bestimmen. Ein gerissener Querschnitt liegt vor, wenn die nach Zustand I ermittelten Zugspannungen unter der seltenen Einwirkungskombination größer oder gleich der Betonzugfestigkeit f_{ctm} sind. Die Ermittlung der Spannungen kann mit Rechenprogrammen oder Diagrammen erfolgen. Hierbei gelten die Spannungs-Dehnungs-Beziehungen für den Gebrauchszustand. Vereinfachend kann auch eine lineare Verteilung der Betondruckspan-

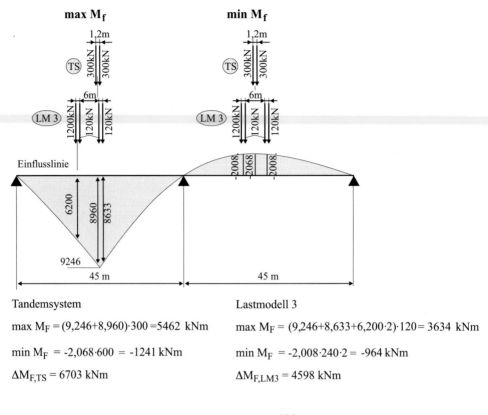

Bild 8.24 Bestimmung der f-Faktoren für die Feldmitte eines Zweifeldträgers

nungen angenommen werden. Die Berechnung der Spannungen im Gebrauchszustand wird ausführlich in Abschnitt 8.3.6 erläutert. Es sei darauf hingewiesen, dass bei Spannbetontragwerken das unterschiedliche Verbundverhalten von Beton- und Spannstahl durch Erhöhung der Spannungen in der Bewehrung zu berücksichtigen ist.

8.2.4.4 Nachweise

Nachdem die Spannungsschwingbreiten bestimmt wurden, sind diese den zulässigen Werten gegenüber zu stellen.

Die Nachweise werden getrennt für Beton und Bewehrung bzw. Spannstahl durchgeführt, da die Baustoffe unterschiedliche Ermüdungseigenschaften aufweisen. Man unterscheidet:
- vereinfachter Nachweis
- Nachweis der schädigungsäquivalenten Schwingbreite
- Nachweis mit Schädigungssumme $D_{Ed} \leq 1$

Die prinzipielle Vorgehensweise ist in Bild 8.25 skizziert.

8.2 Nachweise in den Grenzzuständen der Tragfähigkeit

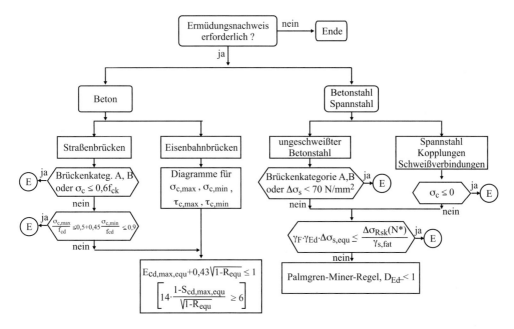

Bild 8.25 Ermüdungsnachweis

Es sind folgende Teilsicherheitsbeiwerte anzusetzen:

$\gamma_F = 1{,}0 \qquad \gamma_{Ed} = 1{,}0 \qquad \gamma_{c,fat} = 1{,}5 \qquad \gamma_{s,fat} = 1{,}15$

Nachweis des Betons

Für Beton ist ein Ermüdungsnachweis bei Straßenbrücken nicht erforderlich. Dies geht aus dem DIN-Fachbericht 102 hervor. Nach Abschnitt 4.3.7.1(102) kann der Dauerfestigkeitsnachweis entfallen, falls im Grenzzustand der Gebrauchstauglichkeit die Betondruckspannung unter der *nicht-häufigen* Einwirkungskombination und dem Mittelwert der Vorspannung $0{,}6f_{ck}$ nicht übersteigt. Diese Betondruckspannung darf aber nach dem DIN-Fachbericht 102, 4.4.1.2 (103) generell nicht überschritten werden.

Die nachfolgenden Gleichungen müssen daher nur in Sonderfällen angewendet werden.

1. Vereinfachter Nachweis

$$\frac{|\sigma_{cd,max}|}{f_{cd,fat}} \leq 0{,}5 + 0{,}45 \cdot \frac{|\sigma_{cd,min}|}{f_{cd,fat}} \quad \begin{array}{l} \leq 0{,}9 \text{ bis C 50/60} \\ \leq 0{,}8 \text{ bis C55/67} \end{array} \qquad \text{(DIN1045-1, Gl. 123)} \quad (8.95)$$

Dabei ist:

$\sigma_{cd,max}$ der Bemessungswert der maximalen Druckspannung unter der *häufigen* Einwirkungskombination

$\sigma_{cd,min}$ der Bemessungswert der minimalen Druckspannung an der selben Stelle, wo $\sigma_{cd,max}$ auftritt. Im Falle von $\sigma_{cd,min} < 0$ (Zug) ist $\sigma_{cd,max} = 0$ zu setzen

$$f_{cd,fat} = \beta_{cc}(t_0) \cdot f_{cd} \cdot \left(1 - \frac{f_{ck}}{250}\right) \quad \text{(DIN 1045-1, Gl. 124)} \quad (8.96)$$

$\beta_{cc}(t_0)$ Beiwert für die Nacherhärtung $\beta_{cc}(t_0) = 10^{0{,}2 \cdot \left(1 - \sqrt{28/t_0}\right)}$

t_0 Zeitpunkt der Erstbelastung des Betons (in Tagen)

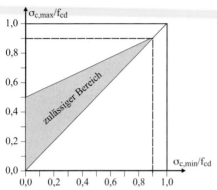

Bild 8.26 Zulässige Spannungsschwingbreite von Beton unter Druck ohne besonderen Ermüdungsnachweis (DIN-FB 102, Bild 4.134)

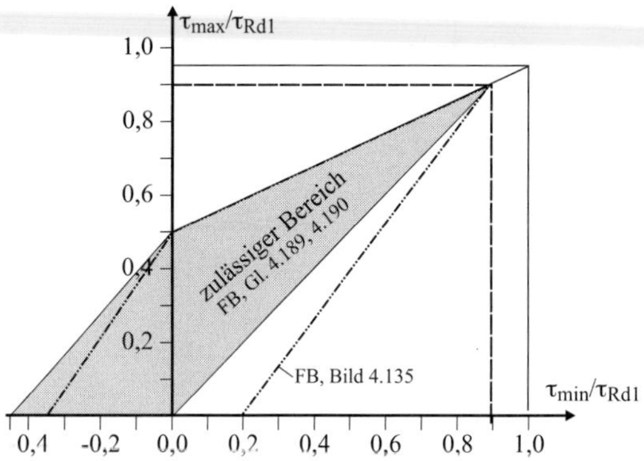

Bild 8.27 Zulässige Schubspannungsschwingbreite bei Bauteilen ohne Schubbewehrung (DIN-FB 102, Bild 4.135)

In den Betondruckstreben aus Querkraft ist die Betondruckfestigkeit $f_{cd,fat}$ mit dem Beiwert α_c abzumindern.

Für Beton unter Querkraftbeanspruchung ohne Querkraftbewehrung gilt:

für: $\dfrac{V_{Ed,min}}{V_{Ed,max}} \geq 0:$ $\dfrac{|V_{Ed,max}|}{V_{Rd,ct}} \leq 0{,}5 + 0{,}45 \cdot \dfrac{|V_{Ed,min}|}{V_{Rd,ct}} \leq \begin{cases} 0{,}9 \text{ bis C } 55/67 \\ 0{,}8 \text{ bis C } 60/70 \end{cases}$

   (DIN 1045-1, Gl. 125)   (8.97)

für: $\dfrac{V_{Ed,min}}{V_{Ed,max}} < 0:$ $\dfrac{|V_{Ed,max}|}{V_{Rd,ct}} \leq 0{,}5 - \dfrac{|V_{Ed,min}|}{V_{Rd,ct}}$ (DIN 1045-1, Gl. 126)   (8.98)

Dabei ist:

$V_{Ed,max}$ der Bemessungswert der maximalen Querkraft unter häufiger Einwirkungskombination

$V_{Ed,min}$ der Bemessungswert der minimalen Querkraft unter häufiger Einwirkungskombination in dem Querschnitt, in dem $V_{Ed,max}$ auftritt

$V_{Rd,ct}$ Bemessungswert der aufnehmbaren Querkraft nach DIN 1045-1, Gl. 68

Für die Druckstrebenneigung beim Ermüdungsnachweis der Querkraftbewehrung gilt:

$$\tan \theta_{fat} = \sqrt{\tan \theta}$$

8.2 Nachweise in den Grenzzuständen der Tragfähigkeit

2. Nachweis mit der schädidungsäquivalenten Schwingungsbreite

Die Vorgehensweise wird im folgenden Abschnitt näher erläutert. Für Beton unter Druckbeanspruchungen gilt:

$$E_{cd,max,equ} + 0,43 \cdot \sqrt{1 - R_{equ}} \leq 1 \qquad \text{(DIN1045-1, Gl. 120)} \qquad (8.99)$$

Dabei sind:

$$R_{equ} = \frac{\sigma_{cd,min,equ}}{\sigma_{cd,max,equ}} \quad ; \quad E_{cd,max,equ} = \frac{|\sigma_{cd,max,equ}|}{f_{cd,fat}} \qquad \text{(DIN1045-1, Gl. 121,122)} \qquad (8.100)$$

$\sigma_{cd,max,equ}, \sigma_{cd,min,equ}$ obere bzw. untere Spannung der schädigungsäquivalenten Spannungsschwingbreite mit einer Anzahl von $N = 10^6$ Zyklen

Nachweis der Bewehrung und des Spannstahls

Für Beton- und Spannstahl ist ein Ermüdungsnachweis nur in den Bereichen erforderlich, in denen unter der *häufigen* Lastkombination und mit 0,75 $P_{m,t}$ Zugspannungen auftreten (DIN 10.8.4(3), siehe Tabelle 8.10). Bei den Brückenklassen A bzw. B, bei welchen die Dekompression unter nicht-häufiger bzw. häufiger Einwirkungskombination nachgewiesen werden muss, kann somit der Ermüdungsnachweis entfallen. Nachfolgende Ausführungen gelten somit nur für Brückenklasse C–E und Hochbauten.

1. Vereinfachter Nachweis

Ein ausreichender Ermüdungswiderstand ist gegeben, wenn unter der häufigen Einwirkungskombination:

- für ungeschweißte Bewehrungsstäbe die Spannungsschwingbreite $\Delta\sigma_s \leq 70$ N/mm² (häufige Einwirkungskombination) ist (DIN 10.8.4(2), DIN-FB 102 4.3.7.5(101)),
- für geschweißte Betonstähle, Spannstahl und Kopplungen am äußeren Rand unter 0,75 $P_{m,t}$ nur Druckspannungen auftreten (DIN 10.8.4(3), DIN-FB 102 4.3.7.1(102).

2. Nachweis mit schädigungsäquivalenter Schwingungsbreite

Falls der Nachweis mit dem einfachen Verfahren nicht zu erbringen ist, muss die Ermüdungsbeanspruchung des Stahls genauer ermittelt und nachgewiesen werden. Hierzu bestimmt man eine sogenannte schädigungsäquivalente Schwingungsbreite $\Delta\sigma_{s,equ}$, welche die gleiche Beanspruchung erzeugt, wie das reale sehr komplexe Lastkollektiv über die gesamte Nutzungsdauer des Tragwerks. Anschließend wird die schädigungsäquivalente Schwingungsbreite $\Delta\sigma_{s,equ}$ mit der zulässigen Schwingfestigkeit $\Delta\sigma_{Rsk}$ bei N^* Zyklen nach der Wöhlerlinie verglichen.

$$\gamma_{F,fat} \cdot \gamma_{Ed,fat} \cdot \Delta\sigma_{s,equ} \leq \frac{\Delta\sigma_{Rsk}(N^*)}{\gamma_{s,fat}} \qquad \text{(DIN1045-1, Gl. 119)} \qquad (8.101)$$

Dabei sind:

$\Delta\sigma_{RSK}$ (N^*) Spannungsschwingbreite für N^* Lastzyklen aus den Wöhlerlinien (Tabellen 8.8 und 8.9)
$\Delta\sigma_{s,equ}$ Schädigungsäquivalente Spannungsschwingbreite
max $\Delta\sigma_s$ Maximale Spannungsamplitude unter der maßgebenden ermüdungswirksamen Einwirkungskombination
$\gamma_F = 1{,}0$ Teilsicherheitsbeiwert für den Beton- und Spannstahl (DIN 1045-1, 5.3.3)
$\gamma_{Ed,fat} = 1{,}0$ Teilsicherheitsbeiwert für die Modellunsicherheiten (DIN 1045-1, 5.3.3)
$\gamma_{c,fat} = 1{,}5$ Teilsicherheitsbeiwert für den Beton
$\gamma_{s,fat} = 1{,}15$ Teilsicherheitsbeiwert für Betonstahl und Spannglieder

Für übliche Hochbauten darf näherungsweise $\Delta\sigma_{s,equ}$ = max $\Delta\sigma_s$ angenommen werden. Bei Brücken muss man die reale Ermüdungsbeanspruchung eines Tragwerks genauer erfassen. Hierzu wird die mit dem Lastmodell 3 bestimmte Spannungsschwingbreite $\Delta\sigma_s$ mit einem Faktor $\lambda_s > 1$ vergrößert, d. h. es gilt:

$$\Delta\sigma_{s,equ} = \Delta\sigma_s \cdot \lambda_s \qquad \text{(DIN-FB 102 Gl. A106.1)} \qquad (8.102)$$

Der Korrekturbeiwert λ_s berücksichtigt den Einfluss der Spannweite (λ_{s1}), des jährlichen Verkehrsaufkommens (λ_{s2}), der Nutzungsdauer (λ_{s3}), der Verkehrsstreifenzahl (λ_{s4}) und der Oberflächenrauhigkeit (φ_{fat}).

Es gilt: $\lambda_s = \varphi_{fat} \cdot \lambda_{S,1} \cdot \lambda_{S,2} \cdot \lambda_{S,3} \cdot \lambda_{S,4}$ (DIN-FB 102 Gl. A106.2) (8.103)

Die Beiwerte können dem Anhang 106 des DIN-Fachberichtes 102 entnommen werden.

Tabelle 8.8 Parameter der Wöhlerlinien für Spannstahl (DIN 1045-1, Tab. 17)

Zeile	Spalte		2	3		4
	Spannstahl[1]		N^*	Spannungsexponent		$\Delta\sigma_{RSK}$ bei N^* Zyklen in N/mm²
				k_1	k_2	
1	im sofortigen Verbund		10^6	5	9	185
2	im nachträglichen Verbund	Einzellitzen in Kunststoffhüllrohren	10^6	5	9	185
3		Gerade Spannglieder; Gekrümmte Spannglieder in Kunststoffhüllrohren	10^6	5	10	150
4		Gekrümmte Spannglieder in Stahlhüllrohren	10^6	3	7	120
5		Kopplungen	10^6	3	5	80

[1] Sofern nicht andere Wöhlerlinien durch Testergebnisse, allgemeine bauaufsichtliche Zulassungen oder Zustimmung im Einzelfall nachgewiesen werden können.

8.2 Nachweise in den Grenzzuständen der Tragfähigkeit

Tabelle 8.9 Parameter der Wöhlerlinien für Betonstahl (DIN 1045-1, Tab. 16)

Zeile	Spalte	1	2	3	4
	Betonstahl	N^*	Spannungsexponent		$\Delta\sigma_{RSK}$ bei N^* Zyklen in N/mm²
			k_1	k_2	N^*
1	Gerade und gebogene Stäbe[1]	10^6	5	9[4]	195
2	Geschweißte Stäbe einschließlich Heft- und Stumpfstoßverbindungen[2] Kopplungen[3]	10^7	3	5	58

[1] Für $d_{br} < 25\, d_s$ ist $\Delta\sigma_{RSK}$ mit dem Reduktionsfaktor $\zeta = 0{,}35 + 0{,}026\, d_{br}/d_s$ zu multiplizieren (dabei sind: d_s Stabdurchmesser; d_{br} Biegerollendurchmesser).

[2] Sofern nicht andere Wöhlerlinien durch Testergebnisse, allgemeine bauaufsichtliche Zulassungen oder Zustimmung im Einzelfall nachgewiesen werden können.

[3] Die Wöhlerlinie für geschweißte Stäbe und Kopplungen gilt bis zu einer Spannungs-Schwingbreite von $\Delta\sigma_{RSK} = 380$ N/mm² ($N^* = 0{,}036 \cdot 10^6$). Darüber gilt die Linie für gerade und gebogene Stäbe mit den Parametern in Zeile 1.

[4] Wert gilt für nichtkorrosionsfördernde Umgebung (Klasse XC1), in allen anderen Fällen ist $k_2 = 5$ zu setzen.

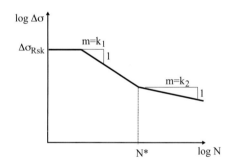

Bild 8.28 Form der Wöhlerlinien für Beton- und Spannstahl (DIN 1045-1, Bild 52)

3. Nachweis: Schädigungssumme $D_{Ed} \leq 1$

Falls der Ermüdungsnachweis nach den obigen Verfahren nicht erbracht werden kann, muss der Träger modifiziert oder eine genaue Berechnung durchgeführt werden. Hierbei bestimmt man aus den bekannten Schwingbreiten die Schädigungssumme D_{Ed}. Es wird die Gültigkeit der Palmgren-Miner-Hypothese vorausgesetzt. Eine Spannungsamplitude $\Delta\sigma_i$ mit einer Lastspielzahl von n_i erzeugt eine Einzelschädigung D_i, welche proportional zur maximal möglichen Lastspielzahl $N(\Delta\sigma_i)$ dieser Spannungsamplitude ist. Letztere ergibt sich aus der entsprechenden Wöhlerlinie. Für die Gesamtschädigung gilt somit:

$$D_{Ed} = \sum D_{Ed,i} = \sum \frac{n_i(\Delta\sigma_i)}{N(\Delta\sigma_i)} \leq 1 \qquad (8.104)$$

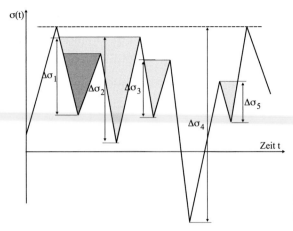

Bild 8.29 Bestimmung der Spannungsschwingbreiten

8.3 Nachweise in den Grenzzuständen der Gebrauchstauglichkeit

Im Unterschied zu Stahlbetonbauteilen sind bei vorgespannten Trägern neben den Nachweisen der Durchbiegung und der Rissebegrenzung zusätzlich die Beton- und Stahlspannungen zu überprüfen. Hierdurch soll i.w. die Dauerhaftigkeit eines Tragwerks gewährleistet werden.

Der Nachweis der Beton- und Stahlspannungen ist für *Stahlbetontragwerke* ohne Vorspannung nicht erforderlich, falls (DIN 1045-1, 11.1.1(3)):

- die Schnittgrößen nach der Elastizitätstheorie bestimmt wurden
- im Grenzzustand der Tragfähigkeit die Schnittgrößen um nicht mehr als 15 % umgelagert werden.
- eine Mindestbewehrung angeordnet und die bauliche Durchbildung nach DIN 1045-1, Abschnitt 13 durchgeführt wurde

Im Allgemeinen sind die obigen Bedingungen erfüllt, so dass die Spannungsnachweise nur bei Spannbetontragwerken erforderlich werden.

Bei den Nachweisen im Grenzzustand der Gebrauchstauglichkeit sind mögliche Streuungen der Vorspannkräfte zu berücksichtigen. Die Berechnungen erfolgen mit den *charakteristischen Werten der Vorspannkraft* $P_{k,sup} = r_{sup} \cdot P_{m,t}$ bzw. $P_{k,inf} = r_{inf} \cdot P_{m,t}$.

8.3.1 Begrenzung der Spannungen im Grenzzustand der Gebrauchstauglichkeit

Die Beton- und Stahlspannung sind wie folgt zu begrenzen:

- Betondruckspannungen
  Betondruckspannung $\sigma_c \leq \mathbf{0{,}45\,f_{ck}}$ (DIN 1045-1, 11.1.2) quasi-ständige Einwirkungen
  Betondruckspannung $\sigma_c \leq \mathbf{0{,}60\,f_{ck}}$ (DIN 1045-1, 11.1.2) seltene Einwirkungen

8.3 Nachweise in den Grenzzuständen der Gebrauchstauglichkeit

- Betonstahlspannung $\quad \sigma_s \leq 0{,}80\, f_{yk}$ (DIN 1045-1, 11.1.3) seltene Einwirkungen
- Spannstahlspannung $\quad \sigma_{p\infty} \leq 0{,}65\, f_{pk}$ (DIN 1045-1, 11.1.4) ständige Einwirkungen
- Betonzugspannung z. B. $\sigma_c \leq 0$ (Dekompression)

8.3.1.1 Begrenzung der Betondruckspannung

Die Angaben in DIN 1045-1 zur Berechnung der zeitabhängigen Betonverformungen gehen von einer linearen Beziehung zwischen der Betondruckspannung und der Kriechdehnung aus ($\varepsilon_{cc}(t,t_0) = \varphi(t,t_0) \cdot \sigma_c / E_{c0}$). Diese Vereinfachung ist jedoch nur bis zu einem bestimmten Gebrauchsspannungsniveau zulässig. Die Kriechdehnungen und die damit verbundenen Spannkraftverluste dürfen daher nur mit dem Modell nach der Norm ermittelt werden, falls die Betonspannungen unter *quasi-ständigen* Lasten kleiner als $0{,}45\, f_{ck}$ sind (DIN 1045-1, 11.1.2(2)).

$$\sigma_c \leq 0{,}45\, f_{ck} \qquad \text{(quasi-ständige Einwirkungskombination)} \qquad (8.105)$$

Befindet sich das Bauteil im Zustand I, so kann die Betondruckspannung sehr einfach bestimmt werden:

$$\sigma_c = \frac{P_{m,t}}{A_{ci}} - \frac{M_{Sd,ständ} + M_{p,t}}{I_{ci}} \cdot z \qquad (8.106)$$

Sind geeignete Kriechmodelle vorhanden, so können auch höhere Betondruckspannungen zugelassen werden. Bei ständigen hohen Betondruckspannungen besteht jedoch die Gefahr von Längsrissen parallel zu den Bewehrungsstäben aufgrund von Querzugkräften. Um dies zu vermeiden sollte die maximale Druckspannung unter der *seltenen* Einwirkungskombination in Bauteilen der Expositionsklassen XD1 bis XD3 (Bewehrungskorrosion durch Chloride), XF1 bis XF4 (Betonangriff durch Frost) und XS1 bis XS3 (Bewehrungskorrosion durch Chloride aus Meerwasser) (siehe Tabellen 8.14 und 8.15) auf $0{,}60\, f_{ck}$ begrenzt werden. Für andere Umweltklassen gilt diese Begrenzung nicht.

$$\sigma_c \leq 0{,}60\, f_{ck} \qquad \text{(seltene Einwirkungskombination)} \qquad (8.107)$$

Anderenfalls ist eine größere Betondeckung oder eine Verbügelung der Druckzone erforderlich.

8.3.1.2 Begrenzung der Stahlspannungen

Betonstahlbewehrung

Die Zugspannungen in der Betonstahlbewehrung sind bei direkten Einwirkungen unter der *seltenen* Einwirkungskombination auf $0{,}80\, f_{yk}$ zu begrenzen. Bei Zwang sind $1{,}0\, f_{yk}$ zulässig.

$$f_{yd} \leq 0{,}80\, f_{yk} \qquad \text{(seltene Einwirkungskombination)} \qquad (8.108)$$

Durch die Begrenzung der Betonstahlspannungen soll vermieden werden, dass im Gebrauchszustand plastische Dehnungen der Bewehrung entstehen, was wiederum zu großen offenen Rissen im Beton führen würde.

Spannstahl

Die Spannstahlspannungen dürfen im Gebrauchszustand unter der *seltenen* Lastkombination nach Abzug der Spannkraftverluste den Wert von $0{,}65\,f_{pk}$ nicht überschreiten. Diese Begrenzung wurde eingeführt, da die Korrosionsempfindlichkeit von Stählen mit der Spannung überproportional zunimmt.

$$\sigma_{pm\infty} \leq 0{,}65 f_{pk} \qquad \text{(DIN 1045-1, 11.1.4)} \qquad (8.109)$$

Nach den europäischen Richtlinien sind höhere Spannstahlspannungen von $\sigma_{pm\infty} \leq 0{,}75 f_{pk}$ zugelassen.

Für die Ermittlung der Stahlspannungen wird der Spannungszuwachs infolge der äußeren Einwirkungen benötigt. Dieser lässt sich nach [119], S. 118, Gl. 10.14 im Zustand II wie folgt abschätzen:

$$\Delta \sigma_p \approx \sigma_s = \frac{(M_s / z + P_{m,t})}{(A_s + A_p)} \qquad \text{([119], Gl. 10.14)} \qquad (8.110)$$

mit:

M_S Biegemoment infolge äußeren Einwirkungen und Vorspannung
$z \approx 0{,}9\,d$ innerer Hebelarm

8.3.1.3 Nachweis der Dekompression

Nach DIN 4227 Teil 1 waren die Betonzugspannungen abhängig vom Vorspanngrad begrenzt. Hierdurch sollte im Gebrauchszustand eine weitgehend rissefreie Konstruktion gewährleistet werden. In den neuen Regelwerken wird diese Bedingung durch den Nachweis der Dekompression ersetzt. Der Nachweis der Dekompression bedeutet, dass der Betonquerschnitt

- im Bauzustand *nur am Rand* der infolge Vorspannung gedrückten Zugzone und
- im Endzustand der *gesamte* Betonquerschnitt vollständig

unter Druckspannungen steht (DIN 1045-1, 11.2.1(9)). Letzteres braucht bei Brücken nach dem DIN-Fachbericht 102, 4.4.2.1(106) nicht eingehalten zu werden.

Die Größe der Einwirkung bzw. die anzusetzende Lastkombination, unter welcher rechnerisch keine Zugspannungen auftreten dürfen, hängt von der Stärke des Korrosionsangriffes ab (Tabellen 8.10 und 8.11). Insofern ist es auch sinnvoll, dass im Bauzustand, einer relativ kurzen Zeitspanne, nur der Querschnittsrand, welcher dem Spannglied am nächsten liegt, vollständig überdrückt sein muss während im Endzustand die Dekompression für den gesamten Querschnitt gewährleistet sein sollte. Im Brückenbau werden die anzusetzenden Klassen explizit vom Bauherrn vorgegeben.

8.3 Nachweise in den Grenzzuständen der Gebrauchstauglichkeit

Tabelle 8.10 Anforderungen an die Begrenzung der Rissbreite und die Dekompression (DIN 1045-1, Tab. 18)

	1	2	3	4
1	Anforderungs-klasse	Einwirkungskombination für den Nachweis der Dekompression	Einwirkungskombination für den Nachweis der Rissbreitenbegrenzung	Regelwert der Rissbreite w_k [mm]
3	A	selten	–	0,2
4	B	häufig	selten	0,2
5	C	quasi-ständig	häufig	0,2
6	D	–	häufig	0,2
7	E	–	quasi-ständig	0,3
8	F	–	quasi-ständig	0,4

Tabelle 8.11 Mindestanforderungsklassen in Abhängigkeit der Expositionsklasse (DIN 1045-1, Tab. 19)

	Spalte	1	2	3	4
	Expositions-klasse	Mindestanforderungsklasse			
		Vorspannung mit nachträglichem Verbund	Vorspannung mit sofortigem Verbund	Vorspannung ohne Verbund	Stahlbeton-bauteile
1	XC1	D	D	F	F
2	XC2, XC3, XC4	C[1]	C	E	E
3	XD1, XD2, XD3[2], XS1, XS2, XS3	C[1]	B	E	E

[1] Wird der Korrosionsschutz anderweitig sichergestellt, darf Anforderungsklasse D verwendet werden. Hinweise hierzu sind den allgemeinen bauaufsichtlichen Zulassungen der Spannverfahren zu entnehmen.

[2] Im Einzelfall können zusätzlich besondere Maßnahmen für den Korrosionsschutz erforderlich sein.

8.3.2 Rissbildung in Spannbetonbauteilen

Durch eine Vorspannung kann das Auftreten von Rissen reduziert aber nicht gänzlich vermieden werden. Dies belegen die zahlreichen Schäden an Brücken (Bild 8.30).

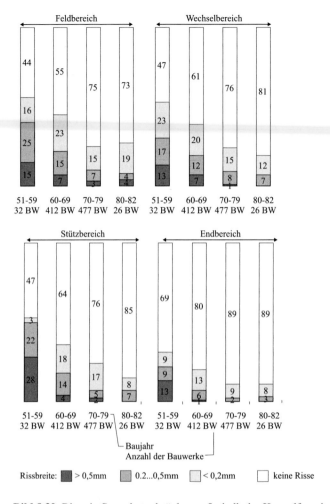

Bild 8.30 Risse in Spannbetonbrücken außerhalb der Koppelfuge in Abhängigkeit vom Baujahr (nach [144])

Durch die Vergrößerung der Mindestbewehrung sowie dem Nachweis der Rissbreite hat sich die Situation in den letzten Jahren jedoch merklich verbessert.

Es sei hier darauf hingewiesen, dass ein rissefreies Tragwerks sowohl für die Dauerhaftigkeit als auch für die Tragfähigkeit nicht erforderlich ist. Vielmehr ist es notwendig, die Breite von möglichen Rissen durch Stahleinlagen auf ein unschädliches Maß von ca. $w_{k,cal} = 0{,}4 \div 0{,}2$ mm zu begrenzen.

Risse können entstehen durch:

- Zugbeanspruchung des Betons infolge äußerer Einwirkungen
- Eigenspannungen, z. B. infolge Temperaturdifferenzen
- Zwängungen bei behinderter Dehnung des Betons (Schwinden)

8.3 Nachweise in den Grenzzuständen der Gebrauchstauglichkeit

Auch in voll vorgespannten Bauteilen können infolge von Eigenspannungen (z. B. Temperaturdifferenzen, ungleichmäßiges Schwinden, Zwangbeanspruchungen, Abweichungen von der planmäßigen Vorspannkraft etc.) rechnerisch Zugspannungen auftreten, welche oberhalb der Betonzugfestigkeit liegen, d. h. es treten Risse im Beton auf. Bei Brücken sind besonders Tragwerksteile gefährdet, welche dem Regen ausgesetzt sind. Bei einem Schlagregen kühlt eine zuvor durch die Sonneneinstrahlung aufgeheizte Betonplatte sehr schnell ab. Hierdurch können Zwangsspannungen entstehen, welche rechnerisch (Zustand I) die doppelte Betonzugfestigkeit erreichen [144].

Um die Rissbreite auf ein unschädliches Maß zu begrenzen, ist daher wie bei nicht vorgespannten Bauteilen eine Oberflächenbewehrung und eine Bewehrung zur Begrenzung von Einzelrissen (Abdeckung des Zugkeils) erforderlich.

Eigen- und Zwangbeanspruchungen lassen sich rechnerisch nur schwer erfassen, da die Größe der Einwirkungen nicht oder nur näherungsweise bekannt ist. Wesentliches Ziel sollte daher nicht nur ein rechnerischer Nachweis der Rissbreite, sondern die Ausschaltung von Rissursachen sein. So können Zwängungen bei der Herstellung durch Wärmedämmung und kurze Betonierabschnitte wesentlich reduziert werden.

Bei der Berechnung der erforderlichen Bewehrung zur Rissesicherung gibt es nur wenige Unterschiede zwischen einem Spann- und einem Stahlbetonbauteil. Zu beachten ist das unterschiedliche Verbundverhalten von gerippten Betonstahl und Litzen. Weiterhin ist ein Rissbreitennachweis nur erforderlich, wenn unter einer vorgegebenen Einwirkungskombination rechnerisch Betonzugspannungen auftreten.

Vorgänge bei der Rissbildung

Zunächst sollen die Vorgänge beim Entstehen von Rissen im Beton erläutert werden. Hieraus werden die Bemessungsgleichungen verständlich. Weiterhin lassen sich geeignete Maßnahmen zur Reduzierung der Rissbildung treffen.

Die Vorgänge bei der Rissbildung werden an einem sehr einfachen Beispiel, einem zentrisch gezogenen, homogen vorgespannten Betonstab erläutert (Bild 8.31).

Steigert man die äußere Zugkraft, so wird sich der erste Trennriss an der Stelle einstellen, an welcher das Bauteil die geringste Zugfestigkeit aufweist (Erstriss). Im Rissbereich wird die gesamte äußere Einwirkung vom Beton- bzw. Spannstahl übernommen. Infolgedessen steigt die Stahlspannung sehr stark an. Die unterschiedliche Verbundsteifigkeit führt zu erheblich höheren Spannungen in der Bewehrung als im Spannstahl. Die äußere Zugkraft wird somit nicht im Verhältnis der Querschnittsflächen A_s / A_p aufgeteilt. Die Spannung im Beton geht im Riss auf Null zurück. Beidseitig des Risses werden die Stahlkräfte über die Eintragungslängen l_{es} bzw. l_{ep} mit $l_{es} < l_{ep}$ wieder in den Verbundquerschnitt eingeleitet. Außerhalb des Risses sei der Betonquerschnitt ungerissen, d.h. er befindet sich im Zustand I. Im Bereich $l_{es} < x < l_{ep}$ weist der Betonstahl bereits vollen Verbund mit dem Beton auf, während der Spannstahl noch Kräfte überträgt. Die Betonstahlspannungen erhöhen sich aufgrund des vollen Verbundes in diesem Bereich entsprechend der Betonspannung. Am Ende der Eintragungslänge $x > l_{ep}$ ist die maximale Betonzugkraft wieder erreicht und es kann sich ein neuer Riss bilden (Bild 8.32). Dessen Lage hängt von den streuenden Materialeigenschaften ab. Dieser Vorgang wiederholt sich solange, bis die Rissabstände so klein sind, dass sich die Einleitungslängen des Betonstahls überschneiden. Man spricht dann von einem „abgeschlossenen Rissbild" (Bild 8.33), da weitere Risse theoretisch nicht mehr entstehen können.

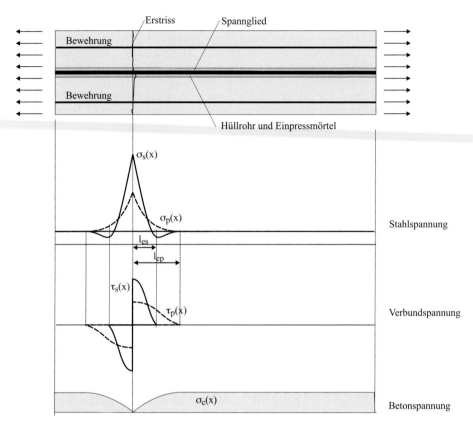

Bild 8.31 Spannungsverlauf im Bereich eines Erstrisses

Bei einem realen Bauteil sind die Verhältnisse erheblich komplexer, nicht nur weil Stahlbeton ein sehr inhomogenes Material ist. Die Herstellung sowie die Einwirkungen haben einen großen Einfluss auf die örtliche im Bauteil vorhandene Zugfestigkeit. So werden sich breite Risse bevorzugt in Arbeits- und Koppelfugen einstellen, da hier die Betonzugfestigkeit erheblich geringer als im übrigen Bereich ist.

8.3.3 Mindestbewehrung nach DIN 1045-1

Die Mindestbewehrung soll das Versagen eines Bauteils bei Zwangeinwirkung oder Eigenspannungen verhindern und weiterhin die entstehende Rissbreite begrenzen.

In Spannbetonbauteilen ist eine Mindestbewehrung nicht erforderlich, wenn:

- die Betondruckspannungen am Querschnittsrand unter *seltenen* Einwirkungen dem Betrag größer als 1 N/mm^2 ist (DIN 1045-1, 11.2.2(3)). Hierbei sind die charakteristischen Werte der Vorspannung zu berücksichtigen. Eine Robustheitsbewehrung ist jedoch immer erforderlich;

8.3 Nachweise in den Grenzzuständen der Gebrauchstauglichkeit

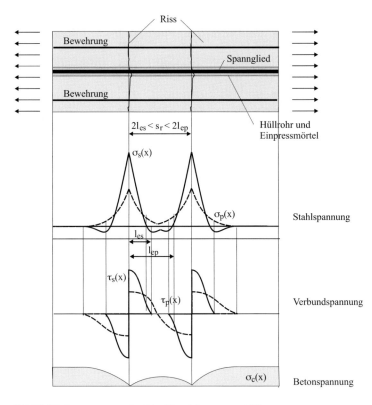

Bild 8.32 Spannungsverlauf im Bereich von zwei Rissen

oder

- bei Rechteckquerschnitten die Höhe der Zugzone, welche mit der Annahme eines gerissenen Querschnitts unter den Lastbedingungen der Erstrissbildung berechnet wurde, den kleineren Wert von $h/2$ oder $0{,}50$ m nicht überschreitet (Vorspannung mit charakteristischen Werten). Diese Regelung gilt auch für Stege von Plattenbalken. Die Bedingung gilt als erfüllt [119] falls die Betondruckspannung infolge Vorspannung in der Schwerachse $\sigma_{cs} = P_k/A_c$ mindestens den Wert $\sigma_{cs}^* = h \cdot f_{ct,eff} \geq f_{ct,eff}$ (mit h in m) erreicht (siehe Bild 8.34).

Die Mindestbewehrung kann vermindert werden, wenn nachgewiesen wird, dass die Zwangschnittgröße die Rissschnittgröße nicht erreicht (beispielsweise bei entsprechender Lagerung des Tragwerks).

Für einen zentrisch gezogenen Stahlbetonbalken muss die im Betonquerschnitt vorhandene Zugkraft unmittelbar vor der Rissbildung durch Bewehrung aufnehmbar sein, d.h.:

$$F_{ct,eff} = f_{ct,eff} \cdot A_{ct} = F_s = A_s \cdot \sigma_s \tag{8.111}$$

σ_s ist hierbei die Betonstahlspannung unmittelbar nach der Rissbildung. Zur Begrenzung der Rissbreite wird man im Allgemeinen nicht die maximale Spannung $\sigma_{sd} = f_{yk}/\gamma_s$ ansetzen.

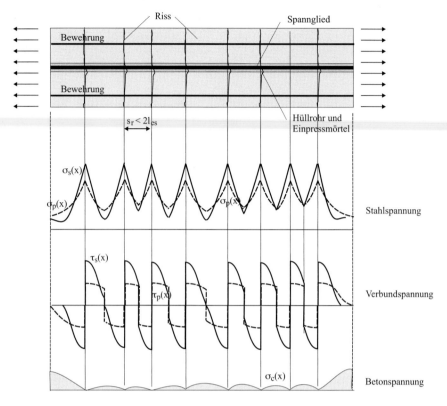

Bild 8.33 Spannungsverlauf im Bereich eines vollständig gerissenen Bauteils

Gleichung 8.111 nach A_s aufgelöst ergibt: $A_s = f_{ct,eff} \cdot A_{ct} / \sigma_s$ \hfill (8.112)

Zur Berücksichtigung der Spannungsverteilung im Querschnitt sowie von Eigenspannungen werden 2 Koeffizienten (k, k_c) eingeführt. Somit gilt:

$$A_s = k_c \cdot k \cdot f_{ct,eff} \cdot A_{ct} / \sigma_s \qquad \text{(DIN 1045-1, Gl. 127)} \qquad (8.113)$$

Dabei ist:

A_s \quad Querschnittsfläche der Betonstahlbewehrung in der Zugzone des betrachteten Querschnitts oder Teilquerschnitts. Diese ist überwiegend am gezogenen Rand anzuordnen, mit einem angemessenen Teil aber auch so über die Zugzone zu verteilen, dass die Bildung breiter Sammelrisse vermieden wird.

k_c \quad Beiwert zur Berücksichtigung des Einflusses der Spannungsverteilung innerhalb der Zugzone A_{ct} vor der Erstrissbildung sowie der Änderung des inneren Hebelarmes beim Übergang in den Zustand II.
– für Rechteckquerschnitte und Stege von Hohlkästen und Plattenbalken (Bild 8.34)

$$k_c = 0{,}4 \cdot \left[1 + \frac{\sigma_c}{k_1 \cdot f_{ct,eff}}\right] \leq 1$$

8.3 Nachweise in den Grenzzuständen der Gebrauchstauglichkeit

σ_c Betonspannung in Höhe der Schwerlinie des Querschnitts oder Teilquerschnitts im ungerissenen Zustand unter der Einwirkungskombination, die am Gesamtquerschnitt zur Erstrissbildung führt ($\sigma_c < 0$ bei Druckspannungen)

k_1 $= 1{,}5\, h'/h$ für Drucknormalkraft
     $= 2/3$ für Zugnormalkraft

h Höhe des Querschnitts oder Teilquerschnitts

h' $= h$ für $h < 1$ m
     $= 1$ m für $h \geq 1$ m

k Beiwert zur Berücksichtigung von nichtlinear verteilten Betonzugspannungen.
a) Zugspannungen infolge im Bauteil selbst hervorgerufenen Zwangs (z. B. Eigenspannungen infolge Abfließens der Hydratationswärme):
bei $h \leq 300$ mm $k = 0{,}8$
bei $h \geq 800$ mm $k = 0{,}5$
(h = kleinerer Wert von Höhe oder Breite)
b) Zugspannungen infolge außerhalb des Bauteils hervorgerufenen Zwangs (z. B. Stützensenkung): $k = 1{,}0$

A_{ct} Querschnittsfläche der Betonzugzone. Die Zugzone ist derjenige Teil des Querschnitts, der rechnerisch kurz vor der Erstrissbildung unter Zugbeanspruchung steht.

$f_{ct,eff}$ Wirksame Zugfestigkeit des Betons zum betrachteten Zeitpunkt. Für $f_{ct,eff}$ ist bei diesem Nachweis der Mittelwert der Zugfestigkeit f_{ctm} einzusetzen. Dabei ist diejenige Festigkeitsklasse anzusetzen, die beim Auftreten der Risse zu erwarten ist. Bei Zwang aus Hydratation gilt: $f_{ct,eff,3\,Tage} = 0{,}5\, f_{ctm,28Tage}$. Falls die Rissbildung nicht innerhalb der ersten 28 Tage auftritt, ist eine Mindestzugfestigkeit von 3 N/mm² für Normalbeton und 2,5 N/mm² für Leichtbeton anzusetzen.

σ_s Die zulässige Spannung in der Betonstahlbewehrung zur Begrenzung der Rissbreite in Abhängigkeit vom Grenzdurchmesser d_s^* nach DIN-Tabelle 20 (siehe Tabelle 8.12).

In einem Quadrat von 300 mm Kantenlänge um ein Spannglied mit Verbund darf die Mindestbewehrung um den Betrag $\xi_1\, A_p$ abgemindert werden.

A_p Querschnittsfläche der Spannglieder in sofortigem oder nachträglichem Verbund

d_s größter vorhandener Stabdurchmesser der Betonstahlbewehrung

d_p der Durchmesser oder äquivalenter Durchmesser der Spannstahlbewehrung
     $d_p = 1{,}6\sqrt{A_p}$ für Bündelspannglieder
     $d_p = 1{,}7 \cdot d_{Draht}$ für Einzellitzen (7 Drähte)
     $d_p = 1{,}2 \cdot d_{Draht}$ für Einzellitzen (3 Drähte)

ξ_1 Verhältnis der mittleren Verbundfestigkeiten von Spannstahl zu der von Betonstahl.

$$\xi_1 = \sqrt{\xi \cdot \frac{d_s}{d_p}} \quad \text{(DIN 1045-1, Gl. 130)} \tag{8.114}$$

ξ siehe Tabelle 8.8

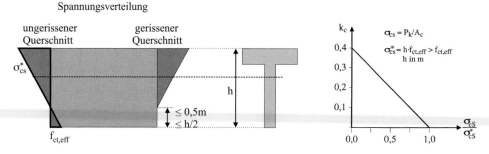

Bild 8.34 Spannungsverteilung und Größe des k_c-Wertes [119]

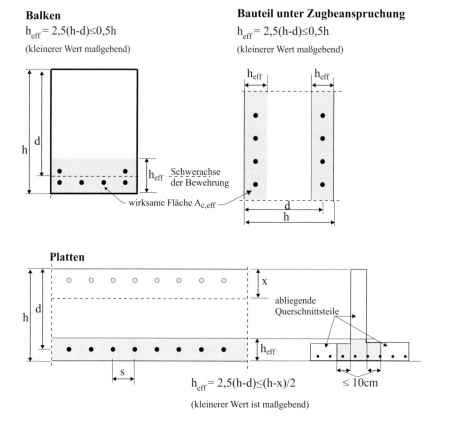

Bild 8.35 Wirksame Fläche $A_{c,eff}$ (typische Fälle)

Unabhängig von möglichen Einwirkungen dürfen bei Stahl- und Spannbetonbrücken nach dem DIN-Fachbericht 102, 4.4.2.2.1(103) die Stababstände 200 mm nicht überschreiten. Weiterhin muss der Stabdurchmesser mindestens $d_s \geq 10$ mm sein. Dies entspricht einer Bewehrungsmenge von $a_s = 3{,}9$ cm²/m.

8.3.4 Rissbreitenbegrenzung ohne direkte Berechnung

Die Rissbreitenbegrenzung kann wie bisher mit den Tabellen 8.12 bzw. 8.13 erfolgen. Zum Vergleich sind auch die Werte der DIN 1045:1988 angegeben.

Tabelle 8.12 Grenzdurchmesser d_s^* bei Betonstählen (DIN 1045-1, Tab. 20)
Anwendung bei Zwang oder Lastbeanspruchung!

		1	2	3		
1	Stahl-spannung σ_s in N/mm²	\multicolumn{3}{c	}{Grenzdurchmesser der Stäbe in mm in Abhängigkeit vom Rechenwert der Rissweite w_k}	\multicolumn{2}{c	}{DIN 1045:1988}
		$w_k = 0{,}4$ mm	$w_k = 0{,}3$ mm	$w_k = 0{,}2$ mm	Innen-bauteile	Sonst.
2	160	56	42	28	36	28
3	200	36	28	18	36	20
4	240	25	19	13	28	16
5	280	18	14	9	25	12
6	320	14	11	7	–	–
7	360	11	8	6	–	–
8	400	9	7	5	10	5
9	450	7	5	4	–	–

Tabelle 8.13 Höchstwerte der Stababstände von Betonrippenstählen (DIN, Tab. 21)
Anwendung nur bei Lastbeanspruchung!

		1	2	3		
1	Stahl-spannung σ_s in N/mm²	\multicolumn{3}{c	}{Grenzabstand der Stäbe in mm in Abhängigkeit vom Rechenwert der Rissweite w_k}	\multicolumn{2}{c	}{DIN 1045:1988}
		$w_k = 0{,}4$ mm	$w_k = 0{,}3$ mm	$w_k = 0{,}2$ mm	Innen-bauteile	Sonst.
2	160	300	300	200	250	250
3	200	300	250	150	250	200
4	240	250	200	100	250	150
5	280	200	150	50	200	100
6	320	150	100	–	–	–
7	360	100	50	–	–	–

Nach DIN-Fachbericht 102 (Brücken) sind Stahlbetonbauteile für $w_k = 0{,}3$ mm und vorgespannte Bauteile für $w_k = 0{,}2$ mm auszulegen.

Der Grenzdurchmesser der Bewehrungsstäbe nach Tabelle 8.12 darf in Abhängigkeit der Bauteilhöhe und muss bei einer Zugfestigkeit $f_{ct,eff} < f_{ct0}$ modifiziert werden:

$$d_s = d_s^* \cdot \frac{\sigma_s \cdot A_s}{4 \cdot (h-d) \cdot b \cdot f_{ct,0}} \geq d_s^* \cdot \frac{f_{ct,eff}}{f_{ct,0}} \qquad \text{(DIN 1045-1, Gl. 131)} \qquad (8.115)$$

Dabei ist:

d_s	modifizierter Grenzdurchmesser
d_s^*	Grundwert des Grenzdurchmessers nach Tabelle 8.12
σ_s	Betonstahlspannung im Zustand II
h	Bauteilhöhe
d	statische Nutzhöhe
b	Breite der Zugzone
$f_{ct,0}$	wirksame Zugfestigkeit des Betons auf welche die Werte der DIN 1045-1, Tab. 20 (siehe Tabelle 8.12) bezogen sind. $f_{ct,0} = 3{,}0$ N/mm²
$f_{ct,eff}$	wirksame Zugfestigkeit des Betons nach DIN 1045-1, 11.2.2(5) (siehe S. 391)

Bei Spannbetonbauteilen ist das unterschiedliche Verbundverhalten von Bewehrung und Spannstahl zu berücksichtigen. Die Spannung in der Betonstahlbewehrung ergibt sich zu:

$$\sigma_s = \sigma_{s2} + 0{,}4 \cdot f_{ct,eff} \cdot \left(\frac{1}{\text{eff } \rho} - \frac{1}{\text{eff } \rho_{tot}} \right) \qquad \text{(DIN 1045-1, Gl. 132)} \qquad (8.116)$$

$$\text{eff } \rho = \frac{A_s + \xi_1^2 \cdot A_p}{A_{c,eff}} \qquad \text{eff } \rho_{tot} = \frac{A_s + A_p}{A_{c,eff}} \qquad \text{(DIN 1045-1, Gl. 133)} \qquad (8.117)$$

Dabei ist:

σ_{s2}	Spannung im Bewehrungsstahl bzw. Spannungszuwachs im Spannstahl in Zustand II für die maßgebende Einwirkungskombination unter Annahme eines vollständigen Verbundes
$A_{c,eff}$	der Wirkungsbereich der Bewehrung (siehe Bild 8.35)

Die Beton- und Spannstahlspannungen sind jeweils mit der vorgeschrieben Einwirkungskombination zu ermitteln (siehe Tabellen 8.10 und 8.11 bzw. Abschnitt 8.3.6).

8.3.5 Rechnerische Ermittlung der Rissbreite

Das zuvor geschilderte Verfahren mittels Tabellen kann aufgrund der wenigen einfließenden Parameter nur relativ ungenau sein. Es eignet sich vor allem für Stahlbetonbauteile. Im Spannbetonbau kommt der Rissbreitenbegrenzung jedoch eine erheblich größere Bedeutung zu. Insofern sollten hier genauere Verfahren verwendet werden. Der Rechenwert der Rissbreite w_k lässt sich mit Hilfe der folgenden Gleichungen bestimmen. Er ergibt sich aus dem mittleren Rissabstand $s_{r,max}$ bei *abgeschlossenem* Rissbild und der Differenz zwischen der mittleren Stahldehnung ε_{sm} und der mittleren Betondehnung ε_{cm} zwischen den Rissen.

$$w_k = s_{r,max} \cdot (\varepsilon_{sm} - \varepsilon_{cm}) \qquad \text{(DIN 1045-1, Gl. 135)} \qquad (8.118)$$

8.3 Nachweise in den Grenzzuständen der Gebrauchstauglichkeit

$$\varepsilon_{sm} - \varepsilon_{cm} = \frac{\sigma_s - 0{,}4 \cdot \dfrac{f_{ct,eff}}{\text{eff } \rho} \cdot (1 + \alpha_e \cdot \text{eff } \rho)}{E_s} \geq 0{,}6 \frac{\sigma_s}{E_s} \quad \text{(DIN 1045-1, Gl. 136)} \quad (8.119)$$

Dabei ist:

$\alpha_e = E_s / E_{cm}$

σ_s Betonstahlspannung im Riss (Gl. 8.116)

eff $\rho = (A_s + \xi_1^2 \cdot A_p)/A_{c,eff}$ \hfill (DIN 1045-1, Gl. 133)

Maximaler Rissabstand:

$$s_{r,max} = \frac{d_s}{3{,}6 \cdot \text{eff } \rho} \leq \frac{\sigma_s \cdot d_s}{3{,}6 \cdot f_{ct,eff}} \quad \text{(DIN 1045-1, Gl. 137)} \quad (8.120)$$

Bild 8.36 zeigt eine Auswertung der Gleichungen 8.118 bis 8.120 für verschiedene Bewehrungsgrade ρ und eine rechnerische Rissbreite von $w_k = 0{,}30$ bzw. 0,20 mm. Man erkennt den sehr großen Einfluss von w_k und dem Bewehrungsgrad ρ auf den Grenzdurchmesser d_s.

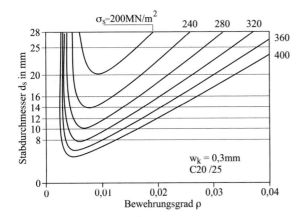

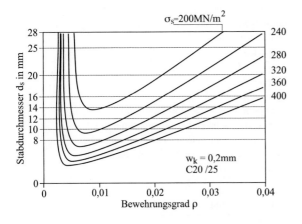

Bild 8.36 Stabdurchmesser in Abhängigkeit vom Bewehrungsgrad ρ und der Stahlspannung σ_s

Die aufwendigen Gleichungen sollten jedoch nicht über die großen Unsicherheiten hinwegtäuschen, welche mit der Berechnung der Rissbreite verbunden sind. Um dies zu verdeutlichen, sind in Bild 8.37 Rissbreiten nach Gleichung 8.118 den in Versuchen gemessenen Werten gegenübergestellt. Man erkennt insbesondere im relevanten Bereich von $w_k = 0{,}2$ mm eine große Streubreite von $w_k = 0{,}1 \div 0{,}3$ mm.

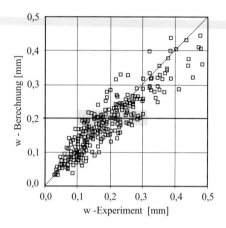

Bild 8.37 Vergleich der rechnerischen Rissbreiten mit experimentellen Werten [145]

Tabelle 8.14 Expositionsklassen für Bewehrungskorrosion (DIN 1045-1, Tab. 3)

Klasse	Beschreibung der Umgebung	Beispiele für die Zuordnung von Expositionsklassen	Mindestfestigkeitsklasse
1 Kein Korrosions- oder Angriffsrisiko			
XC0	Kein Angriffsrisiko	Bauteile ohne Bewehrung in nicht betonangreifender Umgebung, z. B. Fundamente ohne Bewehrung ohne Frost, Innenbauteile ohne Bewehrung	C12/15 LC12/13
2 Bewehrungskorrosion, ausgelöst durch Karbonatisierung[1]			
XC1	Trocken oder ständig nass	Bauteile in Innenräumen mit normaler Luftfeuchte (einschließlich Küche, Bad und Waschküche in Wohngebäuden); Bauteile, die sich ständig in Wasser befinden	C16/20 LC16/18
XC2	Nass, selten trocken	Teile von Wasserbehältern, Gründungsbauteile	C16/20 LC16/18
XC3	Mäßige Feuchte	Bauteile, zu denen die Außenluft häufig oder ständig Zugang hat, z. B. offene Hallen; Innenräume mit hoher Luftfeuchte, z. B. gewerbliche Küchen und Bädern, Wäschereien, in Feuchträumen von Hallenbädern und in Viehställen	C20/25 LC20/22
XC4	Wechselnd nass und trocken	Außenbauteile mit direkter Beregnung, Bauteile in der Wasserwechselzone	C25/30 LC25/28

8.3 Nachweise in den Grenzzuständen der Gebrauchstauglichkeit

Tabelle 8.14 (Fortsetzung))

Klasse	Beschreibung der Umgebung	Beispiele für die Zuordnung von Expositionsklassen	Mindestfestigkeitsklasse
3 Bewehrungskorrosion, ausgelöst durch Chloride, ausgenommen Meerwasser			
XD1	Mäßige Feuchte	Bauteile im Sprühnebelbereich von Verkehrsflächen; Einzelgarargen	C30/37³ LC30/33
XD2	Nass, selten trocken	Schwimmbecken und Solebäder; Bauteile, die chloridhaltigen Industrieabwässern ausgesetzt sind	C35/45³ LC35/38
XD3	Wechselnd nass und trocken	Bauteile im Spritzwasserbereich von tausalzbehandelten Straßen; direkt befahrene Parkdecks²	C35/45³ LC35/38
4 Bewehrungskorrosion, ausgelöst durch Chloride aus Meerwasser			
XS1	Salzhaltige Luft, kein unmittelbarer Kontakt mit Meerwasser	Außenbauteile in Küstennähe	C30/37³ LC30/33
XS2	Unter Wasser	Bauteile in Hafenbecken, die ständig unter Wasser liegen	C35/45³ LC35/38
XS3	Gezeitenzonen, Spritz- und Sprühwasserzone	Kaimauern in Hafenanlagen	C35/45 LC35/38

[1] Die Feuchteangaben beziehen sich auf den Zustand innerhalb der Betondeckung der Bewehrung. Im Allgemeinen kann angenommen werden, dass die Bedingung in der Betondeckung den Umgebungsbedingungen des Bauteils entsprechen. Dies braucht nicht der Fall sein, wenn sich zwischen dem Beton und seiner Umgebung eine Sperrschicht befindet.
[2] Ausführung direkt befahrener Parkdecks nur mit zusätzlichem Oberflächenschutzsystem für den Beton.
[3] Eine Betonfestigkeitsklasse niedriger, sofern aufgrund der zusätzlich zutreffenden Expositionsklasse XF Luftporenbeton verwendet wird.

Tabelle 8.15 Umweltklassen für Betonangriff (DIN 1045-1, Tab. 3)

Klasse	Beschreibung der Umgebung	Beispiele für die Zuordnung von Expositionsklassen	Mindestfestigkeitsklasse
5 Betonangriff durch Frost mit und ohne Taumittel			
XF1	Mäßige Wassersättigung ohne Taumittel	Außenbauteile	C25/30 LC25/28
XF2	Mäßige Wassersättigung mit Taumittel oder Meerwasser	Bauteile im Sprühnebel- oder Spritzwasserbereich von taumittelbehandelten Verkehrsflächen, soweit nicht XF 4; Bauteile im Sprühnebelbereich von Meerwasser	C25/30 LC25/28

Tabelle 8.15 (Fortsetzung)

Klasse	Beschreibung der Umgebung	Beispiele für die Zuordnung von Expositionsklassen	Mindestfestigkeitsklasse
XF3	Hohe Wassersättigung ohne Taumittel	Offene Wasserbehälter; Bauteile in der Wasserwechselzone von Süßwasser	C25/30 LC25/28
XF4	Hohe Wassersättigung mit Taumittel oder Meerwasser	Bauteile, die mit Taumitteln behandelt werden; Bauteile im Spritzwasserbereich von taumittelbehandelten Verkehrsflächen mit überwiegend horizontalen Flächen, die direkt befahrene Parkdecks[2]; Bauteile in der Wasserwechselzone von Meerwasser; Räumerlaufbahnen von Kläranlagen	C30/37 LC30/33
6 Betonangriff durch chemischen Angriff der Umgebung[4]			
XA1	Chemisch schwach angreifende Umgebung	Behälter von Kläranlagen; Güllebehälter	C25/30 LC25/28
XA2	Chemisch mäßig angreifende Umgebung und Meeresbauwerke	Betonbauteile, die mit Meerwasser in Berührung kommen; Bauteile in betonangreifenden Böden	C35/45 [3] LC35/38
XA3	Chemisch stark angreifende Umgebung	Industrieabwasseranlagen mit chemisch angreifenden Abwässern; Gärfuttersilos und Futtertische der Landwirtschaft; Kühltürme mit Rauchgasreinigung	C35/45 [3] LC35/38
7 Betonangriff durch Verschleißbeanspruchung			
XM1	Mäßige Verschleißbeanspruchung	Bauteile von Industrieanlagen mit Beanspruchung durch luftbereifte Fahrzeuge	C30/37 [3] LC30/33
XM2	Schwere Verschleißbeanspruchung	Bauteile von Industrieanlagen mit Beanspruchung durch luft- oder vollgummibereifte Gabelstapler	C30/37 [3] LC30/33
XM3	Extreme Verschleißbeanspruchung	Bauteile von Industrieanlagen mit Beanspruchung durch elastomerbereifte- oder stahlrollenbereifte Gabelstapler; Wasserbauwerke in geschiebebelasteten Gewässer, z. B: Tosbecken; Bauteile die häufig mit Kettenfahrzeugen befahren werden. Beläge von Flächen, die häufig mit Kettenfahrzeugen befahren werden	C35/45 [3] LC35/38

[1] Die Feuchteangaben beziehen sich auf den Zustand innerhalb der Betondeckung der Bewehrung. Im Allgemeinen kann angenommen werden, dass die Bedingung in der Betondeckung den Umgebungsbedingungen des Bauteils entsprechen. Dies braucht nicht der Fall sein, wenn sich zwischen dem Beton und seiner Umgebung eine Sperrschicht befindet.

[2] Ausführung direkt befahrener Parkdecks nur mit zusätzlichem Oberflächenschutzsystem für den Beton.

[3] Eine Betonfestigkeitsklasse niedriger, sofern aufgrund der zusätzlich zutreffenden Expositionsklasse XF Luftporenbeton verwendet wird.

[4] Grenzwerte für die Expositionsklassen bei chemischem Angriff siehe DIN 206-1 und DIN 1045-2.

8.3.6 Ermittlung der Spannungen im Gebrauchszustand

Für die verschiedenen Nachweise werden die Beton- und Stahlspannungen benötigt. Im Gebrauchszustand kann i. Allg. von einem linear-elastischen Materialverhalten des Betons im Druckbereich ausgegangen werden, da die Beanspruchungen des Betons relativ gering sind. Alternativ kann die Spannungs-Dehnungs-Linie nach DIN 1045-1, Bild 22 (siehe Bild 8.38) verwendet werden. Die Zugfestigkeit des Betons sowie die versteifende Mitwirkung (Tension Stiffening) darf bei der Spannungsermittlung auf der sicheren Seite liegend nicht angesetzt werden. Es ist somit von einem gerissenen Querschnitt auszugehen (Bild 8.39).

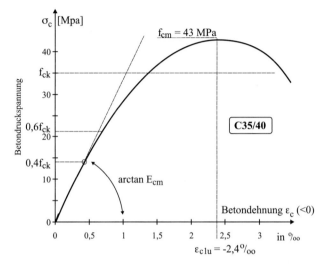

Bild 8.38 Spannungsdehnungslinie für die Schnittgrößenermittlung nach DIN 1045-1, Bild 22 für Beton C35/40

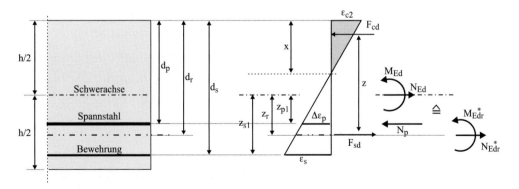

Bild 8.39 Innere und einwirkende Schnittgrößen sowie Dehnungsverteilung im Gebrauchszustand (nach [141], S. 451)

Bei gegebenen Querschnittswerten und Bewehrungsmengen lassen sich die gesuchten Größen aus den Gleichgewichtsbedingungen $\Sigma F = 0$ und $\Sigma M = 0$ ermitteln. Für einen Rechteckquerschnitt gilt:

$$\sum F = 0 = (N_{Ed} + N_p^0) + F_{cd} - F_{sd} - \Delta F_p \tag{8.121}$$

$$(N_{Ed} + N_p^0) + \sigma_{cd,max} \cdot b \cdot x \cdot 0{,}5 - \sigma_s \cdot A_s - \Delta \sigma_p \cdot A_p = 0 \tag{8.122}$$

$$\sum M = 0 = M_{Eds} - F_{cd} \cdot \left(d_s - \frac{x}{3}\right) + \Delta F_p \cdot (d_s - d_p) \tag{8.123}$$

Die Zunahme der Spannstahlspannung infolge der äußeren Einwirkungen lässt sich aufgrund der vorausgesetzten linearen Dehnungsverteilung aus der Geometrie bestimmen:

$$\frac{\Delta \sigma_p}{\sigma_s} = \frac{d_p - x}{d_s - x} \rightarrow \Delta \sigma_p = \frac{d_p - x}{d_s - x} \cdot \sigma_s \tag{8.124}$$

Weiterhin gilt:

$$\frac{\varepsilon_{c2}}{\varepsilon_s} = \frac{x}{d_s \; x} \quad \text{bzw.} \quad \varepsilon_{c2} = \frac{x}{d_s - x} \varepsilon_s \tag{8.125}$$

Damit verbleiben 2 Unbekannte: x und ε_s

$$\left(N_{Ed} + N_p^0\right) + \varepsilon_s \cdot \frac{x}{d_s - x} \cdot E_c \cdot b \cdot x \cdot 0{,}5 - \varepsilon_s \cdot E_s \cdot A_s - \frac{d_p - x}{d_s - x} \varepsilon_s \cdot E_p \cdot A_p = 0 \tag{8.126}$$

$$M_{Eds} - \varepsilon_s \cdot \frac{x}{d_s - x} \cdot E_c \cdot b \cdot x \cdot 0{,}5 \cdot \left(d_s - \frac{x}{3}\right) + \frac{d_p - x}{d_s - x} \cdot \varepsilon_s \cdot E_p \cdot A_p \cdot (d_s - d_p) = 0 \tag{8.127}$$

Die obigen beiden Beziehungen führen für einen Rechteckquerschnitt mit Normalkraft zu einer kubische Gleichung [140].

$$6 \cdot \rho \cdot \eta - 6 \cdot \rho \cdot \eta \cdot \frac{x}{d_r} - 3 \cdot (1 + \eta) \cdot \left(\frac{x}{d_r}\right)^2 + \left(\frac{x}{d_r}\right)^3 = 0 \tag{8.128}$$

mit:

$$\rho = \frac{A_p + A_s}{b \cdot d_r} \quad \text{und} \quad \eta = \frac{N_{Ed}^* \cdot d_r}{M_{Edr}^*} \tag{8.129}$$

$$d_r = \frac{\chi \cdot A_p \cdot d_p + A_s \cdot d_s}{\chi \cdot A_p + A_s} \tag{8.130}$$

$$\chi = \frac{\Delta \sigma_p}{\sigma_s} = \frac{z_p}{z_s} = \frac{d_p - x}{d_s - x} = \frac{d_p - \xi \cdot d_r}{d_s - \xi \cdot d_r} \tag{8.131}$$

$$\alpha_e \cdot \rho = \frac{E_s}{E_c} \cdot \frac{1}{b \cdot d_r} \cdot \frac{(\chi \cdot A_p + A_s)^2}{\chi^2 A_p + A_s} \approx \frac{E_s}{E_c} \cdot \frac{A_p + A_s}{b \cdot d_r} \tag{8.132}$$

Bei der Ermittlung des Faktors $\alpha_e = E_s / E_c$ ist das Kriechen des Betons zu berücksichtigen. Für den Nachweis der Ermüdung kann nach DIN 1045-1, 10.8.2(2) vereinfachend $\alpha_e = 10$ angesetzt werden.

8.3 Nachweise in den Grenzzuständen der Gebrauchstauglichkeit

Die Schnittgrößen M_{Ed}^* und N_{Ed}^* sind auf die Schwerachse der resultierenden Zugkraft bezogen.

$$N_{Ed}^* = N_{Ed} + N_p^0 \tag{8.133}$$

$$M_{Ed}^* = (M_{Ed} - N_{Sd} \cdot z_r) - N_p^0 \cdot (d_r - d_p) \tag{8.134}$$

($N_p^0 < 0$, $M_{Ed} > 0$)

Bild 8.40 zeigt eine Auswertung der Gleichung 8.128 für verschiedene Bewehrungsverhältnisse. Mit diesem Diagramm kann die Druckzonenhöhe x und der innere Hebelarm z_r in Abhängigkeit von den äußeren Einwirkungen bestimmt werden.

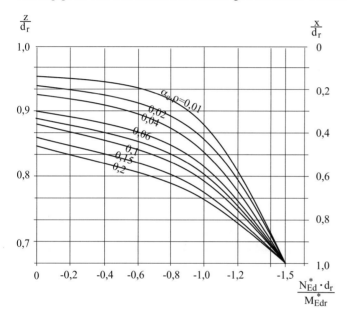

Bild 8.40 Druckzonenhöhe x und innerer Hebelarm im Gebrauchszustand für einen Rechteckquerschnitt im Zustand II (nach [141])

Die Beton- und Spannstahlspannungen ergeben sich aus folgenden Beziehungen:

$$\sigma_s = \left(\frac{M_{Sds}^*}{z} + N_{Sds}^*\right) \cdot \frac{1}{A_s + \chi \cdot A_p} \tag{8.135}$$

$$\Delta\sigma_p = \chi \cdot \sigma_s \tag{8.136}$$

$$\sigma_c = \frac{\sigma_s}{E_s / E_c} \cdot \frac{x}{d_s - x} \tag{8.137}$$

Vereinfachend kann auch der Hebelarm der inneren Kräfte z aus dem Nachweis der Grenztragfähigkeit angesetzt werden, da dieser bei geringen Beanspruchungen sehr wenig von der angesetzten Druckspannungsverteilung abhängt. Dies zeigt auch die folgende Berechnung. In Bild 8.41 sind die Stahl- und Betondruckspannungen sowie der innere Hebelarm z und die Druckzonenhöhe x für einen Rechteckquerschnitt dargestellt. Bei den Betondruckspannungen und der Druckzonenhöhe sind gravierende Unterschiede zwischen einem linearen und einem parabolischen Ansatz festzustellen. Die Stahlspannungen sowie der innere Hebelarm sind bei geringen Beanspruchungen nach beiden Ansätzen nahezu identisch.

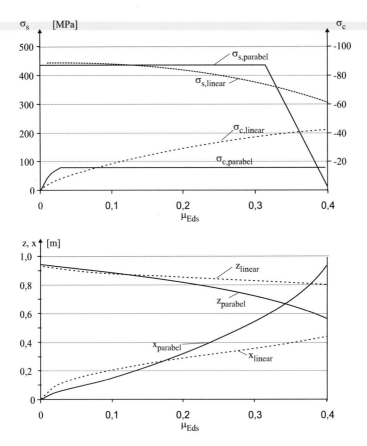

Bild 8.41 Stahl- und Betondruckspannungen sowie innerer Hebelarm z und Druckzonenhöhe x für eine lineare und eine parabolische Betondruckspannungsverteilung ($b\,/\,d\,/\,h = 0{,}5\,/\,0{,}95\,/\,1{,}0$ m)

Bei der Bestimmung der Stahlspannungen muss weiterhin das unterschiedliche Verbundverhalten von Beton- und Spannstahl berücksichtigt werden. Im Rissquerschnitt gilt (Bild 8.42):

$$F_s = A_s \cdot \sigma_{s2} = A_s \cdot \varepsilon_{s2} \cdot E_s = u_s \cdot l_{bs} \cdot f_{bs} \tag{8.138}$$

$$\Delta F_p = A_p \cdot \Delta\sigma_p = A_p \cdot \Delta\varepsilon_p \cdot E_p = u_p \cdot l_{bp} \cdot f_{bp} \tag{8.139}$$

mit:

l_{bs}, l_{bp} Eintragungslänge der Betonstahlbewehrung bzw. des Spannstahls
f_{bs}, f_{bp} Verbundspannung der Betonstahlbewehrung bzw. des Spannstahls

8.3 Nachweise in den Grenzzuständen der Gebrauchstauglichkeit

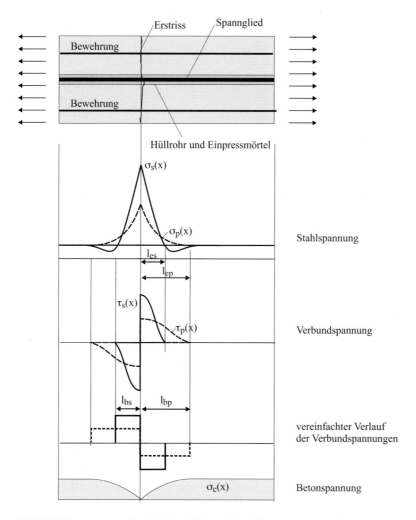

Bild 8.42 Spannungsverlauf im Bereich von Einzelrissen

σ_{s2} Spannung in der Bewehrung im Riss
$\Delta\sigma_p$ Zunahme der Spannstahlspannung im Riss
u_s, u_p wirksamer Umfang der Betonstahlbewehrung bzw. des Spannstahls

Mit der Annahme einer konstanten Verbundspannung gilt:

$$l_{bs} = \frac{d_s}{4} \cdot \sigma_{s2} \cdot f_{bs} \quad \text{und} \quad l_{bp} = \frac{d_p}{4} \cdot \Delta\sigma_p \cdot f_{bp} \tag{8.140}$$

Im Weiteren wird vorausgesetzt, dass vollständiger Verbund besteht und die Stahldehnung ε_{s2} gleich der Dehnungsänderung des Spannstahls $\Delta\varepsilon_p$ ist. Diese Annahme trifft nur zu, wenn bei Biegung die Beton- und Spannstahlbewehrung in der gleichen Lage liegen. Mit $E_s = E_p$ ergibt sich:

$$\Delta\sigma_{\mathrm{p}} = \left[\frac{d_{\mathrm{s}}}{d_{\mathrm{p}}} \cdot \frac{f_{\mathrm{bp}}}{f_{\mathrm{bs}}}\right]^{0,5} \cdot \sigma_{\mathrm{s2}} = \sqrt{\xi} \cdot \sqrt{\frac{d_{\mathrm{s}}}{d_{\mathrm{p}}}} \cdot \sigma_{\mathrm{s2}} \qquad (8.141)$$

mit $\xi = \left[\dfrac{f_{\mathrm{bp}}}{f_{\mathrm{bs}}}\right]$ (siehe Tabelle 8.16)

Aus der Gleichgewichtsbeziehung $F = F_{\mathrm{s}} + F_{\mathrm{p}} = A_{\mathrm{s}} \cdot \sigma_{\mathrm{s2}} + A_{\mathrm{p}} \cdot \Delta\sigma_{\mathrm{p}}$ \hfill (8.142)

folgt:

$$\sigma_{\mathrm{s2}} = \frac{F}{A_{\mathrm{s}} + \sqrt{\xi} \cdot \sqrt{(d_{\mathrm{s}}/d_{\mathrm{p}})} A_{\mathrm{p}}} = \eta \cdot \frac{F}{A_{\mathrm{s}} + A_{\mathrm{p}}} \qquad (8.143)$$

mit:

$$\eta = \frac{A_{\mathrm{s}} + A_{\mathrm{p}}}{A_{\mathrm{s}} + A_{\mathrm{p}} \cdot \sqrt{\xi \cdot (d_{\mathrm{s}}/d_{\mathrm{p}})}} \qquad \text{(DIN 1045-1, Gl. 118)} \qquad (8.144)$$

mit:

A_{s} Querschnittsfläche der Betonstahlbewehrung
A_{p} Querschnittsfläche der Spannstahlbewehrung
d_{s} größter Durchmesser der Betonstahlbewehrung
d_{p} Durchmesser oder äquivalenter Durchmesser der Spannstahlbewehrung

mit: $d_{\mathrm{p}} = 1,6 \cdot \sqrt{A_{\mathrm{p}}}$ für Bündelspannglieder   (DIN 1045-1, 10.8.2)

$d_{\mathrm{p}} = 1,2 \cdot d_{\mathrm{Draht}}$ für Einzellitze aus 3 Drähten

$d_{\mathrm{p}} = 1,75 \cdot d_{\mathrm{Draht}}$ für Einzellitze aus 7 Drähten

ξ Verhältnis der Verbundfestigkeit von Spanngliedern zur Verbundfestigkeit von Rippenstahl im Beton (Tabelle 8.16).

Tabelle 8.16 Verhältnis der Verbundfestigkeit ξ von Spanngliedern zur Verbundfestigkeit von Rippenstahl im Beton (DIN 1045-1, Tab. 15)

Spannstahl	Spannglieder im sofortigen Verbund	Spannglieder im nachträglichen Verbund	
		bis C50/60 bzw. LC50/55	ab C55/67 bzw. LC55/60
Glatte Stäbe	–	0,3	0,15
Litzen	0,6	0,5	0,25
Profilierte Drähte	0,7	0,6	0,3
Gerippte Spannstäbe	0,8	0,7	0,35

8.3 Nachweise in den Grenzzuständen der Gebrauchstauglichkeit

Es sei darauf hingewiesen, dass die obigen Beziehungen davon ausgehen, dass sich die Bewehrung und der Spannstahl in der gleichen Lage befinden. Bestehen größere Abstände, so ist die nach Zustand I bestimmte Spannstahlspannung mit dem Faktor $\sqrt{\xi}$ zu multiplizieren. Mit der so reduzierten Spannstahlkraft ist das Kräftegleichgewicht neu zu bestimmen. Das gleiche Vorgehen ist auch bei mehreren Spanngliedlagen erforderlich.

Wie aus den Gleichungen 8.141 und 8.143 ersichtlich, kann der Spannungszuwachs im Spannstahl $\Delta\sigma_p$ durch die Menge der Betonstahlbewehrung A_s beeinflusst werden. Dies soll das folgende Beispiel erläutern. Betrachtet wird ein Querschnitt mit 2 Bündelspanngliedern von je $A_p = 14$ cm². Der äquivalente Durchmesser der Spannglieder d_p ergibt sich zu: $d_p = 2 \cdot 1{,}6 \cdot \sqrt{A_p} = 2 \cdot 1{,}6 \cdot \sqrt{1400} = 119{,}7$ mm. Im Riss soll eine Kraft von $F = 200$ kN übertragen werden. Das Verhältnis der Verbundfestigkeiten ξ beträgt nach Tabelle 8.16 $\xi = 0{,}5$. Die Betonstahlbewehrung habe einen Durchmesser von $d_s = 16$ mm. Die Stahlspannungen im Riss nach Gleichung 8.141 bzw. 8.143 sind in Bild 8.43 in Abhängigkeit von der Betonstahlmenge dargestellt. Bei einer Betonstahlmenge von $2 \times d_s = 16$ mm nimmt die Spannstahlspannung infolge der Zugkraft $F = 200$ kN um ca. $\Delta\sigma_p = 46$ N/mm² zu während mit 6 $d_s = 16$ mm $\Delta\sigma_p$ nur noch 27 N/mm² beträgt.

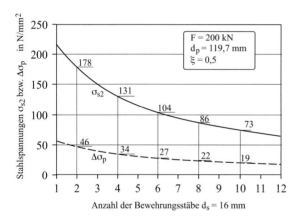

Bild 8.43 Stahlspannungen im Riss in Abhängigkeit von der Betonstahlmenge nach Gleichung 8.141 bzw. 8.143

8.3.7 Beschränkung der Durchbiegung

Bei Spannbetontragwerken ist zunächst zu überprüfen, ob Risse bzw. rechnerisch Betonzugspannungen f_{ct} unter der quasi-ständigen Einwirkungskombination auftreten können. Ist dies nicht der Fall, so ergeben sich die Durchbiegungen aus einer elastischen Berechnung. Anderenfalls ist die Durchbiegung unter Berücksichtigung des Zustandes II zu bestimmen. Das Kriechen des Betons kann am einfachsten durch Modifikation des Elastizitätsmoduls berücksichtigt werden.

9 Bauliche Durchbildung

Auf die Besonderheiten der bauliche Durchbildung von Spannbetontragwerken wurde schon mehrfach eingegangen, so unter anderem:

Betondeckung: Tabelle 6.3 (Korrosion) sowie Abschnitt 6.2.1 (Verbund)
Abstände: Abschnitt 6.2.1, Bild 6.6
Mindestkrümmungsradien: Abschnitt 4.5, Bild 4.39

Nachfolgend werden einige ergänzende Angaben gemacht.

Zwischen den einzelnen Spanngliedern ist zur Gewährleistung der Kraftübertragung ein Mindestabstand einzuhalten. Das gleiche gilt auch für den Abstand zu den Bauteilrändern, besonders im Bereich der Verankerung. Weiterhin sind für die einwandfreie Ausführung Betonierlücken vorzusehen. Die Mindestabstände sind in den Normen und Zulassungen festgelegt (siehe Abschnitt 6.2 und 6.3).

Die Hüllrohre der Spannglieder sind so zu befestigen, dass sie ihre planmäßige Lage auch beim Betonieren behalten. Die Hüllrohre liegen entweder auf speziellen Unterstützungsbügeln oder auf Querstäben, welche an den vorhanden Schubbügeln befestigt werden. Der Durchmesser der Spanngliedunterstützungsbügel sollte bei einer Höhe von $h \leq 1{,}0$ m mindestens $d_s = 16$ mm und sonst $d_s = 20$ mm betragen. Unterstützungsbügel dürfen nur dann auf die statisch erforderliche Bügelbewehrung angerechnet werden, wenn sie die Bewehrung im Druckgurt umschließen.

Bei Spannbettvorspannung werden die Litzen konzentriert im Untergurt angeordnet. Hierdurch entsteht eine große Biegebeanspruchung im Auflagerbereich. Gegebenenfalls kann der Spannkraftverlauf durch abisolieren von Litzen der äußeren Beanspruchung angepasst werden. Die Auflagerung sollte nicht zu nahe ans Trägerende gelegt werden, da hier die Vorspannwirkung noch nicht voll vorhanden ist.

Im Bereich von Innenstützen entstehen aufgrund der großen Umlenkpressung Spaltzugkräfte. Dieser Bereich ist daher ggf. mit horizontalen und vertikalen Bewehrungsstäben einzufassen.

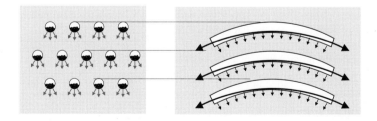

Bild 9.1 Umlenkpressungen im Bereich einer Spanngliedkrümmung

Bei großen Krümmungen und großer Anzahl von Spanngliedern sollte beachtet werden, dass die Umlenkpressung durch den Betonrestquerschnitt übertragen werden muss (Bild 9.1).

Die Spanngliedanordnung sollte in Träger-Querrichtung symmetrisch sein, um Querbiegung zu reduzieren.

Zur Vermeidung von Rissen ist bei vorgespannten Tragwerken eine Oberflächenbewehrung anzuordnen (Tabelle 9.1).

Tabelle 9.1 Oberflächenbewehrung eines Spannbetonbauteils nach DIN 1045-1, Tab. 30

	Platten bzw. Gurtplatten oder breite Balken ($b_w > h$) je m		Balken mit $b_w \leq h$ und Stege von Plattenbalken und Kastenträgern	
	Bauteile in Umweltbedingungen der Expositionsklassen	Bauteile in allen Umweltbedingungen der sonstigen Expositionsklassen	Bauteile in Umweltbedingungen der Expositionsklassen	Bauteile in allen Umweltbedingungen der sonstigen Expositionsklassen
	XC1 bis XC4[1]		XC1 bis XC 4[1]	
• Bei Balken an jeder Seitenfläche • Bei Platten mit $h \geq 1{,}0$ m an jedem gestützten oder nicht gestütztem Rand[2]	$0{,}5\,\rho\,h$ bzw. $0{,}5\,\rho\,h_f$	$1{,}0\,\rho\,h$ bzw. $1{,}0\,\rho\,h_f$	$0{,}5\,\rho\,b_w$ je m	$1{,}0\,\rho\,b_w$ je m
• In der Druckzone von Balken und Platten am äußeren Rand[3] • In der vorgedrückten Zugzone von Platten[2), 3)]	$0{,}5\,\rho\,h$ bzw. $0{,}5\,\rho\,h_f$	$1{,}0\,\rho\,h$ bzw. $1{,}0\,\rho\,h_f$	–	$1{,}0\,\rho\,h\,b_w$
• In Druckgurten mit $h > 12$ cm (obere und untere Lage je für sich)[2]	–	$1{,}0\,\rho\,h_f$	–	–

[1] Expositionsklassen siehe Tabelle 8.14.
[2] Eine Oberflächenbewehrung größer als 3,4 cm²/m je Richtung ist nicht erforderlich (Nach DIN-Fachbericht 102 gilt: mindestens $d_s =10$ mm im Abstand ≤ 200 mm).
[3] Bei Bauteilen, die den Umgebungsbedingungen der Expositionsklasse XC1 ausgesetzt sind, darf die Oberflächenbewehrung am äußeren Rand der Druckzone entfallen. Für Platten aus Fertigteilen mit einer kleineren Breite als 1,20 m darf die Oberflächenbewehrung entfallen.

Tabelle 9.2 Grundwerte ρ für die Ermittlung der Mindestbewehrung (DIN 1045-1, Tab. 29)

f_{ck}	12	16	20	25	30	35	40	45	50	55	60	70	80	90	100
ρ in %	0,51	0,61	0,70	0,83	0,93	1,02	1,12	1,21	1,31	1,34	1,41	1,47	1,54	1,60	1,66

Bei Vorspannung mit Verbund können die oberflächennahen Spanndrähte mit f_{yk} auf die Oberflächenbewehrung angerechnet werden. Die Oberflächenbewehrung darf bei allen Nachweisen als tragend angesetzt werden. Ein Oberflächenbewehrung in Querrichtung ist bei Fertigteilplatten mit einer Breite von weniger als 1,20 m nicht erforderlich.

10 Verankerung und Kopplung

Im Bereich von Spanngliedverankerungen wird der Beton durch sehr große Druckkräfte und hieraus resultierenden Spaltzugspannungen beansprucht. Daher ist dieser Bereich mit besonderer Sorgfalt zu bemessen und konstruktiv zu durchbilden. Die Spannkraft wird entweder durch Ankerplatten oder durch Verbund in das Tragwerk eingeleitet.

Aufgrund der komplexen Spannungszustände im Lasteinleitungsbereich wird die Trag- und Gebrauchstauglichkeit einer Ankerkonstruktion im Rahmen der notwendigen bauaufsichtlichen Zulassung mittels Versuche nachgewiesen. Hierbei werden auch die zulässigen minimalen Achs- und Randabstände bestimmt. Der rechnerische Nachweis kann sich daher auf den Krafteinleitungsbereich (Spaltzugkräfte) beschränken.

In Verankerungsbereich trifft die Bernoulli-Hypothese vom Ebenbleiben des Querschnitts nicht zu. Es können erhebliche Querzugspannungen auftreten, welche durch Bewehrung abzudecken sind. Zur Berechnung bieten sich (elastische) Finite-Elemente-Berechnungen von Scheiben oder Stabwerkmodelle an. Das nichtlineare Materialverhalten des Betons sollte beachtet werden. Weiterhin muss man nicht nur den Endzustand sondern auch den Anspannvorgang nachweisen.

Die Betonstahlspannung zur Beschränkung der Rissbreiten sollte begrenzt werden. Im Verankerungs- und Umlenkbereich von extern vorgespannten Konstruktion ist nach der Richtlinie für extern vorgespannte Brücken [173] eine Maximalspannung von lediglich $f_{yd}/2,8$ zugelassen.

10.1 Verankerungssysteme

Für die Verankerung der Spannglieder wurden zahlreiche Varianten entwickelt (siehe Abschnitt 2.6 sowie [91]). Die meisten haben sich jedoch in der Baupraxis nicht bewährt. Da die notwendigen bauaufsichtlichen Zulassungen mit erheblichen Kosten verbunden sind, kam es in den letzten Jahren zu einer starken Reduzierung der angebotenen Spannsysteme. Nachfolgend sind die wichtigsten Verankerungsarten nochmals aufgelistet. Eine ausführliche Zusammenstellung findet sich in Abschnitt 2.6.

Vor dem Betonieren sind folgende Verankerungen möglich (Festanker):

- Verbund (gerades Drahtende)
- Auffächerung
- spiralförmig gekrümmte oder gewellte Drahtenden
- Auffächerung und verformte Litzenenden
- Schlaufen
- Ankerplatte

Für das Spannen gegen den erhärteten Beton stehen folgende Spannsysteme zur Verfügung:

- Spannstab mit Gewinde und Ankerplatte
- Keile und Ankerplatte (Zentral-, Ring-, Segmentkeil)
- Klemmverankerung mit Klemmplatten
- Köpfchenverankerung mit Ankerplatte

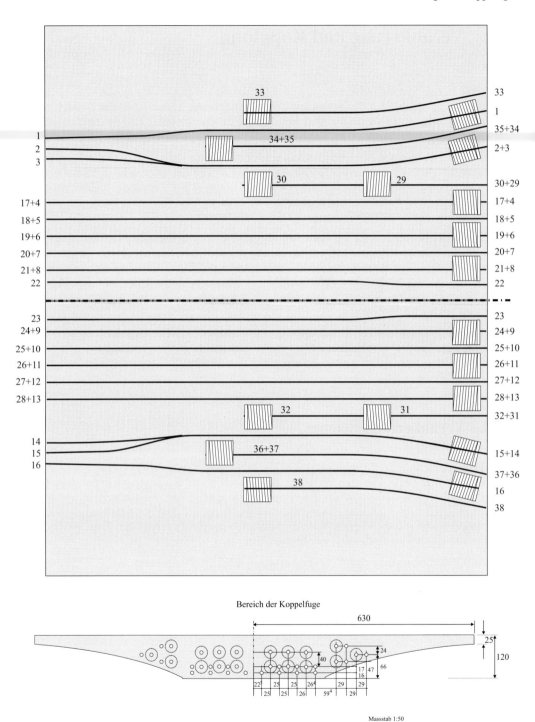

Bild 10.1 Koppelfugenbereich mit Wendelbewehrung einer Plattenbrücke

10.1 Verankerungssysteme

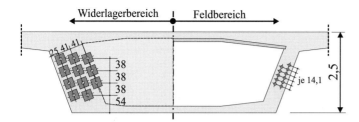

Bild 10.2 Querschnitt einer Hohlkastenbrücke am Widerlager und im Feld

Die weitaus größte Zahl der Verankerungen erfolgt heutzutage entweder durch Verbund bzw. durch Ankerplatten beim Spannen gegen den erhärteten Beton. Bei letzterem wird die Spannkraft durch massive rechteckige oder runde Stahlplatten, in welchen die einzelnen Spannlitzen bzw. -drähte oder -stäbe befestigt sind, auf das Bauteil übertragen. Die Anordnung der Ankerkörper liegt durch die Spanngliedführung sowie durch den in der Zulassung festgelegten Rand- und Achsabstand fest.

10.1.1 Nachweis der Ankerkonstruktion

Eine Bemessung des Ankersystems ist im Allgemeinen nicht erforderlich, da die Tragfähigkeit- und Gebrauchstauglichkeit der Konstruktion durch Versuche nachgewiesen wird (siehe Bild 2.50). Eine nummerische Berechnung des Spannungsverlaufes im Bereich der Ankerplatte ist bislang aufgrund des komplexen Materialverhaltens und der Interaktion zwischen Ankerplatte und Bewehrung nur begrenzt möglich [160].

Aus Versuchen an Scheiben [157] ist folgendes Tragverhalten bekannt: Aufgrund der aus der konzentrierten Krafteinleitung resultierenden Querzugspannungen bildet sich zunächst ein nahezu zentrischer Riss (Bild 10.3). Bei weiterer Laststeigerung entsteht unterhalb der Lastplatte ein Betonkegel, welcher letztendlich den Körper spaltet. Dieser Effekt vergrößert sich mit Abnahme der Steifigkeit der Lasteinleitungsplatte. Um diesen Versagensmechanismus zu behindern bzw. zu vermeiden, ist die Anordnung einer Wendelbewehrung sinnvoll. Diese führt weiterhin zu einem dreidimensionalen Spannungszustand im Beton, wodurch dessen Tragfähigkeit erheblich gesteigert wird.

Der Nachweis des Betonversagens direkt unterhalb der Lasteinleitungsfläche kann für Vorüberlegungen näherungsweise nach DIN 1045, 10.7 bzw. EC2, 5.4.8.1 (Teilflächenpressung) erfolgen, wobei der Einfluss der Wendel- oder Bügelbewehrung beispielsweise nach CEB Model Code 90 [29] berücksichtigt werden kann (siehe Abschnitt 10.1.2).

Die nachfolgenden Ausführungen sollen lediglich das prinzipielle Tragverhalten verdeutlichen. Die Beziehungen sind nicht für den Nachweis des Verankerungsbereiches geeignet.

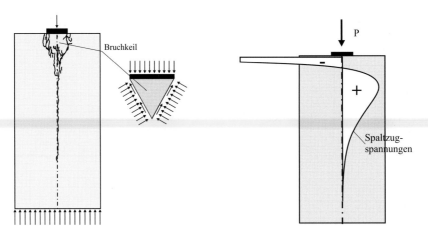

Bild 10.3 Rissbild einer Scheibe (nach [157]) und Spaltzugspannungen

10.1.2 Teilflächenbelastung

Ein unbewehrter Betonkörper aus Normalbeton hat nach DIN 1045-1, 10.7 bzw. EC 2 Teil 1 bei einer konzentrierten Belastung auf einer Fläche A_{c0} eine Grenztragfähigkeit von:

$$F_{Rdu} = A_{c0} \cdot f_{cd} \cdot \sqrt{A_{c1}/A_{c0}} \leq 3{,}0 \cdot f_{cd} \cdot A_{c0} \quad \text{(DIN 1045-1, Gl. 116)} \quad (10.1)$$

bzw. $\quad F_{Rdu} = A_{c0} \cdot f_{cd} \cdot \sqrt{A_{c1}/A_{c0}} \leq 3{,}3 \cdot f_{cd} \cdot A_{c0} \quad \text{(EC 2, Gl. 5.22)}$

Dabei ist:

A_{c0} die Belastungsfläche
A_{c1} die rechnerische Verteilungsfläche

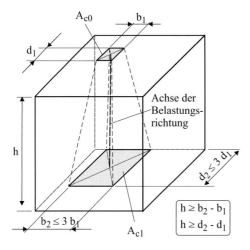

Bild 10.4 Ermittlung der Fläche A_{c1} bei Teilflächenbelastung (DIN 1045-1, Bild 51)

10.1 Verankerungssysteme

Diese Gleichung wird nun so modifiziert, dass der laststeigernde Einfluss einer Wendel- oder Bügelbewehrung berücksichtigt wird [29, 159]. Die Querdehnung des Betons unterhalb der Lastfläche wird durch eine umschließende Bewehrung behindert. Durch den hieraus entstehenden dreiachsialen Druckspannungszustand erhöht sich die Betondruckfestigkeit des Betons von f_{cd} auf f_{cd}^*. Es wird im Weiteren angenommen, dass die Wendel- oder Bügelbewehrung im Grenzzustand die rechnerische Festigkeit f_{yd} erreicht.

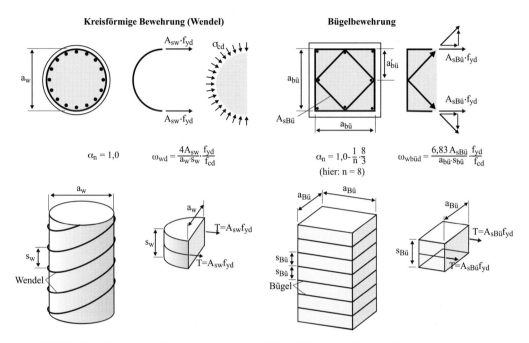

Bild 10.5 Kräfte bei einer kreisförmigen Bewehrung (Wendel) sowie bei rechteckigen Bügeln

mit:
$A_{sBü}$, A_{sw} Fläche eines Bügelschenkels bzw. der Wendel
$s_{Bü}$, s_w Abstand der Bügel bzw. Ganghöhe der Wendel
a_w Durchmesser der Wendelbewehrung

Aus einer Gleichgewichtsbetrachtung (Bild 10.5) folgt für eine kreisförmige Bewehrung:

Kraft in der Bewehrung: $F_{sd} = \sigma_{sd} \cdot A_s = f_{yd} \cdot A_{sw}$ (10.2)

Hieraus resultierende Druckkraft im Beton: $F_{cd} = 0{,}5 \cdot \sigma_{cd} \cdot a_w$ (10.3)

Mit Berücksichtigung des Abstandes s_w der Wendel ergibt sich durch Gleichsetzen der Beziehung (10.2) und (10.3):

$$f_{yd} \cdot A_{sw} = 0{,}5 \cdot \sigma_{cd} \cdot a_w / s_w \quad \text{bzw.} \quad \sigma_{cd} = \frac{2 \cdot f_{yd} \cdot A_{sw}}{a_w \cdot s_w} \tag{10.4}$$

Wird der volumetrische mechanische Grad der Querbewehrung ω_{wd}

$$\omega_{wd} = \frac{W_{s,trans}}{W_{c,cf}} \cdot \frac{f_{yd}}{f_{cd}} = \frac{4 \cdot A_{sw}}{a_w \cdot s_w} \cdot \frac{f_{yd}}{f_{cd}} \tag{10.5}$$

in Gleichung 10.4 eingesetzt, so ergibt sich:

$$\sigma_{cd} = 0{,}5 \cdot \omega_{wd} \cdot f_{cd} \tag{10.6}$$

Die Ungleichförmigkeit der Betonpressung zwischen der Wendelbewehrung wird durch zwei Faktoren α_n und α_s näherungsweise erfasst. Somit gilt:

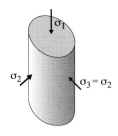

$$\frac{\sigma_{cd,2}}{f_{cd}} \approx \frac{\sigma_{cd,3}}{f_{cd}} = 0{,}5 \cdot \alpha_n \cdot \alpha_s \cdot \omega_{wd} \tag{10.7}$$

mit:

$W_{s,trans}$ Volumen der Querbewehrung
$W_{c,cf}$ Volumen des von der Bewehrung umschlossenen Betonquerschnitts
α_s Reduktionsfaktor zur Berücksichtigung der Ganghöhe der Wendelbewehrung s_w bzw. der vertikalen Bügelabstände $s_{Bü}$

$$\alpha_s \approx \left(1 - 0{,}5 \cdot \frac{s_w}{a_w}\right)^2 \quad \text{mit} \quad s_w < 0{,}5 a_w \tag{10.8}$$

α_n Reduktionsfaktor zur Berücksichtigung der Form und Verteilung der Querkraftbewehrung
Für kreisrunde Bügel bzw. Wendelbewehrung gilt: $\alpha_n \approx 1$
Für rechteckige Bügel in 2 Lagen gilt nach Bild 10.5:

$$\alpha_n \approx 1 - \frac{n \cdot (a'^2_{Bü}/6)}{a'^2_{Bü}} = 1 - \frac{1}{n} \cdot \frac{8}{3} \qquad n = \text{Anzahl der Längsstäbe} \tag{10.9}$$

$$\omega_{w,Bü,d} = \frac{6{,}83 \cdot A_{sbü}}{a_{bü} \cdot s_{bü}} \cdot \frac{f_{yd}}{f_{cd}} \tag{10.10}$$

Aus den obigen Gleichungen wird deutlich, dass eine Kreis- bzw. Wendelbewehrung erheblich günstiger ist als eine Bügelbewehrung. Es ist zu beachten, dass die Beziehungen von einer Lastverteilung durch Längsstäbe ausgehen. Diese sind jedoch meistens im Ankerbereich nicht vorhanden. Um einen über die Höhe gleichförmigen Spannungszustand zu erreichen ist daher die Ganghöhe der Wendel in diesem Bereich zu begrenzen.

Zur Bestimmung der dreiachsialen Betondruckfestigkeit f_{cd}^* können folgende Näherungsansätze verwendet werden [29]:

$$f_{cd}^* = f_{cd} \cdot (1 + 5{,}0 \cdot \sigma_{cd,2}/f_{cd}) \qquad \text{für} \quad \sigma_{cd,2}/f_{cd} < 0{,}05 \tag{10.11}$$

$$f_{cd}^* = f_{cd} \cdot (1{,}125 + 2{,}5 \cdot \sigma_{cd,2}/f_{cd}) \qquad \text{für} \quad \sigma_{cd,2}/f_{cd} > 0{,}05 \tag{10.12}$$

bzw. mit Gleichung 10.7:

$$f_{cd}^* = f_{cd} \cdot (1 + 2{,}5 \cdot \alpha_n \cdot \alpha_s \cdot \omega_{wd}) \quad \text{für} \quad \sigma_{cd,2}/f_{cd} < 0{,}05 \tag{10.13}$$

$$f_{cd}^* = f_{cd} \cdot (1{,}125 + 1{,}25 \cdot \alpha_n \cdot \alpha_s \cdot \omega_{wd}) \quad \text{für} \quad \sigma_{cd,2}/f_{cd} > 0{,}05 \tag{10.14}$$

Unter Ankerplatten treten sehr hohe Spannungen auf, so dass im Weiteren nur die zweite Gleichung ($\sigma_{cd,2}/f_{cd} > 0{,}05$) betrachtet wird. Somit ergibt sich die rechnerisch maximale Tragfähigkeit F_{Rdu} zu:

$$F_{Rdu} = A_{c0} \cdot f_{cd}^* \cdot \sqrt{A_{c1}/A_{c0}} = A_{c0} \cdot f_{cd} \cdot (1{,}125 + 1{,}25 \cdot \alpha_n \cdot \alpha_s \cdot \omega_{wd}) \cdot \sqrt{A_{c1}/A_{c0}} \tag{10.15}$$

Für A_{c1} ist hierbei die von der Querbewehrung umschlossene Fläche anzusetzen. A_{c0} ist die Fläche der Lastplatte. Gleichung 10.15 beschreibt die Versuchsergebnisse recht gut [159].

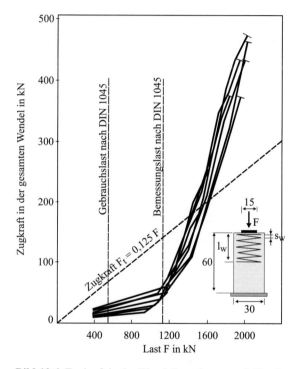

Bild 10.6 Zugkraft in der Wendelbewehrung nach Daschner [159]

Die nach den obigen Gleichungen analytisch bestimmte Tragfähigkeit einer Spanngliedverankerung liegt für gängige Systeme ca. 50 % über der rechnerischen Bruchlast der zu verankernden Spannglieder. Ein Versagen des Ankerbereiches ist somit ausgeschlossen.

Es sei weiterhin darauf hingewiesen, dass die Zugkraft in der Wendel im Bruchzustand teilweise erheblich über den nach Zustand I aufsummierten Querzugspannungen liegt, wie Versuchen von Wurm und Daschner [158] zeigen (Bild 10.6). Auch dies verdeutlicht die Notwendigkeit von Versuchen zur Bestimmung der Tragfähigkeit einer Ankerkonstruktion.

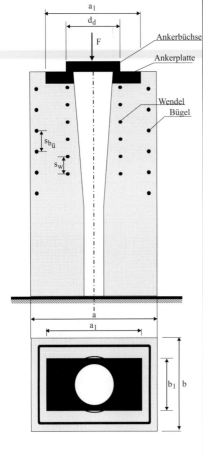

Versuchskörper für Nachweis der Verankerung	**Mindest- und Randabstände**

Mindestachsabstand:

$$\text{erf } A_{n,EC2} = \text{erf } A_{n,DIN} \frac{\text{zul } F_{EC2}}{\text{zul } F_{DIN}} \cdot \frac{0{,}97 \beta_{wn}}{f_{ck}} \quad (10.16)$$

Verhältnis der Seitenlängen: $\dfrac{a_{EC2}}{b_{EC2}} = \dfrac{a_{DIN}}{b_{DIN}}$ (10.17)

Mindestrandabstand = Achsabstand/2 + 2 cm (10.18)

Betonfestigkeiten DIN – EC2 : $f_{ck} = 0{,}97 \beta_{wn}$

F_{EC2}, F_{DIN} zul. Spannkräfte *nach dem Verkeilen*

Abmessung der Ankerplatten

Nettofläche der Ankerplatte:

$$\text{erf } A_{1n,EC2} = \text{erf } A_{1n,DIN} \frac{\text{zul } F_{EC2}}{\text{zul } F_{DIN}} \cdot \frac{0{,}97 \beta_{wn}}{f_{ck}} \quad (10.19)$$

mit $\quad A_n = a \cdot b - \pi \cdot \max r_u^2$

Verhältnis der Ankerplattenseitenlängen:

$$\frac{a_{1,EC2}}{b_{1,EC2}} = \frac{a_{1,DIN}}{b_{1,DIN}} \quad (10.20)$$

A_{1n} = Ankerplatten-Nettoflächen

Spaltzugbewehrung:

$$\text{erf } a_{s,EC2} = \text{erf } a_{s,DIN} \cdot \sqrt{\frac{\text{zul } F_{EC2} \cdot f_{ck}}{\text{zul } F_{DIN} \cdot 0{,}97 \beta_{wn}}} \quad (10.21)$$

$$\text{erf } s_{EC2} = s_{DIN} \frac{d_{s,EC2}}{d_{s,DIN}} \cdot \frac{0{,}5 a_{DIN} - r_o}{0{,}5 a_{DIN} - r_o} \geq \text{gew } s_{EC2} \quad (10.22)$$

Bild 10.7 Näherungsgleichungen bei gegenüber der Zulassung erhöhten Spanngliedkräften (nach [147])

Ein rechnerischer Nachweis der Ankerkonstruktion ist nur erforderlich, falls beispielsweise Spannkräfte geringfügig gegenüber den in den Zulassungen angegebenen Werten erhöht werden sollen. Hierfür sind die Abmessungen der Ankerplatte sowie die Randabstände näherungsweise nach den Mitteilungen des Institutes für Bautechnik [147] zu vergrößern. Weitere Rechenmodelle zur Ermittlung der Tragfähigkeit für Spanngliedverankerungen sind bei Rostásy [159] zu finden.

Dieses Näherungsverfahren war erforderlich, als noch keine Zulassungen für die Ankersysteme mit den erhöhten Spannkräften nach dem Eurocode 2 vorlagen. Die zulässigen Spannstahlspannungen nach EC 2 sind beim Anspannen um den Faktor 1,17 bzw. nach dem Verkeilen um den Faktor 1,31 größer als nach DIN 4227/1.

10.2 Nachweis der Krafteinleitung

Im Rahmen des rechnerischen Nachweises beschränkt man sich auf die Abdeckung der Querzugspannungen durch Bewehrung. Hierbei wird größtenteils von einem elastischen Materialverhalten ausgegangen.

10.2.1 Allgemeines

Im Einleitungsbereich der Vorspannkräfte treten große, konzentrierte Lasten auf. Die Ausbreitung dieser Kraft führt zu Quer- bzw. Spaltzugkräften im Beton, welche durch Bewehrung aufzunehmen sind. Die zusätzliche Bewehrung im Verankerungsbereich besteht meistens aus einer Wendel zur Aufnahme der Spaltzugkräfte direkt unterhalb der Ankerplatte und geschlossenen Bügeln als Querzugbewehrung. Die Bügel sind über den Bereich, welcher der größten Querschnittsabmessung entspricht (Navier-Bereich), zu verteilen, falls keine genaueren Werte vorliegen. Die Bewehrung ist voll zu verankern. Zur Vermeidung von Einzelrissen ist weiterhin eine Netzbewehrung im Bereich der Bauteiloberflächen erforderlich. Nach EC 2 Teil 1, 5.4.6(3) sollte der Bewehrungsgrad auf jeder Seite der Spanngliedgruppe wenigstens 0,15 % in beiden Querrichtungen betragen.

Bei der Berechnung sind sowohl die Spaltzugkräfte in der Horizontalebene als auch in der Vertikalebene zu ermitteln. Hierbei muss die Spannfolge beachtet werden. Es genügt im Allgemeinen nicht, nur den Endzustand zu betrachten.

Beim Nachweis des Verankerungsbereiches sollte die Vorspannkraft zugrunde gelegt werden, welche der charakteristischen Zugfestigkeit des Spanngliedes f_{pk} zugeordnet ist. Es ist somit nicht die Soll-Spannkraft anzusetzen. Hierdurch soll ein Bruch des Verankerungsbereiches ausgeschlossen werden, wenn die Spannkraft beispielsweise infolge unplanmäßiger Spannkraftverluste oder Fehler beim Spannvorgang auf den maximal möglichen Wert erhöht wird.

10.2.2 Bestimmung der Spalt- und Randzugkräfte

Zur Ermittlung der Querzugspannungen infolge einer konzentrierten Lasteinleitung können folgende Verfahren verwendet werden:

- Tabellenwerke, Diagramme
- Näherungsgleichungen

- Stabwerkmodelle
- Finite-Elemente-Berechnungen

10.2.2.1 Diagramme

Mit Hilfe von elastischen Finite-Elemente-Berechnungen können Diagramme zur Bestimmung der Spaltzugspannungen und der hieraus resultierenden Kräfte entwickelt werden. In den Bildern 10.8 und 10.9 sind die Ergebnisse derartiger nummerischer Untersuchungen exemplarisch für eine zentrisch beanspruchte Scheibe dargestellt. Es ist eine starke Abhängigkeit der Werte von dem Verhältnis der Trägerbreite h zu der Breite der Ankerplatte h_1 erkennbar. Die rechnerischen hohen Druckspannungen sind hier nicht von Bedeutung, da diese durch die Zulassungsversuche kontrolliert werden.

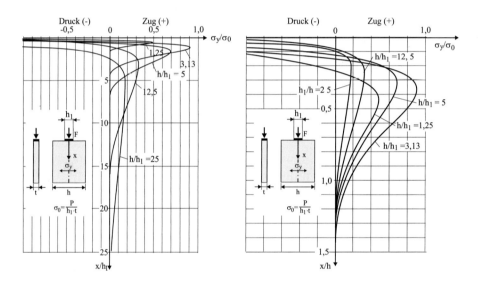

Bild 10.8 Verlauf und Größe der Querspannungen σ_y, bezogen auf die Pressung $\sigma_0 = F/(h_1 t)$

10.2.2.2 Näherungsgleichungen

Das Heft 240 des Deutschen Ausschusses für Stahlbeton [169] enthält für einige Standardfälle Näherungsgleichungen zur Bestimmung der Spaltzugkräfte (siehe Bild 10.10).

Mittig angreifende Längsdruckkraft: $\qquad F_{td} = 0{,}25 \cdot N_{Ed} \cdot (1 - h_1/h_s)$ (10.23)

Ausmittig angreifende Längsdruckkraft: $\quad F_{td} = N_{Ed} \cdot \left(\dfrac{e}{h} - \dfrac{1}{6}\right)$ (Randzugkraft) (10.24)

Dabei sind:

F_{td} resultierende Bemessungszugkraft
N_{Ed} rechtwinklig auf der Teilfläche wirkende Druckkraft

10.2 Nachweis der Krafteinleitung

h_1 Seitenlänge der Teilfläche
h_s Seitenlänge der Verteilungsfläche ($h_s = h$)
h Seitenlänge der Gesamtfläche
e Abstand des ausmittigen Lastangriffspunkts von der Mittellinie der Gesamtfläche

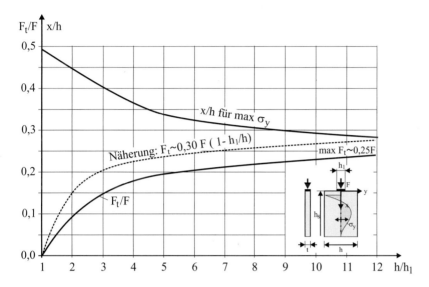

Bild 10.9 Größe der resultierenden Spaltkraft F_t, bezogen auf die Last F sowie Abstand der größten Querspannung σ_y vom belasteten Rand in Scheiben mit $h > 2\,d$ [166]

10.2.2.3 Stabwerkmodelle

Hierbei werden die im Tragwerk vorhandenen Spannungen bzw. der Kraftfluss durch ein statisch bestimmtes Stabwerk idealisiert. Dieses Verfahren wurde erstmals im Jahre 1902 von Mörsch für die Bestimmung der Schubbewehrung (Mörsch'sche Fachwerkanalogie) verwendet. Schlaich et al. [152] haben diese Methode für die Bemessung von so genannten Diskontinuitätsbereichen weiterentwickelt.

Stabwerkmodelle setzen einen voll gerissenen Baustoff voraus. Die Verträglichkeitsbedingungen werden nicht beachtet. Aussagen zur Gebrauchstauglichkeit eines Tragwerks sind daher mit diesem Verfahren nicht möglich. Es ist daher sinnvoll, zur Begrenzung möglicher Risse im Zugbereich, die maximal zulässige Spannung der Betonstahlbewehrung f_{yd} nicht voll anzusetzen. Weiterhin sollte sich das Stabwerkmodell an der elastischen Spannungsverteilung im Bauteil orientieren.

Es sei hier noch darauf hingewiesen, dass wie bei jedem kinematischen Verfahren Lastfallüberlagerungen im Allgemeinen nicht zulässig sind. Am Trägerende sind daher sowohl die Spannkräfte als auch die vorhandenen Auflagerlasten zu berücksichtigen.

420   10 Verankerung und Kopplung

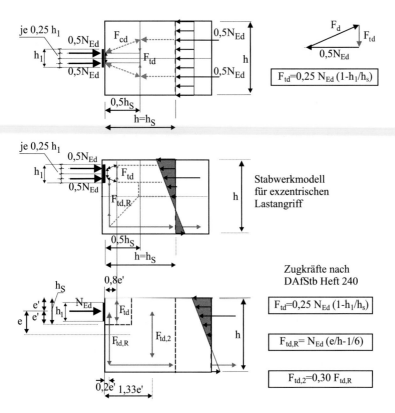

Bild 10.10 Stabwerkmodelle

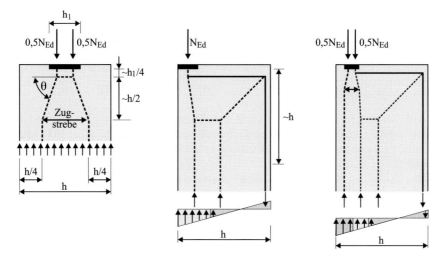

Bild 10.11 Stabwerkmodelle nach Schlaich [152]

10.2 Nachweis der Krafteinleitung

Stabwerkmodelle sind vor allem dann anzuwenden, wenn kein Standardfall vorliegt. Ein Beispiel hierfür ist die Einleitung der Vorspannkräfte in den Flansch eines Plattenbalkens (Bild 10.12). Die Vorspannkraft breitet sich in der Platte und im Steg aus. Die in die Platte einzuleitende Vorspannkraft ergibt sich aus der Geometrie des Stabwerkwerkmodells (Bild 10.12).

Nach EC 2 darf ein Lastausbreitwinkel von $2\beta = 67{,}4°$ angenommen werden ($\beta = \arctan (2/3) = 33{,}7°$). Nach DIN 1045-1 sollte für die Ausbreitung von konzentrierten Lasten ein Winkel von $\beta = 35°$ angesetzt werden. Genaue Aussagen zum Kraftverlauf sind mit elastischen Finite-Elemente-Berechnungen möglich.

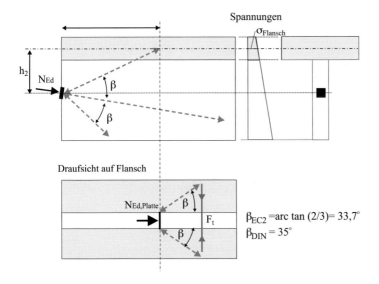

Bild 10.12 Krafteinleitung in einen Plattenbalken

10.2.2.4 Finite-Elemente-Berechnungen

Die Spannungen im Bereich einer Verankerung können mit nummerischen Verfahren ermittelt werden. Dabei geht man meistens vereinfachend von einem elastischen Materialverhalten aus. Da der Spannungsverlauf eines Betonbauteils im Zustand II nicht dem eines ungerissenen Baustoffes entspricht, ist eine automatische Bemessung mit Hilfe von Rechenprogrammen meistens nicht möglich. Die Finite-Elemente-Berechnungen können jedoch dazu dienen, ein geeignetes Stabwerkmodell zu entwickeln.

Es sei hier darauf hingewiesen, dass die Ergebnisse teilweise stark von der Modellierung der Ankerkonstruktion (u. a. Steifigkeit der Ankerplatte, Interaktion zwischen Ankerplatte und Beton) abhängen.

Exemplarisch wird die Vorgehensweise an einem Plattenbalken verdeutlicht. Bild 10.14 zeigt das System und die Modellierung mit ebenen Schalenelementen.

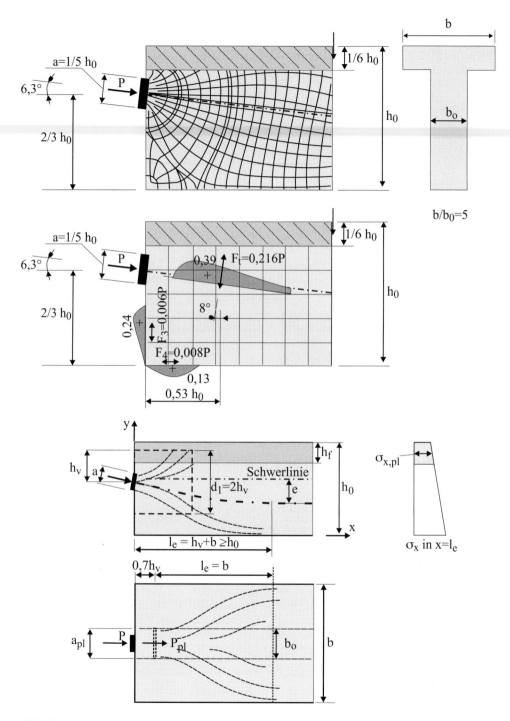

Bild 10.13 Krafteinleitung in einem Plattenbalken (aus [166])

10.2 Nachweis der Krafteinleitung

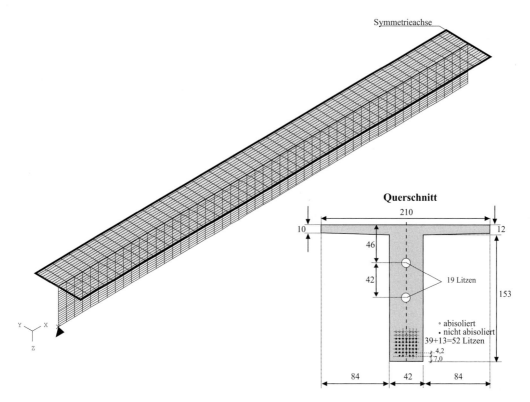

Bild 10.14 System und Modellierung

Die Finite-Elemente-Berechnung liefert den komplexen Kraftverlauf im Bereich der Spannkrafteinleitung (Bild 10.15), wobei ein elastisches Materialverhalten vorausgesetzt wurde. Hieraus wird ein statisch bestimmtes Stabwerkmodell entwickelt, welches aus geraden Druck- und Zugstreben besteht. Die Kräfte ergeben sich aus der angreifenden Einwirkung und der Geometrie des Stabwerkmodells. Die Spaltzugbewehrung ist sinnvoll im Träger zu verteilen.

10.2.2.5 Tabellenwerke

Schleeh [153] hat für Scheiben mit Hilfe von Fourierreihen Tabellen aufgestellt, mit welchen die Spaltzugspannungen von Scheiben unter Rechtecklasten bestimmt werden können.

10.2.3 Festanker im Bauteil

Verankerungen in einem Bauteil (nicht an den Betonierfugen) sind teilweise erforderlich, da die maximale Anzahl der Kopplungen an der Koppelfuge durch Vorschriften bzw. den zur Verfügung stehenden Platz begrenzt ist. Außerdem stellen Kopplungen im Vergleich zu Festankern sehr aufwendige Konstruktionen dar. Bei abgestufter Spanngliedführung werden Spannglieder in Lisenen verankert (Bild 10.16).

424   10 Verankerung und Kopplung

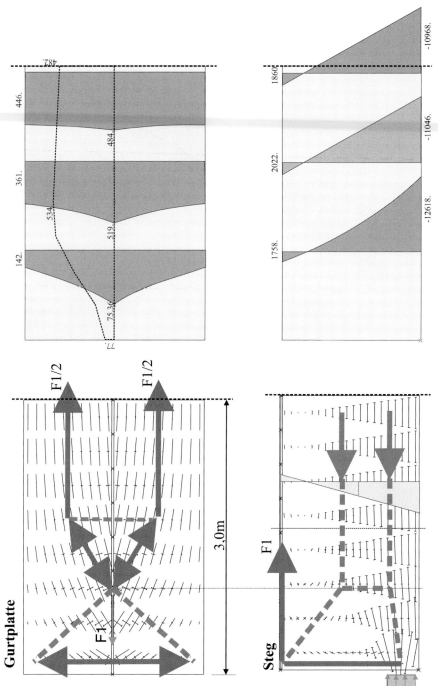

Bild 10.15 Hauptmembrankräfte für den Trägeranfang ($l = 3$ m) sowie Stabwerkmodell

10.2 Nachweis der Krafteinleitung

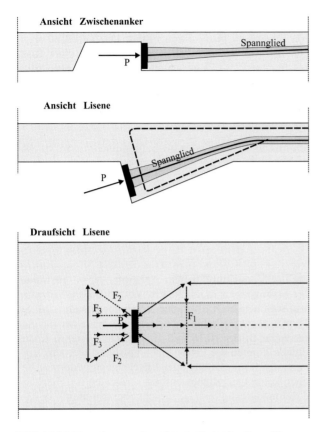

Bild 10.16 Verankerung eines Spanngliedes im Bauteilinneren

Bei einem konzentrierten Lastangriff im Inneren einer Scheibe sollte ein Teil der Kraft rückverankert werden. Anderenfalls kann es zu einer starken Rissbildung im Bereich der Ankerplatte kommen.

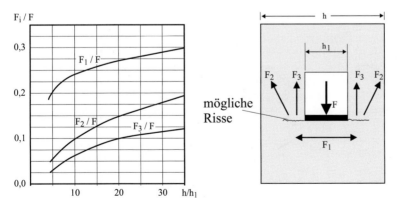

Bild 10.17 Zugkräfte einer Scheibe durch eine Einzellast [151]

Experimentelle und theoretische Untersuchungen zum Tragverhalten von innenliegenden Spanngliedverankerungen wurden von Eibl/Ivány [102] durchgeführt. Die Versuche ergaben nur geringe Zugspannungen hinter der Ankerplatte, welche allein nicht zu einer Rissbildung führten. Es wird daher vorgeschlagen, diese Zugspannungen durch eine rissverteilende Bewehrung abzudecken und nicht, wie teilweise üblich, die halbe Vorspannkraft mit dicken Stäben nach hinten zu verankern. Von größerer Bedeutung sind die Zugspannungen über und unterhalb der Verankerung. Die Betondeckung sollte daher mindestens 70 % der Höhe der Ankerplatte betragen.

Auf die Probleme von Verankerungen mittels Lisenen oder im Bauteilinneren wird in Abschnitt 10.4.1 und Kapitel 11 (Externe Vorspannung) noch näher eingegangen.

10.3 Verankerung durch Verbund

Neben einer konzentrierten Einleitung der Vorspannkraft über Ankerplatten, ist auch eine Verbundverankerung von Litzen oder Spannstäben möglich. Ein Vorteil dieser Verankerung besteht in der größeren Länge, auf welcher die Kraft in den Beton übertragen wird. So sind die dabei auftretenden Querzugspannungen erheblich geringer als bei einer Spanngliedverankerung durch Ankerplatten (siehe Bilder 10.18 und 10.19). Zur weiteren Reduzierung der Spaltzugkräfte am Trägerende können die Litzenenden abisoliert werden. Vorteilhaft sind die geringen Querzugspannungen von Draht- oder Litzenspanngliedern insbesondere bei Elementplatten, bei welchen keine Querzugbewehrung vorhanden ist. Hier darf die maximale Betonzugspannung die Betonzugfestigkeit $f_{ctk;0,05}$ nicht überschreiten.

Bei Betonstahlbewehrung wird der Nachweis einer ausreichenden Verankerung durch Kontrolle der erforderlichen Verankerungslänge erbracht. Im Gegensatz dazu wird bei Spanngliedern der genaue Kraftverlauf im Verankerungsbereich benötigt. Bevor auf die erforderlichen Nachweise eingegangen wird, soll zunächst das Verbundverhalten von Litzenspanngliedern erläutert werden. Dieses weicht wesentlich von Bewehrungsstäben ab.

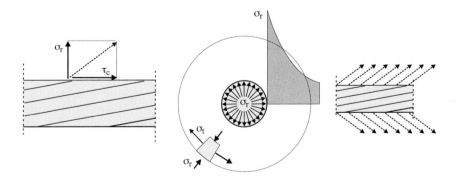

Bild 10.18 Querzugspannungen bei Verbundverankerung einer Litze

10.3 Verankerung durch Verbund

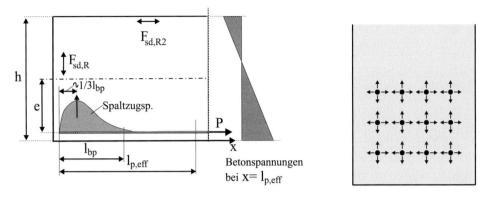

Bild 10.19 Spaltzugpannungen infolge der Einleitung einer Kraft P eines über Verbund verankerten Stabes und Lage der resultierenden Spalt- und Randzugkräfte in einem Körper mit Rechteckquerschnitt [166]

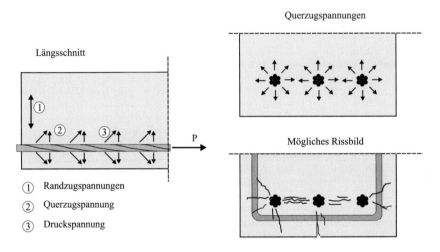

Bild 10.20 Spaltspannungen und Rissbildung bei mehreren Vorspanndrähten [149]

10.3.1 Verbundverhalten

Der Verbund zwischen Spannglied und Einpressmörtel bzw. Beton erfolgt über

- Reibung
- Adhäsion
- Scherkräfte

Bei glatten Litzen ist der reine Reibungsanteil sowie die Adhäsion zwischen Stahl und Zementleim vernachlässigbar klein, insbesondere in Hinblick auf eine mögliche dynamische Beanspruchung. Es wurden Haftspannungen von 0,5 bis 1,5 N/mm² gemessen. Der Reibungsanteil ist stark vom vorhandenen Querdruck abhängig.

Die wesentliche Kraftübertragung erfolgt durch Scherverbund, welcher durch die Verseilung der Drähte bei Litzen bzw. durch die Rippung der Oberfläche von Stäben entsteht. Zerlegt man die schrägen Druckstreben, so ergibt sich aus der horizontalen Komponente eine Verbundkraft (siehe Bilder 10.18 und 10.20). Der vertikale Kraftanteil führt zu Querzugspannungen, welche ggf. durch Bewehrung aufzunehmen sind. Weiterhin ist eine ausreichende Betondeckung zur Vermeidung von Abplatzungen erforderlich.

Bei Litzenbündeln entstehen große Querpressungen der Drähte untereinander, welche wiederum zu großen Reibungskräften führen. Ein Herausdrehen von ganzen Litzenbündeln ist daher bislang, im Gegensatz zu Einzellisten, nicht beobachtet worden. Bei Litzen kommt es jedoch ebenso wie bei glatten Stählen zu einem plötzlichen Versagen des Verbundes.

Infolge der Verseilung der Litzen entsteht ein komplexer räumlicher Spannungszustand. Für den rechnerischen Nachweis des Verankerungsbereiches sind daher Vereinfachungen notwendig.

Nach Cordes [146] kann die Verbundspannung von Spannstählen $\tau_{b0,1}$ wie für Bewehrungsstäbe mit nachfolgendem „Verbundgesetz" von Rehm [148] bestimmt werden:

$$\frac{\tau_{b0,1}}{f_c} = 0{,}045 + 1{,}5 \cdot f_R \tag{10.25}$$

mit:

$\tau_{b0,1}$ Verbundspannung bei einem Ausziehweg von 0,1 mm (Bild 10.21)
f_c Druckfestigkeit des Betons bzw. Mörtels
f_R bezogene Rippenfläche: Für Litzenbündel aus Einzellitzen 0,6″ gilt: $f_R = 0{,}04$

Die aufnehmbare Verbundspannung τ_b hängt ab von:

- Betonqualität

- Verbundbedingung (gut oder schlecht)
  Mangelnde Verbundbedingungen führen zu großen Einziehwegen der Litzen.

- Oberfläche der Litzen
  Die Litzen können bedingt durch den Herstellungsprozess eine Ölschicht aufweisen, welche die Reibung reduziert. Zur Vergrößerung der aufnehmbaren Verbundspannung kann eine Profilierung angebracht werden. Hierdurch entsteht jedoch eine konzentriertere Krafteinleitung, was zu erhöhten Spaltzugspannungen führt.

- Lösen der Verankerung bzw. Trennen der Spannlitzen
  Ein plötzliches Trennen vermindert die aufnehmbare Verbundspannung.

Die Verbundfläche ergibt sich bei Einzelspanngliedern, wie bei Bewehrungsstäben, aus dem Umfang. Dies ist bei Litzenbündeln nicht zulässig, da hier die wirksame Verbundfläche erheblich geringer als die Summe der Umfangsfläche der Einzellisten ist.

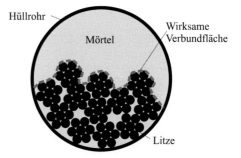

10.3 Verankerung durch Verbund

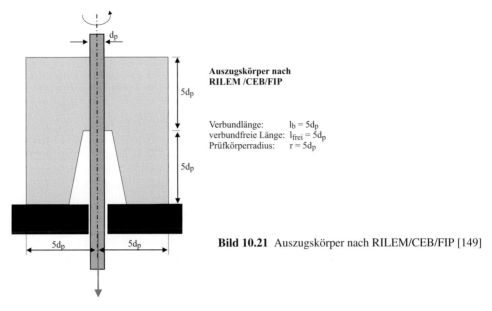

Bild 10.21 Auszugskörper nach RILEM/CEB/FIP [149]

Nach Trost [146] beträgt der wirksame Umfang:

$$U_{b,eff} = \eta \cdot \pi \cdot 1{,}13 \cdot \sqrt{A_p} \tag{10.26}$$

mit:

A_p Gesamtfläche des Bündelspanngliedes
η = 1,4 bei Bündelspannglieder aus glatten oder profilierten Stäben
η = 1,7 bei Bündelspannglieder aus Litzen

Weiterhin ist das zeitabhängige Verhalten des Mörtels und des Betons sowie deren Auswirkungen auf das Verbundverhalten zu beachten [154, 155]. Im Mörtel ist mit größeren zeitabhängigen Effekten zu rechnen, da er keine groben Zuschläge enthält. Es kommt zu Verbundkriechen und Verbundrelaxation, was zu Spannungsumlagerungen führt. Es zeigt sich, dass die Verbundspannungen für Litzen nach 1000 Stunden um ca. 30 % abnehmen (Bild 10.22). Die Ausziehlast bleibt jedoch nahezu erhalten [156].

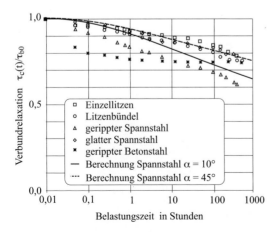

Bild 10.22 Verlauf der mittleren Verbundrelaxation verschiedener Spannglieder nach Hegger [150]

Bei einer dynamischen Beanspruchung kommt es zu einem weiteren Abfall der aufnehmbaren Verbundspannung. Dieser Effekt kann beispielsweise durch eine Reduzierung der Verbundbeiwerte berücksichtigt werden.

10.3.2 Nachweis der Verbundverankerung

Im Weiteren wird der Kraftverlauf im Bereich einer Verbundverankerung ermittelt. Der prinzipielle Spannkraftverlauf ist in Bild 10.23 dargestellt.

Am Trägerende ist die Spannstahlspannung $\sigma_p = 0$. Durch den Verbund mit dem Beton nimmt σ_p zu. Im Allgemeinen wird ein linearer oder parabolischer Verlauf angesetzt. In einem Abstand von l_{bp} vom Trägerende ist die Spannkraft P_0 des Spanngliedes mit sofortigem Verbund voll auf den Beton übertragen. Der Spannstahl hat seine maximale Spannung $\sigma_{0,max}$ erreicht. l_{bp} wird als Rechenwert der Übertragungslänge bezeichnet.

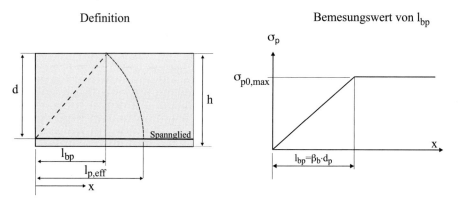

Bild 10.23 Übertragung der Vorspannung im sofortigem Verbund (aus EC 2, Bild 4.9 a und b)

Mit der Annnahme einer konstanten Verbundspannung über die Eintragungslänge ergibt sich l_{bp} aus einer Gleichgewichtsbetrachtung zu [150]:

$$\eta_1 \cdot \pi \cdot d_p \cdot f_{bp} \cdot l_{bp} = \alpha_1 \cdot A_p \cdot \sigma_{pm0} \tag{10.27}$$

$$l_{bp} = \alpha_1 \cdot \frac{A_p \cdot \sigma_{pm0}}{\pi \cdot d_p \cdot \eta_1 \cdot f_{bp}} \quad \text{(DIN 1045-1, Gl. 54)}$$

$$= \alpha_1 \cdot \frac{\pi \cdot d_p^2/4 \cdot f_{pk}}{\pi \cdot d_p \cdot \eta_1 \cdot f_{bp}} = \frac{\alpha_1}{4} \cdot d_p \cdot \frac{f_{pk}}{\eta_1 \cdot f_{bp}} \approx \beta_b \cdot d_p \tag{10.28}$$

$$l_{bp} \approx \beta_b \, d_p \quad \text{(EC 2 T1, Gl. 4.12)} \tag{10.29}$$

mit:

f_{bp} Mittlere Verbundspannung
d_p Nenndurchmesser der Litze oder des Drahtes
$\alpha_1 =$ 1,0 bei stufenweisem Eintragen der Vorspannkraft,
       1,25 bei schlagartigem Eintragen der Vorspannkraft

10.3 Verankerung durch Verbund

σ_{pm0} Spannung im Spannstahl nach der Spannkrafteinleitung
η_1 = 1,0 für Normalbeton
η_p = 0,5 für Litzen und profilierte Drähte
    = 0,7 für gerippte Drähte

Der Parameter β_b sollte durch Versuche bestimmt werden. Anhaltswerte sind in Tabelle 10.2 angegeben.

Für normale (nicht verdichtete) Litzen mit $A_p \leq 150$ mm² kann die mittlere Verbundspannung f_{bd} der Tabelle 10.1 entnommen werden. Für schlechte Verbundbedingungen sind die Werte mit dem Faktor 0,7 zu multiplizieren.

Tabelle 10.1 Mittlere Verbundspannung f_{bp} in der Übertragungslänge für Litzen und Drähte nach DIN 1045-1, Tab. 7 sowie f_{bd} (Bewehrung); gilt nur für normale (nicht verdichtete) Litzen mit $A_p \leq 150$ mm²

Tatsächliche Betonfestigkeit bei der Spannkraftübertragung f_{cmj} in N/mm² a),b)	Spannglied f_{bp} in N/mm²		Bewehrung f_{bd} in N/mm²
	Litzen ($A_p \leq 150$ mm²) und profilierte Drähte ($\varnothing \leq 8$ mm)	Gerippte Drähte	Rippenstäbe $\varnothing \leq 32$ mm oder Betonstahlmatten mit gerippten Stäben
25	2,9	3,8	2,7
30	3,3	4,3	3,0
35	3,7	4,8	3,4
40	4,0	5,2	3,7
45	4,3	5,6	4,0
50	4,6	6,0	4,3
60	5,0	6,5	4,5
70	5,3	6,9	4,7
80	5,5	7,2	4,8
90	5,7	7,4	4,9

a) Zwischenwerte sind linear zu interpolieren.
b) Es gilt die Zylinderdruckfestigkeit.

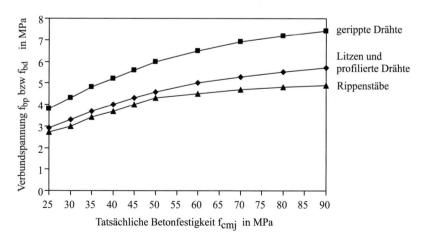

Tabelle 10.2 Beiwert der Übertragungslänge β_b von Litzen und Drähten (glatt oder profiliert) in Abhängigkeit von der Betonfestigkeit zum Zeitpunkt des Vorspannens (EC 2, Tab. 4.7)

Tatsächliche Betonfestigkeit bei der Spannkraftübertragung f_{cmj} (N/mm²)	25	30	35	40	45	50
β_b für Litzen und glatte oder profilierte Drähte	75	70	65	60	55	50
β_b für gerippte Drähte	55	50	45	40	35	30

Für die Bemessung muss die Streuung der Verbundeigenschaften berücksichtigt werden. Daher ist der Rechenwert der Übertragungslänge l_{bp} für die Nachweise um 20 % abzumindern bzw. zu erhöhen, wobei jeweils der ungünstigere Wert anzunehmen ist.

$$l_{bpd} \geq \begin{cases} 0,8 \cdot l_{bp} \\ 1,2 \cdot l_{bp} \end{cases} \quad \text{(ungünstiger Wert ansetzen)} \quad (10.30)$$

Im Abstand von l_{bp} vom Trägerende ist die Spannkraft voll auf den Beton übertragen. Die Betondehnung über die Querschnittshöhe ist jedoch nicht-linear. Erst am Ende der Eintragungslänge $l_{p,eff}$ kann von einer linearen Betonspannungsverteilung ausgegangen werden. Für rechteckige Querschnitte mit unten liegenden Spanngliedern gilt (Bild 10.23):

$$l_{p,eff} = \sqrt{l_{bpd}^2 + d^2} \quad \text{(DIN 1045-1, Gl. 55, EC 2, Gl. 4.13)} \quad (10.31)$$

Für andere Querschnitte ist der Einleitungsbereich in Anlehnung an die Elastizitätstheorie zu untersuchen.

Im Grenzzustand der Tragfähigkeit nimmt die Spannstahlspannung weiter zu. Somit wird auch eine größere Länge benötigt, um die maximale Spanngliedkraft vollständig zu verankern. Die Verankerungslänge l_{ba} beträgt näherungsweise:

$$l_{ba} = l_{bpd} + \frac{A_p}{\pi \cdot d_p} \cdot \frac{\sigma_{pd} - \sigma_{pmt}}{f_{bp} \cdot \eta_1 \cdot \eta_p} \quad \text{(DIN 1045-1 Gl. 56)} \quad (10.32)$$

Im Rahmen der rechnerischen Untersuchungen der Spannkrafteinleitung wird nachgewiesen, dass die lokal vorhandene Spannstahlkraft zusammen mit der Bewehrung ausreicht, die äußeren Einwirkungen aufzunehmen. Im Grenzzustand der Tragfähigkeit wird der Verbund durch die Rissbildung beeinflusst. Es sind folgende Fälle zu unterscheiden:

- $f_{ctd} \leq f_{ctk;0,05}$ im Übertragungsbereich

Falls die Biege- und Hauptzugspannung im Beton unter Berücksichtigung der maßgebenden Vorspannkraft P_d nicht größer als $f_{ctd} = f_{ctk;0,05}$ ist (Zustand I, ungerissen), sind keine zusätzlichen Nachweise erforderlich. Der Beton darf als ungerissen betrachtet werden. Somit ist lediglich zu kontrollieren, dass die vorhandene Verbundspannung kleiner als die aufnehmbare Verbundspannung ist, d. h.:

$$\frac{\Delta F_{Ed}(x)}{\Delta x} = \frac{\Delta M_{Ed}(x)}{z \cdot \Delta x} = \frac{V_{Ed}(x)}{z} \leq \frac{P_{mt}}{l_{bpd}} \quad (10.33)$$

mit:

$V_{Ed}(x)$ Querkraft senkrecht zur Stabachse an der Stelle x vom Auflager entfernt
P_{mt} zulässige Vorspannkraft
l_{bpd} Bemessungswert der Übertragungslänge für P_{mt}

10.3 Verankerung durch Verbund

Übersteigt die zu verankernde Kraft die Vorspannkraft, so führt dies zu einer erheblichen Reduzierung der aufnehmbaren Verbundspannungen. Daher sollte man in diesem Fall die Verbundfestigkeit um ca. 50 % abmindern.

- $f_{ctd} > f_{ctk;0,05}$ im Übertragungsbereich

Falls die Hauptzugspannungen größer als $f_{ctd} = f_{ctk;0,05}$ sind, ist mit Rissen im Beton im Übertragungsbereich zu rechnen. In diesem Fall ist nachzuweisen, dass die vorhandene Zugkraft $F_{Ed}(x)$, welche aus der Fachwerkanalogie des gerissenen Betonbalkens folgt, kleiner als die aufnehmbare Zugkraft $F_{px} + F_{sd}$ ist (Zugkraftdeckung). Hierbei kann eine lineare Zunahme der Spannstahlspannung angesetzt werden (Bild 10.24). Die an der Stelle x vorhandene Spannkraft F_{px} beträgt somit:

$$F_{px} = \frac{x}{l_{bpd}} P_0 \leq \frac{A_p \cdot f_{p0,1k}}{\gamma_s} \quad \text{(EC 2, Gl. 4.14)} \tag{10.34}$$

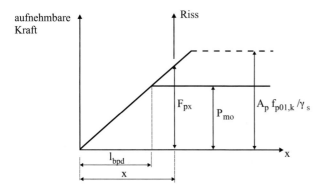

Bild 10.24 Spannkraftverlauf im Einleitungsbereich (aus EC 2-T1, Bild 4.9c)

Die vorhandene Zugkraft $F_{Ed,eff}(x)$ infolge der äußeren Einwirkungen ergibt sich aus dem Biegemoment und einem Querkraftanteil. Letzterer folgt aus einer Gleichgewichtsbeziehung (Bild 10.25).

Allgemein gilt:

$$M_{Ed,c} = M_{Ed,c'} + \frac{\Delta M_{Ed,c'}}{\Delta x} \Delta x = M_{Ed,c'} + V_{Ed,c'} \cdot \Delta x \tag{10.35}$$

$$\rightarrow M_{Ed,c} = M_{Ed,c'} + V_{Ed,c'} \cdot z \cdot \cot\theta \tag{10.36}$$

Gleichgewichtsbedingung: $\Sigma M = 0$ um den Punkt C:

$$M_{Ed,c} = M_{Ed,c'} + V_{Ed} \cdot z \cdot \cot\theta - F_{swd} \cdot z'/2 \cdot (\cos\alpha + \sin\alpha \cdot \cot\theta) - F_{Ed,eff} \cdot z = 0 \tag{10.37}$$

mit:

$F_{swd} = V_{Ed}/\sin\alpha$ ergibt sich:

$$M_{Ed,c} = M_{Ed,c'} + V_{Ed} \cdot z \cdot \cot\theta - \frac{V_{Ed} \cdot z'}{2 \cdot \sin\alpha} \cdot (\cos\alpha + \sin\alpha \cdot \cot\theta) - F_{Ed,eff} \cdot z = 0 \tag{10.38}$$

$$M_{Ed,c} = M_{Ed,c'} + V_{Ed} \cdot z \cdot (\cot\theta - 0{,}5 \cdot \cot\alpha - 0{,}5 \cdot \cot\theta) - F_{Ed,eff} \cdot z = 0 \quad (10.39)$$

Hieraus folgt:
$$F_{Ed,eff} = \frac{M_{Ed,c'}}{z} + V_{Ed} \frac{\cot\theta - \cot\alpha}{2} \quad (10.40)$$

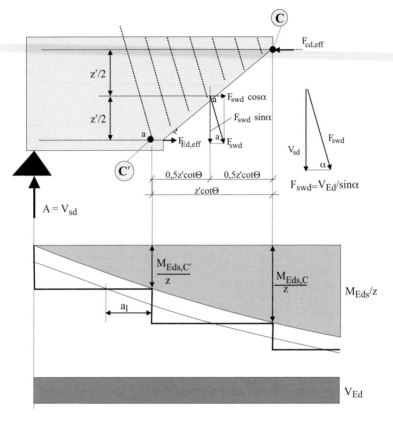

Bild 10.25 Zugkraftdeckungslinie

Im Abstand x vom Auflager sollte nachgewiesen werden, dass die vorhandene Zugkraft $F_{Ed,eff}(x)$ kleiner als die aufnehmbare ist (Zugkraftdeckung), d. h.:

$$F_{Ed,eff}(x) = \frac{M_{Ed}(x)}{z} + \frac{1}{2} \cdot V_{Ed}(x) \cdot (\cot\theta - \cot\alpha) \leq F_{px} + F_{sd}$$
(siehe DIN 1045-1, Gl. 58) \hfill (10.41)

mit:

θ Druckstrebenwinkel; für Bauteile ohne Querkraftbewehrung gilt: $\cot\theta = 3$ und $\cot\alpha = 0$

Hierbei sollten die Verbundspannungen bei Litzen und profilierten Drähten aufgrund der schlechteren Verbundbedingungen neben dem Riss ($x > l_r$) bzw. außerhalb der Übertragungslänge l_{bpd} bei Litzen mit dem Faktor 0,5 und bei gerippten Drähten mit 0,7 multipliziert werden.

10.3 Verankerung durch Verbund

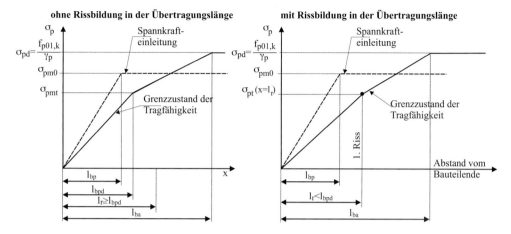

Bild 10.26 Verlauf der Spannstahlspannungen im Verankerungsbereich von Spanngliedern im sofortigem Verbund (nach DIN 1045-1, Bild 17)

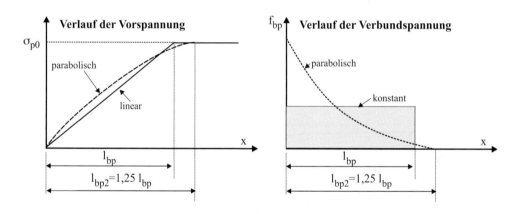

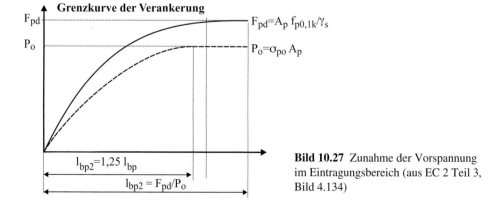

Bild 10.27 Zunahme der Vorspannung im Eintragungsbereich (aus EC 2 Teil 3, Bild 4.134)

Die Gleichungen gehen von einer linearen Zunahme der Vorspannkraft, d. h. einer konstanten Verbundspannung im Eintragungsbereich l_{bp}, aus. Versuche und theoretische Modelle zeigen einen nichtlinearen Spannungsverlauf. Wird für genauere Berechnungen ein parabolischer Verlauf von $F_p(x)$ angesetzt, so ist die Übertragungslänge l_{bpd} um 25 % zu vergrößern (EC 2-T1, 1-3, 4.2.3(113)). Wie man aus Bild 10.27 erkennt, treten bei einem parabolischen Kraftverlauf erheblich höhere Verbundspannungen am Litzenende auf.

Demgegenüber haben experimentelle Untersuchungen von Hegge [150] ergeben, dass der parabolische Spannkraftverlauf durch Verbundkriechen in einen geradlinigen übergeht. Der nichtlineare Ansatz der Spannkraft trifft somit zumindest für $t \to \infty$ nicht zu. Die Verbundspannung wird bei einem parabolischen Ansatz erheblich überschätzt.

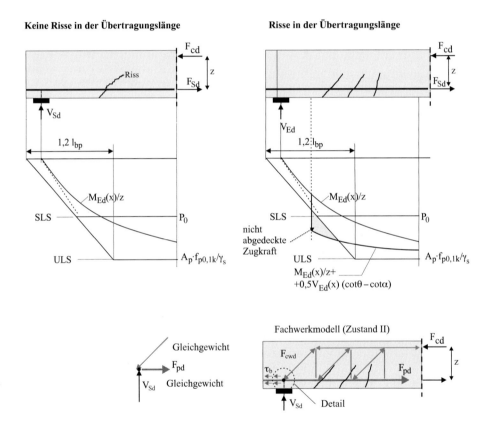

Bild 10.28 Verankerung der Vorspannkraft mit und ohne Risse im Übertragungsbereich [150]

10.4 Koppelfugen

Größere Tragwerke werden im Allgemeinen in mehreren Bauabschnitten hergestellt. Dies macht eine Kopplung bzw. vorübergehende oder endgültige Verankerung der Spannglieder in den Arbeitsfugen erforderlich.

10.4 Koppelfugen

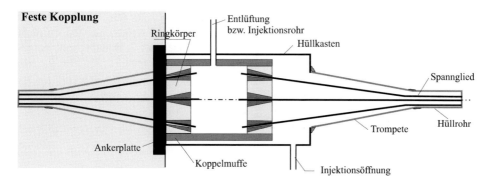

Bild 10.29 Feste Kopplung

10.4.1 Probleme

Die Arbeitsfugen sind generell einer erhöhten Rissgefahr ausgesetzt und müssen daher besonders sorgfältig konstruiert werden. Über Schäden wird ausführlich bei Pfohl [167] berichtet. Teilweise wurden Brüche in Spannglied-Koppelkonstruktionen festgestellt, welche aufgrund einer erhöhten Dauerschwingbelastung infolge einer Rissbildung des Betons auftraten. Auf die grundlegenden Probleme von Koppelfugen wurde bereits in Abschnitt 6.2 hingewiesen.

Koppel- bzw. Arbeitsfugen stellen generell Schwachstellen eines Tragwerks dar. Infolge des Arbeitsablaufes kommt es zwangsläufig zu Eigenspannungen, welche ein Teil der Betonzugfestigkeit aufbrauchen. Daher ist der Bemessung von Koppelstellen besondere Aufmerksamkeit zu widmen. Zu beachten sind:

- Nichtlinearer Spannungsverlauf bei abschnittsweisem Vorspannen
- Temperaturbeanspruchungen
- Erhöhte Spannkraftverluste im Koppelbereich [163]
- Eigenspannungen infolge abfließender Hydratationswärme
- Verschiebung des Momentennullpunktes durch Steifigkeitsänderungen bei statisch unbestimmten Systemen
- Verschiebung des Momentennullpunktes durch Streuungen der Eigenlast

Mögliche Ursachen für Schäden im Bereich einer Koppelfuge sind [54, 65]:

- *Keine oder nur geringe Betonzugfestigkeit in der Arbeitsfuge*

Durch die abschnittsweise Herstellung bedingt ist besonders in den Arbeitsfugen mit großen Rissbreiten zu rechnen. Die Verbundfestigkeit zwischen Alt- und Neubeton ist geringer als die Zugfestigkeit des ungestörten Betonkörpers. Zur Verbesserung des Verbundes sind Arbeits- und Koppelfugen verzahnt auszuführen.

- *Nichtlinearer Spannungsverlauf bei abschnittsweisem Vorspannen*

Zur Erläuterung sind in Bild 10.30 die Bauphasen sowie die einwirkenden Spannkräfte für eine Scheibe schematisch dargestellt. Im ersten Bauabschnitt wird das Spannglied vorgespannt und in der Koppelfuge verankert. Durch die eingetragene konzentrierte Last verformt sich die Scheibe. An dieses deformierte Bauteil wird der neue Bauabschnitt anbetoniert. Infolge der Hydratationswärme entstehen Eigenspannungen, welche hier jedoch nicht weiter betrachtet werden sollen. Nach dem Erhärten wird auch der 2. Bauabschnitt vorgespannt. An der Koppelstelle wird eine Kraft $P_2 - \Delta P_\mu < P_1$ eingetragen.

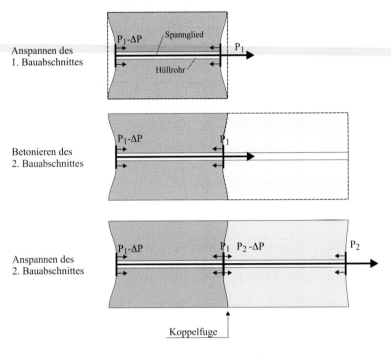

Bild 10.30 Vorspannkräfte im Bereich einer Koppelfuge

Dies führt zu einer nichtlinearen Spannungsverteilung und ggf. zu Zugspannungen im Betonquerschnitt (siehe Abschnitt 10.4.2). Im Bereich der Ankerplatte treten sehr große Druckspannungen auf. Hierdurch kann es zu hohen Spannkraftverlusten infolge zeitabhängiger Betonverformungen kommen. Die negativen Auswirkungen können erheblich durch eine gleichmäßige Anordnung der Koppelanker im Querschnitt gemildert werden.

- *Erhöhte Vorspannverluste infolge des größeren Stahlquerschnitts der Koppelkonstruktion*

Aufgrund des größeren Stahlquerschnitts der Koppelkonstruktion, insbesondere der Muffe sind die Stahlspannungen ca. 50 bis 80 % geringer als im Spannstahl (siehe Bild 10.29). Geht man davon aus, dass die lokalen Kriech- und Schwinddehnungen des Betons $\varepsilon_{c,c+s}$ von der Koppelfuge nicht beeinflusst werden, so ist bei Verbundvorspannung ($\varepsilon_{cp} = \Delta\varepsilon_p$) die Stahldehnung umgekehrt proportional zur Stahlfläche.

Kraftverlust ohne Kopplung: $\quad \varepsilon_{c,c+s} = \Delta\varepsilon_p = \dfrac{\Delta P_2}{E_s \cdot A_p} \quad$ bzw. $\quad \Delta P_2 = \varepsilon_{c,c+s} \cdot E_s \cdot A_p$

Kraftverlust mit Koppelkonstruktion: $\quad \varepsilon_{c,c+s} = \Delta\varepsilon_{s,p} = \dfrac{\Delta P_1}{E_s \cdot A_{s+p}} \quad$ bzw. $\quad \Delta P_1 = \varepsilon_{c,c+s} \cdot E_s \cdot A_{s+p}$

10.4 Koppelfugen

Bei einer Verdopplung der Stahlfläche ($A_{s+p} = 2 \cdot A_p$) folgt aus den Beziehungen, dass der Spannkraftverlust im Koppelbereich ΔP_1 doppelt so groß wie im übrigen Teil des Trägers ist. Dies führt zu einem erheblichen Abbau der Vorspannkräfte in der Koppelfuge. Daher sind bei den Nachweisen im Gebrauchszustand die ohne den Einfluss der Kopplung ermittelten Spannkraftverluste der Spannglieder in den Koppelbereichen mit dem Faktor 1,5 bis 2,0 zu vervielfachen.

Das reale Tragverhalten ist erheblich komplizierter. Es liegt ein nicht ebener Spannungszustand vor. Weiterhin spielt der Verbund zwischen der Koppelkonstruktion und dem Beton eine große Rolle. Bei beweglichen Kopplungen tritt der zuvor geschilderte zusätzliche Spannkraftverlust nicht auf.

- *Schlupf*

Bei sachgerechter Ausführung mit einer Vorverkeilung kann im Bereich der Kopplung der Keilschlupf vernachlässigt werden.

- *Eigenspannungen infolge der Hydratationswärme*

Die beim Abbinden des Betons entstehende Wärme führt zu Eigenspannungen im Betonquerschnitt. Da die Zugfestigkeit des Betons in jungem Alter gering ist, können Risse entstehen. Dies kann durch eine entsprechende Nachbehandlung teilweise vermieden werden.

- *Temperaturspannungen*

Die bis zum Jahr 2002 gültige DIN 1072 enthielt für Brücken Temperatureinwirkungen, welche lediglich Ersatzlasten darstellten und nicht die real auftretenden Werte abdeckten. So war bei Betonbrücken ein Temperaturunterschied zwischen Ober- und Unterseite von $\Delta T_{M,pos} = 7$ K bzw. $\Delta T_{M,neg} = -3,5$ K anzusetzen. Der DIN-Fachbericht 101 sieht erheblich höhere Werte vor. Für Platten- oder Plattenbalkenstraßenbrücken aus Beton gilt: $\Delta T_{M,pos} = 15°$, $\Delta T_{M,neg} = -8°$, für Hohlkastenbrücken gilt: $\Delta T_{M,pos} = 10°$, $\Delta T_{M,neg} = -5°$. Dies entspricht etwa den an Hohlkastenbrücken gemessenen Werten [53] (siehe Abschnitt 10.4.3). Bei Stahlbetonbauteilen baut sich die Zwangbeanspruchung durch Rissbildung ab, wobei die Breite der Risse durch die Bewehrung auf zulässige Werte begrenzt wird. Bei einer abschnittsweisen Herstellung eines Bauteils ist die Betonzugfestigkeit im Bereich der Arbeitsfuge größtenteils sehr gering. Daher werden bevorzugt an dieser Schwachstelle konzentrierte Risse infolge von Temperaturzwängen auftreten.

- *Unterschiedliches Schwinden der Querschnittsteile*

Der zeitliche Verlauf der Schwinddehnung ist von den Querschnittsabmessungen und dem Betonalter abhängig. Dies kann zu Zwängungen bei Querschnitten mit unterschiedlich dicken Teilen oder bei unterschiedlichem Betonalter führen. Hierdurch ist es wiederholt zu Rissen in Bodenplatten von Hohlkastenbrücken gekommen.

- *Mängel in der statischen Berechnung*

Da die Dauerschwingfestigkeit von Koppelfugen sehr begrenzt ist, werden Kopplungen meistens in den Momentennullpunkten infolge ständiger Einwirkungen angeordnet. Unzutreffende Annahmen bei der statischen Berechnung wirken sich daher in der Koppelfuge besonders gravierend aus. Daher sollten die Schnittgrößen auch mit Berücksichtigung der Bauzustände genau erfasst werden. Es sei darauf hingewiesen, dass der Momentenverlauf eines abschnittsweise hergestellten Trägers unter Eigenlast sich von der eines Bauteils, welches in einem Stück errichtet wurde, unterscheidet. Die Verformung des Lehrgerüstes ist zu beachten. Weiterhin sollten Stützensenkungen sowie die Zwängungseinwirkungen infolge von zeitabhängigen Betonverformungen berücksichtigt werden. Es ist zu beachten, dass die genaue Lage der Momentennullpunkte auch von den Steifigkeitsverhältnissen in einem statisch unbestimmt gelagerten Tragwerk abhängen.

- *Ungenauigkeiten bei den Lastannahmen*

Koppelfugen werden oftmals im Bereich der Momentennullpunkte infolge Eigenlasten angeordnet, da hier die Beanspruchungen gering sind. Wie Untersuchungen von Ott [162] gezeigt haben, treten jedoch in der Realität auch bei den ständigen Einwirkungen erhebliche Abweichungen von den Rechenwerten auf. Bei Messungen, welche König [165] an insgesamt 10 Einfeldbrücken durchführte, betrug der Variationskoeffizient des Eigengewichtes 1,2 %. Die maximale Abweichung vom Sollwert lag bei +5,3 %. Die Differenzen werden im Wesentlichen durch Toleranzen bei der Rohdichte des Betons, der Querschnittsfläche sowie dem Gewicht der Stahleinlagen hervorgerufen.

Nach König [163] kann dies bei der Bemessung der Koppelfuge durch ein Zusatzmoment berücksichtigt werden. Dieses sollte etwa 2 % des benachbarten Stützmomentes betragen. Dieser Ansatz sollte jedoch nur für Näherungsberechnungen Verwendung finden. Sinnvoller erscheint es, in der Berechnung die Eigengewichtslasten zu variieren. Nach EC 1 T2-1 ist für Normalbeton eine Wichte von $\gamma = 24$ kN/m^3 anzusetzen, wobei eine Schwankungsbreite zwischen $\gamma = 20 \div 28$ kN/m^3 möglich ist. Für Stahl- und Spannbeton und für Frischbeton ist ein Zuschlag von jeweils 1 kN/m^3 angegeben. Dies entspricht einem Bewehrungsgehalt von ca. 145 kg/m^3. Während mit dem Teilsicherheitsbeiwert nach Norm für ständige Einwirkungen von $\gamma_G = 1,35$ sicherlich die Maximalwerte des Betongewichtes abgedeckt werden, ist dies mit dem unteren Grenzwert von $\gamma_G = 1,0$ nicht der Fall. Es erscheint daher sinnvoll, für die Berechnung der Schnittgrößen im Bereich des Momentennullpunktes γ_G auf 0,95 zu reduzieren.

- *Unzureichende Spannkraft*

Koppelfugen liegen am Spanngliedende. Die nicht zu vermeidenden Toleranzen bei den Reibungskoeffizienten zwischen Spannstahl und Hüllrohr wirken sich hier gravierend auf die Spannkraft aus. Lokale Probleme, z.B. bei Verstopfern im Koppelbereich, werden beim Spannvorgang nicht erkannt. Das teilweise bei Abweichungen zwischen Soll- und Ist-Spannweg übliche Überspannen und Nachlassen auf den Sollwert führt hier nicht zu einer entsprechenden Erhöhung der Spannkraft auf den in der statischen Berechnung angesetzten Sollwert.

- *Geringe Betonstahlbewehrung*

Koppelfugen werden aufgrund der reduzierten Ermüdungsfestigkeit der Koppelsysteme meistens im Bereich der Momentennullpunkte (Eigengewicht) eines Trägers angeordnet. Hier ist die Beanspruchung gering. Daher ist meistens auch nur eine geringe Mindestbewehrung vorhanden. Diese kann jedoch Überbeanspruchungen, wie sie durch Zwängungen entstehen können, nur durch große Dehnungen aufnehmen. Es treten dann große Rissbreiten auf. Daher sollte in Koppelfugen eine erhöhte Mindestbewehrung eingelegt werden.

- *Erhöhte Spanngliedreibung*

Spannlitzen werden im Koppelbereich oftmals stark umgelenkt (siehe Bild 10.1), was zu erhöhten Spannkraftverlusten führt. Die vertikalen und horizontalen Umlenkwinkel sind rechnerisch bei der Bestimmung der Spannungen und der Spannwege zu berücksichtigen.

Nachfolgend werden einige der zuvor aufgeführten Probleme näher erörtert.

10.4.2 Eigenspannungen

Die Probleme von Eigenspannungen sollen an einem einfachen Beispiel verdeutlicht werden. Es handelt sich hierbei um eine Scheibe (b/h = 15/0,5 m, $l = 2 \times 40$ m), welche in zwei Bauabschnitten hergestellt wird. Nach Erreichen der notwendigen Betonfestigkeit wird zunächst das linke Feld mit einer zentrischen Kraft von F = 3000 kN vorgespannt. Anschließend werden alle Spannglieder gekoppelt, dann der rechte Teil betoniert und die restlichen Spannglieder angespannt. Die Vorspannung erfolgt vereinfachend mit der gleichen Kraft wie das linke Feld.

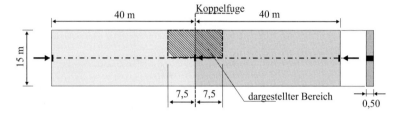

Bild 10.31 Abschnittsweise hergestellte und vorgespannte Platte

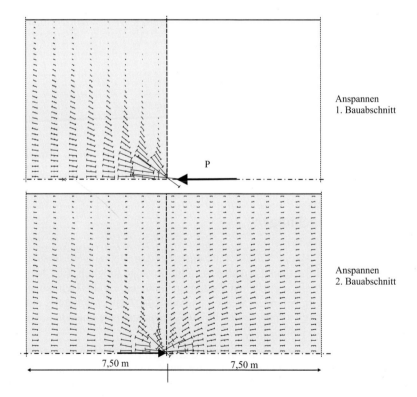

Bild 10.32 Verlauf der Hauptmembrankräfte im Bereich der Koppelfuge

In Bild 10.32 ist der Verlauf der Hauptmembrankräfte für beide Bauzustände im Bereich der Koppelfuge dargestellt. Man erkennt die starke Reduzierung der Druckspannungen des linken Feldes im Bereich der Koppelplatte, wenn rechts vorgespannt wird. Dies wird auch aus Bild 10.33 deutlich. Hier ist der Verlauf der Horizontalspannungen in x- und y-Richtung für die beiden Bauabschnitte und für $t \to \infty$ ($\Delta\varphi = 1{,}0$) aufgetragen. Die Druckspannungen in Scheibenlängsrichtung werden durch das Kriechen des Betons sehr stark abgebaut, während die Querzugspannungen nahezu konstant bleiben. Dies ist auf die großen Pressungen direkt unterhalb der Koppelplatte zurückzuführen.

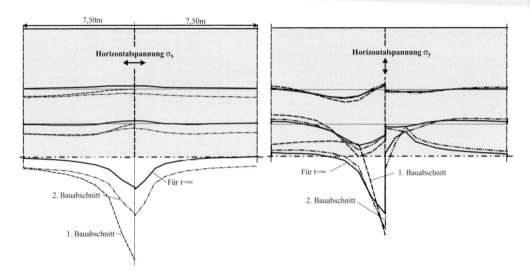

Bild 10.33 Verlauf der Horizontalspannungen im Bereich der Koppelfuge

Das Beispiel sollte nur das prinzipielle Problem aufzeigen. In der Realität liegen oftmals erheblich komplexere Querschnitte und Spanngliedverläufe vor.

10.4.3 Temperaturbeanspruchungen

Beim Abbinden erwärmt sich der Beton. Die hieraus entstehenden Dehnungen sind zunächst aufgrund der geringen Festigkeit des Frischbetons ohne Zwänge möglich. Erst beim Abkühlen des neuen Betonierabschnittes entstehen Zwangsspannungen, da die Dehnungen durch den Altbeton und die Schalung behindert werden und auch der Neubeton bereits eine gewisse Festigkeit aufweist. Hierdurch können beträchtliche Zugspannungen entstehen, wie u. a. die Messungen von Zeitler [161] belegen (Bild 10.34).

Die Koppelfuge ist wie die gesamte Konstruktion den Umwelteinflüssen ausgesetzt. Bei einem Temperaturgradienten über die Querschnittshöhe entstehen Zwangsspannungen. Hierzu wurden bei Brücken umfangreiche Messungen und Berechnungen durchgeführt. Specht und Fouad [53] geben für Kastenträgerbrücken abhängig von der Bauteildicke folgende Maximalwerte an (s. Tabelle 10.3).

10.4 Koppelfugen

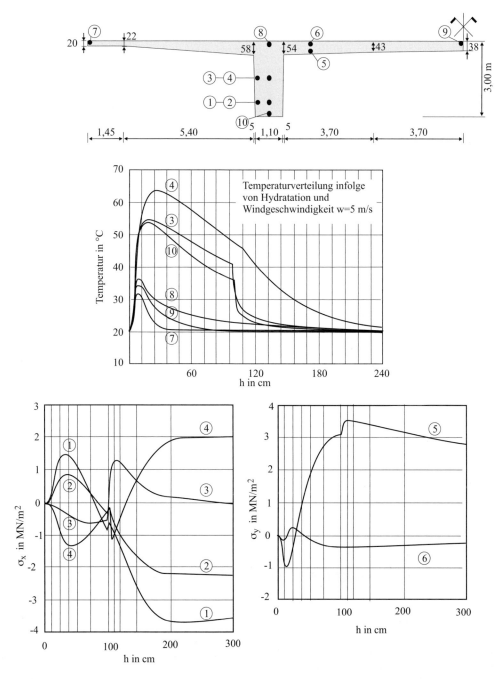

Bild 10.34 Temperaturverlauf infolge Hydratation im neuen Bauabschnitt und zugehörige Zwangsspannungen, etwa 70 cm von der Arbeitsfuge entfernt (nach [161])

Tabelle 10.3 Extremwerte der vertikalen Temperaturunterschiede [164]

	Vertikaler Temperaturunterschied ΔT			
	Oberseite wärmer als Unterseite		Unterseite wärmer als Oberseite	
Belag	ohne	mit	ohne	mit
Bauteildicke >20cm	10 K	7 K	7 K	
Bauteildicke <20cm	13 K	8 K	12 K	
DIN 1072	10 K	7 K	3,5 K	3,5 K

Anstatt einen Temperaturgradienten bei der Berechnung zu berücksichtigen, kann auch das aus ΔT resultierende Biegemoment angesetzt werden. Diesen Weg beschreitet DIN 4227 Teil 1. Hiernach ist in allen Bereichen eines Trägers ein Mindestmoment infolge äußerer Einwirkungen von $M_2 = \pm 15 \cdot 10^{-5} \cdot E_c \cdot I_c/h$ anzusetzen. Dies entspricht dem Maximalmoment eines einseitig eingespannten Träger bei einem Temperaturgradient von $\Delta T = \pm 10$ K ($M_{\Delta T,max} = \pm 1{,}5 \cdot \alpha_T \cdot \Delta T \cdot E_c \cdot I_c/h$). Bei einem beidseitig eingespannten System betragen die in Trägerlängsrichtung konstanten Zwangmomente: $M_{\Delta T,max} = \pm 1{,}0 \cdot \alpha_T \cdot \Delta T \cdot E_c \cdot I_c/h$.

10.4.4 Erhöhte Spannkraftverluste

In einer Spanngliedkopplung kommt es durch die Umlenkung der Spannglieder und durch die zeitabhängigen Verformungen des Betons zu erhöhten Spannkraftverlusten bei Verbundvorspannung. Der verstärkte Einfluss von Kriechen und Schwinden resultiert aus der

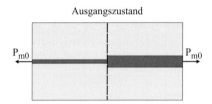

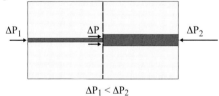

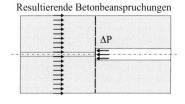

Bild 10.35 Zwangskräfte bei sprunghaft zunehmendem Spannstahlquerschnitt

10.4 Koppelfugen

größeren Stahlmenge der Koppelkonstruktion (Muffe, Spindel). Geht man davon aus, dass die Betondehnung $\varepsilon_{c,c+s}$ im Bereich der Kopplung nahezu konstant ist, so ist der Spannkraftverlust proportional zur Stahlmenge im jeweiligen Querschnitt $\Delta P_{c+s} = \varepsilon_{c,c+s} \cdot E_p \cdot A_p$. Aus Gleichgewichtsgründen muss am Querschnittswechsel die Differenzkraft ΔP wirken, welche eine Scheibenbeanspruchung im Beton hervorruft.

Hierzu wurden von Giegold [168] experimentelle und nummerische Untersuchungen durchgeführt. Er ermittelte, dass abhängig von der Konstruktion, die Spannkraftverluste im Bereich der Kopplung den bis zu vierfachen Wert des ungestörten Bereiches betragen können. Entsprechende Werte sind in den Zulassungen enthalten.

Tabelle 10.4 Erhöhungsfaktoren f für die beweglichen (BK) und festen (FK) Grundtypen der Kopplungen der verschiedenen Spannverfahren [168]

Grundtyp	Symbolische Darstellung	Erhöhungsfaktoren BK	FK
Koppelscheibe		1,5	2,0
Koppelspindel		2,0	2,5
Rohrmuffe		2,0	2,5
Mehrgliedrige Kopplung		3,5	4,0
Muffe kurz (≤ 25 cm)		1,5	2,0
Muffe lang		2,0	2,5
Klemmverankerung		2,5	3,0

10.4.5 Sonstiges

Da Kopplungen aufgrund der auftretenden Reibkorrosion generell eine erheblich geringere Dauerschwingfestigkeit aufweisen als die Spannglieder selbst, ist immer ein Ermüdungsnachweis erforderlich. Die zulässigen Schwingbreiten können den Zulassungen entnommen werden.

Weiterhin sollten die Anker- und Koppelstellen in Bereichen mit geringen Spannungsschwankungen angeordnet werden. Verbleibt der Beton im Zustand I, so sind nur geringe Schwingungsbeanspruchungen zu erwarten. Kommt es jedoch zu einer Rissbildung, was insbesondere an der Schwachstelle zwischen Alt- und Neubeton wahrscheinlich ist, nehmen die Schwingbreiten sehr stark zu.

In einem Querschnitt sollten nicht alle Spannglieder gekoppelt werden, da sonst sehr große Kräfte in die Schwachstelle „Arbeitsfuge" eingetragen werden. Die Anzahl der Koppelstellen, welche in einem Querschnitt angeordnet werden dürfen, ist beispielsweise durch die Zusätzlichen Technischen Vorschriften für Kunstbauwerke (ZTV-K 96, relevant für öffentliche Bauten) begrenzt. Danach sind mindestens 30 % der Spannglieder in einem Brückenquerschnitt ungestoßen durchzuführen. Werden mehr als 50 % der Spannglieder in einem Querschnitt gestoßen, so sollte nach NAD zu EC 2, Teil 2 (2001) [99]:

- eine durchlaufende Mindestbewehrung vorhanden sein ($A_s = k_c \cdot k \cdot f_{ct,eff} \cdot A_{ct}/\sigma_s$),
- eine bleibende Druckspannung von 3 N/mm^2 unter der häufigen Einwirkungskombination vorhanden sein. Hierdurch sollen lokale Zugspannungen vermieden werden.

Spannglieder gelten als in einem Querschnitt gekoppelt, wenn der Abstand von der Koppelstelle kleiner als 1,5 h (bei $h \leq 2{,}0$ m) bzw. 3,0 m ($h > 2{,}0$ m) ist (h = Bauteilhöhe).

11 Vorspannung ohne Verbund und externe Vorspannung

11.1 Allgemeines

Zu Beginn des Spannbetonbaus wurden weitgehend nur extern vorgespannte Tragwerke errichtet (z. B. Bahnhofsbrücke in Aue/Saale, 1937, Bild 11.1). Erst im Laufe der Zeit wurde die Vorspannung ohne Verbund bzw. externe Vorspannung von Spannsystemen mit nachträglichem Verbund verdrängt. Diese Entwicklung ist im Wesentlichen darauf zurückzuführen, dass im Verbund liegende Spannglieder mit Zunahme der örtlichen Belastung auch größere Dehnungen und damit höhere Spannstahlspannungen aufweisen. Dies führt zu einer besseren Ausnutzung des Spannstahls und damit zu einer wirtschaftlicheren Konstruktion. Bei Vorspannung ohne Verbund gleichen sich die Dehnungen zwischen den Ankerstellen aus. Weiterhin ist die Spanngliedführung bei einer Anordnung der Spannglieder außerhalb des Betonquerschnitts auf polygonartige Verläufe beschränkt. Verbundspannglieder weisen einen aktiven Korrosionsschutz auf. Auf weitere Vor- und Nachteile der externen Vorspannung sowie der Vorspannung ohne Verbund wird in Abschnitt 11.2.4 eingegangen.

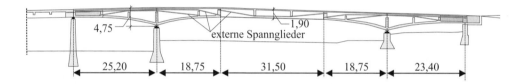

Bild 11.1 Bahnhofsbrücke in Aue

Bei Verbundspanngliedern traten wiederholt Korrosionsprobleme infolge von ungenügend verpressten Hüllrohren auf. Dies hat dazu geführt, dass seit Mai 2000 alle Hohlkastenbrücken in Deutschland mit externen Spanngliedern ausgeführt werden müssen. Man verspricht sich neben einem besseren Korrosionsschutz insbesondere Vorteile bei der Prüfung und Überwachung der Spannglieder sowie bei der Unterhaltung der Bauwerke. Diese Verfügung (ARS 1999) [173] des Bundesministeriums für Verkehr hat im In- und Ausland zu teilweisen sehr kontroversen Diskussionen geführt.

In anderen Ländern wurden auch Erfahrungen mit den verschiedenen Vorspannverfahren gesammelt. In England war lange Zeit sowohl die interne als auch die externe Vorspannung bei Brücken zugelassen [175]. Dies änderte sich erst, als 1970 an der Braidley Road Bridge, ein mehrzelliger Hohlkastenquerschnitt mit externen Spannkabeln, Spannkabelbrüche festgestellt wurden. Die daraufhin veranlassten Untersuchungen konnten die Ursache der Schäden nicht eindeutig klären. Dies führte 1979 zu einem Verbot der externen Vorspannung. Erst im Jahre 1992 wurde wieder eine extern vorgespannte Brücke errichtet, nachdem die entsprechenden Richtlinien überarbeitet und verbessert waren. So wurde nun der Nachweis gefordert, dass die Brücke auch bei Ausfall von 2 Kabeln bzw. 25 % der Spannkraft nicht einstürzt. Aber auch mit der internen Vorspannung wurden negative Erfahrungen gesammelt. Aufgrund von korrodierten Spannlitzen musste im Jahre 1980 der Taf Fawr Viaduct in Süd Wales vollkommen abgerissen werden. 1985 stürzte die Ynas-Y-Gwas Brücke in Wales infolge Spannstahlkorrosion ein. Weitere Untersuchungen an abgerissenen Brücken mit Schäden führten 1992 zu einem Verzicht der internen Vorspannung. Nachdem neue Richtlinien eingeführt wurden, welche u.a. eine genauere Kontrolle des Verpressmörtels beinhalten und Kunststoffhüllrohre als zusätzlichen Korrosionsschutz vorschreiben sind seit 1996 wieder beide Spannverfahren zugelassen.

In den letzten Jahren wurden zahlreiche extern vorgespannte Brücken in Deutschland ausgeführt. Über die positiven und negativen Erfahrungen mit dieser „neuen" Bauweise wurde auf einer Informationsveranstaltung berichtet [170].

Die externe, verbundlose Vorspannung eignet sich zur Verbesserung der Gebrauchstauglichkeit sowie zur Traglasterhöhung von bestehenden Bauwerken. Insbesondere bei Brücken wurde dies schon mehrfach ausgeführt. Hierzu ist die nachträgliche Herstellung von Umlenk- und Ankerstellen erforderlich.

Bild 11.2 Second Stage Expressway Systems in Bangkok

11.1 Allgemeines

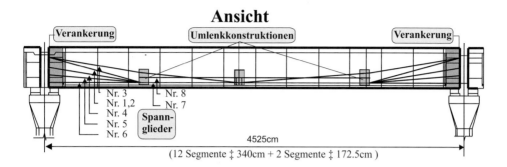

Blick in den Hohlkasten

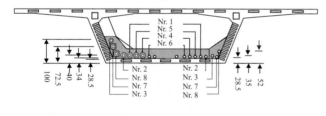

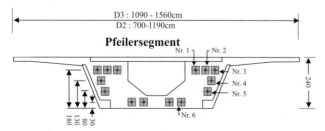

Bild 11.3 Extern vorgespannte Segmentbrücke (SES, Bangkok) [174]

450   11 Vorspannung ohne Verbund und externe Vorspannung

Da auf der Baustelle nahezu keine Verpressarbeiten erforderlich sind, lässt sich die Vorspannung ohne Verbund vor allem bei kleinen Spanngliedern, wie sie beispielsweise in Flachdecken oder bei der Quervorspannung von Brücken verwendet werden, vorteilhaft einsetzen.

Ein großes Einsatzgebiet hat die externe Vorspannung bei Segmentbrücken mit Hohlkastenquerschnitt [174] (Bilder 11.2 und 11.3). Der Vorteil dieser Bauweise liegt im Wesentlichen in dem sehr schnellen Baufortschritt. Eine Verbundvorspannung würde aufgrund der erforderlichen Verpressarbeiten die Bauzeit erheblich verlängern. Weiterhin könnten in den unbewehrten Fugen Risse bis zur Spannstahllage auftreten.

Bild 11.4 Feld- und Umlenksegment des Second Stage Expressway Systems in Bangkok [174]

11.2 Aufbau externer Spannsysteme

Bei einem externen Spannkabel handelt es sich um ein nachträglich vorgespanntes Spannglied, welches außerhalb des Betonquerschnitts aber *innerhalb* der Umhüllenden des Betontragwerkes liegt und mit letzterem nur durch Verankerungen und Umlenksättel verbunden ist.

Im Unterschied dazu sind interne Spannglieder ohne Verbund einbetonierte und nachträglich vorgespannte Litzen in einer Korrosionsschutzumhüllung, die nur an den Ankerstellen fest mit dem Tragwerk verbunden werden (z. B. Monolitzen).

In Deutschland sind bislang keine außerhalb der Umhüllenden des Betontragwerks geführten Spannglieder zulässig. Eine Spanngliedführung wie bei der Bahnhofsbrücke in Aue ist durch die Richtlinien nicht gedeckt. Es bedarf der Zustimmung im Einzelfall. Unterspannte Brücken sind wie Kabeltragwerke zu bemessen. Hintergrund dieser Einschränkung sind die dynamischen Beanspruchungen, die bislang geringen Erfahrungen mit der Langzeitstabilität der Hüllrohre und mögliche Beschädigungen (Vandalismus) der frei liegenden Spannglieder.

Ein externes Spannsystem besteht aus (siehe Bild 11.3): Spannglied – Umlenkkonstruktion – Verankerung. Auf die Anforderungen und die Ausführungsvarianten dieser Baustoffe wird im Weiteren näher eingegangen.

11.2.1 Spannglied

Es werden hauptsächlich 7-drähtige Spannlitzen verwendet, wie sie auch bei der Vorspannung mit Verbund im Einsatz sind. Aus Korrosionsschutzgründen bestehen die Hüllrohre meistens aus HDPE (**H**igh-**D**ensity-**P**oly-**E**thylen). Normale Metallhüllrohre sind nicht luftdicht. Die Wanddicke der Rohre muss mindestens $t \geq \varnothing / 16$ bzw. $t \geq 5$ mm betragen. Genaueres regelt die bauaufsichtliche Zulassung.

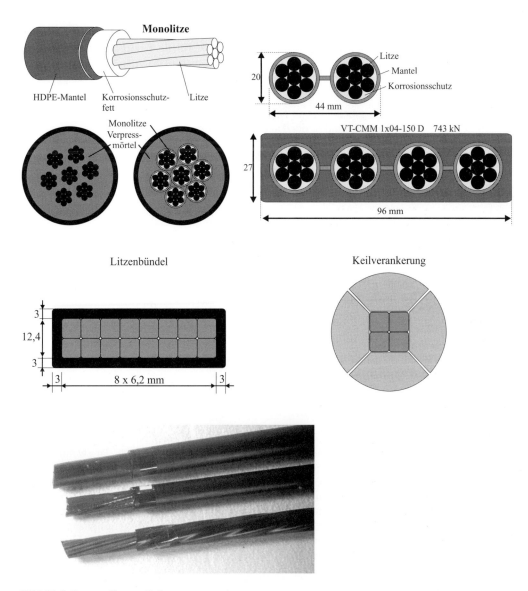

Bild 11.5 Externe Spannglieder

Als weiterer Korrosionsschutz wird das Hüllrohr mit Fett, Wachs oder Zementmörtel verpresst. Bei den so genannten Fertigspanngliedern wird das Fett im Werk, d.h. unter kontrollierten Bedingungen aufgebracht. Für den Transport werden die Spannglieder auf Trommeln aufgewickelt. Zur weiteren Verbesserung des Korrosionsschutzes werden auch Spannglieder verwendet, welche aus einzelnen so genannten Monolitzen bestehen. Hier ist jede Litze zusätzlich mit einem Kunststoffmantel umhüllt. Es ist somit immer ein zwei- bzw. dreifacher Korrosionsschutz vorhanden. Es sei hier jedoch erwähnt, dass der HDPE-Mantel nicht vollständig gasdicht ist und somit keine vollständige Gewähr vor Spannstahlkorrosion bietet. Das Spannglied kann sich frei in Längsrichtung bewegen.

Es werden runde und rechteckige Spannglieder verwendet (Bild 11.5). Der Vorteil eines runden Hüllrohres besteht darin, dass horizontale und vertikale Krümmungen im Spanngliedverlauf einfach auszuführen sind. Dies ist bei den rechteckigen so genannten CMM-Bändern nur eingeschränkt möglich. Andererseits können diese zu Paketen gestapelt werden.

Der rechnerische Reibungsbeiwert von Spanngliedern ohne Verbund ist der Zulassung zu entnehmen. Näherungswerte sind in der Tabelle 11.1 aufgelistet.

Tabelle 11.1 Reibungsbeiwert μ für verschiedene Spanngliedarten ohne Verbund (EC 2, T5, Tab. 4.115)

Reibungsbeiwert μ	Stahl-Hüllrohr	HDPE-Hüllrohr
eingefettete Litzen	0,18	0,12
eingefettete Drähte	0,16	0,10
nicht eingefettete Litzen	0,25	0,14
nicht eingefettete Drähte	0,24	0,12

Bei mit Fett verpressten Monolitzen kann nach EC 2 Teil 5, 4.2.3.5.5(114) ein Reibungsbeiwert von $\mu = 0{,}05$ sowie ein ungewollter Umlenkwinkel $\varphi_1 = 0{,}06$ rad/m angesetzt werden, sofern keine genaueren Werte vorliegen.

Injektionsgut

Die verschiedenen Verpressmaterialien haben jeweils Vor- und Nachteile. So stellt Zementmörtel bei externen Spanngliedern einen aktiven Korrosionsschutz dar, wenn er den Stahl vollständig umhüllt. Andererseits besteht jedoch die Gefahr, dass infolge der Dehnungen des Spannstahls Risse im Injektionsgut entstehen, wodurch der Korrosionsschutz teilweise verloren gehen kann. Ein weiterer Vorteil von Zementmörtel liegt darin, dass die Spannlitzen im Hüllrohr fixiert sind. Es kommt daher nicht zu einer lokalen Beanspruchung des HDPE-Mantels an den Umlenkstellen. Von Nachteil sind die witterungsabhängigen und schwer kontrollierbaren Verpressarbeiten. Da bei externen Spanngliedern eine Nachspannbarkeit gegeben sein sollte, ist Zementmörtel nur in Verbindung mit Monolitzen zulässig.

Fette und Wachse werden bei internen und externen Spanngliedern verwendet, damit die Spannglieder frei beweglich sind und nachgespannt werden können. Bei beiden Verpressmaterialien besteht kein alkalischer Korrosionsschutz wie beim Zementleim. Weiterhin ist

11.2 Aufbau externer Spannsysteme

die große Temperaturausdehnung zu beachten. Dies bereitet Probleme bei den Abdichtungen. Fette und Wachse können Stoffe enthalten, welche sich negativ auf die Eigenschaften des Spannstahls auswirken.

Wachse werden verstärkt im Ausland eingesetzt. Es hat sich gezeigt, dass sie im Gegensatz zu Fetten auch die Räume zwischen den Litzen und Drähten vollständig ausfüllen. Hierzu ist es jedoch erforderlich, dass das Wachs in heißem Zustand in das Hüllrohr eingepresst wird.

11.2.2 Umlenkkonstruktion

An den Umlenkstellen werden große Kräfte in die Betonkonstruktion eingetragen. Dieser Bereich sollte daher sehr sorgfältig bemessen und konstruiert werden. Außerdem ist die Weiterleitung der Lasten in die anschließenden Tragwerksteile nachzuweisen. Hierauf wird in Abschnitt 11.4.2 näher eingegangen.

An die Ausführungsgenauigkeit der Umlenkung werden hohe Anforderungen gestellt. Das Hüllrohr darf an keiner Kante anliegen, da es sonst aufgrund der Relativbewegungen gegenüber dem Betonkörper beschädigt werden könnte. Die in der Praxis ausführbare Baugenauigkeit stößt hier an ihre Grenzen. Daher werden größtenteils vorgefertigte Umlenksättel verwendet. Hierbei handelt es sich um ein vorgefertigtes Einbauteil (z. B. Betonblock, Stahlkonstruktion, Querbalken) mit Ausrundung, über die ein Spannglied umgelenkt wird und über die es seine Radialkraft an das Bauwerk abgibt (Bild 11.6).

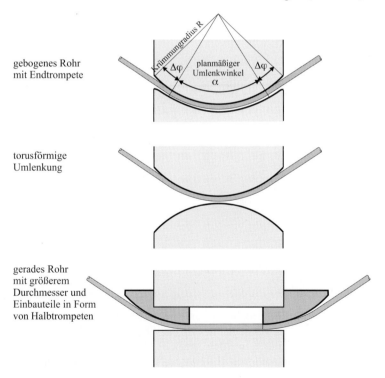

Bild 11.6 Verschiedene Varianten der Umlenkkonstruktion [171]

Tabelle 11.2 Mindestradien des Spanngliedes in der Umlenkzone (EC2, T5, Tab. 3.106)
Eine lineare Interpolation zwischen den Werten ist zulässig

Spannglied		Minimaler Radius [m]
Litzen	Drähte	
19 ⌀ 13 mm oder 12 ⌀ 15 mm	54 ⌀ 7 mm	2,5
31 ⌀ 13 mm oder 19 ⌀ 15 mm	91 ⌀ 7 mm	3,0
55 ⌀ 13 mm oder 37 ⌀ 15 mm	140 ⌀ 7 mm	5,0
Monolitzen ⌀ 13 mm		1,7[1)]
Monolitzen ⌀ 15 mm		2,5[1)]

[1)] Nach EC 2, T 5, 5.3.1(108)) bzw. DIN 1045-1, 12.10.4(3).

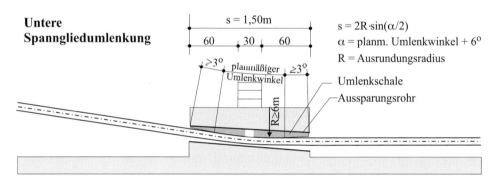

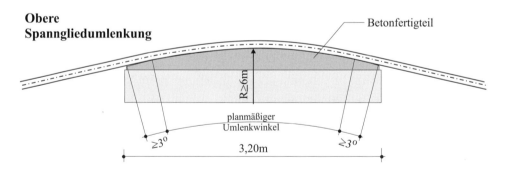

Bild 11.7 Spanngliedumlenkung nach Richtlinie ARS 17/99 [173]

Die Spannlitzen dürfen im Umlenkbereich nicht am äußeren HDPE-Mantel anliegen, da infolge der hohen Pressungen und der Bewegungen des Spanngliedes das Hüllrohr beschädigt werden kann (innere Gleitung). Hierzu werden spezielle Abstandshalter eingebaut. Vorteilhaft hat sich hierbei das Verpressen des Hüllrohres mit Zementmörtel erwiesen. Hierdurch wird jedoch ein Auswechseln der Spannlitzen erschwert. Weiterhin muss nach der Richtlinie für extern vorgespannte Brücken ein zusätzlicher Toleranzwinkel von

11.3 Vor- und Nachteile der Vorspannung ohne Verbund bzw. externe Vorspannung

$\Delta \varphi \geq 3°$ vorgehalten werden (Bild 11.6). Zusammen mit dem notwendigen Krümmungsradius entstehen damit sehr lange Konstruktionen.

Das Spannglied muss ohne Knick umgelenkt werden. Es sind die in Tabelle 11.2 aufgeführten Mindestradien für interne Spannglieder in der Umlenkzone einzuhalten, falls keine Angaben in der Zulassung vorhanden sind.

Im Bereich der Trompete ist nur eine geradlinige Spanngliedführung möglich.

Planmäßige Umlenkungen eines Spannglieds bis zu einem Winkel von 0,075 rad (= 1,0°) sind ohne besondere Konstruktion zulässig (DIN 1045-1, 12.10.4(6) bzw. nach EC 2, Teil 5, 3.4.5.1(104): 0,002 rad = 1,15°).

11.2.3 Verankerung der Spannglieder

Für die externe Vorspannung sind spezielle Ankerkonstruktionen erforderlich. So muss der Übergang zwischen HDPE-Hüllrohr und Ankerplatte dauerhaft gasdicht sein. Eine Möglichkeit diese Anforderungen zu erfüllen besteht darin, die Spannglieder im Ankerbereich einzubetonieren. Da jedoch meistens eine Nachspannbarkeit und Auswechselbarkeit der Litzen gegeben sein muss, sind spezielle Konstruktionen erforderlich (Bild 11.8).

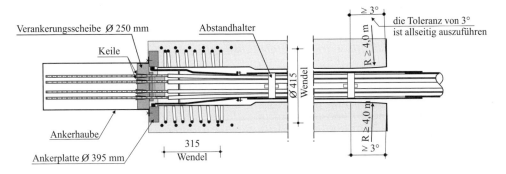

Bild 11.8 Spanngliedverankerung nach Richtlinie ARS 17/99 [173]

11.3 Vor- und Nachteile der Vorspannung ohne Verbund bzw. externe Vorspannung

Jedes Spannverfahren hat seine Vor- und Nachteile. Auch die externe Vorspannung kann nicht alle in der Vergangenheit mit der Verbundvorspannung aufgetretenen Probleme lösen.

Vorteile der Vorspannung ohne Verbund

- *Besserer Korrosionsschutz (Verbesserung der Verpressqualität)*

Die dauerhafte Sicherstellung des Korrosionsschutzes von internen Spanngliedern stellt ein sehr großes Problem dar, wie die zahlreichen Schäden in der Vergangenheit belegen. Der Korrosionsschutz eines Verbundspanngliedes besteht aus dem Zementmörtel, dem Hüllrohr und dem umgebenden Beton. Gerade das vollständige Verpressen der Hüllrohre hat sich als schwierig erwiesen. Weiterhin ist dieser Vorgang nur sehr schwer zu kontrollieren. Hier hat das externe Spannglied bzw. die Monolitze eindeutige Vorteile.

Die zugelassenen Spannsysteme weisen auf ihrer gesamten Länge einen 2- bis 3-fachen Korrosionsschutz auf: HDPE Hüllrohr–Verpressung – (Mono)-litze. Verpressarbeiten auf der Baustelle entfallen bei den so genannten Fertigspanngliedern weitgehend, da das gesamte Spannglied einschließlich des Korrosionsschutzes im Werk unter kontrollierten, optimalen Bedingungen hergestellt wird. Lediglich der Ankerbereich muss noch dauerhaft korrosionsgeschützt werden. Das vollständige Auspressen des Ankerbereiches, welches auf der Baustelle erfolgen muss, lässt sich jedoch nur schwer kontrollieren.

Den Vorteilen stehen jedoch auch einige Probleme gegenüber. Fette oder Wachse stellen im Gegensatz zu Zementleim nur einen passiven Korrosionsschutz dar. Fett ist außerdem ein organisches Material, welches von Bakterien angegriffen werden kann, wodurch korrosionsfördernde Säuren entstehen. Probleme können durch die große Temperaturausdehnung von Fetten und Wachsen entstehen ($\Delta T \approx -20° \div +30$ °C bei Massivbrücken). Dies kann zum Platzen der Hüllrohre oder zum Versagen der Abdichtungen führen. Weiterhin nehmen manche Korrosionsschutzmassen Wasser auf. Ferner können sie Stoffe enthalten, welche sich negativ auf die Eigenschaften des Spannstahls auswirken.

Es sei darauf hingewiesen, dass ein HDPE-Mantel ebenso wie ein Metallrohr keineswegs luftdicht ist. Die Langzeitstabilität des verwendeten Kunststoffes insbesondere gegen UV-Strahlen ist bislang nicht abschließend geklärt.

- *„Leichte" Kontrollierbarkeit der externen Spannglieder*

Als Bauherr ist man daran interessiert, die Qualität eines Bauwerkes kontrollieren und überwachen zu können. Dies ist bei internen Spanngliedern, welche vom Beton und der Bewehrung umgeben sind, nur mit sehr großem Aufwand möglich. Die Kosten für eine zerstörungsfreie Kontrolle von innenliegenden Spanngliedern kann bis zu 500 EUR pro laufendem Meter betragen. Externe Spannglieder verlaufen frei außerhalb des Betonkörpers und sind somit leicht zugänglich. In den kritischen Bereichen Anker – Umlenkung bestehen jedoch die gleichen Probleme wie bei der internen Vorspannung. Das Spannglied ist von einem hoch bewehrten Beton umgeben und damit nur sehr schwer inspizierbar.

- *Spannglieder können nachgespannt und ausgetauscht werden*

Ein externes Spannglied kann bei entsprechender Ausführung an der Verankerung nachgespannt und im Schadensfall ausgetauscht werden. Ein Nachspannen kann beispielsweise zum Ausgleich von Schwind- und Kriechverlusten sinnvoll sein. Hierzu muss jedoch die Ankerkonstruktion entsprechend ausgebildet werden. Weiterhin muss ausreichend Freiraum hinter der Ankerplatte für den erforderlichen Litzenüberstand und den Ansatz einer Presse sein. Dies kann bei Brücken zu einem sehr großen Platzbedarf zwischen dem Endquerträger und der Kammerwand führen, welcher teilweise nur schwer zu realisieren ist (Bild 11.9). Die Vertikalverformungen können bei großen Kraglängen zu Problemen bei der Übergangskonstruktion führen. Weiterhin ist zu beachten, dass die Räume für die schweren Spannpressen zugänglich sein müssen, da diese meistens nicht mehr getragen werden können. Zum Austausch der Spannglieder ist eine geeignete Zugangsöffnung vorzusehen. Sinnvoll ist eine ausreichend große (1,20 × 2,50 m, nach [178]), frei zugängliche Öffnung in der Bodenplatte.

11.3 Vor- und Nachteile der Vorspannung ohne Verbund bzw. externe Vorspannung

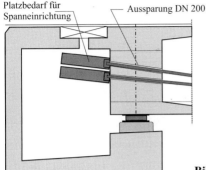

Bild 11.9 Bereich der Spannanker

Ein Nachspannen von Litzenspanngliedern ist nur möglich, wenn die ursprünglichen Keildruckstellen auf der Litze nach dem erneuten Verankern um mindestens 15 mm in den Keilen nach außen verschoben liegen. Die hierzu notwendigen Spannwege von mindestens 60 mm werden bei kurzen Spanngliedern, wie sie beispielsweise bei der Quervorspannung von Fahrbahnplatten auftreten, nicht erreicht. Ein Nachspannen ist somit oftmals nicht möglich.

Um Δl_p = 60 mm Spannweg zur erreichen, ist bei einem Nachspannen um $\Delta \sigma_p$ = 100 N/mm² eine Spanngliedlänge von mindestens $l_p \geq \Delta l_p \cdot E_p / \Delta \sigma_p = 60 \cdot 200.000 / 100 \cdot 10^{-3} = 120$ m erforderlich (Reibung vernachlässigt).

- *Geringe Reibungsverluste*

Monolitzen weisen Reibungskoeffizienten von $\mu \approx 0{,}05$ auf, während für Verbundspannglieder in Blechhüllrohren ein Wert von $\mu \approx 0{,}20$ anzusetzen ist. Die Spannkraftverluste sind somit bei verbundlosen Spanngliedern erheblich geringer. Ein kleiner Reibungskoeffizient ist vor allem bei großen Umlenkwinkeln, wie sie beispielsweise bei kreisförmigen Behältern (Flüssigkeitsbehälter, Silos) oder Schornsteinen auftreten von großem Vorteil. Die Spannkraftverluste betragen bei einer Ringvorspannung eines kreisförmigen Behälters

$$\Delta P_\mu = P_0 \cdot (1 - e^{-\mu \cdot \theta}) = P_0 \cdot (1 - e^{-0{,}05 \cdot 2 \cdot \pi}) = 0{,}26\ P_0 \quad \text{bzw.} \quad 0{,}72\ P_0 \ (\text{bei } \mu = 0{,}2).$$

- *Höhere zulässige Spannstahlspannungen da geringere Ermüdungsbeanspruchung*

Durch den fehlenden Verbund zwischen Spannstahl und Beton ist die Ermüdungsbeanspruchung eines verbundlosen Spanngliedes verhältnismäßig gering. Die Dehnungen und Spannungen sind über die gesamte Länge des Spanngliedes nahezu konstant. Daher sind nach der Richtlinie für externe Vorspannung [173] höhere Spannstahlspannungen zulässig als nach DIN 4227/1.

	DIN 4227 Teil 1	Richtlinie ARS 17/1999
• vorübergehend, beim Spannen:	$\sigma_{p0} \leq 0{,}80\ \beta_s$ bzw. $0{,}65\ \beta_z$	$\sigma_{p0} \leq 0{,}85\ \beta_s$ bzw. $0{,}75\ \beta_z$
• im Gebrauchszustand:	$\sigma_{pm0} \leq 0{,}75\ \beta_s$ bzw. $0{,}55\ \beta_z$	$\sigma_{pm0} \leq 0{,}80\ \beta_s$ bzw. $0{,}70\ \beta_z$

Für ST 1570/1770 ergibt sich:	DIN 4227 Teil 1	Richtlinie ARS 17/1999
• vorübergehend, beim Spannen:	$\sigma_{p0} \leq$ **1151.** MPa	$\sigma_{p0} \leq$ **974.** MPa
• im Gebrauchszustand:	$\sigma_{pm0} \leq$ **1328.** MPa (+15 %)	$\sigma_{pm0} \leq$ **1239.** MPa (+27 %)

Dieser Vorteil besteht bei DIN 1045-1 bzw. EC2 Teil 1-5 nicht mehr. Bei diesen Normen wird nicht zwischen internen und externen Spanngliedern unterschieden.

- *Höherer Betonstahlgehalt*

Aufgrund des geringen Spannungszuwachses Δr_p im Grenzzustand der Tragfähigkeit ist im Vergleich zu Verbundvorspannung eine erhöhte Bewehrungsmenge erforderlich. Hierdurch wird die Robustheit des Tragwerks erhöht und sein Verhalten unter Gebrauchslast (Rissbreiten) verbessert.

- *Kleinere Hüllrohrdurchmesser*

Monolitzensysteme weisen im Allgemeinen einen sehr viel geringeren Hüllrohrdurchmesser als Verbundspannglieder gleicher Spannkraft auf. Hierdurch ergibt sich ein größerer Hebelarm, was beispielsweise bei Flachdecken vorteilhaft ist (siehe Bild 12.3).

- *Vereinfachung des Betonierens*

Durch eine massive Anordnung der Hüllrohre in den Stegen von Hohlkasten- oder Plattenbalkenbrücken und den damit verbundenen Problemen der Betonverdichtung ist es wiederholt zu Fehlstellen im Beton gekommen. Dies wird bei externen Spanngliedern vermieden. Es wird eine deutliche Qualitätsverbesserung erwartet.

- *Reduktion des Betongewichtes bei Brücken*

Die Breite von Stegen wird bei Verbundspanngliedern meistens durch die Anordnung der Koppel- und Ankerelemente bestimmt. Bei externer Vorspannung kann daher die Stegbreite nach den statischen Gesichtspunkten sehr viel kleiner gewählt werden, was zu einer Reduktion des Eigengewichtes des Tragwerkes führt. Um ein gutes Einbringen und Verdichten des Betons zu ermöglichen sind jedoch auch nicht zu filigrane Abmessungen zu wählen. Nach ZTV-K 96 soll die Stegbreite für eine Konstruktionshöhe von $h \geq 4,0$ m mindestens 40 cm betragen. Es ergibt sich gegenüber der Verbundvorspannung eine Ersparnis von ca. 10 cm.

- *Verstärkung der Vorspannung möglich*

Eine Erhöhung der Tragfähigkeit von Bauwerken ist mit externen Spanngliedern möglich. Dies wurde auch schon zahlreich bei Brücken ausgeführt. Um in Zukunft mögliche Lasterhöhungen von Brücken ausgleichen zu können, müssen bei Hohlkastenbrücken an jedem Steg 2 Spannglieder (Mischbauweise) oder ein Spannglied mit einer Spannkraft von 3 MN (nur externe Vorspannung) nachträglich eingebaut werden können. Diese Spannglieder müssen umgelenkt geführt werden. Entsprechende Anker- und Umlenkkonstruktionen sind vorzusehen. Die Verstärkung sollte feldweise möglich sein, was die Anordnung von Ankerstellen an jedem Querträger erfordert. Bereits beim Entwurf eines Tragwerks sind die höheren Vorspannlasten in den Nachweisen zu berücksichtigen (z. B. Biegung, Schub, Dekompression).

11.3 Vor- und Nachteile der Vorspannung ohne Verbund bzw. externe Vorspannung

- *Witterungsunabhängig*

Der Einbau der Spannglieder sowie das Anspannen ist bei Fertigspanngliedern weitgehend witterungsunabhängig, da ein Auspressen mit Zementmörtel entfällt. Dies trifft jedoch nicht für den Ankerbereich zu, welcher aber nachträglich verpresst werden kann.

- *Schneller Baufortschritt*

Das Verlegen der gekrümmt verlaufenden Verbundspannglieder in den Stegen eines Brückenträgers erfordert meistens sehr viel Zeit. Dieser Aufwand entfällt bei einer externen Spanngliedführung. Daher ist hiermit ein schnellerer Baufortschritt möglich. Die Betonstahlbewehrung der Stege kann ebenso wie die Querträgerbewehrung in großen Abschnitten vorgefertigt werden. Weiterhin muss das Verlegen der Spannglieder, was teilweise durch die Spannfirmen selbst erfolgt, nicht mit den Bewehrungsarbeiten koordiniert werden. Es entfallen die witterungsabhängigen und zeitaufwendigen Einpressarbeiten der Spannkanäle. Die zuvor genannten Vorteile werden teilweise durch den großen Aufwand für die Umlenkstellen zunichte gemacht.

- *Keine Entlüftungsschläuche in der Fahrbahnplatte*

Bei den internen und externen Fertigspanngliedern sind keine Entlüftungsschläuche in der Fahrbahnplatte erforderlich. Das Herstellen einer auf der ganzen Länge und Breite ebenflächigen Fahrbahnplatte mit einer Vibrationsbohle wird somit nicht behindert. Weiterhin ist das Eindringen von Wasser und Zementmörtel durch die Entlüftungsöffnungen nicht mehr möglich.

- *Anpassung der Spanngliedführung- und menge an den Bauablauf*

Bei der externen Vorspannung kann die Spanngliedführung den Einwirkungen und dem Bauablauf angepasst werden. So ist es möglich, temporäre Spannglieder wieder zu entfernen und neue anzuordnen.

- *Planmäßige Risse im Beton zulässig – teilweise Vorspannung*

Bei Verbundspanngliedern treten im Rissbereich sehr große lokale Spannungsänderungen im Spannglied auf, was zu einem Ermüdungsversagen ggf. durch Reibkorrosion führen kann. Außerdem besitzen Hüllrohre aus Wellblech nur eine sehr geringe Dauerschwingfestigkeit (Bild 8.21). Diese Probleme treten bei verbundlosen Spanngliedern in erheblich geringerem Maße auf. Daher sind planmäßig Risse wie bei einem Stahlbetontragwerk zulässig (teilweise Vorspannung).

- *Keine Koppelfugenprobleme*

Die Kopplung der Spannglieder erfolgt nicht mehr innerhalb sondern außerhalb des Betons. Die Koppelfugenprobleme infolge der Spannkrafteinleitung im Innern eines Tragwerkes können somit nicht mehr auftreten. Weiterhin vorteilhaft ist, dass die Betonstahlbewehrung in der Arbeitsfuge nicht abgebogen werden muss, um ausreichend Platz für die Spannpressen zu schaffen.

- *Wirtschaftlichkeit*

Die externe Vorspannung stellt ein wirtschaftliches Bauverfahren dar, wie zahlreiche Großprojekte aus dem Ausland zeigen. Besonders vorteilhaft kann sie bei Segmentbrücken eingesetzt werden.

- *Geringere Spannstahlmenge*

Bei reiner externer Vorspannung handelt es sich um ein Stahlbetontragwerk, welches durch Vorspannung und äußere Einwirkungen beansprucht wird. Insofern ist eine Begrenzung der Betonzugspannungen bzw. die Dekompression nicht mehr oder zumindest in geringerem Maße erforderlich. Dies führt zu einer Reduzierung der erforderlichen Spannstahlmenge.

Nachteile der Vorspannung ohne Verbund

Spannglieder innerhalb des Betonquerschnitts

- *Kein Verbund – mehr Betonstahlbewehrung erforderlich*

Die Spannglieder sind nur an den Verankerungen und den Umlenkstellen mit dem Tragwerk verbunden. Die Dehnung des Stahls ist im ganzen Träger nahezu konstant. Der Spannungszuwachs der Spannlitzen bei Laststeigerung $\Delta\sigma_p$ ist daher sehr gering. Die genaue Bestimmung von $\Delta\delta_p$ im Grenzzustand der Tragfähigkeit ist nur mit einer nichtlinearen Berechnung möglich, bei welcher das Verhalten des Stahlbetons im Zustand I und II zutreffend erfasst wird (siehe Abschnitt 11.5). Der geringe Spannungszuwachs führt zu einem größeren Betonstahlgehalt im Tragwerk. Weiterhin wirkt der verbundlose Spannstahl bei der Rissebeschränkung nicht mit.

- *Keine Teilvorspannung möglich*

Eine Teilvorspannung im jungen Betonalter zur Begrenzung der Risse ist mit externen Spanngliedern meistens nicht möglich.

- *Korrosionsschutz*

Auf die Probleme des Korrosionsschutzes von externen Spanngliedern wurde bereits hingewiesen. Dieser Schutz muss während der gesamten Nutzungsdauer des Tragwerkes gewährleistet werden. Es treten große Temperaturschwankungen auf. Probleme bereiten insbesondere die Anker- und Übergangsbereiche. Weiterhin ist die Dauerhaftigkeit der HDPE-Hüllrohre (UV-Beständigkeit, Kriechen) noch nicht abschließend geklärt.

- *Höhere Kosten*

Die Kosten sind aufgrund des aufwendigeren Aufbaus des Spannsystems höher als bei Verbundspanngliedern. Dies wird jedoch durch die Vorteile bei der Bauausführung teilweise ausgeglichen.

- *Koppelstellen*

Bei der Anordnung von Koppelstellen ist ein Austausch des Spanngliedes oftmals nicht mehr möglich. Daher müssen sehr lange Spannglieder eingebaut werden, was sich negativ auf die Reibungsverluste und den Bauablauf auswirkt. Alternativ können die Spannglieder auch in Lisenen verankert oder übergreifend geführt werden.

Spannglieder außerhalb des Betonquerschnitts – externe Spannglieder

- *Schwingungen der Spannglieder*

Durch eine dynamische Beanspruchung des Tragwerks kann es zu Schwingungen der externen Spannglieder kommen. Daher sind die Spannglieder in Abständen von ca. 30 m zu unterstützen. Wie neuere Untersuchungen zeigen ist die Gefahr von Schwingungen größtenteils recht gering.

11.3 Vor- und Nachteile der Vorspannung ohne Verbund bzw. externe Vorspannung

- *Anker- und Umlenkbereich*

Die Einleitung der großen Spannkräfte bei Brücken erfolgt im Gegensatz zu internen Spanngliedern nicht direkt in den Steg sondern in den massiven Querträger. Die Berechnung dieses Bereiches ist sehr aufwendig und auch mit Finite-Elemente-Modellen nur näherungsweise möglich. Die Handrechnung kann mit Stabwerkmodellen erfolgen. Hierbei ist zur Begrenzung der Rissbreite die Stahlspannung auf Werte unterhalb von f_{yd} zu beschränken (nach der Richtlinie für extern vorgespannte Brücken [173] auf $\beta_s/2,8 = 180$ MPa). Neben der Krafteinleitung sind auch die hieraus entstehenden Beanspruchungen der Stege sowie der Fahrbahn- und Bodenplatte zu beachten (siehe Abschnitt 11.5.2). Die massiven Querträger weisen eine große Bewehrungskonzentration auf.

Die Anker- und Umlenkelemente sind Teil des Spannverfahrens und müssen daher zugelassen sein. Weiterhin muss der Einbau der Umlenksättel sehr genau erfolgen, was mit einem großen Vermessungsaufwand verbunden ist [171]. Es ist zu vermeiden, dass das Hüllrohr über eine Kante geführt wird, da dies zu einer Beschädigung des HDPE-Mantels und zum Verlust des Korrosionsschutzes führen kann [170].

- *Eingeschränkte Spanngliedführung*

Da die Umlenkstellen sehr aufwendige Konstruktionen darstellen, ist man bestrebt deren Anzahl so gering wie möglich zu halten. Es werden daher nur geradlinige oder mit wenigen Umlenkstellen polygonartig geführte Spanngliedverläufe ausgeführt. Eine statisch günstigere parabelförmige Spanngliedführung wie bei internen Spanngliedern ist nicht möglich. Weiterhin ist der Hebelarm der externen Spannglieder geringer, da sie nach den deutschen Richtlinien für Brücken frei im Innern des Hohlkastens verlaufen müssen. Anker in der Boden- oder Fahrbahnplatte sind nicht zulässig. Im Ausland werden auch Brücken ausgeführt, bei welchen die Spannglieder außerhalb der Betontragwerks liegen (siehe Abschnitt 10.9.2), wodurch der Hebelarm z_p erheblich vergrößert werden kann.

- *Beschädigung der Spannglieder*

Da die Spannglieder nicht vom Beton umgeben sind, können sie beim Einbau, durch Vandalismus oder Brand beschädigt werden. Ein Brand in einem Hohlkastenquerschnitt, beispielsweise durch ausgelaufenen Kraftstoff, kann durch geeignete Ausbildung der Entwässerungsleitungen z.B. aus Stahlrohren verhindert werden. Weiterhin können spezielle metallische Hüllrohre verwendet werden, welche einen gewissen Brandschutz gewährleisten.

- *Einbau der Spannglieder von Hand*

Der Einbau der Spannglieder erfolgt nach der Herstellung des Brückenüberbaus. Da im Hohlkasten keine großen Geräte eingesetzt werden können, müssen die Spannglieder von Hand verlegt werden.

- *Hohe Genauigkeit der Bauausführung erforderlich*

Auf die aufwendige Herstellung der Umlenkkonstruktionen wurde bereits hingewiesen. Der Krümmungsradius und der Umlenkwinkel muss um die horizontale als auch um die vertikale Ebene sehr genau eingehalten werden. Dies hat in der Vergangenheit bei Brücken immer wieder Probleme bereitet. Es kam zu einem Anliegen der Hüllrohre an den Austrittsstellen der Umlenkung. Weiterhin überschnitt sich teilweise die Spanngliedführung aufgrund von Bauungenauigkeiten. Daher ist es bei komplizierter räumlicher Anordnung der Spannglieder empfehlenswert, deren Lage vor dem Einbau zu kontrollieren. In der Praxis hat sich die „Schnurmethode" bewährt.

11.4 Tragverhalten

Das Tragverhalten eines Bauwerkes hängt wesentlich davon ab, ob die Spannglieder einen starren Verbund mit dem Betonkörper aufweisen oder ob dieser Verbund nicht besteht. Wird dies nicht beachtet, so kann dies im Extremfall zum Versagen des Tragwerkes führen. Scheer [49] berichtet über mehrere Einstürze von Brücken im Bauzustand, welche auf den fehlenden Verbund zurückzuführen waren (Bild 11.10). Fast immer waren Menschenleben zu beklagen. Die Schäden wurden durch eine unplanmäßig höhere Beanspruchung des Tragwerkes verursacht. Weiterhin wurde teilweise nicht beachtet, dass im Bauzustand zwischen den Spanngliedern und der Betonkonstruktion kein Verbund vorlag. Die Spannkraftzunahme und damit die Traglaststeigerung durch die unplanmäßigen Beanspruchungen war daher gering.

Bild 11.10 Brücke Cannavino (aus [49])

Der Einfluss des Verbundes wird auch aus den in Bild 11.11 dargestellten Versuchsergebnissen deutlich [186]. Ein Spannbetonbalken mit Verbundvorspannung weist im Grenzzustand der Tragfähigkeit viele verteilte Risse auf, während bei einem schwach bewehrten Bauteil mit Spannstahl ohne Verbund nur wenige breite Risse entstehen, welche zu einer starken Einschnürung der Druckzone führen.

Die Bestimmung der Spannstahlkräfte in Abhängigkeit der äußeren Einwirkungen wird in Abschnitt 11.5.1 erläutert.

Weiterhin wirkt sich der Verbund auf das Schubtragverhalten eines Spannbetonträgers aus. Der Querkraftbemessung eines Stahlbetonbalkens liegt das Fachwerkmodell zugrunde. Die Biegebewehrung bildet hierbei den Zuggurt (Bild 11.12). Bei verbundloser Vorspannung kann sich dieses Tragmodell nicht mehr einstellen, da die Spannkabel keine Verbindung mit den Druck- und Zugstreben aufweisen. Es bildet sich ein Bogen-Zugband-Modell aus. Dieses Tragverhalten trifft jedoch nur bei sehr gering bewehrten Bauteilen zu.

11.4 Tragverhalten

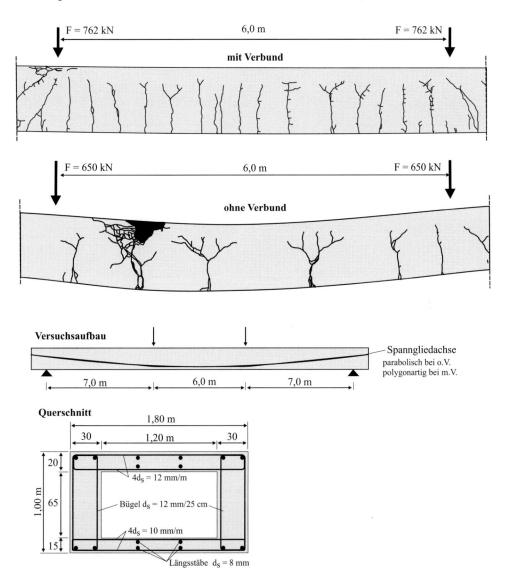

Bild 11.11 Rissbild eines Trägers mit Verbundvorspannung und Spanngliedern ohne Verbund [186]

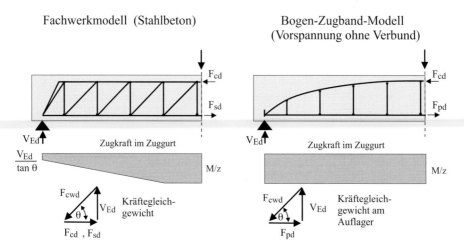

Bild 11.12 Querkrafttragverhalten eines Trägers mit und ohne Verbundvorspannung

11.5 Schnittgrößenermittlung

Der Kraftverlauf eines externen Spanngliedes kann wie bei einem internen Spannglied bestimmt werden. Reibungsverluste treten lediglich an den Umlenkpunkten auf. Auf der freien Länge verlaufen die Spannglieder geradlinig. Daher braucht man in diesen Bereichen keinen Durchhang und keinen ungewollten Umlenkwinkel anzusetzen.

Für die Schnittgrößenermittlung kann die Spannwirkung durch äquivalente äußere Kräfte ersetzt werden. Der Spannkraftzuwachs im Grenzzustand der Tragfähigkeit ist ggf. abzuschätzen. Hierauf wird noch eingegangen. Im einzelnen sind folgende Einwirkungen anzusetzen (Bild 11.13):

- konzentrierte Kräfte an den Verankerungsstellen,
- Radialspannungen der Größe $u = P_m/R$ entlang der Umlenkung,
- Tangentialspannungen der Größe dP_m/ds wobei ds der Längenzuwachs entlang der Umlenkung und dP_m die Änderung des Mittelwertes der Kraft im Spannglied ist.

Gegebenenfalls sind die Auswirkungen aus der Verformung des Trägers auf die Spanngliedlage (Theorie II. Ordnung) zu berücksichtigen (Bild 11.13 rechts).

Berechnungsannahmen – externe Spanngliedführung

Das Verhalten eines externen Spanngliedes im Umlenkbereich ist noch Gegenstand der Forschung. Messungen an ausgeführten Bauwerken haben ergeben, dass die Spannkraftverluste im Umlenksattel erheblich größer sind als sich rechnerisch aus der Reibung ergeben würde. Es wurde bereits darauf hingewiesen, dass der Reibungskoeffizient vom Anpressdruck abhängt. In manchen Ländern wurde daher der Reibungskoeffizient von Litzenspanngliedern auf $\mu = 0{,}3$ für Metallhüllrohre und $\mu = 0{,}12$ für HDPE Hüllrohre erhöht. Teilweise ist auch ein zusätzlicher Umlenkwinkel von ca. $\theta \approx 2{,}3$ Grad zu berücksichtigen.

11.5 Schnittgrößenermittlung

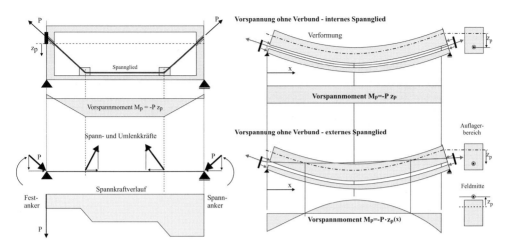

Bild 11.13 Vorspannung ohne Verbund   Unterschied zwischen interner und externer Spanngliedführung

Die Ursache für die Abweichungen zwischen Messung und Berechnung scheinen jedoch in den unvermeidbaren Einbautoleranzen der Umlenksättel zu liegen. Messungen haben ergeben, dass der vorhandene Spannkraftabfall insbesondere bei kleinen Umlenkwinkeln größer war als der Rechenwert. Daher scheint der zweite Vorschlag, eine zusätzliche Winkeltoleranz von 1 bis 2 Grad in der Berechnung anzusetzen besser geeignet zu sein, als eine Erhöhung des Reibungskoeffizienten.

Das Gleitverhalten des Spanngliedes über den Umlenksattel kann nicht eindeutig bestimmt werden. Es ist neben dem Aufbau des Spanngliedes (innerer oder äußerer Gleitung) auch vom Umlenkwinkel abhängig. Einen Einblick in das komplexe Verhalten bieten die in Bild 11.14 dargestellten Versuchsergebnisse [172, 176, 183]. Hierbei wurden Spannglieder mit verschiedenen Umlenkwinkeln von 1 bis 6 Grad nach dem Anspannen von einer Seite einer dynamischen Beanspruchung ausgesetzt. Wie die Versuchsergebnisse zeigen, kommt es zu einer starken Verminderung der Schwingbreite am abliegenden Ende. Bei einem Winkel von 6° stellt die Umlenkung nahezu ein Festpunkt dar. Weiterhin ist ein Einfluss der Anzahl der Lastzyklen erkennbar.

Die Versuchsergebnisse wurden auch durch Messungen der Spannkraftänderungen an einer Eisenbahnbrücke bestätigt [177]. Die Spannglieder waren in diesem Tragwerk um 11,2° umgelenkt (siehe Bild 11.32).

Der für eine Eignungsprüfung von externen Spanngliedern notwendige Versuch entspricht dem im Bild 11.14 skizzierten Aufbau [188]. Der Umlenkwinkel beträgt zu beiden Seiten des Umlenksattels jeweils 7° Grad. Zur Simulation der Verschiebungen beim Spannvorgang muss ein Ziehweg von mindestens 800 mm aufgebracht werden. Die maximale Spannstahlspannung beträgt $0,7 f_{pk}$. Dieser Versuch dient dazu, die Funktionstüchtigkeit des Korrosionsschutzsystems sicherzustellen sowie ggf. das Reibungsverhalten zu klären. Nach einer Standzeit von 21 Tagen muss die PE-Hülle der inneren bzw. äußeren Schale eine Restwanddicke von 1,0 mm / 2,0 mm bzw. 50 %/75 % der Ausgangsdicke aufweisen. In einem zweiten Versuch (Bild 11.15), in welchem das Spannglied über eine Kante gezogen wird, soll die Robustheit des Spanngliedes kontrolliert werden.

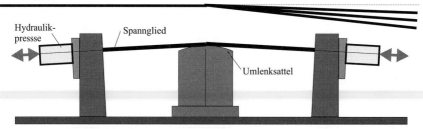

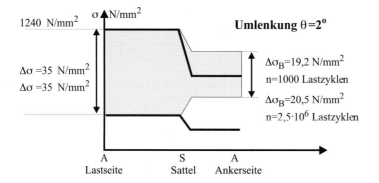

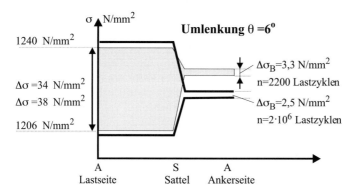

Bild 11.14 Verhalten eines externen Spanngliedes an den Umlenkstellen [172]

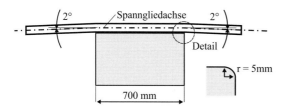

Bild 11.15 Versuch b: Knickstelle[189]

Für die Dauerhaftigkeit eines Spannverfahrens ist das Gleitverhalten von großer Bedeutung. Bei der so genannten inneren Gleitung (die Litze bewegt sich, während das Hüllrohr unverschieblich bleibt) kann die dynamische Beanspruchung (Scheuern) zu einer Zerstörung des Hüllrohres führen. Daher ist generell eine so genannte äußere Gleitung anzustreben, bei welcher das gesamte Spannglied über den Umlenkpunkt gleitet. Die Reibung zwischen Hüllrohr und Umlenksattel kann durch PTFE-Gleitfolien auf Werte von $\mu \approx 0{,}03$ reduziert werden. Das Gleitverhalten ist Gegenstand der Zulassungsversuche.

11.5.1 Spannungszuwachs unter den äußeren Einwirkungen

Für die Ermittlung des Spannungszuwachses $\Delta\sigma_p$ infolge der äußeren Einwirkungen muss die Verformung des Tragwerks möglichst genau, d.h. unter Berücksichtigung des Zustandes II, bestimmt werden. Bei falschen Rechenannahmen kann $\Delta\sigma_p$ auch überschätzt werden. Daher durfte nach der Richtlinie für extern vorgespannte Brücken [173] der Spannungszuwachs im Grenzzustand der Tragfähigkeit bei verbundlosen Spanngliedern nicht angesetzt werden. In Anbetracht der heutzutage zur Verfügung stehenden Rechenmethoden scheint diese Einschränkung nicht zuletzt auch aus wirtschaftlichen Gründen nicht sinnvoll. Nach DIN 1045-1 kann der Spannkraftzuwachs berücksichtigt werden.

11.5.1.1 Ungerissener Querschnitt – Zustand I

Setzt man ein elastisches Verhalten des Tragwerks voraus, so kann der Spannungszuwachs unter einer äußeren Einwirkung mit dem Kraftgrößenverfahren ermittelt werden. Hierzu wird die Spannkraft als statisch Unbestimmte eingeführt. Für den in Bild 11.16 dargestellten Einfeldträger unter einer gleichförmigen äußeren Einwirkung ergibt sich:

$$\delta_{10} = \int \frac{M^0 \cdot M^1}{E_{cm} \cdot I_c} \cdot dx + \int \frac{N_c^0 \cdot N_c^1}{E_{cm} \cdot A_c} \cdot dx + \int \frac{N_p^0 \cdot N_p^1}{E_p \cdot A_p} \cdot \frac{dx}{\cos\alpha}$$

$$= \frac{5}{12} \cdot l \cdot \frac{q \cdot l^2}{8} \cdot \frac{(-z_{pm}) \cdot 1}{E_{cm} \cdot I_c} + 0 + 0$$

$$\delta_{11} = \int \frac{M^1 \cdot M^1}{E_{cm} \cdot I_c} \cdot dx + \int \frac{N_c^1 \cdot N_c^1}{E_{cm} \cdot A_c} \cdot dx + \int \frac{N_p^1 \cdot N_p^1}{E_p \cdot A_p} \cdot \frac{dx}{\cos\alpha}$$

$$= \frac{l \cdot z_{pm}^2}{3 \cdot E_{cm} \cdot I_c} + \frac{l}{E_{cm} \cdot A_c} + \frac{l}{E_p \cdot A_p} \tag{11.1}$$

$$\Delta P = X = -\frac{\delta_{10}}{\delta_{11}} = \frac{5}{76} \cdot \frac{q \cdot z_{pm} \cdot l^2}{\dfrac{z_{pm}^2}{3} + \dfrac{I_c}{A_c} + \dfrac{E_{cm} \cdot I_c}{E_p \cdot A_p}} \tag{11.2}$$

Bei einer Einzellast F in Feldmitte beträgt die Spannkraftänderung:

$$\Delta P = X = -\frac{\delta_{10}}{\delta_{11}} = \frac{F \cdot z_{pm} \cdot l}{12} \cdot \frac{1}{\dfrac{z_{pm}^2}{3} + \dfrac{I_c}{A_c} + \dfrac{E_{cm} \cdot I_c}{E_p \cdot A_p}} \tag{11.3}$$

468   11 Vorspannung ohne Verbund und externe Vorspannung

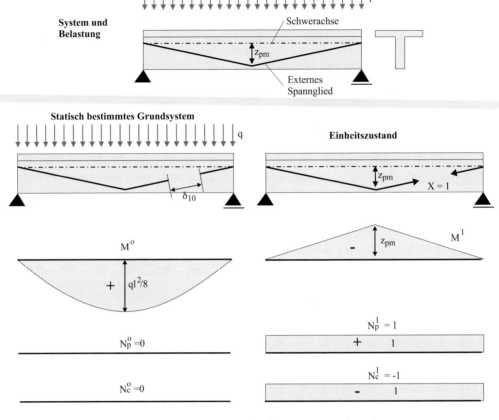

Bild 11.16 Kraftgrößenverfahren zur Bestimmung des Spannungszuwachses $\Delta\sigma_p$

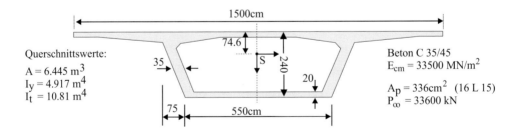

Für die obige einfeldrige Hohlkastenbrücke ergeben sich bei einer Stützweite von $l = 45$ m und $z_p = 1{,}40$ m folgende Spannkraftänderungen:

Einwirkung: $q = 77$ kN/m $\Delta P = 580$ kN $= 1{,}7\,\%$

  $F = 1215$ kN $\Delta P = 258$ kN $= 0{,}7\,\%$

11.5 Schnittgrößenermittlung

Die Spannkraftzunahmen sind somit äußerst gering, solange der Querschnitt nicht gerissen ist. Diese Aussage gilt nur bei Spanngliedführung innerhalb der Umhüllenden des Betonquerschnitts. Bei unterspannten Trägern mit $z_{pm} \gg h$ ist die Spannkraftänderung erheblich Δ_p größer.

Die gleichen Beziehungen lassen sich auch durch Integration der Betondehnungen in der Spanngliedlage ermitteln. Hierbei wird wiederum ein elastisches Materialverhalten vorausgesetzt. Nachfolgend soll insbesondere der Einfluss des fehlenden Verbundes verdeutlicht werden.

Den Berechnungen liegt ein Einfeldträger mit einer konstanten Belastung q zugrunde (siehe Bild 11.17).

Die Änderung der Betonspannung in Höhe der Spanngliedachse infolge der äußeren Belastung q beträgt:

$$\Delta\sigma_{cp} = \varepsilon_{cp} \cdot E_c = \frac{M(x)}{I_c} \cdot z_p(x) \tag{11.4}$$

Hierin sind:

ε_{cp} Zunahme der Betondehnung infolge der äußeren Belastung q
z_p Abstand der Spannglieder von der Schwerachse des Querschnitts

Hiermit folgt:

$$\varepsilon_{cp}(x) = \frac{M(x)}{I_c \cdot E_c} \cdot z_p(x) \tag{11.5}$$

Das Biegemoment bzw. die Durchbiegung $w(x)$ infolge der äußeren Einwirkung (Gleichlast) betragen:

$$M(x) = \frac{q \cdot l^2}{2} \cdot \left(\frac{x}{l} - \frac{x^2}{l^2}\right) \tag{11.6}$$

$$w(x) = \frac{q \cdot l^4}{24 \cdot E_c \cdot I_c} \cdot \left(\frac{x}{l} - 2\frac{x^3}{l^3} + \frac{x^4}{l^4}\right) \tag{11.7}$$

$$w'(x=0) = \frac{q \cdot l^3}{24 \cdot E_c \cdot I_c} \tag{11.8}$$

Vorspannung ohne Verbund (internes Spannglied)

Die Verlängerung des Spannstahles zwischen den Verankerungen ergibt sich durch Integration der Betondehnungen:

$$\Delta l_p = \int_0^l \varepsilon_{cp}(x) \cdot ds = \int_0^l \frac{M(x) \cdot z_p(x)}{I_c \cdot E_c} \cdot ds = \int_0^l \frac{q \cdot l^2}{2 \cdot I_c \cdot E_c} \cdot z_p \cdot \left(\frac{x}{l} - \frac{x^2}{l^2}\right) \cdot dx \tag{11.9}$$

Für einen *geradlinigen Spanngliedverlauf* d.h. z_p = const gilt:

$$\Delta l_p = \frac{q \cdot l^2}{2 \cdot I_c \cdot E_c} \cdot z_p \cdot \int_0^l \left(\frac{x}{l} - \frac{x^2}{l^2}\right) \cdot dx \tag{11.10}$$

$$\Delta l_p = \frac{q \cdot l^2}{2 \cdot I_c \cdot E_c} \cdot z_p \cdot \left[\frac{x^2}{2 \cdot l} - \frac{x^3}{3 \cdot l^2}\right]_0^l = \frac{q \cdot l^2}{2 \cdot I_c \cdot E_c} \cdot z_p \cdot \left[\frac{l}{2} - \frac{l}{3}\right]$$

$$= \frac{q \cdot l^3}{12 \cdot I_c \cdot E_c} \cdot z_p = 2 \cdot w'(0) \cdot z_p$$

$$\Delta\sigma_p = \Delta\varepsilon_p \cdot E_p = \frac{\Delta l_p}{l_p} \cdot E_p = \frac{q \cdot l^2}{12 \cdot I_c \cdot E_c} \cdot E_p \cdot z_p \tag{11.11}$$

Vorspannung mit Verbund (Feldmitte)

Die Zunahme der Spannstahlkraft ist von der Lage des betrachteten Querschnitts abhängig. Nachfolgend wird nur der maximal beanspruchteste Querschnitt in Feldmitte betrachtet.

$$\varepsilon_{cp}(x) = \Delta\varepsilon_p(x) \tag{11.12}$$

$$\varepsilon_{cp}(x) = \frac{M(x)}{I_c \cdot E_c} \cdot z = \frac{q \cdot l^2}{8 \cdot I_c \cdot E_c} \cdot z_p \tag{11.13}$$

$$\Delta\sigma_p = \Delta\varepsilon_p \cdot E_p = \frac{q \cdot l^2}{8 \cdot I_c \cdot E_c} \cdot E_p \cdot z_p \tag{11.14}$$

Die Spannungsänderung in einem Einfeldträger mit geraden Spannkabeln im Verbund infolge einer Gleichlast ist somit in Feldmitte um **50 %** (12 / 8 = 1,5) größer als bei einem internen geraden Spannkabel ohne Verbund.

Für ein *parabolisch geführtes Spannglied* ergibt sich entsprechend:

Spanngliedlage

$$z_p(x) = -\frac{4f}{l^2} \cdot x^2 + \frac{4f}{l} \cdot x + z_{pa} \tag{11.15}$$

Vorspannung ohne Verbund (internes Spannglied)

Verlängerung des Spannstahles zwischen den Verankerungen:

$$\Delta l_p = \int_0^l \varepsilon_{cp}(x) \cdot ds = \int_0^l \frac{M(x) \cdot z_p(x)}{I_c \cdot E_c} \cdot ds = \int_0^l \frac{q \cdot l^2}{2 \cdot I_c \cdot E_c} \cdot z_p(x) \cdot \left(\frac{x}{l} - \frac{x^2}{l^2}\right) \cdot dx \tag{11.16}$$

$$\Delta l_p = \int_0^l \frac{q \cdot l^2}{2 \cdot I_c \cdot E_c} \cdot \left[-\frac{4 \cdot f}{l^2} \cdot x^2 + \frac{4 \cdot f}{l} \cdot x + z_{pa}\right] \cdot \left(\frac{x}{l} - \frac{x^2}{l^2}\right) \cdot dx \tag{11.17}$$

$$\Delta l_p = \frac{q \cdot l^3}{2 \cdot I_c \cdot E_c} \cdot \left[\frac{2 \cdot f}{15} + \frac{1 \cdot z_{pa}}{6}\right] \tag{11.18}$$

beachte: $\Delta l_p \neq 2 \cdot w'(0) \cdot z_p$ (da Spannglied nicht gerade)

$$\Delta\sigma_p = \Delta\varepsilon_p \cdot E_p = \frac{\Delta l_p}{l_p} \cdot E_p = \frac{q \cdot l^2}{2 \cdot I_c \cdot E_c} \left[\frac{2 \cdot f}{15} + \frac{z_{pA}}{6}\right] \cdot E_p \tag{11.19}$$

11.5 Schnittgrößenermittlung

Vorspannung mit Verbund (Feldmitte)

$$\varepsilon_{cp}(x) = \Delta\varepsilon_p(x) \tag{11.20}$$

$$\varepsilon_{cp}(x) = \frac{M(x)}{I_c \cdot E_c} \cdot z = \frac{q \cdot l^2}{8 \cdot I_c \cdot E_c} \cdot z_p \tag{11.21}$$

$$\Delta\sigma_p = \Delta\varepsilon_p \cdot E_p = \frac{q \cdot l^2}{8 \cdot I_c \cdot E_c} \cdot E_p \cdot z_p \tag{11.22}$$

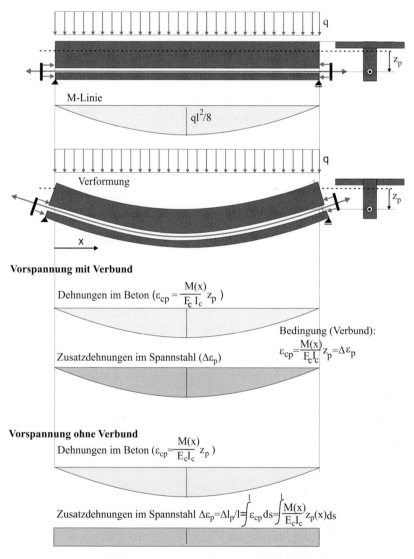

Bild 11.17 Gegenüberstellung der Spannstahldehnungen infolge einer äußeren Einwirkung bei Vorspannung mit und ohne Verbund (internes Spannglied)

Beispiel 1:

Nachfolgend wird ein einfeldriger Plattenbalken mit einem geraden und einem parabolisch geführten Spannglied betrachtet.

Ausgangswerte:
Trägerlänge = Spanngliedlänge $\quad l = 25$ m
E-Modul Beton: $\quad E_c = 33.500$ MN/m² (C35/45)
E-Modul Spannstahl: $\quad E_p = 200.000$ MN/m²
Querschnitt: $\quad I_{cn} = 0,1$ m⁴
Spanngliedverlauf Nr. 1: $\quad z_{p,max} = 0,78$ m
Spanngliedverlauf Nr. 2: $\quad z_{pA} = z_{pB} = +0,345$ m; $\quad f \cong 0,433$ m; $\quad z_{p,max} = 0,78$ m
Einwirkung: $\quad q = 100$ kN/m

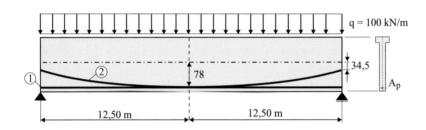

1. Gerades Spannglied

- Ohne Verbund:

$$\Delta l_p = \frac{q \cdot l^3}{12 \cdot I_c \cdot E_c} \cdot z_p = \frac{0,1 \cdot 25^3}{12 \cdot 0,1 \cdot 33.500} \cdot 0,78 = 0,0303 \text{ m} = 3,0 \text{ mm}$$

$$\Delta \sigma_p = \frac{q \cdot l^2}{12 \cdot I_c \cdot E_c} \cdot E_p \cdot z_p = \frac{0,1 \cdot 25^2}{12 \cdot 0,1 \cdot 33.500} \cdot 200.000 \cdot 0,78 = 243 \text{ N/mm}^2$$

- Mit Verbund (Feldmitte):

$$\Delta \sigma_p = \frac{0,100 \cdot 25^2}{8 \cdot 0,1 \cdot 33.500} \cdot 200.000 \cdot 0,78 = 364 \text{ N/mm}^2$$

Die Differenz der Spannstahlspannungen beträgt 50 %.

2. Parabolisch geführtes Spannglied

- Ohne Verbund:

$$\Delta \sigma_p = \frac{q \cdot l^2}{2 \cdot I_c \cdot E_c} \cdot \left[\frac{2 \cdot f}{15} + \frac{z_{pa}}{6} \right] \cdot E_p = \frac{0,100 \cdot 25^2}{2 \cdot 0,1 \cdot 33.500} \cdot \left[\frac{2 \cdot 0,433}{15} + \frac{0,345}{6} \right] \cdot 200.000$$

$$= 215 \text{ MPa}$$

11.5 Schnittgrößenermittlung

- Mit Verbund (Feldmitte):

$$\Delta\sigma_p = \Delta\varepsilon_p \cdot E_p = \frac{q \cdot l^2}{8 \cdot I_c \cdot E_c} \cdot E_p \cdot z_p = \frac{0{,}1 \cdot 25^2}{8 \cdot 0{,}1 \cdot 33.500} \cdot 200.000 \cdot 0{,}78 = 363 \text{ N/mm}^2$$

Die Differenz der Spannstahlspannungen beträgt 69 %.

Beispiel 2: Flachdecke, Vorspannung ohne Verbund

Ausgangswerte:

Trägerlänge = Spanngliedlänge	$l = 10$ m
E-Modul Beton:	$E_c = 33.500$ MN/m² (C35/45)
E-Modul Spannstahl:	$E_p = 200.000$ MN/m²
Deckendicke:	$h = 25$ cm
Spanngliedlage:	$f \cong 14$ cm; $z_{pA} = -5$ cm
Belastung:	$q = 10$ kN/m²

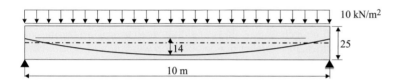

$$\Delta\sigma_p = \frac{q \cdot l^2}{2 \cdot I_c \cdot E_c} \cdot \left[\frac{2 \cdot f}{15} + \frac{z_{pa}}{6}\right] \cdot E_p = \frac{0{,}01 \cdot 10^2}{2 \cdot 1{,}0 \cdot 0{,}25^3 / 12 \cdot 33.500} \cdot \left[\frac{2 \cdot 0{,}14}{15} - \frac{0{,}05}{6}\right]$$
$$\times 200.000 = 24 \text{ N/mm}^2$$

Es zeigt sich erwartungsgemäß, dass der Kraftzuwachs der Spannglieder in Flachdecken im Zustand I sehr gering ist.

11.5.1.2 Gerissener Querschnitt – Zustand II

Die Berechnung der Spannkraftzunahme bei einem gerissenen Querschnitt (Zustand II) ist auch mit Rechenprogrammen mit einem verhältnismäßig großen Aufwand verbunden. Daher sind Verfahren entwickelt worden, mit welchen sich die Spannkraftänderung näherungsweise bestimmen lässt.

Eines der Näherungsverfahren beruht auf der Annahme, dass in Feldmitte des Trägers ein plastisches Gelenk auftritt. Die Verformung im Grenzzustand wird geschätzt (Bild 11.18). Für Platten ist ein Wert von $f \approx l / 50$ üblich.

Aus der angenommenen Verformungsfigur folgt:

$$\tan\varphi \approx \varphi = \frac{f}{l/2} \quad \text{und} \quad \tan\varphi \approx \varphi = \frac{w/2}{d_p - x} \qquad (11.23)$$

(d_p = statische Nutzhöhe des Spanngliedes)

Setzt man beide Bedingungen gleich so folgt:
$$w = \Delta l_p = \frac{f \cdot (d_p - x)}{l/4} \qquad (11.24)$$

mit $f \approx l/50$ ergibt sich:
$$w = \Delta l_p = 0{,}08 \cdot (d_p - x) \qquad (11.25)$$

Wird für die Höhe der Druckzone im Grenzzustand der Tragfähigkeit $x = d_p/4$ ($\mu_{Eds} \leq 0{,}15$) gesetzt, so folgt die in DIN 4227, Teil 6, Abschnitt 14.2 angegebene Näherungsgleichung:

$$\Delta l_p = 0{,}08 \cdot (d_p - 0{,}25 d_p) = 0{,}06 \cdot d_p \approx d_p / 17 = 0{,}059 \cdot d_p \qquad (11.26)$$

Die Verlängerung Δl_p ist auf die gesamte Spanngliedlänge zu beziehen.

Für eine Flachdecke mit $l = 10$ m und $d_p = 0{,}20$ cm ergibt sich:

$$w = \Delta l_p = 0{,}06 \cdot d_p = 0{,}06 \cdot 0{,}20 = 0{,}012 \text{ m}$$

$$\Delta \sigma_p = \Delta l_p / l_p \cdot E_p \approx 12 / 10.000 \cdot 200.000 = 240 \text{ N/mm}^2$$

Insgesamt dürfen im Grenzzustand der Tragfähigkeit wie bei allen Spanngliedern keine höheren Spannstahlspannungen als $\sigma_{p,mt} + \Delta \sigma_p \leq f_{pd} = f_{p0,1k} / \gamma_s$ angesetzt werden.

Bei Durchlaufsystemen tritt das Fließgelenk sowohl im Feld als auch an der Stütze in gleicher Größe auf. Der Spannungszuwachs ist daher doppelt so groß wie bei der Einfeldplatte, vorausgesetzt die Grenzdurchbiegungen bleiben gleich.

Die Näherungsgleichungen sind nur für Platten anzuwenden. Die Durchbiegung von Balkentragwerken kann im rechnerischen (nicht tatsächlichen) Bruchzustand von dem Näherungswert $l/50$ erheblich abweichen.

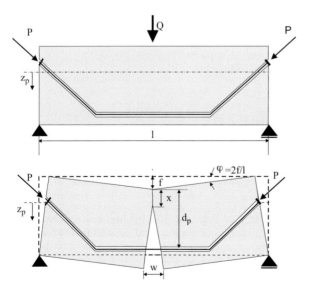

Bild 11.18 Verformungen im Bruchzustand

11.5 Schnittgrößenermittlung

Ein weiteres Näherungsverfahren wurde von Kordina/Hegger [190] vorgeschlagen. Es berücksichtigt die Verformungen des Tragwerks im Zustand II. Mit Hilfe einer Momenten-Krümmungsbeziehung (M-κ) ergibt sich:

$$\Delta\varepsilon_{p,u} = \frac{1}{l_p} \cdot \int \varepsilon_{cp,u} \cdot ds \qquad (11.27)$$

$$\Delta\varepsilon_{p,u} = \frac{1}{l_p} \cdot \int \kappa(x) \cdot (1-k_x) \cdot d_p \cdot ds \qquad (11.28)$$

mit:

$k_x = x/h$ bezogene Druckzonenhöhe
κ Verkrümmung des Querschnitts
$\Delta\varepsilon_{pu}$ Zunahme der Spannstahldehnung im Grenzzustand der Tragfähigkeit

Die Integration der obigen Gleichung ist meistens nur auf numerischem Wege möglich. Zur Vermeidung diesen Aufwandes wird vereinfachend angenommen, dass sich die Krümmungen auf einer kurzen Länge l_G im Bereich der maximalen Momentenbeanspruchung eines Trägers konzentrieren. Weiterhin soll der größte Teil des Bauteils ungerissen im Zustand I verbleiben. Diese Annahmen sind durch Versuche gerechtfertigt. Im Folgenden werden die mittleren Krümmungen ($\overline{\kappa}$) im Bereich der Gelenklänge l_G ermittelt. Näherungswerte für die unbekannten Parameter wurden durch Versuche bestimmt.

$$\Delta\varepsilon_{p,u} = \frac{1}{l_p} \cdot \overline{\kappa} \cdot (1-k_x) \cdot d_p \cdot l_G \qquad (11.29)$$

$$\Delta\varepsilon_{p,u} = \frac{1}{l_p} \cdot k_c \cdot k_p \cdot k_s \cdot k_f \cdot l_G \qquad (11.30)$$

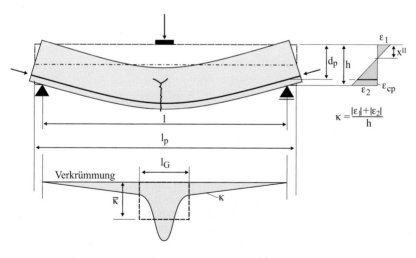

Bild 11.19 Verkrümmung entlang der Stabachse [190]

mit:

- k_c Beiwert für die Betonfestigkeit (Gl. 11.32)
- k_p Beiwert für den Spannbewehrungsgrad ρ_p (Gl. 11.32)
- k_s Beiwert für den Betonstahlbewehrungsgrad ρ_s (Gl. 11.33)
- k_f Beiwert für die Querschnittsform (Gl. 11.34)
- l_G Gelenklänge (Gl. 11.31)
- l_p Spanngliedlänge

$$l_G = (0{,}20 + 0{,}25 \cdot l_B / l_0) \cdot l_0 \tag{11.31}$$

mit:

- l_0 Abstand der Momentennullpunkte
- l_B Abstand der Lasten (Ausbreitung unter 45° bis zur Schwerachse)

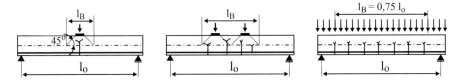

Bild 11.20 Länge l_B für verschiedene Lastanordnungen [190]

$$k_c \cdot k_p = \left(2{,}0 + \frac{0{,}03 \cdot f_{ck}}{\rho_p}\right) \leq 9{,}0 \cdot 10^{-3} \tag{11.32}$$

mit:

- ρ_p Spannbewehrungsgrad in Prozent ($= 100\, A_p/A_c$)

$$k_s = 1{,}0 \tag{11.33}$$

$$k_f = 0{,}9 + 0{,}1 \frac{b}{b_0} \leq 1{,}2 \tag{11.34}$$

$$\Delta\sigma_{p,u} = \frac{E_p}{l_p} \cdot k_c \cdot k_p \cdot k_f \cdot l_G \tag{11.35}$$

Für die Bemessung ist die untere 5 % Fraktile des Spannungszuwachses anzusetzen. Hiernach ergibt sich nach Kordina [190] ein Abminderungsfaktor von 0,65.

$$\Delta\sigma_{p,Ed} = 0{,}65 \cdot \frac{E_p}{l_p} \cdot k_c \cdot k_p \cdot k_f \cdot l_G \tag{11.36}$$

Bei einem Durchlaufträger sind Gelenke im Feld- und Stützbereich möglich. Nimmt man an, dass in diesen Bereichen gleichzeitig die größten Verformungen auftreten, so lässt sich der Spannungszuwachs im Spannglied additiv bestimmen.

$$\Delta\sigma_{p,Ed} = 0{,}65 \cdot \frac{E_p}{l_p} \sum_{i=1}^{i} k_{ci} \cdot k_{pi} \cdot k_{fi} \cdot l_{Gi} \tag{11.37}$$

11.5 Schnittgrößenermittlung

Die zuvor geschilderten Verfahren eignen sich für die Handrechnung. Heutzutage erfolgen stofflich nichtlineare Berechnungen mit Hilfe von Rechenprogrammen. Grundlage sind hierbei die Spannungs-Dehnungsbeziehungen des Betons für den Gebrauchszustand. Bei stabförmigen Bauteilen kann die Berechnung mittels Momenten-Krümmungsbeziehungen erfolgen. Die Vorspannung berücksichtigt man sinnvollerweise durch eine Vorkrümmung $1/r_0$ [81].

11.5.2 Umlenk- und Verankerungsstellen

An den Umlenkstellen werden große Vertikallasten in den Steg und in die Boden- bzw. Fahrbahnplatte eingeleitet. Hierzu sind Querbalken oder Querscheiben in den Stegen erforderlich. Es ist nicht nur das lokale Krafteinleitungsproblem sondern auch die hieraus entstehende Biegebeanspruchung der Stege und Flansche nachzuweisen (siehe Bild 11.26). Dies trifft insbesondere bei Lisenen in der Fahrbahnplatte von Brücken zu, da diese einem hohen Korrosionsangriff ausgesetzt sind.

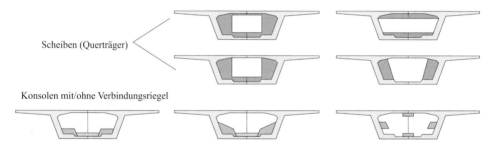

Bild 11.21 Varianten der Anker- und Umlenkstellen

Bild 11.22 Umlenkstelle in einer Brücke im Feld

Es ist eine detaillierte Untersuchung des Kraftflusses erforderlich. Der Nachweis im Grenzzustand der Tragfähigkeit kann mit Hilfe von Stabwerkmodellen erfolgen. Zu deren Festlegung können elastische Finite-Elemente-Berechnungen hilfreich sein. Zur Sicherung der Gebrauchstauglichkeit (Rissbreiten) ist die Betonstahlspannung (nach [173] auf $f_{yd} / 2{,}8$) zu begrenzen. Hierdurch entstehen jedoch oftmals sehr große Bewehrungskonzentrationen mit den damit verbundenen Problemen bei der Bauausführung. Versuche von Eibl [182, 183] lassen den Schluss zu, dass eine Reduzierung der Betonstahlspannung zur Gewährleistung der Rissbreiten nicht erforderlich ist. Über die Ergebnisse von Finite-Elemente-Berechnungen wird in [184, 224] berichtet.

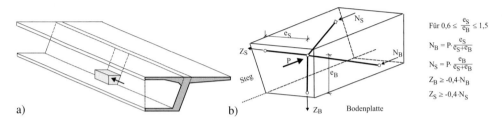

Bild 11.23 Stabwerkmodell für eine Eckkonsole (nach Hegger [184])
a) Hohlkastenquerschnitt mit Eckkonsole, b) Eckkonsole, vereinfachte Aufteilung auf zwei Zugbänder (DIN-FB 102, Abb. III-3.1)

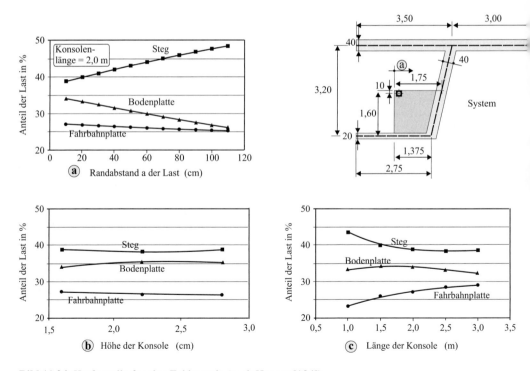

Bild 11.24 Kraftanteile für eine Eckkonsole (nach Hegger [184])

11.5 Schnittgrößenermittlung

Wie man aus Bild 11.24a erkennt, besteht für das untersuchte System einer Eckkonsole ein nahezu linearer Zusammenhang zwischen der Exzentrizität der Einwirkung und der Kraftaufteilung. Dies gilt jedoch nur für die untersuchten Abstände der Last a zum Steg von 1,65 ÷ 0,60 m. Ob dies auch für geringere Entfernungen zum Steg gilt, müssten noch weitere Berechnungen zeigen. Die Höhe der Konsole hat solange sie nicht mit der Fahrbahnplatte verbunden ist nahezu keinen Einfluss auf die Lastverteilung (Bild 11.24b). Die Länge der Konsole wirkt sich erst für Werte $l/b \leq 1$ aus.

Experimentelle Untersuchungen zur Krafteinleitung durch Lisenen wurden von König und Jungwirth [199] durchgeführt. Bild 11.25 zeigt die Stabwerkmodelle und die zugehörigen Bewehrungsführungen. Die Lisenenhöhe ergab sich aus dem Achsabstand der Spannglieder. Eine Wendelbewehrung wurde nicht eingebaut, da der Lisenenbereich stark verbügelt war.

Die Zugstrebenkraft wird wesentlich durch den gewählten Druckstrebenwinkel θ beeinflusst. Für das Modell 1 ergibt sich aus dem Kräftegleichgewicht die vertikale Zugstrebenkraft zu $F_{s,90} = 1,0 \cdot F_{pk} \cdot \tan\theta$. Es sei hier nochmals darauf hingewiesen, dass der Ankerbereich nicht für die planmäßige Vorspannkraft sondern für $1,0\,F_{pk}$ zu bemessen ist. Weiterhin sollte zur Beschränkung der Rissbreiten die Stahlspannung begrenzt werden. Die Spannungen in den einzelnen Bügeln sind nicht konstant. Vielmehr nimmt der erste Bügel erheblich mehr Last auf als die nachfolgenden. Die Versuche haben ergeben, dass eine geneigte Rückhängebewehrung (Variante 2 und 3) erheblich effektiver ist als horizontale Stäbe. Die Rückhängebewehrung sollte ausreichend dimensioniert werden, da anderenfalls mit breiten Rissen am Lisenenanfang zu rechnen ist. Beim Nachweis der Druckstrebe ist zu beachten, dass die Lisene durch das Lehrrohr sehr stark geschwächt ist. Daher sollte der Achsabstand in horizontaler Richtung um den halben Durchmesser des Aussparungsrohres vergrößert werden.

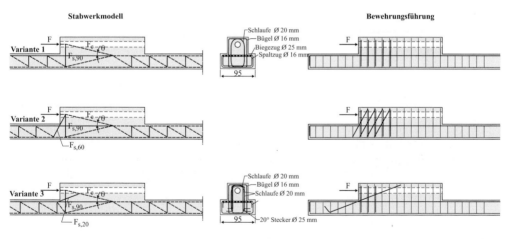

Bild 11.25 Krafteinleitung in eine Konsole [199]

Bei Hohlkastenquerschnitten ist man bestrebt, die Spannglieder so nah wie möglich am Steg zu führen, um Exzentrizitäten und die hierdurch entstehende Verwölbung des Querschnitts zu minimieren. Die Abstände werden durch die Umlenkelemente und bei Verankerungen insbesondere durch den nötigen Platzbedarf für die Spannpresse bestimmt.

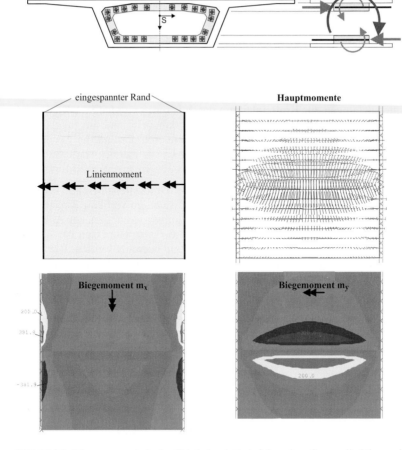

Bild 11.26 Biegemomente in der Fahrbahnplatte infolge einer Spanngliedübergreifung

Bei der Berechnung sowie der konstruktiven Durchbildung eines Umlenkbereiches sollte beachtet werden, dass die Umlenklast nicht nur im planmäßigen Umlenkbereich sondern aufgrund der unvermeidlichen Bauungenauigkeiten auch im Bereich des Vorhaltemaßes von ± 3° auftreten kann. Es ist sicherzustellen, dass keine Kraft außerhalb der Bügelbewehrung angreift und weiterhin eine ausreichende Betondeckung vorhanden ist.

11.6 Bemessung

Bei der Bemessung von extern vorgespannten Tragwerken sind folgende Unterschiede zu einem mit Verbund vorgespannten Bauteil zu beachten:

- Bei der Schnittgrößenermittlung mit Hilfe von Umlenkkräften sind die Lasten aus Vorspannung im Grenzzustand der Tragfähigkeit bei Ansatz eines Spannungszuwachses nicht mit dem Teilsicherheitsfaktor zu erhöhen.

- Der ungewollte Umlenkwinkel kann vernachlässigt werden.
  Nur im Bereich der Umlenksättel ist er zu berücksichtigen. Aufgrund der verhältnismäßig geringen Länge ist sein Einfluss auf den Spannkraftverlauf jedoch oftmals gering.
- Zur Ermittlung der Kräfte in extern geführten Spanngliedern infolge veränderlicher Einwirkungen dürfen die Umlenksättel ab einem Winkel von ca. 6° Grad als Festpunkte betrachtet werden. Dies gilt jedoch nur, falls keine speziellen Konstruktionen (z. B. Lager) angeordnet werden, welche ein Gleiten der Spannglieder ermöglichen.
- Die zeitabhängige Spannkraftverluste nach DIN 1045-1, Gl. 51 sind mit den Mittelwerten der Betondehnung bzw. Betonspannungen über die Spanngliedlänge zu bestimmen (Gl. 11.38).

$$\Delta\sigma_{p,c+s+r} = \frac{\varepsilon_s(t,t_0)E_s + \alpha_e \cdot \varphi(t,t_0)\cdot(\sigma_{cg}+\sigma_{cp0}) + \Delta\sigma_{pr}}{1-\alpha_e \frac{A_p}{A_c}\left[1+\frac{A_c}{I_c}\cdot z_{cp}^2\right](1+0{,}8\varphi(t,t_0))}$$

$$= \frac{\varepsilon_s(t,t_0)E_s + \alpha_e \cdot \varphi(t,t_0)\cdot\frac{1}{l}\int_s(\sigma_{cg}+\sigma_{cp0})\cdot ds + \Delta\sigma_{pr}}{1-\alpha_e \cdot (1+0{,}8\varphi(t,t_0))\frac{1}{l}\cdot\frac{1}{\sigma_{p0}}\int_s\sigma_{cp0}ds} \quad (11.38)$$

mit:

$\Delta\sigma_{p,c+s+r}$	Spannungsänderung in den Spanngliedern aus Kriechen, Schwinden und Relaxation
$\varepsilon_s(t,t_0)$	Geschätztes Schwindmaß zum Zeitpunkt t (siehe DIN 1045-1)
α_e	$= E_s/E_{cm}$
E_s	Elastizitätsmodul des Spannstahles
E_{cm}	Elastizitätsmodul des Betons (*Tangenten*modul)
$\Delta\sigma_{pr}$	Spannungsänderung in den Spanngliedern infolge Relaxation
$\varphi(t,t_0)$	Kriechzahl zum Zeitpunkt t
σ_{cg}	Betonspannung in Höhe des Spanngliedes aus Eigenlast
σ_{cp0}	Anfangswert der Betonspannung in Höhe des Spanngliedes infolge Vorspannung
z_{cp}	Abstand zwischen Schwerpunkt des Betonquerschnittes und denen des Spanngliedes

11.6.1 Nachweise im Grenzzustand der Tragfähigkeit

Extern geführte Spannglieder ohne Verbund

Der Verbund des Spanngliedes beeinflusst die Bruchsicherheit des Tragwerkes. Bei Vorspannung ohne Verbund entstehen im Bereich der größten Zugspannungen konzentrierte Risse im Beton. Das Auftreten eines Risses reduziert die Höhe der Betondruckzone. Die Nulllinie verschiebt sich nach oben und verkleinert die Betondruckzone. Die Bruchsicherheit eines Tragwerkes mit Vorspannung ohne Verbund ist somit geringer als eines Bauteils mit Vorspannung im Verbund. Dieser Nachteil muss mit einer erhöhten schlaffen Bewehrung ausgeglichen werden. Da kein Verbund zwischen Beton und Spannglied besteht, treten nur relativ geringe Spannungszuwächse im Spannglied auf (siehe Abschnitt 11.5.1). Bei intern geführten Spanngliedern kann nach EC 2, T5, 4.3.1.5 (101) im Grenzzustand der Tragfähigkeit ein Spannungszuwachs von $\Delta\sigma_p = 100$ N/mm^2 angenommen werden.

Die Spannstahldehnungen sind zwischen den Kontaktpunkten mit dem Bauwerk konstant. Für die Bestimmung des Spannungszuwachses im Spannstahl sowie die hieraus resultierende Zunahme der Umlenkkräfte im Grenzzustand der Tragfähigkeit ist eine nichtlineare Berechnung eines gekoppelten Systems (Spannstahl, Beton) unter Berücksichtigung der Mitwirkung des Betons auf Zug zwischen den Rissen erforderlich. Da der Spannkraftzuwachs i. Allg. gering ist, kann er oftmals auch vernachlässigt werden.

Durch die Verformungen reduziert sich der Hebelarm der Vorspannkraft. Dies muss ggf. berücksichtigt werden (Bild 11.27).

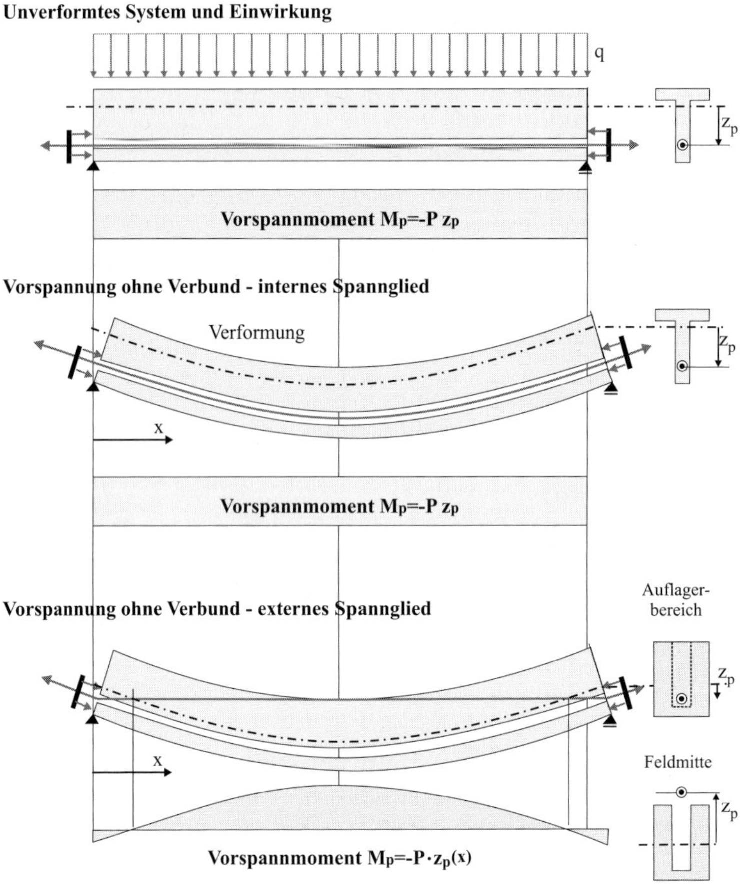

Bild 11.27 Einfluss der Verformungen auf die Vorspannmomente bei einem geraden internen bzw. externen Spannglied

11.6.2 Nachweise im Grenzzustand der Gebrauchstauglichkeit

Die Nachweise des ohne Verbund vorgespannten Bauteils erfolgen im Wesentlichen wie für ein Stahlbetontragwerk, wobei die extern geführten Spannglieder bei der Ermittlung der Mindestbewehrung unberücksichtigt bleiben.

Zwischen Spannglied und Betonkonstruktion kann eine Temperaturdifferenz auftreten, welche ggf. zu berücksichtigen ist. Nach EC2, T5, 4.4.0.3(101) ist ein Temperaturunterschied von ±10 K zwischen externem Spannglied und Betonkonstruktion anzusetzen. Messungen an der Autobahnbrücke Berbke haben einen erheblich geringeren Temperaturunterschied zwischen Spannkabel und Beton von −0,6 bis zu +0,4 K ergeben [181]. Bei der Ermittlung der Spannungsänderungen $\Delta\sigma_p$ ist der unterschiedliche Temperaturausdehnungskoeffizient von Beton ($\alpha_T = 10 \cdot 10^{-6} / K$) und Stahl ($\alpha_T = 12 \cdot 10^{-6} / K$) ggf. zu berücksichtigen.

11.7 Externe Spanngliedführung

Am einfachsten ist es, die Spannglieder jeweils feldweise zu verlegen und in der Nähe der Auflager zu verankern (Bild 11.28) [192].

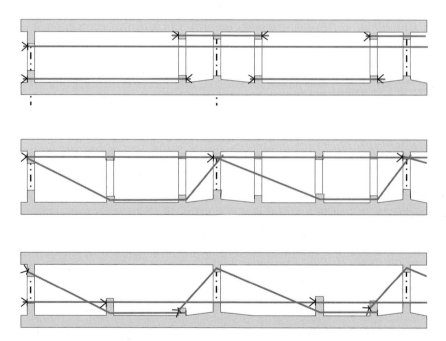

Bild 11.28 Spanngliedführung

Die externen Spannglieder können geradlinig oder umgelenkt geführt werden. Ein polygonaler Spanngliedverlauf ist aus statischen Gründen die bessere Lösung. Andererseits ist die Herstellung von Umlenk- und Verankerungspunkten sehr aufwendig. Daher versucht man i. Allg. die Anzahl der Umlenkstellen zu minimieren.

Das lichte Maß zwischen parallelen Spanngliedern und zwischen Hüllrohr und Betonkonstruktion soll wegen der Kontrollierbarkeit mindestens 8 cm betragen [173].

11.8 Mischbauweise

Mit einer reinen externen Spanngliedführung können manche Bauwerke nicht oder nur sehr unwirtschaftlich errichtet werden. Dies gilt beispielsweise für den Freivorbau, bei welchem die zahlreichen Konsolen zur Verankerung der externen Spannglieder schwer ausführbar sind. Weiterhin sollte bei Spannbetontragwerken zur Vermeidung von Rissen und für eine bessere Rissverteilung frühzeitig eine Teilvorspannung aufgebracht werden, was mit externen Spanngliedern kaum möglich ist. Wie bereits zuvor erwähnt, wirken sich Verbundspannglieder bei der Risseverteilung günstig aus.

Daher ist es ratsam, einige Spannglieder in den Betonquerschnitt (mit oder ohne Verbund) zu legen. Um die Probleme in den Stegen zu vermeiden, sollten diese Spannglieder geradlinig in der Boden- bzw. Fahrbahnplatte verlaufen. Eine Vorspannung mit externen und internen Spanngliedern wird als Mischbauweise bezeichnet. Die Mischbauweise bietet verschiedene Vorteile gegenüber einer voll externen Vorspannung. So sind weniger Krafteinleitungsbereiche im Hohlkasten für die Umlenkstellen und Verankerungen notwendig. Es steht daher mehr Platz für Wartung, zusätzliche Spannglieder und Entwässerungsleitungen zur Verfügung. Weiterhin wird der Bauablauf beschleunigt, da die Herstellung der Umlenkpunkte mit großem Aufwand verbunden ist. Außerdem besteht der Vorteil von Verbundspanngliedern darin, dass diese bei der Rissbreitenbegrenzung mitwirken.

Die Anzahl der internen Spannglieder ist zweckmäßigerweise so zu wählen, dass sie für den Bauzustand ausreichen. Die externen Spannglieder können dann nach Beendigung der Arbeiten in den Hohlkasten eingezogen und angespannt werden. Der Bauablauf wird durch die externen Spannglieder nicht gestört, wodurch ein gewünschter Wochentakt ausführbar wird. Nach der Richtlinie [173] müssen jedoch mindestens 20 % der Spannkraft durch externe Spannglieder aufgenommen werden, um den Vorteil des Austausches von beschädigten Litzen zu haben.

11.9 Ausgeführte Bauwerke

11.9.1 Längsvorspannung bei Brücken

Über extern vorgespannte Brücken wurde in der Literatur vielfach berichtet, u. a. [170, 172, 179, 181]. Im Weiteren soll daher lediglich anhand einiger Beispiele die verschiedenen Varianten der Spanngliedführung erläutert werden.

11.9 Ausgeführte Bauwerke

Zur Erprobung der externen Vorspannung im Brückenbau wurde in den Jahren 1987 bis 1991 die Berbketalbrücke im Taktschiebeverfahren errichtet. Sie weist ausschließlich externe, geradlinig geführte Spannglieder auf (Bild 11.29). Die Übergreifung erfolgt in 1,60 m dicken Stahlbetonscheiben.

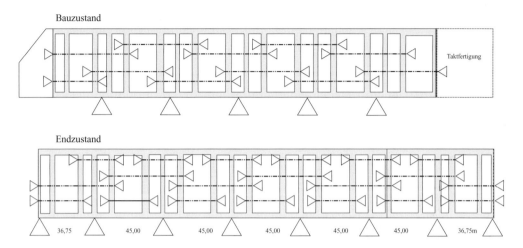

Bild 11.29 Berbketalbrücke

Die Strothetalbrücke (Bauzeit 1991/92) wurde ebenfalls im Taktschiebeverfahren hergestellt (Bild 11.30). Die Vorspannung im Bauzustand erfolgte durch geradlinige Spannglieder mit nachträglichem Verbund in der Boden- und Fahrbahnplatte. Zusätzlich waren geradlinige externe Spannglieder vorhanden, welche an den Stützenquerträgern gekoppelt wurden. Diese Spannglieder wurden nach der Herstellung des Überbaus ausgebaut und neue Litzen in der umgelenkten Lage wieder angespannt. Durch die Umlenkung wird eine bessere Anpassung der Vorspannreaktionen an die äußeren Einwirkungen erreicht. Die Strothetalbrücke weist somit im Endzustand sowohl eine externe als auch interne Vorspannung auf (Mischbauweise).

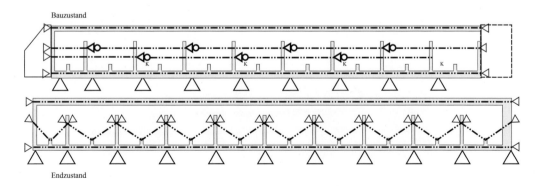

Bild 11.30 Strothetalbrücke

Beim Taktschiebeverfahren hat sich eine geradlinige Verbundvorspannung für den Bauzustand bewährt, ergänzt durch externe umgelenkte Spannglieder. Es wird größtenteils wegen des Aufwandes nur eine Umlenkstelle in Feldmitte angeordnet.

Im Unterschied zu den vorhergehenden Bauwerken wurde der Überbau der Rümmecke Talbrücke (Baujahr 1996) auf Vorschubrüstung errichtet (Bild 11.31). Hier ist eine zentrische Vorspannung im Bauzustand wie beim Taktschiebeverfahren nicht erforderlich. Die Spannglieder wurden an den Stützquerträgern und in den Viertelspunkten umgelenkt.

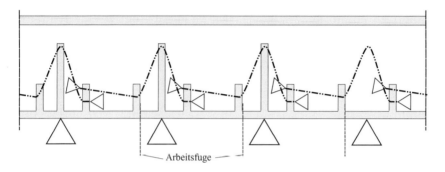

Bild 11.31 Rümmecke Talbrücke

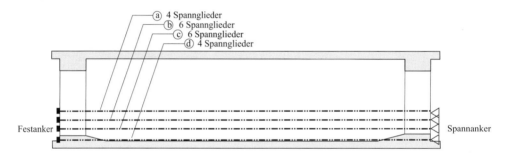

Bild 11.32 Eisenbahnbrücke bei Bruchsal

11.9 Ausgeführte Bauwerke

Erstmalig wurde die externe Vorspannung in Eisenbahnbrücken bei einem Bauwerk nahe Bruchsal ausgeführt [177]. Es handelt sich hierbei um 3 Einfeldbrücken mit einer Spannweite von jeweils 44 m (Bild 11.32). Der Hohlkastenquerschnitt weist eine Höhe von 4,30 m und eine Breite von 10,0 m auf. Ein Überbau wurde mit geraden Spanngliedern und 2 mit umgelenkten Spanngliedern ausgeführt. Die Spannstahlmenge betrug 34 kg/m³ Beton (geradlinig) bzw. 27 kg/m³ (umgelenkt) bei einem Bewehrungsgehalt von 182 kg/m³ Beton.

11.9.2 „Extradosed" Brücken

Ein neues Einsatzgebiet von externen Spannkabeln stellen so genannte „extradosed" Brücken dar [200 ÷ 205]. Die Spannglieder werden extern, wie bei einer Schrägkabelbrücke geführt. Im Unterschied zu Schrägkabelbrücken ist der Pylon erheblich niedriger, wodurch sich auch eine sehr flache Neigung der Kabel ergibt. Die Höhe des Pylons beträgt ca. 1/12 der Spannweite. Die Einwirkungen werden nicht nur durch die Kabel sondern auch durch den steifen Überbau abgetragen. Daher sind Stahl- und Spannbetonüberbauten gebräuchlich. Die dynamische Beanspruchung der Kabel ist geringer als bei Schrägseilbrücken. Darum sind bei „extradosed" Brücken höhere Spannstahlspannungen in den Schrägkabeln zulässig als bei normalen Schrägkabelbrücken. Die Spannungsschwankungen in den Kabeln ist eingehend zu untersuchen.

„Extradosed" Brücken werden vor allem in Japan gebaut. Eine der ersten weltweit errichteten Brücken diesen Typs ist die im Jahre 1994 fertiggestellte Odawara Blueway Bridge in Japan (siehe Bild 11.33). Der Überbau wurde im Freivorbau hergestellt. Die Kabel sind über die Pfeilerköpfe durchgeführt. Die zulässige Kabelspannung betrug 0,6 f_{pu}. Um die dynamischen Beanspruchungen zu reduzieren sind Dämpfer eingebaut.

„Extradosed" Brücken haben sich bei Spannweiten um 100 m als wirtschaftliche Alternative erwiesen.

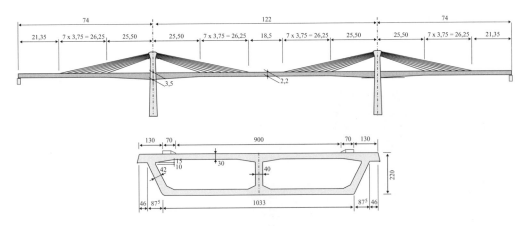

Bild 11.33 Odawara Blueway Bridge, Japan

11.9.3 Segmentäre Hohlkastenbrücken

Segmentbrücken mit Hohlkastenquerschnitt werden in Brückenlängsrichtung fast ausschließlich extern vorgespannt. Bei internen Spanngliedern können Korrosionsprobleme in den unbewehrten Fugen zwischen den Fertigteilen auftreten. Weiterhin sind die gewünschten schnelle Bauzeiten nur mit einer externen Spanngliedführung möglich.

Die Herstellung der Umlenkbereiche ist in einem Fertigteilwerk erheblich einfacher möglich als auf der Baustelle. Insofern werden bei Segmentbrücken auch mehrere Umlenkpunkte pro Feld angeordnet um eine bessere Anpassung der Spanngliedführung an die äußere Einwirkung zu erzielen. Bei dem so genannten Second Stage Expressway System in Bangkok [174] wurden in den Standardfeldern jeweils 2 Umlenkpunkte angeordnet (siehe Bild 1.3). Bei der derzeit weltweit größten Segmentbrücke, dem Bang Na–Bang Pli–Bang Pakong Expressway waren in jedem der 16 Segmente eines Standardfeldes Anker- bzw. Umlenkpunkte vorhanden (Bild 11.35). Die Spannglieder wiesen 22 (Nr. 2–6, 8, 9) bzw. 15 (Nr. 1) Litzen auf was eine Spannkraft von 4590 kN bzw. 2500 kN ergab.

Bild 11.34 Standardsegment (Bang Na–Bang Pli–Bang Pakong Expressway)

Bild 11.35 a) Segmentbrücke (Bang Na–Bang Pli–Bang Pakong Expressway) – Umlenkstelle

11.9 Ausgeführte Bauwerke

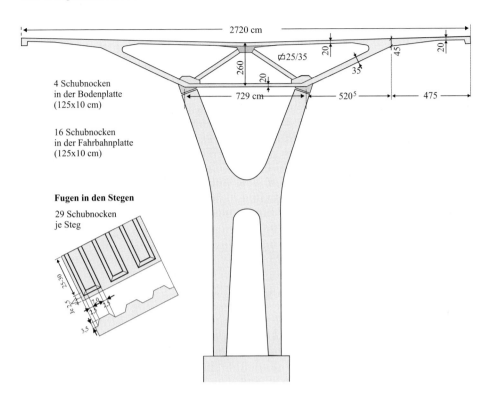

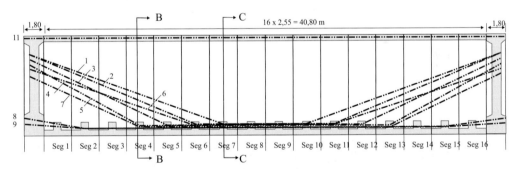

Bild 11.35 b) Segmentbrücke (Bang Na–Bang Pli–Bang Pakong Expressway) – Geometrie und Spanngliedführung

11.9.4 Verbundlose Quervorspannung von Fahrbahnplatten

Die Bewehrung in den Fahrbahnplatten von Brücken ist einem erhöhten Korrosionsrisiko ausgesetzt. Aufgrund der festgestellten Schäden sind daher in Deutschland bei einer Quervorspannung verbundlose und austauschbare Spannglieder zu verwenden. Die Austauschbarkeit von Monolitzen unter Baustellenbedingungen wurde erstmals bei der Glötschetalbrücke für das System SUSPA ME 6-3/150 mm^2 bestehend aus 3 Monolitzen je Spannglied demonstriert [187]. Aufgrund fehlender Geräte ist das Einziehen der Litzen bislang jedoch sehr arbeitsintensiv. Das Ablassen der Spannkraft der zu ersetzenden Litze geschah durch Zerstören der Ankerbüchse. Für ein Freiziehen mit Hilfe einer Presse waren die erforderlichen Litzenüberstände von ca. 25 cm nicht vorhanden. Die Querspannglieder waren in Nischen in der Fahrbahnplatte verankert (Bild 11.36). Aus konstruktiven Gründen muss die Dicke der Fahrbahnplatte mindestens 23 cm betragen.

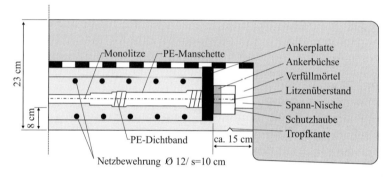

Bild 11.36 Ankerbereich der Quervorspannung [187]

12 Vorgespannte Flachdecken

12.1 Allgemeines

Im Gegensatz zu Amerika, wo der meiste Spannstahl (ca. 60 % der gesamten Spannstahlmenge, siehe Bilder 1.5 und 1.6) im Hochbau verwendet wird, sind in Deutschland vorgespannte Hochbaukonstruktionen bislang selten (siehe Abschnitt 1.2). So wurde erst im Jahre 1979 die erste vorgespannte Flachdecke in Deutschland beim Bau einer eingeschossigen Tiefgarage in Braunschweig errichtet. Dies sind ca. 24 Jahre nach dem Ersteinsatz in Kalifornien. Die zögernde Einführung der Vorspannung im Hochbau in Deutschland ist teilweise auf die fehlenden Kenntnisse auf diesem Gebiet und die hohen Kosten für die Spannsysteme zurückzuführen.

Vorgespannte Flachdecken werden daher nur eingesetzt, wenn eine Stahlbetonkonstruktion nicht wirtschaftlich ausführbar ist. Dies trifft vor allem für große Deckenspannweiten zu, wie sie bei Bürogebäuden oder Parkhäusern erwünscht sind.

Etwa 25 % der Rohbaukosten müssen bei Wohn- und Bürogebäuden für die Herstellung der Decken aufgewendet werden. Dieser Anteil kann sich erhöhen, wenn durch geringere Deckenstärken Kosten bei Wänden und Fassade eingespart werden. Insofern stellt die Deckenkonstruktion einen großen Kostenfaktor bei Hochbauten dar, den es zu reduzieren gilt.

Bild 12.1 Flachdecke mit kreuzenden Spanngliedern (Monolitzen)

12.2 Vor- und Nachteile vorgespannter Flachdecken

Vorteile vorgespannter Flachdecken

- Größere Spannweiten oder Nutzlasten möglich, freizügigere Raumaufteilung
  Bei Geschäfts- und Bürogebäuden wird heutzutage eine große Flexibilität in der Raumaufteilung gefordert. Dies bedingt große Stützweiten der Decken.

- Schnelle Bauzeit
  Die schnelle Bauzeit wird einerseits durch die glatte Deckenuntersicht und die damit vereinfachte ebene Schalung erreicht. Weiterhin ist nach dem Vorspannen, d.h. größtenteils nach 3 Tagen, bereits ein Ausschalen der Decke möglich.

- Geringere Durchbiegungen
  Eine vorgespannte Flachdecke weist erheblich geringere Durchbiegungen auf als eine Stahlbetonkonstruktion. Dies ist auf die Umlenklasten aus Vorspannung, welche den äußeren Einwirkungen entgegen wirken, zurückzuführen. Weiterhin führt die eingetragene Druckkraft dazu, dass der Querschnitt im Gebrauchszustand weitgehend im Zustand I verbleibt. Die Durchbiegungen, hervorgerufen durch das Kriechen des Betons, können minimiert werden.

- Größere Dauerhaftigkeit
  Da die Platte unter ständigen Einwirkungen nahezu rissefrei ist, wird die Gebrauchstauglichkeit verbessert.

- Wirtschaftlich
  Die teilweise größere Wirtschaftlichkeit von vorgespannten Decken im Vergleich zu Stahlbetonplatten wird durch die Optimierung der Betonstahlbewehrung erzielt (Bild 12.2). Dies führt zu einer Reduzierung des Verlegeaufwandes und einer einfacheren Bewehrungsführung. Bei geeigneter Spanngliedführung kann u.U. auf Durchstanzbewehrung verzichtet werden. Es sind größere Betonierabschnitte und kürzere Ausschalfristen möglich. Großflächenschalungen können somit effektiv eingesetzt werden.

- Vermeidung von Zusatzbewehrung zur Schubsicherung
  Die geneigten Spannglieder im Stützenbereich nehmen einen Teil der Durchstanzlasten auf. Hierdurch wird die Bewehrungsführung im Bereich des „punktförmigen" Auflagers vereinfacht.

- Geringere Bauhöhe
  Eine vorgespannte Massivdecke nutzt die zur Verfügung stehende Bauhöhe im Vergleich zu einer sonst erforderlichen Unterzugsdecke optimal aus. Dadurch werden die Fassaden- und Wandflächen minimiert. Weiterhin reduziert sich der Aufwand für die Haustechnik und die vertikal tragenden Elemente. Das geringere Eigengewicht führt zu kleineren Abmessungen der lastabtragenden Bauteile, wodurch sich auch die Fundamentlasten und damit die Kosten für die Gründung verringern.

- Durch frühzeitige Teilvorspannung kann eine mögliche Zwangsrissbildung reduziert werden.

- Glatte Deckenuntersichten
  Die ebene Untersicht vereinfacht den Schalungsaufwand und reduziert die Bauzeit, was sich auf die Wirtschaftlichkeit positiv auswirkt. Die horizontale Installationsführung wird nicht durch Unterzüge und tragende Zwischenwände behindert.

- Weniger Fugen
  Bei einer vorgespannten Flachdecke können größere Fugenabstände gewählt werden, wenn die Zwängungen (Hydratationswärme) vor dem Anspannen gering sind. So wurden beispielsweise die Decken eines Parkhauses mit Abmessungen von 83 × 35 m ohne Dehnfugen errichtet [207].

12.3 Spannsysteme

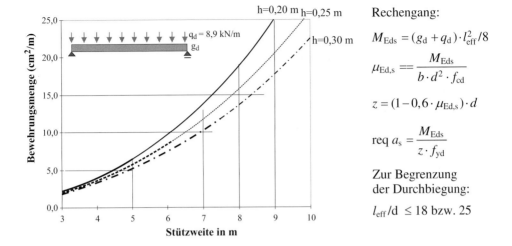

Bild 12.2 Statisch erforderliche Bewehrungsmenge in Abhängigkeit von der Trägerhöhe und der Stützweite

Nachteile vorgespannter Flachdecken

- Höhere Kosten als schlaff bewehrte Konstruktionen (Verlegeaufwand, Spannglieder etc.).
- Deckendurchbrüche sind nach der Herstellung nur begrenzt möglich.
- Nachträglich angebrachte Befestigungen dürfen die Spannglieder nicht beschädigen.
- Kopplungen zwischen Bauabschnitten sind bei Vorspannung ohne Verbund aufwendig und damit kostspielig.
- Es sind zusätzliche spätere Betonierarbeiten zum Schließen der Spannnischen erforderlich (siehe Bild 12.5).
- Die Decke muss sich beim Anspannvorgang in ihrer Ebene frei verformen können. Festhaltungen dürfen nicht zu Zwängungen führen. Eine zwängungsfreie Lagerung ist teilweise nicht oder nur mit erhöhtem Aufwand auszuführen (siehe Abschnitt 12.9).

12.3 Spannsysteme

Es kommt sowohl Vorspannung mit als auch ohne Verbund zum Einsatz.

Die verbundlose Vorspannung hat gegenüber der Ausführung ohne Verbund zahlreiche Vorteile. Spannkabel ohne Verbund sind einfacher zu verlegen und nutzen weiterhin, aufgrund der kleineren Spanngliedabmessungen, den Hebelarm besser aus (siehe Bild 12.3). Außerdem entfällt das aufwendige, witterungsabhängige Auspressen der Hüllrohre mit Zementmörtel. Der im Vergleich zu Verbundspanngliedern geringere Spannungszuwachs im Grenzzustand der Tragfähigkeit ist bei Flachdecken, wo meistens die Verbesserung der

Gebrauchstauglichkeit im Vordergrund steht, nicht bedeutsam. Als weiterer Vorteil wäre der kleine Reibungskoeffizient von $\mu \approx 0{,}05$ zu nennen. Monolitzen weisen einen geringen zulässigen Krümmungsradius von ca. $R_{min} = 2{,}50$ m auf, während R_{min} bei Vorspannung mit Verbund ungefähr doppelt so groß ist. Daher können die Spannglieder im Stützenbereich eine große Neigung aufweisen, was sich günstig auf den Durchstanzwiderstand von Flachdecken auswirkt.

Ein Nachteil der verbundlosen Vorspannung ist der vollständige Ausfall des Spanngliedes auf seiner ganzen Länge im Fall einer Durchtrennung. Dies kann beispielsweise auftreten, wenn nachträglich Öffnungen in der Decke geschaffen werden oder Bohrungen für Befestigungen erfolgen. Weiterhin sind Kopplungen schwierig auszuführen. Eine bereichsweise Vorspannung von Betonierabschnitten ist oftmals nicht möglich.

Verbundspannglieder wirken bei der Rissverteilung mit, was positiv für die Gebrauchstauglichkeit der Konstruktion ist. Im Grenzzustand der Tragfähigkeit wird die Spannstahlspannung meistens voll ausgenutzt. Da bei Flachdecken jedoch i. Allg. die Gebrauchstauglichkeit maßgebend ist, wirkt sich dies auf die erforderliche Spannstahlmenge nicht aus. Weiterhin ist der Brandschutz aufgrund des Einpressmörtels besser als bei Systemen ohne Verbund.

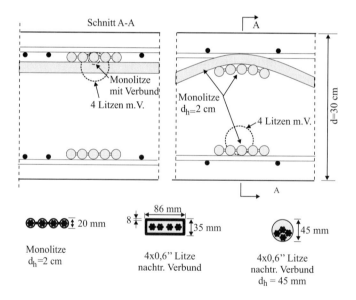

Bild 12.3 Spanngliedanordnung: Vergleich zwischen Monolitze und 4-litzigem Spannglied mit Verbund

Aufgrund der geringen Plattendicken kommen nur kleine Spannglieder mit relativ geringen Spannkräften in Frage. Der Vorspanngrad, d.h. das Verhältnis der Umlenkkräfte zu den äußeren Einwirkungen, liegt zwischen 0,4 und 0,7. Aufgrund der verhältnismäßig geringen zentrischen Vorspannung von Flachdecken sind die Spannkraftverluste infolge zeitabhängiger Betonverformungen erheblich kleiner als bei sonstigen Spannbetonbauteilen.

Es werden folgende Spanngliedtypen verwendet (Bild 12.3):

- Monolitze ohne Verbund (einzelne oder gebündelte Monolitzen mit gemeinsamer Verankerung)
- Litzen mit nachträglichem Verbund im ovalen oder runden Hüllrohr

12.4 Plattendicke

Die minimale Plattendicke wird oftmals durch die Begrenzung der Verformung des Tragwerks bestimmt. Wenn kein genauerer Nachweis erbracht wird, ist gemäß DIN 1045-1, 11.3.2 (2) bei nicht vorgespannten Flachdecken des üblichen Hochbaus folgender Grenzwert einzuhalten:

$$l_i / d \leq 35 \quad \text{(Beton gering beansprucht)} \tag{12.1}$$

mit:

$l_i = 0{,}70 \cdot l_{\text{eff}}$ für Innenfelder bzw. $l_i = 0{,}90 \cdot l_{\text{eff}}$ für Randfelder
l_{eff} = kleinere Spannweite

Anhaltswerte für vorgespannte Flach- und Pilzdecken können Bild 12.4 entnommen werden.

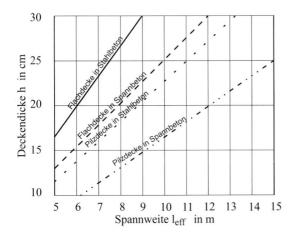

Bild 12.4 Empfohlene Plattendicke nach Matt [207]

Stahlbetonplatten sind nur bis zu einer Stützweite von ca. 7 m wirtschaftlich ausführbar. Bei größeren Spannweiten wird das Eigengewicht im Verhältnis zur Nutzlast sehr groß. Demgegenüber können vorgespannte Flachdecken Spannweiten von $l_{\text{eff}} > 10$ m aufweisen.

Die Plattendicke wird weiterhin durch den Platzbedarf für die Anordnung der Ankerplatten bestimmt (Bilder 12.5 und 12.6). Wie man der Tabelle 12.1 entnehmen kann, muss die Querschnitthöhe h mindestens 14 cm betragen (bei einem Spannglied mit einer 0,6'' Litze). In diesem Fall können die Spannglieder am Plattenrand jedoch nur zentrisch angeordnet werden. Es bestehen recht geringe Unterschiede bei der Größe der Ankerplatte zwischen den einzelnen Spannsystemen.

Weiterhin sollte beachtet werden, dass genügend Platz für die Spannpresse vorhanden ist.

Bild 12.5 Spannanker am Rand einer Flachdecke

Tabelle 12.1 Größe der Ankerplatten sowie Achs- und Randabstände von 6'' Litzen (150 mm²) ohne Verbund

Anzahl der Litzen			VT CMM 0x-150	B+B L0x S	Dywidag 680x
1	Ankerplatte		130 × 80	90 × 100	55 × 130
	Eckabstand	R_x/R_y	**70** / 100	**80** / 100	**70** / 115
	Achsabstand	A_x/A_y	90 / 150	120 / 155	100 / 190
2	Ankerplatte		120 × 120	105 × 135	130 × 180
	Eckabstand	R_x/R_y	**100** / 100	**95** / 125	**100** / 140
	Achsabstand	A_x/A_y	150 / 150	150 / 210	160 / 240
3	Ankerplatte		140 × 140	130 × 170	130 × 150
	Eckabstand	R_x/R_y	**100** / 130	**110** / 155	**110** / 150
	Achsabstand	A_x/A_y	170 / 210	175 / 270	180 / 260
4	Ankerplatte		160 × 160	160 × 250	140 × 200
	Eckabstand	R_x/R_y	**110** / 160	**130** / 195	**120** / 160
	Achsabstand	A_x/A_y	190 / 270	185 / 295	200 / 280

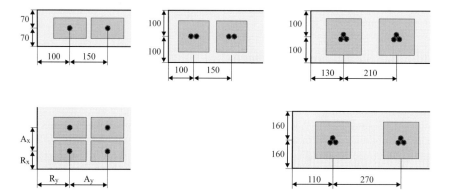

Bild 12.6 Anordnung der Spannanker am Plattenrand (Maße System VT-CMM)

12.5 Anordnung und Verlauf der Spannbewehrung

12.5.1 Spanngliedführung im Grundriss

Ziel der Vorspannung ist die Erzeugung von Umlenkkräften, welche den Auflasten entgegenwirken. Man unterscheidet (siehe Bild 12.7):

- flächige Vorspannung (Bild 12.8)
- Stützstreifenvorspannung (Bild 12.9)

Da Decken im Allgemeinen durch Gleichlasten belastet werden, würde sich eine über die gesamte Platte gleichmäßig verteilte parabolische Spanngliedführung (Bild 12.8) anbieten. Durch die flächige Vorspannung entstehen gleichförmige, den äußeren Einwirkungen entgegengesetzte Umlenklasten. Im Bereich der Gegenkrümmung bzw. an den Hochpunkten entstehen jedoch auch nach unten gerichtete Vorspannlasten. Im Stützenbereich werden diese Kräfte direkt ins Auflager abgetragen. An den freien Rändern und in den Feldern müssen diese Vorspannlasten nach unten jedoch durch zusätzliche Spannglieder aufgenommen werden. Eine flächige Vorspannung ist daher größtenteils keine optimale Lösung.

Wirtschaftlicher ist die Konzentrierung der Spannglieder in schmalen Streifen über den Stützen, da damit die Platte nur durch die nach oben gerichteten Vorspannkräfte belastet wird, während die Umlenkkräfte nach unten direkt in die Stützen eingeleitet werden. Es entfallen jedoch die entlastenden Vorspannlasten im Feldbereich. Hierdurch erhöht sich die erforderliche Betonstahlbewehrung im Feld. Weiterhin vergrößert sich die Durchbiegung. Eine Stützstreifenvorspannung erhöht die Schubtragfähigkeit der Platte im Stützenbereich.

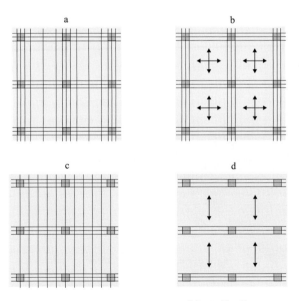

ca. 50% Stützstreifen-Vorspannung und ca. 50% im Feld verteilte Spannkabel

Stützstreifen-Vorspannung

Bild 12.7 Unterschiedliche Spanngliedführungen im Grundriss

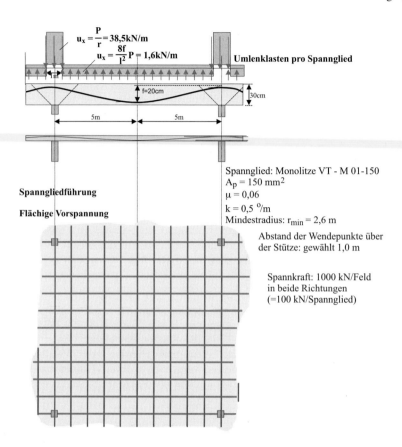

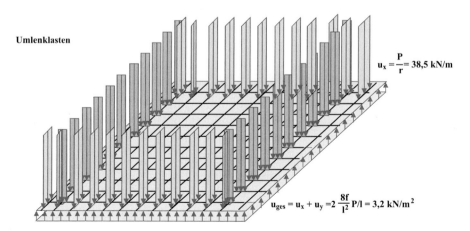

Bild 12.8 Flächige Vorspannung

12.5 Anordnung und Verlauf der Spannbewehrung

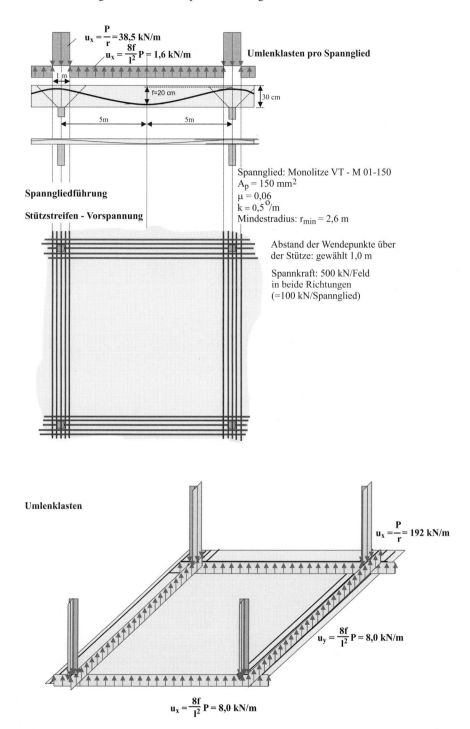

Bild 12.9 Stützstreifenvorspannung

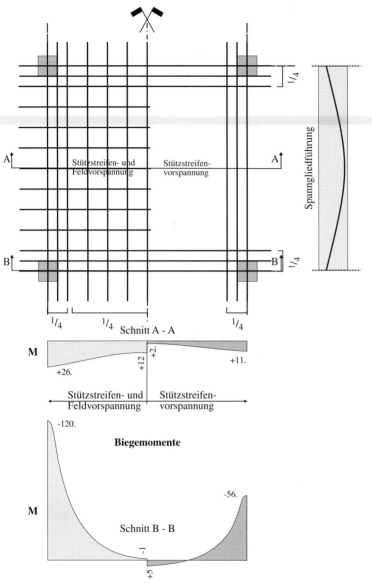

Spannweite l_x / l_y = 7,50 / 7,50 m; Plattendicke h = 25 cm

Vorspannwirkung durch Umlenklasten abgebildet (Ausrundung über den Stützen vernachlässigt)

Bild 12.10 Schnittgrößen und Verformungen einer Flachdecke mit Stützstreifen- bzw. flächiger Vorspannung

12.5 Anordnung und Verlauf der Spannbewehrung

Daher sollten die Spannglieder auf einer Breite, welcher etwa dem Durchstanzkegel entspricht, verteilt werden.

Zur Reduzierung der Bewehrungsmenge und der Durchbiegungen im Feld ist es sinnvoll, zusätzlich zu der Stützstreifenvorspannung einige Spannglieder im Feld zu verlegen.

Ein Vergleich der beiden Spanngliedführungen zeigt Bild 12.10. Die Durchbiegung in Feldmitte bei einer Stützstreifen-/Feldvorspannung sind für das gewählte System ca. 3 mal so groß wie bei einer flächigen Vorspannung. Bei den Biegemomenten sind ebenfalls große Unterschiede zu erkennen.

Die Aufteilung der erforderlichen Spanngliedmenge in x- bzw. y-Richtung ist beliebig. Sinnvoll ist jedoch das Verhältnis der Vorspannkräfte p_x / p_y gleich dem der Biegemomente m_x / m_y bzw. l_x^2 / l_y^2 zu wählen. Hierdurch ergibt sich eine gleichmäßige Betonstahlmenge in beide Richtungen. Die Spannglieder in Richtung der größeren Feldlänge legt man möglichst weit an die Querschnittsränder nach außen.

12.5.2 Spanngliedverlauf im Aufriss

Der Spannstahl sollte innerhalb der Bewehrungslagen liegen. Mindest- und Randabstände entsprechend der Zulassung und den Normen sind einzuhalten. Weiterhin können Brandschutzbestimmungen maßgebend werden. So beträgt beispielsweise der Mindestachsabstand der Feldbewehrung einer unbekleideten punktförmig gestützten Platte für die Feuerwiderstandsklasse F 90 $u = 25$ mm (DIN 4102, Teil 4, Tab. 12). Spannglieder aus kaltgezogenen Drähten und Litzen müssen einen Randabstand von $u = 40$ mm aufweisen.

Die Spanngliedführung wird neben den statischen Belangen im Wesentlichen vom Verlegeaufwand bestimmt. Die Spannglieder können gerade, polygonal oder parabelförmig geführt werden (Bild 12.11).

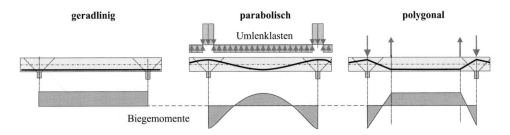

Bild 12.11 Spanngliedführung in einer Flachdecke

Am einfachsten ist die geradlinige Spanngliedführung, bei welcher die Kabel auf die vorhandene Bewehrung gelegt werden können. Aus statischen Gründen stellt dies jedoch keine optimale Lösung dar. Die erzeugten Vorspannmomente sind über die Trägerlänge konstant und entsprechen damit nicht den Schnittgrößen aus den äußeren Einwirkungen. Außerdem erhöhen die geraden Spannkabel den Durchstanzwiderstand im Bereich von Stützen nicht.

Polygonaler Spanngliedverlauf

Eine bessere Anpassung an die äußeren Einwirkungen stellt ein trapezförmiger Spanngliedverlauf dar. Hierbei werden die Spannglieder nur über den Stützen parabolisch oder kreisförmig geführt. Im Feldbereich liegen sie direkt auf der unteren Bewehrungslage auf. Dazwischen verlaufen sie ebenfalls geradlinig. Hierdurch wird die Anzahl der Kabelunterstützungen reduziert. Weiterhin ist eine Kontrolle des geradlinigen Spanngliedverlaufes einfach möglich.

Die Umlenkpunkte liegen bei einem Randfeld ca. $0{,}374\ l$ vom freien Rand und ca. $0{,}187\ l$ von der inneren Stützung entfernt (siehe Bild 12.14). Hierdurch werden Vorspannmomente erzeugt, welche nahezu dem parabolischen Momentenverlauf infolge der gleichförmigen Einwirkungen entsprechen (siehe Bild 12.14).

Parabolischer Spanngliedverlauf

Durch eine parabolische Spanngliedführung im Feld erzeugt man Umlenklasten, welche den äußeren, konstanten Einwirkungen entsprechen. Über den Stützen erfolgt eine parabolische oder kreisförmige Ausrundung. Es ist zweckmäßig, die Wendepunkte im Bereich des kritischen Rundschnittes anzuordnen, da hier die maximale Spanngliedneigung vorliegt.

Bei einem parabolischen Spanngliedverlauf sind zur Sicherstellung der genauen Lage (Verlegegenauigkeit ca. 5 mm) eine große Anzahl unterschiedlich hoher Unterstützungen (maximaler Abstand ca. 1,0 m) erforderlich, welche genau eingemessen werden müssen. Deren Einbau ist mit einem großen Aufwand verbunden. Bei Balkentragwerken kann die Festhaltung der Hüllrohre durch zusätzliche Bügel erfolgen. Deckenplatten weisen jedoch in der Regel keine Schubbewehrung auf.

Freie Spanngliedlage

Um den großen Verlegeaufwand bei einer parabolischen Spanngliedführung zu vermeiden, wird das Spannglied bei der so genannten „freien" Spanngliedlage [206] nur noch an den Hochpunkten unterstützt. Durch sein Eigengewicht biegt sich das Spannkabel durch und liegt nach einer gewissen Länge auf der unteren Bewehrung auf. Der genaue Spanngliedverlauf in diesem Bereich muss experimentell bestimmt werden, da er von der Steifigkeit des Spannkabels abhängt. Es sind keine Unterstützungen erforderlich. Es sei jedoch darauf hingewiesen, dass die Spannglieder auch horizontal befestigt sein müssen, damit es während des Betonierens zu keinen zusätzlichen ungewollten Umlenkungen kommt.

Mit der „freien" Spanngliedlage lässt sich lediglich die Durchbiegung einer Platte reduzieren. Die Tragsicherheit wird durch eine derartige Spanngliedführung und durch die verbundlose Vorspannung kaum vergrößert.

Die „freie" Spanngliedlage sollte nur bei verbundloser Vorspannung angewendet werden. Hierbei sind meistens die Nachweise im Gebrauchszustand maßgebend. Die Lage von Verbundspanngliedern muss dagegen sehr genau mit den Rechenwerten übereinstimmen, da die Höhenlage in den Nachweis im Grenzzustand der Tragfähigkeit eingeht.

Der Spanngliedverlauf zwischen Hoch- und Tiefpunkt ist selbstverständlich von der Steifigkeit des Spanngliedes abhängig. Insofern gelten die nachfolgenden Gleichungen auch nur für Monolitzen DSI 150 und VT-CMM, für welche der Verlauf des Spanngliedes im

12.5 Anordnung und Verlauf der Spannbewehrung

Bereich einer Rand- und einer Mittenanhebung experimentell bestimmt wurde. Die freie Spanngliedlänge ergibt sich demnach zu (Bild 12.12):

$$\text{Randanhebung: } l_1 = 40{,}7 \cdot \sqrt{e} \quad \text{Mittenanhebung: } l_2 = 99{,}3 \cdot \sqrt[3]{e} \quad (e, l \text{ in cm}) \quad (12.2)$$

Beim Betoniervorgang treten Abweichungen zu dem oben genannten Spanngliedverlauf auf. Diese liegen nach Wicke [207] jedoch in einem tolerierbaren Bereich.

Die Biegelinie des Spanngliedes zwischen den Unterstützungen entspricht näherungsweise einer Parabel 4. Ordnung. Die Umlenklasten weisen somit entsprechend der Krümmung bzw. der 2. Ableitung der Biegelinie einen parabolischen Verlauf auf. Der Maximalwert

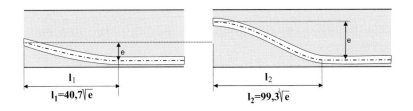

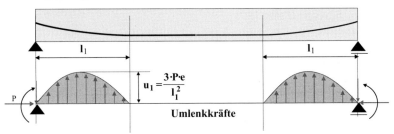

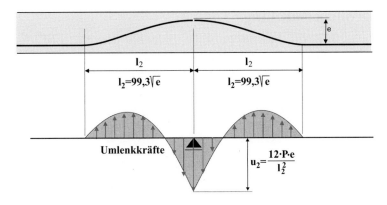

Bild 12.12 „Freie" Spanngliedlage [206]

ergibt sich aus einer Gleichgewichtsbetrachtung zwischen den Anker- und den Umlenkkräften zu:

$$\text{Randanhebung:} \quad u_1 = \frac{3 \cdot P \cdot e}{l_1^2} \quad \text{Mittenanhebung:} \quad u_2 = \frac{12 \cdot P \cdot e}{l_2^2} \tag{12.3}$$

12.6 Wahl des Vorspanngrades

Eine volle Vorspannung ist im Hochbau nicht anzustreben, da bei dem oftmals vorhandenen großen Verkehrslastanteil an den Gesamteinwirkungen große Belastungsunterschiede auftreten, welche eine mehr zentrische und damit unwirtschaftliche Spanngliedlage bedingen. Weiterhin sind bei punktförmig gestützten Platten die maximalen Stützmomente erheblich größer als die Feldmomente.

Kriterien zur Festlegung der Vorspannkraft sind:
- Der Vorspanngrad sollte so gewählt werden, dass keine Durchstanzbewehrung erforderlich ist.
- Der maximale Vorspanngrad liegt durch die maximal mögliche Anzahl der Spannglieder im Gurtstreifen fest.
- Bei Einwirkungen $(g_k + q_k) \leq 10$ kN/m² sollten die Vorspannmomente etwa 30 % der maximalen Stützmomente entsprechen [208].
- Unter Umständen kann die Spannbewehrung so gewählt werden, dass der Betonstahl zur Rissbreitenbeschränkung ausreicht.
- Zusätzliche Randbedingungen, wie beispielsweise Durchbiegungsbeschränkungen oder Spannungsgrenzen für eine rissefreie Konstruktion etc., sind zu beachten.
- Zur Begrenzung der Durchbiegung sollte die Platte unter ständigen Einwirkungen weitgehend im Zustand I verbleiben.

Der Spannstahlbedarf der bislang ausgeführten Flachdecken liegt bei ca. $\approx 4{,}5$ kg/m² Deckenfläche.

12.7 Schnittgrößenermittlung

Die Berechnung der Schnittgrößen infolge Vorspannung kann mit den äquivalenten Umlenkkräften erfolgen (Bild 12.13). Ein parabolischer Spanngliedverlauf erzeugt bekanntermaßen konstante, entgegengesetzt gerichtete Unlenklasten.

$$u_x = \frac{8 \cdot f_x}{l_x^2} \cdot p_x \qquad u_y = \frac{8 \cdot f_y}{l_y^2} \cdot p_y \qquad u = u_x + u_y \tag{12.4}$$

mit:

p_x, p_y Vorspannkraft in beide Richtungen pro Meter

Die gesamte Umlenkkraft u ist gleich der Summe der beiden Komponenten u_x und u_y.

12.7 Schnittgrößenermittlung

Für die Schnittgrößenermittlung kommen Finite-Element-Programme oder Näherungsmodelle, wie sie auch bei der Berechnung von Stahlbetondecken verwendet werden, zum Einsatz.

Weiterhin ist die Scheibenwirkung der Vorspannung zu beachten. Beide Einflüsse werden bei Vorspannung ohne Verbund (geringer Spannkraftzuwachs im Bruchzustand) getrennt erfasst. Die Krafteinleitungsbereiche erfordern eine detaillierte Untersuchung.

Generell ist zu beachten, dass die Wirksamkeit der Vorspannung eine freie Verformbarkeit der Platte in ihrer Ebene voraussetzt. Eine starre Verbindung der Deckenscheibe mit steifen Bauteilen, z. B. aussteifenden Kernen, vermindert die Wirkung der Vorspannung.

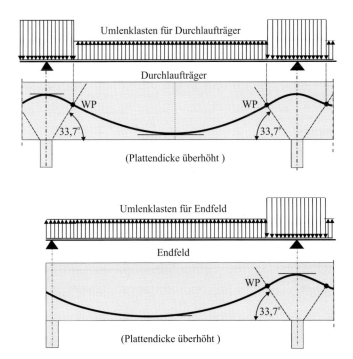

Bild 12.13 Spanngliedanordnung und Umlenklasten bei Durchlaufträgern (Rand- und Innenfeld)

Bild 12.14 zeigt einen Vergleich der Biegemomente zwischen einer parabolischen und einer polygonalen Spanngliedführung. Wie man sieht weist die einfach zu verlegende polygonartige Spanngliedführung sowohl für das Rand- als auch das Innenfeld nahezu den gleichen Biegemomentenverlauf wie ein parabolisch geführtes Spannglied auf.

Randspannglieder

Infolge der Neigung der Spannglieder an den freien Plattenrändern entstehen vertikale Einzellasten, welche ungewünschte Randbiegemomente erzeugen. Es ist daher erforderlich, zusätzliche Stützspannglieder anzuordnen. Da die Kräfte aus Vorspannung eine Gleichgewichtsgruppe darstellen, lässt sich diese Randlast einfach bestimmen (Bild 12.15):

$$r_y = u_x \cdot \frac{l_x}{2} = \frac{8 \cdot f_x}{l_x^2} \cdot p_x \cdot \frac{l_x}{2} = 4 \cdot \frac{f_x}{l_x} \cdot p_x \qquad (12.5)$$

(bzw. $r_y = z'_p(x=0) \cdot p_x = 4 \cdot \frac{f_x}{l_x} \cdot p_x$)

(bei parabelförmiger Spanngliedführung; Ausrundung über den Stützen vernachlässigt)

mit:

p_x gleichmäßig verteilte Vorspannkraft
r_y gleichmäßig verteilte Randlast

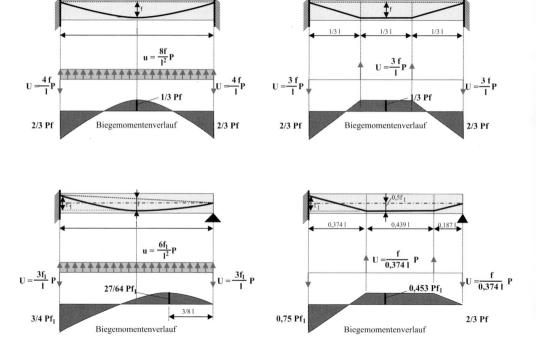

Bild 12.14 Vergleich zwischen parabolischer und polygonaler Spanngliedführung

Die Umlenklast eines Randspanngliedes beträgt:

$$u_y = \frac{8 \cdot f_y}{l_y^2} \cdot P_y \qquad (12.6)$$

mit:

P_y Vorspannkraft des Randspanngliedes

12.7 Schnittgrößenermittlung

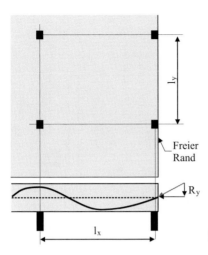

Bild 12.15 Vorgespannte Flachdecke

Die erforderliche Kraft des Randspanngliedes ergibt sich mit $u_y = r_y$ zu:

$$P_y = \frac{l_y^2}{8 \cdot f_y} \cdot 4 \cdot \frac{f_x}{l_x} \cdot p_x = \frac{l_y^2}{2 \cdot l_x} \cdot \frac{f_x}{f_y} \cdot p_x \qquad (12.7)$$

Für $l_x = l_y$ und $f_x = f_y$ gilt: $P_y = l_y / 2 \cdot p_x = 0{,}5 \cdot P_x$

Aus Gleichung 12.7 folgt, dass infolge der Neigung der Spannglieder am freien Rand zusätzliche Spannglieder erforderlich sind, deren gesamte Vorspannkraft ca. 50 % der Vorspannkraft des Feldes beträgt. Hieraus resultiert eine große Anzahl zusätzlicher Spannglieder.

Man ist daher bestrebt, keine Spannglieder an einem freien Rand enden zu lassen. Dies führt zu einer Konzentrierung der Vorspannung über den Randstützen, d.h. zu einer Stützstreifenvorspannung. Hierbei wird bewusst in Kauf genommen, dass der Verlauf der Vorspannmomente nicht dem Verlauf der Biegemomente infolge von Eigengewicht bzw. äußeren Lasten entspricht.

12.7.1 Näherungsberechnung nach DIN 4227 Teil 6

Hinweise zur vereinfachten Schnittgrößenermittlung für vorgespannte, punktförmig gestützte Platten enthält DIN 4227 Teil 6. Dem Näherungsmodell liegt ein modifiziertes Stützstreifenverfahren zugrunde. Es sollte nur angewendet werden, falls folgende Voraussetzungen erfüllt sind:

- vorgespannte punktförmig gestützte Platten mit rechteckigem Stützenraster
- Stützweitenverhältnis $0{,}75 \leq l_x / l_y \leq 1{,}33$
- Verhältnis der Umlenkkräfte aus Vorspannung in x- und y-Richtung von $0{,}5 \leq u_x/u_y \leq 2{,}0$
- gleichmäßig verteilte Verkehrslasten
- zentrische Vorspannung mindestens 1,0 MN/m^2 in beiden Richtungen nach Kriechen und Schwinden

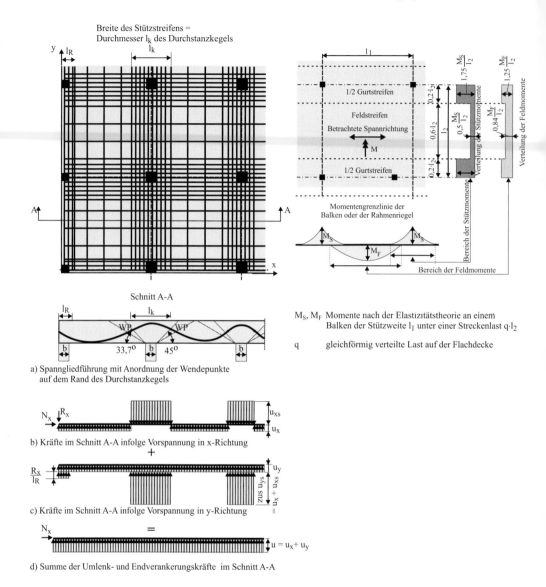

Bild 12.16 Verteilung der Schnittgrößen in vorgespannten Flachdecken nach dem Näherungsverfahren (DIN 4227 Teil 6, Bild A2)

12.7.2 Bruchlinientheorie

Mit Hilfe der Bruchlinientheorie kann die maximale Plattentragfähigkeit im Grenzzustand der Tragfähigkeit bestimmt werden. Aussagen zur Gebrauchstauglichkeit der Konstruktion sind mit diesem kinematischen Verfahren jedoch nicht möglich. Bei der Bruchlinientheorie wird vorausgesetzt, dass das Versagen einer Platte entlang von Bruchlinien erfolgt. Die

12.7 Schnittgrößenermittlung

Bereiche dazwischen bleiben starr und verformen sich nicht. Dieses Verhalten trifft strenggenommen nur für schwach bewehrte Betonbauteile zu.

Zunächst müssen mögliche Bruchlinien angenommen werden. Dies ist bei einer regelmäßigen Flachdecke einfach möglich. Die Bruchlinien verlaufen geradlinig an den Aussenkanten der Stützen. Voraussetzung hierfür ist allerdings, dass die Bewehrungsmenge zwischen Feld- und Stützbereich entsprechend aufgeteilt wird. Aus dem Prinzip der virtuellen Verschiebungen sowie durch Gleichsetzung der inneren und äußeren Arbeit lässt sich die gesuchte Tragfähigkeit bestimmen. Die innere Arbeit wird lediglich an den Bruchlinien geleistet. Die äußere Arbeit ergibt sich aus der Verschiebung der Einwirkungen infolge der aufgeprägten Verformung.

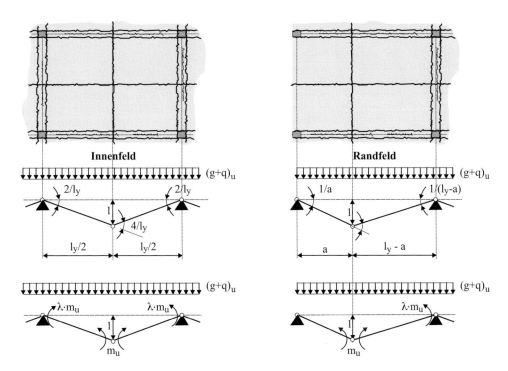

Bild 12.17 Typische Bruchbilder einer Flachdecke

Das Verfahren wird vereinfacht für beide Richtungen getrennt an einem Balkensystem (einachsig gespannte Platte, Breite = 1 m) mit 3 Fließgelenken gezeigt (Bild 12.17 links). Die Lage der Fließgelenke liegt fest. Die äußere und innere Arbeit beträgt somit:

$$A_\mathrm{a} = \frac{(g+q)_\mathrm{u} \cdot 1}{2} \cdot l_\mathrm{y} \qquad A_\mathrm{i} = -m_\mathrm{u} \cdot \frac{4}{l_\mathrm{y}} - 2 \cdot \lambda \cdot m_\mathrm{u} \cdot \frac{8}{l_\mathrm{y}} \tag{12.8}$$

mit $A_\mathrm{a} = A_\mathrm{i}$ folgt:

$$(g+q)_\mathrm{u} = \frac{8}{l_\mathrm{y}^2} \cdot m_\mathrm{u} \cdot (1+\lambda) \tag{12.9}$$

Der Faktor λ entspricht dem Verhältnis des im Grenzzustand der Tragfähigkeit aufnehmbaren Biegemomentes im Feld zu dem Wert an der Stütze.

Das Bruchmoment m_u ergibt sich aus der eingelegten Betonstahlmenge sowie dem vorhandenen Spannstahl.

Für das Randfeld muss zunächst die Lage der Bruchlinie bestimmt werden (Bild 12.17 rechts). Diese ergibt sich aus der Bedingung, dass das Biegemoment in den Bruchlinien maximal sein muss.

$$A_a = \frac{(g+q)_u \cdot 1}{2} \cdot l_y \; ; \qquad A_i = -\lambda \cdot m_u \cdot \frac{4}{l_y} - m_u \cdot \left(\frac{1}{a} + \frac{1}{l_y - a} \right) \tag{12.10}$$

mit $A_a = A_i$ folgt:

$$(g+q)_u = \frac{2}{l_y} \cdot m_u \cdot \left(\lambda \cdot \frac{4}{l_y} + \frac{1}{a} + \frac{1}{l_y - a} \right) \tag{12.11}$$

bzw. $m_u = \dfrac{(g+q)_u}{2} \cdot \dfrac{l_y \cdot (l_y - a) - a^2}{l_y + \lambda \cdot l_y - \lambda \cdot (l_y - a)}$ (12.12)

mit $\dfrac{dm_u}{da} = 0$ folgt:

$$a = \frac{l_y}{\lambda} \cdot (\lambda + 1 - \sqrt{\lambda + 1}) \tag{12.13}$$

Gleichung 12.13 in Gleichung 12.11 eingesetzt ergibt die maximal aufnehmbare Einwirkung des Balkens.

12.7.3 Ersatzrahmenverfahren

Dieses Näherungsverfahren wird vor allem in den USA zur Schnittgrößenermittlung von Flachdecken herangezogen. Es entspricht dem Momentenausgleichsverfahren von Cross. Wie bei der Ersatzbalkenmethode geht man davon aus, dass die Summe der Momente in einem Schnitt stets gleich der Gesamtmomente des Ersatzsystems sind. Als Ersatzsystem wird jedoch nicht der Durchlaufbalken sondern ein Rahmensystem gewählt. Zunächst werden alle Knoten unverdrehbar festgehalten. An den hieraus resultierenden Einfeldträgern werden die Starreinspannmomente bestimmt. Die Summe der Einspannmomente aller Stäbe eines Knotens ist im Allgemeinen ungleich Null. Das sich ergebende Differenzmoment ΔM wird entsprechend den Steifigkeiten der anschließenden Bauteile übertragen.

Das Verfahren gilt nur für flächige Vorspannung.

12.7 Schnittgrößenermittlung

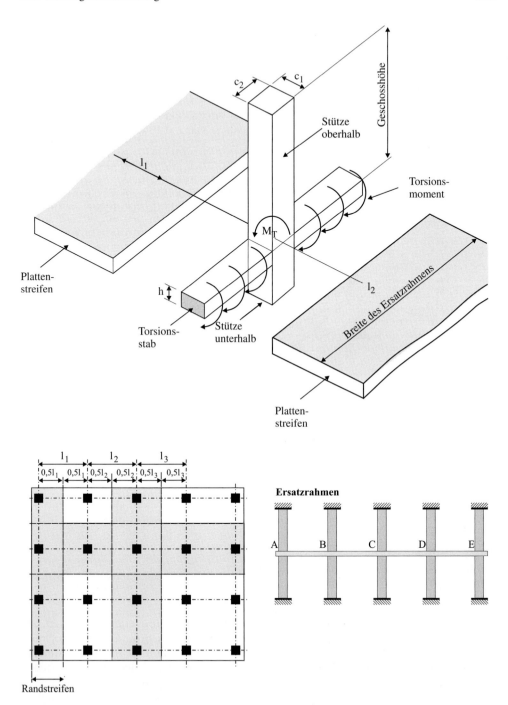

Bild 12.18 Ersatzrahmenverfahren

12.8 Bemessung von vorgespannten Flachdecken

Die Bemessung einer Flachdecke unterscheidet sich nicht von anderen Spannbetonkonstruktionen.

Die Spanngliedverlängerung im Grenzzustand der Tragfähigkeit ergibt sich bei Vorspannung ohne Verbund näherungsweise mit der Annahme von $x = d_p/4$ und $f_u = l/50$ zu (siehe Abschnitt 11.5.1):

$$\Delta l_p = 2 \cdot 0{,}03 \cdot d_{p,\text{Stütz}} + 0{,}06 \cdot d_{p,\text{Feld}} \tag{12.14}$$

Aufgrund der geringen zentrischen Vorspannung von Flachdecken sind die Spannkraftverluste infolge der zeitabhängigen Betonverformungen erheblich kleiner als bei den übrigen Spannbetonkonstruktionen.

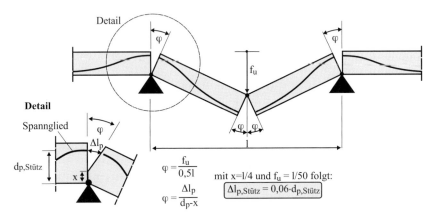

Bild 12.19 Fließgelenkmodell zur Berechnung der Spanngliedverlängerung bei Vorspannung ohne Verbund

12.9 Sonstiges

Verlegen der Spannglieder

Zunächst wird die Rand- und Feldbewehrung verlegt sowie die Verankerungen an den Plattenrändern angebracht. Die Spannglieder werden in Ringen auf die Baustelle geliefert. Der Einbau erfolgt durch Abrollen. Dabei sollte die Verlegreihenfolge so gewählt werden, dass keine Spannglieder eingefädelt werden müssen. Die Stützbügel sind genau einzubauen und die Spannglieder hieran zu befestigen. Zuletzt wird die obere Bewehrung verlegt. Nun kann die Decke betoniert werden. Nach dem Erreichen der erforderlichen Betonfestigkeit werden die Spannglieder mit Hilfe von handlichen Pressen angespannt. Nach dem Kappen der Drähte muss der Ankerbereich noch korrosionsgeschützt werden. Dies geschieht durch Ausgießen mit Beton oder bei Monolitzen durch Verpressen des Hohlraumes mit Fett.

12.9 Sonstiges

Zwängungsfreie Lagerung

Eine Decke muss sich beim Vorspannen zwängungsfrei verformen können, damit die Normalkraft ohne Verluste in die Decke eingetragen werden kann (Decke muss sich verkürzen können). Eine zwängungsfreie Lagerung ist auch in Hinblick auf Schwind- und Kriechverformungen zu beachten. Biegeweiche Stützen stellen keine horizontale Verformungsbehinderung dar. Wände in Richtung der Spannrichtung können durch Gleitfolien von der Decke getrennt werden. Ist eine biegesteife Verbindung erforderlich, so sollte sie in Hinblick auf die zeitabhängigen Betonverformungen möglichst spät hergestellt werden. Um Zwängungen zu vermeiden kann auch eine Vorspannung der Wand im oberen Bereich ausgeführt werden [209] (Bild 12.20).

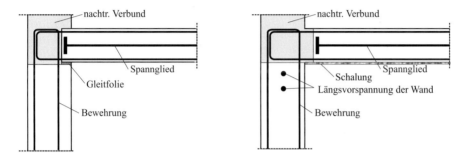

Bild 12.20 Wandauflager mit nachträglicher biegesteifer Verbindung [209]

Dynamische Beanspruchungen

Mit Hilfe der Vorspannung können sehr schlanke Tragwerke bzw. dünne Platten hergestellt werden. Hierbei besteht die Gefahr, dass bei dynamischen Einwirkungen unangenehme Schwingungen der Decke entstehen können. Daher sind ggf. dynamische Untersuchungen erforderlich. Weiterhin ist die Dauerschwingfestigkeit der Spannglieder nachzuweisen. Die erforderlichen Untersuchungen im Gebrauchszustand können oftmals von einem elastischen Werkstoffverhalten (Zustand I) ausgehen.

Vorspannung ohne Verbund

Bei Vorspannung ohne Verbund ist weiterhin nachzuweisen, dass es infolge eines Bruches eines Spannkabels nicht zu einem Versagen der ganzen Konstruktion kommen kann. Daher sollten auch Spannglieder ohne Verbund nicht über mehr als einen Brandabschnitt durchlaufen.

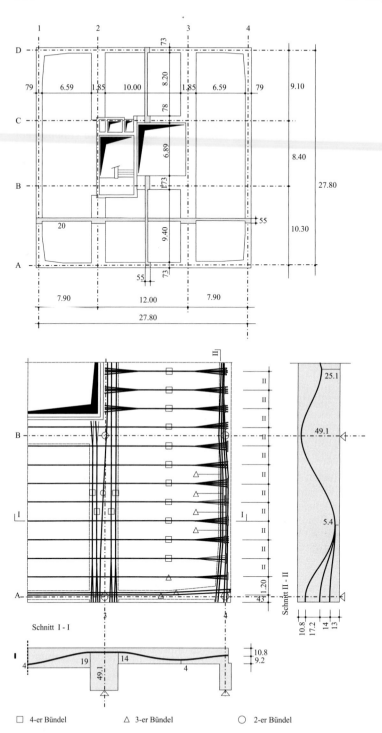

Bild 12.21 Vorgespannte Geschossdecke der Berufsschule in Kitzingen [210]

Literaturverzeichnis

[1] Leonhardt F.: Vorläufige Richtlinien für das Einpressen von Zementmörtel in Spannkanäle. Beton- und Stahlbetonbau 12/1957, S. 292–297.

[2] Albrecht W.: Auswertung von Meß- und Prüfergebnissen von Einpressmörteln für Spannbeton. Beton- und Stahlbetonbau 9/1969, S. 212–214.

[3] Albrecht W.: Versuche mit Sondermischern für Einpressmörtel. Beton- und Stahlbetonbau 11/1960, S. 248–252.

[4] Albrecht W.: Einpressversuche an langen Spannkanälen. Beton- und Stahlbetonbau 12/1964, S. 265–269.

[5] Völter O.: Die Veränderlichkeit des Einpressmörtels auf der Baustelle. Beton- und Stahlbetonbau 10/1962, S. 239–244.

[6] Leonhardt F.: Erfahrungen beim Auspressen von Spanngliedern. Beton- und Stahlbetonbau 6/1967, S. 147–148.

[7] Schönberg M., Fichtner F.: Die Adolf Hitler Brücke in Aue (Sa.). Bautechnik 1939, Heft 9, S. 97–105.

[8] Wettstein K.: Die Entwicklung der Wettstein-Betonbretter. Betonstein-Zeitung, Band 14, Heft 3, 1948, S. 41–45.

[9] Wahl E. F.: Die Straßenbrücke über den Rhein bei Worms. Die Bauverwaltung, Band 2, Heft 4, 1953, S. 102–111.

[10] Ivany G., Blume K.: Bahnhofsbrücke Aue – Wiedererrichtung der ersten deutschen Spannbetonbrücke. Vorträge Betontag 1995, S. 158–171.

[11] prEN10138: Spannstähle.

[12] prEN15630: Stähle für die Bewehrung und das Vorspannen von Beton, Ausgabe November 1999.

[13] EN 445: Einpressmörtel für Spannglieder-Prüfverfahren, Ausgabe Juli 1996.

[14] EN 446: Einpressmörtel für Spannglieder-Einpressverfahren, Ausgabe Juli 1996.

[15] EN 447: Einpressmörtel für Spannglieder-Anforderungen an übliche Einpressmörtel, Ausgabe Juli 1996.

[16] Hillemeier B.: Das Erkennen von Spanndrahtbrüchen an einbetonierten Spannstählen. Vortrag auf dem Betontag 1993, Wiesbaden 1994, S. 251–264.

[17] Lin T.Y.; Burns N. H.: Design of prestressed concrete structures. New York 1982.

[18] Friedrich T.; Conrads E.: Vorspannung im Hochbau – Herausforderungen für die Zukunft. Vorträge Deutscher Betontag 1993, DBV, Wiesbaden 1994, S. 278–298.

[19] Kollegger J.: Untersuchungen an einem Kunststoffhüllrohr für Spannglieder mit nachträglichem Verbund. Bauingenieur 69 (1994), S. 247–255.

[20] Mietz J.; Pasewald K.; Isecke B.: Untersuchungen zum wasserstoffinduzierten Sprödbruch vergüteter Spannstähle. Bundesanstalt für Materialforschung und -prüfung, Berlin 1998.

[21] Isecke B.: Neuartige Korrosionsprobleme an Bündelspanngliedern mit nachträglichem Verbund. Bautechnik 1/1983, S. 1–7.

[22] Schlaich J.; Kordina K., Engell H.-J.: Teileinsturz der Kongresshalle in Berlin – Schadensursachen – Zusammenfassendes Gutachten. Beton und Stahlbetonbau 75 (1980), S. 281–294.

[23] Hundt J.; Porzig E.: Materialtechnische Untersuchungen am Dach der Kongresshalle Berlin-Tiergarten. Bautechnik 59 (1982), S. 253–260.

[24] Hundt J.; Tzschätzsch M.: Die Kongresshalle in Berlin-Tiergarten – Schlussfolgerungen aus einem Schadensfall. Bautechnik 60 (1983), S. 185–189.

[25] Kuehl G.; Bomhard H.: Wiederaufbau der Kongresshalle Berlin – Die Bauaufgabe und ihre Lösung. Beton- und Stahlbetonbau 81 (1986), S. 22–25.

[26] Bomhard H.; Kraemer U.; Mainz J.: Wiederaufbau der Kongresshalle Berlin – Konstruktion und Bau. Bauingenieur 61 (1986), S. 569–576.

[27] Euler, L.: Theoria motus corporum solidorum seu rigidorum, supplementum de motu corporum rigidorum a frictione perturbato. A.F. Röse, Rostock und Greifswald 1975.

[28] Nürnberger U.: Analyse und Auswertung von Schadensfällen an Spannstählen. Forschung Straßenbau und Straßenverkehrstechnik (Hrsg: Bundesministerium für Verkehr), Heft 308, 1980.

[29] Comité Euro-International du Beton: CEB-FIP Model Code 1990, Bulletin d'Information No. 213/214, Lausanne, May 1993.

[30] Haveresch K.-H.: Zuverlässigkeit der planmäßigen Spannkrafteintragung unter besonderer Berücksichtigung baupraktischer Klimabeanspruchungen. Dissertation, RWTH Aachen, 1994.

[31] Rieche G.; Delille J.: Erfahrungen mit der Prüfung temporärer Korrosionsschutzmittel für Spannstähle. Deutscher Ausschuss für Stahlbeton, Heft 298, 1978.

[32] Rüst M.: Vom Einfluss der Verlegemethode auf die Qualität der Vorspannung. Schweizer Ingenieur und Architekt 16/85, S. 325–328.

[33] Rühl M.: Der Elastizitätsmodul von Beton. Forschungskolloquium des Deutschen Ausschusses für Stahlbeton, Darmstadt, Okt. 2000, S. 135–148.

[34] Pomp A.: Stahldraht – Seine Herstellung und Eigenschaften. Verlag Stahleisen mbH, Düsseldorf 1952.

[35] Wesche K.: Baustoffe für tragende Bauteile, Band 3. Bauverlag, Wiesbaden 1985.

[36] Wittfoht H.: Der Preflexträger. Die Bautechnik, Heft 1, S. 28–34 und Heft 3, S. 106–113, 1958.

[37] Wolff R.; Mießeler H.-J.: HLV-Spannglieder in der Praxis. Beton Heft 2, 1989, S. 47–51.

[38] Fédération Internationale du Béton (FIB): Factory applied corrosion protection of prestressing steel. Bulletin 11, FIB, January 2001.

[39] Fédération Internationale du Précontrainte (FIP): Corrosion protection of prestressing steels. state of the art report, 1996.

[40] Noisternig J. F.; Jungwirth D.: Requirements to glass fiber and carbon fiber tendons and practical application. In: Challenges for Concrete in the next Millenium (Ed.: Stoelhorst D.), Rotterdam 1998, S. 17–20.

[41] Hordijk D. A.; Bruggeling A. S. G.; Kaptijn N.: A concrete balanced cantilever box girder bridge in the Netherlands with carbon fiber prestressing cables. In: Challenges for Concrete in the next Millenium (Ed.: Stoelhorst D.), Rotterdam 1998, S. 29–33.

[42] Fédération Internationale du Béton (FIB): Durability of post-tensioning tendons. Workshop 15–16 November 2001, Ghent.

[43] Meier U.: Spannglieder aus CFK. in: Massivbau 2000. Forschung, Entwicklungen und Anwendungen, Zilch K. (Hrsg.), Düsseldorf 2000, S. 205–216.

[44] Burkhardt H.; Keller A.; Schwegler G.: Stahlbetonverbund-Brücke mit CFK-Spannkabeln. Schweizer Ingenieur und Architekt. 117. Jahrgang, 1999, S. 347–350.

[45] Guidotti N.; Keller T.; Como G.; Haldemann C.: Konzentrierte umgelenkte Carbonkabel – erstmaliger Einsatz. Schweizer Ingenieur und Architekt, 117. Jahrgang, 1999, S. 342–346.

[46] Veuthey Ch.: Fribourg, Passerelle des Neigles, des fibres de carbone entre deux rives de la Sarine. Construction, 15. 01. 1999, S. 17 ff.

[47] Bergmeister K.: Vorspannung von Kabeln und Lamellen aus Kohlestofffasern. Beton- und Stahlbetonbau 94 (1999), Heft 1, S. 20–26.

[48] Isecke B.; Stichel W.: Einfluss baupraktischer Umgebungsbedingungen auf das Korrosionsverhalten von Spannstählen vor dem Injizieren. Bundesanstalt für Materialprüfung, Forschungsbericht 87, 12/1982, Berlin.

[49] Scheer J.: Versagen von Bauwerken, Teil 1: Brücken. Ernst & Sohn, Berlin 2000.

[50] Wittfoht H.: Betrachtungen zur Theorie und Anwendung der Vorspannung im Massivbrückenbau. Beton- und Stahlbetonbau 76 (1981), S. 78–86.

[51] Noisternig J. F.; Maier M.: Zum Verbundverhalten von Vergussverankerungen für CFK-Litzen. Beton- und Stahlbetonbau 91 (1996), Heft 4, S. 90–93.

[52] Maissen A.: Statisch bestimmte Spannbetonträger mit Spanngliedern aus kohlestofffaserverstärktem Kunststoff im Vergleich zu Stahllitzen. Beton- und Stahlbetonbau 90 (1995), Heft 8, S. 189–193.

[53] Specht M.; Fouad N. A.: Temperatureinwirkungen auf Beton-Kastenträgerbrücken durch Klimaeinflüsse. Beton- und Stahlbeton 93 (1998) Heft 10 und 11; S. 281–285, 319–323.

[54] Engelke P.: Überblick über Ursachen und Bedeutung der Schäden im Bereich von Spanngliedkopplungen. Straße und Autobahn (1980), Heft 11, S. 499–507.

[55] Windels R.: Straßenbrücke mit teilweise vorgespanntem Beton. Beton- und Stahlbetonbau (1962), Heft 1, S. 2–6.

[56] Grote J., Marrey B.: Freyssinet, Der Spannbeton und Europa, 1930–1945. Éditions du Linteau, Paris 2000.

[57] Wolff R. : Glasfaser-Verbundstäbe als Vorspannbewehrung. Vorträge Betontag 1987, S. 196 ff.

[58] Ertl G.; Mießler H.-J.: Erste Brücke mit Spanngliedern aus Glasfaserverbundwerkstoffen in Österreich: Flutbrücke Nötsch, West, der Gailtalbundesstraße. Österreichische Ingenieur- und Architekten-Zeitschrift, 137. Jg., Heft 3/1992, S. 110–114.

[59] Nanni A. (Ed.): Fiber-Reinforced Concrete Structures: Properties and Applications. Elsevier Publishers B.V., 1993.

[60] Cordes H.; Hegger J.; Nowak D.: Prüfverfahren zur Beurteilung der Flugrostempfindlichkeit von Spannstahloberflächen unter baupraktischen Bedingungen. Forschungsbericht, TH Aachen, Lehrstuhl und Institut für Massivbau, 1997.

[61] Maissen A.: Spannbeton mit Spanngliedern aus CFK-Litzen. Schweizer Ingenieur und Architekt Nr. 29, Juli 1997, S. 576–581.

[62] Hofmann G.: Schutz gegen Streustromkorrosion. Beratende Ingenieure, August 1995, A. 28–31.

[63] Spoglianti A.: Korrosionsgefahren durch Streuströme in Bauwerken aus Stahl- und Spannbeton. Der Maschinenschaden 64 (1991), Heft 3, S. 125–130.

[64] Kordina K.; Osteroth H.H.: Zum nachträglichen Verpressen schwer zugänglicher Spannglieder. Bauingenieur 62 (1987), S. 159–164.

[65] Kordina K.: Schäden an Koppelfugen. Beton- und Stahlbetonbau 4 (1979), S. 95–100.

[66] Gottstein V.: Nachträgliches Verfüllen von nicht verpreßten Spanngliedern mit dem Vakuumverfahren. Spannbetonbau in der Bundesrepublik 1983–1986, Deutscher Betonverein 1987, S. 130–134.

[67] Löbel L.: Bauschäden an Spannbetonbehältern. Bautechnik 4/1971, S. 125–128.

[68] Steinegger H., Breuckmann K.: Einpressmörtel für Spannkanäle. Bautechnik 6/1972, S. 206–210.

[69] Weiser M.: Erste mit Glasfaser-Spanngliedern vorgespannte Betonbrücke. Beton- und Stahlbetonbau 2/1983, S. 36–40.

[70] Engelke P.: Zum Stand der Einpresstechnik im Spannbetonbau. Beton- und Stahlbetonbau 6/1986, S. 147–150.

[71] Rehm G.; Frey R.; Funk D.: Auswirkungen von Fehlstellen im Einpressmörtel auf die Korrosion des Spannstahls. Deutscher Ausschuss für Stahlbeton, Heft 353, S. 57–79, Berlin 1984.

[72] Mühe L.; Illgner W.: Vergleichende Einpress- und Ausziehversuche an großen Spanngliedern. Beton- und Stahlbetonbau 3/1975, S. 52–58.

[73] Römisch A.: Erläuterungen zu den Richtlinien für das Einpressen von Zementmörtel in Spannkanäle (Fassung Juni 1973). Beton- und Stahlbetonbau 11/1976, S. 275–279.

[74] Deutscher Ausschuss für Stahlbeton: Richtlinie für das Einpressen von Zementmörtel in Spannkanäle, Fassung Juni 1973.

[75] Nürnberger U.: Korrosionsverhalten verzinkter Spannstähle in gerissenem Beton. Deutscher Ausschuss für Stahlbeton, Heft 353, S. 81–160, Berlin 1984.

[76] Rostásy F. S.; Gutsch A.-W.: Zuverlässigkeit des Verpressens von Spannkanälen unter Berücksichtigung der Unsicherheiten auf der Baustelle. Deutscher Ausschuss für Stahlbeton, Heft 478, Berlin 1997.

[77] Fédération Internationale du Précontrainte (FIP): Grouting of tendons in prestressed concrete. London 1990.

[78] Hegger J.; Burkhardt J.: Vergleichende Untersuchungen an vorgespannten Biegeträgern aus normalem und hochfestem Beton. Beton- und Stahlbetonbau 93 (1998), Heft 12, S. 382–388.

[79] Dornacher S.; Schäffer E.: Spannbeton – ein spannender Beton! BFT 4/2001, S. 46–55; 6/2001, S. 68–81.

[80] Fédération Internationale du Précontrainte (FIP): Tensioning of tendons: force-elongation relationship. London 1986.

[81] Wölfel E.; Quast U.: Schnittgrößenermittlung und Nachweis von Spannbetonbauteilen. in: Deutscher Ausschuss für Stahlbeton, Heft 425, S. 32–44, Berlin 1992.

[82] Gusia P. J.; Großmann F.: Ausführungsqualität von Stahlbeton- und Spannbetonbauwerken an Bundesfernstraßen. Beton- und Stahlbetonbau 96 (2001), Heft 4, S. 204–210.

[83] Giehrach U., Sättele Ch.: Die Versuche der Bundesbahn an Spannbetonträgern in Kornwestheim. Deutscher Ausschuss für Stahlbeton, Heft 115, Berlin 1954.

[84] König G.; Grimm R.: Hochleistungsbeton. In: Beton-Kalender 2000, Band 1, S. 327–439.

[85] Rehm G. et al.: Verhalten von verzinkten Spannstählen und Bewehrungsstählen. Deutscher Ausschuss für Stahlbeton, Heft 242, Berlin 1974.

[86] Fédération Internationale du Béton (FIB): Corrugated plastic ducts for internal bonded posttensioning. Bulletin No. 7, Lausanne 2000.

[87] Fédération Internationale du Béton (FIB): Factory applied corrosion protection of prestressing steel. Lausanne 2001.

[88] Zerna W.: Das Auslöschen der Spannkraftverluste infolge Reibung bei Spanngliedern. Beton- und Stahlbetonbau 48, 1953, Heft 9, S. 209–210, + Zuschrift 49, 1954, Heft 12, S. 296.

[89] Bauaufsichtliche Zulassung Nr.: Z-12.3-36. Spannlitzen ST 1570/1770 aus sieben kaltgezogenen Einzeldrähten. Hersteller: Westfälische Drahtindustrie GmbH, Berlin 1997.

[90] Meier H.; Meier U.: Zwei CFK-Kabel für die Storchenbrücke. Schweizer Ingenieur und Architekt, Nr. 44, Oktober 1996, S. 980–985.

[91] Leonhardt F.: Spannbeton für die Praxis. Berlin 1973.

[92] Bundesministerium für Verkehr: Zusätzliche Technische Vertragsbedingungen für Kunstbauten ZVT-K 96, Verkehrsblatt-Verlag, Dortmund 1996.

[93] Walter R.; Utescher G.; Schreck D.: Vorausbestimmung der Spannkraftverluste infolge Dehnungsbehinderung. Deutscher Ausschuss für Stahlbeton, Heft 282, Berlin 1977.

[94] Cordes H. et al.: Eintragung der Spannkraft – Einflussgrößen bei Entwurf und Ausführung. Mitteilungen Institut für Bautechnik 2/1983, S. 45–58.

[95] Haveresch K.-H.; Cordes H.; Trost H.: Zuverlässigkeit der planmäßigen Spannkrafteintragung unter besonderer Berücksichtigung baupraktischer Klimabeanspruchungen. RWTH Aachen, Institutsbericht Nr. 36/94. Aachen 1994.

[96] Cooley, E. H.: Friction of post-tensioned prestressing systems. Research Report I, Cement and Concrete Ass., London 1953.

[97] Cooley, E. H.: Estimation of friction in prestressed concrete. Cement and Concrete Ass., London 1954.

[98] Leonhardt F.; Mönnig E.: Reibung von Vorspanngliedern für Spannbeton. Beton- und Stahlbetonbau 1952, Heft 2, S. 42–45.

[99] Deutscher Ausschuss für Stahlbeton: Richtlinie für die Anwendung Europäischer Normen im Betonbau. Berlin 1993.

[100] Bois C.; Chabert A.: Mesure des coefficients de transmission des forces de précontrainte et utalisation dans la conduite de chantiers. FIP Kongress, Stockholm 1982. Beitrag: La technique francaise du beton précontrainte.

[101] Schütt K.: Zur Bestimmung wirklichkeitsnaher Reibungsbeiwerte für Spannglieder durch Großmodellversuche. Dissertation, RWTH Aachen, 1978.

[102] Eibl J.; Iványi G.: Innenverankerungen im Spannbetonbau. Deutscher Ausschuss für Stahlbeton, Heft 223, Berlin 1973.

[103] Leonhardt F.: Rissschäden an Betonbrücken – Ursachen und Abhilfe. Beton- und Stahlbeton 2/1979, S. 36–44.

[104] Graubner C.-A.; Six M.: Spannbetonbau. In: Stahlbetonbau aktuell (Hrsg.: Avak R.), Düsseldorf 2001.

[105] de Roek G.: Vorspannverluste bei beliebig gekrümmten Spanngliedverlauf. Beton- und Stahlbetonbau 5/1978, S. 123–124.

[106] Rostásy F. S.; Holzenkämpfer P.: Auswirkungen der zulässigen Spannstahlspannungen von EC 2, Teil 1 auf die Zulassung von Spannverfahren. Forschungsbericht, TU Braunschweig, IBMB, Januar 1994.

[107] Trost H.; Bökamp H.; Haveresch K.-H.: Zum Kraftverlauf von Bündelspanngliedern bei veränderlicher Reibungszahl. Bauingenieur 67 (1992) S. 297–302.

[108] Abelein W.: Rückfedern von Lehrgerüsten. Bauingenieur 65 (1990), S. 539–544.

[109] Rombach G.: Anwendung der Finite-Elemente-Methode im Betonbau. Berlin 2000.

[110] Engeln-Müllges G.; Reutter F.; Formelsammlung zur Numerischen Mathematik mit Standard-Fortran 77-Programmen. Mannheim 1988.

[111] Parche I.: Praxisgerechte Erfassung der Vorspannung in nichtlinearen FE-Systemanalysen. Mitteilung Nr. 98-4 des Institutes für konstruktiven Ingenieurbau der Ruhr Universität Bochum, Bochum 1998.

[112] Hirschfeld K.: Baustatik, Berlin 1984.

[113] Duddeck H.; Ahrens H.: Statik der Stabtragwerke. Beton-Kalender 1982, Teil 1, Berlin 1982.

[114] Holst K.-H.: Brücken aus Stahlbeton und Spannbeton, Berlin 1998.

[115] Specht, M. (Hrsg.) Spannweite der Gedanken, Beitrag: Dischingers grundlegende Arbeiten und neuere Erkenntnisse über die Auswirkungen des zeitabhängigen Werkstoffverhaltens in vorgespannten und nicht vorgespannten Stahlbetonkonstruktionen. Berlin 1987.

[116] Trost H.; Wolff H. J.: Zur wirklichkeitsnahen Ermittlung der Beanspruchungen in abschnittsweise hergestellten Spannbetontragwerken. Der Bauingenieur 5/1970, Heft 5, S.155–169.

[117] Hilsdorf H. K.; Reinhardt H.-W.: Beton. In: Beton-Kalender 2000, Teil 1 (Hrsg.: Eibl J.), Berlin 2000.

[118] Comité Euro-International du Beton (CEB): Structural effects of time-dependent behaviour of concrete. Bulletin d'Information No. 215. Lausanne, 1993.

[119] Deutscher Ausschuss für Stahlbeton: Bemessungshilfen für Eurocode 2 Teil 1, Heft Nr. 425, Berlin 1992.

[120] Arafa M.; Mehlhorn G.: Direkte Erfassung der Vorspannung mit nichtlinearer FE-Berechnung. Bautechnik 78/2001, Heft 10, S. 724–732.

[121] Rüsch H.; Kupfer H.: Bemessung von Spannbetonbauteilen, Beton-Kalender 1976, Teil 1. Berlin 1975.

[122] Eibl J.: Elastic analysis of linear member. in: Structural Concrete, Volume 2, FIB Bulletin 2, Stuttgart 1999.

[123] Trost H.: Dischingers grundlegende Arbeiten und neuere Erkenntnisse über die Auswirkungen des zeitabhängigen Werkstoffverhaltens in vorgespannten und nicht-vorgespannten Stahlbetonkonstruktionen (Hrsg.: Specht, M.), Spannweite der Gedanken. Berlin 1987.

[124] Hilsdorf H. K.; Müller H. S.: Stoffgesetze für das Kriechen und Schwinden von Dischinger bis heute (Hrsg.: Specht, M.): Spannweite der Gedanken. Berlin 1987.

[125] Trost H. T.; Mainz B.: Zur Auswirkung von Zwängungen in Spannbetontragwerken; Beton- und Stahlbeton 8/1970, S. 194–199.

[126] Trost H.: Auswirkungen des Superpositionsprinzips auf Kriech- und Relaxationsprobleme bei Beton und Spannbeton; Beton- und Stahlbeton 10/1967, S. 230–238 und 11/1967, S. 261–269.

[127] Rüsch H.; Kupfer H.: Bemessung von Spannbetonbauteilen. in: Beton-Kalender (Hrsg: Franz), 1978, Teil 1, S. 905ff. Berlin 1978.

[128] Blessenohl B.; Trost H.: Zur Berechnung der Umlagerungen und der Relaxation von Spannungen in Betonverbundtragwerken; Beton- und Stahlbetonbau 87 (1992), Heft 3, S. 57–63.

[129] Dischinger F.: Untersuchungen über die Knicksicherheit, die elastische Verformung und das Kriechen des Betons bei Bogenbrücken. Der Bauingenieur, 18. Jg., 1937, Heft 33/34, S. 487–520; Heft 35/36, S. 539–552; Heft 39/40, S. 595–621.

[130] Dischinger F.: Elastische und plastische Verformungen der Eisenbetontragwerke und insbesondere der Bogenbrücken. Der Bauingenieur, 20. Jahrgang, 1939, Heft 5/6, S. 53–63; Heft 21/22, S. 286–294; Heft 31/32, S. 426–437; Heft 47/48, S. 563–572.

[131] Deutscher Betonverein: Beispiele zur Bemessung von Betontragwerken nach EC2, Wiesbaden 1994.

[132] Trost H.; Cordes H.; Abele G.: Kriech- und Relaxationsversuche an sehr altem Beton. In: Deutscher Ausschuss für Stahlbeton, Heft 295, Berlin 1978.

[133] Rabotnov N. Y.: Creep Problems in Structural members. Amsterdam 1969.

[134] Bachmann H.: Teilweise Vorspannung: Erfahrungen in der Schweiz und Fragen der Bemessung. Beton- und Stahlbetonbau 2/1980, S. 40–44.

[135] Rüsch H.; Jungwirth D.; Hilsdorf H. K.: Kritische Sichtung der Verfahren zur Berücksichtigung der Einflüsse von Kriechen und Schwinden des Betons auf das Verhalten der Tragwerke. Beton- und Stahlbetonbau 1973, Heft 3, S. 49–60, Heft 4, S. 76–86, Heft 6, S. 152–158.

[136] Kordina K.; Schubert L.; Troitzsch U.: Kriechen von Beton unter Zugbeanspruchungen. Deutscher Ausschuss für Stahlbeton, Heft 498. Berlin 2000.

Literaturverzeichnis

[137] Müller H. S.; Kvitsel V.: Kriechen und Schwinden von Beton. Beton- und Stahlbetonbau 97/2002, Heft 1, S. 8–19.

[138] König G.: Robuste Spannbetontragwerke – Untersuchungen des Ankündigungsverhaltens der Spannbetontragwerke. Vorträge Betontag 1993. Wiesbaden 1994.

[139] König G.; Tue N.; Bauer T.; Pommererning D.: Untersuchung zum Ankündigungsverhalten von Spannbetontragwerke. Beton- und Stahlbetonbau 89 (1994) Heft 2, S. 45–49 und Heft 3, S. 76–79.

[140] Kupfer H.; Streit W.: Stahlspannungen im Gebrauchszustand bei teilweiser Vorspannung. In: Specht M. (Hrsg): Spannweite der Gedanken. S. 261ff., Berlin 1987.

[141] Grasser E. et al.: Bemessung von Stahlbeton- und Spannbetonbauteilen. In: Beton-Kalender 1995, Teil I, S. 303ff.

[142] Reineck K.-H.: Ein mechanisches Modell für den Querkraftbereich von Stahlbetonbauteilen. Institut für Tragwerksentwurf und -konstruktion. Universität Stuttgart 1990.

[143] Cordes H.; Hegger J.; Neuser J. U.: Untersuchung zur Reibermüdung bei teilweise vorgespannten Bauteilen. In: Bewehrte Betonbauteile unter Betriebsbedingungen, Forschungsbericht der DFG (Hrsg.: Eligehausen E., Kordina K., Schießl P.). Weinheim 2000.

[144] König G.; Maurer R.; Zichner T.: Spannbeton: Bewährung im Brückenbau. Berlin 1986.

[145] König G.; Tue N. V.: Grundlagen und Bemessungshilfen für die Rissbreitenbeschränkung im Stahlbeton und Spannbeton sowie Kommentare, Hintergrundinformationen und Anwendungsbeispiele zu den Regelungen nach DIN 1045, EC2 und Model Code 90. Deutscher Ausschuss für Stahlbeton, Heft 466, 1996.

[146] Trost, H. et al.: Teilweise Vorspannung, Verbundfestigkeit von Spanngliedern und ihre Bedeutung für Rissbildung und Rissbreitenbeschränkung. Deutscher Ausschuss für Stahlbeton, Heft 310, 1980.

[147] Holzenkämpfer P.; Rostásy, F. S. Spanngliedverankerungen im Beton – Umrechnung für die Anwendung nach EC2, Teil 1. Mitteilungen des Institutes für Bautechnik 1992, Heft 3, S. 85–87.

[148] Rehm G.: Kriterien zur Beurteilung von Bewehrungsstäben mit hochwertigem Verbund. Deutscher Ausschuss für Stahlbeton, Heft 138, 1961.

[149] Uijl J. A.: Background of the CEB-FIP Model Code 90 clauses on anchorage and transverse tensile actions in the anchorage zone of prestressed concrete members. FIP Bulletin Nr. 212.

[150] Hegger J.; Will N.; Cordes H.: Verbundverhalten von Spanngliedern mit nachträglichem Verbund unter Betriebsbedingungen. in: bewehrte Betonbauteile unter Betriebsbedingungen, Forschungsbericht der DFG (Hrsg.: Eligehausen E., Kordina K., Schießl P.). Weinheim, 2000.

[151] Müller R. K.; Schmidt D. W.: Zugkräfte in einer Scheibe, die durch eine zentrische Einzellast in einer rechteckigen Öffnung belastet wird. Bautechnik 41 (1964), Heft 5, S. 174–176.

[152] Schlaich J.; Schäfer K.: Konstruieren im Stahlbetonbau. Beton-Kalender 1998, Teil 2, S. 721ff. Berlin 1998.

[153] Schleeh: Bauteile mit zweiachsigem Spannungszustand. Beton-Kalender 1978, Teil II, S. 477ff.

[154] Franke L.: Einfluss der Belastungsdauer auf das Verbundverhalten von Stahl und Beton (Verbundkriechen). Deutscher Ausschuss für Stahlbeton, Heft 268, 1976.

[155] Rohling A.: Zum Einfluss des Verbundkriechens auf die Rissbreitenentwicklung sowie die Mitwirkung des Betons auf Zug zwischen den Rissen. Dissertation TU Braunschweig 1987.

[156] Cordes H.; Hagen H.: Langzeitverbundverhalten von Spanngliedern im Stoffsystem Hüllrohr-Einpressmörtel-Beton. Bericht 28/88, Institut für Massivbau der RWTH Aachen, 1991.

[157] Schäfer K.; Baumann P.: Ausbreitung von Druckkräften in Betonscheiben – Vergleichende Versuche mit Lasteinleitungen über Lastplatten, Bewehrungsumlenkungen und Bewehrungsknoten. Versuchsbericht, Institut für Massivbau, Universität Stuttgart, 1986.

[158] Wurm P.; Daschner F.: Versuche über die Teilflächenbelastung von Normalbeton. Deutscher Ausschuss für Stahlbeton, Heft 286, 1977.

[159] Rostásy F. S.; Holzenkämpfer P.: Rechenmodelle zur Ermittlung der Tragfähigkeit für die Verbindung Ankerkörper – Beton von Spannverfahren. Forschungsbericht des Institutes für Baustoffe, Massivbau und Brandschutz der TU Braunschweig. Dezember 1991.

[160] Mehlhorn G. et al.: Anwendung der FEM zur Tragfähigkeitsermittlung der Verbindung Ankerkörper – Beton bei Spannverfahren. Forschungsbericht, Fachgebiet Massivbau der Universität Gesamthochschule Kassel 1993.

[161] Zeitler W.: Untersuchungen zu Temperatur- und Spannungszuständen in Betonbauteilen infolge Hydratation. Dissertation. Darmstadt 1983.

[162] Ott G.: Zum Nachweis der Sicherheit im Momentennullpunkt abschnittweise hergestellter Spannbetonbrücken. Dissertation. Darmstadt 1981.

[163] König G.; Giegold J.: Zur Bemessung von Koppelfugen bei Massivbrücken. Beton- und Stahlbeton 6/1984, S. 141–147 und 7/84, S. 191–197.

[164] Rostásy F.; Buddelmann H.; Hankers Ch.: Faserverbundwerkstoffe im Stahlbeton- und Spannbetonbau. Beton- und Stahlbetonbau 87/1992, Heft 5, S. 123–129, Heft 6, S. 152–154.

[165] König G.; Ott G.: Zum Nachweis der Sicherheit im Momentennullpunkt abschnittweise hergestellter Spannbetonbrücken. Forschung, Straßenbau und Straßenverkehrstechnik, Heft 379, 1983, S. 1–33.

[166] Leonhardt F.: Vorlesungen über Massivbau, Teil II. Berlin 1986.

[167] Pfohl H.: Erfassung von Rissen im Bereich der Koppelfugen von Spannbetonbrücken. Mitteilungen der Bundesanstalt für Straßenwesen 3/79, Straße und Autobahn, Heft 12, 1979, S. 541–542.

[168] Giegold J.: Ein Beitrag zur Ermittlung der erhöhten Spannkraftverluste im Bereich von Spanngliedkopplungen infolge Kriechen und Schwinden. Dissertation, Darmstadt 1982.

[169] Grasser E.; Thielen G.: Hilfsmittel zur Berechnung der Schnittgrößen und Formänderungen von Stahlbetontragwerken. Deutscher Ausschuss für Stahlbeton, Heft 240, Berlin 1978.

[170] Brandt B.: Erfahrungen bei der Ausführung von Betonbrücken mit externer Vorspannung. Seminar: Spannbetonbrücken mit externer Vorspannung, 5. 10. 2000, Bonn.

[171] Baumann T.: Vorspannung von Brücken. Beton- und Stahlbetonbau 95, 2000, Heft 11, S. 646–656.

[172] Eibl, J.; Ivanyi, G. et al: Vorspannung ohne Verbund, Technik und Anwendung. Beton-Kalender 1995, Teil II, S. 739ff.

[173] Bundesministerium für Verkehr: ARS 17/1999 Spannbetonbrücken- Richtlinie für Betonbrücken mit externen Spanngliedern. Verkehrsblattverlag, Dortmund 1999.

[174] Rombach G.: Bangkok Expressway – Segmentbrückenbau contra Verkehrschaos. Herausgeber Hilsdorf H., Kobler G.: Aus dem Massivbau und seinem Umfeld, Karlsruhe 1996, S. 645–656.

[175] Clark G.: Past and present experience in the United Kingdom with prestressing of bridges. in: Externe und verbundlose Vorspannung – Segmentbrücken (Hrsg.: Eibl, J.). Berlin 1998, S. 121–132.

[176] Weidlich C.; Eibl J.: Experiments with external tendons (Eds.: Conti, E., Fouré B.). External Prestressing of Structures. AFPC-Workshop. Saint Rémy-lès-Cheveuse 1993, 123–130.

[177] Pellar A.; Retzepis I.: Erfahrungen mit dem ersten extern vorgespannten Eisenbahn-Brückenbauwerk für die Deutsche Bahn. in: Externe und verbundlose Vorspannung – Segmentbrücken (Hrsg.: Eibl, J.), Berlin 1998, S. 163–173.

Literaturverzeichnis 523

[178] Bundesministerium für Verkehr: ARS 28/1998: Richtlinie für Betonbrücken mit externen Spanngliedern. Verkehrsblattverlag, Dortmund 1998.

[179] Eibl, J. (Hrsg.): Externe und verbundlose Vorspannung – Segmentbrücken. Berlin 1998.

[180] Ivany G.; Buschmeyer W.: Additional External Prestressing of Bridge Superstructures under Traffic Conditions. in: Structural Concrete 1994–1998. Hrsg.: Deutscher Betonverein, S. 129–133.

[181] Haveresch K.-H.: Entwurf und Bau der Talbrücke Rümmecke. Externe und verbundlose Vorspannung – Segmentbrücken (Hrsg.: Eibl, J.). Ernst & Sohn, Berlin 1998, S. 175–187.

[182] Eibl J., Kreuser K: Experimentelle Untersuchungen von Verankerungen bei externer Vorspannung. Forschungsbericht des Instituts für Massivbau und Baustofftechnologie der TU Karlsruhe, 2000.

[183] Eibl J.: Experimentelle Untersuchung zur Krafteinleitung von Spannglieder. Seminar: Spannbetonbrücken mit externen Spanngliedern, Bonn, Oktober 2000.

[184] Hegger J.; Neuser J. U.: Optimierung der Konstruktionselemente und Entwicklung praxisgerechter Bemessungsverfahren zur Spannkrafteinleitung bei externer Vorspannung im Brückenbau. Institutsbericht 59/2000, Institut für Massivbau, RWTH Aachen.

[185] Hegger J.: Krafteinleitung externer Spannglieder an Verankerungs- und Umlenkstellen. Seminar: Spannbetonbrücken mit externen Spanngliedern, Bonn, Oktober 2000.

[186] Giehrach U.; Sättle Ch.: Die Versuche der Bundesbahn an Spannbetonträgern in Kornwestheim. Deutscher Ausschuss für Stahlbeton, Heft 115. Berlin 1954.

[187] Gusia P. J.; Glitsch W.: Fest- und Spannanker im Bereich von Kragarmen quer vorgespannter Fahrbahnplatten. Beton- und Stahlbeton 95/2000, Heft 11, S. 657–661.

[188] Hartz U.: Erläuterungen zur „Richtlinie für die Eignungsprüfung von Spannverfahren für externe Vorspannung" und Anforderungen an externe Spannglieder. Deutsches Institut für Bautechnik, Mitteilungen 5/1999, S. 165–168. Berlin 1999.

[189] Deutsches Institut für Bautechnik: „Richtlinie für die Eignungsprüfung von Spannverfahren für externe Vorspannung" und Anforderungen an externe Spannglieder. DIBt Mitteilungen 5/1999, S. 168–171. Berlin 1999.

[190] Kordina K.; Hegger J.: Zur Ermittlung der Biegebruch-Tragfähigkeit bei Vorspannung ohne Verbund. Beton- und Stahlbetonbau 4/1987, S. 85–90.

[191] Jungwirth D.: 100 Jahre Spannbetonbau und seine Bewährung. Betonbau in Forschung und Praxis. (Hrsg.: Buschmeyer W.), S. 143–151. Düsseldorf 1999.

[192] Virlogeux M.: Die externe Vorspannung. Beton- und Stahlbetonbau 83 (1988) Heft 5, S. 121–126.

[193] Haveresch K.-H.: Talbrücke Rümmecke – Vorspannung durch externe Spannglieder bei Bau auf Vorschubrüstung. Beton- und Stahlbetonbau 94, 1999, Heft 7, S. 295–305.

[194] Metzler H.; Peukert L.; Schmitz Chr.: Strothetalbrücke – Taktschieben mit interner und externer Längsvorspannung. Beton- und Stahlbetonbau 89, 1995, Heft 1, S. 10–15.

[195] Standfuß F.; Abel M.; Haveresch K.-H.: Erläuterungen zur Richtlinie für Betonbrücken mit externen Spanngliedern. Beton- und Stahlbetonbau 93, 1998, Heft 9, S. 264–272.

[196] Eibl J.; Voss W.: Zwei Autobahnbrücken mit externer Vorspannung. in: Spannbetonbau in der Bundesrepublik Deutschland 1987–1990.

[197] Pfeifer R.: Spannbeton-Eisenbahnbrücken mit externer Vorspannung als neue Bauart. Eisenbahntechnische Rundschau – ETR Nr. 39, 1990, Heft 11, S. 699–702.

[198] Schütt K.: Entwicklung und Anwendung eines Spanngliedes für externe Vorspannung. Beton- und Stahlbetonbau 86, 1991, Heft 4, S. 91–95.

[199] König G.; Jungwirth F.: Experimentelle Untersuchung zur Krafteinleitung von externen Spanngliedern. Seminar: Spannbetonbrücken mit externen Spanngliedern, Bonn, Oktober 2000.

[200] Mathivat J.: Recent developments in prestressed concrete bridges. FIP Notes 1988/2.

[201] Japan Prestressed Concrete Engineering Association: Prestressed Concrete in Japan 1998.

[202] Ogawa A.; Kasuga A.: Extradosed bridges in Japan. FIP-Notes 1998/2, S. 11–15.

[203] Ogawa A.; Matsuda T., Kasuga A.: The Tsukuhara Extradosed Bridge near Kobe. Structural Engineering International 3/98, S. 172–173.

[204] Tomita M.; Tei Keigyoku K.; Takashi S.: Shin-Karato Bridge in Kobe, Japan. Structural Engineering International 2/99, S. 109–110.

[205] Ewert S.: ‚Extradosed Bridges' Schrägseilbrücken mit neuartigem Tragsystem. Beton- und Stahlbetonbau 95, Heft 5, 2000, S. 313–314.

[206] Kupfer, H.; Hochreiter, H.: Anwendung des Spannbetons. In: Beton-Kalender 1993, Teil II, S. 487–550.

[207] Wicke M.; Maier K.: Die freie Spanngliedlage. Bauingenieur 1998, Heft 4, S. 162–169.

[208] Matt P.: Vorspannung ohne Verbund – Beispiel und Möglichkeiten der Anwendung. Beton- und Stahlbetonbau 76/1981, S. 212–215.

[209] Ivany G.; Buschmeyer W.; Müller R. A.: Entwurf von vorgespannten Flachdecken. Beton- und Stahlbetonbau. Heft 4/1987, S. 95–101 und Heft 5/1987, S. 133–139.

[210] Polónyi S.; Eggersmann B.: Spannbetondecken im Parkhausbau. In: Betonbau in Forschung und Praxis. (Hrsg.: Buschmeyer W.), Düsseldorf 1999, S. 201–204.

[211] Behr H.; Schlub P., Schütt K.: Vorgespannte Geschossdecken der Berufsschule Kitzingen mit VSL-Monolitzen-Spannverfahren ohne Verbund. Bautechnik 4/1983, S. 131–135.

[212] Fédération Internationale du Précontrainte (FIP): Design of post-tensioned slabs and foundations. London, 1998.

[213] Hartz U.: Neues Normenwerk im Betonbau. DIBt Mitteilungen 1/2002, S. 5.

[214] Finsterwalder U.: Die neue Mangfallbrücke. Betontag 1956, S. 183–196.

[215] Finsterwalder U.; König: Die Donaubrücke beim Gänsetor in Ulm. Bauingenieur, Heft 10, 1951, S. 289–293.

[216] Rombach G.: Elektronische Aufzeichnung der Vorspannarbeiten. Beton- und Stahlbetonbau 97/2002, Heft 5, S. 233–235.

[217] Deutsches Institut für Bautechnik: Richtlinie zur Überwachung des Herstellens und Einpressens von Zementmörtel in Spannkanäle. DIBt Mitteilungen 3/2002, S. 81–91.

[218] Leonhardt F.: Vorlesungen über Massivbau, Teil V. Berlin 1973.

[219] Fédération Internationale du Béton: Grouting of tendons in prestressed concrete. FIB bulletin 20, Lausanne 2002.

[220] Bertram D. et al.: Gefährdung älterer Spannbetontragwerke durch Spannungsrisskorrosion an vergütetem Spannstahl in nachträglichem Verbund. Beton- und Stahlbetonbau 97/2002, Heft 5, S. 236–238.

[221] Haveresch K.-H. et al.: Neues Regelwerk für das Einpressen von Zementmörtel in Spannkanäle. Beton- und Stahlbetonbau 97, Heft 10, 2002, S. 501–511.

[222] Deutscher Ausschuss für Stahlbeton: Heft 525 „Erläuterungen zu DIN 1045-1", Berlin 2003.

[223] Quast U.: Neue Bemessungskonzepte mit alten Verfahren. Beton- und Stahlbeton 97, Heft 11, 2002, S. 576–583.

[224] Hegger J.; Neuser J. U.: Zur Verankerung externer Spannglieder an Eckkonsolen. Beton- und Stahlbeton 97, Heft 10, 2002, S. 522–529.

Literaturverzeichnis 525

Normen und Richtlinien

EC 2: Planung von Stahlbeton- und Spannbetontragwerken
Teil 1: Grundlagen und Anwendungsregeln für den Hochbau,
 Deutsche Fassung ENV 1992-1-1:1991, Juni 1992
Teil 1–3: Vorgefertigte Bauteile und Tragwerke (Entwurfsfassung),
 Deutsche Fassung ENV 1992-1-3, Juni 1994
Teil 1–5: Tragwerke mit Spanngliedern ohne Verbund (Entwurfsfassung),
 Deutsche Fassung ENV 1992-1-5, Juni 1994

DIN 4227: Spannbeton
Teil 1: Bauteile aus Normalbeton mit beschränkter und voller Vorspannung, Ausgabe 07.88
Teil 2: Bauteile mit teilweiser Vorspannung, Vornorm 05.84
Teil 3: Bauteile in Segmentbauweise, Vornorm 12.83
Teil 4: Bauteile in Spannleichtbeton, Ausgabe 02.86
Teil 5: Einpressen von Zementmörtel in Spannkanäle, Ausgabe 12.79
Teil 6: Bauteile mit Vorspannung ohne Verbund, Vornorm 05.82

DIN 1045: Beton und Stahlbeton; Bemessung und Ausführung, Ausgabe 07.88

DIN 1045-100: Einwirkungen auf Tragwerke, Ausgabe März 2001

DIN 1045-1: Tragwerke aus Beton, Stahlbeton und Spannbeton, Ausgabe 07.2001
Teil 1: Bemessung und Konstruktion
Teil 2: Beton – Festlegung, Eigenschaften, Herstellung
Teil 3: Bauausführung
Teil 4: Ergänzende Regeln für die Herstellung und die Konformität von Fertigteilen

EN 445: Einpressmörtel für Spannglieder-Prüfverfahren, Ausgabe Juli 1996
EN 446: Einpressmörtel für Spannglieder-Einpressverfahren, Ausgabe Juli 1996
EN 447: Einpressmörtel für Spannglieder-Anforderungen an übliche Einpressmörtel,
 Ausgabe Juli 1996

prEN 10138: Spannstähle
Teil 1: Allgemeine Anforderungen. Ausgabe Oktober 2000
Teil 2: Draht, Ausgabe Oktober 2000
Teil 3: Litze, Ausgabe Oktober 2000
Teil 4: Stäbe, Ausgabe Oktober 2000
Teil 5: Vergüteter Draht, Ausgabe Februar 1992

prEN 15630: Stähle für die Bewehrung und das Vorspannen von Beton, Ausgabe November 1999
Teil 1: Bewehrungsstäbe und -drähte
Teil 2: Geschweißte Matten
Teil 3: Spannstähle

DIN-Fachbericht 101: Einwirkungen auf Brücken. Berlin 2001

DIN-Fachbericht 102: Betonbrücken. Berlin 2003

Richtlinie für Betonbrücken mit externen Spanngliedern. Verkehrsblattverlag, Dortmund 1998

Empfehlungen für Segmentbrücken mit externen Spanngliedern. Bundesministerium für Verkehr, Bau- und Wohnungswesen. Bonn 1999

Richtlinie zur Überwachung des Herstellens und Einpressens von Zementmörtel in Spannkanäle. DIBt Mitteilungen 3/2002, S. 81–91

„Richtlinie für die Eignungsprüfung von Spannverfahren für externe Vorspannung" und Anforderungen an externe Spannglieder. DIBt Mitteilungen 5/1999, S. 168–171, Berlin

Stichwortverzeichnis

Fett gedruckte Seitenzahlen kennzeichnen den Haupteintrag des Stichwortes.

Abstand
- Randabstand der Spannglieder   231, 239, 416
- Rüttelgassen   239, 241
- zwischen den Spanngliedern   240f, 407

analytische Beschreibung des Spanngliedverlaufs
- durch Polynome   258ff
- durch Spline-Funktionen   265ff

Anforderungsklassen   37
Ankerplatte   100ff
Ankertypen *siehe* Verankerung
Arbeitsfuge *siehe* Kopplung
Ausrundungsradius *siehe* Krümmungsradius
Auszugskörper   429

Bauausführung
- Allgemeines   111ff
- Bauzustände   226ff, 442
- klimatische Bedingungen im Hüllrohr beim Betonieren   119
- Mängel   111
- Spannvorgang   114ff
- Verlegegenauigkeit der Spannglieder   113, 193

bauliche Durchbildung   405f
Baustoffe
- Allgemeines   49ff
- Beton   49ff
- Betonstahl   55ff
- CFRP   82ff
- Einpressmörtel   89ff, 452
- Faserverbundwerkstoffe   77ff
- Hochleistungsverbundwerkstoffe (HLV)   77ff
- Hüllrohre   86ff
- Kopplungen   104ff
- Spannstahl   56ff

Bauteilwiderstand   347
Behälter   3
Belastung *siehe* Einwirkung
Bemessung, allgemein   335
Bemessung für Biegung mit Längskraft   340ff
- Allgemeines   341
- allgemeines Bemessungsdiagramm   352
- Annahmen   342
- Bemessungstabelle   353
- Berücksichtigung der Vorspannwirkung   343ff
- Biegung mit Längskraft   340ff
- zulässige Dehnungsverteilungen   342f

Bemessung für Querkraft   355ff
- Bemessungsquerkraft   355
- Berücksichtigung der Vorspannkraft   356, 359f
- Mindestquerkraftbewehrung   364
- Nachweis für ungerissene Querschnitte   359f
- rechnerische Stegbreite   362
- Tragfähigkeit mit Schubbewehrung   360ff
- Tragfähigkeit ohne Schubbewehrung   358f

Bemessung im Grenzzustand der Gebrauchstauglichkeit   382ff
- Dekompression   384ff
- Durchbiegung   405
- Rissbreitenbegrenzung   385ff
- Spannungsermittlung   399ff
- Spannungsgrenzen   382ff

Bemessung im Grenzzustand der Tragfähigkeit   339ff
beschränkte Vorspannung   34f
Beton
- Elastizitätsmodul   27, **51ff**
- Kriechen   279ff, 283ff
- Leichtbeton   53
- Schwinden   271ff
- Spannungs-Dehnungs-Beziehung   49f
- zeitabhängige Verformungen   54, **293ff**
- Zugfestigkeit   50f

Betondeckung   239f
Betondehnungen
- bei stetig veränderlicher Betonspannung   301
- elastische   279
- infolge Kriechens   279ff, 283

Betondruckfestigkeit
- dreiaxiale   414f
- zeitliche Entwicklung der Betondruckfestigkeit   52, 287

Betondruckspannungen, zulässige 383
Betonfestigkeiten 51
Betonstahl 55 ff
– Duktilität 55
– Spannungs-Dehnungs-Beziehung 55
Betonstahlbewehrung 55, 340 f
Betonstahlspannungen, zulässige 383
Bewehrung
– in Arbeitsfugen 440
– in Koppelfugen 440
– Mindestbewehrung nach DIN 1045-1 388 ff
– Oberflächenbewehrung 408
– Robustheitsbewehrung 365 ff
– Rückhängebewehrung 423 f, 425
– Spaltzugbewehrung 417 ff
Biegeradien der Spannglieder, zulässige 159, 454
Bruchlinienverfahren 508 ff

CFRP-Spannglieder *siehe* Karbonspannglieder

Dauerfestigkeit *siehe* Ermüdung
Dekompression 384 f
Dischinger, Kriechansätze 301 f
Drehwinkelverfahren 207 ff
Druckfestigkeit des Betons 51
Druckstreben des Fachwerks 362 f
Druckzonenhöhe im Gebrauchszustand 402

Eigenspannungen
– aus Vorspannung 129
– Berücksichtigung bei der Mindestbewehrung 390
– Definition 39
– im Bereich der Koppelfugen 441 f
Einflusslinien 216
Einleitung der Spannkräfte siehe Verankerung
Einpressmörtel 89 ff
– Anforderungen 90
– bei Vorspannung ohne Verbund 452
– Druckfestigkeit 91
– Eignungsprüfung 91, 124
– Eintauchversuch 91
– Fließvermögen 90 f
– Frostbeständigkeit 90
– Tauchzeit 89
Einpressvorgang 120 ff
– Kontrolle 121
– Lufteinschlüsse 123
– Mindesttemperaturen 121

– Nachverpressen 125
– Vakuumverfahren 125
– Verstopfer 122
– Zeitspanne bis zum Einpressen 121
Einpressdruck 122
Einpressgeschwindigkeit 122
Einpressmörtel 89 ff
Einpressprotokoll 125
Einpresspumpe 121
Eintragungslänge bei Vorspannung mit Verbund 430
– Spannkraftverlauf in der Eintragungslänge 433, 435
Einwirkung
– Ermüdung 373 ff
– Spannungszuwachs infolge äußerer Einwirkungen 473
– Teilsicherheitsfaktoren 339 f
– Temperatureinwirkungen im Bereich der Koppelfugen 442 f
– Vorspannung durch Umlenkkräfte **135 ff**, 197
– Vorspannwirkung bei der Bemessung 343
Einwirkungskombinationen 234 f, 336 f
Elastizitätsmodul
– des Betons 51 ff
– des Betonstahls 55
– des Spannstahls 65 ff, **73 f**
– Sekantenelastizitätsmodul des Spannstahls 74, 287
– wirksamer 279
Endkriechzahl 288, 296
Endschwindmaß 284, 289, 295
Ermüdung 371 ff
– Dauerfestigkeit der Anker 103 f
– Dauerfestigkeit der Kopplungen 437
– Dauerfestigkeit des Spannstahl 70 ff, **75 ff**
– Einwirkungen 373 ff
– Nachweis des Betons 377 ff
– Nachweis der Bewehrung und des Spannstahls 379 ff
– Notwendigkeit des Nachweises 371
– Reibermüdung 372 f
Ermüdungsbeanspruchung bei Vorspannung ohne Verbund 457
Ermüdungsfestigkeit von Spannstählen 70 ff, **75 ff**
Ermüdungslastmodelle 374
Ersatzrahmenverfahren 510 ff
Expositionsklassen 396 ff

Extradosed Brücken 487 f
Exzentrizitäten, zusätzliche 150 f

Fachwerkanalogie 361 f
Faserverbundwerkstoffe *siehe* Hochleistungsverbundwerkstoffe
Fertigspannglied 111, 113
Festanker 93 ff
Flachdecken, vorgespannte 491 ff
– Ankerplattengröße 496
– Bemessung 512
– Nachteile von vorgespannten Flachdecken 493
– Plattendicke 495
– Spanngliedführung 497 ff
– Schnittgrößenermittlung 504 ff
– Spannsysteme 493 f
– Spannungszuwachs infolge äußerer Einwirkungen 473
– Vorspanngrad 504
– Vorteile 491 ff
Fließgelenke 474, 512

Gebrauchstauglichkeitsnachweise *siehe* Bemessung im Grenzzustand der Gebrauchstauglichkeit
geradlinige Spanngliedführung
– bei extern vorgespannten Brücken 483
– bei Flachdecken 501 f
– Schnittgrößen beim Zweifeldträger 220 f
– Spannkraftverlust durch Betondehnung 127 ff
– Vor- und Nachteile 243
geschichtliche Entwicklung 14 ff
Glasfaserspannglieder 78 , **81 ff**
Grenzdehnungen 343

Hauptspannungen 360
Hochleistungsverbundwerkstoffe (HLV) 77 ff
– Materialeigenschaften 81
– Nachteile 80
– Spannungs-Dehnungs-Beziehung 79
– Vorteile 78
Hooke 280
Hoyereffekt 93
Hüllrohre 86 ff
– Betondeckung 231, 240
– Dauerfestigkeit 372 ff
– klimatische Bedingungen im Hüllrohr beim Betonieren 119

– Kunststoffhüllrohre 87, 451
– lichte Abstände 241
– Typen 86
– Wöhlerlinien 373
Hüllrohrentlüftung 88
Hydratationswärme 443

Innenverankerung 423 ff, 478 f
Injektionsmaterial 89 ff

Jackson 14

Karbonfaserspannglieder (CFRP) 82 ff
– ausgeführte Bauwerke mit Karbonfaserspannglieder 85 ff
– Unterschiede im Tragverhalten 83 ff
– Verankerungen 82
Keilschlupf 171, **187 ff**
Keilverankerung 98 ff
Kelvin-Element 281
Klemmbeiwert 162
Klemmverankerung 100
Kombinationsbeiwerte 234 f
Konsole bei externer Vorspannung 478
Koppelfugen
– Bewehrung 244, 440
– Eigenspannungen im Bereich von Koppelfugen 441
– erhöhte Spannkraftverluste 444
– Probleme 244, **437 ff**
– Rissbreiten (gemessene) 386
– Spanngliedführung 410, 446
– Spannungsverteilung 440
– Temperatureinwirkungen 442 f
Kopplungen
– der Spannglieder 104
– Koppelkonstruktionen 105
Korrosion
– Allgemeines 59 ff
– Flugrost 59
– Reibkorrosion 76, **372 f**, 445
– Spannstahlkorrosion, Beispiel 448
– Spannungsrisskorrosion 59 ff
Korrosionsschutz 63, 119 f, 451 f
Kraftgrößenverfahren 200 ff, 467 ff
Kriechen
– Allgemeines 217 ff
– Abbau von Zwängungen 323 ff
– Beiwerte 283 ff, 288 ff
– Endkriechzahl 288, 296

- Einflüsse auf das Kriechen   272
- Einfluss der Betonstahlbewehrung   322
- Näherungsverfahren der mittleren kriecherzeugenden Spannung   313 ff
- nichtlineares   299
- Schnittgrößenumlagerungen infolge Kriechens   323 ff
- zeitlicher Verlauf   292 ff

Kriechfunktion   307
Kriechmodell
- von Dischinger   301 f
- von Trost   302 ff

Kriechverlauf   290, 292 ff
Kriechverluste
- bei mehrsträngiger Vorspannung   322 f
- bei Vorspannung ohne Verbund   309 ff
- bei Vorspannung mit Verbund   313 ff

Krümmungsradius
- Berechnung   264
- Mindestwert   158 ff, 454
- Zusatzbeanspruchungen im Krümmungsbereich   157 ff

Lasteinleitung, konzentrierte   411 ff
Lasten *siehe* Einwirkungen
Lehrgerüst
- Absenkung   226 ff
- Lastumlagerungen   227 ff

Leichtbeton   53
Lisene   425, 479
Litzenspannglieder   57 ff
- beschichtete   63, 451
- Quadratlitzen   57, 451
- verzinkte Litzen   63

Materialkennwerte
- Beton   51
- Betonstahl   56
- Einpressmörtel   89 ff
- Faserverbundwerkstoffe   77 f
- Spannstahl   64 ff

Maxwell   280
mehrsträngige Vorspannung   171 ff
- Spannkraftverluste ohne Berücksichtigung des Momentenanteils   172 ff
- Spannkraftverluste mit Berücksichtigung des Momentenanteils   176 ff

Mindestanforderungsklassen   385
Mindestbetondeckung   240
Mindestbewehrung nach DIN 1045-1   388 ff

Mindestquerkraftbewehrung   364
Mindestradien   158 ff, 454
Mindestschubbewehrungsgrad   364
Mischbauweise   484
mitwirkende Plattenbreite   30
Momentenschwingbreiten   374 ff
Monolitze   451
Muffenstoß   104

Nachspannbarkeit der Spannglieder   455
Nachteile des Spannbetons   14
Nulldehnweg   118, **187**
Nutzhöhe bei unterschiedlichen Lagen   346

Palmgren-Miner-Hypothese   381
parabolische Spanngliedführung
- analytische Beschreibung   258 ff
- bei Flachdecken   501 f
- Schnittgrößen für statisch unbestimmte Systeme   217 f
- Umlenklasten   139

Plattenbalken, Einleitung der Spannkräfte   421 f
Preflexträger   44
Pressen   114 f

Querschnittswerte
- Allgemeines   23 f
- Bruttoquerschnittswerte   25
- ideelle   27 f
- mitwirkende Plattenbreite   30
- Nettoquerschnittswerte   25 f

Querschnittsbereiche   22
Quervorspannung bei Brücken   490

Rahmen   205, **256 ff**
Reibermüdung   372 f
Reibung
- Anpressdruck im Bereich einer Umlenkung   158 ff
- Berücksichtigung von Reibungstoleranzen   164 ff
- durch Klemmkräfte   154
- Spannkraftverlust durch Reibung   145 ff
- umgelenkte Spannglieder   138 ff

Reibungskoeffizient   152 ff
Reibungsmessung   153 ff
reibungsmindernde Maßnahmen   156
Relaxation
- Allgemeines   **74 f**, 271
- Berechnung der Relaxation   308

Relaxationsfaktor
- Allgemeines 301
- Berechnung des Relaxationsfaktors 303, 306 f

rheologische Modelle 279 ff

Risse
- abgeschlossenes Rissbild 387
- Anforderung an die Begrenzung der Rissbreite 385
- Spannungsverlauf im Rissbereich 388 ff, 403
- Vorgänge bei der Rissbildung 387 ff

Rissabstände 387

Rissbildung in Spannbetonbauteilen 385 ff

Rissbreiten in Spannbetonbrücken (gemessene) 386

Rissbreitenbegrenzung 393 ff
- mittels Tabellenwerten 393
- rechnerische Ermittlung der Rissbreite 394 ff

Rissreibung 358

Rissursachen 386

Rüstung, Einfluss der Steifigkeit auf die Schnittgrößen 226 ff

Robustheit, allgemein 364 ff

Robustheitsbewehrung 368 ff

Schädigungssumme 381

Scherverbund 428

Schlaufenanker 95

Schlupf **187 ff**

Schnittgrößenermittlung
- Balken mit veränderlicher Trägerhöhe 224 ff
- Bauzustände – Rückfedern von Lehrgerüsten 226 ff
- Grundsätze für statisch unbest. Tragwerke 217 ff
- Schnittgrößenumlagerungen durch Kriechen 273, **323 ff**
- statisch bestimmte Tragwerke 127 ff
- statisch unbestimmte Tragwerke 195 ff
- Zwängungen 195

Schlusslinienkräfte 200

Schrumpfen, allgemein 271

Schrumpfdehnung 294, 299

Schubtragfähigkeit ohne Schubbewehrung 358

Schwinden
- Allgemeines 271
- autogenes 271
- Beiwerte 284 ff, 289 ff

- Einflüsse 272
- Endschwindmaß 284, 289, 295
- plastisches 272
- zeitlicher Verlauf 289 ff, 292 ff, 299

Schwinden eines Zweigelenkrahmens 327

Schwingbreite
- schädigungsäquivalente 379 ff
- zulässige von Hüllrohren 372 f
- zulässige von Spannstahl 76

Segmentbrücke 4, 449, 488 f

Spaltzugbewehrung 417 ff

Spannbettvorspannung, allgemein 40 ff

Spannglieder
- Abstände 241
- äquivalenter Durchmesser bei Litzenspanngliedern 391
- aus Faserverbundwerkstoffen 77 ff
- Betondeckung 239 f
- Fertigspannglied 111, 113
- Fertigung der Spannglieder 111
- Kopplungen 104 f
- Korrosion 59 ff
- Korrosionsschutz 63, 119 f
- Toleranzen 66 ff
- Unterstützungen 112
- Verankerungen 92 ff
- Verlegung der Spannglieder 113
- Zulassungen 64, **106 ff**

Spanngliedführung 38 ff, **231 ff**
- analytische Beschreibung des Spanngliedverlaufs 258 ff
- bei Durchlaufträgern 255 ff
- bei Einfeldträgern 253 ff
- bei externer Vorspannung 483 ff
- bei Flachdecken 497 ff, 514
- bei Rahmen 256 f
- „extradosed" 487 f
- „freie" Spanngliedlage 502 ff
- geradlinige *siehe* geradlinige Spanngliedführung
- Innenfeld 261 f
- kontinuierlich gekrümmte Spanngliedführung 138, 242
- kreisförmige Spanngliedführung 143
- Kriterien für die Spanngliedführung 238
- Lage der Koppelstellen 243
- parabolische *siehe* parabolische Spanngliedführung
- polygonale Spanngliedführung 232, 483 ff, 501 f

- Randabstände 231, 239, 416
- Randfeld 263 f
- „unempfindliche" Spanngliedführung 246 ff
Spanngliedliste 112
Spanngliedtypen 56 ff, 450 ff
Spannkräfte bei mehreren Spanngliedlagen 171 ff
Spannkraft, charakteristischer Wert 338
Spannkrafteinleitung 417 ff, 477 ff
Spannkraftverlauf 167
- bei einseitigem Anspannen 168
- bei zweiseitigem Spannen eines Spanngliedes ohne Nachlassen 168 f
- beim Nachlassen 170
- durch den Keilschlupf 171, **187 ff**
- Einfluss der Spannfolge 167 ff
Spannkraftverluste
- Berechnung der Spannkraftverluste infolge Kriechen, Schwinden und Relaxation 308 ff, 315
- durch Kriechen und Schwinden 21, **271 ff**
- - bei Vorspannung ohne Verbund 480 f
- durch Betonverformungen 127 f
- durch Reibung 145 ff
- einer vorgespannten Stütze 276 f
- erhöhte Spannkraftverluste im Bereich der Koppelfuge 438 f, 444 f
- erhöhte Spannkraftverluste im Bereich der Umlenkung 464 f
- Superposition der Spannkraftverluste 319 ff
Spannpressen 114
Spannstahl
- Anforderungen 58 f
- Elastizitätsmodul 65 ff, **73 f**
- Ermüdungsfestigkeit 71 ff, **75 ff**
- Festigkeiten 65 ff
- Herstellung 57 f
- Korrosion 59 ff
- Plastizierung im Bereich von Krümmungen 160 f
- Relaxation 74 f
- Restspannstahlfläche 367
- Spannungs-Dehnungs-Beziehung 69, **72**
- Typen 56
- Zugfestigkeit 69 ff
- zulässige Spannungen 162 ff, 384
- Zulassungsversuche 64
Spannsysteme
- Litzen 57 ff, 67 f, 451
- ohne Verbund 450 ff

- Stab 56, 65 f, 98
- Verankerungen 91 ff, 409 ff
Spannungen
- Eigenspannungen *siehe* Eigenspannungen
- Ermittlung der Spannungen im Gebrauchszustand 399
- Hauptspannungen 360
- Lastspannungen 39
- nichtlineare Spannungen im Bereich der Koppelfuge 440
- Schubspannungen 359
- Spaltzugspannungen 417 ff
- Verbundspannungen 428, 431
- zusätzliche Spannstahlspannungen im Krümmungsbereich 157 ff
- Zwängungsspannungen 39
Spannungs-Dehnungs-Beziehung
- Beton 49 f
- Betonstahl 55
- Faserverbundwerkstoffe 79
- Spannstahl 69, **72**
Spannungsnachweise 382 ff
Spannungsrisskorrosion 60 ff
Spannungsschwingbreite, Ermittlung 375
Spannungszuwachs infolge äußerer Einwirkungen 467 ff
Spannverfahren 40 ff
Spannvorgang 114 ff
- Ablauf 114 ff
- Nachlassen 170
- Nulldehnweg 118, **187**
- Pressendruck 122
- Spannanweisung 116
- Spannfolge 167
- Spannpressen 114
- Spannprotokoll 116 f
- Teilvorspannung 115
- Überspannen 119
- Ursachen für Abweichungen von den Sollwerten **190 ff**, 246 ff
- Verankerungsschlupf 171, 187 ff
- zulässige Toleranzen 190
Spannweg 118 f, 185 ff
- Berechnung 185 ff
- Einfluss des Nachlassens 170 f
- Messung 118 f
Spannwegabweichungen 190 ff
Spline-Funktionen 265 ff
Stabwerkmodelle 419 ff, 478 f
Starreinspannmomente 209 ff

Stichwortverzeichnis

Stützensenkung 326 f
Stützstreifenvorspannung 497 f

Teilflächenbelastung 412 ff
Teilsicherheitsbeiwerte
– Einwirkungen 339 f
– Tragwiderstand 335
teilweise Vorspannung 35 ff
Temperatureinwirkungen 439, **442 f**
Trägheitsmoment 24 ff
Tragfähigkeitsnachweise *siehe* Bemessung
Tragwiderstand 335 ff
Trost, Kriechansätze 302 ff

Übertragungslänge 432 ff
Überspannen 119, **163 ff**
Umfang, wirksamer 429
Umlenkkonstruktion 453 ff, 477 f
– Bemessung der Umlenkkonstruktion 477 ff
– Spannkraftverluste im Bereich der Umlenkkonstruktion 465 ff
– Zulassungsversuche 465 ff
Umlenkasten **135 ff**, 197
Umlenkwinkel
– planmäßiger 147 ff
– ungewollter 147, **151 ff**
Unterstützungen der Spannglieder 112

Verankerung 92 ff, 409 ff
– Ankerplatten, Umrechnung der Größe 416
– Auffächerung 94
– Bewehrung 413 ff
– durch Verbund 93 ff, 426 ff
– Festanker 93 ff
– für Spannglieder aus Karbonfasern 82
– Innenverankerung 244, 423 ff
– Keilverankerung 98 ff
– Mindestabstände 416
– Nachweis der Krafteinleitung 417 ff, 477 ff
– Nachweis der Verbundverankerung 430 ff
– ohne Verbund 455
– Ösenverankerung 95
– Plattenbalken, Krafteinleitung 421 ff
– Randabstände 416
– Schlaufenanker 95
– Spaltzugspannungen 417 ff
– Spannanker 97 ff
– Tragverhalten 411

– Typen 92, 409 ff
– Zulassungsversuche 101 ff
– Zwischenanker 101 f
Verbundfestigkeiten 431
– Verhältnis 391, 404
Verbundfläche von Litzenbündel 429
Verbundrelaxation 429
Verbundspannungen 428, 431
Verbundverankerung
– Bemessung 426 ff
– Nachweis 430 ff
– Typen 93 ff
Verlegemethode der Spannglieder, Einfluss auf den Kraftverlauf 113
Verminderung der Reibung 156
Versagen eines Bauteils, sprödes 364
Verträglichkeit 341
Vorbemessung 235 ff
Vordehnung des Spannstahls 343 f
Vorspanngrad 31 ff, 504
Vorspannkraft *siehe* Spannkraft
Vorspannung
– Anwendungsgebiete 5 ff
– beschränkte 34 f
– Besonderheiten von vorgespannten Konstruktionen 8 ff
– externe 39, 43, **447 ff**
– flächige 497 f
– formtreue 38
– Grad der **31 ff**, 504
– Grundgedanken 1
– im Spannbett 40 ff
– interne 39, 243
– konkordante 38
– mehrsträngige 171 ff
– mit nachträglichem Verbund 42 f
– Stützstreifenvorspannung 497, 499
– teilweise Vorspannung 35 f
– volle Vorspannung 33 f
– zentrische Vorspannung 38
– zwängungsfreie Vorspannung 38, 195, 219
Vorspannung mit Verbund 42 f
Vorspannung ohne Verbund 447 ff
– Brücken 484 ff
– Erfahrungen 448
– Injektionsgut 452
– Nachteile 460 ff
– Quervorspannung 490
– Reibbeiwerte 452
– Schnittgrößenermittlung 464 ff

- Spanngliedführung 483 ff
- Spannkraftverluste im Bereich der Umlenkung 465 f
- Tragverhalten 43, 46 ff, **462 ff**
- Umlenkkonstruktion 453 ff
- Verankerung 455
- Vorteile 455 ff
- zugelassene Spannverfahren 108 f

Vorspannung ohne Verbund, Bemessung
- im Grenzzustand der Tragfähigkeit 481 f
- im Grenzzustand der Gebrauchstauglichkeit 483 f
- der Umlenk- und Verankerungsstellen 477 ff

Vorspannung ohne Verbund, Spannungszuwachs infolge äußerer Einwirkungen 341, 467 ff
- gerissener Querschnitt 473 ff
- ungerissener Querschnitt 467 ff

Vorteile des Spannbetons 12 ff
Vouten 137, **224 ff**

Wendelbewehrung 413
Wettstein Bretter 15
wirksame Fläche 392
Wöhlerlinien
- für Hüllrohre 373
- für Spannstahl 76, 380 f

zeitabhängige Betonverformungen 271 ff
Zulassung, Spannglieder 64 ff, **106 ff**
Zusatzdehnungen des Spannstahls 339, **343**
Zugkraftdeckung 433 f, 436
Zwängungen, Abbau 323 ff
Zwängungsmoment 195
Zwischenverankerungen 101 f